污水处理工必读

纪　轩　主编

中国石化出版社

内 容 提 要

本书介绍污水处理的基本知识和污水处理工艺操作、运行管理的基本知识，重点介绍污水处理工艺操作过程中的各种操作规律、注意事项以及安全方面的问题。同时对污水处理机械、设备、仪表及常规化验项目分析时的特点和注意事项也分别进行了介绍。

本书可供从事污水处理的操作工人、技术人员学习、培训使用，也可供有关院校师生参考使用。

图书在版编目(CIP)数据

污水处理工必读/纪轩主编.
—北京：中国石化出版社，2004(2023.7 重印)
ISBN 978-7-80164-560-9

Ⅰ.污… Ⅱ.纪… Ⅲ.污水处理 Ⅳ.X703

中国版本图书馆 CIP 数据核字(2004)第 042587 号

中国石化出版社出版发行

地址：北京市东城区安定门外大街 58 号
邮编：100011　电话：(010)57512500
发行部电话：(010)57512575
http://www.sinopec-press.com
E-mail:press@sinopec.com
北京富泰印刷有限责任公司印刷
全国各地新华书店经销

*

850×1168 毫米 32 开本 17.5 印张 470 千字
2023 年 7 月第 1 版第 16 次印刷
定价：48.00 元

前　言

随着各种污水处理厂的不断建成和投运，需要配备许多掌握工艺技术和相关知识的操作工。新设备和新技术在污水处理厂的广泛应用，更需要污水处理工具备及时掌握和学习新知识的技能。为了更好地发挥污水处理设施的作用，强化管理、提高技术与管理水平是关键，而通过学习培训是提高污水处理厂操作工和技术人员素质的重要途径。

本书注重理论与管理实践相结合，在保证专业技术知识整体性和系统性的基础上，力求突出针对性和实用性。一方面尽可能使用浅显易懂的语言简明扼要地介绍理论，另一方面对污水处理设施管理和运行中容易遇到的问题和解决办法进行了归纳和总结。

本书共分为七章。第一章“基础知识”对污水处理厂管理常识和污水处理常用药剂等进行了简单介绍，归纳了污水处理设施运行管理中需要经常监测的控制指标和分析化验时的注意事项；第二章“一级处理”介绍了格栅、沉砂池、沉淀池、隔油池、气浮池、汽提塔等一级处理装置的基本常识；第三章“二级生物处理”介绍了活性污泥法和生物膜法处理有机废水的基本知识，尤其突出了生物处理设施运行管理中的注意事项和容易出现的异常问题及解决办法；第四章“污泥处理”重点介绍了剩余活性污泥的特性及浓缩、消化等处理过程的基本常识；第五章“深度处理”介绍了混凝、澄清、过滤、膜过滤、生物除磷脱氮、消毒等深度处理工艺的基本原理、方法和应用过程中的注意事项；第六章“机械设备”对管道和阀门、泵及风机和污水处理专用设备的使用注意事项等进行了介绍；第七章“电气与仪表”对电和仪表的基本知识进行了介绍。

本书由纪轩主编，连立国、刘丽娜、郝连松、李健等参与编著。其中纪轩编写第一章和第二章，连立国编写第三章，刘丽娜编写第四章和第五章，郝连松编写第六章，李健编写第七章。

由于编者知识水平有限，敬请专家和同行对书中错漏之处予以批评指正。

目　录

第一章　基础知识

第二章　一级处理

第三章 二级生物处理

第四章　污泥处理

第五章　深度处理

第六章　机械设备

第七章　电气与仪表

第一章 基础知识

第一节 基本概念

一、污水

污水指在生产与生活活动中排放的水的总称。人类在生活和生产活动中，要使用大量的水，这些水往往会受到不同程度的污染，被污染的水称为污水。按照来源不同，污水包括生活污水、工业废水及有污染地区的初期雨水和冲洗水等。

1. 生活污水

生活污水是人类日常生活中使用过的水，包括厕所、厨房、浴室、洗衣房等处排出的水，来自住宅区、公共场所、机关、学校、医院、商店以及工厂生活间，其中含有较多的有机物如蛋白质、动植物脂肪、碳水化合物和氨氮等，还含有肥皂和洗涤剂以及病原微生物寄生虫卵等，这类污水需要经过处理后才能排入自然水体灌溉农田或再利用。

2. 工业废水

工业废水是在工业生产过程中被使用过、为工业物料所污染且污染物已无回收价值、在质量上已不符合生产工艺要求、必须要从生产系统中排出的水。由于生产类别、工艺过程和使用原材料不同，工业废水的水质繁杂多样。其中如循环冷却系统的排污水，只受到轻度污染或只是水温升高，稍作处理就可以回用，这些污水又被称为生产废水。而在使用过程中受到较严重污染的水，其中大多具有各种危害性，有的含有大量有机物，有的含有氰化物、汞、铅等有毒物质，有的含有放射性物质，有的感官性状指标如色、味、泡沫十分恶劣。这类污水又被称为生产污水，需要经过处理后才能排入自然水体、灌溉农田或再利用。生产装置附近地区的初期雨水和冲洗水不仅会携带大量地面、屋顶或装置上积存的污染物，而且会将空气中的有毒有害粉尘冲刷下来，因此也要和工业废水一起排入工业废水处理场。

3. 城市污水

城市污水是指排入城市排水管道中的生活污水和城镇生活区的工业废水，实际上是混合污水，因此城市污水的性质随各种污水的混合比例和工业废水中污染物的特殊而有很大差异。城市污水中生活污水的比例较大，因此具有生活污水的一切特征；但在不同的城市，因工业的规模和性质不同，城市污水的性质又不可避免地受工业废水的影响。

4. 再生水

再生水是指工业废水或城市污水经二级处理和深度处理后供作回用的水，因此又被称为回用水。当二级处理出水满足特定回用要求，并已回用时，二级处理出水也可称为再生水。再生水用于建筑物内杂用时，由于水质介于上水(饮用水)和下水(生活污水)之间，又称为中水。

二、污水处理

污水处理就是采用各种技术和手段，将污水中所含的污染物质分离去除、回收利用或将其转化为无害物质，使水得到净化。现代污水处理技术按原理可分为物理处理法、化学处理法和生物处理法三类；按处理程度划分，可分为一级处理、二级处理和三级处理，三级处理有时又称深度处理。

(1) 物理处理法是利用物理作用分离污水中呈悬浮固体状态污染物质的方法。主要方法有：格栅截留法、沉淀法、气浮法和过滤法等。

(2) 化学处理法是利用化学反应的作用分离回收污水中各种污染物质(包括悬浮物、胶体和溶解物等)的方法，主要用于处理工业废水。主要方法有：中和、混凝、电解、氧化还原、汽提、萃取、吸附和离子交换等。

(3) 生物处理法是利用微生物的代谢作用使污水中呈溶解、胶体状态的有机污染物转化为稳定的无害物质的方法。主要方法有好氧法和厌氧法两大类，好氧法广泛应用于处理城市污水及有机性工业废水，厌氧法则多用于处理高浓度有机污水与污水处理过程中产生的污泥。

(4) 一级处理是二级处理的预处理，主要去除污水中漂浮物和呈悬浮状态的固体污染物质及影响二级生物处理正常运行的物质。经过一级处理的污水，BOD_5 去除率一般只有 30%左右，水质达不到排放标准。

(5) 二级处理主要去除污水中呈胶体和溶解状态的有机污染物质，采用的方法主要是生物处理，BOD_5 去除率可达 90%以上，使出水的有机污染物含量达到排放标准的要求。

(6) 三级处理是在一级处理、二级处理之后，进一步处理难降解的有机物及可导致水体富营养化的氮磷等可溶性无机物等。三级处理有时又称深度处理，但两者又不完全相同。三级处理常用于二级处理之后，以进一步改善水质或防止受纳水体发生富营养化和受到难降解物质污染(达到国家有关排放标准)为目的，而深度处理则以污水的回收和再利用为目的，在一级、二级甚至三级处理后增加的处理工艺。

三、污水回用

将废水或污水经二级处理和深度处理后回用于生产系统或生活杂用被称为污水回用。污水回用的范围很广，从工业上的重复利用到水体的补给水和生活用水。杂用水主要用于冲洗厕所便器、汽车及园林绿化、景观和浇洒道路等不与人体直接接触的场所。污水回用既可以有效地节约和利用有限、宝贵的淡水资源，又可以减少污水或废水的排放量，减轻水环境的污染，还可以缓解城市排水管道的超负荷现象，具有明显的社会效益、环境效益和经济效益。

在城市用水中 70%以上为工业用水，而工业用水的 70%~80%为对水质要求不高的冷却用水。由于工业用水户的位置相对集中，而且一年四季连续用水，因而是城市污水处理厂二沉池出水深度处理后回用的主要渠道之一。作为用水大户的大型工业企业常自备二级污水处理场，其排放口是直接对环境的，因此，有时也可以将自备污水处理场的二级生物处理出水深度处理后回用于本企业的工业循环冷却系统。

第二节 污水处理厂基本管理常识

对于一般的工业废水和城市污水而言，其含有的污染物的性质和数量往往是复杂多变的，所确定的工艺流程只能针对其中的主要成分。表 1-1 列出了针对污水中的具体污染物成分而通常使用的处理方法。

表 1-1 不同污染物的常规处理方法

污染物	处理方法
悬浮物	格栅、筛网、过滤、磨碎、沉淀、浮选、离心分离、混凝沉淀
油、脂	隔油、浮选、聚结除油、过滤、混凝过滤
酸、碱	中和、渗析分离、热力法回收
溶解性无机固体	离子交换、反渗透、电渗析、蒸发
重金属	离子交换、反渗透、电渗析、活性炭吸附、铁氧体法、离子浮选、混凝沉淀或浮选
热	冷却池、冷却塔、均质池
病原体	加氯、臭氧、二氧化氯、紫外线、辐射、超声波、溴或碘等氧化剂消毒
放射性污染	混凝沉淀、离子交换、蒸发、贮存
硫化物	蒸汽汽提、生物处理
可生物降解有机物	活性污泥法、生物膜法、稳定塘、土地处理系统
难生物降解有机物	活性炭吸附、臭氧或其他强氧化剂氧化、土地处理系统
氮	生物硝化与脱氮、氨吹脱解析、离子交换、土地处理系统
磷	混凝沉淀、生物-化学法、X/A/O 生物法、土地处理系统

为达到国家污水排放标准，一般的污水处理厂都采用一级处理(物理法或化学法)+二级生物法处理的处理流程(见图1-1)，为避免工业废水水质不均衡引起对出水水质的影响，在二级生物法处理前后分别设置均质调节池(事故池)和监测池。

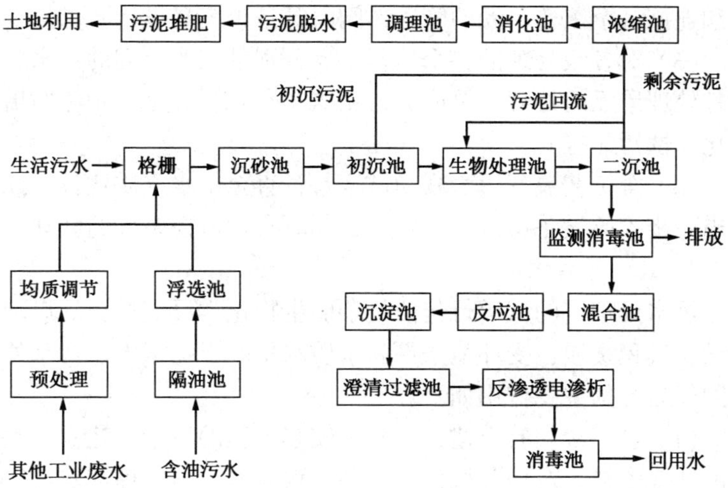

图1-1　污水处理场常规流程图

一、污水处理厂的调试

污水处理厂的调试也称试运行，包括单机试运与联动试车两个环节，是其正式运行前必须进行的一项工作，通过试运行可以及时修理和改正工程缺陷和错误，确保处理厂达到设计功能。在调试污水处理工艺过程中，离不开机电设备、自控仪表、化验分析等相关专业的配合，因此调试实际是设备、自控、工艺实现联动的过程。

1. 调试的内容

(1) 单机试运：包括各种设备安装后的单机运转和各处理单

元构筑物的试水。在未进水和已进水两种情况下对污水处理设备进行试运行，同时检查水工构筑物的水位和高程等是否满足设计要求。

（2）对整个工艺系统进行设计水量的清水联动试运行，打通工艺流程。考察设备在清水流动下的运行情况，检验部分自控仪表和连接各个工艺单元的管道、阀门等是否满足设计要求。

（3）对各级处理的各个处理单元分别进入要处理的污水，检验各处理单元的处理效果或进行正式运行前的准备工作（如培养驯化活性污泥等）。

（4）全工艺流程污水联动试运行，直至出水水质达标。此阶段进一步检验设备运转的稳定性，同时实现自控系统的联动。

2. 试运行的作用

污水处理厂的试运行包括复杂的生物化学反应过程的启动和调试，过程缓慢，受环境条件和水质水量的影响很大。污水处理厂的试运行的主要作用如下：

（1）进一步检验土建、设备和安装工程的质量，建立相关设施的档案资料，对相关机械、设备、仪表的设计合理性及运行操作注意事项等提出建议。

（2）通过污水处理设备的带负荷运转，测试其能力是否达到铭牌值或设计值。如水泵和风机的流量、压力、温度、噪声与振动等，曝气设备的充氧能力和氧利用率，刮、排泥机械的运行稳定性、保护装置的效果等。

（3）检验泵站、均质池、沉砂池、曝气池、沉淀池等工艺单元构筑物的处理效果是否达到设计值，二级处理采用生物法时要根据来水水质情况选择合适的方法培养驯化活性污泥。

（4）在单项处理设施带负荷试运行的基础上，连续进水打通整个工艺流程，在参照同类型污水处理厂运行经验的条件下，经过调整各个工艺环节的操作数据，使污水处理尽早达标排放，同时摸索整个系统及各个处理构筑物在转入正常运行后的最佳工艺参数。

二、污水处理厂的安全操作注意事项

1. 进入井、池作业人员的安全注意事项

(1) 下井、池作业人员必须经过安全技术培训，懂得人工急救的基本方法，明白防护用具、照明器具和通讯器具的使用方法。

(2) 患深度近视、高血压、心脏病等严重慢性疾病及有外伤疮口尚未愈合者不得从事井、池下作业。

(3) 操作人员下井作业时，必须穿戴必要的防护用品，比如悬托式安全带、安全帽、手套、防护鞋和防护服等。如果尽管在已采取常规措施能无法保证井下空气的安全性而又必须下井时，严禁使用过滤式防毒面具和隔离式供氧面具，而应当佩戴供压缩空气的隔离式防护装具。

(4) 有人在井下作业时，井上应有两人以上监护。如果进入管道，还应在井内增加监护人员作为中间联络人。无论出现什么情况，只要有人在井下作业，监护人就不得擅离职守。

(5) 每次下井作业的时间不宜超过 1h。

2. 泵房集水池的安全注意事项

集水池的作用是调节来水量与泵的抽水量之间的不平衡，避免水泵的频繁启动，一般要求集水池的有效容积不小于最大一台水泵 5min 的抽水量。集水池的布置应该充分考虑清理池底淤泥时操作的方便性，比如要设置吊物孔、出泥孔和爬梯等。

污水中含有有毒有害或易燃性挥发性物质时，集水池应当设置成封闭式，在集水池平面距离最大的两点设通风孔，使集水池液面以上的空气形成最大程度的对流，并在合适的位置安装高空排放的排气筒，必要时还要安装风机强制通风，有时还要在操作人员巡检必须经过的部位设有毒气体标志。

清理池底淤泥时，因为集水池都很深(一般是污水处理厂的最低点)，所以一定要严格遵守下井、池作业的规定，注意操作人员的人身安全。清池前，先关闭进水闸或堵塞靠近集水池的检查井停止进水，并用泵将池内存水排空，再用高压水将淤泥反复搅动几次，然后要采用强制通风，在通风最不利点检测有毒气体（H_2S、CH_4 及可燃气等）的浓度和含氧量，在达到安全部门的规定要求后，操作人员方可下池工作，同时池上必须有人监护。

特别值得注意的是，操作人员下池后，仍要保持一定的通风量，因为人进入后，对淤泥层的搅动仍可能释放出有毒气体。每个操作人员在池下的工作时间不宜超过 30min。

3. 污水处理厂有害气体中毒的防范

在污水管道和处理厂的各种构筑物和井内，都有可能存在对人体有害的气体。这些有害气体成分复杂、种类繁多，根据危害方式的不同，可将它们分为有毒有害气体（窒息性气体）和易燃易爆气体两大类。

有毒有害气体主要通过人的呼吸器官对人体造成伤害比如硫化氢、一氧化碳等气体，这些气体进入人体内部后会抑制人体细胞的换氧能力，引起肌体组织缺氧而发生窒息性中毒。

易燃易爆气体是遇到各种明火或温度升高到一定程度能引起燃烧甚至爆炸的气体，比如沼气、石油气等，在污泥井、集水井（池）等气体流通不畅或长时间没有任何操作的地方，这些气体容易积聚成害。

4. 发现有人气体中毒后的抢救方案

（1）报警：操作人员或管理人员发现有人中毒后，立即大声呼救并迅速跑向值班室报告，当班负责人问明大致情况后，立即安排人员拨打急救电话 120 和气防电话 119（一般和火警电话相同），同时通知上级有关管理部门。

（2）抢救：在有人报警的同时，当班负责人还应安排其他人员立即施救。施救人员要按要求穿戴好空气呼吸器后，力争在最短的时间内把中毒人员抢救到通风无毒区，然后立即实施正确的心肺复苏术。

（3）心肺复苏：在发现中毒人员无意识后，应立即实施人工呼吸、胸外按压等急救措施。如果是氯气中毒，为防止施救人员中毒，不能进行口对口的人工呼吸，应采用胸外按压法急救。

（4）注意事项：施救人员在到中毒区抢救中毒人员时，一定要注意做好自身的防护。在将中毒人员抢救出来后，立即隔离事故现场，防止未佩戴防护器具的人员进入而引起再次中毒事故。

5. 防止硫化氢中毒

硫化氢的分子式是 H_2S，相对密度为 1.19，比空气略重，是一种无色气体。当它在空气中的含量为 $0.012 \sim 0.03mg/m^3$ 时，就可以闻到它那特殊的臭鸡蛋气味。当空气中含量达到 0.01% 时，人接触 2～5min 就会嗅觉失灵；当含量为 0.07%～0.1%时，能引起急性中毒，麻痹呼吸中枢；当含量超过 0.2%时，数分钟内可以使人窒息死亡。理论上认为，人体对空气中硫化氢的 60min 安全接触浓度是 0.02%～0.03%，8h 安全接触浓度是 0.001%。硫化氢属于易燃物品，与氧化剂反应很强烈，易起火或爆炸，在空气中的爆炸极限是 4.3%～46%。在有硫化氢的场所严禁明火(包括火花、吸烟等)，使用的电器设备应具备防爆性能。

污水处理厂发生的许多伤亡事故都与硫化氢有关，比如因在各种下水道、集水井(池)、泵站和构筑物内均有出现硫化氢聚集而引起工作人员中毒、甚至死亡。因此，无论城市污水处理厂还是工业废水处理场，都必须具有一系列预防硫化氢中毒的安全措施。

（1）掌握污水成分和性质，弄清硫化氢污染物的来源。对各个排水管线的硫化物浓度及其变化规律要做到心中有数，酸性污水和含硫污水是造成下水道、阀门井、计量表井、集水井(池)、泵站和构筑物腐蚀和其中硫化氢超标准的直接原因，因此要严格控制和及时检测酸性污水的 pH 值和含硫污水的硫化物浓度。

（2）经常检测集水井(池)、泵站、构筑物等污水处理操作工巡检时所到之处的硫化氢浓度，进入污水处理厂的所有井、池或构筑物内工作时，必须连续检测池内、井内的硫化氢浓度。

(3) 泵站尤其是地下泵站必须安装通风设施，硫化氢比空气重，所以排风机一定要装在泵站的低处，在泵房高处同时设置进风口。

(4) 进入检测到含有硫化氢气体的井、池或构筑物内工作时，要先用通风机通风，降低其浓度，进入时要配戴对硫化氢具有过滤作用的防毒面具或使用压缩空气供氧的防毒面具。

(5) 严格执行下井、进池作业票制度。进入污水集水井(池)、污水管道及检查井清理淤泥属于危险作业，必须按有关规定填写各种作业票证，经过有关管理人员会签字才能进行。施行这一管理制度能够有效控制下井、进池的次数，避免下井、进池的随意性；并能督促下井、进池人员重视安全，避免事故的发生。

(6) 必须对有关人员进行必要的气防知识培训。要使有关人员懂得硫化氢的性质、特征、预防常识和中毒后的抢救措施等，尽量做到事前预防，一旦发生问题，还要做到不慌不乱，及时施救，杜绝连死连伤事故的发生。

(7) 在污水处理厂有可能存在硫化氢的地方，操作工巡检或化验工取样时不能一人独往，必须有人监护。

6. 防止沼气爆炸和中毒

厌氧消化污泥或厌氧处理高浓度有机污水产生的气体被称为沼气，其中 CH_4 约占 50%～75%，CO_2 约占 20%～30%，其余是 H_2、CO、N_2、H_2S 等。沼气中含有 65%的甲烷时，燃烧 $1m^3$ 的沼气需要 $6.2m^3$ 的空气。当空气中含有 8.6%～20.8%(以体积计)的沼气时，就可能形成爆炸性的混合气体。

沼气是一种很好的燃料，发热量为 $21000～25000kJ/m^3$，可用于锅炉、燃气发电机、汽车发动机等。除了可作为气体燃料外，沼气中的 CH_4 还可用作制取四氯化碳、甲醇、甲醛、有机玻璃树脂等化工产品的原料，沼气中的二氧化碳可用于制造纯碱和干冰。因此，沼气是一种可供利用的生物能源，有一定的经济价值。

厌氧生物处理装置产生的沼气中含有饱和水蒸气和0.005%~0.08%的H_2S，具有一定的腐蚀作用。因此，沼气带有H_2S所固有的臭味，为了避免沼气中H_2S腐蚀输气管道及相关设备(如锅炉、沼气发电机等)，利用前需作除湿、脱硫处理。脱硫的方法主要有干式脱硫、湿式脱硫及水淋喷洗脱硫等，除湿的方法一般是在管道低点设置凝水器。

为防止污染大气，一般不允许将剩余沼气直接向空气中排放。在确有沼气而又无法利用时，可安装燃烧器将其焚烧。燃烧器通常能自动点火和自动灭火，必须安装在安全地区，其前要有阀门和阻火器。燃烧器要设置在容易监视的开阔地区，与消化池盖或贮气柜之间的距离要在15m以上。

沼气中的甲烷是易燃易爆气体，因而在厌氧处理系统的运行中，必须对防止沼气可能引起的爆炸问题高度重视。另外，沼气浓度较高的地方氧的含量必然会较低，加上沼气中含有H_2S气体，如果进入沼气富集区而没有任何防范措施，还可能导致使人窒息死亡的严重后果。

为杜绝沼气的泄漏，要定期对厌氧系统进行有效的检测和维护，如果发现泄漏，应立即进行停气修复，这是防止沼气中毒与爆炸的最佳措施。检修过的厌氧反应池、管道和贮存柜等相关设施，重新投入使用前必须进行气密性试验，合格后方可使用。埋地沼气管道上面不能有建筑物或堆放障碍物。

沼气柜因故放空时，应间断进行，严禁将原来贮存的沼气一次性排入大气。放空时要在晴天进行，严禁在可能产生雷雨或闪电的天气进行。另外，放空时还要注意下风向是否有明火或热源(如烟囱)。

沼气的密度与空气基本相同，因此，在可能有沼气存在的房间内必须设置上下置换气孔，换气次数一般为8~12次/h。在沼气管道阀门及其他可能逸出沼气的地点，应该设置在线可燃气体报警器，并定期检查其可靠性，防止误报。而且所有电气设备、计量仪表、房屋建筑等要按有关规定设置防爆措施，其次要严禁在巡检、维修等过程中出现的人为明火，比如抽烟、带铁钉鞋与混凝土地面的摩擦、金属工具互相撞击或与混凝土结构的撞击、电气焊作业等均可产生明火。

应当在值班或操作位置及巡检路线上设置甲烷浓度超标报警装置，在进入厌氧反应器内作业之前要进行空气置换，并对其中的甲烷和硫化氢浓度进行检测，符合安全要求后才能进入，作业中要有强制排风设施或连续向池内通入压缩空气。

沼气系统区域周围应设防护栏，建立出入检查制度，严禁将火柴、打火机等火种带入。沼气系统的所有厂房均应符合国家规定的甲级防爆要求，例如是否有泄漏天窗，门窗与墙的比例、非承重墙与承重墙的比例等要达到防爆要求。

7. 防止溺水和高空坠落事故

污水处理厂操作工和管理人员需要经常在污水池上巡检，检修人员也需要经常在污水池上进行检修或更换设备等工作，因为一般污水池的水深都在 3m 以上，所以预防溺水事故是污水处理厂的一项重要工作，在污水处理厂工作的有关人员必须懂得一些溺水急救的常识。另外，污水处理厂的流程一般是一次提升后靠重力流动，因此均质池、沉砂池乃至曝气池都高于地面 3m 以上，所以在污水处理厂工作或参观必须要当心高空坠落事故的发生。具体做法如下：

(1) 污水池等构筑物必须安装符合国家有关规定的栏杆，栏杆高度不低于 1.2m。

(2) 池上走道不能高低不平，也不能太滑，尤其是北方寒冷地区必须有防滑措施。雨、雪、风天和有霜的季节，有关人员在构筑物爬梯和池顶上行走时，必须手扶栏杆，注意脚下。

(3) 有关人员不准随便跨越栏杆，必须跨越栏杆工作时，必须穿好救生衣或系好安全带，并有专人监护。

(4) 污水池栏杆必须设置救生圈等救生措施。

(5) 各种井盖、排水沟盖板、走道踏板等要定期检查，一旦发现腐蚀损坏，必须及时更换。

（6）在对污水处理设施放空后进行检修或在外池壁上作业时，必须配备登高作业的"三件宝"（安全帽、安全带、安全网），并遵守登高作业的其他有关规定。

8. 清通管道时的注意事项

清通管道时应当尽量避免下井作业，比如在检查管道内部情况时，最好采用反光镜照射等间接方法。必须下井时，要注意以下事项：

（1）下井作业前必须履行各种手续，检查井井盖开启后，必须设置护栏和明显标志。

（2）下井前必须提前打开检查井井盖及其上下游井盖进行自然通风，并用竹棒搅动井内泥水，以散发其中的有害气体。必要时可采用人工强制通风，使有毒有害气体浓度降到允许值以下，而含氧量达到规定值。

（3）人员下井前，必须进行气体检测，测定井下空气中常见有害气体的浓度和含氧量，其含氧量不得少于18%。准确量化的测定方法是使用多功能气体检测仪，检测方便快捷。简易的方法可以将安全灯放入井内，如果缺氧，灯会熄灭；如果有可燃性爆炸性气体(未到爆炸极限)，灯熄灭前会爆闪。简易的方法还可以将鸽子等小鸟放入井内，观察小鸟的活动是否异常来判定人能否下井。

（4）严禁进入管径0.8m以下的管道作业，对井深不超过3m的检查井，在穿竹片牵引钢丝绳和掏挖淤泥时，也不宜下井作业。

（5）井下严禁使用明火。照明必须使用防爆型设备，而且供电电压不得大于12V。井下作业面上的照度要高于50 lx。

进入污水处理厂的其他井、池作业时的注意事项也可以参照以上内容。

9. 化验室的安全操作规则

污水处理厂都设置水质分析化验室，进行分析化验时必须遵守以下规则：

（1）加热挥发性或易燃性有机溶剂时，严禁用火焰或电炉直接加热，必须在水浴锅或电热板上缓慢进行。

（2）可燃性物质如汽油、酒精、煤油等物品，不可放在电炉、火源或其他热源附近。

（3）当加热蒸馏、高温消毒及有关用火或电热工作中，必须有人在现场负责看管，不能无人值守。从电热炉上、烘干箱中或其他热处用手取玻璃仪器或试样时，要佩带隔热手套。

（4）剧毒物品必须制订保管、使用制度，并设专用保险柜双人双锁管理，杜绝单人取用管理现象。

（5）倾倒硝酸、硫酸、烧碱溶液、氨水和氢氟酸等强腐蚀性药剂时必须带好橡皮手套，开启乙醇和氨水等容易挥发性的试剂瓶时，绝不可使瓶口对着自己或他人，尤其是夏季高温时极易大量冲出，如果不小心有可能产生严重的伤害事故。

（6）酸、碱，尤其是挥发性酸、碱必须在不同的仓库内保存。

（7）用移液管吸取水样或化学试剂时，不能用口吸，而必须使用橡皮球吸取。

（8）应经常检查电热设备所用电线是否完整无损，电炉等加热设施必须放在隔热垫板上，电源开关应安装坚固的外罩，开关电闸时，一定要精力集中，而且绝不能湿手操作。

（9）使用挥发性溶剂、试验会产生有害气体或进行加热消解（如测定 COD_{Cr}）时，必须在通风橱内进行。

（10）操作离心分离机、六联搅拌机等转动仪器时，必须在仪器完全停止转动后才能进行开盖等操作。

（11）氢气钢瓶、氮气钢瓶等压力容器必须远离热源，并停放稳定，且不能放在操作间内，而应在隔开的单独存放间内存放。

（12）化验室内应配备干粉灭火器等消防设备，以便及时扑救初期火灾。

（13）接触污水和药品后，应注意及时洗手，手上有伤口时不可接触污水或药品。

10. 化验采样时的安全事项

在城市污水处理厂和工业废水处理场采样时，必须采取必要的预防措施、配备相应的设备和仪器，采样人员必须注意以下安全事项：

（1）在排水检查井、泵房集水池及均质池等存在高浓度有机污水或待处理污水的地方取样时，要有预防可燃性气体引发爆炸的措施。

（2）在泵房、检查井等半地下式或地下式构筑物处取样时，要当心硫化氢、一氧化碳等有毒气体引起的中毒危险和缺氧引起的窒息危险。

（3）取样时，如果需要上、下曝气池、二沉池、事故池等较高构筑物和地下式泵房的爬梯，要注意预防滑跌摔伤，尤其是在雨、雪、霜、风等恶劣天气条件时上、下室外爬梯更要十分当心。

（4）在泵房集水池、曝气池等各种水处理构筑物上取样时，必须小心操作，以防止溺水事故的发生。

三、污水处理厂的监控和管理

1. 污水处理厂的常规检测和控制项目

在污水处理的各个工艺环节，一般都需要对运行情况进行了解或控制，因此需要进行一些必要的检测。污水处理厂的检测和控制项目见表 1–2。

表 1–2　常规污水处理厂检测与控制项目

构筑物	检测项目	控制项目
进水管、渠	水量、水质污染指标	闸门
格栅、集水池	水位、pH 值、温度	格栅除污机
进水泵房	压力、水量、阀门开启度	水泵、阀门
计量槽、沉砂池	水位、水量、pH 值、温度	阀门、除砂机

续表

构筑物	检测项目	控制项目
预曝气池	温度、风量、风压、回流污泥量	鼓风机、回流泵及阀门
一次沉淀池	水量、温度、pH值、泥位、溶解氧	刮泥机、排泥阀门
曝气池	水量、溶解氧、水位、pH值、温度、回流污泥量	进水阀门、回流污泥阀门
鼓风机房、曝气机	风压、风量、曝气机转速	风机及阀门、曝气机
回流泵房	回流污泥量、阀门开启度、回流污泥浓度	回流泵及阀门
二次沉淀池	水量、溶解氧、pH值、温度、泥位	刮泥机、排泥阀门
污泥浓缩池	进泥浓度、排泥浓度、上清液SS	浓缩刮泥机、阀门
污泥泵房	进泥量、排泥量、阀门开启度	阀门、污泥泵、搅拌机
污泥加热池	蒸汽压力、温度、泥位、阀门开启度	阀门、污泥泵
消化池	泥位、pH值、温度、上清液SS及进、排泥浓度	阀门、搅拌设备
锅炉房	蒸汽量、压力、温度、阀门开启度	风机、阀门
加药间	加药量、溶液池液位、阀门开启度	阀门、加药设备
反应池	泥位、pH值、阀门开启度	搅拌机、加药泵阀门
污泥脱水间	污泥浓度、分离液SS、压力、阀门开启度、进泥量、脱水污泥含固率	脱水机、空压机、真空泵、阀门、输送机
污泥焚烧间	温度、压力、SO_2浓度、空气量、泥量	焚烧炉、鼓风机、输送机
消毒设备	加氯量、自来水用量、氯瓶压力	投加设备、阀门
排放管渠	水量、浊度、pH值、余氯	阀门

2. 污水处理厂的运行记录和统计报表内容

(1) 污水处理每个工艺过程的进、出水的特征指标和分析化验数据，如温度、水位、压力、流量、COD_{Cr}、BOD_5、颜色、气味、污泥指标等。

(2) 污水处理设备的运行情况，如水泵运行台数、台号、电流、电压、温度及调整水量后有关阀门的开度等。

(3) 设备维修情况，如对巡检发现的设备隐患进行的抢修和设备的正常维修时间、修理原因、修理结果等。

(4) 工作日志性记录，主要是与污水处理没有直接关系的工作，比如场地清理和绿化、电器设备的安全校验等。

(5) 污水处理厂其他情况，如总的电量消耗、自来水消耗、药剂消耗及其他物资的消耗。

(6) 污水处理成本分析，将污水处理的水量、COD_{Cr}总量、去除量、排放量及消耗情况进行核算，为降低污水处理的运行费用和提高管理水平提供依据。

四、污水处理厂工作人员的基本知识

大型城市污水处理厂的日处理规模一般在几十到上百万吨，坐落地点通常比较偏僻，厂内生产和检维修及各种服务性岗位设置比较齐全，自成系统，分工明确。主体工种有化验工、机泵管理工、污水处理工、污泥处理工、污泥脱水工等，辅助工种有电工、钳工、焊工、车工、仪表工、绿化工、炊事员、门卫等。小型的工业废水处理场的日处理规模一般只有几百到数万吨，通常是工业生产的一个环节，处理规模较小，处理场职工人数较少，分工不是十分明确，污水处理工往往要负责机泵管理、污水处理、污泥处理、污泥脱水等多项工作，有时还要承担日常的检维修和水质化验工作。因此，一个合格的污水处理工不仅能懂得污水处理的基本知识，还掌握化验、设备、电器仪表及安全等相关知识。

1. 污水处理工应该掌握的基本知识

从根本上讲，污水处理工必须做到“四懂四会"，即懂污水处理的基本知识，懂污水处理厂内各构筑物的作用和管理方法，懂污水处理厂内各种管道的分布和使用方法，懂污水处理系统分析化验指标的含义及其应用；会合理配水配泥，会合理调度空气，会正确回流与排放污泥，会排除运行中的常见故障。

（1）污水处理初级工的“应知应会”水平：

知识要求：①污水流量及其单位换算，污水水质指标 COD_{Cr}、BOD_5 和 SS 等基本知识；②污水处理工艺流程、各构筑物及附件名称、用途及相互关系；③污水来源及水质、水量变化规律，出水水质的要求；④污水处理安全操作规程及岗位责任制；⑤污水处理主要设备的名称、性能、功率、流量、扬程、转数及电器机械基本知识；⑥主要工艺管路的走向、用途及相互关系，各种阀门的启闭要求及对工艺的影响；⑦污水一级处理的原理及污水二级生物处理的基本知识。

技能要求：①正确、及时、清晰填写值班记录；②按时、定点采集代表性的水样，并加以妥善保存；③各种与工艺有关设备、阀门的操作、维护保养及控制步骤；④能识别一级处理及二级生物处理构筑物运行是否正常；⑤二级生物处理曝气池–二沉池系统配水、布气、回流、排泥的基本操作；⑥各构筑物排渣、排泥的基本操作；⑦掌握除砂机、刮泥机、螺旋回流泵、排泥泵等关键设备的基本操作；⑧能使用一般测试仪器进行观察和测试。

（2）污水处理中级工的“应知应会”水平：

知识要求：①识图的基本知识；②水体自净及污水排放标准的基本知识；③污水处理的常见方法及要点；④污水处理运行参数的概念；⑤影响生物处理运行的因素及其与运行效果的关系；⑥污水消毒的基本知识；⑦常用污水处理机电设备的性能和使用方法；⑧污水处理基本数据（流量、BOD_5 总量、COD_{Cr} 总量、电耗、沉淀时间、曝气时间等）的计算方法；⑨污水处理常规分析项目的名称及含义；⑩与污水生物处理有关的微生物知识。

技能要求：①看懂污水处理厂构筑物设计图纸及部分机电设备装配图；②运用检测和分析数据，进行污水处理的工艺调整和操作；③解决一般污泥上浮及活性污泥不正常现象；④工艺流程中机电设备的操作、维护、保养和一般故障的正确判断及排除；⑤加氯机操作及接触反应池的操作管理；⑥微生物镜检操作和显微镜的一般保养；⑦掌握初级电工、钳工的基本操作技能；⑧本岗位各项数据统计和计算；⑨能发现安全生产隐患，并及时正确处理。

（3）污水处理高级工的“应知应会"水平的标准：

知识要求：①环境保护和污水处理的理论知识及水利学、水分析化学的基本知识；②污水处理运行数据的计算方法；③污水污泥综合利用及污水深度处理的基本知识；④提高污水处理机电设备完好率及演唱设备使用寿命的知识；⑤了解污水处理新技术、新工艺、新设备的发展动态及应用知识；⑥计算机应用的有关常识。

技能要求：①灵活掌握活性污泥系统四大操作环节(配水、布气、回流、排泥)之间的相互关系，并能正确调节，使系统运行处于最佳状态；②能解决污水处理运行中出现的疑难问题，并提出安全技术措施；③能进行新工艺及新设备的调试和试运转工作；④掌握中级电工、钳工的基本操作技能；⑤污水主要化验项目的基本操作；⑥能为污水处理厂技术改造和改扩建提供管理经验及部分资料参数，并能参加设计图纸的会审，提出合理化建议；⑦在专业技术人员指导下进行污水处理新技术、新工艺、新设备的试验与应用；⑧能对初级、中级工传授技艺及进行改革技术考核。

2. 机泵操作工应该掌握的基本知识

知识要求：①掌握泵站内各岗位工艺操作条件、调节手段、输送介质的工艺参数、控制指标，变、配电装置的原理和电气操作原理及操作方法；②掌握各种型号泵的规格、结构、性能、特点及维护保养知识，熟悉泵站各种自动控制设备和电气设备的性能、各种仪表设备的计量原理和维护常识；③掌握机械润滑的基本理论知识、各种润滑油(脂)的使用范围和条件；④掌握功率因数 $\cos\phi$ 的意义、作用及调整的方法；⑤掌握机械、水力学、及电学专业的基本理论知识，熟悉有关自动化概念及仪表检测知识；⑥熟悉泵站内各种事故隐患、预防措施及手段，掌握安全用电的组织措施和技术措施并能对触电、灼伤人员进行紧急救护；⑦了解泵及电气专业工艺、设备自控技术的现状和发展方向。

技能要求：①能组织开、停泵并对出现的各种异常情况及时做出处理，能制定和实施泵站的各种停、送电方案；②能根据运行状况及时判断机泵、电气系统、仪表及其他设备运行故障及隐患并作相应处理；③能对设备隐患、检修重点部位全面了解，提出处理和改进措施；④能编制泵站生产操作程序框图、工艺流程图；⑤能编写生产技术总结、提出符合实际要求的可行性强的合理化建议和方案。

3. 污泥处理工应该掌握的基本知识

(1) 了解污泥的分类、表示污泥性质的指标、污泥中水的存在形式等有关污泥的基本理论知识。掌握污泥浓缩、消化稳定、调理、脱水、干化、焚烧、填埋、堆肥等处理过程的基本原理和相关的设备设施有关知识，了解污泥处理新技术和发展方向。

(2) 灵活掌握浓缩、消化、调理、脱水、干化、焚烧、填埋、堆肥等污泥处理过程的进泥量、排上清液或分离液、调理剂的配制和投加等基本操作，能根据运行经验及时对操作过程进行合理的调整，使污泥处理对污水处理的影响减少到最小程度。

(3) 掌握污泥脱水机、焚烧炉等设备的规格、结构、性能、特点及维护保养知识，熟悉其自动控制设备和电气设备的性能、各种仪表设备的计量原理和维护常识。

(4) 掌握机械润滑的基本理论知识、各种润滑油(脂)的使用范围和条件，并能正确、及时对设备进行润滑保养。

(5) 掌握污泥处理过程中可能存在的各种隐患及其预防措施或手段，掌握有毒有害气体防护、消防器材使用、安全用电等基本知识，能对气体中毒、触电的人员进行紧急救护和扑救初期火灾。

4. 污水处理厂化验工应该掌握的基本知识

(1) 污水处理厂化验工应具有中专以上文化程度，经过一定时期的培训，经过一定级别的考核，并取得相应的合格证件。

（2）掌握分析化学的基本理论知识，对标准溶液的配制、滴定分析、常用药品的基本理化特征能理论知识能熟练应用，并能利用数理统计计算知识对化验结果进行计算和核定。

（3）熟练掌握采样、水样预处理和检测技术等方面的基本操作技能，能正确使用玻璃器皿（包括洗涤、器皿量具的选取），能规范地操作分析仪器。

（4）进行分析时，能理解分析方法的原理，并能正确操作和严格遵守操作规程，对存在或可能发生的危害能够独立处理。

（5）能清楚、完整、真实地记录化验过程中的数据，对数据异常具有一定的敏锐判断能力，并主动向技术管理人员报告所发现的问题。

（6）在操作过程中，能够做到实验前有准备，分析过程有安全、质量控制，实验后对所使用的器皿和用具进行洗涤、清理，并合理摆放整齐。

（7）掌握强酸强碱防护、有毒有害气体防护、消防器材使用、安全用电等基本知识，在出现酸碱伤害时能及时、冷静、合理地自行救助和处理，同时能对气体中毒、触电的人员进行紧急救护和扑救初期火灾。

5. 污水处理工巡检内容

在活性污泥法污水处理厂中，一个有经验的操作工或管理者对污水处理正常运转的各种表现应该心中有数，即可以通过巡检时观察污水处理系统各个环节的感官现象和指标，初步判断进出水水质是否变化、各构筑物运转是否正常、处理效果是否稳定，从而较快地对一些运行参数进行调整，避免因水质化验结果出来得较晚而贻误调整的最佳时机。巡检时应该注意观察的现象有以下几个方面：

（1）颜色与气味：对于一个已经正常运行的污水处理厂来说，进厂的污水颜色与气味一般变化不大，变化时一般也是有规律的，按流程进入和流出各个工艺构筑物的污水或污泥的颜色与气味也是固定或有规律地变化的。如果出现异常，就说明遇到了不正常情况，需要进行适当调整或提前采取一些应对措施，为发生突变做好准备。比如活性污泥正常的颜色应当是黄褐色，正常气味应当是土腥味或霉香味，如果发现颜色变黑或闻到腐败性气味，则说明供氧不足，污泥已发生腐败，需要采取增加供氧的措施。

(2) 气泡与泡沫：在供氧充足、污水处理效果良好时，无论采用哪种曝气方式，曝气池内都会出现少量分布均匀的气泡与泡沫。如果曝气池内有大量白色泡沫翻滚，泡沫有黏性不易自然破碎，堆积满池甚至飘逸到池顶走道上，这往往说明来水中油脂或表面活性剂过多或活性污泥发生了异常变化。在二沉池表面一般看不到气泡与泡沫，但有时因污泥在二沉池局部停留时间太长，产生厌氧分解或出现反硝化而析出气体，使二沉池表面也出现气泡，甚至有时气泡会将污泥颗粒带到二沉池表面形成浮渣。

(3) 水流状态：曝气池表面的水流应当平稳翻滚，如果局部翻动缓慢，往往说明此处扩散器堵塞；如果局部剧烈翻动，往往说明此处曝气过多或曝气头脱落。在机械曝气池中如果发现近池壁处水流翻动不剧烈，近叶轮处溅花高度及范围很小，则说明叶轮浸没深度不够，应当予以调整。如果沉淀池或沉砂池边角处有积泥或积渣，应当检查排泥排渣管道是否通畅，排泥排渣的数量是否及时和合适。如果二沉池出水悬浮物增加、透明度下降，则应当检查剩余污泥排放和进水水量是否正常，出水渠中有泡沫积聚和水位变化等现象，则应当检查进水水质和水量是否发生了变化。

(4) 温度、流量、压力等：污水处理厂一般都有一系列现场显示仪表，比如温度、流量、压力等，巡检时要认真负责地观察和记录，并与正常值进行对比。如果发现异常，就应当立即采取多种形式的应对措施。

(5) 声音与振动：污水处理厂的泵、风机、表曝机等设备正常运转的声音与振动等感官指标应当了如指掌，巡检时利用听、看、摸等简单手段判断出设备的运转状况。

（6）二沉池：观察二沉池泥面的高低、上清液透明程度、出水悬浮物、水面漂浮物等现象及变化情况。

五、水质监测基本常识

1. 常用水质分析方法

水质分析的方法与水中待测定成分的性质和含量有关系。常用的水质分析方法化学法、气相色谱法、离子色谱法、原子吸收法、原子荧光法、电极法等。其中化学法包括重量法、容量滴定法和光度法三种，容量滴定法又可分为沉淀滴定、氧化还原滴定、络合滴定和酸碱滴定等，光度法又可分为比浊法、比色法、紫外分光光度法、红外分光光度法和可见光光度法等。

为了方便迅速地得到检测结果，现在各种水质分析项目的检测有向仪器方法发展的趋势，但水质的常规分析还是以化学法为主，只有待测成分含量较少、使用普通化学分析法无法准确测量时，才考虑使用仪器法，而且仪器法往往也需要用化学法予以校正。

2. 常用仪器

（1）精密仪器：分析天平、分光光度计、生物显微镜、pH计、DO分析仪、气相色谱仪、浊度计、余氯测定仪、BOD_5测定仪、COD_{Cr}测定仪、原子吸收分光光度计等。

（2）电气设备：BOD_5培养箱、电冰箱、恒温箱、可调高温炉、六联电炉、恒温水浴箱、电烘箱、电动离心机、蒸馏水器、高压蒸汽灭菌锅、磁力搅拌器等。

（3）玻璃仪器：烧杯、量筒、量杯、酸式滴定管、碱式滴定管、移液管、刻度吸管、DO瓶、试管、比色管、冷凝管、橡皮奶头吸管、蒸馏水瓶、碘量瓶、洗气瓶、具塞锥形瓶、广口瓶、试剂瓶、称量瓶、容量瓶、分液漏斗、圆底烧瓶、平底烧瓶、锥形瓶、凯式烧瓶、玻璃蒸发皿、平皿、漏斗、玻璃棒、玻璃管、玻璃珠、干燥器、酒精灯等。

（4）其他设备：扭力天平、滴定管架、冷凝管架、漏斗架、分液漏斗架、比色管架、烧瓶夹、酒精喷灯、定量滤纸、定性滤纸、定时钟表、操作台、医用手套、温度计、采样瓶、搪瓷盘、防护眼镜、洗瓶刷、滴定管刷、牛角匙、白瓷板、标签纸、灭火器、急救药箱等。

3. 空白试验

空白试验是以水质分析时使用的蒸馏水或纯水代替被测水样，其他所加试剂与样品测定完全相同的操作过程。空白试验应与样品测定同时进行。

一般情况下，样品测定结果不仅与样品中待测物质的浓度有关，试剂中的杂质、环境及操作过程中的沾污等因素都有可能影响测定结果。因此，为了了解这些因素对样品测定的综合影响，在每次进行样品分析的同时，都应该进行空白试验。

空白试验值的大小与分析方法及各种试验条件有关，所以空白试验结果可以反映实验室的基本状况和化验操作人员的技术水平。当空白试验值偏高时，应全面检查空白试验用水、试剂的空白、量器及容器的沾污情况、测量仪器的性能及试验环境状态等。

4. 污水处理厂的常规分析化验项目和频率

按照用途可以将污水处理厂的常规监测项目分为以下三类：

(1) 反映处理效果的项目：进、出水的 BOD_5、COD_{Cr}、SS 及有毒有害物质(视进水水质情况而定)等，三班运行的污水处理厂监测频率一般为一班 1 次，即一日 3 次。

(2) 反映污泥状况的项目：包括曝气池混合液的各种指标 SV、SVI、MLSS、MLVSS 及生物相观察等和回流污泥的各种指标 RSSS、RSVSS、RSSV 及生物相观察等，监测频率测频率一般为一日 1 次。

(3) 反映污泥环境条件和营养的项目：水温、pH 值、溶解氧、氮、磷等，水温、pH 值、溶解氧等一般采用在线仪表随时监测，氮、磷的监测频率一般为一日 1 次。

理论上讲，污水处理厂的监测项目越多、监测频率越高，越能反映实际情况，分析结果越准确可靠，但是还要考虑实际可能和现实实用性，因此具体监测项目和监测频率往往根据需要和实际情况确定。

5. 污泥的常规监测项目

（1）含水率与含固率：污泥的含固率和含水率之和是100%，即含水率高的污泥含固率低，含水率低的污泥含固率高。剩余污泥进行浓缩、消化、脱水处理，脱水后的污泥含水率会有明显改变，含水率或含固率的变化可以反映浓缩、消化、脱水等处理过程的效果。

（2）挥发性物质和灰分：挥发性物质代表污泥中所含有机杂质的数量，灰分代表污泥中所含无机杂质的数量，两者都是以在污泥干重中所占百分比表示。

（3）微生物：污泥中的微生物种类和数量在消化、堆肥处理后会有明显的变化，尤其是在绿化、农用等最终处置之前必须对其中的致病微生物如大肠菌群等进行检测。

（4）有毒物质：为了评价污泥利用或处置时对环境的影响，需要对最终排放或利用污泥及其制品的氰化物、汞、铅等有毒物质或有毒重金属及某些难以分解的有毒有机物含量进行检测。

（5）植物营养成分：为了评价污泥或污泥制品的肥力，必须对污泥中的氮、磷等植物营养成分进行检测。

6. 污水水样的采集方式

取样方式可以分为瞬时取样和混合取样，瞬时样代表的是某一时间在取样位置取样瞬时的水流水质情况，只有被取样水流在一段时间内成分相对稳定，瞬时样才能代表整个水流的特性。工业废水的排放与生产过程有关，往往是随时变化的，因此，瞬时样只能代表取样时的水流水质情况。混合样可以分析污水一日内的平均浓度，因此对于污水处理厂来说，混合样可用于对来水或出水水质进行综合分析。

水样可以人工采集，也可以在重要取样位置安装自动取样器。自动取样器既可以进行瞬时样采集，也可以进行混合样的采集。采集混合样时可每隔相同的时间间隔采集等量的水样混合而成，也可在不同的时间按污水流量的一定比例采样混合而成，上述两种方法分别适用于污水流量稳定和多变的情况。

取样位置的确定必须满足三个条件：①所采水样能真实地反映工艺控制过程的情况，并具有代表性；②取样点的水流状况比较稳定，不能在死角或水流湍急处取样；③如果每一工艺过程有多个并联单元，水样采集应尽量多点取样，或选择有代表性的单元取样。

7. 污水水样的保存方法

根据所测定的项目不同，采集水样所用的容器一般为硼硅玻璃瓶或聚乙烯瓶。水样的保存方法应根据不同的分析内容加以确定。

（1）充满容器或单独采样：

采样时使样品充满取样瓶，样品上方没有空隙，减少运输过程中水样的晃动。有时对某些特殊项目需要单独定容采样保存，比如测定悬浮物时定容采样保存，然后可以将全部样品用于分析，防止样品分层或吸附在取样瓶壁上而影响测定结果。

（2）冷藏或冷冻：

水样通常应在4℃冷藏，有时也可将水样迅速冷冻，储存在暗处。其作用是阻止生物活动、减少物理挥发作用和降低化学反应速度。比如测定电导、COD_{Cr}、BOD_5、氨氮、硝酸盐氮、亚硝酸盐氮、磷酸盐、硫酸盐及微生物项目时，都可以使用冷藏法保存。但在冷冻过程中，溶质会逐渐向中心溶液富集，最后集中于中心冷冻处，产生分层作用，而且在冷冻时有可能使生物细胞破裂，导致生物体内的化学成分进入水溶液，改变水样的成分，因此尽可能不使用冷冻的方法保存水样。

（3）化学保护：

向水样中投加某些化学药剂，使其中待测成分性质稳定或固定，可以确保分析的准确性。但要注意加入的保护剂不能干扰以后的测定，同时应做相应的空白试验，对测定结果进行校正，如果加入的保护剂是液体，则必须记录由此而来的水样体积的变化。化学保护的具体方法如下：

① 加生物抑制剂：为了抑制生物作用，可以向水样中加入生物抑制剂，比如在测定氨氮、硝酸盐氮和 COD_{Cr} 的水样中，加入 $HgCl_2$ 20~40mg/L，也可以加入氯仿、甲苯作为防腐剂以抑制微生物对硝酸盐氮、亚硝酸盐氮和氨氮产生的氧化或还原作用。在测定挥发酚时，加入过量的硫酸亚铁，并立即用 H_3PO_4 将水样 pH 值调整到 4，加入浓度为 $CuSO_4 \cdot 5H_2O$ 1g/L 的 $CuSO_4$ 溶液，可以控制苯酚分解菌的活动。

② 调节 pH 值：测定 COD_{Cr} 时，用 H_2SO_4 将水样 pH 值调节到 2 以下，可以用玻璃瓶保存一周时间；测定总磷、氨氮、硝酸盐氮时，用 H_2SO_4 将水样 pH 值调节到 2 以下，也可以保存水样 24h。测定金属离子的水样常用 HNO_3 酸化至 pH 值为 1~2，既可防止重金属的水解沉淀，又可防止金属在取样瓶壁表面的吸附，还能抑制微生物的活动性，按这种方法保存的金属离子水样可稳定数周或数月。测定氰化物或挥发酚的水样需要加 NaOH 调整 pH 值至 12，防止氰化物或挥发酚在酸性条件下挥发掉；测定 Cr^{6+} 的水样需要加 NaOH 调整 pH 值至 8，防止 Cr^{6+} 在酸性条件下被还原；保存总铬的水样，则需要加 HNO_3 或 H_2SO_4 调整 pH 值至 1~2，防止出现氢氧化铬沉淀。

③ 加氧化剂：为防止水样中痕量汞容易被还原而引起汞的挥发性损失，在水样中加入 HNO_3(pH 值<1)-$K_2Cr_2O_7$(0.05%)，可使汞维持在高氧化态，汞的稳定性就可得到改善。

④ 加还原剂：含有余氯的水样，余氯可使 CN-氧化、可使酚类、烃类、苯系物氯化成相应的衍生物，为测定水中的上述物质的含量，可以加入适量的 $Na_2S_2O_3$ 溶液予以还原，把余氯除去。测定硫化物的水样，也可以加入还原剂抗坏血酸剂防止硫化物被氧化。

六、污水处理厂的其他相关问题

1. 北方污水处理厂冬季运行时的注意事项

（1）尽量保持水温在20℃以上，必要时可以采取保温措施，比如对曝气池加盖和通入蒸汽、合理曝气(过量曝气不利于保持温度)等。

（2）由于冬季污泥活性差，尽量保持进水负荷的稳定，减少冲击，防止污泥流失。同时要减少剩余污泥排放量，使曝气池内保持较高的污泥浓度。

（3）对流通介质为污水和污泥的管线、阀门等设施的采取保温措施，以防冻坏，对暂不运行和加酸、碱、絮凝剂、调理剂、消毒剂等小直径加药管线尤其要当心，必要时可以对这些管道进行电或蒸汽伴热等。

（4）大风天和雪、霜天，有关工作人员在污水处理构筑物爬梯和池顶上巡检或维修设备时，必须注意防滑伤人。

（5）制定冬季操作法，要包括以上所有防冻措施的具体内容，并要求在巡检时检查各项保温措施的实际效果。

2. 重力流污水管道的清通方法

重力流污水管道经常因为水量不足、坡度较小、污水中污物较多等原因而发生淤积甚至堵塞的现象，因此，必须定期清通。清通的方法主要有两种。

（1）水力清通：

水力清通是利用水流对管道进行冲洗，具体方法是用一个充气橡皮垫或木筒橡皮刷堵住检查井下游管段的进口，并用绞车上的钢丝绳自由端拴牢，然后设法使上游管段充水。当检查井的水位抬高到1m左右后，突然放掉气塞中的空气，气塞缩小后便在水流的推动下向下游滑动而刮走污泥，同时水流在上游水压作用下，因气塞堵塞部分过水面积而以较大的流速从气塞底部冲向下游。这样一来，沉积在管底的淤泥便在气塞和水流冲刷的双重作用下排向下游检查井，管道本身得到清刷。

（2）机械清通：

当管道淤塞严重、淤泥已经粘结密实后，水力清刷效果往往不是十分理想，这时候就需要采用机械清通的方法。机械清通是用逐根相连的竹片从需要清通的管段一端的检查井穿进，直到下游的检查井穿出来，从竹片的一端系上钢丝绳，钢丝绳的另一端系住清通工具的一端（清通工具的另一端也用钢丝绳系住）。在需要清通的管段两端的检查井上各设一架手动或机动绞车，竹片从下游的检查井抽出来时将钢丝绳带出后，清通工具两端的钢丝绳分别系在两架绞车上。然后利用绞车往复绞动钢丝绳，带动清通工具将淤泥刮到下游检查井内，使管道得到清通。清通工具有铁牛、胶皮刷、钢丝刷等多种，其大小应与管道管径相适应，当淤泥数量较多时，可先用小号清通工具清通，等污泥清除到一定程度后，再使用与管径相适应的清通工具清通。

第三节　污水的性质

污水中的杂质包括水面的漂浮物、水中的悬浮物、沉于底部的可沉物及溶解于水中的固体物质。按照危害特征，污水中的污染物可分为漂浮物、悬浮固体、石油类、耗氧有机物、难降解有机物、植物营养物质、重金属、酸碱、放射性污染物、病原体、热污染等。

一、漂浮物或悬浮物

污水中的无机漂浮物或悬浮物主要指在污水中呈漂浮或悬浮状态的砾石、泥沙、粉尘铁屑类金属残粒等颗粒状或片状物质，大部分来自生活污水、初期雨水和冲洗地面水及洗煤、选矿、冶金等工业废水。无机漂浮物或悬浮物本身一般无毒，但其可以吸附有机毒物、重金属等形成危害更大的复合污染物。无机悬浮物含量较高的污水进入处理厂后，会加重沉淀池和沉砂池的负担，甚至造成淤积，减少池体有效容积和影响处理效果。

污水中的有机漂浮物或悬浮物主要指在污水中呈漂浮或悬浮状态的纤维、塑料制品、树枝木块、妇女卫生巾等长条状和块状物质，大部分来自生活污水、初期雨水和冲洗地面水等。这些杂物进入污水处理厂后，将会对污水处理系统的各种设备(如泵、表曝机、管道、流量计、吸刮泥机等)的正常运转产生不利影响。

漂浮物一般难以定量化，反映水中悬浮杂质的指标有悬浮固体和浊度两种形式。

1. 悬浮固体 SS

悬浮固体 SS 也称为不可过滤物质。将悬浮固体在 600℃高温下灼烧后挥发掉的质量就是挥发性悬浮固体 VSS，VSS 可以粗略代表悬浮固体中有机物的含量；而灼烧后剩余的那部分物质就是不可挥发性悬浮固体，可以粗略代表悬浮固体中无机物的含量。

污水中的不溶性悬浮固体的含量和性质随污染物的性质和污染程度而变化，污水处理厂进、出水悬浮物浓度、曝气池内混合液污泥浓度、回流污泥浓度、剩余污泥浓度等，都是常规污水处理系统运行是否正常的指示指标。

(1) 测定方法

测定悬浮固体 SS 时，一般使用重量法，即采集一定体积的污水或混合液，用 0.45μm 滤膜过滤截留悬浮固体，以滤膜截留悬浮固体前后的质量差作为悬浮固体的量。污水和二沉池出水的 SS 常用单位是 mg/L，而曝气池混合液和回流污泥的 SS 常用单位是 g/L。

在污水处理厂测定曝气混合液和回流污泥等 SS 值较大的水样时，对测定结果的精确度要求较低时，可以使用定量滤纸代替 0.45μm 滤膜。这样既可以反应实际情况以指导实际生产的运行调整，又可以节约化验费用。但在测定二沉池出水或深度处理出水的 SS 时，必须使用 0.45μm 滤膜进行测定，否则测定结果的误差会过大。为防止滤片上残留物较多导致夹带水分并延长烘干时间，取样体积以产生 2.5~200mg 的悬浮固体量为佳。如果没有其他依据，悬浮物测定样品体积可以定为 100mL，而且要求必须经过充分混合。

为快速测定 SS 值，污水处理厂经常使用污泥浓度计，有光学型和超声波型等两种。光学型污泥浓度计的基本原理是利用光束在水中穿过时遇到悬浮颗粒会散射而强度减弱，光的散射同遇到的悬浮颗粒的数量、大小成一定比例，通过光敏电池来检测散射光和光的衰减程度，就可以推断水中污泥浓度。超声波型污泥浓度计的原理是利用超声波在污水中穿过时，超声波强度的衰减量与水中的悬浮颗粒浓度成正比，通过特制的传感器来检测超声波的衰减程度，就可以推断水中污泥浓度。

（2）测定注意事项

测定取样时，必须保证水样具有代表性，应当去除其中的大颗粒的漂浮物或浸没于其中的非均质凝块物质。采集的水样应尽快分析测定，如果需要放置，可以贮存在 4℃ 的冷藏箱内，但水样的保存时间最长不能超过 7d。为使测定结果尽量精确，在测定曝气混合液等高 SS 值的水样时，可以适当减少水样的体积；而测定二沉池出水等低 SS 值水样时，可以适当加大测试水样的体积。

测定活性污泥样品时，由于悬浮固体含量较大，经常会出现样品中悬浮固体量超过 200mg 的情况，此时必须要适当延长烘干时间，然后再移至干燥器内冷却到平衡温度后称重，反复烘干、干燥直至恒重或称重损失小于前次称重的 4%。为避免多次烘干、干燥、称重的操作过程，要严格控制每个操作步骤和时间一致，由一位化验员独立完成，以保证手法一致。为防止滤膜或滤纸等过滤介质截留过多的悬浮物而夹带过多的水分，必须延长干燥的时间，恒重称量时，要注意重量的变化幅度。如果变化过大，往往说明滤膜上的 SS 外干而内湿，需要再延长干燥时间。

2. 浊度

水的浊度是一种表示水样的透光性能的指标，是由于水中泥沙、黏土、微生物等细微的无机物和有机物及其他悬浮物使通过水样的光线被散射或吸收而不能直接穿透所造成的，一般以每升蒸馏水中含有 1mgSiO_2(或硅藻土)时对特定光源透过所发生的阻碍程度为 1 个浊度的标准，称为杰克逊度，以 JTU 表示。浊度计是利用水中悬浮杂质对光具有散射作用的原理制成的，其测得的浊度是散射浊度单位，以 NTU 表示。

浊度的测定方法有分光光度法和目视比色法两种，这两种方法测定的结果单位是 JTU。另外，还有使用光的散射作用测定水浊度的仪器法，浊度计测定的结果单位是 NTU。在实验室对二沉池出水或深度处理出水进行浊度检测时，分光光度法和目视比色法都可以使用；而污水处理厂的出水和深度处理系统的管道上进行浊度检测时，往往需要安装在线式浊度计。在线式浊度计的基本原理和光学型污泥浓度计相同，两者的差别在于污泥浓度计所测量的 SS 浓度高，因而利用光吸收的原理，而浊度计测量的 SS 较低，因而利用光散射原理，测得穿过被测水的光的散射分量，即可推断水的浊度大小。

浊度是光与水中固体颗粒共同作用的结果，其大小与水中杂质颗粒的大小、形状以及由此引起的对光的折射系数等因素有关，因此，水中的悬浮物含量较高时，一般其浊度也较高，但两者之间又没有直接的相关关系。有时同样的悬浮物含量，但由于悬浮物的性质不同，测得的浊度值却有很大差异。如果水中含有的悬浮杂质较多，最好用测定 SS 的方法来准确反映水的污染程度或杂质的具体数量。

所有与水样接触的玻璃器皿必须清洁，清洁时可用盐酸或表面活性剂清洗。测定浊度的水样不能有碎屑及易沉颗粒，而且必须用具塞玻璃瓶收集，取样后尽快测定。特殊情况可在 4℃ 暗处短时间保存，最多保存 24h，而且测定前需要激烈振摇并恢复到室温。

二、溶解性物质

表示污水中溶解性污染物质的指标有溶解性固体、含盐量、电导率等。

（1）溶解性固体也称为可过滤物质，溶解性固体中包括溶解于水的无机盐类和有机物质。可用总固体减去悬浮固体的量来粗略计算，常用单位是 mg/L。将污水深度处理后回用时，必须将其溶解性固体控制在一定范围内，否则不论用于绿化、冲厕、洗车等杂用水还是作为工业循环水，都会出现一些不利影响。《生活杂用水水质标准》规定：用于绿化、冲厕的回用水溶解性固体不能超过 1200 mg/L，用于洗车、扫除时的回用水溶解性固体不能超过 1000 mg/L。

（2）水的含盐量也称矿化度，表示水中所含盐类的总数量，常用单位是 mg/L。由于水中的盐类均以离子的形式存在，所以含盐量也就是水中各种阴阳离子的数量之和。水的溶解性固体含量比其含盐量要大一些，因为溶解性固体中还含有一部分有机物质。在水中有机物含量很低时，有时也可用溶解性固体近似表示水中的含盐量。

（3）电导率是水溶液电阻的倒数，单位是 μS/cm。水中溶解的盐类越多，离子含量就越大，水的电导率就越大。因此，根据电导率的大小，可以间接表示水中盐类总量或水的溶解性固体含量的多少。新鲜蒸馏水的电导率为 0.5~2μS/cm，而软化水站排放的浓水电导率可高达数千 μS/cm。

三、油类污染物

污水中油类污染物的种类按成分可分为由动物和植物的脂肪形成的脂类和石油类。脂类不是一种特定的化合物，而是一类半液体物质的总称，其中包括脂肪酸、皂类、脂肪、蜡及其他类似的物质。石油类通常指原油和矿物油的液体部分，包括汽油、煤油、机油、苯、石蜡等，这些物质都不能成为高级植物和动物的养料，反而在许多情况下是有毒的，但他们可以被很多微生物所分解利用。石油开采、炼制、储存、运输或使用石油制品的过程中均会产生含有石油类污染物的污水，肉类加工、牛奶加工、洗衣房、汽车修理等过程排放的污水中都含有油或油脂。一般的生活污水中，油脂占总有机质的10%左右，每人每天产生的油脂约15g左右。就产生的污水量和对水体环境产生的污染程度来看，油类污染物主要是石油类物质。

污水中油类污染物的种类按存在形式可划分为五种物理形态：①游离态油：静止时能迅速上升到液面形成油膜或油层的浮油，这种油珠的粒径较大，一般大于100μm，约占污水中油类总量的60%～80%；②机械分散态油：油珠粒径一般为10～100μm的细微油滴，在污水中的稳定性不高，静置一段时间后往往可以相互结合形成浮油；③乳化态油：油珠粒径小于10μm，一般为0.1～2μm，这种油滴具有高度的化学稳定性，往往会因水中含有表面活性剂而成为稳定的乳化液；④溶解态油：极细微分散的油珠，油珠粒径比乳化油还小，有的可小到几个nm，也就是化学概念上真正溶解于污水中的油；⑤固体附着油：吸附于污水中固体颗粒表面的油珠。

含有石油类物质的污水进入污水处理厂后，如果石油类物质得不到有效去除，会影响充氧效果、导致活性污泥中的微生物活性降低，出水水质难以保证。尤其是在污水处理采用封闭运行的纯氧曝气工艺时，还可能引起纯氧曝气池内可燃气浓度的增加，使污水处理无法正常运转。因此，进入到生物处理构筑物混合污水的含油浓度通常不能大于30～50mg/L，否则将影响活性污泥和生物膜中微生物的正常代谢过程。

污水中的油类存在形式不同、处理的程度不同，采用的处理方法和装置也不同。常用的油水分离方法有隔油池、粗粒化(聚结)除油法、气浮除油法等。

当水中油含量>10mg/L时，可使用重量法进行测定。当水中油含量为0.05～10mg/L时，可使用非分散红外光度法、红外分光光度法和紫外分光光度法进行测定，其中紫外分光光度法是以分析臭味、毒性较大的芳烃为主，并不能包括所有的石油类。

分散红外光度法和红外光度法使用的萃取剂是四氯化碳或三氯三氟乙烷，重量法和紫外分光光度法使用的萃取剂是石油醚。

这些萃取剂都有毒，因此操作时必须谨慎小心，并在通风橱内进行。测定油时要单独采样，采样瓶一般使用广口玻璃瓶，切不可使用塑料瓶，而且水样不能装满采样瓶，上面应留有空隙。水样如果不能当天分析，可加入盐酸或硫酸使其 pH 值<2，以抑制微生物的生长，并置于4℃冷藏箱内保存。分液漏斗上的活塞不能涂抹凡士林等油性润滑油脂。标准油应当采用待监测污水中的石油醚或四氯化碳萃取物，有时也可使用其他被认定的标准油品，或用正十六烷、异辛烷和苯按 65∶25∶10 的体积比配制而成。萃取标准油、标准油曲线绘制及测定污水样品所用的石油醚应为同一批号，否则会因为空白值不同而产生系统误差。

四、pH 值

一般来说，酸性污水是 pH 值小于 6 的污水，碱性污水是 pH 值大于 9 的污水。化工、化纤、制酸、电镀、炼油以及金属加工厂酸洗车间等都会排出酸性污水。有的污水含有无机酸如硫酸、盐酸等，有的则含有蚁酸、醋酸等有机酸，有的则兼而有之。造纸、印染、制革、金属加工等生产过程会排出碱性污水，大多数情况下是无机碱，也有些污水含有有机碱。污水中除含有酸、碱外，还可能含有酸式盐和碱式盐，以及其他的酸性或碱性的无机物和有机物等。

酸碱污水进入污水处理厂后，会导致活性污泥中的微生物生长受到抑制，直接影响二级处理出水的水质。酸性污水还会对输送管道、设备(如水泵)、构筑物(如曝气池)等均有腐蚀作用，尤其是一些有机酸，由于一般的防腐材料难以对其起到有效的防腐作用，常会造成不可预料的恶果。因此，在酸碱污水在排入污水处理厂之前，应就地进行酸碱中和处理，以避免对污水处理厂造成更大的冲击和损害。

1. 酸度和碱度

水的酸度是指水中所含有的能与强碱发生中和作用的物质的量。形成酸度的物质有能全部离解出 H^+ 的强酸（如 HCl、

H_2SO_4)、部分离解出H^+的弱酸(H_2CO_3、有机酸)和强酸弱碱组成的盐类(如NH_4Cl、$FeSO_4$)等三类。酸度是用强碱溶液滴定而测定的。滴定时以甲基橙为指示剂测得的酸度称为甲基橙酸度,包括第一类强酸和第三类强酸盐形成的酸度;用酚酞为指示剂测得的酸度称为酚酞酸度,是上述三类酸度的总合,因此也称总酸度。

与酸度相反,水的碱度是指水中所含有的能与强酸发生中和作用的物质的量。形成碱度的物质有能全部离解出OH^-的强碱(如NaOH、KOH)、部分离解出OH^-的弱碱(如NH_3、$C_6H_5NH_2$)和强碱弱酸组成的盐类(如Na_2CO_3、K_3PO_4、Na_2S)等三类。碱度是用强酸溶液滴定而测定的。滴定时以甲基橙为指示剂测得的碱度是上述三类碱度的总和,称为甲基橙碱度或总碱度ALK;用酚酞为指示剂测得的碱度称为酚酞碱度,包括第一类强碱形成的碱度和第三类强碱盐形成的部分碱度。

酸度和碱度的测定方法有酸碱指示剂滴定法和电位滴定法,一般都折合成$CaCO_3$来计量,单位是mg/L。

2. pH值

pH值是被测水溶液中氢离子活度的负对数,即$pH=-\lg\alpha_{H^+}$,是污水处理工艺中最常用的指标之一。pH值>7表示水呈碱性,而pH值<7则表示水呈酸性。

pH值的大小反映了水的酸性和碱性,但不能直接表明水的酸度和碱度。比如0.1mol/L的盐酸溶液和0.1mol/L的乙酸溶液,酸度同样都是100mmol/L,但两者的pH值却大不相同,0.1mol/L的盐酸溶液的pH值是1,而0.1mol/L的乙酸溶液的pH值是2.9。

为了快速方便地掌握进入污水处理厂污水的pH值变化情况,最简单的方法是用pH试纸粗略测定。在实际生产中,测定pH值的标准方法是玻璃电极法,它不受颜色、浊度、胶体物质以及氧化剂、还原剂的影响,是广大污水处理厂广泛使用的测定pH值的方式。

五、溶解氧

溶解氧 DO 表示的是溶解于水中分子态氧的数量，单位是 mg/L。水温升高或水中含有消耗氧的有机物，都会导致水中溶解氧含量降低。

1. 常用测定方法

常用的溶解氧测定方法有两种，一是碘量法及其修正法，二是电化学探头法。碘量法适用于测量溶解氧大于 0.2mg/L 的水样，一般碘量法只适用于测定清洁水的溶解氧，测定工业废水或污水处理厂各个工艺环节的溶解氧时必须使用修正的碘量法或电化学法。当水样有颜色或含有能与碘反应的有机物时，不宜使用碘量法及其修正法测定水中的溶解氧，可使用氧敏感薄膜电极或无膜电极测定。氧敏感电极由两个与支持电解质相接触的金属电极及选择性透过膜组成，薄膜只能透过氧和其他气体，水和其中可溶物质不能通过，通过薄膜的氧气在电极上还原，产生微弱的扩散电流，在一定温度下电流大小与溶解氧含量成正比。无膜电极由特殊的银合金阴极和铁(或锌)阳极组成，不用薄膜和电解质，两极之间也不加极化电压，只是通过被测水溶液沟通两极而形成一个原电池，水中的氧分子直接在阴极上还原，产生的还原电流与被测溶液中的氧含量成正比。

电化学探头法的测定下限与所用的仪器有关，一般适用于测定溶解氧大于 0.1mg/L 的水样。污水处理厂在曝气池等处安装使用的在线 DO 仪使用的就是薄膜电极法或无膜电极法。溶解氧分析存在困难时，可通过测定混合液氧化还原电位的方法粗略估计，一般维持曝气池中好氧微生物正常生长的氧化还原电位为 +300～+400mV，最低不能低于+100mV。

2. 碘量滴定法测定溶解氧的注意事项

碘量滴定法不适合作现场检验，也难以用于连续监测或就地测定溶解氧。在污水处理系统的溶解氧连续监测中采用的都是电化学法中的薄膜电极法。为了实时连续掌握污水处理过程中曝气池内混合液 DO 的变化，一般采用在线式电化学探头 DO 测定仪，同时 DO 仪也是曝气池溶氧自动控制调节系统的重要组成部分，对于调节控制系统的正常运行起着重要的作用。同时也是工艺操作人员调整、控制污水生物处理正常运转的重要依据。

采集测定溶解氧的水样时要特别小心，水样不能长时间和空气接触，也不能搅动。在集水池中取样时要用 300mL 配玻璃塞的细口溶解氧瓶，同时测定和记录水温。再就是使用碘量滴定法时，取样后除选择特定的方法排除干扰外，还要尽可能缩短保存时间，最好立即分析。

通过技术和设备上的改进和借助于仪器化，碘量滴定法仍然是分析溶解氧的最精密和最可靠的滴定法。水样中存在的氧化物、还原物、有机物等都会对碘量滴定法产生干扰，某些氧化剂可把碘化物游离为碘(正干扰)，某些还原剂可把碘还原为碘化物(负干扰)，当氧化的锰沉淀物被酸化时，大部有机物可被部分氧化，产生负误差。叠氮化物修正法可以有效地排除亚硝酸盐的干扰，而水样中含有低价铁时可用高锰酸钾修正法排除干扰。水样中含有色、藻类、悬浮固体时，应当使用明矾絮凝修正法，而硫酸铜-氨基磺酸絮凝修正法用于测定活性污泥混合液的溶解氧。

3. 薄膜电极法测定溶解氧的注意事项

薄膜电极由阴极、阳极、电解液和薄膜组成，电极腔内充入 KCl 溶液，薄膜将电解液和被测水样隔开，溶解氧通过薄膜渗透扩散。在两极间加上 0.5~1.0V 的直流固定极化电压后，被测水中的溶解氧通过薄膜并在阴极上还原，产生与氧浓度成正比的扩散电流。

常用的薄膜是能使氧分子透过而且性质比较稳定的聚乙烯和碳氟化合物薄膜，由于薄膜能使多种气体渗透，而有些气体(如 H_2S、SO_2、CO_2、NH_3 等)在指示电极上不易去极化，进而会降低电极的灵敏度，导致测定结果出现偏差。被测水中的油污、油脂及曝气池中的微生物常会附着在薄膜上，严重影响测量精度。

对在污水处理系统中使用的薄膜电极式溶解氧测定仪，要严格按照制造商的校准方法操作，并定期清洗、校准、补充电解液、更换电极薄膜。更换薄膜时要仔细进行，一要防止污染敏感元件，二要注意不在薄膜下留有微小气泡，否则会使剩余电流升高，影响测定结果。为保证数据准确，薄膜电极测定点的水流要有一定的紊动，即通过薄膜表面的试液必须具有足够的流速。

六、有机物

表示水中有机物含量的综合指标有两类，一类是以与水中有机物量相当的需氧量(O_2)表示的指标，如生化需氧量 BOD、化学需氧量 COD 和总需氧量 TOD 等；另一类是以碳(C)表示的指标，如总有机碳 TOC。对于同一种污水来讲，这几种指标的数值一般是不同的，按数值大小的排列顺序为 $TOD>COD_{Cr}>BOD_5>TOC$。

1. 总需氧量

总需氧量 TOD 是指水中的还原性物质在高温下燃烧后变成稳定的氧化物时所需要的氧量，结果以 mg/L 计。TOD 值可以反映出水中几乎全部有机物(包括碳 C、氢 H、氧 O、氮 N、磷 P、硫 S 等成分)经燃烧后变成 CO_2、H_2O、NO_x、SO_2 等时所需要消耗的氧量。

2. 总有机碳

总有机碳 TOC 是间接表示水中有机物含量的一种综合指标，其显示的数据是污水中有机物的总含碳量，单位以碳(C)的 mg/L 来表示。一般城市污水的 TOC 可达 200mg/L，工业污水的 TOC 范围较宽，最高的可达几万 mg/L，污水经过二级生物处理后的 TOC 一般<50mg/L。

3. 生化需氧量

生化需氧量全称为生物化学需氧量，简写为 BOD，它表示在温度为 20℃和有氧的条件下，由于好氧微生物分解水中有机物的生物化学氧化过程中消耗的溶解氧量，也就是水中可生物降解有机物稳定化所需要的氧量，单位为 mg/L。BOD 不仅包括水中好氧微生物的增长繁殖或呼吸作用所消耗的氧量，还包括了硫化物、亚铁等还原性无机物所耗用的氧量，但这一部分的所占比例通常很小。

在20℃的自然条件下，有机物氧化到硝化阶段、即实现全部分解稳定所需时间在100d以上，但实际上常用20℃时20d的生化需氧量BOD_{20}近似地代表完全生化需氧量。生产应用中仍嫌20d的时间太长，一般采用20℃时5d的生化需氧量BOD_5作为衡量污水有机物含量的指标。

4. 化学需氧量

化学需氧量COD是指在一定条件下，水中有机物与强氧化剂作用所消耗的氧化剂折合成氧的量，以氧的mg/L计。当用重铬酸钾作为氧化剂时，水中有机物几乎可以全部(90%~95%)被氧化，此时所消耗的氧化剂折合成氧的量即是通常所称的化学需氧量，常简写为COD_{Cr}。污水的COD_{Cr}值不仅包含了水中的几乎所有有机物被氧化的耗氧量，同时还包括了水中亚硝酸盐、亚铁盐、硫化物等还原性无机物被氧化的耗氧量。

5. BOD_5与COD_{Cr}的关系

BOD_5不仅仅是一个重要的水质指标，更是污水生物处理过程中的一个极为重要的控制参数。但是由于测定时间较长(5d)，不能及时反映和指导污水处理装置的运行，只能用于工艺效果评价和长周期的工艺调控。对于特定的污水处理厂，可以建立BOD_5和COD_{Cr}的相关关系，用COD_{Cr}粗略估计BOD_5值来指导处理工艺的调整。有时会因为某些生产污水不具备微生物生长繁殖的条件(如存在有毒有机物)，无法准确测定其BOD_5值。

化验污水的化学需氧量COD_{Cr}值可以较准确地测定水中有机物含量，但化学需氧量COD_{Cr}不能区别可生物降解有机物和不可生物降解的有机物。人们习惯于利用测定污水的BOD_5/COD_{Cr}来判断其可生化性，一般认为，污水的BOD_5/COD_{Cr}大于0.3就可以利用生物降解法进行处理，如果污水的BOD_5/COD_{Cr}低于0.2，则只能考虑采用其他方法进行处理。

化学需氧量 COD_{Cr} 值一般高于生化需氧量 BOD_5 值，其间的差值能够约略地反映污水中不能被微生物降解的有机物含量。对于污染物成分相对固定的污水来说，COD_{Cr} 与 BOD_5 之间一般都有一定的比例关系，可以互相推算。加上 COD_{Cr} 的测定所用时间较少，按回流 2h 的国家标准方法来化验，从取样到出结果，只需要 3~4h，而测定 BOD_5 值却需要 5d 时间，因此在实际污水处理运行管理中，常利用 COD_{Cr} 作为控制指标。

为了尽快指导生产运行，有的污水处理厂还制定了回流 5min 测定 COD_{Cr} 的企业标准，测得结果虽然与国家标准方法有一定误差，但由于误差为系统误差，连续监测的结果可以正确地反映水质的实际变化趋势，测定时间却可以减少到 1h 以内，对及时调整污水处理运行参数和防止水质突变对污水处理系统造成冲击，提供了时间上的保证。

6. COD_{Cr} 测定的注意事项

COD_{Cr} 测定中使用了重铬酸钾、硫酸汞和浓硫酸等药品，或有剧毒或有强烈的腐蚀性，而且需要加热回流，因此操作必须在通风橱中进行，并且要十分精心，废液必须回收并单独处理。

为使催化剂硫酸银分布均匀，应将硫酸银溶于浓硫酸中，待其全部溶解后（约需 2d）再随起酸化作用的硫酸一起加入锥形瓶中。国家标准化验方法规定每测定一次 COD_{Cr}（20mL 水样）要加入 0.4g Ag_2SO_4/30mL H_2SO_4，但对于一般的水样，投加 0.3g Ag_2SO_4/30mL H_2SO_4 是完全足量的，没有必要使用更多的硫酸银。对经常测定的污水水样，如果有充分的数据对照，还可以适当减少硫酸银的用量。

COD_{Cr} 是污水中有机物含量的指标，因此测定时一定要将氯离子和无机还原物质的耗氧除去。对于 Fe^{2+}、S^{2-} 等无机还原物的干扰，可根据其测定的浓度，由理论需氧量对已测的 COD_{Cr} 值加以校正。对氯离子 Cl^{-1} 的干扰，一般采用硫酸汞去除，其加入量为每 20mL 水样 0.4g $HgSO_4$ 时，可去除 2000mg/L 氯离子的干扰。对经常测定的各种成分相对固定的污水水样，如果氯离子含量较少或使用稀释倍数较高的水样测定，可以适当减少硫酸汞的用量。

7. BOD_5 测定的注意事项

BOD_5 的测定是生物作用和化学作用的共同结果，必须严格按照操作规范进行，变更任何一个条件，都将影响测定结果的准确性和可比性。影响 BOD_5 测定的条件包括 pH 值、温度、微生物种类和数量、无机盐含量、溶解氧和稀释倍数等。化验 BOD_5 的水样必须充满并密封于取样瓶中，在 2~5℃的冷藏箱内保存到分析时。一般应在采样后 6h 内进行检验，在任何情况下，水样的贮存时间不能超过 24h。对有硝化作用的污水处理系统的出水进行 BOD_5 测定时，由于其中含有很多硝化细菌，测定结果中就包含了氨氮等含氮物质的需氧量。当需要区分水样中含碳物质的需氧量和含氮物质的需氧量时，可采用在稀释水中加入硝化抑制剂的方法消除 BOD_5 测定过程中的硝化作用，比如在每升稀释水中加入 10mg 2-氯-6-三氯甲基吡啶或 10mg 丙烯基硫脲等。

（1）测定工业废水的 BOD_5 时的接种

工业废水中一般都含有数量不等的有毒物质，这些有毒物质会对微生物的活动产生抑制作用，因此工业废水中自有微生物的数量很少甚至根本没有。比如经高温和灭菌处理及 pH 过高或过低的水样，除了需要采取进行降温、还原杀菌剂或调整 pH 值等预处理措施外，为保证测定 BOD_5 时的准确性，也必须进行有效接种。

测定工业废水的 BOD_5 时，如果毒性物质含量太大，有时还要用药剂予以去除；如果污水呈酸性或碱性，还要先进行中和处理；而且通常水样要经过稀释，然后才能采用标准稀释法测定。向水样中水加入适量含经过驯化的好氧微生物的接种液（如处理这种工业废水的曝气池混合液），就是为了使水样中含有一定数量的对有机物具有降解能力的微生物。在满足其他测定 BOD_5 的条件下，利用这些微生物分解工业废水中的有机物，测定水样培养5d的耗氧量，即可得到工业废水的BOD_5值。

污水处理厂的曝气池混合液或二沉池出水是测定进入污水处理厂的污水BOD_5时的理想的微生物种源。直接用生活污水接种，因其中溶解氧很少甚至没有，容易出现厌氧微生物，需要长时间培养驯化，因此，这种经过驯化的接种液仅适用于作为特定需要的某些工业废水。

（2）测定BOD_5时对稀释水的基本要求

稀释水的质量对BOD_5的测定结果的准确性意义重大，通常要求稀释水空白5日耗氧必须小于0.2mg/L，最好能控制在0.1mg/L以下，接种稀释水5日耗氧应在0.3~1.0mg/L之间。

最好使用蒸馏水作为稀释水，不宜使用离子交换树脂制得的纯水作为稀释水，因为去离子水往往含有从树脂中分离出的有机物。如果制备蒸馏水的自来水中含有某些挥发性有机物，为预防其残留在蒸馏水中，就应在蒸馏前进行去除有机物的预处理。由金属蒸馏器制得的蒸馏水，应注意检查其中的金属离子含量，以免发生抑制微生物的繁殖和代谢，影响BOD_5测定结果的准确性。

如果所用稀释水因含有有机物而不符合使用要求时，可采取加入适量曝气池接种液后，在室温或20℃条件下贮存一定时间的方法予以消除影响。接种的量以5d耗氧约0.1mg/L为原则，为防止藻类繁殖，贮存必须在暗室中进行。如果贮存后的稀释水有沉渣，只能取用上清液，可过滤去除沉渣。

为确保稀释水的溶解氧接近饱和，必要时可用真空泵或水射器吸入经净化的空气，也可用微型空压机注入经净化的空气，还可用氧气瓶通入纯氧，然后将经过充氧的稀释水在20℃培养箱中放置一定时间，使溶解氧达到平衡。冬季在较低室温放置的稀释水可能含有过多的溶解氧，夏季高温季节则恰好相反，因此在室温与20℃有明显差别时，一定要放置在培养箱内稳定一段时间，使之和培养环境的氧分压平衡。

（3）测定BOD_5时确定稀释倍数的方法

稀释倍数的确定是按测定BOD_5时，5d耗氧应大于2mg/L、剩余溶解氧大于 1mg/L 这两个条件为原则。稀释后当日培养瓶中的 DO 为 7~8.5mg/L，假设 5d 耗氧量为 4mg/L，则稀释倍数为 COD_{Cr}值分别与 0.05、0.1125、0.175 三个系数的乘积。例如用 250mL 培养瓶测定 COD_{Cr}为 200mg/L 的水样 BOD_5 时，三个稀释倍数分别为：①200×0.005 = 10 倍，②200×0.1125 = 22.5 倍，③200×0.175 = 35 倍。如果采用直接稀释法，则取水样的体积分别为：①250÷10 = 25mL，②250÷22.5≈11mL，③250÷35≈7mL。

照此取样培养，将有 1~2 个测得的溶解氧结果符合上述两个原则。如果有两个稀释比符合上述原则，计算结果时，应取其平均值。如果剩余的溶解氧小于 1mg/L、甚至为零时，应加大稀释比。如果培养期间溶解氧消耗量小于 2 mg/L，一个可能是稀释倍数过大；另一个可能是微生物菌种不适应、活性差，或有毒物质的浓度过大，此时还可能出现稀释倍数大的培养瓶消耗溶解氧反而较多的现象。

如果稀释水为接种稀释水，由于空白水样耗氧为 0.3~1.0mg/L，所以稀释系数分别为 0.05、0.125 和 0.2。

如果已知水样 COD_{Cr}具体值或大概范围，可以较容易地按上述稀释倍数去分析其 BOD_5 值。当不知道水样的 COD_{Cr}范围，为了缩短分析时间，可在测定 COD_{Cr}过程中进行估算。具体做法是：首先配制每升中含有 0.4251g 邻苯二甲酸氢钾的标准溶液(此液 COD_{Cr}值为 500mg/L)，然后按比例稀释成 COD_{Cr}值分别为 400mg/L、300mg/L、200mg/L、100mg/L 的稀溶液。分别移取 20.0mL COD_{Cr}值为 100~500mg/L 的标准溶液，按常法加入试剂，进行 COD_{Cr}值测定。加热煮沸腾回流 30min 后，自然冷却到常温再加盖保存，制成标准比色系列。按照常法测定水样的 COD_{Cr}值过程中，当煮沸回流进行到 30min 时，用预热后的标准 COD_{Cr}值色列进行对比，估算出水样的 COD_{Cr}值，依此确定化验 BOD_5 时的稀释倍数。对含有难消解有机物的印染、造纸、化工等工业废水，必要时在煮沸回流到 60min 时再进行比色估算。

（4）测定 BOD_5 时水样稀释的操作注意事项

测定 BOD_5 时水样稀释法分一般稀释法和直接稀释法两种，其中一般稀释法需要使用的稀释水或接种稀释水数量较多。

一般稀释法是在 1L 或 2L 量筒中，加入稀释水或接种稀释水约 500mL，然后加入计算而得的一定体积的水样，再加稀释水或接种稀释水到满量程，用末端装有橡皮圆片的玻璃棒在水面下慢慢作上提或下沉式搅动，最后用虹吸管将已经混合均匀的水样溶液引入培养瓶中，并使充满溢出少许，小心盖紧瓶塞，并水封瓶口。对第二或第三个稀释倍数的水样，可利用剩余的混合液，经计算后在添加一定量的稀释水或接种稀释水，用同样的方法混合并引入培养瓶。

直接稀释法是先以虹吸法在已知容积的培养瓶中引入约一半容积的稀释水或接种稀释水，然后沿瓶壁注入根据稀释倍数计算出的每一培养瓶中应加入的水样体积，再引入稀释水或接种稀释水至瓶颈，小心盖紧瓶塞，并水封瓶口。使用直接稀释法时，特别要注意最后引入稀释水或接种稀释水时一定不能过快。同时要摸索引入最适体积的操作规律，避免过量溢出而产生的误差。

无论使用哪种方法，在将水样引入培养瓶时，动作必须要轻缓，避免发生气泡，以防空气溶入水中或水中氧气溢出。同时要保证在盖紧瓶盖时一定要细心，避免瓶内留有气泡而影响测定结果。培养瓶在培养箱内培养时，每天都要检查其水封情况，及时填水，以防止封口水分蒸干而使瓶内进入空气。此外，5d 前后使用的两个培养瓶的体积必须相同，以减小误差。

（5）测定 BOD_5 时可能出现的异常问题

BOD_5/COD_{Cr} 接近 1 甚至大于 1，往往说明检测过程出现了差错，必须对检测的每个环节进行审核，尤其要注意水样取用是否均匀。而 BOD_5/COD_{Mn} 接近 1 甚至大于 1 却可能是正常的，因为高锰酸钾对水样中有机组分的氧化程度要比重铬酸钾低很多，同一水样的 COD_{Mn} 值有时会比 COD_{Cr} 值低很多。

当出现规律性的稀释倍数越大、BOD_5 值越高的现象时，原因通常是水样中含有抑制微生物生长繁殖的物质。稀释倍数低时，水样中所含抑制物质的比例就越大，使细菌无法进行有效的生物降解作用，导致 BOD_5 的测定结果偏低。此时应查找抑菌物质的具体成分或原因，测定前进行有效地预处理予以消除或掩蔽。这些对 BOD_5 测定有影响的物质和因素包括重金属及其他有毒的无机物或有机物、余氯等氧化性物质、pH 值过高或过低等。

BOD_5/COD_{Cr}偏低时，比如低于 0.2 甚至低于 0.1，如果测定的是工业废水，可能因为水样中的有机物可生物降解性很差，但如果测定的水样是城市污水或混有一定比例生活污水的工业废水，除了因为水样中含有化学毒性物质或抗菌素外，比较常见的原因是 pH 值非中性和存在余氯类杀菌剂等。为避免失误，在 BOD_5 的测定过程中，水样和稀释水的 pH 值一定要分别调节到 7 和 7.2，对有可能存在余氯等氧化剂的水样，要作例行检查。

七、有毒物质

水中常见的有毒有害物质主要有汞、镉、铬、铅及硫化物、氰化物、氟化物、砷、硒等生物毒性显著的物质，在常规的二级污水处理中，硫化物、氰化物和挥发酚是最常见的无机性非金属有毒有害物质水质指标。

1. 酚

炼油、化工、炸药、树脂、焦化等行业会排放含酚污水，其中以土法炼焦排放的污水中含酚浓度最高；另外，机械维修、铸造、造纸、纺织、陶瓷、煤制气等行业也排放大量的含酚污水。

高浓度(>500mg/L)含酚污水的处理方法有萃取、活性炭吸附和焚烧等方法，浓度为 5~500mg/L 含酚污水的处理方法有生物法、活性炭吸附法和化学氧化法等。在没有高浓度的其他有毒物质或预先脱除有毒物质的情况下，酚类化合物可以被经过驯化的微生物有效分解。因此，对于中浓度含酚污水来说，活性污泥法或生物膜法均是行之有效的手段。低浓度含酚污水也可用臭氧氧化或活性炭吸附等方法处理。

酚类不单指苯酚，而且还包括邻位、间位和对位被羟基、卤素、硝基、羧基等取代的酚类化物的总称。水质标准中的挥发酚是指在蒸馏时，能与水蒸气一起挥发的酚类化合物。常用的挥发酚测定方法是4-氨基安替比林分光光度法和溴化容量法。4-氨基安替比林分光光度法干扰因素少、灵敏度较高，适用于测定挥发酚含量<5mg/L的水样。溴化容量法操作简便易行，适用于测定>10mg/L的工业废水或工业废水处理场出水中的挥发性酚量。

为防止溶解氧等氧化剂及微生物对酚类化合物的氧化或分解，通常采取加酸（H_3PO_4）和降低温度的方法抑制微生物的作用，采用加入足量硫酸亚铁的方法消除氧化剂的影响。即使采取了上述措施，水样也应在24h内进行分析化验，而且一定要将水样保存在玻璃瓶内而不能是塑料容器内。水样中含有氧化性或还原性物质及金属离子、芳香胺、油分和焦油类等成分时，都会对测定的准确性产生干扰，必须采取必要措施消除其影响。例如氧化剂可在加入硫酸亚铁或亚砷酸钠后被除去，硫化物可在酸性条件下加入硫酸铜后被除去，油分和焦油类可在强碱性条件下用有机溶剂萃取分离除去，亚硫酸盐、甲醛等还原性物质在酸性条件下用有机溶剂萃取后使还原性物质滞留于水中而除去。

为使挥发酚蒸出完全，蒸馏时应将样品的pH值调节至4左右（甲基橙的变色范围）。此外，由于挥发酚的挥发过程较为缓慢，故收集馏出液的体积应与原待蒸馏样品的体积相当。如果发现馏出液呈白色浑浊，应当在酸性条件下再蒸一次，若第二次馏出液仍呈白色浑浊，则可能是水样中有油分和焦油类的存在，需作相应的处理。

使用溴化容量法时，由于三溴苯酚沉淀容易包裹I_2，因此在接近滴定终点时，应充分剧烈摇动。

使用4-氨基安替比林（4-AAP）分光光度法时，全部操作都应在通风橱内进行，并利用通风橱的机械吸风，以消除具有毒性的苯对操作人员的不良影响。试剂空白值的增高，主要来自易吸潮结块和氧化的 4－AAP 试剂，因此要采取必要措施保证 4-AAP 的纯度。反应显色易受 pH 值影响，要严格控制反应溶液的 pH 值在 9.8~10.2 之间。苯酚稀标准溶液不稳定，每毫升含 1mg 苯酚的标准溶液置于冰箱内，使用时间不能超过 30d，每毫升含 10μg 苯酚的标准溶液应在配制当天使用，每毫升含 1μg 苯酚的标准溶液在配制后 2h 内使用。一定要按照标准操作方法按顺序加入试剂，每加入一种试剂后都应摇匀。如果加入缓冲液后不摇匀，会使实验溶液内氨浓度不均匀，对反应有影响。氨水不纯可使空白值增加 10 倍以上，开瓶后的氨水如果长时间未用完，应蒸馏后再用。如果因为 4-AAP 不纯导致空白颜色过深，可改用 490nm 波长测定以提高测定精度。4-AAP 不纯时可用甲醇溶解后，再用活性炭过滤重结晶精制。

2. 氰化物

自然水体中一般不含氰化物，水中氰化物是人类活动所引起的。采矿提炼、摄影冲印、电镀、金属表面处理、焦炉、煤气、染料、制革、塑料、合成纤维及工业气体洗涤等行业都排放含氰污水。

含氰污水的处理原理是将氰化物氧化成毒性较低的氰酸盐，或完全氧化成二氧化碳和氮。常用的处理方法是氯氧化法、臭氧氧化法和电解氧化法，过量的氰化物对活性污泥的毒害作用很大，但在不超过一定的浓度时，只要保证 pH 值>7、水温低于 35℃和合理的曝气量，活性污泥中的微生物可以将氰化物氧化生成铵离子和碳酸根。

（1）氰化物测定的方法

氰化物的常用分析方法是容量滴定法和分光光度法，容量滴定法适用于高浓度氰化物水样的分析，测定范围为 1~100mg/L；分光光度法有异烟酸 - 吡唑啉酮比色法和砒啶-巴比妥酸比色法两种，适用于低浓度氰化物水样的分析，测定范围为 0.004~0.25mg/L。滴定法和分光光度法测定时都存在一些干扰因素，通常需要加入特定药剂等预处理措施，并进行预蒸馏。当干扰物质浓度不是很大时，只通过预蒸馏即可达到目的。

（2）氰化物测定的注意事项

① 氰化物有剧毒，吡啶也有毒，分析操作时要格外小心谨慎，必须在通风橱内进行，避免沾污皮肤和眼睛。

② 氧化剂的存在，会使氰化物分解，如果怀疑水中有氧化剂，可以采取加入适量硫代硫酸钠的方法排除其干扰。水样应贮存于聚乙烯瓶中，采集后，应在24h内进行分析。必要时，应加入固体氢氧化钠或浓氢氧化钠溶液，使水样 pH 值提高到12~12.5。

③ 硫化物在酸性蒸馏时，可呈硫化氢态被蒸出，并被碱液吸收，因此必须预先除去。除硫的方法有两个，一是在酸性条件下，加入不能氧化 CN^- 的氧化剂（如高锰酸钾）将 S^{2-} 氧化后再蒸馏；二是加入适量 $CdCO_3$ 或 $CdCO_3$ 固体粉末，使生成金属的硫化物沉淀，将沉淀过滤后再蒸馏。

④ 在酸性蒸馏时，油类物质也可被蒸出，此时可以用（1+9）醋酸调节水样 pH 值至6~7后，迅速用水样体积20%的己烷或氯仿进行一次（不可多次）萃取，随后立即用氢氧化钠溶液水样 pH 值提高到12~12.5再蒸馏。

⑤ 含高浓度的碳酸盐的水样在酸性蒸馏时，会释放出二氧化碳被氢氧化钠洗涤液收集而影响测定结果。遇高浓度的碳酸盐的污水时，可用氢氧化钙代替氢氧化钠固定水样，使水样 pH 值提高到12~12.5并经过沉淀后，再倾上清液于样品瓶中。

⑥ 采用光度法测定氰化物时，反应溶液的 pH 值直接影响显色的吸光值。因此，必须严格控制吸收液的碱浓度，注意磷酸盐缓冲液的缓冲容量。在加入一定量的缓冲液后，需注意测定是否能达到最适的 pH 值范围。另外，在磷酸盐缓冲液配制之后，必须以 pH 计测量其 pH 值，了解其是否符合要求，以避免因试剂不纯或含有结晶水而出现较大的偏差。

⑦ 氯铵T的有效氯含量的改变，也是氰化物测定不准的常

见原因。当出现不显色或显色不呈线性、灵敏度低等现象时，除了溶液 pH 值出现偏差这个原因以外，往往与氯铵 T 质量有关。因此，氯铵 T 的有效氯的含量必须在 11%以上，已分解或配制后出现混浊沉淀物的不能再用。

3. 硫化物

炼油、纺织、印染、焦炭、煤气、纸浆、制革及多种化工原料的生产过程中都会排放含有硫化物的工业废水，含有硫酸盐的污水在厌氧条件下，也可以还原产生硫化物，成为含有硫化物的污水。含硫化物污水的处理方法有将硫化物转化为硫化盐进行絮凝沉淀和将硫化物转化为硫化氢汽提两类。

水中硫化物浓度一旦超过 0.5mg/L，就会带有令人厌恶的臭蛋气味，且具有腐蚀性。有机硫化物种类繁多，同样多具有难闻的臭味，容易使人觉察。含硫污水在一定条件下，可以释放出硫化氢气体，硫化氢不仅可以直接腐蚀金属管道，而且它在污水管壁上能被微生物氧化成 H_2SO_4，从而严重地腐蚀金属管道或水泥管道，所以硫化物含量较高的工业废水的排放都应采用耐腐蚀的塑料或玻璃钢材质的管道。在每年的清理检修排放含硫污水的钢制管道和储存含硫污水的钢制容器时，如果处理不当，就有可能因硫化亚铁在空气中自燃而引发爆炸和火灾。

(1) 检测水中硫化物含量的方法

常用检测水中硫化物含量的方法有亚甲蓝分光光度法、对氨基 *N*，*N*-二甲基苯胺分光光度法、碘量法、离子电极法等。亚甲基蓝分光光度法、直接显色分光光度法和对氨基 *N*，*N*-二甲基苯胺分光光度法只适用于检测硫化物含量较低的水样（<1mg/L）。当污水中硫化物浓度较高时，可以使用碘量法，碘量法的检测浓度范围为 1~200mg/L。

当水样浑浊、有色或含有 SO_3^{2-}、$S_2O_3^{2-}$、硫醇、硫醚等还原性物质时，需要进行预分离消除干扰，常用的预分离方法是酸化-吹脱-吸收法。从水中吹取 H_2S 时，搅拌比不搅拌回收率显著高，在搅拌下吹脱 15min 硫化物回收率可达 100%；在搅拌下吹脱时间超过 20min 时，回收率略有下降。因此，通常在搅拌下吹脱，吹脱时间为 20min。当水浴温度为 35~55℃时，硫化物回收率能达到 100%，水浴温度为 65℃以上时，硫化物回收率略有降低。因此，一般选取最佳水浴温度为 35~55℃。

（2）硫化物测定的注意事项

① 由于水中硫化物的不稳定，在水样采集时，不能对取样点曝气和剧烈搅动，采集后，要及时加入乙酸锌溶液，使之成为硫化锌混悬液。当水样为酸性时，应当补加碱溶液以防释放出硫化氢，水样满瓶后加塞，尽快送化验室进行分析。

② 无论采用哪种方法分析，都必须对水样进行预处理以消除干扰和提高检测水平。呈色物、悬浮物、SO_3^{2-}、$S_2O_3^{2-}$、硫醇、硫醚以及其他还原性物质的存在，都会影响分析结果。消除这些物质的干扰的方法，可以采用沉淀分离、吹气分离、离子交换等。

③ 用于稀释和试剂溶液配制的水不能含有 Cu^{2+} 和 Hg^{2+} 等重金属离子，否则会因生成酸不溶硫化物使分析结果偏低，因此不要使用金属蒸馏器制得的蒸馏水，最好使用去离子水或全玻璃蒸馏器蒸得的蒸馏水。

④ 同样乙酸锌吸收液中含有痕量重金属时也会影响测定结果，可以在充分振摇下，向 1L 乙酸锌吸收液中逐滴加入 1mL 新制备的 0.05mol/L 硫化钠溶液，静置过夜，再旋转摇动后用质地细密的定量滤纸过滤，弃去除滤液，这样可以排除吸收液中痕量重金属的干扰。

⑤ 硫化钠标准溶液极不稳定，浓度越低越容易变化，必须于用前配制并立即标定。用于配制标准溶液的硫化钠结晶表面常含有亚硫酸盐，从而造成误差，最好取用大颗粒结晶，并用水快速淋洗洗去亚硫酸盐后再称量。

八、植物营养性物质

氮素化合物及含磷化合物等植物营养物质是活性污泥中微生

物生长繁殖所必需的成分，是关系到生物处理工艺能否正常运转的关键。因此，常规污水处理运行中一般都监测进出水中的氨氮和磷酸盐，一方面为了监测生物处理运转是否正常，另一方面为了检测出水是否达到国家排放标准。如果进水氮、磷含量不足，就要投加一定量的氮肥和磷肥加以补充；如果二沉池出水的磷酸盐含量超过国家一级排放标准 0.5mg/L，就需要采取一些除磷、脱氮的措施使最终排水中的氮、磷达标。

1. 氮

氨氮是水中以 NH_3 和 NH_4^+ 形式存在的氮，它是有机氮化物氧化分解的第一步产物，是水体受污染的一种标志。有机氮和氨氮的总和可以使用凯氏(Kjeldahl)法测定，因而又称为凯氏氮。总氮为水中有机氮、氨氮、亚硝酸盐氮和硝酸盐氮的总和，也就是凯氏氮与总氧化氮之和。

(1) 有机氮和氨氮

有机氮主要以蛋白质形式存在，还有尿素、胞壁酸、脂肪胺、尿酸和有机碱等含氨基和不含氨基的化合物，有些有机氮如果胶、甲壳质和季胺化合物等很难生物降解。生产这些有机氮或以这些有机氮为原料的工业排放的污水中会含有这些有机氮。钢铁、炼油、化肥、无机化工、铁合金、玻璃制造、肉类加工和饲料生产等行业排放含有氨氮的工业废水，皮革生产、动物排泄物等新鲜污水中氨氮初始含量并不高，但由于污水中有机氮的脱氨基反应，在污水贮存或在排水管道中驻留一段时间后，氨氮的浓度会迅速增加。工业废水中有机氮或氨氮浓度取决于原料的性质、采用的生产工艺、水的消耗量及水的重复利用率等多方面因素。

对有机氮工业废水可采用生物法处理，在微生物去除有机碳的同时，通过生物同化及生物矿化作用将污水中的有机氮转化为氨氮。氨氮污水的处理方法有汽提、空气吹脱、离子交换、活性炭吸附、生物硝化和反硝化等。

(2) 硝酸盐氮和亚硝酸盐氮

化肥制造、钢铁生产、火药制造、饲料生产、肉类加工、电子元件及核燃料生产等工业排放的污水中含有高浓度的硝酸盐和亚硝酸盐。某些含有有机氮或氨氮的工业废水起初也许不含硝酸盐和亚硝酸盐，但对这些污水进行好氧生物处理时，就有可能转化成硝酸盐或亚硝酸盐。

含氮有机物无机化分解最终阶段的代表产物是硝酸盐，亚硝酸盐是氮循环的中间产物，在水中的稳定性很差，在有氧和微生物的作用下，可被氧化成硝酸盐，在缺氧或无氧条件下可以被还原为氨。因此，在清洁的水体中，亚硝酸盐的含量很低，氮主要以硝酸盐形式存在。同时测定水体中的氨氮、亚硝酸盐氮和硝酸盐氮等三种无机氮，并结合有机氮和总氮的分析化验结果，可以分析水体受含氮化合物污染的程度和自净状况。同样可以利用这些氮化物的分析结果，判断污水处理的效果，指导调整脱氮工艺的运行。

处理含硝酸盐或亚硝酸盐工业废水的常规方法是生物反硝化脱氮，对于少量的含硝酸盐或亚硝酸盐工业废水，还可以采用电渗析、反渗透、离子交换等方法。

（3）氨氮测定的注意事项

氨氮测定的常用方法是纳氏试剂比色法和水杨酸-次氯酸盐法，其最低检测浓度分别为 0.05mg/L 和 0.01mg/L（以 N 计），当测定浓度为 0.2mg/L 以上的水样时，可以使用容量法。水样的保存可采用浓硫酸酸化的方法，即用浓硫酸调整水样 pH 值至 1.5~2 之间，并在 4℃环境下贮存。为了获得准确的结果，无论采用哪种分析方法，测定氨氮时都要将水样预先蒸馏处理。

水样的 pH 值对氨的测定影响很大，pH 值太高，会使某些含氮的有机化合物转变为氨，pH 值太低，加热蒸馏时部分氨又会滞留水中。为了获得准确的结果，分析前应将水样调至中性，水样偏酸或偏碱，可用 1mol/L 氢氧化钠溶液或 1mol/L 的硫酸溶液调节 pH 值为中性。然后加入磷酸盐缓冲溶液，使其 pH 值保持在 7.4 后，再进行蒸馏处理。加热后氨即呈气态从水中挥发出来，此时再用 0.01~0.02mol/L 的稀硫酸（苯酚-次氯酸盐法）或

2%的稀硼酸(纳氏试剂法)吸收。

对于某些 Ca^{2+} 含量较大的水样，加入磷酸盐缓冲溶液后，由于 Ca^{2+} 与 PO_4^{3-} 生成了难溶的 $Ca_3(PO_4^{3-})_2$ 沉淀、释放出磷酸盐中的 H^+ 降低了 pH 值，显然其他能与磷酸根生成沉淀的离子也能影响加热蒸馏时水样的 pH 值。也就是说，对于这样的水样，即使调节 pH 值为中性，又加入了磷酸盐缓冲溶液，结果 pH 值仍会远远低于期望值。因此，对于未知水样，在蒸馏后再测一下 pH 值，如果 pH 值不在 7.2~7.6 之间，就应当增加缓冲溶液的用量，一般每 250mg 钙多加 10mL 磷酸盐缓冲溶液。

2. 磷

城市生活污水是增加地表水体含磷量的主要来源之一，普通生活污水中的含磷量为 10~15mg/L。工业循环冷却水处理系统和锅炉水处理系统磷肥厂等会排放含有磷酸盐的工业废水，有机磷农药生产过程中会排放出来含有有机磷的工业废水。

有机磷化合物属于难生物降解物质，可以采用强氧化剂氧化法、水解法、吸附法等形式预处理后再用生物法处理。在含磷污水生物处理过程中，有机磷可以转化为正磷酸盐。然后可以和含磷酸盐污水一样利用化学法或 A/O 法、A^2/O 法、Phostrip 法等生物除磷工艺流程实现最终排放污水的磷含量达标。

水中的磷酸盐可分为正磷酸盐和缩合磷酸盐两大类，其中正磷酸盐指以 PO_4^{3-}、HPO_4^{2-}、$H_2PO_4^-$ 等形式存在的磷酸盐，而缩合磷酸盐包括焦磷酸盐、偏磷酸盐和聚合磷酸盐等。有机磷化合物主要包括磷酸酯、亚磷酸酯、焦磷酸酯、次磷酸酯和磷酸胺等类型，有些有机磷化合物的毒性很大。磷酸盐和有机磷之和称为总磷，也是一项重要的水质指标。

磷酸盐的测定方法多采用钼蓝法，用氧化剂将水样中不同形态的磷转化为磷酸盐后测定磷酸盐含量，可求得总磷含量。由于磷酸盐可以吸附于塑料瓶壁上，故不可用塑料瓶贮存水样。所使用的玻璃瓶都要用稀的热盐酸或稀硝酸冲洗，再用蒸馏水冲洗数次。磷的水样不稳定，最好采集后立即分析。如果分析不能立即进行，每升水样加40mg氯化高汞或1mL浓硫酸防腐后，再贮于棕色玻璃瓶中放置于4℃的冷藏箱内。如果水样仅用于分析总磷，可以不用防腐处理。

九、致病微生物

生活污水及屠宰、生物制品、医院、制革、洗毛等工业废水中常含有这些能传染各种疾病的致病微生物。消毒杀菌的方法有氯、二氧化氯、臭氧等氧化法、紫外线照射等，另外超滤处理也可以除去水中大部分的细菌。对致病病原体较为集中和含量较大的污水最好进行单独消毒处理，然后再和其他污水一起进行二级生化处理，这样可以减少消毒剂的消耗量。污水处理后排放和回用前通常需要进行消毒处理，需要监控的微生物指标是细菌总数和大肠菌群数。

1. 细菌总数

细菌总数是指1mL水样在营养琼脂培养基中，经37℃、24h培养后所生长的菌落数。计量单位是每mL水中所含有的总菌数，这是一种测定水中好氧和兼性厌氧的异养菌密度的方法。

(1) 测定细菌总数的注意事项

每个水样必须做两个平行样，另外每次检验还要做只倾注营养琼脂培养基的空白对照。培养之后，应立即进行平皿菌落计数。如果计数必须暂缓进行，可将平皿存放于5~10℃的环境下，但不能超过24h，而且也不可以将这种做法当作常规的操作方式。

对平皿菌落计数时，可用肉眼观察，为防止遗漏，必要时应用放大镜检查。对那些看来相似、距离相近但并不相触的菌落，只要其距离小于最小菌落的直径，就应当分别予以计数。对那些紧密接触但外观(形态或颜色)有差异的菌落也要分别予以计数。

在求同一稀释度的平均菌落数时，如果其中一个平皿有较大片状菌落生长时，则不宜采用，而应以无片状菌落生长的平皿作为该稀释度的菌落数。如果片状菌落不到平皿的一半、而其余部分菌落的分布又很均匀时，则可以将生长均匀的1/2平皿菌落计数后乘以2代表全皿菌落数。

细菌总数的测定结果是以每个平皿菌落总数或同一稀释度平行实验平皿的平均菌落数乘以稀释倍数。当最终结果在100以内时按实际菌落数记录结果；大于100时，采用两位有效数字，用10的指数来表示，如果菌落数无法计数，在报告结果时要注明稀释倍数。

（2）根据菌落计数结果计算水样的细菌总数的方法

计算细菌总数的化验结果时，需要根据不同稀释度的平均菌落数进行比较和计算，其方法如下：

① 首先选择平均菌落数在30~300之间的情况进行计算，当只用一个稀释度的平均菌落数符合此范围时，即以该平均菌落数乘其稀释倍数作为检验水样细菌总数的结果。

② 如果有两个稀释度的平均菌落数在30~300之间，应当按二者的比值来决定计算方法。如果比值小于2，则以各自的平均菌落数乘以各自的稀释倍数后的平均值作为检验水样细菌总数的结果；比值大于2，则以其中平均菌落数乘以其稀释倍数后的较小者作为检验水样细菌总数的结果。

③ 如果所有稀释度的平均菌落数均大于300，则应当按稀释倍数最大的平均菌落数乘以其稀释倍数作为检验水样细菌总数的结果。

④ 如果所有稀释度的平均菌落数均小于30，则应当按稀释倍数最小的平均菌落数乘以其稀释倍数作为检验水样细菌总数的结果。

⑤ 如果所有稀释度的平均菌落数均不在30~300之间，则应当以最接近30或300的平均菌落数乘以其稀释倍数作为检验水样细菌总数的结果。

2. 大肠菌群数(值)

大肠菌群细菌是肠道好氧菌中最普遍和数量最多的一类细

菌，所以常将其作为粪便污染的指示菌。人体饮用或接触大肠菌群数超标的水，就可能引起肠道传染疾病。大肠菌群细菌是指一类好氧或兼性厌氧、能发酵乳糖、革兰氏染色阴性、无芽孢的杆菌，因此有时也称粪大肠菌群或大肠杆菌，大肠菌群细菌在乳糖培养基中经37℃、24h培养后，能产酸产气。大肠菌群数(值)一般以1L或100mL水中含有的大肠菌群数量为计量单位，常用测定方法有多管发酵法和滤膜法两种。

多管发酵法是根据大肠菌群细菌能发酵乳糖、革兰氏染色阴性、无芽孢、呈杆状等有关特性，通过三个步骤进行检验，来确定水样中的总大肠菌群数。多管发酵法以最可能数MPN来表示实验结果，是根据统计学理论估计水体中大肠杆菌密度和卫生质量的一种方法，这种估计有大于实际数字的倾向。对于大肠菌群数含量的估计值，决定于那些既显示阳性又显示阴性的稀释度，在实际设计水样检验所要求重复的数目时，要根据所要求数据的准确度而定。

滤膜法是用特制的灭菌微孔薄膜过滤水样，细菌被截留在膜上后，将薄膜贴在品红亚硫酸钠培养基上进行培养。因为大肠菌群细菌可发酵乳糖，在滤膜上培养培养后会出现紫红色具有金属光泽的菌落，计数滤膜上出现的具有此特征的菌落数，即可计算出每L水样中含有的大肠菌群数。滤膜法可测定的水样体积较大，能比多管发酵法更快地获得结果，但测定浊度高、非大肠杆菌类细菌密度大时，效果较差。

十、热

热水排入污水处理厂，在冬季有利于提高二级生物处理系统的温度，使活性污泥的活性不因冬季气温低而降低太多；但在夏季气温较高时，若不采取适当降温措施，将会导致二级生物处理系统的温度过高，使活性污泥的活性降低，甚至于导致二级出水水质恶化。

正常情况下，现场临时测定污水处理厂各个工艺构筑物内水温时，一般可以使用品质合格的充汞式玻璃温度计测定。如果需要将温度计从水中拿出来读数，那么从温度计离开水面到读数完毕的时间不能超过20s。温度计至少要有0.1℃的精确刻度，并且热容应当尽可能小以使其易于达到平衡，同时需要定期由计量检定部门使用精密温度计进行校正。临时测定水温时，要将玻璃温度计或其他测温设备探头浸入待测水中一定时间(一般5min以上)、达到平衡后再去读取数据，温度值一般精确到0.1℃。污水处理厂一般在曝气池的进水端安装在线温度测定仪，而测温仪通常使用热敏电阻测量水温。

十一、色度

色度污水的主要来源是染料、纺织印染(有机染料)、造纸制浆(木质素)和制革(鞣酸)等，这些工业废水往往含有深度的、持久性的颜色。

普通沉淀和生物处理对以上含有持久色度工业废水的去除效果较差，用氯或臭氧氧化的方法除色效果较好，但氧化剂消耗量很大、造价昂贵。制浆污水的脱色方法有投加硫酸铝凝聚沉淀法、石灰凝聚沉淀法、聚合树脂分离法、电凝聚法等。染料、印染污水的呈色污染物成分复杂，很难用单一处理方法解决问题。染料、印染污水的脱色方法有生物法(如延时曝气活性污泥法和生物接触氧化、塔式生物滤池及生物转盘等生物膜法)、化学混凝分离法、活性炭法和电凝聚法等，有时要将上述方法联合处理，例如接触氧化-生物活性炭法、粉末炭活性污泥法等。近年来，湿式氧化法等高级氧化技术已被用来处理含色污水。

水的颜色有真实颜色和表观颜色两种形式，水质分析中所称的色度通常指水的真实颜色，即仅指水样中溶解性物质产生的颜色，而由溶解性物质和不溶解性悬浮物质共同产生的颜色是水的表观颜色。污水处理系统测定水的颜色通常是用稀释倍数法测定处理后污水的表观颜色。通常用文字来描述其深浅、色调以及透明程度等特征，然后用稀释倍数法进行测定。稀释倍数法是将水样用光学纯水稀释至将近无色后移入比色管中，在白色背景下与同样液柱高度的光学纯水比较颜色深浅，如果发现有差异，再进行稀释，直到不能觉察出颜色为止，此时水样的稀释倍数即为表达水颜色强度的数值，单位是倍。

第四节　污水处理常用药剂

为了使污水处理后达标排放或进行回用，在处理过程需要使用多种化学药剂。根据用途的不同，可以将这些药剂分成以下几类：

① 絮凝剂：有时又称为混凝剂，可作为强化固液分离的手段，用于初沉池、二沉池、浮选池及三级处理或深度处理等工艺环节。

② 助凝剂：辅助絮凝剂发挥作用，加强混凝效果。

③ 调理剂：又称为脱水剂，用于对脱水前剩余污泥的调理，其品种包括上述的部分絮凝剂和助凝剂。

④ 破乳剂：有时也称脱稳剂，主要用于对含有乳化油的含油污水气浮前的预处理，其品种包括上述的部分絮凝剂和助凝剂。

⑤ 消泡剂：主要用于消除曝气或搅拌过程中出现的大量泡沫。

⑥ pH 调整剂：用于将酸性污水和碱性污水的 pH 值调整为中性。

⑦ 消毒剂：用于在污水处理后排放或回用前的消毒处理。

以上药剂的种类虽然很多，但一种药剂在不同的场合使用，起到的作用不同，也就会拥有不同的称呼。比如说 Cl_2，应用在加强污水的混凝处理效果时被称为助凝剂，用于氧化污水中的氰化物或有机物时被称为氧化剂，用于消毒处理自然就被称为消毒剂。

一、絮凝剂

絮凝剂是能够降低或消除水中分散微粒的沉淀稳定性和聚合稳定性，使分散微粒凝聚、絮凝成聚集体而除去的一类物质。絮凝剂在污水处理领域作为强化固液分离的手段，可用于强化污水的初次沉淀、浮选处理及活性污泥法之后的二次沉淀，还可用于污水三级处理或深度处理。当用于剩余污泥脱水前的调理时，絮凝剂和助凝剂就变成了污泥调理剂或脱水剂，而用于乳化油的处理时又成为破乳剂。按照化学成分，絮凝剂可分为无机絮凝剂、有机絮凝剂以及微生物絮凝剂三大类。

1. 无机絮凝剂

无机絮凝剂包括铝盐、铁盐及其聚合物，具有原料易得，制备简便、价格便宜、处理效果适中等特点，因而在水处理中应用较多。在工业废水及污水处理中应用较多的是铝、铁和硅类的无机高分子絮凝剂，其中广泛使用的为聚合氯化铝 PAC。

聚合氯化铝（PAC），又称碱式氯化铝，分子式：$[Al_2(OH)_nCl_{6-n}]_m$，通常 $n=1\sim5$，$m\leqslant10$。三氧化二铝含量和碱化度是衡量聚合氯化铝性能的两个指标。三氧化二铝含量 10% 的液体 PAC，相对密度≥1.2。由于聚合氯化铝可以看做是 $AlCl_3$ 逐步水解转化为 $Al(OH)_3$ 过程中的中间产物，也就是其中 Cl^- 逐步被羟基 OH^- 取代的各种产物。聚合氯化铝的某种形态中羟基化程度就是碱化度，碱化度是聚合氯化铝中羟基当量与铝的当量之比。聚合氯化铝的聚合度、电荷量、混凝效果、成品的 pH 值、使用时的稀释率和储存的稳定性等都与碱化度有密切关系。常用聚合氯化铝的碱化度多为 50%~80%，碱化度越高的聚合氯化铝吸附架桥能力越好，但因接近 $[Al(OH)_3]_n$ 而易产生沉淀，因此稳定性也较差。

絮凝剂的选择主要取决于水中胶体和悬浮物的性质及浓度，如果水中污染物颗粒细小，主要呈胶体状态，则应首选铁盐絮凝剂。普通铁盐、铝盐的投加范围是 10~100mg/L，聚合盐为普通盐投加量的1/2~1/3。当使用多种絮凝剂时，需要通过试验确定最佳投加顺序。

水中的H^+和OH^-参与絮凝剂的水解反应，因此，pH值强烈影响絮凝剂的水解速度、水解产物的存在形态和性能。水的碱度对pH值有缓冲作用，当碱度不够时，应添加石灰等药剂予以补充。当水的pH值偏高时，则需要加酸调整pH值到中性。

絮凝剂的水解多是吸热反应，水温较低时，水解速度慢且不完全，而且水的黏度大不利于混凝絮体的相互黏合。此时即使增加絮凝剂的投加量，絮体的形成还是很缓慢，而且结构松散、颗粒细小。

水中杂质颗粒大小参差不齐对混凝有利，细小而均匀会导致混凝效果很差。水中杂质颗粒含有大量有机物时，混凝效果会变差，需要增加投药量或投加氧化剂等起助凝作用的药剂。水中的钙镁离子、硫化物、磷化物一般对混凝有利，而某些阴离子、表面活性物质对混凝有不利影响。

2. 有机高分子絮凝剂

污水处理中使用的有机高分子絮凝剂都是水溶性的线型高分子物质，每个大分子由许多包含带电基团的重复单元组成，因而也称为聚电解质。包含带正电基团的为阳离子型聚电解质，包含带负电基团的为阴离子型聚电解质，既包含带正电基团又包含带负电基团，称之为非离子型聚电解质。我国目前生产的人工合成有机高分子絮凝剂中80%是聚丙烯酰胺类产品。从相对分子质量(简称为分子量)大小可以分为低分子聚丙烯酰胺(分子量在100万以下)；中分子聚丙烯酰胺(分子量在100万至1000万)；高分子聚丙烯酰胺(分子量在1000万至1500万)；超高分子聚丙烯酰胺(分子量在1700万以上)。

固体有机高分子絮凝剂容易吸水潮解成块，必须使用防水包装，保存地点也必须干燥，避免露天存放。有机高分子絮凝剂固体产品或高浓度液体产品在使用之前必须配制成水溶液再投加到待处理水中。配制水溶液的溶药池必须安装机械搅拌设备，溶药连续搅拌时间要控制在30min以上。水溶液的浓度一般为0.1%左右，再高，溶液的黏度增大，投加困难，再低，需要的溶液池体积又会过大。溶药使用的水中应尽量避免含有大量的悬浮物，以避免有机高分子絮凝剂与这些悬浮物进行絮凝反应形成矾花，影响投加后的使用效果。

对固体有机高分子絮凝剂进行溶解时，固体颗粒的投加点一定要在水流紊动最强烈的地方，同时一定要以最小投加量向溶药池中缓慢投入，使固体颗粒分散进入水中，以防固体投加量太快在水中分散不及而相互粘结形成团块，团块的结构是内部有固体颗粒、外部包围部分水解物，这样的团块一旦形成，往往要花费很长时间才能再均匀地溶入水中，在连续溶药池中甚至可以存在长达数天。

固体颗粒的投加点一定要远离机械搅拌器的搅拌轴，因为搅拌轴通常是溶药池中水流紊动性最差的地方，溶解不充分的有机高分子絮凝剂经常会附着在轴上，日益积累，有时可以形成相当大的粘团，如果不及时认真地予以清理，粘团会越变越大，影响范围也就越来越大。

3. 絮凝剂种类和投加量的确定

使用混凝法处理任何污水，都存在最佳絮凝剂和最佳投药量。由于影响因素较多，一般通过混凝烧杯搅拌试验来取得相应数据。试验包括快速搅拌、慢速搅拌和静止沉降三个步骤：投入的絮凝剂经过快速搅拌迅速分散并与水样中的胶粒相接触，胶粒开始凝聚并产生微絮体；通过慢速搅拌，微絮体进一步互相接触长成较大的颗粒；停止搅拌后，形成的胶粒聚集体依靠重力自然沉降至烧杯底部。通过对混凝效果的综合评价，如絮凝体沉降性、上清液浊度、COD_{Cr}、色度、pH值等，确定合适的絮凝剂品种及其最佳用量。试验时要做到所用原水与实际水质完全相同，絮凝剂的种类、投加量、投加顺序和水力条件(主要是GT值)必须相同或接近。

试验多用六联搅拌机，转轴的旋转速度和旋转时间可以预先设定，能自动工作。一般试验按快速搅动 2min，$n=300r/min$；慢速搅动 3min，$n=60r/min$。试验时在 6 个 1000mL 大烧杯中加入 1L 原水后，分别放在六个转轴的正下方，将转轴下移到底；再在连接在一水平转轴上的 6 个小玻璃烧杯内，依次加入不同数量的药液，转动水平轴，则小管内的药液同时倒入相应的原水中。然后启动搅拌器使其自动工作。搅动自动停止后，将叶片从烧杯中缓慢拉起，静置 20min，用移液管自水面下约 10cm 处，吸取水样 25mL，用浊度计测量上清液的浊度。以投药量为横坐标，上清液的剩余浊度为纵坐标，绘制成曲线将不同絮凝剂的效果进行对比，根据除浊效果和综合技术经济多方面因素，选择确定处理这种污水的絮凝剂。

二、助凝剂

在污水的混凝处理中，有时使用单一的絮凝剂不能取得良好的混凝效果，往往需要投加某些辅助药剂以提高混凝效果，这种辅助药剂称为助凝剂。助凝剂种类较多，但按它们在混凝过程中所起作用来说大致可分为如下两类：

（1）调节或改善混凝条件的药剂

混凝过程应该在一定的 pH 值范围内进行，如果原水 pH 值不能满足此要求，则应调整原水的 pH 值，为满足混凝过程调整污水 pH 值的酸和碱即为助凝剂。使用 Cl_2 等氧化剂氧化污水中的有机物，可提高混凝对溶解性有机物的去除效果。亚铁盐作絮凝剂时，用氯气将亚铁（Fe^{2+}）氧化成高价铁（Fe^{3+}），可以提高混凝效果。

（2）加大矾花粒度、密度和结实性的助凝剂

为使混凝生成粒度大、密度大和结实的矾花，有时必须在水中加入某种物质或药剂，改善絮凝体的结构，使细小松散的絮凝体变成粗大而紧密的矾花。如含有不宜沉降的质地较轻杂质的低浊污水中，加入二氧化硅、活性炭、黏土一类较粗颗粒或回流部分沉淀污泥可起到加重、加大矾花的作用；当采用铝盐、铁盐作

絮凝剂只能产生细小而松散的絮凝体时，可投加聚丙烯酰胺、活化硅酸及骨胶等高分子助凝剂，利用它们的强烈吸附架桥作用，使细小而松散的絮凝体变得粗大而密实。

三、污泥调理剂

1. 种类

调理剂又称脱水剂，可分为无机调理剂和有机调理剂两大类。无机调理剂一般适用于污泥的真空过滤和板框过滤，而有机调理剂则适用于污泥的离心脱水和带式压滤脱水。

(1) 无机调理剂

最有效、最便宜也是最常用的无机调理剂主要有铁盐和铝盐两大类，和前面提到的絮凝剂种类基本相同，比如铁盐调理剂聚合硫酸铁(PFS)、铝盐调理剂聚合氯化铝(PAC)等。

投加无机调理剂的缺点一是用量较大，投加量要达到污泥干固体重量的5%~20%，从而导致滤饼体积增大；二是无机调理剂本身具有腐蚀性(尤其是铁盐)，投加系统要具有防腐性能。应当注意的是，采用氯化铁作为调理剂时，会增加对脱水污泥处理设备金属构件的腐蚀性，因此所配备的脱水污泥处理设备的防腐等级应适当提高。

(2) 有机调理剂

有机合成高分子调理剂种类很多，按聚合度可分为低聚合度(分子量约为1千~几万)和高聚合度(分子量约为几十万~几百万)两种。与无机调理剂相比，有机调理剂投加量较少，一般为污泥干固体质量的0.1%~0.5%，而且没有腐蚀性。

用于污泥调理的有机调理剂主要是高聚合度的聚丙烯酰胺系列的絮凝剂产品，主要有阳离子型聚丙烯酰胺、阴离子型聚丙烯酰胺和非离子型聚丙烯酰胺三类。其中阳离子型聚丙烯酰胺能中和污泥颗粒表面的负电荷并在颗粒间产生架桥作用而显示出较强的凝聚力，调理效果显著，通过调整阳离子变性条件，可得到不同阳离子度的调理剂，但费用较高。为降低成本，可以使用较便宜的阴离子型聚丙烯酰胺-石灰联用法，利用带有正电荷的$Ca(OH)_2$絮体物将带负电的絮凝剂和污泥颗粒吸附在一起，形成一种复合的凝聚体系。

2. 选用时应考虑的因素

① 调理剂的品种特点：在选用无机调理剂时，尽可能采用铁盐；当使用铁盐会带来许多问题时，再考虑采用铝盐。在采用无机调理剂或有机调理剂中的一种难以达到理想的调理效果时，可以考虑将无机和有机调理剂复配使用，有时能取得更好的调理效果。另外，污泥浓度高时，使用高分子量的调理剂效果较好，而污泥浓度低时，使用分子量较低的调理剂效果较好。

② 污泥性质：对有机物含量高的污泥，较为有效的调理剂是阳离子型有机高分子调理剂，而且有机物含量越高，越适宜选用聚合度越高的阳离子型有机高分子调理剂。而对以无机物为主的污泥，则可以考虑采用阴离子型有机高分子调理剂。另外，污泥含固率越高，调理剂的投加量越大。生物法处理污水产生的剩余污泥主要成分是微生物的絮凝物，一般带有负电荷，使用阳离子型聚丙烯酰胺效果较好。

③ 温度：污泥温度低于10℃，调理效果会明显变差。因此，冬季气温较低时，要重视污泥输送系统的保温环节(从污水处理系统排出的污泥温度一般不低于15℃)，尽量减少污泥输送过程中热量的损失。在必要的情况下，还应对有机高分子调理剂稀释罐加热或适当延长混合溶解时间和加大搅拌强度的方法改善溶解条件。

④ pH值：选用无机盐类调理剂时，首先要考虑脱水污泥的具体pH值，如果pH值偏离其凝聚反应的最佳范围，最好更换使用另一种调理剂。

⑤ 配制浓度：调理剂配制浓度越低，药剂消耗量越少，调理效果越好，但配制浓度过低又会降低泥饼产率。一般来说，有机高分子调理剂配制浓度在0.05%~0.1%之间比较合适，三氯化铁配制浓度10%最佳，而铝盐配制浓度在4%~5%最为适宜。

⑥ 投加顺序：当采用不止一种调理剂时，调理剂投加的顺序也会影响调理效果。当采用铁盐和石灰作调理剂时，一般先投加铁盐，再投加石灰；当采用无机调理剂和有机高分子调理剂联合调理污泥时，先投加无机调理剂，再投加有机高分子调理剂。

⑦ 混合反应条件：污泥与调理剂混合反应形成絮体后，决不能再被破坏，因为絮体一旦受到破坏就很难恢复到原来的状态。针对某种污泥，使用某种调理剂，只有混合反应的强度和时间在一定范围内，才能取得较好的调理效果，而且调理效果会随着停留时间的增加而降低。一方面不能随意延长或缩短混合反应的时间，另一方面要尽可能快地使调理后的污泥进入脱水机。

⑧ 脱水方法：一般来说，无机调理剂适用于真空过滤脱水和板框压滤脱水，而有机调理剂则较适用于离心脱水和带式压滤脱水。同时还要注意，对带式压滤脱水机来讲，分子量过高时，会导致滤饼在滤布上的剥离性较差。就阳离子调理剂而言，对于同样的污泥，和离心脱水机相比，带式压力脱水机要求调理剂的阳离子度较低、而投加量较大。

3. 投加量的确定

污泥调理的药剂消耗量没有固定的标准，根据污泥的品种、消化程度、固体浓度等具体性质的不同，投加量会出现一定的差异。因此，大多是在实验室或在现场直接试验确定调理剂的种类及具体投加量。

一般按污泥干固体重量的百分比计，三氯化铁的投加量为5%~10%，硫酸亚铁约为10%~15%，消石灰的投加量为20%~40%，聚合氯化铝和聚合硫酸铁约为1%~3%，阳离子型聚丙烯酰胺为0.1%~0.3%。由于常用的聚丙烯酰胺系列有机合成高分子调理剂的价格较为昂贵(有的品种是普通无机调理剂的十几甚至二十倍以上)，虽然其投加量较少，但折合调理每吨污泥的费用，使用有机合成高分子调理剂的成本仍然较高。普遍的做法是优选无机调理剂，当无机调理剂作用较差、难以达到理想的调理效果时，再考虑使用有机合成高分子调理剂或将无机和有机调理剂复配使用。

4. 脱水剂、调理剂与絮凝剂、助凝剂的关系

脱水剂是对污泥进行脱水之前投加的药剂，也就是污泥的调理剂，因此脱水剂和调理剂的意义是一样的。脱水剂或调理剂的投加量一般都以污泥干固体重量的百分比计。

絮凝剂应用于去除污水中悬浮物，是水处理领域的重要药剂。絮凝剂的投加量一般以待处理水的单位体积内投加的数量来表示。

脱水剂(调理剂)与絮凝剂、助凝剂的投加量都可以称为加药量。同一种药剂既可以在处理污水时应用为絮凝剂，又可以在剩余污泥处理过程中应用为调理剂或脱水剂。

助凝剂用在水处理领域作为絮凝剂的助剂时被称为助凝剂，同一种助凝剂在剩余污泥处理时一般不称助凝剂，而是统称为调理剂或脱水剂。

使用絮凝剂时，由于水中的悬浮物数量毕竟有限，为了实现絮凝剂与悬浮颗粒的充分接触，需要配备混合、反应设施，并且都要具有足够的时间，比如混合需要几十秒到数分钟、反应则需要 15~30min。而污泥脱水时从投加调理剂到污泥进入脱水机往往只有几十秒的时间，即只有相当于絮凝剂的混合过程、没有反应的时间，而且经验也表明，调理效果会随着逗留时间的延长而降低。

四、消泡剂

消泡剂的效果与发泡液的种类有关，即有的消泡剂对某些发泡液效果显著，而对其他发泡液效果不明显，甚至没有作用。常用的消泡剂按成分不同可分为硅(树脂)类、表面活性剂类、链烷烃类和矿物油类。

① 硅(树脂)类：硅树脂消泡剂又称乳剂型消泡剂，使用方法是将硅树脂用乳化剂(表面活性剂)乳化分散在水中后投加到污水中。二氧化硅细粉是另一种消泡效果较好的硅类消泡剂。

② 表面活性剂类：此类消泡剂其实是乳化剂，即利用表面活性剂的分散作用，使形成泡沫的物质在水中保持稳定的乳化状态分散，从而避免生成泡沫。

③ 链烷烃类：链烷烃类消泡剂是用乳化剂把链烷烃蜡或其衍生物乳化分散后制成的消泡剂，其用途与表面活性剂类的乳化型消泡剂类似。

④ 矿物油类：以矿物油为主要消泡成分。为了改善效果，有时混合金属皂、硅油、二氧化硅等物质一起使用。此外，为使矿物油容易扩散到发泡液表面，或者使金属皂等均匀分散在矿物油中，有时还可投加各种表面活性剂。

五、pH 调整剂

将含酸污水 pH 值调高时，以碱或碱性氧化物为中和剂，而将碱性污水 pH 值调低时则以酸或酸性氧化物做中和剂。调整酸性污水 pH 值时经常采用的中和剂有石灰、石灰石、白云石、氢氧化钠、碳酸钠等，调整碱性污水 pH 值时一般采用硫酸、盐酸。

在对含酸污水进行中和时，还可以就近使用一些碱性工业废渣，比如化学软水站排出的碳酸钙废渣、有机化工厂或乙炔发生站排放的电石废渣（主要成分为氢氧化钙）、钢厂或电石厂筛下的废石灰、热电厂的炉灰渣和硼酸厂的硼泥等。在对碱性污水进行处理时，也可以使用烟道气利用其中的 CO_2、SO_2 等酸性气体对污水中的碱进行中和。

当污水的 pH 值过大或过小时，为减少 pH 值调整时所需的溶药池和药剂池容积及实现 pH 值调整的自动化控制，可以使用 40%NaOH 和 98%H_2SO_4 分别作为含酸污水和含碱污水的 pH 值调整剂。同时可以避免使用石灰类碱剂所带来的污泥问题，减少二次污染的机会。

六、消毒剂

常用的消毒剂有次氯酸类、二氧化氯、臭氧、紫外线辐射等。次氯酸类消毒剂有液氯、漂白粉、漂粉精、氯片、次氯酸钠等形态，主要是通过 HOCl 起消毒作用。次氯酸类消毒剂的缺点是容易和水中的有机物生成氯代烃，而氯代烃已被确认为是对人体健康极为不利的，同时处理过的水会有一些令人不快的气味。次氯酸类消毒剂消毒时往往发生的是取代反应，这也是使用次氯酸类消毒剂会产生氯代烃的根本原因，而臭氧和二氧化氯消毒时发生的是纯氧化反应，因而可以破坏有机物的结构，在杀菌的同时还可以提高污水的可生化性（BOD_5/COD_{Cr}值），去除水中的部分 COD_{Cr}。臭氧消毒和紫外线消毒是瞬时反应，无法保持效果，抵抗管道内微生物的滋生和繁殖，因此在使用这两种方法消毒时，往往需要在其出水中再投加 0.05～0.1mg/L 二氧化氯或 0.3～0.5mg/L 的氯，以保持管网末梢有足够的余氯量。

（一）次氯酸类

次氯酸类消毒剂粉尘和放出的氯气对人的呼吸道、眼睛及皮肤都有强烈的刺激作用，如果不慎溅入眼睛或触及皮肤，要立即用大量清水冲洗。存放环境要阴凉、通风和干燥，远离热源和火种，不能与有机物、酸类及还原剂共储混运，运输过程中要防止雨淋和日光曝晒，装卸时动作要轻，避免碰撞和滚动。

1. 氯

氯是一种强氧化剂，具有杀菌能力强、价格低廉、来源方便的优点，是水处理行业应用历史最为悠久的消毒剂。

氯在常压下是黄绿色气体，在 0℃和一个大气压时的密度为 3.2mg/mL，即约为空气的 2.5 倍重，具有强烈的刺激性。一般采用电解食盐水溶液的方法制取氯气，然后将氯气加压冷却制得液氯，液氯极易气化，沸点是-34.5℃。加压后的液氯成为黄绿色透明液体，1kg 液氯气化后体积可以变为 300L。氯性质很活泼，能溶于水，溶解度随水温的升高而降低。氯是具有强烈刺激性的窒息气体，对人的呼吸系统、眼部及皮肤都能产生伤害，空气中最高允许浓度为 1mL/m^3。虽不自燃，但可以助燃，在日光下与其他易燃气体混合时会发生燃烧和爆炸，可以和大多数物质起反应。

2. 次氯酸钠

固态次氯酸钠 NaClO 为白色粉末，具有刺激性气味，在空气中极不稳定，受热后迅速分解。商品固态次氯酸钠的有效氯一般为 10%~12%，常用制备方法是液碱氯化法，即在 30%以下的氢氧化钠溶液中通入氯气进行反应。商品固态次氯酸钠使用方便，但消毒效果比氯差，费用也高于氯消毒。

由于次氯酸钠容易因阳光、温度的作用而分解，一般用次氯酸钠发生器就地制备后立即投加。利用钛阳极电解食盐水(沿海地区可用海水作为盐溶液)，得到的次氯酸钠溶液是淡黄色透明液体，含有效氯 6g/L~11g/L。一般每生产 1kg 有效氯，食盐消耗量约 3~4.5kg，耗电量 5~10kW·h，通常其消耗比使用漂白粉消毒要低。

次氯酸钠固体或溶液都不宜久存，而且必须在避光低温环境下存放。电解生产次氯酸钠溶液最好是使用多少，随时生产多少。气温低于 30℃时，每天损失有效氯 0.1~0.15mg/L，如果气温超过 30℃，每天损失有效氯可达 0.3~0.7mg/L。因此，如果为了具有一定储备量以备用，一般夏天储存时间不超过 1d，冬天不超过 7d。

3. 漂白粉

漂白粉为白色粉末，有氯的气味，含有效氯 20%~25%。漂白粉易吸潮，性质极不稳定，日光照射、受热均能使其变质而降低有效氯成分。与有机物、易燃液体混合能发热自燃，受高热会发生爆炸。氯片是用漂粉精加工成的片剂，含有效氯 60%~70%。氯片和漂粉精稳定性比漂白粉高，可以在常温下储存 200d 以上不分解。

使用漂白粉作消毒剂，需配成溶液加注，而且一般需设混合池。每包 50kg 的漂白粉先加 400~500kg 水搅拌成 10%~15%溶液，再加水调成 1%~2%浓度的溶液。混合池通常有隔板式与鼓风式两种。用氯片消毒时，污水流入特制的氯片消毒器，浸润溶解氯片，并与之混合，然后再进接触池。

（二）二氧化氯

二氧化氯（ClO_2）是一种黄绿色气体，性质极不稳定，与氯一样的刺激性气味，毒性比氯大，相对密度为2.4。二氧化氯在常温下即能压缩成液体，并很容易挥发。二氧化氯很容易爆炸，温度升高、暴露在光线下或与某些有机物接触摩擦，都可能发生爆炸，而且液体二氧化氯比气体二氧化氯更易爆炸。在空气中的体积浓度超过10%时或水中二氧化氯浓度超过30%就会发生爆炸。二氧化氯易溶于水，在水中的溶解度是氯的5倍，但ClO_2不和水起化学反应，在水中极易挥发，在光线照射下容易发生光化学分解。ClO_2水溶液的颜色随浓度的增加由黄绿色转成橙色，贮存在敞开容器中的ClO_2水溶液，ClO_2含量会下降很快。

市场上销售的商品稳定二氧化氯溶液，多为无色或略带黄绿色透明液体，二氧化氯含量一般在2%左右，而且要加入一定量的特制稳定剂（如碳酸钠、二乙烯三胺五亚甲基膦酸等），但运输和储存时仍要注意避开高温和强光。因此，采用二氧化氯消毒时，最好在现场边生产边使用。二氧化氯发生器有电解法和化学法两种。从理论上讲，电解法生产出来的二氧化氯顶多是含有二氧化氯的混合气体，并不能得到纯净的二氧化氯产品。二氧化氯的化学制备方法有很多种，在水处理行业中，一般用氯、盐酸或稀硫酸与亚氯酸钠或氯酸钠反应的办法生产，还有使用次氯酸钠酸化后与亚氯酸钠合成二氧化氯的。反应式分别如下：

$$2NaClO_3 + 2NaCl + 2H_2SO_4 \longrightarrow 2ClO_2 + Cl_2 + 2Na_2SO_4 + 2H_2O$$

$$Cl_2 + 2NaClO_2 \longrightarrow 2ClO_2 + 2NaCl$$

$$5NaClO_2 + 4HCl \longrightarrow 4ClO_2 + 5NaCl + 2H_2O$$

$$10NaClO_2 + 5H_2SO_4 \longrightarrow 8ClO_2 + 5Na_2SO_4 + 4H_2O + 2HCl$$

$$NaClO + 2HCl + 2NaClO_2 \longrightarrow 2ClO_2 + 3NaCl + H_2O$$

为保证反应过程的安全性，酸和氯酸钠或次氯酸钠都配成水溶液。为了防止未起反应的亚氯酸钠被带入水中，通常要加入比理论值多的过量的氯或酸，以提高氯酸钠或次氯酸钠的转化率。比如使用亚氯酸钠和盐酸制作二氧化氯时，亚氯酸钠和盐酸浓度分别为9%和7.5%，两种原料的投加比例为1∶1，可以制得2%的二氧化氯溶液。

(三) 臭氧

臭氧分子式为O_3，是氧的同素异构体，又名三原子氧，因其类似鱼腥味的臭味而得名，雷电后的腥臭味即是电击产生臭氧而使空气具有的气味。在常温常压下，较低浓度的臭氧是无色气体，当浓度达到15%时，呈现出淡蓝色。臭氧的沸点是-112℃，密度是2.144g/cm^3，是氧的1.65倍。可燃物在臭氧中燃烧比在氧气中燃烧更加猛烈，可获得更高的温度。臭氧在水中的溶解度较高，在同样条件下是纯氧的10倍。臭氧分子结构极不稳定，容易分解成氧气，而且臭氧在水中比在空气中更容易自行分解，特别是水中有金属离子存在时，臭氧分解更迅速。

臭氧氧化还原电位分别是2.07V，氧化性仅次于羟基自由基·OH和氟，是一种比氯性质更强烈的氧化剂和杀生剂，在水处理中的可以作为氧化剂或消毒剂。作为消毒剂时，其杀菌和除病毒效果较好，而且接触时间较短。由于臭氧的氧化力极强，不但可以杀菌，还可以除去水中的色味等有机物，即同时具有杀菌、除臭、去色、除酚等多种作用。

臭氧的制备方法有化学法、电解法、紫外线法、辐照法和无声放电法等。一般以空气或氧气为原料，空气中含有的蒸气和灰尘都会形成弧电损坏电极和降低臭氧产量，所以进入臭氧发生器的空气必须预先经过净化和干燥。利用氧气作为制造臭氧的原料时，并不是纯氧效果最好，一般氧气浓度在92%~99%臭氧产率最高，这可能是因为其中的杂质起到了催化剂的作用。

思 考 题

1. 在污水处理厂如何防止硫化氢中毒？
2. 发现有人气体中毒后如何施救？

3. 污水处理工巡检时的安全注意事项有哪些？
4. 污水采样和化验时的安全注意事项有哪些？
5. 污水的碱度和 pH 值有什么关系？
6. 污水的 COD 和 BOD 有哪些不同？
7. 常用絮凝剂有哪些？
8. 常用消毒剂有哪些？

第二章　一级处理

一级处理是二级生物处理的预处理过程，只有一级处理出水水质符合要求，才能保证二级生物处理运行平稳，进而确保二级出水水质达标。针对不同污水中存在的不同污染物，应实施与之相对应的一级处理工艺。比如酸碱污水应当采取中和处理，含盐污水应当采取离子交换、电解或反渗透处理，对超高浓度有机污水就应当采取萃取、焚烧等方法处理。

第一节　截留处理

一、格栅

格栅由一组平行的金属栅条制成，一般斜置于污水提升泵集水池之前的重力流来水主渠道上，用以阻挡截留污水中的呈悬浮或漂浮状态的大块固形物，如草木、塑料制品、纤维及其他生活垃圾，以防止阀门、管道、水泵、表曝机、吸泥管及其他后续处理设备堵塞或损坏。其基本结构示意见图 2-1。

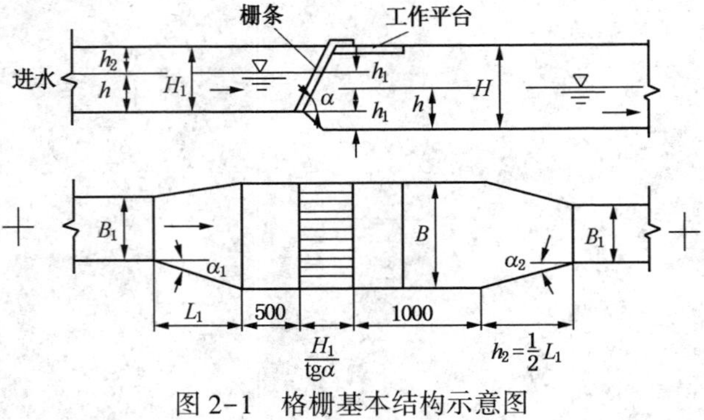

图 2-1　格栅基本结构示意图

1. 主要工艺参数

格栅的主要工艺参数有栅距、过栅流速和水头损失。

栅距即相邻两根栅条间的距离，栅距大于 40mm 的为粗格栅，栅距在 20~40mm 之间的为中格栅，栅距小于 20mm 的为细格栅。

过栅流速是指污水流过栅条和格栅渠道的速度。过栅流速不能太大，否则有可能将本应拦截下来的软性杂物冲过去，过栅流速太小，又可能使污水中粒径较大的砂粒在栅前渠道中沉积下来。过栅流速的具体值应根据污水中污物的组成、含砂量及栅条间距等情况而定。

污水过栅水头损失指的是格栅前后的水位差，它与过栅流速有关。如果过栅水头损失增大，说明过栅流速增大，此时有可能是过栅水量增加，更有可能是格栅局部被堵死，需要及时清理。如果过栅水头损失减少，说明过栅流速降低，需要注意采取措施防止栅前渠道内积砂。

2. 安装的基本要求

格栅分人工格栅和机械格栅两种，为避免污染物对人体产生的毒害和减轻工人劳动强度、提高工作效率及实现自动控制，应尽可能采用机械格栅。污水中含有油类等可释放挥发性可燃性气体时，机械格栅的动力装置应有防爆设施。

格栅一般安装在处理流程之首或泵站的进水口处，位属咽喉，为保证安全，要有备用单元或其他手段以保证在不停水情况下对格栅的检修。为保护动力设备，机械格栅一般安装在通风良好的格栅间内，大中型格栅间要配置安装吊运设备，便于设备检修和栅渣的日常清除。

大型污水处理厂一般要设置两道格栅和一道筛网，格栅栅条间距应根据污水的种类、流量、代表性杂物种类和尺寸大小等因素来确定，既满足水泵构造的要求，同时满足后续水处理构筑物和设备的要求。第一道使用粗格栅（50~100mm）或中格栅（20~40mm），第二道使用中格栅或细格栅（4~10mm），第三道为筛网

（<4mm）。

要根据污水的水质特点如 pH 值的高低、固形物的大小等确定格栅的具体形式和材质。常用格栅栅条断面形状有边长 20mm 正方形、直径 20mm 圆形、10mm×50mm 矩形、一边半圆头的 10mm×50mm 矩形和两边半圆头的 10mm×50mm 矩形等 5 种。圆形栅条水力条件好、水流阻力小，但刚度较差、容易受外力变形。因此在没有特殊需要时最好采用矩形断面。

格栅前的渠道通常保持 5m 以上的直管段，渠道内的水流速度为 0. 4～0. 9m/s，流过栅条的速度为 0. 6～1. 0m/s。放置格栅的渠道与栅前渠道的连接，应有一个小于 20°的展开角。人工清渣时格栅的安装角度为 45°～60°，机械清渣时多为 70°～90°。

通过格栅的水头损失，一般为 0. 08～0. 15m，因此，栅后渠道比栅前相应降低 0. 08～0. 15m。格栅有效过水面积是按设计流量下过栅流速 0. 6～1. 0m/s 计算而得的，但格栅总宽度不小于进水管渠宽度的 1. 2 倍。

格栅上部必须设置栅顶工作平台，其高度高出栅前最高设计水位 0. 5m 以上。工作台设栏杆等安全设施和冲洗设施，两侧平台过道应不小于 0. 7m，正面过道宽度在人工清渣时不小于 1. 2m，机械清渣时不小于 1. 5m。

3. 栅条间距的确定

当格栅设置在污水处理系统之前、采用机械除渣机清除栅渣时，栅条间距一般为 16～25mm，而采用人工清除栅渣时，栅条间距一般为 25～40mm。

当格栅设置于水泵前，只需要将污水提升或排放时，栅条间距应满足水泵构造的要求，一般要小于水泵叶轮的最小间隙，与常用排水泵相匹配的栅条间距见表 2-1。

4. 管理注意事项

(1) 不管采用什么形式，操作人员都应该定时巡回检查，根据栅前和栅后的水位差变化或栅渣的数量，及时开启除渣机将栅渣清除。同时注意观察除渣机的运转情况，及时排除其出现的各种故障。

表 2-1 与常用排水泵相匹配的栅条间距

格栅种类	格栅间距/mm	适用水泵型号
细格栅	≤15	1¼LP-6-2，1¾LP-6-3，4LP-7，4LP7-(409)
	≤20	2½PW，2½PWL
中格栅	≤25	20Sh，24Sh
	≤40	4PW，4PWL，32Sh，14ZLB-70
粗格栅	50~70	6PWL，12PWL-7，12PWL-12，14PWL-12，20Z
	70~90	8PWL，10PWL，32PWL，28ZLB

（2）检查并调节栅前的流量调节阀门，保证过栅流量的均匀分布。同时利用投入工作的格栅台数将过栅流速控制在所要求的范围内。当发现过栅流速过高时，适当增加投入工作的格栅台数；当发现过栅流速偏低时，适当减少投入工作的格栅台数。

（3）随着运行时间的延长，格栅前后的渠道内可能会积砂，应当定期检查清理积砂，分析产生积砂的原因，如果是渠道粗糙的原因，就应该及时修复。

（4）经常测定每日栅渣的数量，摸索出一天、一月或一年中什么时候栅渣量多，以利于提高操作效率，并通过栅渣量的变化判断格栅运转是否正常。

（5）栅渣中往往夹带许多挥发性油类等有机物，堆积后能够产生异味，因此要及时清运栅渣，并经常保持格栅间的通风透气。

二、筛网

某些工业废水中经常含有纤维状的细长、软性悬浮或漂浮物，这些污染物或因尺寸太小、或因质地柔软细长能钻过格栅的空隙。这些悬浮物如果不能有效去除，可能会缠绕在泵或表曝机的叶轮上，影响泵或表曝机的效率。对一些含有这样漂浮物的特殊工业废水可利用筛网进行预处理，方法是使污水先经过格栅截留大尺寸杂物后用筛网过滤，或直接经过筛网过滤。

筛网孔眼通常小于4mm，一般为0.15~1.0mm。由于孔眼细小，当用于城市污水处理时，其去除BOD_5的效果相当于初沉池。

1. 筛网过滤的形式

从结构上看，筛网是穿孔金属板或金属格网，要根据被去除漂浮物的性质和尺寸确定筛网孔眼的大小。根据其孔眼的大小，可分为粗滤机和微滤机；依照安装形式的不同，筛网可分为固定式、转动式和电动回转式三种。

(1) 固定式筛网：固定式筛网的型式为防堵楔形格网，大小为0.25~1.5mm，可以根据处理废水的水质特点，在筛网的栅条上再覆以16~100目的不锈钢丝网或尼龙网。固定式筛网处理城市污水时，水力负荷一般为每米筛宽承受污水36~144m^3/h，可去除其中悬浮固体5%~25%，过水的水头损失为1.2~2.3m。固定式筛网特点是筛网固定安装，进水从高处沿筛网宽度均匀分布过滤。滤后水流入筛网后面的出水箱，再由出水管排出；固体杂物沿筛面下滑落入渣槽，然后用螺旋输送机或皮带输送机送走。常用固定式筛网根据构造形式分为固定平面式和固定曲面式，其示意图分别见图2-2和图2-3。

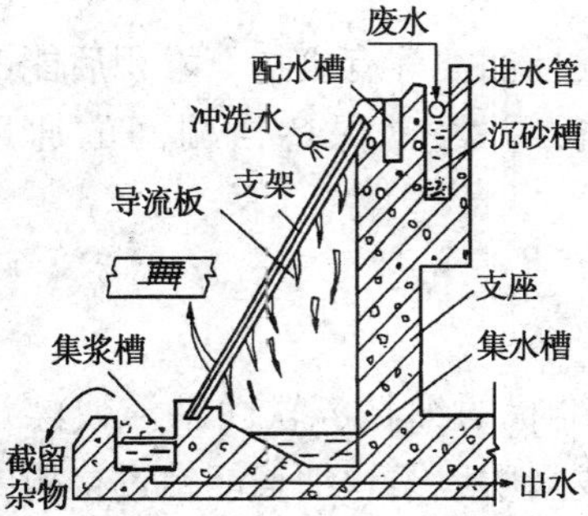

图2-2　固定平面式筛网示意图

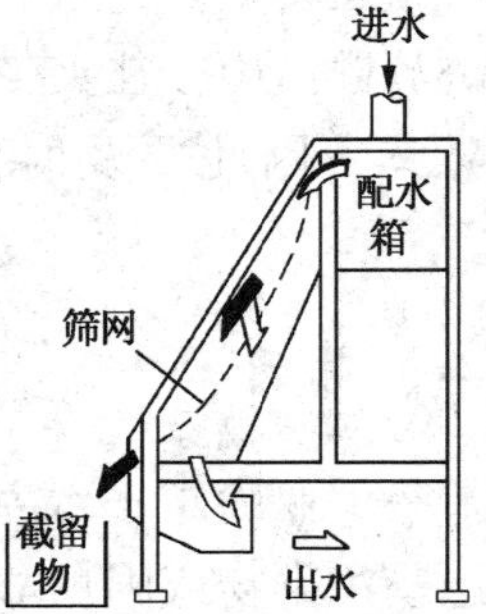

图2-3　固定曲面式筛网示意图

(2) 转动式筛网：转动式筛网有水力旋转筛网和转筒筛两种。水力旋转网呈圆台形，污水以一定的流速从小端进入，水的冲击力和重力作用使筛体旋转，水流在从小端向大端的流动过程中得到过滤，杂质从大端落入渣槽，这种筛网常用于印染、纺织废水的处理，以清除其中的毛类及纤维类杂物。转筒筛呈圆筒状，其工作原理见图 2-4。含有纤维类悬浮杂质的污水进入缓慢旋转的网筒内，经筒形筛过滤后的出水与水平旋转轴呈垂直方向通过筛网，拦截了水中悬浮杂物的筛网随转筒旋转，被截留的悬浮杂质和筛网一起运动到水面以上后，被冲洗水冲到安装在筒形筛网中心的渣槽或皮带输送机再被传送到外部。转筒式筛网可用于纺织、印染、皮革和屠宰的工业废水的处理，这些废水中常夹带大量 4~200mm 的纤维类杂物，普通的格栅、筛网不容易将这些杂物截留去除，而转筒式筛网可以有效地清除。

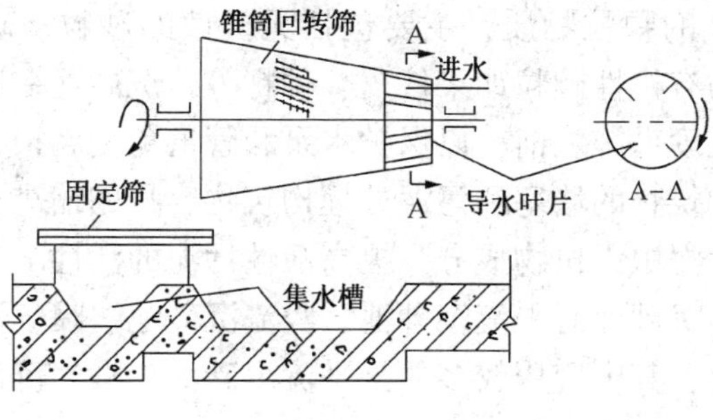

图 2-4　转动式筛网示意图

（3）电动回转式：电动回转式一般安装在压力管道上，筛孔直径为 5μm~5mm。孔眼小，截留悬浮物多，清洗次数也会增加。因此电动回转式筛网一般用在悬浮物含量不大的场合，比如代替滤池用在深度处理系统或在超滤、电渗析或反渗透等膜处理工艺前作为保安预处理工艺。

2. 筛网运行管理的注意事项

筛网的运行管理应注意以下事项：

（1）筛网总是处于干湿交替状态，故其材质必须耐腐蚀。

（2）为消除油脂对筛网孔眼的堵塞，要根据具体情况，随时用蒸汽或热水及时冲洗筛网。

(3) 筛网得以正常运转的关键是将被截留的悬浮杂质及时清理排出，使筛网及时恢复工作状态。

(4) 如果自动除渣情况不理想，就要求操作工在巡检时，及时将堵塞筛网孔眼的杂物人工清理掉。

第二节 沉 淀

一、沉砂池

沉砂池是采用物理法将砂粒从污水中沉淀分离出来的一个预处理单元，其作用是从污水中分离出相对密度大于1.5且粒径为0.2mm以上的颗粒物质，主要包括无机性的砂粒、砾石和少量密度较大的有机性颗粒如果核皮、种籽等。沉砂池一般设置在提升设备和处理设施之前，以保护水泵和管道免受磨损，防止后续污水处理构筑物的堵塞和污泥处理构筑物容积的缩小，同时可以减少活性污泥中无机物成分，提高活性污泥的活性。

常见的沉砂池有平流沉砂池、竖流沉砂池、曝气沉砂池和旋流沉砂池等，其中应用较多的是平流沉砂池、曝气沉砂池和旋流沉砂池。

1. 平流式沉砂池

平流式沉砂池实际上是一个比入流渠道和出流渠道宽而深的渠道，当污水流过时，由于过水断面增大，水流速度下降，污水中夹带的无机颗粒在重力的作用下下沉，从而达到分离水中无机颗粒的目的。

平流沉砂池内的水流速度过大或过小都会影响沉砂效果，污水流量的波动会改变已建成沉砂池内的水流速度，工程上需要采用多格并联方式，实际操作时根据进水水量的变化调整运行的沉砂池格数。

2. 曝气沉砂池

普通沉砂池的最大缺点是在其截留的沉砂中夹杂有一些有机物，这些有机物的存在，使沉砂易于腐败发臭，夏季气温较高时尤甚，因此对沉砂的后处理和周围环境会产生不利影响。普通沉砂池的另一缺点是对有机物包裹的砂粒截留效果较差。

曝气沉砂池是在长方形水池的一侧通入空气，使污水旋流运动，流速从周边到中心逐渐减小，砂粒在池底的集砂槽中与水分离，污水中的有机物和从砂粒上冲刷下来的污泥仍呈悬浮状态，随着水流进入后面的处理构筑物。曝气沉砂池的基本构造见图 2-5。

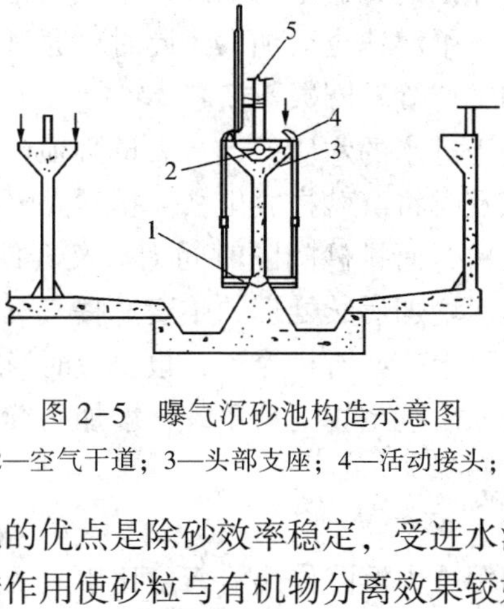

图 2-5　曝气沉砂池构造示意图

1—扩散器组件；2—空气干道；3—头部支座；4—活动接头；5—单轨吊车支架

曝气沉砂池的优点是除砂效率稳定，受进水流量变化的影响较小。水力旋转作用使砂粒与有机物分离效果较好，从曝气沉砂池排出的沉砂中，有机物只占 5%左右，长期搁置也不会腐败发臭。曝气沉砂过程的同时，还能起到气浮油脂并吹脱挥发性有机物的作用和预曝气充氧并氧化部分有机物的作用。

曝气沉砂池的停留时间一般为 1～3min，若兼有预曝气的作用，可延长池身，使停留时间达到 15～30min。为防止水流短路，进水方向应与水在沉砂池内的旋转方向一致，出水口应设在旋流水流的中心部位，出水方向与进水方向垂直，并设置挡板诱导水流。曝气沉砂池的形状以不产生偏流和死角为原则，因此，为改进除砂效果、降低曝气量，应在集砂槽附近安装纵向挡板，若池长较大，还应在沉砂池内设置横向挡板。

曝气沉砂池的运行操作主要是控制污水在池中的旋流速度和旋转圈数。旋流速度与砂粒粒径有关，污水中的砂粒粒径越小，要求的旋流速度越大。但旋流速度也不能太大，否则有可能使已沉下的砂粒重新泛起。而曝气沉砂池中的实际旋流速度与曝气沉砂池的几何尺寸、扩散器的安装位置和强度等因素有关。旋转圈数与除砂效率相关，旋转圈数越多，除砂效率越高。要去除直径为0.2mm的砂粒，通常需要维持0.3m/s的旋转速度，在池中至少旋转3圈。在实际运行中可以通过调整曝气强度来改变旋流速度和旋转圈数，保证达到稳定的除砂效率。当进入曝气沉砂池的污水量增大时，水平流速也会加大，此时可通过提高曝气强度来提高旋流速度和维持旋转圈数不变。

沉砂量取决于进水的水质，运行人员必须认真摸索和总结砂量的变化规律，及时将沉砂排放出去。排砂间隔时间太长会堵卡排砂管和刮砂机械，而排砂间隔时间太短又会使排砂数量增大、含水率增高，从而增加后续处理的难度。曝气沉砂池的曝气作用常常会使池面上积聚一些有机浮渣，也要及时清除，以免重新进入水中随水流进入后续生物处理系统，增加后续处理的负荷。

二、沉淀池

沉淀池是利用重力沉降作用将密度比水大的悬浮颗粒从水中去除的处理构筑物，是污水处理中应用最广泛的处理单元之一，可用于污水的一级处理、生物处理的后处理以及深度处理。按水流方向划分，沉淀池可分为平流式、辐流式和竖流式三种，还有根据“浅层理论”发展出来的斜板(管)沉淀池。

沉淀池包括进水区、沉淀区、缓冲区、污泥区和出水区五个部分。进水区和出水区的作用是使水流均匀地流过沉淀池，避免短流和减少紊流对沉淀产生的不利影响，同时减少死水区、提高沉淀池的容积利用率；沉淀区也称澄清区，即沉淀池的工作区，是可沉淀颗粒与污水分离的区域；污泥区是污泥贮存、浓缩和排出的区域；缓冲区则是分隔沉淀区和污泥区的水层区域，保证已经沉淀的颗粒不因水流搅动而再行浮起。

1. 基本概念

（1）沉淀池的表面水力负荷，即沉淀池单位时间内单位面积所承受的水量，单位是 $m^3/(m^2 \cdot h)$。根据表面水力负荷可以确定沉淀池澄清区的面积和有效水深。

沉淀池的水面上升流速和其水力负荷在数值上是相同的，但两者的单位和意义不同，上升流速的单位是 m/h。比如说在竖流式沉淀池中，只有沉降速度大于沉淀池水面上升流速的杂质颗粒才能在沉淀池中沉淀去除，而沉降速度等于或小于沉淀池水面上升流速的杂质颗粒会随水流溢流出去；而在平流式沉淀池中，部分沉降速度小于沉淀池水面上升流速的杂质颗粒也会被沉淀去除。

（2）沉淀池的固体通量，也叫固体表面负荷，是沉淀池单位时间内单位面积所承受的固体质量，单位是 $kg/(m^2 \cdot h)$。固体通量是初次沉淀池和二次沉淀池的关键运行控制指标，污泥浓缩池也利用固体通量作为控制运行的重要参数。

（3）沉淀时间是指原水在沉淀池中实际停留时间，单位是 h，是沉淀池设计和运行的一个重要的控制指标。

2. 平流式沉淀池

平流式沉淀池表面形状一般为长方形，水流在进水区经过消能和整流进入沉淀区后，缓慢水平流动，水中可沉悬浮物逐渐沉向池底，沉淀区出水溢过堰口，通过出水槽排出池外。平流式沉淀池基本要求如下：

（1）平流式沉淀池的长度多为 30～50m，池宽多为 5～10m，沉淀区有效水深一般不超过 3m，多为 2.5～3.0m。为保证水流在池内的均匀分布，一般长宽比不小于 4，长深比为 8～12。

（2）采用机械刮泥时，在沉淀池的进水端设有污泥斗，池底的纵向污泥斗坡度不能小于 0.01，一般为 0.01～0.02。刮泥机的行进速度不能大于1.2m/min，一般为0.6~0.9m/min。

(3) 水平流速是指水流在池内流动的速度，平流式沉淀池作为初沉池时，最大水平流速为7mm/s，表面负荷为1~3$m^3/(m^2\cdot h)$；作为二沉池时，最大水平流速为5mm/s。

(4) 入口要有整流措施，常用的入流方式有溢流堰-穿孔整流墙(板)式、底孔入流-挡板组合式、淹没孔入流-挡板组合式和淹没孔入流-穿孔整流墙(板)组合式等四种。使用穿孔整流墙(板)式时，整流墙上的开孔总面积为过水断面的6%~20%，孔口处流速为0.15~0.2m/s，孔口应当做成渐扩形状。

(5) 在进出口处均应设置挡板，高出水面0.1~0.15m。进口处挡板淹没深度不应小于0.25m，一般为0.5~1.0m；出口处挡板淹没深度一般为0.3~0.4m。进口处挡板距进水口0.5~1.0m，出口处挡板距出水堰板0.25~0.5m。

(6) 平流式沉淀池容积较小时，可使用穿孔管排泥。穿孔管大多布置在集泥斗内，也可布置在水平池底上。沉淀池采用多斗排泥时，泥斗平面呈方形或近于方形的矩形，排数一般不能超过两排。大型平流式沉淀池一般都设置刮泥机，将池底污泥从出水端刮向进水端的污泥斗，同时将浮渣刮向出水端的集渣槽。

(7) 平流式沉淀池非机械排泥时缓冲层高度为0.5m，使用机械排泥时缓冲层上缘宜高出刮泥板0.3m。

3. 竖流式沉淀池

竖流式沉淀池池体为圆形或方形，污水从中心管的进口进入池中，通过反射板的拦阻向四周分布于整个水平断面上，缓慢向上流动。沉降速度大于水流上升速度的悬浮颗粒下沉到污泥斗中，上清液则由池顶四周的出水堰口溢流到池外。竖流式沉淀池基本要求如下：

(1) 为保证池内水流的自下而上垂直流动、防止水流呈辐流状态，圆池的直径或方池的边长与沉淀区有效水深的比值一般不大于3，池子的直径一般为4.0~7.0m，最大不超过10m。圆池直径或正方形池边长$D\leqslant 7m$时，沉淀出水沿周边流出；$\geqslant 7m$

时，应增加辐射式集水支渠。

（2）水流在竖流式沉淀池内的上升流速为0.5~1.0mm/s，沉淀时间为1~1.5h。中心管内的流速一般应大于100mm/s，其下出口处设有喇叭口和反射板。反射板板底距泥面至少0.3m，喇叭口直径及高度均为中心管直径的1.35倍，反射板直径为喇叭口直径的1.3倍，反射板表面与水平面的倾角为17°。

（3）喇叭口下沿距反射板表面的缝隙高度为0.25~0.50m，作为初沉池时缝隙中的水流速度应不大于30mm/s，作为二沉池时缝隙中的水流速度应不大于20mm/s。

（4）锥形贮泥斗的倾角为45°~60°，排泥管直径不能小于200mm，排泥管口与池底的距离小于0.2m，敞口的排泥管上端超出水面不能小于0.4m。浮渣挡板淹没深度0.3~0.4m，高出水面0.1~0.25m，距集水槽0.25~0.50m。

4. 辐流式沉淀池

辐流式沉淀池内水流的流态为辐流形，因此，污水由中心或周边进入沉淀池。

中心进水辐流式沉淀池的进水管悬吊在桥架下或埋设在池体底板混凝土中，污水首先进入池体的中心管内，然后在进入沉淀池时，经过中心管周围的整流板整流后均匀地向四周辐射流动，上清液经过设在沉淀池四周的出水堰溢流而出，污泥沉降到池底，由刮泥机或刮吸泥机刮到沉淀池中心的集泥斗，再用重力或泵抽吸排出。

周边进水辐流式沉淀池进水渠布置在沉淀池四周，上清液经过设在沉淀池四周或中间的出水堰溢流而出，污泥的排出方式与中心进水辐流式沉淀池相同。

辐流式沉淀池基本要求如下：

（1）圆池的直径或方池的边长与有效水深的比值一般采用6~12，池子的直径一般不小于16m，最大可达100m。池底坡度一般为0.05~0.10。

（2）通常采用机械刮泥，再用空气提升或静水头排泥；当池径小于20m时，也可采用斗式集泥(一般为四斗)。污泥可用压缩空气提升或用机械泵(潜污泵、螺旋泵等)提升排出，也可以利用静水头将污泥输送到下一级处理系统。

(3) 进、出水的布置方式有中心进水周边出水、周边进水中心出水和周边进水周边出水三种形式。

(4) 当池径小于20m时，一般采用中心传动的刮泥机，其驱动装置设在池子中心走道板上。当池径大于20m时，一般采用周边传动的刮泥机，其驱动装置设在桁架的外缘。

(5) 刮泥机的旋转速度一般为1~3r/h，外周刮泥板的线速度不能超过3m/min，通常采用1.5m/min。

(6) 出水堰前应设置浮渣挡板，浮渣用装在刮泥机桁架一侧的浮渣刮板收集。

(7) 周边进水的辐流式沉淀池效率较高，与中心进水、周边出水的辐流式沉淀池相比，表面负荷可提高1倍左右。

5. 斜板(管)沉淀池

斜板(管)沉淀池是根据“浅层沉淀”原理，在沉淀池中加设斜板或蜂窝斜管，以提高沉淀效率的一种沉淀池，污水处理中主要采用升流式异向流斜板(管)沉淀池。其进水从斜板(管)层的下部进入后，由下向上流经斜板(管)，悬浮颗粒沉降在斜板(管)底面，在积聚到一定程度后自行下滑至集泥斗由穿孔管排出池外，上清液则在沉淀池水面由穿孔管收集或由三角堰溢流而出。

斜板(管)沉淀池具有沉淀效率高、停留时间短、占地少等优点，常应用于城市污水的初沉池和小流量工业废水的隔油等预处理过程，其处理效果稳定，维护工作量也不大。斜板(管)沉淀池很少应用于污水处理的二沉池工艺中，因为经过生物处理的混合液中固体含量较大，使用斜板(管)沉淀池处理时耐冲击负荷能力较差，效果不稳定；而且由于混合液溶解氧含量大，斜板(管)上容易滋生藻类形成生物膜，运行一段时间后可能堵塞斜板(管)的过水面积，清理起来非常困难。

斜板(管)沉淀池基本要求如下：

（1）斜板垂直净距一般采用 80～120mm，斜管孔径一般为 50～80mm。斜板（管）长度一般为 1.0～1.2m，倾角一般为 60°。斜板（管）上部水深和底部缓冲层高度一般都是 0.5～1.0m。

（2）斜板上端应向沉淀池进水端方向倾斜安装。为防止水流短路，在池壁与斜板的间隙处应装设阻流挡板。

（3）进水方式一般设置配水整流布水装置，常用的有穿孔配水板和缝隙配水板等，整流配水孔流速一般低于 0.15m/s。出水方式一般采用在池面上设置多条集水槽的方式，集水槽的集水方式为孔眼式或三角堰式。

（4）斜板（管）沉淀池一般采用集泥斗收集污泥后靠重力排泥，每日排泥 1～2 次，或根据具体情况增加排泥的频率，甚至连续排泥。

（5）初沉池水力停留时间一般不超过 30min，二沉池一般不超过 60min。

（6）斜板（管）沉淀池必须设置冲洗斜板（管）的设施，冲洗可以在检修或临时停运时放空沉淀池，用高压水对斜板（管）内积存的污泥彻底冲刷和清洗，防止污泥堵塞斜板（管）、影响沉淀效果。

（7）升流式斜板（管）沉淀池的表面负荷一般为 $3\sim6m^3/(m^2\cdot h)$，比普通沉淀池的设计表面负荷高约一倍，池内水力停留时间一般为 30～60min。

三、沉淀池调试时的主要内容

（1）检查刮泥机或吸刮泥机等金属部件的防腐是否完好合格，以及其在无水情况下的运转状况。

（2）沉淀池进水后观察是否漏水，做好沉降观测，检查观测沉淀池是否存在不均匀沉降（沉淀池的不均匀沉降对刮泥机或吸刮泥机的运行影响很大），通过观察出水三角堰的出水情况也能发现沉淀池的沉降情况。

（3）检查刮泥机或吸刮泥机的带负荷运行状况。主要观察振动、噪声和驱动电机的运转情况是否正常，线速度、角速度等是否在设定范围内。

（4）试验和确定刮泥机或吸刮泥机的刮、吸泥功能和刮渣功能是否正常。观察沉淀池表面的浮渣能否及时排出，观察排泥量在一定范围内变化时的刮、吸泥效果。

（5）分别测定进、出水的SS，验证沉淀池在设计进水负荷下的作用是否符合设计要求。比如二沉池的回流污泥浓度和初沉池的排泥浓度是否在合理范围内。

（6）检验与沉淀池有关的自控系统能否正常联动。如初沉池的自动开停功能和二沉池根据泥位计测得泥位的自动排放剩余污泥或浮渣功能等。

四、初沉池

初次沉淀池一般设置在污水处理厂的沉砂池之后、曝气池之前，二次沉淀池设置在曝气池之后、深度处理或排放之前。初沉池是一级污水处理厂的主体处理构筑物，或作为二级污水处理厂的预处理构筑物设在生物处理构筑物的前面。

初沉池的主要作用就是去除污水中密度较大的固体悬浮颗粒，以减轻生物处理的有机负荷，提高活性污泥中微生物的活性。污水经过格栅截留大块的漂浮物和悬浮物，并经过沉砂池去除密度大于$1.5g/cm^3$的悬浮颗粒后，仍存在许多密度稍小或颗粒尺寸较小的悬浮颗粒，这些颗粒的成分以有机物为主。如果含有这些物质的污水直接进入生物处理系统，会增加曝气池的容积负荷和有机负荷，甚至影响微生物对有机物的氧化分解和硝化的效果，影响二沉池出水水质。

初沉池用于处理城市污水时，沉淀时间一般为1.5~2h，对进水中BOD_5的去除率可以达到20%~30%，对悬浮物SS的去除率可以达到50%以上。

1. 运行管理注意事项

（1）根据初沉池的形式及刮泥机的形式，确定刮泥方式、刮泥周期的长短。避免沉积污泥停留时间过长造成浮泥，或刮泥过于频繁或刮泥太快扰动已沉下的污泥。

（2）初沉池一般采用间歇排泥，因此最好实现自动控制；无法实现自控时，要注意总结经验并根据经验人工掌握好排泥次数和排泥时间。当初沉池采用连续排泥时，应注意观察排泥的流量和排放污泥的颜色，使排泥浓度符合工艺要求。

（3）巡检时注意观察各池的出水量是否均匀，还要观察出水堰出流是否均匀，堰口是否被浮渣封堵，并及时调整或修复。

（4）巡检时注意观察浮渣斗中的浮渣是否能顺利排出，浮渣刮板与浮渣斗挡板配合是否适当，并及时调整或修复。

（5）巡检时注意辨听刮泥、刮渣、排泥设备是否有异常声音，同时检查其是否有部件松动等，并及时调整或修复。

（6）排泥管道至少每月冲洗一次，防止泥沙、油脂等在管道内尤其是阀门处造成淤塞，冬季还应当增加冲洗次数。定期（一般每年一次）将初沉池排空，进行彻底清理检查。

（7）按规定对初沉池的常规监测项目进行及时分析化验，尤其是SS等重要项目要及时比较，确定SS去除率是否正常，如果下降就应采取必要的整改措施。

（8）初沉池的常规监测项目：进出水的水温、pH值、COD_{Cr}、BOD_5、TS、SS及排泥的含固率和挥发性固体含量等。

2. 初沉池出水含有细小悬浮颗粒的原因

为充分发挥初沉池的作用，许多污水处理厂的剩余污泥都从初沉池集中排放，即将二级生物处理系统剩余污泥也排放到初沉池的进水管渠中。因此，初沉池出水中带有细小悬浮颗粒的原因主要有：水力负荷冲击或长期超负荷；因为水短流而减少了停留时间，以致絮体在沉降下去之前即随水流进入出水堰；曝气池活性污泥过度曝气，使污泥自身氧化而解体；进水中增加了某些难沉淀污染物颗粒。

与以上原因对应的解决办法有：增设调节池，均匀分配进水水力负荷；调整进水、出水配水设施的不均匀性，减轻冲击负荷的影响，克服短流现象；调整曝气池的运行参数，以改善污泥絮凝性能，如营养盐缺乏时及时补充，泥龄过长造成污泥老化时应缩短泥龄，过度曝气时应调整曝气量；投加絮凝剂，改善某些难沉淀悬浮颗粒的沉降性能；使消化池、浓缩池上清液的均匀进入初沉池，消除其负面影响；使二沉池剩余污泥均匀进入初沉池，消除剩余污泥回流带来的负面影响。

第三节　均质调节

一般工业企业排出的污水，水质、水量、酸碱度或温度等指标往往会随排水时间而大幅度波动，这种变化对污水处理设施的运行，特别是生物处理设施正常发挥其净化功能是非常不利的，甚至使其遭到彻底的破坏。均质调节池的作用是克服污水排放的不均匀性，均衡调节污水的水质、水量、水温的变化，储存盈余、补充短缺，使生物处理设施的进水量均匀，从而降低污水的不一致性对后续二级生物处理设施的冲击性影响。此外，酸性污水和碱性污水还可以在调节池内互相进行中和处理。

1. 类型

均质调节池的型式和容量大小与污水排放的类型、特征和后续污水处理系统的要求有关。根据作用的不同，均质调节池可分为以下几类：

（1）均量池：常用的均量池实际上是一种变水位的贮水池，污水以平均流量进入后续污水处理系统，多余的水量排入贮水池，在来水量低于平均流量时再回流到泵的集水井。均量池适用于两班生产而污水处理场需要 24h 连续运行的情况。

（2）均质池：最常见的均质池为异程式均质池，结合进出水槽的合理布置，使进入均质池的前后时程的水流得以混合，取得随机均质的效果。有时还设置搅拌装置，促进混合均匀。异程式均质池水位固定，因此只能均质，不能均量。

（3）均化池：均化池结合了均量池和均质池的做法，既能均量又能均质，一般也要在池中设置搅拌装置。

（4）间歇式均化池：当水量较小时，可以设间歇贮水、间歇运行的均化池。间歇均化池为多个或一池多格，交替使用，池中设搅拌装置。间歇均化池效果可靠，但不适合于大流量的污水。

（5）事故调节池：为了防止水质出现恶性事故，有破坏污水处理厂正常运行的可能时，设置所谓事故池，贮留事故出水，这是变相的均化池。事故池的进水阀门必须和排水系统连锁，实现自动控制，否则无法及时发现事故。事故池平时必须保持空池状态。

2. 混合方式

为保证调节作用，进入均质调节池的污水通常要进行混合。常用的混合方法有：

（1）水泵强制循环：在池底均匀布设穿孔管，水泵压水管与穿孔管相连，压力水在池内释放产生搅动作用。此法不需要在池内安装特殊的机械设备，简单易行，混合完全，但动力消耗量较大。

（2）空气搅拌：空气搅拌是在池底设穿孔管或螺旋曝气器等设施，压缩空气通过穿孔管或螺旋曝气器对池内水流产生搅拌作用。这种搅拌方式效果较好，能够防止水中悬浮物的沉积，动力消耗也较少。空气搅拌不仅起到混合均化的作用，还具有预曝气的功能。空气混合与曝气可以防止水中固体物质在池中沉降下来和出现厌氧的情况，还可以使污水中的还原性物质被氧化，吹脱去除挥发性物质，使污水的 BOD_5 值下降，改进初沉效果和减轻曝气池负荷。空气搅拌的缺点是能使污水中的挥发性物质散逸到空气中，产生一些气味，有时需要在池顶安装收集排放这些气体的装置。空气搅拌时，布气管常年淹没在水中，使用普通碳钢管材容易腐蚀损坏，必须使用玻璃钢、ABS 塑料等耐腐蚀材质，安装要求较高。

（3）机械搅拌：机械搅拌是在池内安装机械搅拌设备，如桨式、推进式、涡流式、泵式等，这些设备常年浸泡在水中，容易腐蚀损坏，维修保养工作量大。

（4）穿孔导流槽引水：穿孔导流槽引水是通过合理布置出水槽的位置或出水方式，实现对水质和水量的均化调节，几乎不需要消耗动力，但会出现水中杂质在池中积累的现象，而且池体结构也较为复杂。

3. 基本要求

（1）为使均质调节池出水水质均匀和避免其中污染物沉淀，均质调节池内应设搅拌、混合装置。

（2）停留时间根据污水水质成分、浓度、水量大小及变化情况而定，一般按水量计为 10~24h，特殊情况可延长到 5d。调节池还可以起到储存事故排水的作用，若以事故池作用为主，则平时要尽量保持低水位。

（3）以均化水质为目的的均质调节池一般串联在污水处理主流程内，水量调节池可串联在主流程内，也可以并联在辅助流程内。

（4）均质调节池池深不宜太浅，有效水深一般为 2~5m；为保证运行安全，均质调节池要有溢流口和排泥放空口。

（5）污水中如果有发泡物质，应设置消泡设施；如果污水中含有挥发性气体或有机物，应当加盖密闭，并设置排风系统定时或连续将挥发出来的有害气体（搅拌时产生的更多）高空排放。

4. 事故池

事故池是均质调节池的一种类型，许多化工、石化等排放高浓度污水的工厂污水处理场都设置事故池，因为这些工厂在生产出现事故后，在退料过程中部分废料会掺入排水系统，恢复生产前往往还需要对生产装置进行酸洗或碱洗，所以会在短时间内排出大量浓度极高而且 pH 值波动很大的有机污水。这样的污水如果直接进入污水处理系统，对正在运行的生物处理系统的影响和平时所说的冲击负荷相比要大得多，往往是致命的和不可挽救的。

为了避免生产事故排放污水对污水处理系统的影响，许多专门的工业废水处理场都设置了容积很大的事故池，用于贮存事故排水。在生产恢复正常且污水处理系统没有受到影响的情况下，再逐渐将事故池中积存的高浓度污水连续或间断地以较小的流量引入到生物处理系统中。因此，事故池一般设置在污水处理系统主流程之外，与生产污水排放管道相连接，有的事故池有效容积在 10000m^3 以上。

为发挥其应有的作用，事故池平时必须保持空池状态，因此利用率较低。另外事故池的进水必须和生产污水排放系统的在线水质分析设施联锁，实现自动控制，当水质在线分析仪发现生产污水水质发生突变时，能够自动将高浓度事故排水及时切入事故池。否则，如果没有及时发现生产污水水质突变的手段，等污水处理系统已经有被冲击的迹象时再采取措施，活性污泥往往已经受到了严重的伤害。

第四节　含油污水处理

石油的开采和炼制及石油化工工业在生产过程中，都会产生大量的含油污水，这些污水如果不进行回收处理，不仅会造成很大的浪费，而且油类物质排入水体会对环境造成严重的污染。为保护环境和保证二级生化处理的稳定运行，必须对含油污水中的油类污染物进行回收或处理。

一、隔油池

隔油池的作用是利用自然上浮法分离、去除含油污水中可浮性油类物质的构筑物。隔油池能去除污水中处于漂浮和粗分散状态的密度小于 1.0 的石油类物质，而对处于乳化、溶解及细分散状态的油类几乎不起作用。其基本要求如下：

（1）隔油池必须同时具备收油和排泥措施。

（2）隔油池应密闭或加活动盖板，以防止油气对环境的污染和火灾事故的发生，同时可以起到防雨和保温的作用。

(3) 寒冷地区的隔油池应采取有效的保温防寒措施，以防止污油凝固。为确保污油流动顺畅，可在集油管及污油输送管下设热源为蒸汽的加热器。

(4) 隔油池四周一定范围内要确定为禁火区，并配备足够的消防器材和其他消防手段。隔油池内防火一般采用蒸汽，通常是在池顶盖以下200mm处沿池壁设一圈蒸汽消防管道。

(5) 隔油池附近要有蒸汽管道接头，以便接通临时蒸汽扑灭火灾，或在冬季气温低时因污油凝固引起管道堵塞或池壁等处粘挂污油时清理管道或去污。

1. 常用类型

常用隔油池的型式有平流式和斜板式两种，也有在平流隔油池内安装斜板，即成为具有平流式和斜板式双重优点的组合式隔油池。

(1) 平流隔油池

装有链条板式刮油刮泥机的平流隔油池基本构造见图2-6。

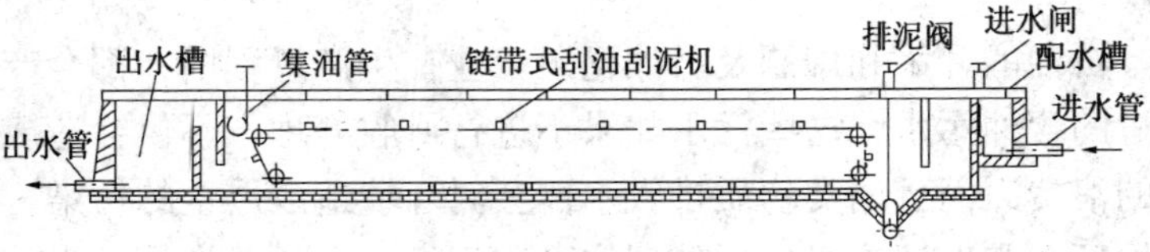

图2-6 平流隔油池构造示意图

普通平流隔油池与平流沉淀池相似，含油污水从池的一端进入，从另一端流出。由于池内水平流速较低，进水中密度小于1.0的轻油滴在浮力的作用下上浮，并积聚在池的表面，通过设在池面的集油管和刮油机收集浮油；相对密度大于1.0的油滴随悬浮物下沉到池底，通过刮泥机排到收泥斗后定期排放。通常可将污水含油量从400~1000mg/L降到150mg/L以下，除油效率为70%以上，所去除油粒最小直径为100~150μm。

(2) 斜板隔油池

根据浅层理论发展而来的斜板隔油池，是一种异向流分离装置，其水流方向与油珠运动方向相反。污水沿板面向下流动，从出水堰排出。水中密度小于1.0的油珠沿板的下表面向上流动，然后用集油管汇集排出。水中其他相对密度大于1.0的悬浮颗粒沉降到斜板上表面，再沿着斜板滑落到池底部经穿孔排泥管排出。

目前，斜板隔油池所用斜板可以选用定型聚酯玻璃钢波纹斜板产品，根据不同的处理水量来确定斜板体块数。实践表明，斜板隔油池所需的停留时间约为30min，仅为平流隔油池的1/2~1/4。斜板隔油池可以去除油滴的最小直径为60μm。

2. 收油形式

隔油池隔出的浮油必须及时排出隔油池，这样才能保证隔油池的隔油效果。通常是在隔油池浮油积聚到一定程度后，利用收油装置将其引入集油池集中处理。隔油池的收油装置一般采取以下四种形式：

（1）固定式集油管收油

固定式集油管设在隔油池的出水口附近，其中心线标高一般在设计水位以下60mm，距池顶高度要超过500mm。固定式集油管一般由直径为300mm的钢管制成，由蜗轮蜗杆作为传动系统，既可顺时针转动也可以逆时针转动，但转动范围要注意不超过40°。集油管收油开口弧长为集油管横断面60°所对应的弧长，平时切口向上，当浮油达到一定厚度时，集油管绕轴线转动，使切口浸入水面浮油层之下，然后浮油溢入集油管并沿集油管流到集油池。小型隔油池通常采用这种方式收油。

（2）移动式收油装置收油

当隔油池面积较大且无刮油设施时，可根据浮油的漂浮和分布情况，使用移动式收油装置灵活地移动收油，而且移动式收油装置的出油堰标高可以根据具体情况随时调整。移动式收油装置使用疏水亲油性质的吸油带在水中运转，将浮油带出水面后，进入移动式收油装置的挤压板把油挤到集油槽内，吸油带再进入池中吸取浮油。

(3) 自动收油罩收油

隔油池分离段没有集油管或集油管效果不好时，可安装自动收油罩收油。要根据回收油品的性质和对其含水率的要求等因素，综合考虑出油堰口标高和自动收油罩的安装位置。

(4) 刮油机刮油

大型隔油池通常使用刮油机将浮油刮到集油管，刮油机的形式和气浮池刮渣机相同，有时和刮泥同时进行成为刮油刮泥机。平流式隔油池刮油刮泥机设置在分离段，刮油刮泥机将浮油和沉泥分别刮到出水端和进水端，因此需要整池安装。斜板隔油池则只在分离段设刮油机。

3. 排泥形式

(1) 小型隔油池多采用泥斗排泥，每个泥斗要单独设排泥阀和排泥管，泥斗倾角为 45°～60°，排泥管直径不能小于 DN200mm。当排泥管出口不是自然跌落排泥，而是采用静水压力排泥时，静水压头要大于 1.5m，否则会排泥不畅。

(2) 隔油池采用刮油刮泥机机械排泥时，池底要有坡向泥斗的 1%～2%的坡度。

(3) 刮油刮泥机的运行速度要控制在 0.3～1.2m/min 之间，刮板探入水面的深度为 50～70mm。刮油刮泥机应当振动较小、翻板灵活，刮油不留死角。

(4) 刮油刮泥机多采用链条板式，如果泥量较少，可以只考虑刮油。常用链条式刮油刮泥机具体性能见表 2-2。

表 2-2 链条板式刮油刮泥机主要性能表

	刮油机	刮油机	刮油刮泥机
隔油池规格/m	长×宽＝20×45	长×宽＝3.6×2.4	长×宽＝30×45
温度/℃	<50	<50	<50
操作方式	连续运行	连续运行	每 4 小时至少运行一次

续表

	刮油机	刮油机	刮油刮泥机
刮板规格/mm	3660×120×8	1640×120×8	4440×150×20
刮板块数	9	2	14
刮板移动速度/$mm \cdot s^{-1}$	0.016	0.0155	0.016
减速机型号	XWED0.55-63-1/1003	XWED0.55-63-1/1003	XWED1.5-84
电机功率/kW	0.6	0.4	1.5
传动链条型号	TG381×1-92	20A-1×96	单排套筒滚子链
传动链条规格/mm	38.10×22.23×25.30	31.75×19.05×18.9	45×27×27
牵引链条种类	片式牵引链	片式牵引链	
牵引链条规格/mm	150×300×29	150×33×24	200×44×44

二、粗粒化(聚结)除油

粗粒化(聚结)除油法的原理是利用油和水对聚结材料表面亲和力相差悬殊的特性，当含油污水流过时，微小油粒被吸附在聚结材料表面或孔隙内，随着被吸附油粒的数量增多，微小油粒在聚结材料表面逐渐结成油膜，油膜达到一定厚度后，变形成足以从水相分离上升的较大油珠。

有关研究表明，能够进行聚结处理的乳化油珠最小粒径为5~10μm。油珠粒径越大，油水相间的界面张力越大，越有利于附聚；提高含油水中无机盐的含量，可使表面张力增大。而含油污水的碱性增强和表面活性物质增多，将有碍于乳化油珠的聚结。粗粒化(聚结)除油一般设置在隔油池后，代替气浮法除油过程。

1. 聚结材料

选择聚结材料时，首先要考虑其物理性能，然后还要用待处理的含油污水进行试验考证后再确定。表2-3列出了常用聚结材料的物理性能，表2-4列出了表面性质不同的聚结材料的除油结果。

表 2-3　常用聚结材料的物理性能

材料名称	润湿角	密度/$kg \cdot L^{-1}$	润湿角测定条件
聚丙烯	7°38′	0.91	
无烟煤	13°18′	1.60	① 水温 44°C
陶　粒	72°42′	1.50	② 介质为净化后含油污水
石英砂	99°30′	2.66	③ 润湿剂为原油
蛇文石	72°9′	2.52	

表 2-4　表面性质不同的聚结材料的除油结果

	粒状材料			纤维材料		
	原水/$mg \cdot L^{-1}$	出水/$mg \cdot L^{-1}$		原水/$mg \cdot L^{-1}$	出水/$mg \cdot L^{-1}$	
		亲油材料	亲水材料		亲油材料	亲水材料
最大值	306.4	66	75	297	89	107
最小值	81	3	5	93	58	53
平均值	218	16.9	20.8	151	74	78
效率/%		92.2	90.5		51.0	48.3

选择聚结材料的基本要求如下：①耐油性能好，不能被所除油溶解或溶胀；②尽可能选用亲油疏水材料；③具有一定机械强度，不易磨损；④再生冲洗方便简单，不易板结成团；⑤使用颗粒材料时，粒径为 3~5mm。

聚结材料都具有疏水性，不论其疏油还是亲油，只要粒径合适，都能取得较好的聚结性能。若聚结材料具有亲油性，当含油污水流经聚结材料的堆积床时，分散在水中的微小乳化油粒就会被吸附在材料表面，小油粒聚结成较大油珠后，在浮力作用下上升分离。若聚结材料具有疏油性，当含油污水流经聚结材料的堆积床时，乳化油粒在聚结材料之间的微小且方向多变的空隙内运动时，多个微小乳化油粒可通过相互接触而聚结成能靠浮力上升分离的大油珠。

聚结材料不同，聚结效果也会有所差异。同一种聚结材料，改变其外形或改变其表面疏水性质，都会影响其聚结性能。因此选择聚结材料时，一般要针对某种含油污水进行可聚结性试验和聚结除油试验。根据试验结果，确定使用何种聚结材料和确定聚结床层的高度和通水倍数，根据通水倍数确定聚结床层的工作周期。

2. 常用装置

粗粒化(聚结)除油装置由聚结段和除油段两部分组成，根据这两段的组合形式可将粗粒化(聚结)除油装置分为合建式和分建式两种，常用的是合建承压式粗粒化(聚结)除油装置(示意图见图 2-7)。

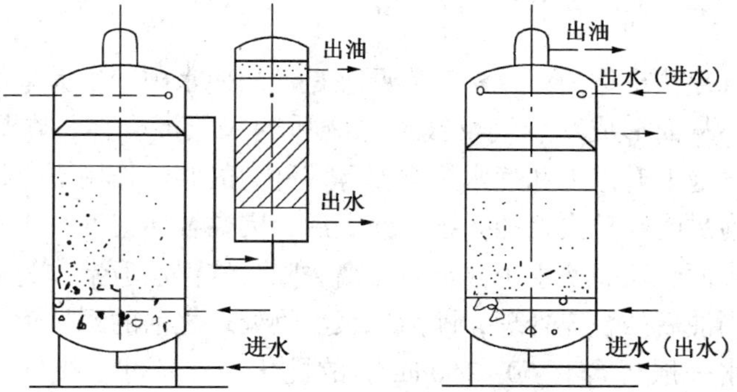

图 2-7 常用聚结除油装置示意图

在一定程度上，粗粒化(聚结)除油装置和过滤工艺的承压滤池有许多相似之处。从下而上由承托垫层、承托垫、聚结材料层、承压层构成，水流方向多为反向流，聚结床工作周期结束后的清洗采用气水联合冲洗。常使用级配卵石作为承托垫层，卵石级配见表 2-5。管理方法和注意事项等与承压滤池也基本相同。

表 2-5 垫层卵石级配表

层　状	粒径/mm	厚度/mm
上	16~32	100
中	8~16	100
下	4~8	100
总厚		300

承托垫一般由钢制格栅和不锈钢丝网组成，其作用是承托聚结材料层、承压层等部分的重量。钢制格栅的间距要比粒状聚结材料的上限尺寸大 1～2mm，而不锈钢丝网的孔眼要比粒状聚结材料的下限尺寸略小，以防聚结材料漏失。

当使用密度小于 1.0g/cm^3 的聚结材料时，在聚结材料的顶部也要设置钢制格栅、不锈钢丝网及压网卵石层以防清洗时跑料。常用压网卵石粒径为 16～32mm，厚度 0.3m。钢制格栅、不锈钢丝网的选择原则与承托垫一样。

第五节　气　　浮

气浮法也称为浮选法，其原理是设法使水中产生大量的微细气泡，从而形成水、气及被去除物质的三相混合体，在界面张力、气泡上升浮力和静水压力差等多种力的共同作用下，促使微细气泡黏附在被去除的微小油滴上后，因黏合体密度小于水而上浮到水面，从而使水中油类被分离去除。气浮法通常作为对含油污水隔油后的补充处理，即为二级生物处理之前的预处理。隔油池出水一般仍含有 50～150mg/L 的乳化油，经过一级气浮法处理，可将含油量降到 30mg/L 左右，再经过二级气浮法处理，出水含油量可达 10mg/L 以下。

除了用来去除污水中处于乳化状态的油以外，气浮法还广泛应用于去除污水中密度接近于水的微细悬浮颗粒状杂质。比如气浮法可以有效地用于活性污泥的浓缩，还可以以去除污水中的悬浮杂质为主要目的，作为二级生物处理的预处理、保证生物处理进水水质的相对稳定，或是放在二级生物处理之后作为二级生物处理的深度处理、确保排放出水水质符合有关标准的要求。

为促进气泡与颗粒状杂质的黏附和使颗粒杂质结成尺寸适当的较大颗粒，一般要在形成微细气泡之前，在污水中投加药剂进行混凝处理或加入破乳剂破坏水中乳化态油分的稳定性。

1. 特点

与重力沉淀法相比较，气浮法具有以下特点：

(1) 不仅对于难以用沉淀法处理的废水中的污染物可以有较好的去除效果，而且对于能用沉淀法处理的废水中的污染物往往也能取得较好的去除效果。

(2) 气浮池的表面负荷有可能超过 $12m^3/(m^2 \cdot h)$，水流在池中的停留时间只需要 10~20min，而池深只需要 2m 左右，因此占地面积只有沉淀法的 1/2~1/8，池容积只有沉淀法的 1/4~1/8。

(3) 浮渣含水率较低，一般在 96%以下，比沉淀法产生同样干重污泥的体积少 2~10 倍，简化了污泥处置过程、节省了污泥处置费用，而且气浮表面除渣比沉淀池底排泥更方便。

(4) 气浮池除了具有去除悬浮物的作用以外，还可以起到预曝气、脱色、降低 COD_{Cr} 等作用，出水和浮渣中都含有一定量的氧，有利于后续处理，泥渣不易腐败变质。

(5) 气浮法所用药剂比沉淀法要少，使用絮凝剂为脱稳剂时，药剂的投加方法与混凝处理工艺基本相同，所不同的是气浮法不需要形成尺寸很大的矾花，因而所需反应时间较短。但气浮法电耗较大，一般电耗为 $0.02 \sim 0.04 kW \cdot h/m^3$。

(6) 气浮法所用的释放器容易堵塞，室外设置的气浮池浮渣受风雨的影响很大，在风雨较大时，浮渣会被打碎重新回到水中。

2. 类型

(1) 细碎空气气浮法

细碎空气气浮法是靠机械细碎空气的方法。一般使用高速旋转叶轮产生离心力时产生的真空负压状态将空气吸入，在叶轮的搅动下，空气被粉碎成为微细的气泡而扩散于水中，气泡由池底向水面上升并黏附水中的悬浮物一起带至水面。

细碎空气气浮法的优点是设备结构简单，维修量较小，其缺点是叶轮的机械剪切力不能把空气粉碎得很充分，产生的气泡较大，气泡直径可达 1mm 左右。这样在供气量一定的条件下，气泡的表面积小，而且由于气泡直径大、运动速度快，与废水中杂质颗粒接触的时间短，不易与细小颗粒或絮凝体相吸附，同时水流的机械剪切力反而可能将加药后形成的絮体打碎。因此细碎空气气浮法不适用于处理含细小颗粒与絮体的废水，可用于含有大油滴的含油废水。

(2) 喷射气浮法

喷射气浮法是用水泵将污水或部分气浮出水加压后，高压水流流经特制的射流器，将吸入的空气剪切成微细气泡，再和污水中的杂质接触结合在一起后上升到水面。一般要求喷射器后背压力值达到 0.1~0.3MPa，喉管直径与喷嘴直径之比为 2~2.5，喷嘴流速范围为 20~30m/s。为提高溶气效果，喷射器后要配以管道混合器，混合器要保证水头损失 0.3~0.4m，混合时间为 30s 左右。

(3) 压力溶气气浮法

压力溶气气浮法又分为全溶气式、部分溶气式及部分回流溶气式，其中部分回流压力溶气气浮法是最常用的一种。具体做法是用水泵将部分气浮出水提升到溶气罐，加压到 0.3~0.55MPa，同时注入压缩空气使之过饱和，然后瞬间减压，原来溶解在水中的空气骤然释放，产生出大量的微细气泡，从而使被去除物质与微细气泡结合在一起并上升到水面。其工艺流程见图 2-8。

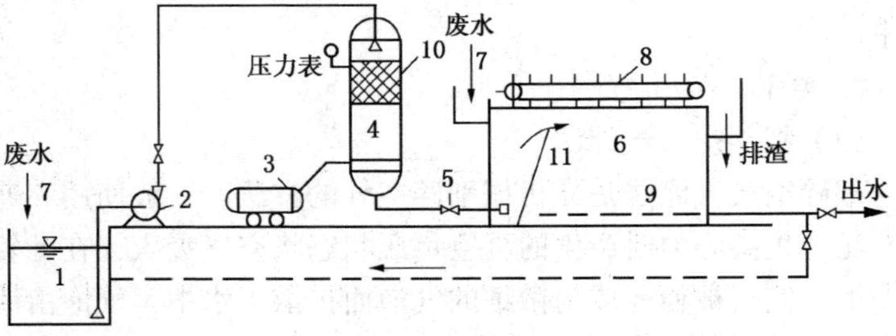

图 2-8　部分回流压力溶气气浮法流程示意图

1—吸水井；2—加压泵；3—空压机；4—压力溶气罐；5—减压释放阀；6—浮上分液池；7—原水进水管；8—刮渣机；9—集水系统；10—填料层；11—隔板

3. 溶气罐

溶气罐的作用是实施水和空气的充分接触，加速空气的溶解，可用普通钢板卷焊而成，并在罐内进行防腐处理。溶气罐规格很多，高度与直径的比值一般为2~4，表2-6列出了常用立式溶气罐的主要参数。溶气罐也可采用卧式安装，并沿长度方向将罐长分为进水段、填料段、出水段。

表2-6 常用溶气罐主要参数

直径/mm	高度/mm	流量/$m^3 \cdot h^{-1}$	压力/MPa	进水管径/mm	出水管径/mm
200	2550	3~6	0.2~0.5	40	50
300	2580	7~12	0.2~0.5	70	80
400	2680	13~19	0.2~0.5	80	100
500	3000	20~30	0.2~0.5	100	125
600	3000	31~42	0.2~0.5	125	150
700	3180	43~58	0.2~0.5	125	150
800	3280	59~75	0.2~0.5	150	200
900	3330	76~95	0.2~0.5	200	250
1000	3380	96~118	0.2~0.5	200	250
1200	3510	119~150	0.2~0.5	250	300
1400	3610	151~200	0.2~0.5	250	300
1600	3780	201~300	0.2~0.5	300	350

（1）立式溶气罐形式有中空式、套筒翻流式和喷淋填料式三种，其中喷淋填料式溶气效率最高，比没有填料的溶气罐溶气效率可高30%以上。可用的填料有瓷质拉西环、塑料淋水板、不锈钢圈、塑料阶梯环等，一般采用溶气效率较高的塑料阶梯环。

（2）溶气罐的溶气压力为0.3~0.55MPa，溶气时间即溶气罐水力停留时间1~4min，溶气罐过水断面负荷一般为100~200$m^3/(m^2 \cdot h)$。一般配以扬程为40~60m的离心泵和压力为0.5~0.8MPa的空压机，通常风量为溶气水量的15%~20%。

（3）污水在溶气罐内完成空气溶于水的过程，并使污水中的溶解空气过饱和，多余的空气必须及时经排气阀排出，以免分离池中气量过多引起扰动，影响气浮效果。排气阀设在溶气罐的顶部，一般采用 DN25 手动截止阀，但是这种方式在北方寒冷地区冬季气温太低时，常会因截止阀被冻住而无法操作，必须予以适当保温。排气阀尽可能采用自动排气阀。

(4) 溶气罐属压力容器，其设计、制作、使用均要按一类压力容器要求考虑。

(5) 采用喷淋填料式溶气罐时，填料高度 0.8~1.3m 即可。不同直径的溶气罐，要配置的填料高度也不同，填料高度一般在 1m 左右。当溶气罐直径大于 0.5m 时，考虑到布水的均匀性，应适当增加填料高度。

(6) 溶气罐内的液位一般为 0.6~1.0m 左右，过高或过低都会影响溶气效果。因此，溶气系统气液两相的压力平衡的及时调整很重要。除通过自动排气阀来调整外，可通过安装浮球液位传感器探测溶气罐内液位的升降，据此调节进气管电磁阀的开或关，还可通过其他非动力式来实现液位控制。

(7) 溶气水的过流密度即溶气量与溶气罐截面积之比，有一个最优化范围。常用溶气罐的直径、流量的适应范围见表 2-6。

4. 溶气释放器

溶气释放器是气浮法的核心设备，其功能是将溶气水中的气体以微细气泡的形式释放出来，以便与待处理污水中的悬浮杂质黏附良好。常用的释放器有 TS 型、TJ 型和 TV 型等，这些释放器各有千秋，多是专利产品。

(1) 高效溶气释放器要具有最大的消能值。消能值是指溶气水从溶解平衡的高能值降到几乎接近常压的低能值之间的差值，高效溶气释放器的消能值应在 95%以上，最高者可达 99.9%。

(2) 两个体积相同的气泡合并之后，其表面能将减少 20.62%。为避免微气泡的合并，在获得最大消能值的前提下，还要具有最快的消能速度，或叫最短的消能时间。高效溶气释放器的消能时间应在 0.3s 以下，最优者可达 0.03~0.01s。

(3) 性能较好的释放器能在较低的压力(0.2MPa 左右)下，能将溶气量的 99%左右予以释放，即几乎将溶气全部释放出来，以确保在保证良好的净水效果前提下，能耗较少。

（4）根据吸附值理论，只有比悬浮颗粒小的气泡，才能与该悬浮颗粒发生有效的吸附作用。污水中难于在短时间内沉淀或上浮的悬浮颗粒粒径通常都在 50μm 以下，乳化液的主体颗粒粒径为 0.25~2.5μm。虽然经过投加混凝剂反应后，水中悬浮颗粒粒径可以变大，但为了获得较好的出水水质，采用气浮法时，气泡直径越小越好。高效溶气释放器释放出的气泡直径在 20~40μm 左右，有些可使气泡直径达到 10μm 以下，甚至接近 1μm。

（5）为达到气浮池正常运转的目的，释放器还须具备以下条件：一是抗堵塞(因为要达到上述目的就要求水流通道尽可能窄小)，二是结构要力求简单、材质要坚固耐腐蚀，同时要便于加工和安装、尽量减少可动部件。

（6）为防止水流冲击，保证微气泡与颗粒的黏附条件，释放器前管道流速要低于 1m/s，释放器出口流速为 0.4~0.5m/s，每个释放器的服务直径为 0.3~1.1m。

5. 气浮池

气浮池的形式较多，根据待处理水的水质特点、处理要求及各种具体条件，已有多种形式的气浮池投入使用，其中有平流与竖流，方形与圆形等布置形式，也有将气浮与反应、沉淀、过滤等工艺综合在一起的组合形式。

（1）气浮池溶气压力为 0.2~0.4MPa，回流比为 25%~50%。为获得充分的共聚效果，一般需要投加絮凝剂，有时还要投加助凝剂，投药后混合时间通常为 2~3min，反应时间为 5~10min。

（2）气浮池一般采用矩形钢筋混凝土结构，常与反应池合建，池顶设有轻型盖板，内设刮渣机，池内水流水平流速为 4~6m/s，不宜大于 10m/s。气浮池的长宽比通常不小于 4，中小型气浮池池宽可取 4.5m、3m 或 2m，大型气浮池池宽可根据具体情况确定，一般单格池宽不超过 10m、池长不超过 15m。

（3）为防止打碎絮体，水流衔接要平稳，因此气浮池与反应池最好合建在一起，进入气浮池接触室的水流速度要低于

0.1m/s。

(4) 气浮池接触室的高度以1.5~2.0m为佳，平面尺寸要能满足布置溶气释放器的要求。其中水流上升流速要控制在10~20mm/s，水流在其中的停留时间要大于60s。

(5) 分离室深度一般为1.5~2.5m，超高不小于0.4m。其中水流的下向流速度范围要在1.5~3.0mm/s之间，即控制其表面负荷在5.5~10.8$m^3/(m^2 \cdot h)$之间，废水在气浮池内的停留时间不能超过1.0h，一般为30~40min。

(6) 气浮池的集水要能保证进出水的平衡，以保持气浮池的水位正常。一般采用集水管与出水井相连通，集水管的最大流速要控制在0.5m/s左右。中小型气浮池在出水井的上部设置水位调节管阀；大型气浮池则要设可控溢流堰板，依此升降水位，调节流量。

6. 调试或启动时的注意事项

(1) 调试进水前，首先要用压缩空气或高压水对管道和溶气罐反复进行吹扫清洗，直到没有容易堵塞的颗粒杂质后，再安装溶气释放器。

(2) 进气管上要安装单向阀，以防压力水倒灌进入空压机。调试前要检查连接溶气罐和空压机之间管道上的单向阀方向是否指向溶气罐。实际操作时，要等空压机的出口压力大于溶气罐的压力后，再打开压缩空气管道上的阀门向溶气罐注入空气。

(3) 先用清水调试压力溶气系统与溶气释放系统，待系统运行正常后，再向反应池内注入污水。

(4) 压力溶气罐的出水阀门必须完全打开，以防由于水流在出水阀处受阻，使气泡提前释放、合并变大。

(5) 控制气浮池出水调节阀门或可调堰板，将气浮池水位稳定在集渣槽口以下5~10cm，待水位稳定后，用进出水阀门调节并测量处理水量，直到达到设计水量。

(6) 等浮渣积存到5~8cm后，开动刮渣机进行刮渣，同时检查刮渣和排渣是否正常、出水水质是否受到影响。

7. 日常运行管理注意事项

（1）巡检时，通过观察孔观察溶气罐内的水位。要保证水位既不淹没填料层，影响溶气效果；又不低于0.6m，以防出水中夹带大量未溶空气。

（2）巡检时要注意观察池面情况。如果发现接触区浮渣面高低不平、局部水流翻腾剧烈，这可能是个别释放器被堵或脱落，需要及时检修和更换。如果发现分离区浮渣面高低不平、池面常有大气泡鼓出，这表明气泡与杂质絮粒黏附不好，需要调整加药量或改变混凝剂的种类。

（3）冬季水温较低影响混凝效果时，除可采取增加投药量的措施外，还可利用增加回流水量或提高溶气压力的方法，增加微气泡的数量及其与絮粒的黏附，以弥补因水流黏度的升高而降低带气絮粒的上浮性能，保证出水水质。

（4）为了不影响出水水质，在刮渣时必须抬高池内水位，因此要注意积累运行经验，总结最佳的浮渣堆积厚度和含水量，定期运行刮渣机除去浮渣，建立符合实际情况的刮渣制度。一般情况下，当溶气罐实现自控后，根据渣量的多少，刮渣机每隔2~4h运行一次。刮渣机的刮板运动方向要与水流方向相反，为使刮板移动速度不大于浮渣溢入集渣槽的速度，刮渣机的行进速度要控制在50~100mm/s。

（5）根据反应池的絮凝、气浮池分离区的浮渣及出水水质等变化情况，及时调整混凝剂的投加量，同时要经常检查加药管的运行情况，防止发生堵塞(尤其是在冬季)。

第六节　汽　　提

汽提法通常用于脱除污水中的溶解性气体和某些挥发性物质。其原理是将空气或水蒸气等载气通入水中，使载气与污水充分接触，导致污水中的溶解性气体和某些挥发性物质向气相转移，从而达到脱除水中污染物的目的。一般使用空气为载气时称为吹脱，使用蒸汽为载气时称为汽提。

空气吹脱通常只用于脱除用石灰石中和酸性污水和经过软化处理或电渗析、反渗透处理后的污水中的CO_2，以提高因CO_2而产生的低 pH 值、满足后续生物处理的需要。

汽提法常被用于含有H_2S、HCN、NH_3、CS_2等气体和甲醛、苯胺、挥发酚等其他挥发性有机物的工业废水的处理，以避免这些酸性物质对活性污泥中微生物可能产生的毒害和避免发生硫化氢中毒事故。

1. 常用类型

处理含有硫化物、酚、氰化物、氨氮等物质的酸性污水常用的蒸汽汽提方式有双塔汽提和单塔汽提两大类。

双塔汽提是使原料污水依次进入硫化氢汽提塔和氨气汽提塔，在两个塔内分别实现硫化氢和氨气从污水中分离的过程。双塔汽提可同时获得高纯度的硫化氢和氨气，净化水水质较好，可回用或进入综合污水处理厂处理后排放。其缺点是设备复杂，蒸汽消耗量大。

单塔汽提是利用硫化氢和氨在不同温度下在水中溶解度的变化存在差异这一特性，使污水在汽提塔内温度高低变化，从而实现氨与酸性气分别从污水中脱出。单塔汽提的特点是在一个汽提塔内同时实现硫化氢和氨气分离的过程，其优点是设备简单、蒸汽单耗低。常用的单塔汽提为单塔加压侧线抽出汽提（见图 2-9），该工艺流程具有设备简单、操作平稳、蒸汽单耗低、原料水质适应范围宽等特点，能同时高效率地将硫化氢和氨脱出，净化水水质好。当污水中氨含量较低，只需脱除硫化氢时，为进一步简化流程和操作，可采用单塔加压无侧线抽出流程（见图 2-10）。

汽提产生的硫化氢和氨气必须予以回收，因为焚烧只是将硫化氢氧化为二氧化硫后排放，而二氧化硫是产生酸雨的一个主要原因，国家有关法规对此有严格的规定。因此，提倡使用的汽提装置要同时具备将硫化氢收集处理的能力，一般是将硫化氢送到硫磺回收装置制硫。

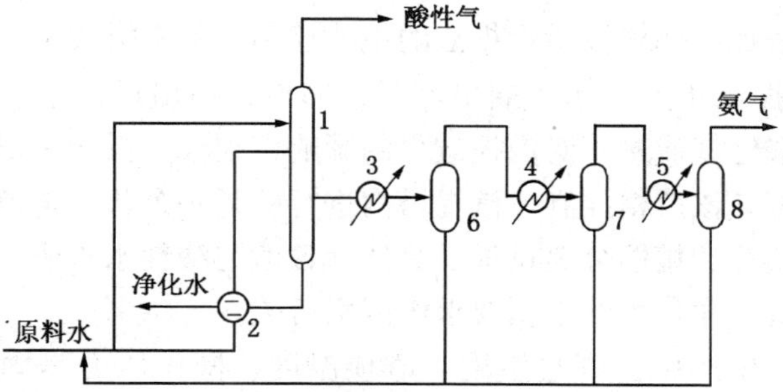

图 2-9　单塔加压侧线抽出汽提示意图

1—汽提塔；2—换热器；3——一级冷凝器；4—二级冷凝器；5—三级冷凝器；6——一级分凝器；7—二级分凝器；8—三级分凝器

2. 单塔加压侧线抽出汽提原理

单塔加压侧线抽出汽提的具体原理是在低温(低于 80℃)和一定压力下，氨在水中溶解度较大，相比之下二氧化碳、硫化氢等酸性气体的溶解度较小，即液相中氨含量较大而气相则主要由酸性气组成。当温度较高(大于 80℃)时，因为氨在水中的溶解度迅速下降而挥发至气相，从而改变气相组成，使气相主要成分为氨。

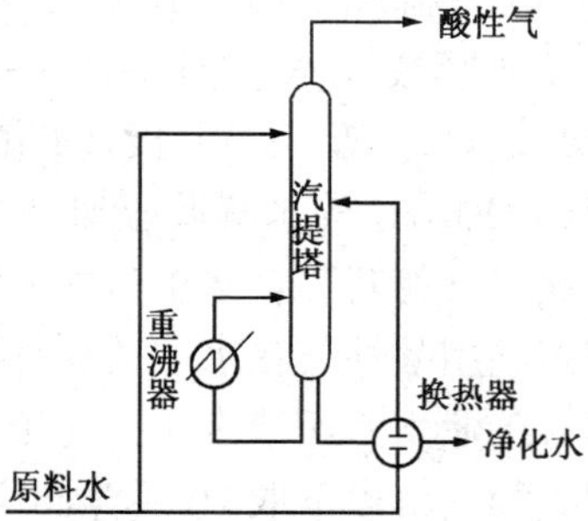

图 2-10　单塔加压无侧线抽出流程示意图

单塔加压侧线抽出汽提的流程是以冷原料水或净化水作为冷进料打入汽提塔顶部，将塔顶温度降低后，实现硫化氢、二氧化碳从污水中分离的过程；经与净化水换热后的原料水作为热进料打入塔的上部，塔底部由重沸器或蒸汽直接供热，将硫化氢、二氧化碳和氨气从污水中分离出来，塔底排出合格的净化水，塔中部形成一个硫化氢含量最少、氨气浓度最高的区域，由此抽出富氨侧线气，实现氨气从污水中分离的过程。

3. 单塔加压侧线抽出汽提塔运行控制的参数

单塔加压侧线抽出汽提法的主要控制参数有塔底温度、塔顶温度、操作压力、侧线抽出比等，另外，抽出口位置、冷热进料比、酸性气流量等对汽提效果的影响也很大，操作中对以上这些参数都应该严格控制。汽提塔内进行的是一个化学电离平衡与相平衡共存的精馏分离过程，具体参数值与酸性水水质、水量及对酸性气、净化水的水质要求等因素有关。

实际生产中，塔底温度、塔顶温度、操作压力是固定不变的，但由于酸性原料水的浓度很难保持稳定不变，为保证酸性气质量和净化水的水质较好，要根据污水的具体性质，结合一定的汽提负荷，进行优化筛选来确定侧线抽出比、抽出口位置、冷热进料比、酸性气流量这几个参数的具体值。

4. 单塔加压侧线抽出汽提塔塔底温度的控制

塔底温度：160~163℃，不能低于160℃。

根据酸性水（$NH_3-H_2S-CO_2-H_2O$）的性质，当温度高于120℃时，随着温度的继续升高，NH_4HS、NH_4HCO_3、NH_4COONH_2的水解反应加速进行，NH_3、H_2S、CO_2等水解产物加速向气相转移，水中这些成分的含量自然会急速下降。汽提塔就是利用酸性气在水中的这种特性，将酸性水初步净化。

工业生产经验表明，对于质量比小于2%的酸性污水，如果侧线抽出口以下取20块浮阀塔盘，则塔底温度为160~163℃时，可以使净化水中氨含量小于250mg/L、硫化氢小于100mg/L。为满足越来越严格的排放标准的要求，尽可能降低净化水中硫化氢和氨的含量，必须保证塔底温度不能低于160℃。

5. 单塔加压侧线抽出汽提塔塔顶温度的控制

塔顶温度：35~45℃，即40℃左右。

理论上讲，以80℃为界，硫化氢和氨在汽提塔气相中的组成会出现相反的变化。低于80℃时，NH_3在水中的溶解度较大，而H_2S、CO_2的溶解度较小。温度越低，气相中硫化氢的分压越高，单塔侧线抽出汽提法正是利用这一特性完成 H_2S、CO_2 与 NH_3 的分离。在低温和一定压力下，气相中的 NH_3 几乎全部溶解在液相中，并与水中的 H_2S、CO_2 形成可溶性的铵盐。由于 H_2S 和 CO_2 在液相中的溶解度较小，此时气相主要有 H_2S 和 CO_2 组成。当温度高于 80℃时，NH_3 在液相的溶解度就迅速降低，大量挥发使得气相中 NH_3 的浓度随之急增，从而改变气相的组成。为达到既保证塔顶排出的酸性气体的质量、又降低蒸汽消耗的目的，塔顶温度的控制十分重要。

工业生产经验表明，在塔上段分离单元高度足够时，若塔顶温度为 35~45℃，对于质量比高达 8%的酸性污水，氨几乎都溶解在液相中，酸性气体中氨的体积比含量均小于 0.2%。因此要严格控制塔顶温度在 40℃左右，当进水水质相对稳定时，塔顶温度也不要出现大的波动。

6. 单塔加压侧线抽出汽提塔操作压力的控制

操作压力：塔底压力 0.51~0.53MPa，塔顶压力为 0.49~0.50MPa。

当塔顶温度不变时，对于同样的原水，塔顶压力的变化会影响塔顶气相组分。若塔顶气相平衡压力升高，气相硫化氢的浓度就会变大；反之，若塔顶气相平衡压力降低，气相硫化氢的浓度就会变小。

同样，当塔顶压力不变时，对于同样的原水，气相温度的改变也会引起气相组分的变化。如果气相温度降低，气相中硫化氢组分含量就会升高；反之，如果气相温度升高，气相中硫化氢组分含量就会降低。实际生产上，通常的做法是保持塔的操作压力不变，由于塔底温度由塔底压力决定，即塔底温度也保持恒定，一般通过采取改变汽提负荷、侧线抽出比、冷热进料比、酸性气流量等措施以调整塔顶温度的方法来控制净化水的水质和酸性气体的质量。

工业生产经验表明，汽提塔底温度控制在 160~163℃时，塔底液相的蒸汽压性质与水汽的性质相似，因此，一般控制塔底压力为0.51~0.53MPa，减掉全塔塔盘和填料的3~5kPa的压降，塔顶压力常维持在0.49~0.50MPa。

7. 单塔加压侧线抽出汽提塔侧线抽出比的控制

单塔加压侧线抽出汽提塔的侧线抽出比是指侧线抽出气量与汽提塔进污水量的比值。根据硫化氢、二氧化碳、氨在不同温度下在水中的溶解特性，通过用蒸汽在汽提塔塔底汽提后，污水中的硫化氢、二氧化碳、氨进入气相，并向塔顶方向移动，在塔顶再用低温污水打回流将温度降到40℃左右，于是气相中的NH_3再次溶解于水中，即又回到液相，此时气相以硫化氢、二氧化碳等酸性气体为主，这样一来，可以通过在塔顶排出气相，完成酸性气的分离过程。

水流在向塔底方向流动过程中不断升温，当温度超过80℃后，氨就会再次从液相进入气相，于是在汽提塔中部气相逐渐积累，形成氨聚集区。单塔加压侧线抽出汽提就是利用这一特性，在汽提塔中部合适的位置开一侧线，将富氨气体抽出，再经分凝系统逐级分凝后，获得初级气氨产品，完成氨分离过程。因此，侧线抽出比与原料水的浓度、汽提蒸汽负荷和净化水水质直接相关。

生产经验表明，侧线抽出比直接影响净化水水质。当来水浓度一定时，若侧线抽出比过小，塔内富氨聚集区的范围加宽，会导致部分氨再次回到液相，引起净化水中氨含量上升。若侧线抽出比过大，分凝系统的冷凝液量增加会导致汽提蒸汽消耗量变大，引起装置能耗升高。因此，侧线抽出比和抽出比位置的确定与净化水水质及汽提能耗有关，针对不同原料水，要经过改变参数值来筛选确定。侧线抽出比一般为20%左右。

8. 单塔加压侧线抽出汽提塔冷热进料比的控制

单塔加压侧线抽出汽提的冷热进料比是指冷进料和热进料数量的比值，冷热进料比减小，即冷进料减少、热进料增加，有利于降低能耗。进料比的大小与原料酸性水的浓度有关，由于冷进料主要在塔顶冷回流，因此原料酸性水浓度越高，为保持塔顶

40℃左右的低温和酸性气的质量，所需要的冷进料量就越大，装置的能耗也相应增加。

生产上冷热进料比一般为1：5左右。

9. 单塔加压侧线抽出汽提塔酸性气流量的控制

根据酸性水体系的性质，当塔顶温度不变时，塔顶压力的变化与塔顶气相组分有关，气相中 H_2S 和 CO_2 的浓度增加时，气相平衡压力就升高，如果气相 H_2S 和 CO_2 浓度减少时，气相平衡压力就降低。同样，塔顶压力不变时，温度升高则气相中的 H_2S 和 CO_2 浓度降低，而温度降低则气相中的 H_2S 和 CO_2 浓度增加。在实际生产中，塔内的压力一般都保持不变，因此，可以将塔顶的温度作为控制酸性气流量和质量的参数。即温度降低时加大酸性气的流量，温度升高时减少酸性气的流量。

另外，当原料水中硫化氢含量发生变化后，塔上段的气相组成就会发生改变，继而影响塔上段的温度分布。因此，通过塔上段的温差变化可以掌握原料水中硫化氢含量是否发生变化，根据塔上段的温差变化的多少调节酸性气的流量，可以达到使净化水中硫化氢含量尽可能低的目的。

通常是原料水中硫化氢含量升高后，塔上段的气相中硫化氢的分压就会增加，随之引起塔上段的温差变大，此时加大酸性气的流量即可以达到稳定汽提塔操作压力、保证净化水水质的目的。反之，原料水中硫化氢含量降低后，塔上段的气相中硫化氢的分压就会减少、塔上段的温差变小，此时减小酸性气的流量才可以达到稳定汽提塔操作压力、保证净化水水质的目的。

10. 单塔加压侧线抽出汽提塔原料水中氨的含量升高后的对策

当原料水中氨的含量升高后，在汽提塔内表现为中部氨聚集区会逐渐加宽，同时受塔底段分离级数的限制，净化水中氨的含量也会逐渐升高。此时为保证净化水质量，可同时采取加大汽提蒸汽负荷量和加大侧线抽出气量两种措施。

(1) 加大汽提蒸汽负荷量，可以促使液相中的 NH_3 向汽相转移，从而使净化水的水质得到保证。此时由于蒸汽负荷加大，塔内压力将会升高，为稳定汽提塔的操作压力，最好还要加大侧线抽出气量，将氨带出塔体，保持塔压的平衡。

（2）加大侧线抽出气量，将氨带出塔体，由于塔中部抽出气量加大，塔内压力将会降低，此时加大汽提蒸汽负荷量，可以将液相中的 NH_3 汽提出来，使净化水的水质得到保证，又保持了塔内压力的平衡。

实际上，上述两种措施是相辅相成的，一般根据塔顶压力来控制侧线抽出气量，并通过定时监测进水水质的化验结果，调节汽提蒸汽负荷量，从而保证汽提塔操作压力的稳定和净化水的质量。

11. 单塔加压侧线抽出汽提塔运行的注意事项

（1）根据原料水的来源和性质，必要时要采取脱气除油措施。由于酸性水通常是从上游装置的油水分离器排出来的，水中会不可避免地溶有少量轻质油，为减少污油在汽提塔相关设备中的积累和对汽提塔内汽液平衡的影响，一定要严格控制进入汽提塔的酸性污水的含油量。可采取在原料水进口处设除油器、罐和分凝器上设排油口等措施。

（2）处理高浓度酸性污水时，冷进料要有冷却措施。如前所述，汽提塔酸性气的质量主要与塔顶温度有关，而作为冷进料的原料水温度又直接影响塔顶温度。工业生产经验表明，即使酸性污水中硫化氢和氨的重量比高达 8%，如果作为冷回流的原料水温度较低、能有效地将塔顶温度控制在 40℃左右，那么此时酸性气的质量是有保证的。因此，为了克服原料水温的不稳定性，最好能配备冷进料的冷却措施，在保证酸性气质量和净化水水质的条件下，不仅增加装置的处理能力，还可以降低整个装置的生产能耗。

（3）为保证酸性气的质量，酸性气要有冷凝冷却器。如前所述，即使酸性水水质发生一些变化，只要将汽提塔塔顶温度控制在 40℃以下，即便塔顶温度有所改变，酸性气的质量仍是有保证的。但工业生产经验表明，由于种种原因，汽提塔塔顶温度极易发生波动，而塔顶温度刚开始变化时，汽提塔的操作仍可保持基本稳定。因此，为保证酸性气的质量和增加装置的操作稳定性，在尽可能控制塔顶温度不变的同时，最好设一台酸性气的冷凝冷却器、降低酸性气的温度。

（4）侧线气分凝系统的第二级冷凝器负荷要有适当富裕量。为节省能量，作为侧线气冷却介质的原料水经过换热后都是作为汽提塔的热进料，即通过调节热进料的流量可以控制分凝系统第一级冷凝器的冷后温度。因为第一级冷凝器的主要作用是从侧线气中脱水，因此第一级冷凝器的冷后富氨气温度的变化直接影响第二级冷凝器的负荷。为能适应第一级冷凝器的冷后温度变化与热负荷的转移，要保证第二级冷凝器负荷要有适当富裕量。为保证分凝系统的操作稳定性，要使第二级冷凝器负荷的富裕量能适应第一级冷凝器的冷后富氨气温度波动±5℃的要求。如果难以达到上述目的，还可以考虑增设第三级冷凝器。

第七节　工业废水其他处理方法

一、酸碱中和

用化学法去除污水中过量的酸或碱，使其 pH 值达到中性的过程称为中和。处理含酸污水时，以碱或碱性氧化物为中和剂，而处理碱性污水则以酸或酸性氧化物做中和剂。对于中和处理，首先考虑以废治废的原则，将酸性污水与碱性污水互相中和，或者利用废碱渣(碳酸钙碱渣、电石渣等)中和酸性污水，条件不具备时，才使用中和剂处理。酸性污水中和处理经常采用的中和剂有石灰、石灰石、白云石、氢氧化钠、碳酸钠等，碱性污水中和处理一般采用硫酸、盐酸。

当酸碱污水的流量和浓度变化较大时，应该先进入水质均质调节池进行均化，均化后的酸碱污水再进入中和池。为使酸碱中和反应进行得较完全，中和池内要设搅拌器进行混合搅拌。当水质水量较稳定或后续处理对 pH 值要求较宽时，可直接在集水槽、管道或混合槽中进行中和。

1. 酸性污水的中和

酸性污水的中和可分为酸性污水与碱性污水混合、投药中和及过滤中和等三种。

（1）酸、碱污水中和法

这种方法是将酸性污水和碱性污水共同引入中和池中，并在池内进行混合搅拌。中和结果应该使污水呈中性或弱碱性，即根据酸碱中和原理计算酸、碱污水的混合比例或流量，并且使实际碱性污水的数量略大于计算量。当酸、碱污水的流量和浓度经常变化，而且波动很大时，应该分别设置酸、碱污水调节池加以调节，再单独设置中和池进行中和反应，此时中和池容积应按1.5~2.0h 的污水量考虑。

（2）投药中和法

酸性污水中和处理采用的中和剂种类较多，其中碳酸钠价格昂贵，使用较少，石灰价格便宜，所以使用较广。用石灰做中和剂能够处理任何浓度的酸性污水，最常采用的是石灰乳法，氢氧化钙对污水杂质具有凝聚作用，因此很适用于处理含杂质多的酸性污水。如果污水中含有铁、铅、铜、锌等金属离子，能消耗氢氧化钙生成沉淀，因此计算中和药剂的投加量时，应考虑氢氧化钙与金属离子反应所消耗的量。

（3）过滤中和法

过滤中和法适用于中和处理不含其他杂质的盐酸污水、硝酸污水和浓度不大于 2~3g/L 的硫酸污水等生成易溶盐的各种酸性污水，不适于处理含有大量 SS、油、重金属盐、砷、氟等物质的酸性污水。具体做法是使污水流过具有中和能力的滤料，例如石灰石、白云石、大理石等。过滤中和法的优点是操作管理简单，出水 pH 值比较稳定，不影响环境卫生，沉渣少，一般沉渣量少于污水体积的 0.1%，缺点是进水酸的浓度不能太高。

2. 碱性污水的中和

碱性污水的中和处理除了使用酸性污水中和外，还有投酸中和和烟道气中和等两种。

（1）在采用投酸中和时，一般使用93%～96%的工业浓硫酸。在处理水量较小的情况下，或有方便的废酸可利用时，也有使用盐酸中和的。在原水pH值和流量都比较稳定的情况下，可以按一定比例连续加酸。当水量及pH值经常有变化时，一般要配制自动加药系统。

（2）烟道气中含有CO_2和SO_2，通入碱性污水中可以使pH值得到调整，还可以将碱性污水作为湿式除尘器的喷淋水。这种中和方法的优点是效果良好，缺点是会使处理后的污水中悬浮物含量增加，硫化物和色度也都有所增加，需要进一步处理。

3. 常用设施

（1）酸碱污水相互中和设施

①当水质水量变化较小，或污水缓冲能力较大，或后续构筑物对pH值要求范围较宽时，可以不用单独设中和池，而在集水井或管道、曲径混合槽内进行连续流式混合和反应。②当水质水量变化不大、污水也有一定缓冲能力、但为了使出水pH值更有保证时，应当单独设置连续流式中和池。③当水质水量变化较大时而水量较小时，连续流式中和池无法保证出水pH值要求，或出水水质要求较高，或污水中还含有其他杂质或重金属离子时，较稳妥的做法是采取间歇式中和池。这时中和池至少要有两座，以便交替使用，每池的容积可按一班或一昼夜排放的污水量计算。

（2）药剂中和处理设备设施

① 中和剂投加方式有干式、湿式两种，使用的设备和混凝剂的投加方法相同。

干式投法设备简单，但反应不彻底，而且较慢，投药量为理论量的1.4～1.5倍。湿式投法设备较多，但反应迅速，投药量为理论量的1.05～1.1倍即可。

② 混合反应池一般为隔板式混合反应池，池内采用压缩空气或机械搅拌，沉淀池多采用平流式沉淀池。当污水量较大时，一般须设单独的混合池。当污水水量和浓度较小，且不产生大量沉渣时，可以不设混合反应设施，将中和剂直接投加在水泵集水井中，使反应在管道中进行，但必须满足混合反应时间。

(3) 过滤中和设施

过滤中和设施有重力式普通中和滤池和升流式膨胀式滤池两种。

① 普通中和池滤速低，一般小于 1.4mm/s，滤料粒径大(3~8cm)，当进水中硫酸浓度较大时，极易在滤料表面结垢而且不易冲掉，阻碍中和反应进程，目前已很少采用。通常使用石灰石做滤料时，硫酸浓度不能超过 2g/L，使用白云石做滤料时，硫酸浓度不能超过 5g/L。

② 升流式膨胀式滤池采用 8.3~19.4mm/s 的高流速，0.5~3mm 小粒径(平均 1.5mm)，水流由下向上流动，加上产生的 CO_2 气体的搅动作用，使滤料颗粒相互碰撞，表面不断更新，所以效果较好。中和滤池的结构和普通滤池相同，由下而上分别是配水管、卵石垫层、滤料层、清水区和集水槽。有的中和滤池装填滤料的筒体呈下小上大的圆锥状，这样一来就成为变速中和滤池，这种中和滤池底部滤速较大，上部滤速较小。与具有等断面的等速中和滤池相比，变速中和滤池具有滤料反应更完全、能防止小直径滤料颗粒被水流带走、滤料表面不易结垢等优点。

4. 运行管理注意事项

(1) 用石灰中和酸性污水时，混合反应时间一般采用 1~2min，当污水中含有重金属或其他能与石灰反应的物质时，必须考虑去除这些物质。

(2) 用石灰石做滤料时，进水含硫酸浓度应小于 2g/L，用白云石做滤料时，应小于 4g/L。当进水的硫酸浓度短期超过限值时，应及时采取措施，降低进水量，多余的污水可在调节池内暂时储存，同时用清洁水反冲、稀释。当滤料使用到一定期限，滤料中的无效成分积累过多时，可逐渐降低滤速，以最大限度地消耗到滤料。

（3）过滤中和时，污水中不宜有高浓度的金属离子或惰性物质，一般要求重金属含量小于50mg/L，以免在滤料表面生成覆盖物，使滤料失效。

（4）含HF的污水中和过滤时，因为CaF_2溶解度很小，因此要求HF浓度小于300mg/L。如果浓度过高，应当采用石灰乳进行中和。

（5）由于酸的稀释过程中大量放热，而且在热条件下酸的腐蚀性大大增强，所以不能采用将酸直接加到管道中的做法，否则管道将很快被腐蚀。一般应使用混凝土结构的中和池，并保证3~5min的停留时间和充分考虑到防腐和耐热性能的要求。

二、离子交换

在污水处理中，离子交换法可用于去除污水中的某些有害物质，回收有价值化学品、重金属和稀有元素。主要用于处理电镀污水，如镀铬污水、胶片洗印污水、镀镍污水、镀镉污水、镀金污水、镀银污水、镀锌污水、镀铜污水及含氰污水等，还可用于其他含铬污水、含镍污水和含汞污水、放射性污水的处理。

每升含铬数十至数百毫克的电镀污水首先经过过滤去除悬浮物，再经阳离子交换器除去金属离子，然后进入阴离子交换器除去$Cr_2O_7^{2-}$和CrO_4^{2-}，出水六价铬的含量小于0.5mg/L，还可作为清洗水循环使用。阴树脂用12%NaOH再生后，再生液含铬可高达17g/L，将此再生液H型阳离子交换器使Na_2CrO_4转变成铬酸，再经蒸发浓缩7~8倍后，可返回电镀槽重新使用。由于$Cr_2O_7^{2-}$是强氧化剂，容易引起树脂的氧化性破坏，因此一定要选用化学稳定性较好的强碱性树脂。

1. 常用设施

离子交换是靠交换剂自身所带的能自由移动的离子与被处理的溶液中的离子之间的离子扩散来实现的，推动离子交换的动力是离子间的浓度差和交换剂上的功能基对离子的亲和能力。离子交换剂是实现交换功能的最基本物质，离子交换树脂实际上是由网状结构的高分子固体与附着在母体上的许多活性基团构成的不溶性高分子电解质。

一个完整的离子交换系统由预处理、离子交换、树脂再生和电控仪表等单元组成，其中离子交换单元是系统的核心，通常所说的离子交换法的常用设备和装置其实是离子交换单元的形式。根据离子交换柱的构造、用途和运行方式，离子交换单元装置可分为固定床式离子交换体系和连续式离子交换体系两大类。

固定床式离子交换体系是指树脂的交换和再生过程是在同一设备内，在不同的时间内进行，即树脂再生时，离子交换程序就要停止运行。固定床依据不同使用要求和水力流向，又可分为：①只装填一种树脂的单床或多床式，②将装填阳树脂的离子交换柱和装填阴树脂的离子交换柱串联在一起的复合床式，③依靠水流的作用力将树脂层托浮起来运行的浮动床式，④在逆流再生固定床内，依据一定配比装填强、弱两种树脂(密度小、粒度细的弱树脂在上层，密度大、粒度粗的弱树脂在下层)的双层床式。

连续式离子交换体系是指把交换和再生过程在不同设备内同时进行，即交换过程可以连续进行。连续式离子交换体系可分为流动床和移动床。流动床内的树脂在装置内连续循环流动，失效树脂在流动过程中经再生清洗后恢复交换能力。移动床则是装置内的树脂呈周期性移动，失效树脂在移动过程中经再生清洗后恢复交换能力，再定期定量补充到交换柱顶端。

2. 运行管理注意事项

(1) 悬浮物和油脂：由于污水中的 SS 会堵塞树脂孔隙、油脂会将树脂颗粒包裹起来，影响离子交换的正常进行，因此必须对进水进行充分的预处理，降低其中的悬浮物和油脂类物质含量，预处理可以使用过滤、气浮、澄清等方法。

(2) 有机物：某些高分子有机物与树脂活性基团的固定离子结合力很大，一旦结合就很难进行再生，进而影响树脂的再生率和交换能力。例如污水中含有高分子有机酸时，高分子有机酸与强碱性季胺基团的结合力就很大，很难洗脱下来。处理含有此类物质的污水时可选用低交联度的树脂，或者对污水进行预处理，将高分子有机物从水中去除。

（3）高价金属离子：Fe^{3+}、Cr^{3+}、Al^{3+}等高价金属离子容易被树脂吸附，而且再生时难以洗脱，引起树脂中毒，使树脂的交换能力降低。树脂高铁中毒后，颜色会变深，此时可用高浓度酸长时间浸泡再生。

（4）pH 值：强酸或强碱离子交换树脂的活性基团电离能力强，交换能力基本上与污水的 pH 值无关。但弱酸树脂和弱碱树脂则分别需要在碱性条件和酸性条件下，才能发挥出较大的交换能力。因此，针对不同酸、碱污水，应该选用不同的交换树脂；对于已经选定的交换树脂，可根据处理污水中离子的性质和树脂的特性，对污水进行 pH 值调整。

（5）水温：在一定范围内，水温升高可以加速离子交换的过程，但水温超过树脂的允许使用温度范围后，会导致树脂交换基团的分解和破坏。如果待处理污水的温度过高，必须进行降温处理。

（6）氧化剂：Cl_2、O_2、$Cr_2O_7^{2-}$ 等强氧化剂会引起树脂的氧化分解，导致活性基团的交换能力丧失和树脂固体母体的老化，影响树脂的正常使用。因此，在处理含有强氧化剂的污水时，一定要选用化学稳定性较好、交联度大的树脂，或加入适量的还原剂消除氧化剂的影响。

（7）电解质：交换树脂在高电解质浓度的情况下，由于渗透压的作用会导致树脂出现破碎现象。当处理含盐量浓度较高的污水时，应当选用交联度较大的树脂。

三、化学沉淀

向污水中投加某种化学药剂，使其与水中某些溶解物质产生反应，生成难溶于水的盐类沉淀下来，从而降低水中这些溶解物质的含量，这种方法称为水处理的化学沉淀法。

水中难溶解盐类服从溶度积原则，即在一定温度下，在含有难溶盐的饱和溶液中，各种离子浓度的乘积为一常数，也就是溶度积常数。为去除污水中的某种离子，可以向水中投加能生成难溶解盐类的另一种离子，并使两种离子的乘积大于该难溶解盐的溶度积，形成沉淀，从而降低污水中这种离子的含量。一般来说，含有汞、铅、铜、锌、六价铬、硫、氰、氟等离子的污水都有可能用化学沉淀法处理，向污水中投加钡盐可用于处理含六价铬的工业废水生成铬酸盐沉淀，向污水中投加石灰生成氟化钙沉淀可以去除水中的氟化物。

化学沉淀法的工艺流程和设备与混凝处理法相似，主要步骤包括化学沉淀剂的配制与投加、沉淀剂与原水混合反应、利用沉淀池或气浮池实现固液分离、泥渣的处理与应用等四个环节组成。

1. 常用方法

根据使用的沉淀剂不同，常见的化学沉淀法有氢氧化物沉淀法、硫化物沉淀法、碳酸盐沉淀法、钡盐沉淀法、卤化物沉淀法等。

(1) 氢氧化物沉淀法

水中金属离子很容易生成各种氢氧化物及各种羟基络合物，氢氧化物沉淀法是采用氢氧化物做沉淀剂、使工业废水中的重金属离子生产氢氧化物沉淀而得以去除的方法。采用此法处理的最经济的化学药剂是石灰，一般适用于不准备回收的低浓度污水处理。采用氢氧化物沉淀法处理污水中的金属离子时，调节好 pH 值是操作的关键条件，pH 值过高或过低都会使处理失败。例如投加石灰处理含锌污水时，必须控制 pH 值在 9~11 范围内，当污水中不含其他金属离子时，出水锌的浓度可降到 2~2.5mg/L，当污水中含有铁、铜等金属离子时，出水锌的浓度可达到 1mg/L 以下。

(2) 硫化物沉淀法

工业废水的许多重金属离子可以形成硫化物沉淀而得以去

除，常用的沉淀剂有硫化钠、硫化氢、硫化钾等。由于大多数硫化物的溶解度一般比其氢氧化物的溶解度要小得多，采用硫化物沉淀法可以使重金属得到较完全的去除。虽然硫化物沉淀法比氢氧化物沉淀法可更完全地去除重金属离子，但其处理费用较高，硫化物沉淀困难，常常需要投加凝聚剂以加强去除效果，因此使用得并不广泛，有时仅作为氢氧化物沉淀法的补充方法使用。在使用此法时，尤其要注意使用硫化物后造成的二次污染和使用过程中出现的硫化氢中毒现象。

（3）碳酸盐沉淀法

金属离子的碳酸盐的溶度积很小，对于重金属含量较高的，可以用投加碳酸钠的方法加以回收。比如对含锌、铜、铅的污水，投加碳酸钠与之反应生产碳酸盐沉淀，沉渣用清水漂洗后，再经真空抽滤筒抽干后，进行回收或利用，以保证不对环境造成二次污染。

（4）钡盐沉淀法

钡盐沉淀法主要用于处理含六价铬的工业废水，可以使用的沉淀剂有碳酸钡、氯化钡、硝酸钡、氢氧化钡等，钡离子与污水中的铬酸根进行反应，生成难溶盐铬酸盐沉淀。例如使用碳酸钡时，碳酸钡也是一种难溶盐，但其溶度积比铬酸钡要大，所以向含有铬酸根的污水中投加碳酸钡后，碳酸钡离解出的钡离子就会和铬酸根离子生成铬酸钡沉淀，完成一种沉淀向另一种沉淀的转化。为了提高除铬效果，应当投加过量的碳酸盐，反应时间应保持 20~30min，处理后的污水中残留的钡再用石膏法去除。

（5）卤化物沉淀法

来源于电镀和照相业的污水中都含有金属银，可以先用电解法回收、将银的浓度降低到 100~500mg/L 后，再用氯化物沉淀法将银浓度进一步降低到几个 mg/L。如果在碱性条件下与其他金属氢氧化物共沉，银浓度可降低到 0. 1mg/L。出水中氯离子浓度为 0. 5mg/L 时，水中银离子浓度约为 1. 35mg/L，氯离子浓度越高，银离子浓度越低，但氯离子过高又会使 AgCl 沉淀生成络和离子而重新溶解。污水中含有多种金属离子时，调节 pH 值至碱性，同时投加氯化物，则其他金属离子生成氢氧化物沉淀，银离子形成氯化银沉淀；再酸洗沉渣将氢氧化物沉淀溶出，仅剩下氯化银沉淀。

当污水中只含有氟离子时，投加石灰，将 pH 值调至 10~12，生成 CaF_2 沉淀，可使污水中的氟浓度降到 10~20mg/L。如果污水中同时含有其他金属离子，由于吸附共同沉淀作用，可以使氟浓度降到 8mg/L 以下。如果投加石灰的同时，还加入磷酸氢二钠、过磷酸钙等磷酸盐与氟生成磷灰石沉淀，可以使氟浓度降到 2mg/L。

2. 运行管理注意事项

（1）增加沉淀剂的使用量，可以提高污水中离子的去除率，但沉淀剂的用量也不宜加得过多，否则会导致相反的作用，一般不要超过理论用量的 20%~50%。

（2）采用化学沉淀法处理工业废水时，产生的沉淀物一般不会形成带电荷的胶体，因此沉淀过程会变得简单，采用普通的平流式沉淀或竖流式沉淀即可，而且停留时间要比生活污水或有机污水处理中的沉淀时间要短，一般要通过小试确定。

（3）当用于不同的处理目标时，所需的投药和反应装置也不相同。有些药剂可以干式投加，而另一些则需要先将药剂溶解并稀释成一定浓度，然后按比例投加。

（4）有些污水或药剂有腐蚀性，采用的投药和反应装置要充分考虑满足防腐要求。

四、处理难生物降解污水的新技术

随着工业的迅猛发展，工业产品的种类和数量越来越多，产生的工业废水数量逐年增加，成分越来越复杂。许多工业废水都具有有机物浓度高、生物降解性差甚至有生物毒性等特点。对于成分简单、生物降解性较好、浓度较低的污水可以通过使用传统工艺组合来进行处理，而对浓度高、难以生物降解的工业废水使用传统工艺处理，虽然投入了大量的物力和财力，却往往不能奏效。

国内外对此类污水的处理都进行了许多研究和探讨，使用了一些非传统技术，借鉴利用了一些化工分离、氧化技术。与常规方法相比，这些新技术具有适用范围广、处理效率高、可回收能量及有用物料、几乎没有二次污染等优点。使用的设备类似化工生产用的高温高压反应釜或反应塔，对设备制造和管理控制水平要求较高。

常见的难生物降解污水的新技术有湿式空气氧化技术、超临界水氧化技术、光化学氧化技术、辐射处理技术等。表 2-7 列出了超临界水氧化法与湿式空气氧化法及焚烧法的运行数据。

表 2-7　几种氧化法的比较

运行参数	临界水氧化法	湿式空气氧化法	焚烧法
温度/℃	400~600	150~350	2000~3000
压力/MPa	30~40	2~20	常压
停留时间/min	≤1	15~20	≥10
去除率/%	≥99.99	75~90	99.99
是否自热	是	是	否
催化剂	不需要	需要	不需要
适用性	普遍适用	受限制	普遍适用
排出物	无毒、无色	有毒、有色	含 NO_x、SO_x 等
后续处理	不需要	需要	需要

光化学氧化反应就是指在光作用下，采用臭氧或过氧化氢等氧化剂将污水中有机物氧化分解成水、二氧化碳及其他离子 NO_3^-、PO_4^{3-}、卤素离子等。

污水的辐射处理是利用电离辐射产生的 α 粒子、β 粒子、中子、γ 射线、X 射线以及经过加速器加速的电子、质子、氘核等，处理不同领域的污水，能够实现降低 COD_{Cr}、破坏有毒有机物、杀死微生物、改善污泥沉降和过滤性能等一种或多种作用。其能量比光化学氧化使用的紫外线高得多，辐照作用与最强的化学氧化作用相类似，在射线作用下，任何有机物都可以变成氧化物。因此对那些不能生物降解的有机物，如氯酚类、有机染料等，都可以用辐射法破坏。例如利用^{60}Co的γ射线照射含二氯酚的污水，可以将有机氯全部降解为无机氯化物、酚基消失，生成的产物更容易用生物法处理。

思 考 题

1. 废水一级处理的目的和意义是什么？
2. 沉砂池和初次沉淀池的在废水处理工艺中各起什么作用？
3. 初次沉淀池出水含有细小悬浮颗粒的原因及解决办法是什么？
4. 均质调节池的分类及各自适用条件有哪些？
5. 油类在水中的存在状态及处理方法有哪些？
6. 汽提法的分类及其主要去除对象是什么？
7. 单塔加压侧线抽出汽提的原理及运行时的注意事项是什么？
8. 酸碱中和法的选用原则是什么？
9. 离子交换法在运行管理时应注意哪些事项？
10. 化学沉淀法的原理是什么？其主要处理对象有哪些？

第三章 二级生物处理

第一节 生物处理

污水经一级处理后，用生物处理法继续去除其中胶体状和溶解性有机物及植物性营养物，将污水中各种复杂有机物氧化分解为简单物质的过程，称为二级处理，又称生物处理或二级生物处理。

一、生物处理的基本原理

在自然水体中，存在着大量依靠有机物生活的微生物。它们不但能分解氧化一般的有机物并将其转化为稳定的化合物，而且还能转化有毒物质。生物处理就是利用微生物分解氧化有机物的这一功能，并采取一定的人工措施，创造有利于微生物的生长、繁殖的环境，使微生物大量增殖，以提高其分解氧化有机物效率的一种污水处理方法。生物法处理污水具有净化能力强、费用低廉、运行可靠等优点，是城市污水和各种工业废水处理的主要方法。

所有的微生物处理过程都是一种生物转化过程，在这一过程中易于生物降解的有机污染物可在数分钟至数小时内进行两种转化：一是变成从液相中溢出的气体，二是使微生物得到增殖成为剩余生物污泥。好氧条件下，微生物将有机污染物中的一部分碳元素转化为 CO_2，厌氧条件下则将其转化为 CH_4 和 CO_2。

按照微生物对氧需求程度的不同，生物处理法可分为好氧、缺氧、厌氧等三类。好氧是指污水处理构筑物内的溶解氧含量在1mg/L以上，最好大于2mg/L。厌氧是指污水处理构筑物内基本没有溶解氧，硝态氮含量也很低。一般硝态氮含量小于

0.3mg/L，最好小于0.2mg/L。缺氧指污水处理构筑物内BOD_5的代谢有硝态氮维持，硝态氮的初始浓度不低于0.4mg/L，溶解氧浓度小于0.7mg/L，最好小于0.4mg/L。

按照微生物的生长方式不同，生物处理法可分为悬浮生长、固着生长、混合生长等三类。悬浮生长型生物处理法的代表是活性污泥法，固着生长型生物处理法的代表是生物膜法，混合生长型生物处理法的代表是接触氧化法。

二、生物处理的基本参数

1. 水力停留时间和固体停留时间

水力停留时间HRT是水流在处理构筑物内的平均驻留时间，从直观上看，可以用处理构筑物的容积与处理进水量的比值来表示，HRT的单位一般用h表示。

固体停留时间SRT是生物体(污泥)在处理构筑物内的平均驻留时间，即污泥龄。从直观上看，可以用处理构筑物内的污泥总量与剩余污泥排放量的比值来表示，SRT的单位一般用d表示。

就生物处理构筑物而言，HRT实质上是为保证微生物完成代谢降解有机物所提供的时间。而SRT实质上是为保证微生物能在生物处理系统内增殖并占优势地位且保持足够的生物量所提供的时间。为保证反应器内有足够的生物量和特定微生物能增殖，生物处理工艺的SRT都比其HRT要长得多，好氧处理在10d左右，而厌氧处理有时在30d以上。

生物处理中微生物为了产生代谢作用而需要与有机污染物有足够的接触时间，所需要的代谢时间与待处理的污水中的有机污染物性质有关。简单的低分子有机物如VFA、单糖和乙醇等要求的代谢时间较短，可以在数分钟内代谢完成；而复杂的大分子有机物如氯代烃类难以生物降解，要求的代谢时间较长，有时需要数小时甚至几天的时间。因此为了将污水中有机污染物含量降低到一个合理的程度，必须使生物处理构筑物具备合理的水力停留时间。处理较易降解的城市污水时，HRT 为数小时即可，而处理一些难以生物降解的工业废水时，HRT 有时要达到几天。

2. 污泥负荷和容积负荷

污泥负荷是指曝气池内单位重量的活性污泥在单位时间内承受的有机质的数量，单位是 $kgBOD_5/(kgMLSS \cdot d)$，一般记为 F/M，常用 N_s 表示。容积负荷是指单位有效曝气体积在单位时间内承受的有机质的数量，单位是 $kgBOD_5/(m^3 \cdot d)$，一般记为 F/V，常用 N_v 表示。

如果污泥负荷和容积负荷过低，虽然可以有效降低污水中的有机物含量，但同时会使活性污泥处于过氧化状态、沉降性能也会变差，导致出水悬浮物含量升高。如果污泥负荷和容积负荷过高，又会造成污水中的有机物氧化不彻底，出水水质变差。

3. 有机负荷率

有机负荷率可以分为进水负荷和去除负荷两种。

进水负荷是指曝气池内单位重量的活性污泥在单位时间内承受的有机质的数量，或单位有效曝气池容积在单位时间内承受的有机质的数量，即进水有机负荷可以分为污泥负荷 N_s 和容积负荷 N_v 两种。

去除负荷是指曝气池内单位重量的活性污泥在单位时间内去除的有机质的数量，或单位有效曝气池容积在单位时间内去除的有机质的数量。因此，去除负荷可以用进水负荷和去除率两个参数来表示。

4. 冲击负荷

冲击负荷指在短时间内污水处理设施的进水负荷超出设计值或正常运行值的情况，可以是水力冲击负荷，也可以是有机冲击负荷。

如果冲击负荷过大，超过了生物处理工艺本身能承受的能力，就会影响处理效果，使出水水质变差，甚至导致处理系统瘫痪。

5. 温度

无论好氧处理还是厌氧处理，都要求在一定温度范围内进行，一旦超过此范围，即温度过高或过低都会降低处理效率，甚至造成整个系统的失效。

6. 溶解氧

水中保持一定的溶解氧是好氧水生生物得以生存繁殖的基本条件，因而溶解氧指标也污水生物处理系统正常运转的关键指标之一。好氧生物处理装置要求水中溶解氧最好在 2mg/L 以上，厌氧生物处理装置要求溶解氧在 0. 5mg/L 以下，如果想进入理想的产甲烷阶段则最好检测不到溶解氧。在好氧生物法的二沉池出水合格时，其溶解氧含量一般不低于 1mg/L，过低(<0. 5mg/L)或过高(空气曝气法>2mg/L)都会导致出水水质变差，甚至超标。虽然过高的溶解氧对好氧微生物本身没有不利影响，但容易引起污泥过氧化，造成沉降性能变差，还会造成动力消耗的浪费。

第二节　好氧活性污泥法

一、基本流程

好氧活性污泥法是以活性污泥为主体，利用活性污泥中悬浮生长型好氧微生物氧化分解污水中有机物质的污水生物处理技术，是一种应用最广泛的污水好氧生物处理技术。其净化污水的过程可分为吸附、代谢、固液分离三个阶段，由曝气池、曝气系统、回流污泥系统及二次沉淀池等组成，其基本流程如图 3-1 所示。

经过一级预处理的污水与二次沉淀池底部回流的活性污泥同时进入曝气池混合后，在曝气的作用下，混合液得到足够的溶解氧并使活性污泥与污水充分接触，污水中的胶体状和溶解性有机物被活性污泥吸附，并被活性污泥中的微生物氧化分解，从而得以净化。在二次沉淀池中，活性污泥与已被活性污泥净化的污水分离，澄清后的达标水排出系统；活性污泥在泥区进行浓缩后，以较高的浓度回流到曝气池。微生物氧化分解有机物的同时，自身也得以繁殖增长，即活性污泥量会不断增加，为使曝气池混合液中活性污泥浓度保持在一个较为恒定的范围内，需要及时将部分活性污泥作为剩余污泥排出系统。

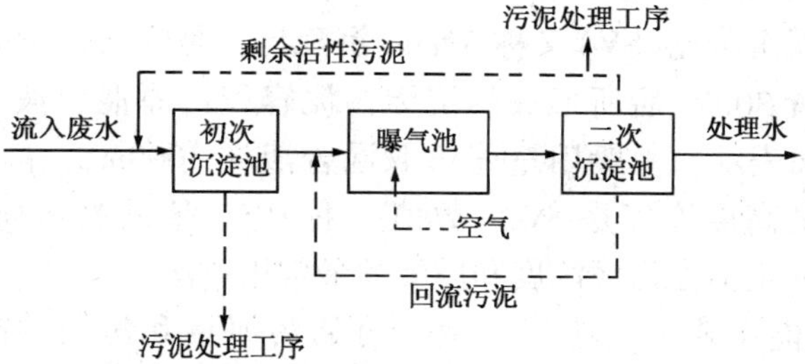

图 3-1　活性污泥法基本流程示意图

曝气池是好氧活性污泥法的核心，有时被称为污水处理的反应池，污水处理厂的其他构筑物和设施都是围绕曝气池设置或以曝气池为基础的。比如各种一级处理设施和二沉池、回流污泥泵房等都是以满足曝气池需要为前提的，各种三级处理或深度处理设施也需要根据曝气池的处理效果而确定工艺流程和处理方式。生物处理系统的曝气池一般单独设置，前有初沉池、后有二沉池，但也有将曝气池和二沉池合建在一起的工艺，比如 SBR 工艺、一体式氧化沟工艺以及完全混合活性污泥法的合建式曝气池等。

二、活性污泥的性能指标

好氧活性污泥是由好氧菌为主体的微生物群体形成的絮状绒粒，绒粒直径一般为 0.2～0.5mm，含水率一般为 99.2%～99.8%，密度因含水率不同而有一些差异，一般为 1.002～1.006g/m^3，绒粒状结构使得活性污泥具有较大的比表面积，一般为20~100cm^2/mL。成熟的活性污泥呈茶褐色，稍具泥土味，具有良好的凝聚沉淀性能。活性污泥由有机物和无机物两部分组成，组成比例因处理污水的不同而有差异，一般有机成分占75%~85%，无机成分仅占15%~25%。活性污泥中有机成分主要由生长在其中的微生物组成，活性污泥上还吸附着微生物的代谢产物及被处理污水中含有的各种有机和无机污染物。

1. 污泥沉降比(SV)

污泥沉降比(SV)又称30min沉降比，是曝气池混合液在量筒内静置30min后所形成的沉淀污泥容积占原混合液容积的比例，以%表示。一般用量筒量取混合液样1000mL，静置30min后泥面的高度恰好是SV的数值。由于SV值的测定简单快速，因此是评定活性污泥浓度和质量的最常用方法。

SV能反映曝气池正常运行时的污泥量和污泥的凝聚、沉降性能，通常SV值越小，污泥的沉降性能越好。可用于控制剩余污泥的排放量，通过SV的变化可以判断和发现污泥膨胀现象的发生。SV值的大小与污泥的种类、絮凝性能和污泥浓度有关，不同污水处理厂的SV值的差别很大，城市污水处理厂的正常SV值一般在20%~30%之间，而有些工业废水处理场的正常SV值在90%以上。同一污水处理厂的污泥，在丝状菌含量大和污泥过氧化而解絮时的SV值比正常值也要高得多。因此，每座污水处理厂都应该根据自己的运行经验数据确定本厂的最佳SV值。

在正常生产运行中，有时为了能及时调整运行状况，可以测定5min的污泥沉降比来判断污泥的性能。5min测定不仅节约时间，而且沉降性能不同的污泥，此时的体积差异也最大。必要时，可以测定低转速条件下的沉淀效果，并测定污泥界面的沉降速度，更准确地反映沉淀池中的实际状况。

SV值的测定不仅可用于监控曝气池混合液的性能，也可以比较和观察初沉池污泥的性能，尤其是将二沉池污泥回流到初沉池加强初沉效果并从初沉池排放剩余污泥时，更需要测定进入初沉池污泥的 SV 值，以控制回流量和保证沉淀效果。

2. 污泥浓度(MLSS)

曝气池混合液污泥浓度(MLSS)又称混合液悬浮固体浓度，它表示的是混合液中的活性污泥浓度，即单位容积混合液内所含有的活性污泥固体物的总质量。其单位是 mg/L 或 g/L。MLSS 中包含了活性污泥中的所有成分，即由具有代谢功能的微生物群体、微生物代谢氧化的残留物、吸附在微生物上的有机物和无机物等四部分组成。

曝气池混合液挥发性污泥浓度(MLVSS)又称混合液挥发性悬浮固体浓度，表示的是混合液活性污泥中有机性固体物质的浓度，MLVSS 扣除了活性污泥中的无机成分，能够比较准确地表示活性污泥中活性成分的数量。其单位也是 mg/L 或 g/L。

对于水质相对稳定的污水生物处理系统，MLVSS/MLSS 比值是固定的，比如处理城市污水的活性污泥这一比值一般在0.75~0.85 之间，但不同的工业废水，MLVSS/MLSS 比值是有差异的。

每一种好氧活性污泥法处理工艺都有其最佳曝气池 MLSS，比如普通空气曝气活性污泥法的 MLSS 最佳值为 2g/L 左右，而纯氧曝气活性污泥法的 MLSS 最佳值为 5g/L 左右，两者差距很大。一般而言，曝气池中的 MLSS 接近其最佳值时，处理效果最好，而 MLSS 过低时往往达不到预计的处理效果。如果 MLSS 或 MLVSS 超出特定范围或二者比值发生较大改变，必须设法使其恢复正常，否则势必造成生物处理系统出水水质发生变化，甚至导致包括悬浮物在内的各种排放指标超标。另外，通过测定 MLSS，还可以监测曝气池混合液的污泥体积指数，从而了解活性污泥及其他生物悬浮液的沉降特性和活性。

当 MLSS 过高时，泥龄延长，维持这些污泥中微生物正常活动所需的溶解氧数量自然会增加，导致对充氧系统能力的要求增大。同时曝气池混合液的密度会增大，也就会增加机械曝气或鼓风曝气的电耗。也就是说，虽然 MLSS 偏高时，可以提高曝气池对进水水质变化和冲击负荷的抵抗能力，但在运行上往往是不经济的。而且有时还会导致污泥过度老化，活性下降，最后甚至影响处理效果。在实际运行时，有时需要通过加大剩余污泥排量的方式强制减少曝气池的 MLSS 值，刺激曝气池混合液中微生物的生长和繁殖，提高活性污泥分解氧化有机物的活性。

3. 污泥容积指数(SVI)

污泥容积指数(SVI)是指曝气池出口处混合液经过 30min 静置沉淀后，每克干污泥所形成的沉淀污泥所占的容积，单位以 mL/g计。计算公式如下：

SVI=(1L 混合液经 30min 静沉后以 mL 计的污泥容积)/(1L 混合液以 g 计的干污泥量)。

SV 值与 *SVI* 值的关系如下：

$$SVI=10\times SV/MLSS(g/L)$$

SVI 值排除了污泥浓度对污泥沉降体积的影响，因而比 SV 值能更准确地评价和反映活性污泥的凝聚、沉淀性能。一般说来，SVI 值过低说明污泥颗粒细小，无机物含量高，缺乏活性；SVI 值过高说明污泥沉降性能较差，将要发生或已经发生污泥膨胀。对于高浓度活性污泥系统，即使沉降性能较差，由于其 MLSS 较高，因此其 SVI 值也不会很高。

SVI 值与污泥负荷有关，污泥负荷过高或过低[对城市污水处理厂而言，污泥负荷大于 0.5kgBOD_5/(kgMLSS · d)或小于 0.05kgBOD_5/(kgMLSS · d)]，活性污泥的代谢性能都会变差，SVI 值也会变的很高，存在出现污泥膨胀的可能。

SV、MLSS、SVI 这三个活性污泥性能指标是相互联系的。沉降比的测定比较容易，但所测得的结果受污泥量的限制，不能全面反映污泥性质，也受污泥性质的限制，不能正确反映污泥的数量；污泥浓度可以反映污泥数量；污泥指数则能较全面地反映污泥凝聚和沉降的性能。

4. 生物相

和其他测定相比，生物相镜检要简便得多，随时可以了解活性污泥中原生动物种类变化和数量消长情况。但生物相镜检一般只能作为对水质总体状况的估计，是一种定性的检测，不能作为污水处理厂出水水质的控制指标。为了监测微型动物演替变化状况，还需要定时进行记数。对活性污泥或生物膜生物相进行镜检后，其结果记录方式可以参考表 3-1。

表 3-1　生物相镜检结果记录表

絮体大小		大，中，小
絮体形态		圆形，不规则形
絮体结构		开放，封闭
絮体紧密度		紧密，疏松
丝状菌数量		0，±，+，++，+++
游离细菌		几乎不见，少，多
微型动物	优势种（数量及形态）	
	其他种（种类、数量及形态）	

（1）生物相镜检的方法

生物相镜检可采取低倍镜观察或高倍镜观察两种方法进行。

① 低倍镜观察是为了观察生物相的全貌，要注意观察污泥絮粒的大小，污泥结构的松紧程度，菌胶团和丝状菌的比例及其生长状况，并加以记录和作出必要的描述。污泥絮粒按平均直径的大小可以分为三等：污泥絮粒平均直径>0.5mm 的称为大粒污泥，<0.1mm 为小粒污泥，介于 0.1～0.5mm 之间的为中粒污泥。污泥絮粒越大，污泥性能越好。污泥絮粒性状是指污泥絮粒的形状、结构、紧密程度及污泥中丝状菌的数量。镜检时可把近似圆形的污泥絮粒称为圆形絮粒，与圆形截然不同的称为不规则形状絮粒。絮粒中网状空隙与絮粒外面悬液相连的称为开放结构，无开放空隙的称为封闭结构。絮粒中菌胶团细菌排列致密，絮粒边缘与外部悬液界限清楚的称为紧密絮粒，边缘界限不清的成为疏松絮粒。实践证明，圆形、封闭、紧密的絮粒相互间易于凝聚、浓缩，沉降性能良好，反之则沉降性能差。

② 用高倍镜观察，可以进一步看清微型动物的结构特征。观察时要注意微型动物的外形和内部结构，例如钟虫体内是否存在食物泡，纤毛的摆动情况等。观察菌胶团时，应注意胶质的厚薄和色泽，新生菌胶团出现的比例等。观察丝状菌时，要注意丝状菌体内是否有类脂物质和硫粒积累，同时注意丝状菌体内细胞的排列、形态和运动特征以便初步判断丝状菌的种类(进一步鉴别丝状菌的种类需要使用油镜并将活性污泥样品染色)。

(2) 生物相镜检时的注意事项

城市污水处理厂活性污泥中微生物种类很多，比较容易通过观察微生物种类、形态、数量和运动状态的变化来掌握活性污泥的状态。而工业废水处理场活性污泥中会因为水质的原因，可能观察不到某种微生物，甚至完全没有微型动物，即不同的工业废水处理场的生物相会有很大差异。因此，生物相观察时应注意活性污泥微生物的一些变化和异常。

① 微生物种类的变化：污泥中的微生物种类会随水质变化，随运行阶段而变化。污泥培养阶段，随着活性污泥的逐渐形成，出水由浊变清，污泥中的微生物发生有规律的演变。正常运行中，污泥微生物种类的变化也遵循一定的规律，由污泥微生物种类的变化可以推测运行状况的变化。比如污泥结构变得松散时，游动纤毛虫较多，而出水混浊变差时，变形虫和鞭毛虫就会大量出现。

② 微生物活动状态的变化：当水质发生变化时，微生物的活动状态也会发生一些变化，甚至微生物的形体也会随污水变化而变化。以钟虫为例，纤毛摆动的快慢、体内积累食物泡的多少、伸缩泡的大小等形态都会随生长环境的改变而变化。当水中溶解氧过高或过低时，钟虫的头部常会突出一个空泡。进水中难降解物质过多或温度过低时，钟虫会变得不活跃，其体内可见到食物颗粒的积累，最后会导致虫体中毒死亡。pH 值突变时，钟虫体上的纤毛会停止摆动。

③ 微生物数量的变化：活性污泥中的微生物种类很多，但

某些微生物数量的变化也能反映出水质的变化。比如丝状菌，在正常运行时适量存在是非常有利的，但其大量出现会导致菌胶团数量的减少、污泥膨胀和出水水质变差。活性污泥中鞭毛虫的出现预示着污泥开始增长繁殖，但鞭毛虫数量增多又往往是处理效果降低的征兆。钟虫的大量出现一般是活性污泥生长成熟的表现，此时处理效果良好，同时可见极少量的轮虫出现。如果活性污泥中轮虫大量出现，则往往意味着污泥的老化或过度氧化，随后就有可能出现污泥解体和出水水质变差。

三、活性污泥的增长规律

把少量活性污泥加入污水中，在温度适宜、溶解氧充足的条件下进行曝气培养时，活性污泥的增长曲线如图 3-2 所示。

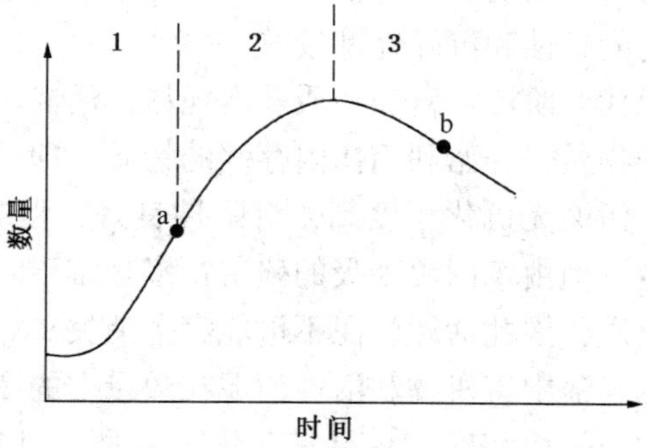

图 3-2　污泥增长曲线示意图

1—适应阶段和对数增长阶段；2—减速增长阶段；3—内源代谢阶段

由图可以看出，在温度适宜、溶解氧含量充足，而且不存在抑制性物质的条件下，控制活性污泥增长的决定因素是食料(污水中的有机物，又称底物)量 F 和微生物(活性污泥)量 M 之间的比值 F/M，同时受有机底物降解速率、氧利用速率和活性污泥的凝聚、吸附性能等因素的影响。活性污泥的增长过程可分为适应阶段、对数增长阶段、减速增长阶段和内源代谢阶段等四个阶段：

（1）适应阶段：叫调整阶段，这是活性污泥培养的最初阶段，微生物不增殖但在质的方面却开始出现变化。这一段和图3-2中增长曲线开始的水平部分相对应，一般持续时间较短。在适应阶段后期，微生物酶系统已经逐渐适应新的环境，个体发育也达到了一定程度，细胞开始分裂，微生物开始增殖。

（2）对数增长阶段：活性污泥生长率上升，F/M 比值较大，有机底物充足、活性污泥活性强，微生物以最高速率摄取有机底物的同时，也以最高速率合成细胞、实现增殖。此时活性污泥去除有机物的能力大，污泥增长不受营养条件所限制，而只与微生物浓度有关。此时污泥凝聚性能差，不易沉淀，处理效果差。

（3）减速增长阶段：活性污泥生长率下降，F/M 值持续下降，活性污泥增长受到有机营养的限制，增长速度下降。这是一般活性污泥法所采用的工作阶段，此时，污水中的有机物能基本去除，污泥的凝聚性和沉降性都较好。

（4）内源代谢阶段：营养物质基本耗尽，活性污泥由于得不到充足的营养物质，开始利用体内存储的物质，即处于自身氧化阶段，此时，污泥无机化程度高，沉降性良好，但凝聚性较差，污泥逐渐减少。但由于内源呼吸的残留物多是难于降解的细胞壁和细胞质等物质，因此活性污泥不可能完全消失。

推流式曝气池中有机物和活性污泥在数量上的变化规律与上述活性污泥增长规律相同，只是其变化不单是在时间上进行的，而是从池开始端到末尾端的空间上进行的。在活性污泥法转入正常运行后，曝气池是连续运转的，池中的活性污泥也不是自行成长的，而是从二次沉淀池中回流过来的，它的量是可以控制的。所以，通过控制来水中有机物浓度和回流污泥的数量，可以决定曝气池起始端活性污泥生长所处的状态。而曝气池末端活性污泥生长所处的状态，则决定于曝气时间。因此，曝气池的工作情况，如果用污泥增长曲线来表示，将是其中的一段线段，如图3-2中 a~b 所示。它在曲线上所处的位置决定于池中有机物与微生物之间的相对数量。因此，在一定范围内，通过控制回流污泥量和曝气时间可以获得不同程度的处理效果。

四、活性污泥净化污水的过程

活性污泥净化污水主要通过三个阶段来完成。

在第一阶段，污水主要通过活性污泥的吸附作用而得到净化。吸附作用进行得十分迅速，一般在30min内完成，BOD_5的去除率可高达70%。同时还具有部分氧化的作用，但吸附是主要作用。活性污泥具有极大的比表面积，内源呼吸阶段的活性污泥处于“饥饿”状态，其活性和吸附能力最强。吸附达到饱和后，污泥就失去活性，不再具有吸附能力。但通过氧化阶段，除去了所吸附和吸收的大量有机物后，污泥又将重新呈现活性，恢复它的吸附和氧化能力。

第二阶段，也称氧化阶段，主要是继续分解氧化前阶段被吸附和吸收的有机物，同时继续吸附一些残余的溶解物质。这个阶段进行得相当缓慢。实际上，曝气池的大部分容积都用在进行有机物的氧化和微生物细胞物质的合成。氧化作用在污泥同有机物开始接触时进行得最快，随着有机物逐渐被消耗掉，氧化速率逐渐降低。因此如果曝气过分，活性污泥进入自身氧化阶段时间过长，回流污泥进入曝气池后初期所具有的吸附去除效果就会降低。

第三阶段是泥水分离阶段，在这一阶段中，活性污泥在二沉池中进行沉淀分离。微生物的合成代谢和分解代谢都能去除污水中的有机污染物，但产物不同。分解代谢的产物是CO_2和H_2O，可直接消除污染，而合成代谢的产物是新生的微生物细胞，只有将其从混合液中去除才能实现污水的完全净化处理。必须使混合液经过沉淀处理，将活性污泥与净化水进行分离，同时将与合成代谢生成的新微生物细胞等量的原有老化微生物以剩余污泥的方式排出活性污泥处理系统，才能达到彻底净化污水的目的。同时，必须对剩余污泥进行妥善处理，否则可能造成二次污染。

五、活性污泥的微生物组成

好氧活性污泥中的微生物主要由细菌组成，其数量可占污泥中微生物总量的90%~95%左右，在处理某些工业废水的活性污泥中甚至可达100%。此外污泥中还有原生动物和后生动物等微型动物，在处理某些工业废水的活性污泥中还可见到酵母、丝状真菌、放线菌以及微型藻类。

1. 菌胶团

菌胶团是活性污泥的结构和功能中心，是活性污泥的基本组分，一旦菌胶团受到破坏，活性污泥对有机物的去除率将明显下降或丧失。在活性污泥培养的早期，可以看到大量新形成的典型菌胶团，它们可以呈现指状、垂丝状、球状、蘑菇状等多种形式。进入正常运转阶段的活性污泥，具有很强吸附能力和氧化分解有机物能力的菌胶团会把污水中的杂质和游离微生物吸附在其上，形成活性污泥絮凝体。因此，除少数负荷较高、处理污水碳氮比较高的活性污泥外，只能在絮粒边缘偶尔见到典型的新生菌胶团。细菌形成菌胶团后，可以防止被微型动物所吞噬，并在一定程度上免受污水中有毒物质的影响，而且具有很好的沉降性能、有利于混合液在二沉池迅速完成泥水分离。

通过观察菌胶团的颜色、透明度、数量、颗粒大小及结构松紧程度等可以判断和衡量活性污泥的性能。新生菌胶团无色透明、结构紧密，吸附氧化能力强、活性高；老化的菌胶团颜色深、结构松散，吸附氧化能力差、活性低。

2. 丝状细菌

丝状细菌同菌胶团细菌一样，是活性污泥的重要组成部分。其长丝状形态有利于其在固相上附着生长，保持一定的细胞密度，防止单个细胞状态时被微型动物吞食；细丝状形态的比表面积大，有利于摄取低浓度底物，在底物浓度相对较低的条件下比胶团菌增殖速度快，在底物浓度较高时则比胶团菌增殖速度慢。丝状细菌增殖速率快、吸附能力强、耐供氧不足能力以及在低基质浓度条件下的生活能力都很强，因此在污水生物处理生态系统中存活的种类多、数量大。

活性污泥中丝状微生物包括丝状细菌、丝状真菌、丝状藻类等细胞相连且形成丝状的菌体，其中以丝状细菌最为常见，它们同菌胶团细菌一起，构成了活性污泥絮体的主要成分。丝状细菌具有很强的氧化分解有机物的能力，但由于丝状细菌的比表面积较大，当污泥中丝状菌超过菌胶团细菌而占优势生长时，丝状菌从絮粒中向外伸展，阻碍絮粒间的凝聚使污泥 SV 值与 SVI 值升高，严重时会造成污泥膨胀现象。因此，丝状细菌数量是影响污泥沉降性能的最重要因素。

根据活性污泥中丝状菌与菌胶团细菌的比例，可将丝状菌分成五个等级：①0 级——污泥中几乎无丝状菌；②±级——污泥中存在少量无丝状菌；③+级——污泥中存在中等数量丝状菌，总量少于菌胶团细菌；④++级——污泥中存在大量丝状菌，总量与菌胶团细菌大致相等；⑤+++级——污泥絮粒以丝状菌为骨架，数量明显超过菌胶团细菌而占优势。

3. *活性污泥中的微型动物*

在处理生活污水的活性污泥中存在着大量的原生动物和部分微型后生动物，其中出现最多的原生动物是以钟虫为代表的纤毛虫类。在处理工业废水的活性污泥中，微型动物的种类和数量往往少得多，有些工业废水处理系统甚至根本看不到微型动物。

在污泥培养初期或污泥发生变化时可以看到大量的鞭毛虫、变形虫。而在系统正常运行期间，活性污泥中微型动物以固着型纤毛虫为主，同时可见游动型纤毛虫类(草履虫、肾形虫、豆形虫、漫游虫等)、匍匐型纤毛虫类(楯纤虫、尖毛虫、棘尾虫等)、吸管虫类(足吸管虫、壳吸管虫、锤吸管虫等)等纤毛虫类。固着型纤毛虫类主要是钟虫类原生动物，这是在活性污泥中数量最多的一类微型动物，常见的有沟钟虫、大口钟虫、小口钟虫、累枝虫、盖纤虫、独缩虫等。可查看有关微生物图谱对性污泥中能见到的原生动物进行种类辨别。除了上述仅有一个细胞构成的原生动物以外，尚有由多个细胞构成的后生动物，较常见的有轮虫(猪吻轮虫、玫瑰旋轮虫等)、线虫和瓢体虫等。线虫在膜生长较厚的生物膜处理系统中会大量出现。

(1) 微型动物在活性污泥中所起的作用

① 促进絮凝和沉淀：污水处理系统主要依靠细菌起净化和絮凝作用，原生动物分泌的黏液能促使细菌发生絮凝作用，大部分原生动物如固着型纤毛虫本身具有良好的沉降性能，加上和细菌形成絮体，更提高了在二沉池的泥水分离效果。

② 减少剩余污泥：从细菌到原生动物的转换率约为 0.5%，因此，只要原生动物捕食细菌就会使生物量减少，减少的部分等于被氧化量。

③ 改善水质：原生动物除了吞噬游离细菌外，沉降过程中还会黏附和裹带细菌，从而提高细菌的去除率。原生动物本身也可以摄取可溶性有机物，还可以和细菌一起吞噬水中的病毒。这些作用的结果是可以降低二沉池出水的 BOD_5、COD_{Cr}和 SS，提高出水的透明度。

(2) 活性污泥中微型动物变化与污水处理运行情况的关系

活性污泥中出现的微型动物种类和数量，往往和污水处理系统的运转情况有着直接或间接的关系，进水水质的变化、充氧量的变化等都可以引起活性污泥组成的变化，微型动物体积比细菌要大很多，比较容易观察和发现其微型动物的变化，因而可以作为污水处理的指示生物。

① 如果发现单个钟虫活跃，其体内的食物泡都能清晰地观察到时，说明活性污泥溶解氧充足，污水处理程度高。钟虫不活跃或显得很呆滞时，往往说明曝气池供氧不足。如果出现钟虫等原生动物大量死亡，则说明曝气池内有毒物质进入量过多，造成了活性污泥的中毒。

② 当发现在大量钟虫存在的情况下，楯纤虫增多而且越来越活跃，这并不是表示曝气池工作状态良好，而很可能是污泥将要变得越来越松散的前兆。如果进一步观察到钟虫数量递减，而

楯纤虫数量递增，则更加说明潜伏着污泥膨胀的可能。

③ 当发现没有钟虫，却有数量较多的游动型纤毛虫类比如草履虫、肾形虫、豆形虫、漫游虫等，而细菌则以游离细菌为主，此时表明水中有机物还很多，处理程度较低。如果原来水质良好，突然出现固着型纤毛虫类数量减少而游动纤毛虫类数量增加的现象，预示水质将要变差。相反，如果原来水质较差，出现游动纤毛虫类由无到有且数量逐渐增加的现象，则预示水质将向好的方向发展，最后再变为以固着型纤毛虫类为主，则表明水质将会变得很好。

④当发现等枝虫成堆出现且不活跃，而贝氏硫菌和丝硫细菌积硫点十分明显，同时污泥中有肉眼能见的小白点时，则表明曝气池溶解氧很低(传统活性污泥法一般只有 0.5mg/L 左右)。正常情况下，固着型纤毛虫类体内有维持水分平衡的伸缩泡定期收缩和舒张，但当污水中溶解氧降低到 1mg/L 时，伸缩泡就处于舒张状态，不活动，因此可以通过观察伸缩泡的状况来间接推测水中溶解氧的含量。

⑤ 活性污泥中发现积硫很多的丝硫细菌和游离细菌时，往往是因为曝气时间不足，空气量不够，进水量过大，或者是因为水温太低导致污水处理效果较差。

⑥ 镜检时发现各类原生动物很少，球衣细菌或丝硫细菌很多时，往往表明活性污泥已经发生膨胀。

⑦ 二沉池的表面浅水层经常出现许多水蚤，如果其体内血红素低，说明溶解氧含量较高；如果水蚤的颜色很红时，则说明出水中几乎没有溶解氧。

由于每个污水处理厂的进水水质和处理工艺存在差异，以上所述是以城市污水或掺有一定比例的生活污水的工业废水处理系统生物相的表观现象，有些工业废水处理系统的微型动物数量就很少，因此活性污泥的生物相也会有所不同。应该经常进行镜检，掌握活性污泥中出现的微型动物种类和数量与污水处理运行状况之间的关系，为利用生物相观察指导污水处理积累经验。

六、活性污泥的培养驯化

在活性污泥的培养与驯化期间，必须满足微生物生命活动所需的各种条件，而且要尽量理想化。一是保证足够的溶解氧和保持营养平衡，对于缺乏某些营养物质的工业废水，要适量多投加一些营养物质。二是水温、pH 值要尽量在最适范围内，且没有大的波动。三是有机负荷要由低而高、循序渐进。培养期间，每隔 8h 要对混合液的污泥浓度、污泥指数、溶解氧含量等进行分析化验，同时还要检测进出水的 BOD_5、COD_{Cr} 及悬浮物 SS 等指标，根据检测结果及时加以调整。

1. 间歇培养法

间歇培养法是将污水注满曝气池，然后停止进水，开始闷曝(只曝气而不进水)。闷曝 2~3 天后，停止曝气，静沉 1~1.5h，然后再进入部分新鲜污水，水量约为曝气池容积的 1/5 即可。以后循环进行闷曝、静沉、进水三个过程，但每次进水量应比上次有所增加，而每次闷曝的时间应比上次有所减少，即增加进水的次数。

当污水的温度在 15~20℃时，采用这种方法经过 15 天左右，就可使曝气池中的污泥浓度超过 1g/L 以上，混合液的污泥沉降比(SV)达到 15%~20%。此时停止闷曝，连续进水连续曝气，并开始回流污泥。最初的回流比应当小些，可以控制在 25%左右，随着污泥浓度的增高，逐渐将回流比提高到设计值。

2. 连续培养法

连续培养法是使污水直接通过活性污泥系统的曝气池和二沉池，连续进水和出水；二沉池不排放剩余污泥，全部回流曝气池，直到混合液的污泥浓度达到设计值为止的方法。具体做法有以下三种：

① 低负荷连续培养：将曝气池注满污水后，停止进水，闷曝 1~2 天。然后连续进水连续曝气，进水量控制在设计水量的 1/2 或更低，不排泥也不回流。等曝气池形成污泥絮体后，开始

以低回流比(25%左右)回流污泥。当混合液污泥浓度超过 1g/L 后，开始以设计回流比回流污泥。当混合液污泥浓度接近设计值时，可根据具体情况适量排放剩余污泥。

② 高负荷连续培养：将曝气池注满污水后，停止进水，闷曝 1~2 天。然后按设计流量连续进水连续曝气，等曝气池形成污泥絮体后，开始以低回流比(25%左右)回流污泥。当混合液污泥浓度接近设计值时，再可根据具体情况适量排放剩余污泥。

③ 接种培养：将曝气池注满污水后，投入大量其他污水处理厂的正常污泥(最好是没有经过消化的新鲜脱水剩余污泥)，再按高负荷连续培养法培养。接种培养能大大缩短污泥培养时间，但大型处理场需要的接种量非常大，运输大量污泥往往不太现实，所以此法一般只适用于规模较小的污水处理厂。当污水处理厂改建或扩建时，利用旧曝气池污泥为新曝气池提供接种污泥，是经常见到的做法。当新建污水处理厂有多个系列的曝气池、附近又没有污水处理厂可以提供接种污泥时，可以先在一个系列利用上述方法成功培养污泥后，再向其他系列曝气池提供接种污泥，从而缩短全场的培养时间和降低培养的能耗。

3. 活性污泥的驯化

活性污泥的驯化通常是针对含有有毒或难生物降解的有机工业废水而言。一般是预先利用生活污水或粪便水培养活性污泥，再用待处理的污水驯化，使活性污泥适应所处理污水的水质特点。经过长期驯化的活性污泥甚至有可能氧化分解一些有毒有机物，甚至将其变成微生物的营养物质。

驯化的方法可分为异步法和同步法两种，两种驯化法的结果都是全部接纳工业废水。①异步驯化法是用生活污水或粪便水将活性污泥培养成熟后，再逐步增加工业废水在混合液中的比例。每变化一次配比，污泥浓度和处理效果的下降不应超过 10%，并且经过 7~10d 运行后，能恢复到最佳值。②同步驯化法是用生活污水或粪便水培养活性污泥的同时，就开始投加少量的工业废水，随后逐渐提高工业废水在混合液中的比例。

对于生化性较好、有毒成分较少、营养也比较全面的工业废水，可以使用同步驯化法同时进行污泥的培养和驯化。否则，必须使用异步驯化法将培养和驯化完全分开。

七、活性污泥法的运行管理

1. 活性污泥法的运行控制方法

活性污泥法的控制方法有污泥负荷法、SV 法、MLSS 法和泥龄法等四种，这些方法之间是相互关联、而不是对立的，往往同时使用，互相校核，以期达到最佳的处理效果。

(1) 污泥负荷法

污泥负荷法是污水生物处理系统的主要控制方法，尤其适用于系统运行的初期和水质水量变化较大的生物处理系统。但此法操作复杂，水质水量波动较小的稳定运行城市污水处理厂一般采用其他控制方法，只是定期用污泥负荷法进行核算。污泥负荷控制得过高时，微生物生长繁殖速率加快，尽管代谢分解有机物的能力很强，但由于细菌能量高、趋于游离生长状态，会导致污泥絮体的解絮，二沉池出水变浑浊，处理效果变差。污泥负荷控制得过低时，有可能导致污泥过氧化而引起的解絮现象，二沉池出水水清但含有较多悬浮污泥颗粒。一般活性污泥法的污泥负荷 N_s 控制范围为 0.2~0.3kgBOD$_5$/(kgMLSS·d)，对于难生物降解的工业废水，N_s 值应控制得更低一些。

(2) MLSS 法

MLSS 法是经常测定曝气池内 MLSS 的变化情况，通过调整排放剩余污泥量来保证曝气池内总是维持最佳 MLSS 值的控制方法，适用于水质水量比较稳定的生物处理系统。应根据运行经验找出不同季节、不同水质水量条件下的最佳 MLSS 值，再通过调整排泥量和回流比等运行参数，使曝气池内 MLSS 维持最佳。一般空气曝气活性污泥法的最佳 MLSS 为 2~3g/L，纯氧曝气活性污泥法的最佳 MLSS 在 5g/L 左右。

（3）SV 法

对于水质水量稳定的生物处理系统，SV 值能代表活性污泥的絮凝和代谢活性，反映系统的处理效果。运行管理过程中可以分析总结不同条件下的最佳 SV 值，每日每班次测定 SV 值，再通过调整回流污泥量、排泥量、曝气量等参数，使曝气池混合液 SV 值维持最佳。SV 法操作简单迅速，但 SV 不能正确反应 MLSS 具体值，准确性较差，需要配合其他控制方法一起应用。SV 值可以通过增减剩余污泥的排放量来加以调节，SV 值的变动性较大，而且与进水量有关。因此最好每个运行班都需要测定混合液的 SV 值，而且要与进水量相对照验证。

（4）泥龄法

泥龄法是通过控制系统的污泥停留时间最佳来使处理系统维持最佳运行效果的方法。泥龄与处理预期目标有直接关系，比如要达到硝化效果泥龄必须很长，而单独去除 BOD_5 时泥龄可以短得多。宏观上可以通过调整排泥量实现对泥龄的控制，但控制泥龄又必须以维持曝气池混合液一定的 MLSS 值为前提。

2. 活性污泥法日常管理项目

（1）对活性污泥状况的镜检和观察：用肉眼观察活性污泥的颜色是否是正常的茶褐色，同时用鼻子闻活性污泥的气味是否正常(稍具泥土味)，并用显微镜观察活性污泥中的生物相。曝气充氧不足时，污泥会发黑发臭；当曝气充氧过度或负荷过低时，污泥色泽会较淡。

（2）观察曝气效果：主要观察曝气池液面的翻腾情况和泡沫的变化情况。成团大气泡上升是曝气系统局部堵塞的表现，而液面翻腾很不均匀往往是存在不曝气死角所致。泡沫增多或颜色变化一般反映进水水质发生了变化或负荷等运行状态发生了变化。

（3）曝气时间：曝气时间指活性污泥微生物氧化分解有机污染物的时间，即污水在曝气池内的平均停留时间 HRT。不仅与要处理的污水的水量有关，更与水质和采用的处理方法密切相关，曝气时间应以使处理后的排水达到国家有关标准为依据，通常要根据成功运行经验和实际运行来确定。处理城市污水的传统活性污泥法，曝气时间为4~8h，而处理高浓度工业废水时，曝气时间可长达50h以上。可通过增减运行曝气池的间数来调节曝气时间，在一般情况下，应相对稳定，不宜过频。

(4) 曝气量(供气量)：供气电耗占整个污水处理厂电耗的50%~60%，因此供气量的调整要极其慎重。确定供气量的主要依据是保证曝气池出口处的溶解氧浓度在2mg/L以上，其次要满足混合液混合搅拌的需要。供气量还与曝气池进水水质、温度、曝气时间、MLSS浓度、溶解氧含量等有关，需要根据一定期限内所取得的运行数据综合确定。处理城市污水的传统活性污泥法的供气量一般为进水量的3~7倍。对于进水水质、水量相对稳定的大型城市污水处理厂，每年春秋各调整一次，即在水温开始上升的4~5月份降低供气量，而在水温开始下降的10~11月份提高供气量。对于水质、水量波动较大的工业废水处理场，要在综合分析各种化验分析数据后，每天对供气量进行确认或调整。

(5) 剩余污泥排放：随着累计处理水量的不断增加，曝气池内的活性污泥量也会不断增长，MLSS值和SV值都会升高。为了保证曝气池内MLSS值相对稳定，必须将增加的污泥量及时排出，排放的剩余污泥量应大致等于污泥的增长量，排放量过大或过小都会导致曝气池内MLSS值的波动。剩余污泥排放量与采用的活性污泥法及具体的进水水质有关，在没有经验的情况下，可大致按进水量的1%左右排放剩余污泥，确切适宜的排放值应根据一定时期的实际运行结果来确定。

(6) 回流污泥量：调节回流污泥量的目的也是为了保证曝气池内MLSS值的相对稳定，而污水处理厂的回流量一般也是相对固定的。活性污泥法的回流污泥浓度一般介于7~10g/L，纯氧曝气活性污泥法的回流污泥浓度可超过15g/L，回流污泥沉降比一般在90%左右。因此在进水水质水量比较稳定的情况下，实际上是根据每日测定的SV值为依据、通过调整剩余污泥的排放量来达到维持污泥回流量固定的目的。在进水水量发生大的波动时，就需要调整回流量，以保证曝气池内 MLSS 值不因进水量的增大或减少而出现大的波动。

（7）观察二沉池：经常观察二沉池泥面的高低、上清液的透明程度及液面和出水中悬浮物的情况。正常运行时二沉池上清液的厚度应不少于 0.5～0.7m。如果泥面上升，往往说明污泥沉降性能差；如果上清液混浊，说明进水负荷过高，污水净化效果差；如果上清液透明但带有小污泥絮片，说明污泥解絮；如果液面不连续大块污泥上浮，说明池底局部厌氧或出现反硝化；如果大范围污泥成层上浮，说明污泥可能中毒。

3. 活性污泥法日常管理中需要检测和记录的参数

（1）反映处理流量的项目：主要有进水量、回流污泥量和剩余污泥量。

（2）反映处理效果的项目：进、出水的 BOD_5、COD_{Cr}、SS 及其他有毒有害物质的浓度。

（3）反映污泥状况的项目：包括曝气池混合液的各种指标 SV、SVI、MLSS、MLVSS 及生物相观察等和回流污泥的各种指标 RSSS、RSV 及生物相观察等。

（4）反映污泥环境条件和营养的项目：水温、pH、溶解氧、氮、磷等。

（5）反映设备运转状况的项目：水泵、泥泵、鼓风机、曝气机等主要工艺设备的运行参数，如压力、流量、电流、电压等。

4. 曝气池进水常规监测项目

（1）温度：好氧活性污泥微生物能正常生理活动的最适宜温度范围是 15～30℃。一般水温低于 10℃或高于 35℃时，都会对好氧活性污泥的功能产生不利影响。当温度高于 40℃或低于 5℃时，甚至会完全停止。

在一定范围内，随着温度的升高，虽然不利于氧向水中的转移，却可以加快生化反应速率，微生物增殖速率也会加快。但温度突升并超过一定限度时，就会产生不可逆破坏。相比之下，温度降低对微生物的影响要小一些，一般不会出现不可逆破坏。如果水温的降低变化缓慢，活性污泥中的微生物可以逐步适应这种变化，通过采取降低负荷、提高溶解氧浓度、延长曝气时间等措施，仍能取得较好的处理效果。

因此，在实际生产运行中，要重视水温的突然变化，尤其是水温的突然升高。为防止水温过高的工业废水对好氧生物处理产生不利影响，应进行降温处理。

（2）pH 值：活性污泥微生物的最适宜的 pH 值介于 6.5~8.5 之间。pH 值降至 4.5 以下，活性污泥中原生动物将全部消失，大多数微生物的活动会受到抑制，优势菌种为真菌，活性污泥絮体受到破坏，极易产生污泥膨胀现象。当 pH 值大于 9 后，微生物的代谢速率将受极大的不利影响，菌胶团会解体，也会产生污泥膨胀现象。当污水 pH 值高于 10 或低于 5 时，在进入曝气池之前，必须进行酸碱中和调整 pH 值，使进入曝气池的污水 pH 值至少在 6~9 之间。

活性污泥混合液本身对 pH 值变化具有一定的缓冲作用，因为好氧微生物的代谢活动能改变其活动环境的 pH 值。比如说好氧微生物对含氮化合物的利用，由于脱氮作用而产生酸，降低环境的 pH 值；由于脱羧作用而产生碱性胺，又可使 pH 值上升。因此，经过长时间的驯化，活性污泥法也能处理具有一定酸性或碱性的污水。此外，污水本身所具有的碱度对 pH 值的下降有一定抑制作用。

但是，污水的 pH 值发生突变，譬如碱性污水进入已适应酸性环境的活性污泥系统时，将会对其中微生物造成冲击，甚至有可能破坏整个系统的正常运行。因此，酸碱污水是否进行中和处理，要根据实际情况而定，若是进入活性污泥系统的污水 pH 值变化不大，尤其是只有微酸性水或微碱性水其中之一时，往往不需要中和处理，而 pH 值变化幅度较大时，应事先进行中和处理调整 pH 值至中性。

（3）COD_{Cr} 和 BOD_5：无论采用哪种活性污泥法，曝气池所能承受的有机负荷都是有一定限度，超过限度，曝气池的运行效果将难以保证。对于正在运行的曝气池，进水 BOD_5 最高值都是固定的，由于 BOD_5 分析周期较长，实际上多以 COD_{Cr} 分析结果指导生产。曝气池进水有机负荷一旦超标，就应当立即采取降低进水量、加大污泥回流量、提高充氧效率等措施，以免对整个二级生物处理系统造成冲击和保证出水水质。如果进水 COD_{Cr} 值偏低，就应当立即采取增加进水量、减少污泥回流量和减少风机运转台数降低表曝机转速等降低充氧效率的措施，以免造成不必要的动力浪费。

（4）氨氮和磷酸盐：理论上，微生物对氮、磷的需要量要按 $BOD_5:N:P=100:5:1$ 来计算，但实际活性污泥法处理系统曝气池进水中的 BOD_5 与氮、磷的比例往往低于此值，系统也能正常运转。氮、磷的含量因处理的工业废水种类不同差别很大，有的污水氮、磷的含量很高，不经过脱磷除氮，二沉池出水氮、磷的含量就会超标。而对于氮、磷的含量很低的污水，如果不能及时补充一定量的氮、磷，微生物的功能会受到限制，二沉池出水的 COD_{Cr} 和 BOD_5 就难以保证达标。当处理氮、磷的含量很低的工业废水时，对于正在运行的曝气池，曝气池进水中氨氮和磷酸盐的含量分别为 10mg/L 和 5mg/L 左右，即可满足混合液微生物对氮、磷的需要。如果曝气池进水中氨氮和磷酸盐的含量长时间低于上述值，就应当及时增加氮、磷的投加量。

（5）有毒物质：对于特定的工业废水，有毒物质的种类一般不变，含量和排水量却难以恒定。除了需要采取均质调节等一级处理措施之外，必须对曝气池进水中有毒物质的含量进行监测和控制。活性污泥驯化结束后，要根据混合液对进水中有毒物质的适应程度，结合运行经验，确定影响生化系统的进水有毒物质最高限值。如果曝气池进水中有毒物质的含量长时间超过限值，就应当采取降低进水量、加大污泥回流量、提高充氧效率等措施，避免因混合液微生物中毒而影响处理效果。

5. 曝气池混合液常规监测项目

(1) 溶解氧(DO)：混合液溶解氧是影响活性污泥微生物最关键的因素，曝气池混合液中必须有足够的溶解氧。溶解氧的调整可通过调节供气量来实现。如果溶解氧浓度过低，好氧微生物正常的代谢活动就会下降，活性污泥会因此发黑发臭，进而使其处理污染物能力受到影响。而且溶解氧浓度过低，易于滋生丝状菌，产生污泥膨胀，影响出水水质。如果溶解氧浓度过高，氧的转移速率降低，活性污泥中的微生物会进入自身氧化阶段，还会增加动力消耗。

对混合液的游离细菌而言，溶解氧保持在 0.2～0.3mg/L 即可满足要求。但为了使溶解氧扩散到活性污泥絮体的内部，保持活性污泥系统整体具有良好的净化功能，混合液必须维持较高的水平。根据经验，曝气池出口混合液中溶解氧浓度保持在 2mg/L，就能使活性污泥具有良好的净化功能。供气耗电量一般要占整个污水处理厂的 50% 以上，因此，要依据充氧的效果、在保证曝气池出口混合液溶解氧不低于 2mg/L 的条件下，通过增减鼓风机运转台数或调整鼓风机、表曝机的转速来实现在保证处理效果的前提下尽可能地降低运行费用。

(2) 污泥浓度(MLSS)：为保证处理效果，曝气池内的污泥浓度应相对稳定。活性污泥法的运行方式不同，污泥浓度也有较大的出入。传统活性污泥法的污泥浓度，一般介于 1.5～2.5g/L，而纯氧曝气活性污泥法的污泥浓度，可高达 10g/L。活性污泥在处理有机物的同时，自身也得以不断繁殖增长，要将增加的污泥量作为剩余污泥排出系统，才能保证活性污泥总是具有较高的活性。

(3) 污泥沉降比(SV)：MLSS 值测定需时较长，可能延误对曝气池的运行管理，一般以与污泥浓度对应性较好、而且测定简便易行的污泥沉降比 SV 作为评定 MLSS 值的指标。SV 值可以通过增减剩余污泥的排放量来加以调节，SV 值的变动性较大，而且与进水量有关。剩余污泥排放量偏小时，污泥沉降比上升，进水量增大后，污泥沉降比会降低。因此每个运行班都需要测定混合液的 SV 值，将测定结果与进水量的变化相对照，确认 SV 值是否在最佳范围内。

（4）污泥容积指数(SVI)：污泥容积指数 SVI 用于判断活性污泥的沉降性能。SVI 值过高说明污泥沉降性能不好，即将膨胀或已经膨胀。而 SVI 值过低则说明污泥颗粒密实细小，活性较低。处理城市污水的活性污泥，SVI 值一般介于 60～100 之间。而处理溶解性有机物含量较高而无机含量偏低的工业废水的活性污泥，SVI 值有时可高达 200 仍能维持活性污泥法正常运转。

（5）生物相镜检：细菌尺寸极小，普通光学显微镜下，只能观察到菌胶团的形状。而原生动物和后生动物的体形比细菌大的多，借助于显微镜很容易将它们区别开来。根据曝气池混合液中出现的原生动物和后生动物种属和数量，可以大体上判断出污水净化的程度和活性污泥的状态。

6. 活性污泥法试运行时的注意事项

（1）活性污泥法试运行的主要工作是培养和驯化活性污泥，对于生活污水比例较大的城市污水和混有较大比例生活污水的工业废水，可以使用间歇培养法或连续培养法直接培养，而对于成分主要是难降解有机物的工业废水来说，通常需要接种培养或间接培养，即先用生活污水培养污泥，再逐步排入工业废水对污泥进行驯化。

（2）活性污泥培养初期，由于污泥尚未大量形成，产生的污泥也处于离散状态，因而曝气量一定不能太大，一般控制在设计曝气量的 1/2 即可，否则不易形成污泥絮体。

（3）试运行时应当随时进行镜检，观察生物相的变化情况，并及时测量 SV、MLSS 等指标，并根据观测结果随时调整试运行的工况条件。

（4）活性污泥达到设计浓度，并不能说明试运行已经完成，而应当以出水水质连续相当长的时间(6～12 个月)达到设计指标为试运行完成的标志。

(5) 为提高活性污泥的培养速度，缩短培养时间，污水处理厂一般应避免在冬季试运行。冬季水温较低，不利于微生物的快速繁殖。

(6) 试运行的目的是确定最佳的运行工艺条件，如确定最佳的 MLSS、鼓风量、污水投加方式等，如果工业废水中的养料不足，还应确定氮、磷的投加量。可以将这些参数组合成几种运行条件，结合设计值分阶段进行试验，观察各种条件的处理效果，最后确定最佳的运行数据。

八、曝气

曝气就是将空气中的氧强制溶解到混合液中去的过程。曝气的作用主要有三个：①曝气的基本作用是产生并维持空气(或氧气)有效地与水接触，在生物氧化作用不断消耗氧气的情况下保持水中一定的溶解氧浓度。②除供氧外，还在曝气区产生足够的搅拌混合作用，促使水的循环流动，实现活性污泥与污水的充分接触混合。③维持混合液具有一定的运动速度，使活性污泥在混合液中始终保持悬浮状态。

1. 曝气方式

通常采用的曝气方法有鼓风曝气法和机械曝气法两种，有时也可以将两种方法联合使用。对于不同的曝气方法，曝气池的构造也各有特点。

(1) 鼓风曝气法

鼓风曝气法又称压缩空气曝气法，这种方法就是通过空气压缩设备和扩散空气设备将空气以气泡形式扩散在水中、再通过气泡与水的接触实现氧充入水中的一种方法。空气压缩设备主要是鼓风机，扩散空气设备有穿孔管、竖管曝气设备、射流装置、微孔曝气器、扩散板和螺旋曝气器等多种。

(2) 机械曝气法

机械曝气是指利用装设在曝气池内叶轮等器械的转动引入气泡的曝气方式，可分为表面曝气器和淹没式曝气器两种。表面曝气器把叶轮装在污水表面，通过剧烈地翻动水面，使空气中的氧溶入水中。淹没式曝气器安装在池子的底部或中间，通过压缩空气分布系统或与空气相通的管道引入空气。

2. 鼓风曝气系统

鼓风曝气系统由鼓风机(空压机)、空气扩散装置(曝气器)和一系列的连通管道组成。鼓风机将空气进行压缩形成一定压力后，通过管道输送到安装在曝气池底部的扩散装置。压缩空气经过不同的扩散装置，形成不同尺寸的气泡。气泡在扩散装置出口处形成后，经过上升和随水流动，最后在液面处破裂，气泡在移动过程中将空气中的氧转移到混合液中。根据扩散设备在曝气池混合液中的淹没深度不同，鼓风曝气法又可分为四种：

(1) 底层曝气：将鼓风充氧装置安置在曝气池底部，由于常用风机的风压均较低(一般低于 5000mm 水柱)，因此这种曝气池的有效水深通常在 3~4.5m 之间，具体水深与配套风机的工作压力有关。

(2) 浅层曝气：扩散设备安装在距液面 800~900mm 处，采用低压风机，风压约 1000mm 水柱即可满足要求。动力效率较高，可达 1.8~2.6 $kgO_2/(kW \cdot h)$，可充分发挥曝气设备的能力。这种曝气池的有效水深一般在 3~4m。

(3) 深水曝气：曝气池水深可达 8.5~30m，氧的利用率高，但所需供给的压力高，动力消耗也较大。为节省能耗，曝气器往往安装在池深的一半处，因此深水曝气又有深水底层曝气、深水中层曝气两种形式。

(4) 深井曝气：深井曝气装置平面一般呈圆形，直径大约 1~6m，深度为 50~150m。在深井内通过空压机的作用，将压缩空气通入深水中曝气后，使混合液产生降流和升流流动。深井曝气具有充氧能力和动力效率均较高，污泥负荷可高达 1~1.2 $kgBOD_5/(kgMLSS \cdot d)$。并具有耐冲击负荷能力强、产泥量低、不受气候条件影响等特点。

九、污泥管理

1．泥龄

微生物代谢有机物的同时自身得到增殖，剩余污泥排放量等于新增污泥量，用新增污泥替换原有系统中所有污泥所需要的时间称为泥龄。泥龄是反应器内微生物从生成到排出系统的平均停留时间，即反应器内微生物全部更新一次所需要的时间。因此又称细胞平均停留时间（MCRT）、固体平均停留时间（SRT）、生物固体平均停留时间（BSRT），是指活性污泥在曝气池内的平均停留时间。即：

泥龄=（曝气池内活性污泥量+二沉池污泥量+回流系统的污泥量）/（每天排放的剩余污泥量+二沉池出水每天带走的污泥量）

实际上计算泥龄时利用下式：

泥龄=曝气池内活性污泥量/每天排放的剩余污泥量

泥龄与污水处理效率、活性污泥特性、污泥生成量、去除单位有机物的氧消耗量等有关，是污水处理系统的重要参数。泥龄与污泥去除负荷呈反比关系，当选用较长的泥龄时，对应的污泥负荷较小，剩余污泥量就少。当选用的泥龄较短时，对应的污泥负荷较大，剩余污泥量就多。泥龄还能说明活性污泥中微生物的状况，世代时间长于泥龄的微生物不可能在曝气池内繁衍成优势菌种。比如硝化菌在20℃的世代时间为3d，当泥龄小于3d时，硝化菌就不可能在曝气池内大量增殖，也就不能在曝气池内出现明显的硝化反应。

对于一个正常运行的污水处理系统来说，泥龄是相对固定的，即每天从系统中排出的污泥量是相对固定的。当因为种种原因，二沉池出水悬浮物含量突然增大后，就应该相应减少剩余污泥的排放量。

如果排放的剩余污泥量少，使系统的泥龄过长，会造成系统去除单位有机物的氧消耗量增加，能耗升高，二沉池出水的悬浮物含量升高，出水水质变差。如果过量排放剩余污泥，使系统的泥龄过短，活性污泥吸附的有机物后来不及氧化，二沉池出水中有机物含量增大，出水水质也会变差。如果使泥龄小于临界值，即从系统中排出的污泥量大于其增殖量，系统的处理效果会急剧下降。

2. 剩余污泥

剩余污泥是活性污泥微生物在分解氧化污水中有机物的同时，自身得到繁殖和增殖的结果。为维持生物处理系统的稳定运行，需要保持微生物数量的稳定，即需要及时将新增长的污泥量当作剩余污泥从系统中排放出去。每日排放的剩余污泥量应大致等于污泥每日的增长量，排放量过大或过小都会导致曝气池内 MLSS 值的波动。具体排放量控制方法有：

（1）泥龄控制：如果曝气池进水量和有机物浓度波动较小，可以只用曝气池混合液污泥量来计算剩余污泥排放量，即：

剩余污泥排放量=曝气池混合液污泥量/(泥龄×回流污泥浓度)-二沉池出水污泥量

当进水量有波动时，因为污泥在曝气池和二沉池中动态分布，计算剩余污泥排放量时应以系统的总污泥量计，即将二沉池的泥量也计算在内。

（2）污泥浓度控制：曝气池内混合液污泥浓度一般都有个最佳值，如果高于此值，必须及时排泥。计算公式如下：

剩余污泥排放量=曝气池内混合液污泥浓度与理想浓度之差×曝气池容积/回流污泥浓度

（3）污泥负荷控制：按照曝气池内污泥量不变的原则，根据污泥负荷计算污泥的产量，并将新产生的污泥全部从系统中排放出去。计算公式如下：

剩余污泥排放量=(曝气池内混合液污泥量-进水 BOD_5 量/污泥负荷)/回流污泥浓度

（4）污泥沉降比控制：当测得污泥沉降比 SV 增大后，可能是污泥浓度增加所致，也可能是污泥的沉降性能变差所致，不管那种情况都应该及时排出剩余污泥，保证SV的相对稳定。

剩余污泥排放对活性污泥系统的功能及处理效果影响很大，但这种影响很慢。比如通过调节剩余污泥排放量控制活性污泥中的丝状菌过量繁殖，其效果通常要经过2~3倍的泥龄之后才能看出来。也就是说，当泥龄为5d时，要经过10~15d之后才能观察到调节排泥量所带来的控制效果。因此，无法通过排泥操作来控制或适应进水水质水量的日变化，即使排泥奏效，发生变化的那股污水早已流出系统，所以排泥量一般也都保持恒定。但需要每天统计记录剩余污泥排放量，并每天进行核算，总结出规律性。

3. 污泥回流

好氧活性污泥法的基本原理是利用活性污泥中的微生物在曝气池内对污水中的有机物进行氧化分解，由于连续流好氧活性污泥法的进水和出水是连续进行的，微生物在曝气池内的增长速度远远跟不上随着混合液从曝气池中流出的速度，如果不及时予以补充，生物处理过程就难以维持。污泥回流就是将在二沉池进行泥水分离的、从曝气池中流失的污泥中的大部分重新引到曝气池的进水端与进水进行充分混合，发挥回流污泥中微生物的作用，继续对进水中有机物进行氧化分解。污泥回流的作用是补充曝气池混合液流出带走的活性污泥，使曝气池内的悬浮固体浓度MLSS保持相对稳定。同时对缓冲进水水质的变化也能起到一定的作用，二级生物处理系统的抗冲击负荷能力主要是通过曝气池中拥有足够的活性污泥实现的，而曝气池中维持稳定的污泥浓度离不开回流污泥的连续进行。

污泥回流比是污泥回流量与曝气池进水量的比值。当曝气池进水水质水量变化时，最好能随时调整回流比。但污水在活性污泥中一般要停留4h以上，以回流比进行某种调节后，其效果往往不能立即显现，需要在几小时之后才能反映出来。因此，通过调节回流比，无法适应污水水质水量的随时变化，一般保持回流比恒定。但在污水处理厂的运行管理中，通过调整回流比作为应付突发情况是一种有效的应急手段。例如当发现二沉池泥水界面突然升至很高时，可迅速增大回流比，将污泥界面降下去，保证不造成污泥流失。然后再分析出引起污泥界面升高的真正原因，寻找到解决问题的手段并使之恢复正常后，再将回流比调回原值。虽然原则上回流比一般长期保持恒定，但必须每天检查回流比，如果有必要，就应该随时调整。

（1）污泥回流比的调整方法

① 根据二沉池的泥位调整。这种方式可避免出现因二沉池泥位过高而造成污泥流失的现象，出水水质较稳定，其缺点是使回流污泥浓度不稳定。

② 根据污泥沉降比确定回流比，计算公式为：

$$R=SV/(100-SV)$$

污泥沉降比测定比较简单、迅速，具有较强的操作性，其缺点是当污泥沉降性能较差、即污泥沉降比 SV 较高时，就需要提高污泥回流量，结果会使回流污泥的浓度下降。

③ 根据回流污泥浓度和混合液污泥浓度调节回流比，计算公式为：

$$R=MLSS/(RSSS-MLSS)$$

分析回流污泥和曝气混合液中的污泥浓度使用烘干法，需要时间较长，直接指导运行不太现实，一般只作为回流比的校核方法。

④ 根据污泥沉降曲线，确定特定污水处理厂活性污泥的最佳沉降比。再通过调整污泥回流量使污泥在二沉池的停留时间正好等于这种污泥通过沉降达到最大浓度的时间，此时的回流污泥浓度最大，而回流量最小。这种方法简单易行，在获得高回流污泥浓度的同时，污泥在二沉池的停留时间最短，此法尤其适用于反硝化脱氮及除磷工艺。

（2）控制污泥回流的方式

① 保持回流量恒定：这种控制方式适用于进水量恒定或波动不大的情况。如果流量变化较大，会导致活性污泥量在曝气池

和二沉池之间的重新分配。当进水流量增大时，部分曝气池的污泥会转移到二沉池，使曝气池内 MLSS 降低，而此时需要更多的 MLSS 去处理增加了的污水。另一方面二沉池内污泥量的增加会导致泥位的上升，有可能造成污泥流失，同时水量的增加使二沉池水力负荷加大，进一步增大了污泥流失的可能性。

② 保持剩余污泥排放量恒定：在回流量不变的条件下，保持剩余污泥排放流量和时间的相对稳定，即可保证相对稳定的处理效果。此方式的缺点是在进水水量和进水有机负荷降低的情况下，曝气池内污泥的增长量有可能少于剩余污泥的排放量，最终导致系统污泥量的下降和处理效果的降低。

③ 回流比和回流量均随时调整：根据进水水量和进水有机负荷的变化，随时调整剩余污泥排放量和污泥回流量，尽可能保持回流污泥浓度和曝气池混合液污泥浓度的稳定。这种方法是比较理想化的调整方式，效果最好，但操作频繁、工作量大，对控制设备和仪表的灵敏度等要求较高。

十、二次沉淀池

1. 二次沉淀池的设置

按照在污水处理流程中所处的位置，沉淀池可分为初次沉淀池和二次沉淀池两种。初次沉淀池一般设置在污水处理厂的沉砂池之后、曝气池之前，二次沉淀池设置在曝气池之后、深度处理或排放之前。二沉池是污水生物处理的最后一个环节，其作用是泥水分离使经过生物处理的混合液澄清，同时对混合液中的污泥进行浓缩。

污水经过生物处理后，必须进入二沉池进行泥水分离，澄清后的达标处理水才能排放，同时还要为生物处理设施提供经过浓缩的回流污泥或一定量的处理水。如果二沉池设置得不合理，即使生物处理的效果很好，混合液中溶解性有机物的含量已经很少，出水水质仍会因混合液在二沉池进行泥水分离的效果不理想而不合格(SS 超标)。如果污泥浓缩效果不好，回流到曝气池的微生物量就难以保证，曝气混合液浓度的降低将会导致污水处理效果的下降。

活性污泥的质量较轻，容易产生异重流，因此二沉池的最大水平流速（平流式、辐流式）或上升流速（竖流式）及溢流堰负荷都应低于初沉池。辐流式二沉池采用周边进水方式可以提高沉淀效果。二沉池具有浓缩污泥的作用，因而污泥区的容积较大，沉淀时间也比初沉池长。二沉池的具体型式还与生物处理工艺有关，比如生物膜法因为其生物污泥沉淀性能较差，所配二沉池的水力负荷就要比活性污泥法略低一些，而池体的有效水深要大一些，有时不得不采用浮选法进行泥水分离。

二次沉淀池的水力负荷一般为 0.5～1.8$m^3/(m^2 \cdot h)$，处理工业废水时，活性污泥中有机物比例较大，曝气池混合液的 SVI 偏高，与其配套的二沉池宜采用较低的表面水力负荷。为保证污泥能在二沉池得到足够的浓缩，以便供给曝气池所需浓度的回流污泥，二沉池的固体表面负荷为 150$kg/(m^2 \cdot d)$。

2. 二次沉淀池运行管理的注意事项

（1）经常检查并调整二沉池的配水设备，确保进入各二沉池的混合液流量均匀。

（2）检查浮渣斗的积渣情况并及时排出，还要经常用水冲洗浮渣斗。同时注意浮渣刮板与浮渣斗挡板配合是否适当，并及时调整或修复。

（3）经常检查并调整出水堰板的平整度，防止出水不均和短流现象的发生，及时清除挂在堰板上的浮渣和挂在出水槽上的生物膜及藻类。

（4）巡检时仔细观察出水的感官指标，如污泥界面的高低变化、悬浮污泥量的多少、是否有污泥上浮现象等，发现异常后及时采取针对措施解决，以免影响水质。

（5）巡检时注意辨听刮泥、刮渣、排泥设备是否有异常声音，同时检查其是否有部件松动等，并及时调整或修复。

（6）定期（一般每年一次）将二沉池放空检修，重点检查水下设备、管道、池底与设备的配合等是否出现异常，并根据具体情况进行修复。

(7) 由于二沉池一般埋深较大，因此，当地下水位较高而需要将二沉池放空时，为防止出现漂池现象，一定要事先确认地下水位的具体情况，必要时可以先降低二沉池周围的地下水位再放空。

(8) 按规定对二沉池常规监测项目进行及时的分析化验。

3. 二沉池常规监测项目

(1) pH 值：具体值与污水水质有关，一般略低于进水值，正常值为 6~9。如果偏离此值，可以从进水 pH 值的变化和曝气池充氧效果两方面查起，一旦明确原因，要立刻采取有关措施，主要是调节进水 pH 值和提高曝气池充氧效果。

(2) 悬浮物(SS)：活性污泥系统运转正常时，二沉池出水 SS 应当在 30mg/L 以下，最大不应该超过 50mg/L。

(3) 溶解氧(DO)：因为活性污泥中微生物在二沉池继续消耗氧，出水溶解氧值应略低于曝气池出水。

(4) COD_{Cr}和 BOD_5：这两项指标应达到国家有关排放标准。超过标准肯定不行，数值过低又会增加处理成本。污水处理厂要综合考虑上述两个因素，在较低的处理成本下，达到最好的处理效果。

(5) 氨氮和磷酸盐：这两项指标应达到国家有关排放标准。如果长期超标、而且是因为原水氮和磷含量过高形成的，就应当采取加强除磷脱氮的措施。如果工业废水处理出水氨氮或磷酸盐超标是因为为保证活性污泥微生物活性而投加的营养盐量过大造成的，可通过适当减少投加量的方法解决。

(6) 有毒物质：必须达到国家有关排放标准对有毒物质的要求，比如说对硫化物和氰化物分别要求不得超过 1.0mg/L 和 0.5mg/L。假如硫化物超标，首先要加强汽提装置的管理，进一步降低汽提净化水中硫化物的含量，再通过发挥调节池的作用、减少含硫污水进入曝气池的数量，直至达标。

(7) 泥面：泥面的高低可以反映活性污泥在二沉池的沉降性能，是控制排放剩余污泥的关键参数。正常运行时的二沉池上清液的厚度应不少于0.5~0.7m，如果泥面上升，往往说明污泥沉降性能差，需要加大剩余污泥排放量并采取有关措施予以控制。

(8) 透明度：生物处理效果较好时，二沉池出水中的悬浮物都应该是可沉降性的片状，此时无论悬浮物含量多或少，二沉池出水的外观应该是透明的，站在二沉池巡检走道上向水中看去，应当能看到水面1m以下，泥面较高时能清楚地看见泥面。生物处理效果较差，即活性污泥净化功能不良时，二沉池出水中呈乳灰色或淡黄色，其中夹带着大量的非沉淀性悬浮物，看上去浑浊不堪，透明度极差，二沉池水面下的能看见的深度很浅。

十一、活性污泥法运行中的异常现象

(一) 污泥膨胀

污泥膨胀是活性污泥法系统常见的一种异常现象，是指由于某种因素的改变，活性污泥质量变轻、膨大、沉降性能恶化，SVI值不断升高，不能在二沉池内进行正常的泥水分离，二沉池的污泥面不断上升，最终导致污泥流失，使曝气池中的MLSS浓度过度降低，从而破坏正常工艺运行的污泥，这种现象称为污泥膨胀。污泥膨胀通常是活性污泥絮体中的丝状菌过度繁殖而导致的。

1. 污泥膨胀的表现

发生污泥膨胀后，SVI值异常升高，有时可达400以上。二沉池出水的SS将会大幅度增加，直至超过国家排放标准，同时导致出水的COD_{Cr}和BOD_5也超标。如果不立即采取控制措施，污泥持续流失会使曝气池内的微生物数量锐减，不能满足分解有机污染物的正常需要，从而导致整个系统的性能下降，甚至崩溃。如果恢复，需要从培养、驯化活性污泥重新开始。

污泥膨胀可通过检测曝气混合液的 SVI、沉降速度和生物相镜检来判断和预测，而通过观察二沉池出水悬浮物和泥面的上升变化是最直观的方法。对于市政污水处理厂，SVI 超过 150 时，就预示着有可能或已经发生污泥膨胀。生物相镜检时发现丝状菌的丰度逐渐增大，到++级时，预示着有可能发生污泥膨胀；到+++级时，说明污泥已经处于膨胀状态。

2. 曝气池活性污泥发生丝状菌污泥膨胀的原因

在正常的环境中，活性污泥中菌胶团的生长速率大于丝状菌，不会出现丝状菌过度繁殖的现象，但如果活性污泥环境条件发生不利变化，丝状菌因为其表面积较大、抵抗环境变化的能力比菌胶团细菌强，丝状菌的数量就有可能超过菌胶团细菌，从而导致丝状菌污泥膨胀。引起活性污泥环境条件发生不利变化的因素主要有：①进水中有机物质太少，曝气池内 F/M 太低，导致微生物食料不足；②进水中 N、P 等营养物质不足；③pH 值太低，不利于菌胶团生长；④曝气池混合液内溶解氧太低；⑤进水水质、水量波动太大，对微生物造成冲击；⑥进入曝气池的污水“腐化”而含有较多的 H_2S(>2mg/L)时，导致丝硫菌过量繁殖；⑦进入曝气池的污水温度偏高(超过 30℃)。

3. 污泥膨胀的控制措施

(1) 临时控制措施

临时控制措施主要用于控制临时原因造成的污泥膨胀，防止出水 SS 超标和污泥的大量流失，主要方法有絮凝剂助沉法和杀菌法两种。絮凝剂助沉法一般用于非丝状菌引起的污泥膨胀，而杀菌法适用于丝状菌引起的污泥膨胀。①絮凝剂助沉法是指向发生膨胀的曝气池中投加絮凝剂，增强活性污泥的凝聚性能，使之容易在二沉池实现泥水分离。混凝处理中的絮凝剂一般都可以在此时应用，常用的絮凝剂有聚合氯化铝、聚合氯化铁等无机絮凝剂和聚丙烯酰胺等有机高分子絮凝剂。絮凝剂可加在曝气池的进口，也可投加在曝气池的出口，但投加量不可太多，否则有可能破坏细菌的生物活性，降低处理效果。使用 PAC

时，药剂投加量折合三氧化二铝为 10mg/L 即可。②杀菌法是指向发生膨胀的曝气池中投加化学药剂，杀灭或抑制丝状菌的繁殖，从而达到控制丝状菌污泥膨胀的目的。常用的杀菌剂如液氯、二氧化氯、次氯酸钠、漂白粉、双氧水等都可以使用。实际加氯过程中，应由小剂量到大剂量逐渐进行，并随时观察生物相和测定 SVI 值。一般加氯量为污泥干固体重量的0.3%~0.6%，当发现 SVI 值低于最大允许值或镜检观察到丝状菌菌丝溶解，应当立即停止加氯。投加 H_2O_2 对丝状菌有持续的抑制作用，H_2O_2 投加量一般应控制在 20~400mg/L，过低不起作用，过高会导致污泥氧化解体。

（2）调节运行工艺控制措施

①在曝气池的进口处投加黏土、消石灰、生污泥或消化污泥等，以提高活性污泥的沉降性和密实性；②使进入曝气池的污水处于新鲜状态，如采取预曝气措施，使污水处于好氧状态，避免形成厌氧状态，同时吹脱硫化氢等有害气体；③加强曝气强度，提高混合液 DO 浓度，防止混合液局部缺氧或厌氧；④补充 N、P 等营养盐，保持混合液中 C、N、P 等营养物质的平衡；⑤提高污泥回流比，降低污泥在二沉池的停留时间，避免在二沉池出现厌氧状态；⑥对污水进行预曝气吹脱酸气或加碱调节，以提高曝气池进水的 pH 值；⑦利用在线仪表的手段加强和提高化验分析的时效性，充分发挥调节池的作用，保证曝气池的污泥负荷相对稳定；⑧控制曝气池进水的温度，对温度较高的小流量工业废水进行降温处理。

（3）永久性控制措施

永久性控制措施是指对现有曝气处理设施进行改造，避免产生污泥膨胀的因素出现。常用的永久性控制措施是在曝气池前设置生物选择器。生物选择器的主要作用是防止丝状菌的过度繁殖，避免丝状菌在微生物处理系统中成为优势菌种。就是通过创造一定的条件，确保沉淀性能好的菌胶团细菌等非丝状菌占优势。

生物选择器的工作原理是在好氧或厌氧生物反应器之前，设置一个停留时间较短的反应器，使回流污泥和未被稀释的污水在其中接触，即在选择器中维持较高的 F/M 值。在高 F/M 值下，沉淀性能好的微生物可以优先在选择器基质浓度高的区域吸收利用基质，并在整个悬浮活性污泥体系中处于优势地位。生物选择器的类型有好氧选择器、缺氧选择器和厌氧选择器三种。好氧选择器内需要进行进行曝气充氧，使之处于好氧状态，而缺氧选择器与厌氧选择器只进行搅拌。

好氧选择器实际上是在曝气池的首段划出一格，其容积按水力停留时间 20min 计，通过对污水进行充分曝气，让菌胶团细菌在 DO 较高、营养充足的条件下充分吸收利用有机物，限制丝状菌的过度繁殖。在完全混合活性污泥法的曝气池前端，设置一个好氧选择器，其控制污泥膨胀的效果非常明显。

缺氧选择器与厌氧选择器的设施和设备完全一样，两者的功能取决于生物处理系统活性污泥泥龄的长短。泥龄长时，发生完全的硝化，选择器内硝酸盐浓度高，此时为缺氧选择器；反之，泥龄短时选择器内既无溶解氧又无硝酸盐，即成为厌氧选择器。缺氧选择器中菌胶团细菌利用硝酸盐化合性氧源进行繁殖，而丝状菌则因无法利用化合性氧源而受到抑制，增殖速度落后于菌胶团细菌。大多数丝状菌是绝对好氧的，因此在厌氧选择器内受到抑制，而大多数菌胶团细菌是兼性菌，在厌氧条件下能进行厌氧代谢，继续增殖。但厌氧选择器中菌胶团细菌厌氧代谢会产生硫化氢，硫化氢的存在为丝硫细菌的繁殖创造了条件。

（二）曝气池内活性污泥不增长或减少

（1）二沉池出水悬浮物含量大，污泥流失过多。主要原因是污泥膨胀引起污泥沉降性能变差，通过分析污泥膨胀的原因，采取具体对策。有时为防止污泥的流失和提高沉淀效率，可以使污泥在曝气池中直接静止沉淀，或在曝气池进水或出水中投加少量絮凝剂。

（2）进水有机负荷偏低。进水负荷偏低造成活性污泥繁殖增长所需的有机物相对不足，使活性污泥中的微生物只能处于维持状态，甚至有可能进入自身氧化阶段使活性污泥量减少。对策是设法提高进水量，或减少风机运转台数或降低表曝机转速，或减少曝气池运转间数，缩短污水停留时间。

（3）曝气充氧量过大。曝气充氧量过大会使活性污泥过氧化，污泥总量不增加。对策是减少风机运转台数或降低表曝机转速，合理调整曝气量，减少供氧量。

（4）营养物质含量不平衡。营养物质含量不平衡会使活性污泥微生物的凝聚性能变差，对策是及时补充足量的氮、磷等营养盐。

（5）剩余污泥排放量过大。使得活性污泥的增长量少于剩余污泥的排放量，对策是减少剩余污泥的排放量。

（三）活性污泥解体

SV 和 SVI 值特别高、出水非常浑浊、处理效果急剧下降等现象往往是活性污泥解体的征兆，运行中出现这种情况的原因主要有：

（1）污泥中毒：进水中有毒物质或有机物含量突然升高很多，使微生物代谢功能受到损害甚至丧失，活性污泥失去净化活性和絮凝活性。这种情况在工业废水处理场经常出现，通常是工厂事故污水排放量过多，使污水处理系统超负荷运行所导致的。解决的对策是将事故排水及时引向事故池或在均质调节池内与其他污水充分混合均质，并充分发挥预处理设施的作用，利用混凝沉淀等物理、化学法进行处理后，再进入生物处理系统的曝气池。

（2）有机负荷长时间偏低：处理水量或污水浓度长期偏低而曝气量仍维持正常值，其结果就会出现过度曝气，引起污泥的过度自身氧化，菌胶团的絮凝性能下降，最后导致污泥解体。长此以往，还可能会使污泥部分或全部失去活性，在进水有机负荷再提高时失去净化功能，使出水水质急剧恶化。对策是减少风机运转台数或降低表曝机转速，或减少曝气池运转间数，只运行部分曝气池。

（四）二沉池出水悬浮物含量增大

（1）活性污泥膨胀使污泥沉降性能变差，泥水界面接近水面，部分污泥碎片经出水堰溢出。对策是通过分析污泥膨胀的原因，逐一排除。

（2）进水量突然增加，使二沉池表面水力负荷升高，导致上升流速加大、影响活性污泥的正常沉降，水流夹带污泥碎片经出水堰溢出。对策是充分发挥调节池的作用，使进水尽可能均衡。

（3）出水堰或出水集水槽内藻类附着太多。对策是操作运行人员及时清除这些藻类。

（4）曝气池活性污泥浓度偏高，二沉池泥水界面接近水面，部分污泥碎片经出水堰溢出。对策是加大剩余污泥排放量。

（5）活性污泥解体造成污泥的絮凝性下降或消失，污泥碎片随水流出。对策是找到污泥解体的原因，逐一排除和解决。

（6）吸（刮）泥机工作状况不好，造成二沉池污泥或水流出现短流现象，局部污泥不能及时回流，部分污泥在二沉池停留时间过长，污泥缺氧腐化解体后随水流溢出。对策是及时修理吸（刮）泥机，使其恢复正常工作状态。

（7）活性污泥在二沉池停留时间过长，污泥因缺氧腐化解体后随水流溢出。对策是加大回流污泥量，在二沉池中的缩短停留时间。

（8）水温较高且水中硝酸盐含量较多时，二沉池出现污泥反硝化脱氮现象，氮气裹带大块污泥上浮到水面后随水流溢出。对策是加大回流污泥量，缩短污泥在二沉池停留时间。

（五）二沉池出水溶解氧偏低或偏高

（1）活性污泥在二沉池停留时间过长，污泥中好氧微生物继续消耗氧，导致二沉池出水中溶解氧下降。对策是加大回流污泥量，缩短停留时间。

（2）吸（刮）泥机工作状况不好，造成二沉池局部污泥不能及时回流，部分污泥在二沉池停留时间过长，污泥中好氧微生物继续消耗氧，导致二沉池出水中溶解氧下降。对策是及时修理吸(刮)泥机，使其恢复正常工作状态。

(3) 水温突然升高，使好氧微生物生理活动耗氧量增加、局部缺氧区厌氧微生物活动加强，最终导致二沉池出水中溶解氧下降。对策是设法延长污水在均质调节等预处理设施中的停留时间，充分利用调节池的容积使高温水打循环，或通过加强预曝气促进水分蒸发来降低温度。

(4) 曝气池进水有机负荷偏低或曝气池充氧量偏大，此时二沉池出水溶解氧过高但水质很好，可采取从调节池多调水，提高进水负荷的办法，或采取减少运转风机台数，降低充氧量的办法。

(5) 曝气池混合液中毒，微生物无法利用水中溶解氧也有可能造成二沉池出水溶解氧过高。这样形成的二沉池出水溶解氧过高现象都是暂时的，随之而来就会是溶解氧迅速降低和出水水质变差的现象。此时应查明有毒物质的来源并予以排除。

(六) 二沉池出水 BOD_5 与 COD_{Cr} 突然升高

(1) 进入曝气池的污水水量突然加大、有机负荷突然升高或有毒有害物质浓度突然升高等，会引起活性污泥性能降低，最终导致出水 COD_{Cr} 和 BOD_5 突然升高。对策是加强污水水质监测和充分发挥调节池的作用，使进水尽可能均衡。

(2) 曝气池管理不善(如曝气充氧量不足等)，使活性污泥的净化功能降低，最终导致出水 COD_{Cr} 和 BOD_5 突然升高。对策是加强对曝气池的管理，及时调整各种运行参数。

(3) 二沉池管理不善(如浮渣清理不及时、刮泥机运转不正常等)，会使二沉池沉降功能降低，出水 COD_{Cr} 和 BOD_5 突然升高。对策是加强对二沉池的管理，及时巡检，发现问题立即整改。

(七) 二沉池污泥上浮

二沉池污泥上浮指的是污泥在二沉池内发生酸化或反硝化导致的污泥漂浮到二沉池表面的现象。这些漂浮上来的污泥本身不存在质量问题，其生物活性和沉降性能都很正常。漂浮的原因主要是这些正常的污泥在二沉池内停留时间过长，由于溶解氧被逐渐消耗而发生酸化，产生 H_2S 等气体附着在污泥絮体上，使其密度减小，造成污泥的上浮。当系统的 SRT 较长，发生硝化后，进入二沉池的混合液中会含有大量的硝酸盐，污泥在二沉池中由于缺乏足够溶解氧($DO<0.5mg/L$)而发生反硝化，反硝化产生的 N_2 同样会附着在污泥絮体上，使其密度减小，造成污泥的上浮。

控制污泥上浮的措施，一是及时排出剩余污泥和加大回流污泥量，不使污泥在二沉池内的停留时间太长；二是加强曝气池末端的充氧量，提高进入二沉池的混合液中的溶解氧含量，保证二沉池中污泥不处于厌氧或缺氧状态。对于反硝化造成的污泥上浮，还可以增大剩余污泥的排放量，降低 SRT，通过控制硝化程度，达到控制反硝化的目的。

（八）二沉池表面出现黑色块状污泥

二沉池表面出现黑色块状污泥通常是污泥腐化所致。曝气量过小使污泥在二沉池缺氧，或曝气池污泥生成量大而剩余污泥排放量小使污泥在二沉池的停留时间过长，或者重力排泥时泥斗不合理、使污泥难以下滑，或者刮吸泥机部分吸泥管不通畅及存在刮不到的死角，都会造成污泥在二沉池局部长期滞留沉积而发生厌氧代谢，产生大量 H_2S、CH_4 等气体，包裹在泥块上，促使污泥呈大块状上浮，而且颜色呈现黑色。污泥腐化上浮与一般的污泥上浮不同，腐化上浮时污泥会腐败变黑，产生恶臭。

解决的办法有保证剩余污泥的及时排放，排除排泥设备的故障，清除沉淀池内壁或某些死角的污泥，降低好氧处理系统污泥的硝化程度，加大污泥回流量，防止其他处理构筑物的腐化污泥的进入等。

（九）活性污泥法的泡沫现象

1. 泡沫分类

(1) 启动泡沫。活性污泥工艺运行启动初期，由于污水中含有一些表面活性物质，在曝气的搅拌和吹脱作用下易引起泡沫现象，有时在曝气池表面会形成高达几米的泡沫山。因此又称启动泡沫，这是因为活性污泥培养初期活性污泥的功能尚未形成，所有产生泡沫的物质在曝气的作用下都变成了泡沫。但随着活性污泥的成熟，这些表面活性物质会被微生物降解，泡沫现象会逐渐消失。在正常运行的活性污泥系统中，来水中表面活性物质突然增加或由于某种原因造成大量污泥流失后，*F/M* 剧增也会产生泡沫。

（2）反硝化泡沫。如果污水厂进行硝化反应，则在沉淀池或曝气不足的地方会发生反硝化作用，产生氮等气泡而带动部分污泥上浮，出现泡沫现象。

（3）生物泡沫。由于丝状微生物的异常生长，与气泡、絮体颗粒混合而成的泡沫具有稳定、持续、较难控制的特点。

2. 生物泡沫的危害

（1）泡沫一般具有黏滞性，它会将大量活性污泥等固体物质卷入曝气池的漂浮泡沫层，泡沫层在曝气池表面翻腾，阻碍氧气进入曝气池混合液，降低充氧效率（尤其对机械曝气方式影响最大）。

（2）当混有泡沫的曝气池混合液进入二沉池后，泡沫裹带活性污泥等固体物质会增加出水悬浮物含量而引起出水水质恶化，同时在二沉池表面形成大量浮渣，在冬天气温较低时会因结冰影响二沉池吸（刮）泥机的正常运转。

（3）生物泡沫蔓延到走道板上，影响巡检和设备维修。夏天生物泡沫随风飘荡，产生一系列环境卫生问题，而且医学界还认为形成生物泡沫的诺卡氏菌极有可能是人类的致病菌。冬季泡沫结冰后，清理困难，还可能滑倒巡检和维修人员。

（4）回流污泥中含有泡沫会引起类似浮选的现象，损坏污泥的正常性能。生物泡沫随排泥进入泥区，干扰污泥浓缩和污泥消化的顺利进行。

3. 曝气池出现生物泡沫的原因

（1）污泥停留时间：由于产生泡沫的微生物普遍生长速率

较低、生长周期较长，所以较长的污泥停留时间(SRT)有利于这些微生物的生长。如采用延时曝气方式等超低负荷的活性污泥系统就易产生泡沫现象，而且一旦泡沫形成，泡沫层的生物停留时间就独立于曝气池内的污泥停留时间，易形成稳定持久的泡沫。

(2) pH 值：pH 值从 7.0 下降到 5.0~5.6 时，能有效地减少泡沫的形成。放线菌和丝状菌的生长对 pH 值极敏感，最适宜的 pH 值为 7.8 左右，当 pH 值为 5.0 时，就能有效控制其生长。

(3) 溶解氧(DO)：放线菌是严格的好氧菌，在缺氧或厌氧条件下，不易生长。

(4) 温度：与生物泡沫形成有关的菌类都有各自适宜的生长温度和最佳温度，当环境或水温有利于它们生长时，就可能产生泡沫现象。一般来说，温度在 30℃以上时，容易爆发泡沫现象。

(5) 憎水性物质：污水中含有不溶性或憎水性物质(如油、脂类等)有利于放线菌的生长。

(6) 曝气方式：据观察，不同曝气方式产生的气泡不同，微气泡或小气泡比大气泡更有利于产生生物泡沫，并且泡沫层易集中于曝气强度低的区域。

(7) 气温、气压和水温的交替变化：严重的泡沫现象在温度高的夏季和寒冷的冬季都不会发生，每年都出现在春夏、秋冬换季时。由水温高于气温而交变到水温低于气温时和由水温低于气温而交变到水温高于气温时容易出现泡沫现象，在气压和气温交变的时期，由于环境的更迭，使微生物的生长、构成等发生了变化，容易出现泡沫现象。

4. 曝气池出现生物泡沫后的控制对策

(1) 喷洒水等增加表面搅拌的方法：喷洒水是一种最简单和最常用的物理方法，通过喷洒水流或水珠以打碎浮在水面的气泡，可以有效减少曝气池或二沉池表面的泡沫。打散的污泥颗粒部分重新恢复沉降性能，但丝状细菌仍然存在于混合液中，所以，不能消除泡沫现象的根本原因。

（2）投加杀菌剂或消泡剂：可以采用具有强氧化性的杀菌剂，如氯、臭氧和过氧化物等。还有利用聚乙二醇、硅酮生产的市售药剂，以及氯化铁和铜材酸洗液的混合药剂等。药剂的作用仅仅能降低泡沫的增长，却不能消除泡沫的形成。而广泛应用的杀菌剂普遍存在负作用，因为过量或投加位置不当，会大量降低曝气池中絮成菌的数量及生物总量。

（3）降低污泥龄：降低曝气池中污泥的停留时间，可以抑制生长周期较长的放线菌的生长。当污泥停留时间在 5～6 d 时，能有效控制丝状菌的生长以避免由其产生的泡沫问题。

（4）回流厌氧消化池上清液：已有试验表明，厌氧消化池上清液能抑制丝状菌的生长，因而采用厌氧消化池上清液回流到曝气池的方法，能控制曝气池表面的气泡形成。由于厌氧消化池上清液中有浓度很高 COD_{Cr}（BOD_5）和氨氮，有可能影响最后的出水质量，应慎重采用。

（5）向曝气反应器内投加载体（填料）：在一些活性污泥系统中投加移动或固定填料，使一些易产生污泥膨胀和泡沫的微生物固着生长，这既能增加曝气池内的生物量，提高处理效果，又能减少或控制泡沫的产生。

（6）投加化学药剂：向曝气池中投加聚合氯化铝等阳离子絮凝剂也可以有效控制泡沫的产生后，使混合液表面的稳定泡沫失去稳定性，进而使丝状菌分散重新进入活性污泥絮体中。

十二、活性污泥法的形式

根据曝气池内混合液流态、进水方式和供氧方式的不同，活性污泥法有许多运行形式。常见的活性污泥法有传统推流式活性污泥法、完全混合活性污泥法、阶段曝气活性污泥法、吸附-再生活性污泥法、延时曝气活性污泥法、纯氧曝气活性污泥法、间歇曝气式活性污泥法、氧化沟、缺氧/好氧活性污泥法（A/O 法）、吸附生物降解法（AB 法）等，其运行参数见表 3-2。

表 3-2　常见活性污泥法运行参数

运行方式		污泥负荷(N_s)/ $kgBOD_5 \cdot (kg泥 \cdot d)^{-1}$	容积负荷(N_v)/ $kgBOD_5 \cdot (m^3 \cdot d)^{-1}$	污泥浓度/ g·L	曝气时间/ h	泥龄/ d	回流比	BOD_5 去除率/ %
传统推流		0.2~0.4	0.3~0.6	1.5~3.0	4~8	5~15	0.25~0.75	85~95
完全混合		0.25~0.5	0.5~1.8	3.0~6.0	4~8	5~15	1.0~4.0	85~95
阶段曝气		0.2~0.4	0.6~1.0	2.0~3.5	3~8	5~15	0.25~0.75	85~95
吸附再生	吸附段	0.2~0.6	1.0~1.2	1.0~3.0	0.5~1	5~15	0.5~1.0	80~90
	再生段			4.0~10	3~6			
延时曝气		0.05~0.10	0.1~0.4	3.0~6.0	18~48	20~30	0.75~1.0	≥95
纯氧曝气		0.4~0.8	2.0~3.2	5.0~10.0	1.5~3	8~20	0.25~0.6	85~95
间歇曝气		0.2~0.4	0.1~1.3	2.0~5.0	0.5~2	3~10	0.5~1.5	85~95
氧化沟		0.03~0.07	0.1~0.2	3.0~6.0	20~48	8~30	—	≥95
A/O 法		0.2~0.4	0.6~1.0	≮3.0	3~6	3~10	0.1~0.2	85~95
A/B 法	A 段	2.0~6.0	0.6~1.0	2~4	0.5~1	0.3~0.6	0.5~0.8	85~95
	B 段	0.15~0.3			2~6	15~20	0.5~1.0	

（一）传统活性污泥法

传统活性污泥法又称普通活性污泥法或推流式活性污泥法，是最早成功应用的运行方式，其他活性污泥法都是在其基础上发展而来的。曝气池呈长方形，混合液流态为推流式，污水和回流污泥一起从曝气池的首端进入，在曝气和水力条件的推动下，混合液均衡地向后流动，最后从尾端排出，前段液流和后段液流不发生混合。污水浓度自池首至池尾呈逐渐下降的趋势，因此有机物降解反应的推动力较大，效率较高。曝气池需氧率沿池长逐渐降低，尾端溶解氧一般处于过剩状态，在保证末端溶解氧正常的情况下，前段混合液中溶解氧含量可能不足。推流式曝气池一般建成廊道型，为避免短路，廊道的长宽比一般不小于 5∶1，根据需要，有单廊道、双廊道或多廊道等形式。曝气方式可以是机械曝气，也可以采用鼓风曝气。其基本流程见图 3–3。

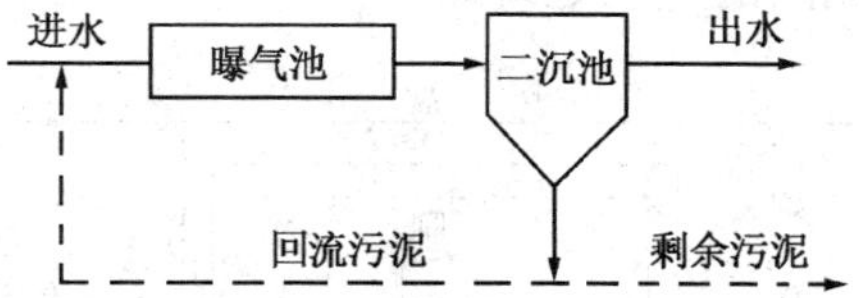

图 3–3　传统活性污泥法流程图

在曝气过程中，从池首到池尾，生物反应速度、微生物种群的量和质、活性污泥的絮凝和沉降性能等都在变化。其特点可归纳如下：

（1）优点：①处理效果好，适用于处理净化程度和稳定程度较高的污水。②根据具体情况，可以灵活调整污水处理程度的高低。③进水负荷升高时，可通过提高污泥回流比的方法予以解决。

（2）缺点：①曝气池容积大，占地面积多，基建投资多。②为避免曝气池首端混合液处于缺氧或厌氧状态，进水有机负荷不能过高，因此曝气池容积负荷一般较低。③曝气池末端有可能出现供氧速率大于需氧速率的现象，动力消耗较大。④对冲击负荷适应能力较差。

（二）完全混合活性污泥法

污水进入曝气池后，立即与回流污泥及池内原有混合液充分混合，起到了对污水进行稀释的作用。池内混合液的组成，包括活性污泥数量及有机污染物的含量等均匀一致，而且池内各个部位都是相同的。因此，曝气池内各个部位的有机物降解速率、耗氧速率等参数也都是相同的。曝气方式多采用机械曝气，也有采用鼓风曝气的。完全混合活性污泥法的曝气池与二沉池可以合建也可以分建，比较常见的是合建式圆形池。

典型的完全混合活性污泥法为圆形表面曝气池，也称加速曝气池，其构造和机械澄清池类似（见图 3-4）。合建式圆形完全混合曝气池可分为曝气区、沉淀区、污泥区和导流区四个功能区，加上回流窗、回流缝、曝气叶轮、减速机及电机等，组成曝气、沉淀于一池内的生物处理装置。

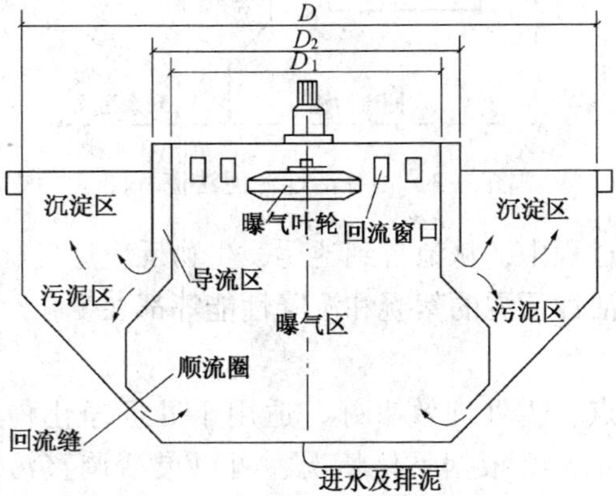

图 3-4　合建式圆形完全混合式曝气池示意图

污水从池底中部进入曝气区，与回流污泥混合后，由表面曝气机充氧并提升，经过回流窗和导流区，再进入沉淀区，处理后的水由沉淀区周边的三角堰流入出水槽中，沉淀下来的污泥沿回流缝进入曝气区，剩余污泥则通过池底排泥管排到污泥池中。

完全混合活性污泥法的特点是污泥回流比大，对冲击负荷的缓冲作用也较大，因而对冲击负荷适应能力较强，适于处理高浓度的有机污水；曝气池内各个部位的需氧量相同，能最大限度地节约动力消耗，表面曝气机动力效率较高；沉淀池与曝气池合建在一起，不用单独设置污泥回流系统。其不足是容易产生短流，影响出水水质。

（三）阶段曝气活性污泥法

阶段曝气活性污泥法又称分段进水活性污泥法或多段进水活性污泥法，是针对传统活性污泥法存在的弊端进行了一些改革的运行方式。污水沿池长分段注入曝气池，使有机负荷在池内分布比较均衡，缓解了传统活性污泥法曝气池内供氧速率与需氧速率存在的矛盾，沿池长 F/M 分布均匀，有利于降低能耗，又能充分发挥活性污泥微生物的降解功能。曝气方式一般采用鼓风曝气。阶段曝气法基本流程见图 3-5。

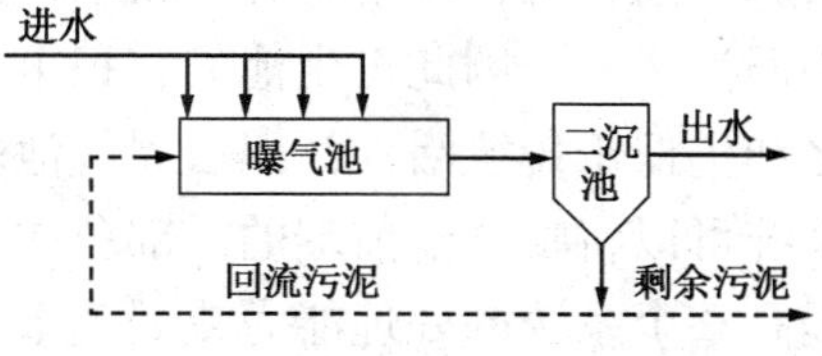

图 3-5　阶段曝气法流程示意图

阶段曝气活性污泥法克服了传统活性污泥法供氧不合理的不足，其特点是池体容积比传统法小三分之一以上，适于处理水质相对稳定的各类污水。与传统活性污泥法相比，提高了空气的利用率，即能耗较低；污水沿池长分段注入，提高了曝气池抗冲击负荷的能力；曝气池出口混合液中活性污泥不易处于过氧化状态，在二沉池内固液分离效果较好。但分段注入曝气池的污水，如果不能与原混合液立即混合均匀，会影响处理效果。

（四）吸附-再生活性污泥法

吸附-再生活性污泥法又称生物吸附法或接触稳定法，其主要特点是将活性污泥对有机污染物降解的吸附和代谢稳定两个过程，在各自反应器内分别进行。污水和已在再生池经过充分再生、具有很高活性的活性污泥一起进入吸附池，二者充分混合接触15~60min后，大部分有机污染物被活性污泥吸附，污水得到净化。吸附-再生法的基本工艺流程见图3-6。

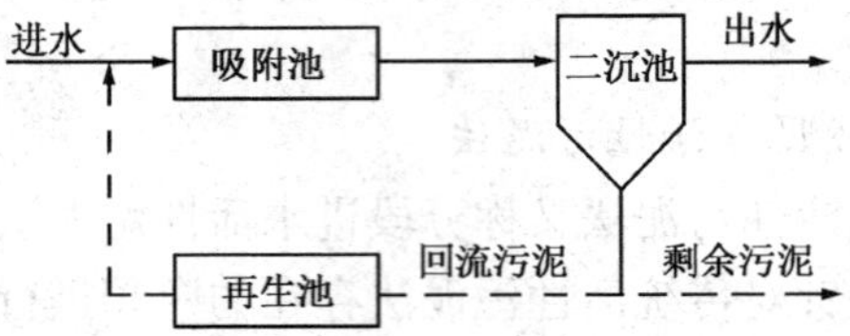

图3-6　吸附-再生法流程示意图

从二沉池分离出来的回流污泥先进入再生池进行生物代谢活动，使有机物降解，微生物进入内源代谢期，污泥的活性、吸附功能得到充分恢复后，再与污水一起进入吸附池。污水与活性污泥在吸附池的接触时间较短，吸附池容积较小，而再生池接纳的只是浓度较高的回流污泥，因此再生池的容积也不大。吸附池与再生池的容积之和仍低于传统活性污泥法曝气池的容积。传统活性污泥法处理系统可以将曝气池前端的一部分或一个曝气廊道改造成再生池，提高整个系统的处理能力或处理水平。曝气方式可以是机械曝气，也可以采用鼓风曝气。

吸附-再生活性污泥法充分利用了微生物降解有机物的机理，使生物处理过程更趋于合理。其特点是对呈悬浮、胶体状态的有机物去除效果显著，适于处理悬浮性有机物较多的工业废水。与传统活性污泥法相比，净化构筑物吸附池和再生池容积较小，占地面积少，基建投资少；需氧量比较均匀，氧利用率较高，能耗较低；回流污泥量大，且大量污泥集中在再生池，当吸附池内活性污泥受到破坏后，可迅速引入再生池污泥予以补救，因此具有一定冲击负荷适应能力。

(五) 延时曝气活性污泥法

延时曝气活性污泥法又称完全氧化活性污泥法，其主要特点是有机负荷率较低，活性污泥持续处于内源呼吸阶段，不但去除了水中的有机物，而且氧化部分微生物的细胞物质，因此剩余污泥量极少，毋须再进行消化处理。在较长的停留时间(20~30d)下，可以实现氨氮的硝化过程，即达到去除氨氮的目的。

延时曝气活性污泥法实际上是污水好氧处理与污泥好氧处理的综合构筑物，适用于对处理水质要求较高、不宜建设污泥处理设施的小型生活污水或工业废水处理场。曝气方式可以是机械曝气，也可以采用鼓风曝气。其特点是稳定性较高，处理水质较好，适于处理水量较小、处理要求较高的生活污水或工业废水；污水在曝气池内停留时间较长，因此对进水水量和水质的变化适应能力较强；可以减少初沉池等预处理环节，实现硝化和去除氨氮的作用。其不足是曝气时间长，动力消耗大，运行成本高；进入二沉池的混合液因处于过氧化状态，出水中会含有不易沉降的活性污泥碎片。

(六) 纯氧曝气活性污泥法

纯氧曝气活性污泥法是利用纯度在90%以上的氧气作为氧源，向污水中输送。普遍采用的运行方式是密闭式多段混合推流式(见图3-7)，即每段为完全混合式，从整体上看，段与段之间又是推流式。纯氧曝气活性污泥法也有采用敞开方式运行的。

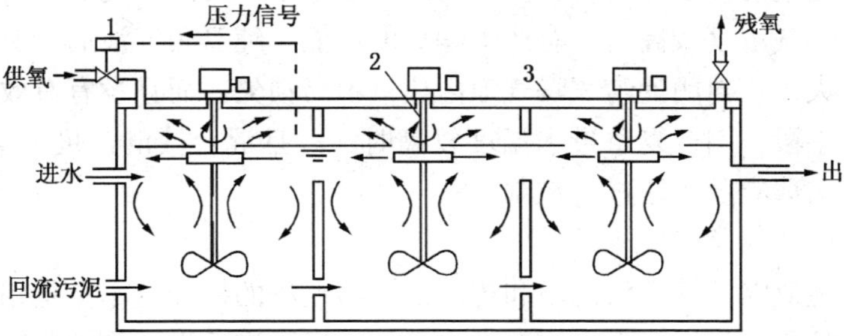

图3-7　纯氧曝气池构造示意图

1—控制阀；2—搅拌器；3—池盖

氧气、污水、回流污泥一起进入曝气池第一段的一端，再通过设于每段隔墙上部的气窗和设于每段隔墙下部的液窗，氧气和混合液依此流经其他各段。污水中的有机物和池内气相中的氧浓度逐段降低，即 BOD_5 与氧浓度等梯度下降的，这样既有利于池内活性污泥微生物需氧量的满足，又有利于氧的充分利用，使尾气中氧浓度降低到最经济的低限值。尾气从最后一段排出，混合液进入二沉池进行泥水分离。纯氧曝气池的首段设置压力传感器控制供氧管道上的调节阀，因为池内的气相压力随着耗氧量的增加而降低，所以维持池内气相压力稳定，即可实现根据耗氧量的多少自动增减供氧量。纯氧曝气池的尾段设置气相含氧量测定仪控制尾气排放管道上的调节阀，当尾段气相含氧量低于 40%~50%后，打开调节阀将尾气排出曝气池。

纯氧曝气活性污泥法的优点是曝气池污泥浓度高，抗冲击负荷能力强，特别适用于处理含有难降解有机物质的工业废水；曝气时间短，动力消耗至少比空气曝气节约 60%以上；一般采用多级封闭式，臭味不易扩散，周围环境好，而且在冬季可起到保温作用；活性污泥沉降、浓缩、脱水性能较好，而且剩余污泥量比空气曝气法少三分之一以上；自动控制水平较高，各操作阶段和各运行参数都可通过计算机加以控制，管理方便。其缺点是不适于处理易挥发有机物含量较高的工业废水，封闭的纯氧曝气池内可燃气浓度较高时，有产生爆炸的可能，纯氧曝气池周围要设为防火区；封闭的纯氧曝气池内热量不易损失，而且没有有效散热的手段，因此夏季进水温度较高时，一旦混合液的温度升高，无法采取有效手段进行控制。

1. 纯氧曝气的特点

纯氧曝气活性污泥法和传统活性污泥法的机理基本上是相同的，都是通过好氧微生物对污水中的有机物进行生物化学反应使污水得到净化。

和传统活性污泥法相比，纯氧曝气向污水中充入的是纯氧，因为纯氧的浓度是空气中氧浓度(21%)的4.7倍，所以纯氧曝气池内气相的氧分压是空气曝气池内气相的氧分压的4.7倍。因此，由亨利定律可知，纯氧曝气池内混合液的饱和氧浓度和充氧速率都要比空气曝气池内混合液高大约4.7倍。纯氧曝气池内混合液的氧浓度可超过10mg/L，而空气曝气池内一般只能维持在2mg/L左右。

由于纯氧曝气池内混合液的溶解氧浓度高，就使得溶解氧向活性污泥菌胶团的渗透力更大，从而有助于菌胶团颗粒中心的好氧状态。这样一来活性污泥微生物的活性即吸附分解有机物的能力就可以保持在较高的水平，也就是提高了污水处理的效果和承受冲击负荷有毒物质侵害的能力。

纯氧曝气池内混合液的MLSS也远高于空气曝气，可以达到4~7g/L，活性污泥微生物的代谢能力较强，处理相同污水的水力停留时间只需要空气曝气的1/2~1/3，因此池容相应减小。在高溶解氧条件下，活性污泥微生物的自身氧化作用较强，因而产泥量比空气曝气大为减少，处理1kgBOD_5的产泥量只有0.2kg左右。

纯氧曝气池一般采用封闭式，产生的废气量极少，只有空气曝气的1%，日处理能力为10kt的纯氧曝气池的尾气排放只需要一根直径*DN*100的管道即可，而且还根据运行情况使用尾气阀门随时调节排放量。因此纯氧曝气可以减少污泥与废气有可能造成的二次污染。

2. 充氧方式

密闭式纯氧曝气法的曝气方式一般采用机械表面曝气，敞开式纯氧曝气法的曝气方式一般采用射流式曝气器或能将纯氧引入到水中并予以细碎化的水下叶轮搅拌曝气器。

为了保证适应进水水质波动时，混合液中溶解氧能持续保持在2~8mg/L，通常将纯氧曝气池的第一段和第二段的表面曝气机电机设置为具有能调整转速的双速电机，表曝机在有机负荷发生变化时始终拥有足够的充氧能力。

使用表面曝气机充氧时，每个表面曝气机正下方的池底上装有一个十字整流挡板，作用是使表面曝气机下的水流条件稳定，提高氧的传输效果。为防止水流在池内形成来回的摆动，消耗能量和影响混合液向下的正常稳定流动，在每段还都装有一块防振荡挡板。

为防止纯氧从曝气池泄漏出去，引发一些不安全问题，在建设和运行管理中都必须设法保证池体的气密性。因此，池壁应使用气密性能好的材料，而且内壁要涂刷环氧树脂等涂料。曝气池的进水口一般设置在池体的底部或中部，不仅出水槽做成水封槽，而且表面曝气机的转动轴穿越池顶部分，也采用水封槽进行轴封，要定期向槽内加水。取样管、仪表安装孔等，均采用混合液淹没套管形式进行封闭。

3. UNOX 纯氧曝气法的自控系统

UNOX 纯氧曝气工艺过程的控制依靠一些在线仪表，将工艺过程参数的实际值转化为电信号后，传递到中心控制室的计算机和仪表系统，再将控制信号传递到马达控制系统，对 UNOX 系统的自控设备进行指令，从而实现纯氧曝气系统正常、安全、且节能地运行。其主要控制仪表有：①安装在第一段的气相压力表；②安装在第一段的可燃气浓度分析仪；③每段都安装有溶解氧测定仪；④尾气含氧量检测仪；⑤安装在进水管道、回流污泥管道、氧气管道上的流量计；⑥安装在进水管道上的 pH 计等；⑦安装在氧气管道、尾气管道和吹扫空气管道上的电动阀门；⑧安装在第一段的温度计等。

UNOX 纯氧曝气法的控制回路有三个，即供氧控制回路、溶解氧控制回路和尾气含氧量控制回路。

（1）供氧控制回路

纯氧曝气池第一段气相的氧气压力随进水 BOD_5 负荷的变化而变化，即 BOD_5 负荷增加，活性污泥微生物的耗氧量随之上升，气相的氧气压力因此会降低。借助于安装在第一段的气相压力表和设在现场的压力变送器，将第一段气相压力的电信号传递到中心控制室的计算机和仪表系统，作为控制供氧量的参数。同时安装在氧气管道电动阀上的反映阀门开度的电信号也被输送到计算机，计算机再根据气相氧气压力信号的变化和阀门开度的电信号，将控制信号传递到马达控制系统，通过继电器调整供氧电动阀的开度，从而实现供氧量的控制。如果 BOD_5 负荷增加，气相氧气压力降低，供氧电动阀的开度加大，供氧量增加；当供氧量增加到气相氧气压力升高到超过设定值的一定程度后，供氧电动阀的开度开始减小，直到气相氧气压力接近设定值。反之，如果 BOD_5 负荷降低，气相氧气压力升高，供氧电动阀的开度减小，供氧量减少；当供氧量减少到气相氧气压力降低到低于设定值的一定程度后，供氧电动阀的开度开始加大，直到气相氧气压力接近设定值。

（2）溶解氧控制回路

纯氧曝气池每段都安装有溶解氧测定仪，随时对各段溶解氧进行测定，并通过溶解氧变送器将信号传递到中心控制室的计算机系统，计算机根据各段溶解氧的实际情况及时调整各段表曝机的运转情况。如果测得某段溶解氧低于设定值，计算机会自动将该段表曝机的双速电机置于高速；反之，如果测得某段溶解氧高于设定值，计算机会自动将该段表曝机的双速电机置于低速。从而实现充氧能耗处于最低水平。

（3）尾气含氧量控制回路

安装在纯氧曝气池最末端尾气排放管上的含氧量检测仪，随时对尾气含氧量进行测定，并将信号传递到中心控制室的计算机系统。如果尾气中的含氧量超过设定值，计算机通过与尾气排放管上的电动阀连锁，自动调节阀门的开启度。含氧量过高，将排放阀开度减小，减少尾气排放量；含氧量过低，将排放阀开度加大，增加尾气排放量。从而保证氧的有效利用。

4. 尾气中氧含量的控制

为实现纯氧曝气系统的优越性，必须综合考虑水量、水质、气液比、输入氧纯度等各种因素，确定一个合理的氧利用率，此时总需用功率最小，经验表明此时对应的排放的尾气中氧含量要在45%左右。在这种条件下，即使上述组合发生较大的变化，也能保证运行相对平稳，不会引起需用功率的剧烈增加。

如果氧的利用率继续提高，比如低于空气中的氧含量21%时，显然是不经济的，因为输入的是纯氧，而在密闭的纯氧曝气池内向污水中充氧，却在氧分压小于空气中氧分压的条件下进行，这样肯定会比空气曝气耗费更多的总溶氧能耗。不仅如此，想在混合液中保持较高的溶解氧也很困难。另外，氧的利用率过高，必然造成排放的废气量很少，因而氧曝池内发生可燃气体高度积聚的可能性也会增加，可燃气浓度达到一定程度，必然导致报警，增加运行的不安全性，使纯氧曝气池系统经常利用空气吹扫，既增加电耗，又不利于出水水质。因此，尾气含氧量应控制在40%~50%之间，其流量约为进气量的10%~20%。此时氧的利用率在90%左右。

5. 运行管理注意事项

（1）纯氧曝气池是多段密闭型池体，污水中的有机物和池内气相中的氧浓度逐段降低，混合液溶解氧浓度可达到8~10mg/L，甚至更高。为避免溶氧动力的浪费，混合液溶解氧控制在4g/L即可。

（2）严格控制池内可燃气浓度，一般将其报警值设定为LEL25%。一旦超限，就发出报警并能使系统自动关闭供氧阀门，打开尾气阀；同时打开吹扫空气阀门将池内可燃气排放出去。池内可燃气浓度是直接影响纯氧曝气池运行安全的最关键指标，可燃气探头的测定值必须准确可靠，必须按照有关规定定期校验复核。

（3）为避免池内压力超标，曝气池首尾两段的正压负压双向安全阀要定期进行校验复核。

（4）池内溶解氧含量的高低，不仅影响处理效果，也与氧曝系统的动力消耗直接相关。溶解氧探头的测定值必须准确可靠，必须按照有关规定定期校验复核。如果溶解氧出现异常变化，除了进水水质发生变化等因素外，也有可能是溶解氧探头出现了问题。

(5) 气室内积累大量的泡沫，会影响氧气的正常流动和各种控制仪表的准确性。因此要避免纯氧曝气池泡沫的积累，设法控制进水中产生泡沫物质的含量，否则要有有效的消泡手段。

(七) AB 法

AB 法是吸附-生物降解工艺的简称，由以吸附作用为主的 A 段和以生物降解作用为主的 B 段组成，是在常规活性污泥法和两段活性污泥法基础上发展起来的一种污水处理工艺。

AB 法的重要特征是 A、B 两段需要严格分开，污泥系统各段独立循环，两段串联运行。在工艺流程上，A 段由 A 段曝气池与沉淀池构成，B 段由 B 段曝气池与二沉池构成。两段分别设污泥回流系统，A 段负荷高，B 段负荷低，污水先进入高负荷的 A 段，再进入低负荷的 B 段，两段串联运行，其典型流程如图 3-8所示。

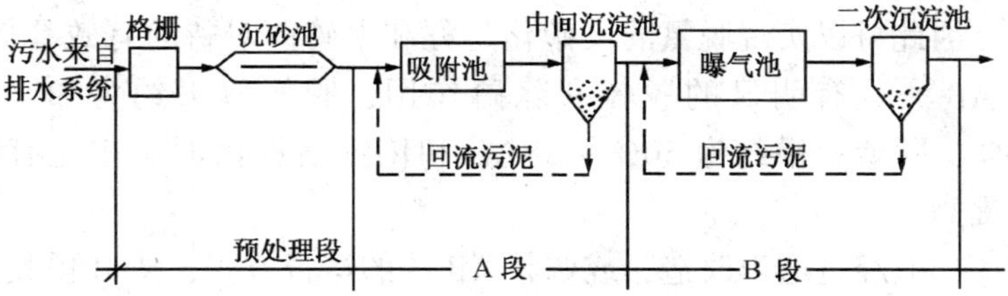

图 3-8　AB 法典型工艺流程

AB 法中的 A 段，可以根据原水水质等情况的变化采用好氧或缺氧运行方式；B 段除了可以采用普通活性污泥法外，还可以采用生物膜法、氧化沟法、SBR 法、A/O 法或 A^2/O 法等多种生物处理工艺。

AB 法 A 段的正常运行，必须有足够的已经适应待处理污水性质的微生物，因为 A 段去除率的高低与进水微生物量直接相关，这也是 A 段之前不设初沉池的原因，因此 AB 法适用于处理城市污水或含有城市污水的混合污水。而对于工业废水或某些工业废水比例较高的城市污水，由于其中适应污水环境的微生物浓度很低，使用 AB 法时 A 段效率会明显降低，A 段作用只相当于初沉池，对这类污水不宜采用 AB 法。另外，未进行有效预处理或水质变化较大的污水也不适宜使用 AB 法处理，因为在这样的污水管网系统中，微生物不宜生长繁殖，直接导致 A 段的处理效果因外源微生物的数量较少而受到严重影响。

1. AB 法的特点

(1) AB 法不设初沉池，使原污水中的微生物全部进入系统，污水处理系统相当于由管网和污水处理厂共同组成，A 段是一个开放性的生物动力系统。

(2) 和吸附-再生法的原理有许多相似之处，但 AB 法将 AB 两段完全分开，各自拥有独立的污泥回流系统和各自独特的微生物群体，有利于各自功能的发挥。

(3) 在正常条件下，A 段可以采用缺氧、好氧等多种运行方式，因此可以实现脱氮的反硝化过程和聚磷菌对磷的有效释放，即 AB 法具有明显的脱氮和除磷作用，脱氮效果约为 30%～40%，除磷效果约为 50%～70%，和传统活性污泥法相比有很大提高。

(4) 经过适当改造，或调整 AB 法的运行方式、使 B 段具有 A/O 法或 A^2/O 法的特点，通过控制 A 段溶解氧的方式，可以大幅度提高脱氮和除磷效果，同时还可以提高含有难降解有机物污水的可生化性，使 B 段的处理效果得到提高。

(5) AB 法不仅适用于生活污水的处理，对某些工业废水的处理也有较好的效果，尤其对 pH 值波动较大的酿造污水、印染污水等更显示出特别的优越性。

(6) 其他形式的活性污泥法可以参考借鉴 AB 法的运行模式，经过适当改造或调整运行方式不但可以提高脱氮和除磷效果，还有利于提高对 COD_{Cr} 的处理效果和改善出水水质。

（7）和传统活性污泥法相比，AB 法还具有投资少、运行节能的优点。一般可节省曝气池容积的 30%～40%，曝气量可以减少 20%～30%。

2. A 段污泥和微生物的特性

A 段负荷较高，有利于增殖速度快的微生物繁殖，在此成活的只能是冲击负荷能力强的原核细菌，其他世代较长的微生物都不能存活。A 段污泥浓度高、剩余污泥产率大，吸附能力强，污水中的重金属、难降解有机物及氮磷等植物性营养物质都可以在 A 段通过污泥吸附去除。A 段对有机物的去除主要靠污泥絮体的吸附作用，以物理作用为主，因此 A 段对有毒物质、pH 值、负荷和温度的变化有一定的适应性。

A 段污泥外形均匀，絮体粗大，呈黑褐色，沉降速度较快，通常 SVI 小于 50。AB 法中 A 段的负荷一般都高于 2kgBOD$_5$/(kgMLSS·D)，污泥泥龄通常小于 0.5d，在这样的条件下，高等微生物的生长将受到限制。污泥多由结构均匀的细菌菌胶团组成，没有真核微生物和原生动物，部分絮体呈长条纤维状。其中有机组分高于传统活性污泥法所产生的污泥。

A 段微生物特征可以归纳如下：①微生物个体小而单一，并具有较大的比表面积；②微生物具有极强的繁殖能力，代谢生长很快，通常倍增时间约 20min；③微生物生理活性通常比常规活性污泥法高 40%～50%，特别是降解聚合物的活性几乎要高一倍；④专性不强，容易变异，适应能力较强。通常在受冲击后有 90%细菌失活或死亡的情况下，经过 3 个世代时间即可恢复，若有 99%的细菌失活或死亡，只要经过 6～7 世代，细菌的数量即可恢复到原来的水平。

由于 A 段的调节和缓冲，AB 法的 B 段进水水质相对稳定，且负荷较低。因此，B 段的微生物特性与延时曝气活性污泥法中的微生物较为相似，除了菌胶团外，其中占优势的微生物种群为原生动物和后生动物，如钟虫、轮虫等生长周期较长，要求生存环境稳定的微生物。因此，B 段的功能是利用这些大型微生物过滤污水，吞食和消除由 A 段来的细菌等微生物和有机物颗粒，促进生物絮凝，提高出水水质。

3. AB 法的脱氮除磷

在使用 AB 法脱氮时应当控制碳氮比，如果 $BOD_5/TKN<4$，脱氮效率将降低，此时可通过降低 A 段的曝气量，即降低 A 段对 BOD_5 的去除率，进而提高 B 段进水的 BOD_5/TKN 值。当进水中 BOD_5/TKN 值较低时，B 段活性污泥中硝化菌的比例较高，进而硝化速率得到提高。因此，当 B 段不要求脱氮只要求高效硝化时，应尽量提高 A 段对 BOD_5 的去除率，使 B 段进水的 BOD_5/TKN 值尽可能低。

当需要进行生物除磷时，为使 B 段除磷效果较好，应控制 B 段进水的 BOD_5/TP 值不大于 20。当 A 段处于好氧状态运行时，由于 A 段对磷和 BOD_5 的去除率基本相当，因而 A 段进水和 B 段进水的 BOD_5/TP 值也基本相同。而当 A 段处于缺氧运行时，会使 A 段出水中溶解性有机物浓度提高，中间沉淀池出水中会含有一些低级脂肪酸，从而促进聚磷菌在 B 段厌氧段对磷的释放，提高 B 段的除磷效果。但应注意到，A 段改为缺氧运行后，A 段的除磷效果也会下降，此时应当认真权衡 A 段和 B 段的合理运行，以保证整个系统的除磷效率最佳。

4. 运行注意事项

对于没有脱氮除磷要求的 AB 法，其运行管理相对而言较为简单，和传统活性污泥法没有多大区别，而对于有脱氮除磷要求的 AB 法，运行管理需要较复杂的参数控制。

根据溶解氧浓度经常调节供气量是 A 段工艺运行的特点。一般来说，当要求 A 段有较高的 BOD_5 去除率和除磷率时，应将溶解氧控制在较高的水平，通常不能低于 1mg/L。当进水中含有较多难降解有机物时，可根据具体情况适当降低 DO 值，使 A 段微生物处于缺氧状态，以提高 A 段出水的可生化性，为 B 段的高效去除提供基础。另一方面，A 段长期在溶解氧低于 0.5mg/L 的条件下运行也是不合理的，这是因为好氧增殖活动不仅促进 A 段的生物絮凝作用，而且是 A 段正常运行的必要条件，而缺氧运行却会导致生物絮凝作用的减弱并产生有抑制作用的代谢产物，降低 A 段处理效率。因此，为保证 BOD_5/COD_{Cr}值的提高和 A 段的处理效果，A 段最好缺氧和好氧交替运行。

由于污泥沉降性能良好，A 段沉淀池内不存在污泥膨胀或反硝化导致的污泥上浮问题，因而不需要太大的回流比，实际运行中回流比一般小于 70%，有时甚至可以低于 50%。A 段剩余污泥的排放最好根据 A 段中的 MLSS 来掌握，这是因为 A 段不是一个单纯的生物处理系统，处理功能不是主要由生物作用完成的，如果使用 F/M 和 SRT 等生物参数控制运行，很可能造成控制不准确。

B 段的运行控制，包括脱氮和除磷的控制，同传统工艺完全一致，但由于 A 段处理机理的特殊性，最好增加一些反映 A 段特性的检测项目如 TSS、$TBOD_5$、$TCOD_{Cr}$等，以便准确评价 A 段的运行效果。

（八）A/O 法

A/O 法是缺氧/好氧工艺或厌氧/好氧工艺的简称，通常是在常规的好氧活性污泥法处理系统前，增加一段缺氧生物处理过程或厌氧生物处理过程，污水先后进入缺(厌)氧段和好氧段，充分利用缺(厌)氧微生物和好氧微生物的特点，使污水得到净化。在好氧段，好氧微生物氧化分解污水中的 BOD_5，同时进行硝化或吸收磷。如果前边配的是缺氧段，有机氮和氨氮在好氧段转化为硝化氮并回流到缺氧段，其中的反硝化细菌利用氧化态氮和污水中的有机碳进行反硝化反应，使化合态氮变为分子态氮，获得同时去碳和脱氮的效果。如果前边配的是厌氧段，在好氧段吸收磷后的活性污泥部分以剩余污泥形式排出系统，部分回流到厌氧段将磷释放出来。因此，缺氧/好氧(A/O)法又被称为生物脱氮系统，而厌氧/好氧(A/O)法又被称为生物除磷系统，其基本工艺流程见图 3-9。

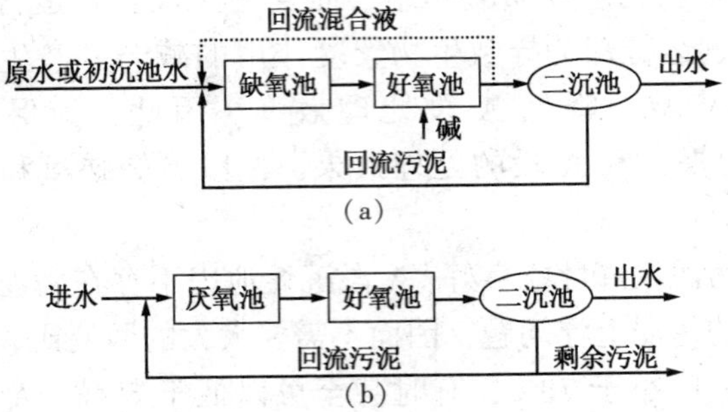

图 3-9　A/O 法工艺流程示意图

(a)—缺氧/好氧；(b)—厌氧/好氧

好氧段之前增加的缺氧段或厌氧段，可以起到生物选择器的作用，抑制丝状菌的生长繁殖，从而避免在好氧段出现污泥膨胀现象，保证出水水质较好和 SS 含量较低。大型推流式污水处理装置稍微进行改造，可以变成流程简单的单级式 A/O 法系统。SBR 法和各种氧化沟通过改变运行方式或曝气方式也可以达到模仿 A/O 法的工艺特点，其实质相当于多个具有单级式 A/O 法作用的反应器串联运行，从而在达到去除 BOD_5 的同时，实现除磷或脱氮的目的。

1. 缺氧/好氧(A/O)法的脱氮作用

缺氧/好氧(A/O)法是一种有回流的前置反硝化生物脱氮流程，其反硝化在缺氧段进行，硝化在好氧段进行。在 A/O 工艺中，原污水首先进入缺氧池，再进入好氧池，并将好氧池的混合液与沉淀池的污泥同时回流到缺氧池。污泥和好氧池混合液的回流保证了缺氧池和好氧池中有足够数量的微生物并使缺氧池得到好氧池中硝化产生的硝酸盐。而原污水和混合液的直接进入，又为缺氧池反硝化提供了充足的碳源有机物，使反硝化反应能在缺氧池中得以进行。反硝化反应后的出水又可在好氧池中进行 BOD_5 的进一步降解和硝化作用。A/O 法是一个单级污泥系统，其中同时存在着降解有机物的异养型菌群、反硝化菌群及自养型硝化菌群。混合的微生物群体交替处于好氧和缺氧的环境中，在不同有机物浓度作用下，分别发挥不同的作用。

在A段，硝酸盐氮浓度由于反硝化作用而大幅度下降，同时由于在反硝化过程中利用了碳源有机物，污水中的COD_{Cr}和BOD_5均有所下降，主要是由于细菌微生物细胞的合成。而在O段，在异养菌的作用下，COD_{Cr}和BOD_5不断下降，氨氮则由于硝化作用而快速下降，相应硝酸盐氮的浓度不断上升，但幅度明显大于氨氮的下降幅度，这主要是由于异养菌对有机物的氨化而产生的补偿作用所造成的。

因为硝化作用和反硝化作用所需条件有很大差别，硝化需要在高DO值(>1mg/L)、高氨含量(>3mg/L)下才能正常进行，反硝化则需要在低DO值(<0.5mg/L)、高BOD_5值(BOD_5与硝态氮的比值>3)时才能正常进行。故理想的A/O法由各自独立的缺氧段和好氧段组成，两段各自拥有独立的污泥回流系统，各自具有独特的微生物群体，一般称之为两级式。也可不设中间沉淀池，将除碳、硝化、反硝化三个过程连在一起构成单级式A/O工艺。

2. 厌氧/好氧(A/O)法的除磷作用

厌氧/好氧A/O系统由活性污泥反应池和二沉池构成，污水和回流污泥依此进入厌氧段和好氧段循环流动，厌氧段和好氧段进一步划分为体积相同的格以产生推流式流态。回流污泥进入厌氧段吸收一部分有机物，并释放出大量磷，进入好氧段后，污水中的有机物得到好氧降解，同时污泥将大量摄取污水中的磷，部分富磷污泥以剩余污泥的形式排出，实现磷的去除。

A/O工艺除磷流程简单，不需投加化学药品。厌氧段在好氧段之前，不仅可以抑制丝状菌的生长、防止污泥膨胀，而且有利于聚磷菌的选择性增殖。厌氧段的分格推流式运行有利于改善污泥的性能，而好氧段分格所形成的推流又有利于磷的吸收。但A/O法除磷工艺存在的问题是除磷效率较低，处理城市污水时的除磷率只有75%左右，出水含磷约1mg/L左右，很难进一步提高。

A/O法除磷主要依靠剩余污泥从系统中的排出来实现，其受运行条件和环境条件的影响很大，而且难免在二沉池中有磷的释放。如果进水中易降解的有机物含量较低，聚磷菌难以直接利用这些基质，也会导致聚磷菌在好氧段对磷摄取能力的下降。另外，进水水质波动较大时也会对除磷产生不利影响。

3. A/O 法的特点

A/O 法有缺氧/好氧和厌氧/好氧两种形式，在运行操作合理的情况下，分别可以达到脱氮和除磷的目的。单就去除 BOD_5 而言，在好氧段之前增加的缺氧段或厌氧段，可以起到生物选择器的作用。A/O 法的特点可归纳如下：

（1）A/O 系统可以同时去除污水中的 BOD_5 和氨氮，适用于处理氨氮和 BOD_5 含量均较高的工业废水。

（2）因为硝酸菌是一种自养菌，为抑制生长速率高的异养菌，使硝化段内硝酸菌占优势，要设法保证硝化段内有机物浓度不能过高，一般要控制 BOD_5 小于 20mg/L。

（3）硝化过程中消耗的氧，可以在反硝化过程中被回收利用，并氧化一部分 BOD_5。

（4）当污水中氨氮含量较高，但 BOD_5 值较低时，可以采用外加碳源的方法实现脱氮。一般 BOD_5 与硝态氮的比值 <3 时，就需要另加碳源。外加碳源多采用甲醇，每反硝化 1g 硝态氮，约需消耗 2g 甲醇。

（5）硝化过程消耗水中的碱度，为保证硝化过程的顺利进行，当除碳后的污水中碱度低于 30mg/L 时，可以采用向原污水中投加石灰的方法提高碱度。硝化 1g 氨氮，要消耗 7.14g 碱度，即要投加 5.4g 以上的熟石灰，才能维持污水原来的碱度。

（6）硝酸菌繁殖较慢，只有当曝气时间较长、曝气池泥龄较长时，才会有利于硝酸菌的积累，出现硝化作用。泥龄一般要超过 10 天。

（7）A/O 法除磷时，运行负荷较高，泥龄和停留时间短。一般 A/O 法厌氧段的停留时间为 0.5~1.0h，好氧段的停留时间为 1.5~2.5h，MLSS 为 2~4g/L。由于此时泥龄短，污水中的氮往往得不到硝化，因此回流污泥中就不会携带硝酸盐回到厌氧区。

4. 缺氧/好氧 A/O 法脱氮的运行管理注意事项

(1) 入流污水碱度不足或呈酸性，会造成硝化效率下降，出水氨氮含量升高。一般硝化段的 pH 值应大于 6.5，二沉池出水碱度应大于 20mg/L，否则应在硝化段适当投加石灰等药剂调整 pH 值。

(2) 曝气池供氧不足或系统排泥量太大，会造成硝化效率下降，此时应及时调整曝气量和排泥量。但 DO 过高、排泥量少使泥龄过长，又易使污泥低负荷运行出现过度曝气现象，造成污泥解絮。因此需要经常观测硝化效率及污泥性状，调整曝气量和排泥量。

(3) 入流污水 TN 含量太高或污水温度过低(低于 15℃)，生物脱氮系统效率会下降，此时应增加曝气的投运数量或提高混合液污泥浓度 MLSS，以保证良好的污泥运行负荷。

(4) 经常测定计算系统的内回流比和缺氧池的搅拌强度，防止缺氧段 DO 值偏高超过 0.5mg/L。内回流太少又会使缺氧段的硝酸盐氮含量不足，从而导致二沉池出水 TN 超标。

(5) 经常测定入流污水 BOD_5 与 TN 的比值，一般应维持在 5~7左右，这样既不会使反硝化所需碳源太少，也不会使硝化所要求的碳源太多。如果 BOD_5/TN 低于 5，应通过跨越初沉池或投加有机碳源等措施来提高 BOD_5 与 TN 的比值。

(九) A^2/O 法

A^2/O 法是厌氧/缺氧/好氧工艺的简称，其实是在缺氧/好氧(A/O)法基础上增加了前面的厌氧段，具有同时脱氮和除磷的功能。A^2/O 法的工艺流程见图 3-10。

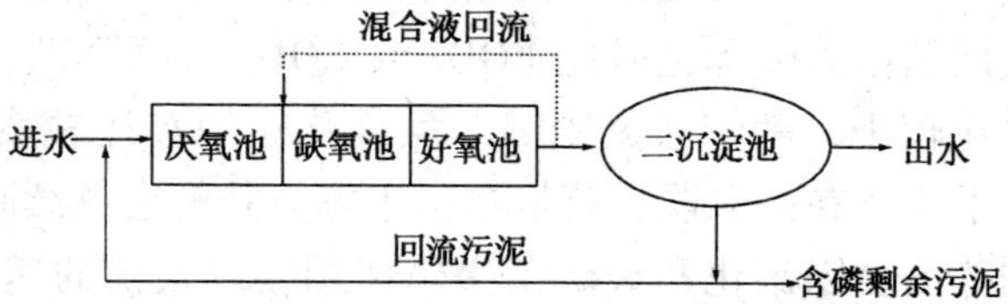

图 3-10 A^2/O 法工艺流程示意图

污水首先进入厌氧段，同步进入的还有从沉淀池排出的回流污泥，兼性厌氧发酵细菌将污水中的可生物降解的有机物转化为挥发性脂肪酸类物质 VFA 这类低分子发酵中间产物。而聚磷菌可将其体内存储的聚磷酸盐分解，所释放的能量可供好氧的聚磷菌在厌氧环境下维持生存。随后污水进入缺氧段，反硝化菌就利用好氧段回流混合液带来的硝酸盐，以及污水中可生物降解作为碳源进行反硝化，达到同时降低 BOD_5 和脱氮的目的。

接着污水进入曝气的好氧段，聚磷菌过量地摄取周围环境中的溶解磷，并以聚磷的形式在体内储存起来，使出水中溶解磷的浓度达到最低。而有机物经过厌氧段和好氧段分别被聚磷菌和反硝化菌利用后，到达好氧段时浓度已相当低，这有利于自养型硝化菌的生长繁殖，并通过硝化作用将氨氮转化为硝酸盐。非除磷的好氧性异养菌虽然也能存在，但由于在厌氧段受到严重的压抑，在好氧段又得不到充足的营养，因此在与其他微生物类群的竞争中处于相对劣势。排放的剩余污泥中，由于含有大量的能超量储积聚磷的聚磷菌，污泥含磷量可以达到干重的6%以上。

1. A^2/O 法的特点

(1) A^2/O 法在去除有机碳污染物的同时，还能去除污水中的氮和磷，与普通活性污泥法二级处理后再进行深度处理相比，不仅投资少、运行费用低，而且没有大量的化学污泥，具有良好的环境效益。

(2) 在厌氧段，污水中的 BOD_5 或 COD_{Cr} 有一定程度的下降，氨氮浓度由于细胞的合成也有一些降低，但硝酸盐氮没有变化，磷的含量却由于聚磷菌的释放而上升。在缺氧段，污水中有机物被反硝化菌利用为碳源，因此 BOD_5 或 COD_{Cr} 继续降低，磷和氨氮浓度变化较小，硝酸盐氮则因为反硝化作用被还原成 N_2，浓度大幅度下降。在好氧段，有机物由于好氧降解会继续减少，磷和氨氮的浓度会因硝化和聚磷菌摄磷作用，以较快的速率下降，硝酸盐氮含量却因硝化作用而上升。

（3）A^2/O 法的优点是厌氧、缺氧、好氧交替运行，可以达到同时去除有机物、脱氮和除磷多重目的，而且这种运行条件使丝状菌不宜生长繁殖，避免了常规活性污泥法经常出现的污泥膨胀问题。A^2/O 工艺流程简单，总水力停留时间少于其他同样功能的工艺，并且不用外加碳源，厌氧和缺氧段只进行缓速搅拌，运行费用较低。

（4）A^2/O 法的回流污泥全部进入厌氧段，为了维持较低的污泥负荷，要求有较大的回流比才能获得较好的硝化效果，但回流污泥也会将大量的硝酸盐带入厌氧段。当厌氧段存在大量硝酸盐时，反硝化菌会以有机物为碳源进行反硝化，等脱氮完全后才开始磷的厌氧释放，进而使得厌氧段进行磷释放的有效容积大为减少，从而使在脱氮效果较好时，除磷效果较差。反之，如果好氧段硝化作用不好，则随回流污泥进入厌氧段的硝酸盐减少，改善了厌氧段的厌氧环境，使磷能充分地进行厌氧释放，所以除磷的效果较好，但由于硝化不完全，故脱氮效果不佳。即 A^2/O 法不可能同时取得脱氮和除磷都好的双重效果。

（5）A^2/O 法的缺点是受到泥龄、回流污泥中溶解氧和硝酸盐氮的限制，除磷效果不是十分理想。同时，由于脱氮效果取决于混合液回流比，而 A^2/O 法的回流比不宜过高（一般不超过200%），因此脱氮效果不能满足较高要求。

2. A^2/O 法的运行注意事项

（1）减少加入到厌氧段的回流污泥量，将回流污泥分两点加入，从而减少进入厌氧段的硝酸盐和溶解氧。在保证总的回流比不变（60%～100%）的情况下，加入到厌氧的回流污泥比为 10%，这样既可满足磷的需要，而其余的回流污泥则回流到缺氧段以保证氮的需要。

（2）A^2/O 法工艺系统中剩余污泥含磷量较高，在其消化过程中磷会重新释放和溶出。同时，由于剩余污泥沉淀性能较好，所以可以取消消化池避免磷的释放，直接浓缩脱水后堆肥使用。

（3）在硝化好氧段，污泥负荷率应小于 $0.18kgBOD_5/$

(kgMLSS·d)，而在除磷厌氧段，污泥的负荷率应在 0.1kgBOD_5/(kgMLSS·d)以上。

(十) SBR 法

1. SBR 法简介

间歇曝气式活性污泥又称序批式活性污泥法，简称 SBR 法，其主要特征是反应池一批一批地处理污水，采用间歇式运行的方式，每一个反应池都兼有曝气池和二沉池作用，因此不再设置二沉池和污泥回流设备，而且一般也可以不建水质或水量调节池。SBR 法一般由多个反应器组成，污水按序列依此进入每个反应器，无论时间上还是空间上，生化反应工序都是按序排列、间歇运行的。间歇曝气式活性污泥法曝气池的运行周期由进水、曝气反应、沉淀、排放、闲置待机五个工序组成，而且这五个工序都是在曝气池内进行，其工作原理见图 3-11。

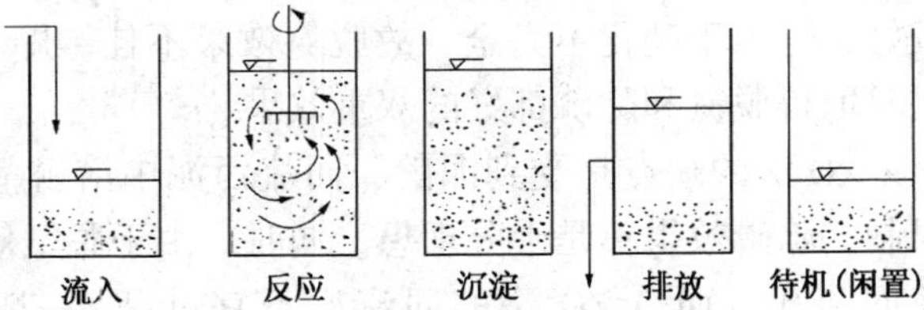

图 3-11　SBR 法曝气池运行工序示意图

SBR 法运行时，五个工序的运行时间、反应器内混合液的体积以及运行状态等都可以根据污水性质、出水质量与运行功能要求灵活掌握。曝气方式可以采用鼓风曝气或机械曝气。

(1) 进水工序

进水工序是指从开始进水至到达反应池最大容积期间的所有操作。SBR 工艺可以实现在此期间根据不同微生物的生长特点、污水的特性和要达到的处理目的，采用曝气(氧化反应)、搅拌(厌氧反应)和限制曝气三种方式进水。SBR 工艺通过控制进水阶段的环境，就实现了在反应池不变的情况下完成多种处理功能的目的；而连续流工艺由于各构筑物和水泵的大小规格一定，要想改变反应时间和反应条件是很困难的。

（2）曝气反应工序

反应是指反应池进水过程完成、其中水量达到最大后，开始完成有机物生物降解或除磷脱氮的过程。根据反应的目的，可以对反应池进行曝气或搅拌，实现好氧反应或缺氧反应。通过曝气好氧反应，可以实现硝化作用，再通过搅拌产生缺氧或厌氧反应，实现脱氮的目的；有时为了使沉淀效果较好，在反应工序的后期还可以通过进行短时间内曝气，脱除附着在污泥上的氮气。

（3）沉淀工序

沉淀工序停止曝气或搅拌，实现固液分离，反应池的作用相当于二沉池。此时反应池内也不再进水，处于完全静止状态，其沉淀效果比连续流法要好得多。沉淀时间可根据污泥沉降性能和污泥面的高度而更改，一般在0.5~1.0h之间，有时可能达到2h。

（4）排放工序

排放工序是为了将澄清液从反应池中排放出来，使反应池恢复到循环开始时的最低水位(一般该水位离污泥层还有一定的保护高度)。反应池底部沉降下来的污泥大部分作为下一个周期的回流污泥，剩余污泥在排水工序或待机工序过程中排出系统。SBR 系统一般采用滗水器排水。

（5）闲置待机工序

沉淀滗水之后到下个周期开始的一段时间称为闲置待机。闲置待机的目的是为了完成一个周期向下一个周期的过渡，它不是一个必需的环节，在水量较大时可以省略。闲置待机的时间长短往往和与原水流量有关。在此期间，可以根据工艺情况和处理目的，进行曝气、混合和排除剩余污泥等操作。

2. SBR 法与传统连续流活性污泥法的比较

传统的连续流活性污泥法是通过空间上的移动来实现这一过程的，即污水首先进入曝气池反应，然后进入沉淀池对混合液进行泥水分离后上清液外排。SBR 法则是通过在时间上的交替实现这一过程的，它在流程上只有一个池子，传统工艺的曝气池和二沉池的功能都在这一个池子内进行，即该池兼有水质水量调节、微生物降解有机物和泥水分离等作用。因此，和传统的连续式活性污泥法相比，SBR 法的优点可以归纳如下：

(1) SBR 是在一个反应池内完成所有的生物处理过程，在不同的时间里可实现有机物的氧化、硝化、脱氮、磷的吸收、磷的释放等过程。一般情况下可以不设调节池。而传统活性污泥法中即使小规模的污水处理也离不开调节池，同时还需要设置沉淀池，若要脱氮除磷还需要设几个独立的反应池，同时由于污泥与污水的回流、循环需要，还需要增加水泵等装置。

(2) 活性污泥法处理污水反应时间约为数小时，是比较缓慢的反应。为了保证处理出水的 BOD_5 值达标，反应池必须要达到很高的反应效率。而在应用完全混合型的活性污泥法时，由于反应池内的 BOD_5 值通常保持在极低的水平，几乎没有浓度梯度，因此反应速度较小需要大体积的曝气池。而在推流式曝气池中，进出水的浓度梯度较大，虽然可以增加全池的平均处理速度，但由于池内曝气强度是均匀一致的，因此无法做到能耗的最优化。SBR 反应池中浓度是随时间而变化的，接近于理想化的推流式反应池，因此为了获得同样的处理效率，SBR 法与传统活性污泥法相比，反应池容积小、能耗低。

(3) 在负荷经常变化的情况下，传统活性污泥法因为尺寸一定，除了减少运行系列之外别无他法。SBR 法却能轻易的改变反应时间、沉淀时间以及一个处理周期的时间，相当于改变装置处理规模，因此能很好地适应进水负荷的变化。另外，当处理出水的水质标准要求提高时，想改变传统活性污泥法的运行方式是不容易的。但在采用 SBR 法时，只要反应时间有一定富裕(池容足够大)，就可以很方便地将新的反应过程综合进来实现新的功能，比如脱氮、除磷等。

(4) 由于 SBR 法运行操作的高度灵活性，在大多数场合都能代替连续流活性污泥法，并实现与之相同或相近的功能。在反应阶段，随着时间的推移，反应池中的有机物被微生物降解，污水浓度越来越低，非常类似稳态推流式，只不过这是一种时间意义上的推流。如果进水期很长，反应池中污水的有机物可以被分解得很彻底，这种情况又接近于完全混合式。SBR 法系统可随时调整运行周期和反应曝气时间的长短，使处理出水达标后才排放。沉淀是在静止条件下进行的，没有进出水的干扰，泥水分离效果好，可以避免短路、异重流的影响；还可以根据泥水分离情况的好坏控制沉淀时间，使出水 SS 降到最少。

（5）连续流活性污泥法的出水是连续的，一旦水质超标，往往无法挽回(只能超标排入环境)。而 SBR 法是将处理水间歇集中排放，在排放之前可以对排放水进行水质检测；当发现水质不合格的时候，可以停止排放，延长反应时间一直到满足排放标准、确认水质合格之后再排放。

3. SBR 法的特点

（1）兼有推流式和完全混合式的特点，属于时间上的理想推流式反应器，从单元操作上其效率明显高于完全混合式的反应器。反应器内可以维持较高的污泥浓度，污泥有机负荷较低，因此具有很强的抗冲击负荷能力。特别适用于处理水质水量变化较大的含有有毒物质或有机物浓度较高的工业废水。

（2）泥龄很长，有利于污泥中多种微生物的生长和繁殖，通过适当调节运行方式，可以实现好氧、缺氧(或厌氧)状态交替存在的环境，能充分发挥各类微生物降解污染物的能力，取得单池脱氮和除磷的效果。

（3）污水进入反应池后，浓度随反应时间的延长而逐渐降低，即存在有机物的浓度梯度，浓度梯度的存在及好氧、缺氧(或厌氧)状态交替出现，这些因素都能起到生物选择器的作用、抑制丝状菌等专性好氧菌的过量繁殖，使 SVI 较低(一般在 100 左右)、污泥容易沉淀，因此一般不会出现污泥膨胀现象。

（4）沉淀过程不再进水进气，实现了理想的静态沉淀状态。

（5）SBR 法将曝气与沉淀两个工艺过程合并在一个构筑物内

进行，不需要二沉池和污泥回流系统，甚至在大多数情况下可以不设均质调节池和初次沉淀池，处理构筑物相对较少，因此占地面积小可缩小 1/3~1/2，基建投资可节约 20%~40%，运行成本低。

(6) 系统控制设备如电动阀、液位传感器、流量计等自动控制水平较高，各操作阶段和各运行参数都可通过计算机加以控制，简化管理，甚至可以实现无人操作。

4. SBR 法的脱氮除磷作用

SBR 法具有良好的工艺性能和灵活的可操作性，通过调节曝气的强度和水流方式，可以在反应器内交替出现厌氧、缺氧和好氧状态或出现厌氧区、缺氧区和好氧区。通过改变运行方式，合理分配曝气阶段和非曝气阶段的时间，可以实现生物脱氮和除磷。即除磷脱氮的 SBR 法是将 SBR 运行方式和除磷脱氮工艺要求结合起来，用 SBR 的一个反应器实现本应有多个反应器来承担的任务，使除磷脱氮工艺流程更加紧凑、SBR 的功能更加强大。使用 SBR 反硝化时可以使用外加碳源，也可以使用内源碳。实现脱氮和除磷的 SBR 系统的运行方式见图 3-12。

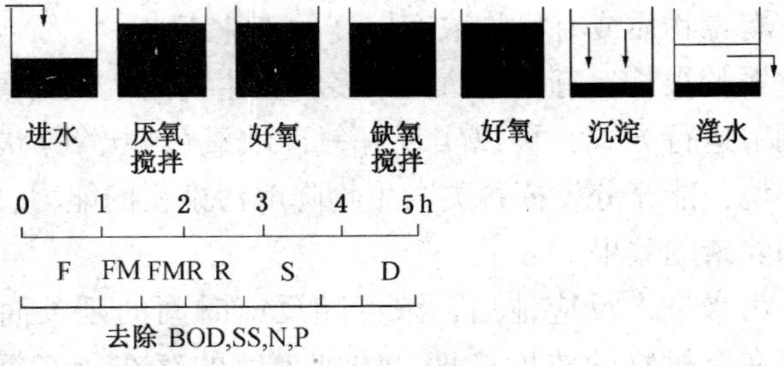

图 3-12 SBR 脱氮除磷时的运行模式示意图

F—进水；FM—进水搅拌；FMR—进水搅拌曝气；R—曝气；S—沉淀；D—滗水

SBR 在经历 1h 进水阶段后，即进入 0.5h 的厌氧搅拌，使在上一个循环中吸收磷的污泥在这一阶段释放磷。然后开始 0.5h 的进水曝气阶段，去除部分 BOD_5，再进入缺氧曝气阶段进行反硝化脱氮，最后依此进入曝气、沉淀和滗水阶段，完成一个周期。整个工艺流程类似于分段进水的厌氧/好氧/缺氧/好氧工艺，只不过由于所有反应在一个反应器内进行，不需要混合液回流或污泥回流。

5. SBR 法的两用曝气器

SBR 系统常用的曝气设备是微孔曝气器，近年来，开始广泛使用两用曝气器。两用曝气器是在水-气异相射流曝气器的基础上又增加了水-水同相射流的功能，因此具有好氧曝气和厌氧搅拌的双重功能。它由风机、水泵和喷嘴组成，喷嘴为两用双层喷嘴。充氧曝气时，水泵和风机同时工作，水和空气在两用喷嘴和混合室充分后由外层喷嘴喷出，释放微小气泡，达到曝气和混合的目的。在厌氧工序，只开动水泵而关闭风机，此时只有水由内层喷嘴喷出，进行水水射流，起到搅拌作用。两用曝气器的主要优点有以下几点：

（1）氧的总转移系数大，充氧效率可高达 25%~35%。

（2）高速的喷射流在低速的水中喷动时，其速度差和能量差引起相邻水流边界与周围水流产生剧烈的掺混，边界上低能量的水被卷入射流中，并在扩大的射流中被吸收、加速和混合，因此厌氧工序搅拌效果很好。

（3）由于两用曝气器采用大直径喷嘴（一般直径大于 10mm）喷出水流，阻力较小，同时空气不需要净化过滤，因此动力消耗小。

（4）两用曝气器没有易损运动部件，结构简单，不易堵塞，维修量小，运行管理简单方便。

6. SBR 反应器的自动控制

SBR 法采用自动控制技术来实现控制 SBR 工艺的目的，主要通过仪表设备、计算机和控制软件等的有机结合创造出能满足微生物生存的最佳环境。SBR 的自动控制主要以时间为基本参数使 SBR 工艺自动正常运转，控制所需的指令信息及反馈信息均利用各种水质、水量检测仪器仪表获得，这些仪器仪表包括污泥浓度计、溶解氧仪、pH 计、ORP 计、液位计、流量计以及需要控制的各种电动气动阀门、水泵、风机、滗水器等。

SBR 自控系统的核心部分是其计算机控制系统，主要有 PLC 控制系统和 DCS 控制系统两种，常用的是 PLC 控制系统。PLC 控制系统主要由中心控制室主站和现场子站构成，利用通讯网络相连，实现集中管理和分散控制。自动控制系统分控制设备和控制对象两部分，控制设备由主机、打印机、可编程序控制器等组成，控制对象包括提升泵站、沉砂池、主反应池、变配电间、风机、污泥浓缩池、污泥池、脱水机房等污水处理厂内所有工艺环节。PLC 的核心处理器对控制对象以开关量和模拟量变化的方式进行控制。

主反应池是 SBR 系统的核心，也是自控系统得以实现的关键。主反应池的控制内容主要是按时间控制进水阀门、进气电动蝶阀、出水滗水器、水下推流器、排泥阀门等工艺设备，同时要采集这些设备的运行工况和异常情况的报警信号及溶解氧、污泥浓度、污泥界面等工艺参数。自控系统根据主反应池溶解氧浓度反馈作用于进风管阀门控制系统，根据阀门开启度大小信号，适当开大或关小进风阀门的开度，调整进风量。

7. 新型 SBR 工艺

经典 SBR 工艺只有一个反应池，间歇进水后，再依次经历反应、沉淀、滗水、闲置四个阶段完成对污水的处理过程，因此在处理连续来水时，一个 SBR 系统就无法应对，工程上采用多池系统，使进水在各个池子之间循环切换，每个池子在进水水后按上述程序对污水进行处理，因此使得 SBR 系统的管理操作难度和占地都会加大。

为克服 SBR 法固有的一些不足(比如不能连续进水等)，人们在使用过程中不断改进，发展出了许多新型和改良的 SBR 工艺，比如 ICEAS 系统、CASS 系统、UNITANK 系统、MSBR 系统、DAT-IAT 系统等。这些新型 SBR 工艺仍然拥有经典 SBR 的部分主要特点，同时还具有自己独特的优势，但因为经过了改良，经典 SBR 法所拥有的部分显著特点又会不可避免地被舍弃掉。表3-3将几种新型 SBR 工艺和经典 SBR 的特点进行了对比。

表 3-3　新型 SBR 工艺和经典 SBR 的对比

经典 SBR	ICEAS	CASS	UNITANK	MSBR	DAT-IAT
间歇进水	连续进水	连续进水	连续进水	连续进水	连续进水
间歇出水	间歇出水	间歇出水	间歇出水	间歇出水	间歇出水
流态为理想推流	非理想推流	非理想推流	非理想推流	非理想推流	非理想推流
静态理想沉淀	非理想沉淀	非理想沉淀	非理想沉淀	非理想沉淀	非理想沉淀
较强生物选择性	较弱	较弱	较弱	较强	较弱
处理难降解污水能力强	能力较弱	能力较弱	能力非常弱	能力较强	能力较弱
能同时除磷、脱氮	除磷、脱氮	除磷、脱氮	除磷、脱氮	除磷、脱氮	除磷、脱氮
不需要污泥回流	不需要	需要	不需要	需要	需要

（1）ICEAS 工艺

ICEAS 工艺的中文名称是间歇式循环延时曝气活性污泥法，连续进水、周期排水，是一种变型 SBR 工艺，其基本的工艺流程如图 3-13 所示。

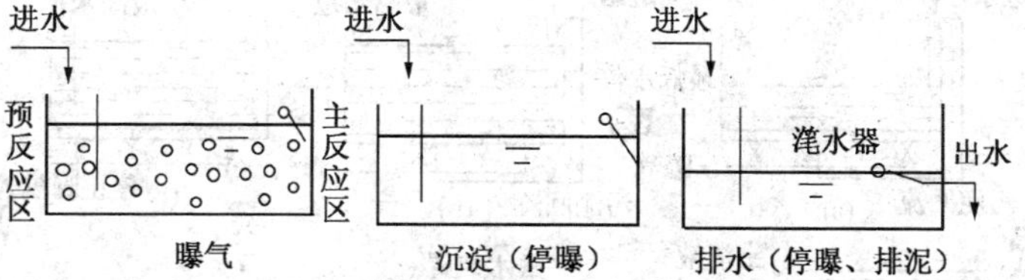

图 3-13　ICEAS 工艺操作过程示意图

ICEAS 一般采用两个矩形池为一组的 SBR 反应器，每个池子分为预反应区和主反应区两部分。预反应区一般处于厌氧或缺氧状态，主反应区是曝气反应的主体，体积占总池容的 85%~90%。污水通过渠道或管道连续进入预反应区，进水渠道或管道上不设阀门，因此可以减少操作的复杂程度。预反应区一般不分格，进水连续流入主反应区，不但在反应阶段进水，在沉淀和滗水阶段也进水。ICEAS 的运行工序由曝气、沉淀和滗水组成，运行周期较短，一般为 4~6h，进水曝气时间为整个运行周期的一半。

与传统的 SBR 相比，ICEAS 工艺的最大特点是在反应器的进水端增加了一个预反应区，运行方式变为连续进水（沉淀期和排水期仍保持进水）、间歇排水，没有明显的反应阶段和闲置阶段。ICEAS 工艺比传统的 SBR 系统设施简单、管理更方便，但由于进水贯穿于整个运行周期的每个阶段，沉淀器进水在主反应区底部造成水力紊动会影响泥水分离效果，因此进水量受到了一定限制，即水力停留时间较长。

（2）循环式活性污泥法 CAST

CAST 工艺也称为 CASS 工艺或 CASP 工艺，是在 ICEAS 工艺的基础上发展而来的。与 ICEAS 工艺相比，预反应区容积较小变成更加优化合理的生物选择器。CAST 工艺的最大特点是将主反应区中的部分剩余污泥回流到选择器中，沉淀阶段不进水，使排水的稳定性得到保证。通行的 CAST 按流程可分为三个部分：生物选择器、缺氧区和好氧区，这三个部分的容积比通常为 1：5：30。其基本的工艺流程如图 3-14 所示。

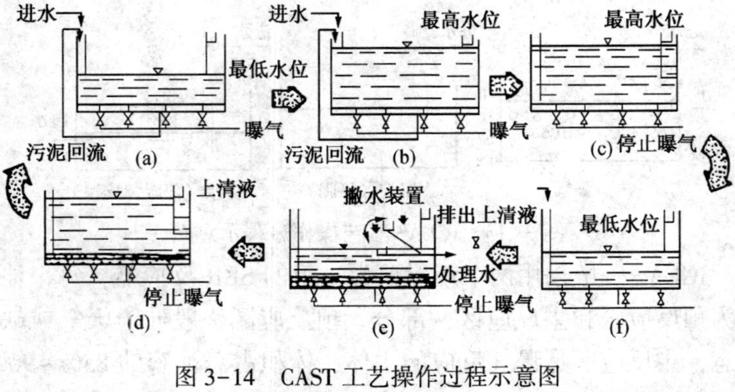

图 3-14 CAST 工艺操作过程示意图

（a）—进水，曝气阶段开始；（b）—曝气阶段结束；（c）—沉淀阶段开始；（d）—沉淀阶段结束，撇水阶段开始；（e）—撇水阶段及排泥结束；（f）—进水、闲置阶段（视具体运行情况而定）

和ICEAS工艺一样，CASS工艺也是连续进水，运行工序由曝气、沉淀、滗水组成。循环开始时，进水使反应池的水位由最低开始逐渐上升，同时开始曝气，到最高水位后再曝气混合一段时间后停止曝气，使混合液在一个静止的环境中进行沉淀分离。沉淀阶段结束后，由一个移动式撇水堰排出已经处理过的上清液，使水位降低到反应池所设定的最低水位，然后重复上述过程。

和ICEAS工艺一样，CAST工艺设置生物选择器并增加了兼氧区，最大的区别是增加了污泥回流措施，保证了活性污泥不断在选择器内经历一个高负荷阶段，从而有利于系统中絮凝性细菌的生长，并可以提高污泥活性，使其快速地去除水中溶解性易降解有机基质，同时可以有效地抑制丝状菌的生长和繁殖。和经典SBR不同的是，CAST工艺在进水阶段，不设单纯的充水过程或缺氧进水混合过程，而是在进水阶段即开始曝气。而且两个反应池并列运行的形式可以使沉淀阶段不进水，保证了污泥沉降时没有水力干扰，保证了系统的良好泥水分离效果。以上特点确保了CAST系统在任意进水条件下运行而不发生污泥膨胀。

（3）UNITANK工艺

典型的UNITANK工艺系统近似于三沟式氧化沟的运行方式，其主体构筑物为三格条形池结构，三池连通，每个池内均设有曝气和搅拌系统，污水可进入三池中的任意一个。外侧两池设出水堰或滗水器以及污泥排放装置，两池交替作为曝气池和沉淀池，而中间池则总是处于曝气状态。在一个周期内，原水连续不断地进入反应器，通过时间和空间的控制，分别形成好氧、缺氧和厌氧的状态。UNITANK工艺除了保持传统SBR的特征以外，还具有滗水简单、池子结构简化、出水稳定、不需回流等特点，通过改变进水点的位置可以起到回流的作用和达到脱氮、除磷的目的。其基本的工艺流程如图3-15所示。

污水从左侧池进入流后，该池作为曝气池，由于池中在上一个运行周期中作为沉淀池时积累了大量的经过再生、具有较高吸附活性的污泥，因而可以有效降解污水中的有机物；混合液进入中间反应池继续进行曝气，污水中有机物得到进一步降解，然后再进入右侧池进行沉淀，上清液即处理后出水由固定堰排出；同时在混合液从左到右的推流过程中，左侧池中的活性污泥会随水流进入中间池、再进入右侧池，使污泥在各池中重新分配。上述过程经过一定时间后，关闭左侧进水闸，开启中间进水闸，左侧池停止曝气，而污水从中间池继续流向右侧池，这一过程是个过渡段，时间较短；然后关闭中间进水渣，开启右侧进水闸从右池进水，此时右侧池开始曝气，左侧池经过静止沉淀后排水，水流从右到左，完成一个循环。

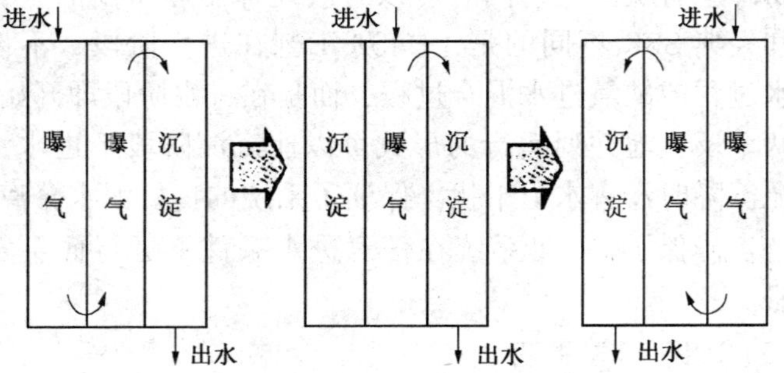

图 3-15　UNITANK 工艺操作过程示意图

由于进水侧边池的水位最高，由此产生的水位差才能促使水流从一侧流向中间池再从另一侧池排处，因为两侧的出水堰高度相同，因此进水池的水位必定淹没了作为出水用的固定堰。当该池由曝气池过渡到沉淀池时，水位必定下降，为保证出水优良，必须将残留在出水槽中的混合液排除并用清水冲洗出水槽，一般需要设置专门的水池收集这部分混合液和冲洗水，再用小泵提升输送到中间曝气池。采用滗水器排水的 CAST 系统可以避免出现这个问题。

如果在污水交替进入左侧和中间反应池的过程中在左侧反应

池进行缺氧搅拌，可以将在前一个运行阶段中形成的硝态氮通过反硝化菌的作用实现脱氮，并释放上一阶段运行时沉淀的含磷污泥中的磷。中间反应池在曝气运行时，进行去除有机物、硝化和吸收磷，在进水并搅拌时进行反硝化脱氮，并自左而右推进污泥。右侧反应池作为沉淀池进行泥水分离，上清液溢流排出，部分含磷污泥作为剩余污泥排出。在进入第二个运行阶段前，污水只进入中间反应池，使左侧反应池中尽可能完成硝化反应。其后左侧反应池停止曝气，作为沉淀池，系统进入第二个运行阶段，污水由右向左流动，运行效果与从左向右时相同。

（4）DAT-IAT 工艺

DAT-IAT 工艺是 SBR 工艺的一种变型，主体构筑物由需氧池(DAT)和间歇曝气池(IAT)组成。DAT 连续进水、连续曝气，DAT 出水进入 IAT 后完成曝气、沉淀、滗水和排出剩余污泥的过程。DAT-IAT 工艺流程如图 3-16 所示。

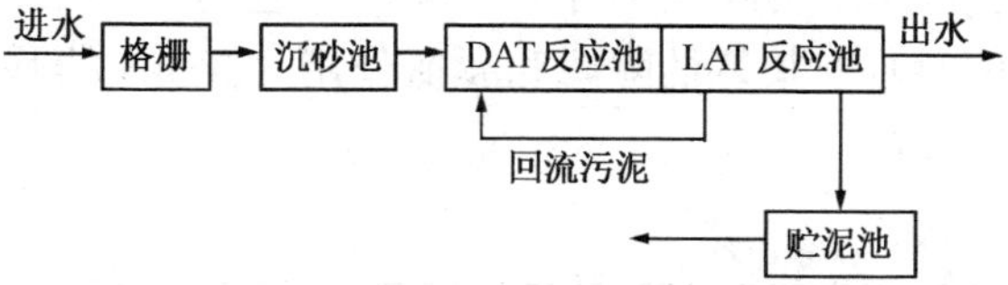

图 3-16　DAT-IAT 工艺流程示意图

污水连续进入连续曝气的 DAT 池进行初步生物处理，曝气时间为每天 20h 左右(具体时间视水质水量情况而定)，DAT 池的作用机理和操作与传统的活性污泥法曝气池基本相同。经 DAT 池初步处理的污水再通过双层导流设施进入 IAT 池，根据工艺需要进行曝气或搅拌，曝气以达到好氧反应去除 BOD_5 和硝化的目的，搅拌可以实现反硝化和含磷污泥释磷的目的，而后在反应的最后阶段进行曝气，以去除附着在污泥上的氮气和实现污泥的再吸磷。当 IAT 池停止曝气和搅拌后，活性污泥混合液进行泥水分离，上清液使用滗水器排出，在 IAT 池沉降的活性污泥部分作为该池下个周期的回流污泥，部分回流到 DAT 池作为 DAT

池下个周期的回流污泥，另有一部分作为剩余污泥排放。

待处理污水首先经过 DAT 进行生物处理后再进入 IAT，由于连续曝气起到了均衡有机负荷和水力负荷的作用，因此提高了整个工艺过程的稳定性。进水工序只发生在 DAT，而排水和沉淀工序只发生在 IAT，使整个生化系统的可调节性进一步加强，有利于去除难降解有机物。一部分剩余污泥从 IAT 回流到 DAT，可以使 DAT 产生生物选择器的作用，有利于避免污泥膨胀现象出现。与 CAST 和 ICEAS 相比，DAT 是一种更加灵活、完备的生物选择器，从而可以使 DAT 与 IAT 均能保持较长的污泥龄和很高的 MLSS 浓度，因此耐受有机负荷和有毒物质冲击的能力较强。

(5) MSBR 工艺

MSBR 又称改良式序列间歇反应器，其结合了传统活性污泥法和 SBR 的优点，在恒水位下连续运行，采用单池多格方式，省去了多池工艺所需的连接管道、泵和阀门等设备或设施。由流程特点看，MSBR 实际相当于由 A^2/O 工艺与 SBR 工艺串联而成，因而同时具有很好的除磷和脱氮作用。MSBR 的基本流程示意图见图 3-17。

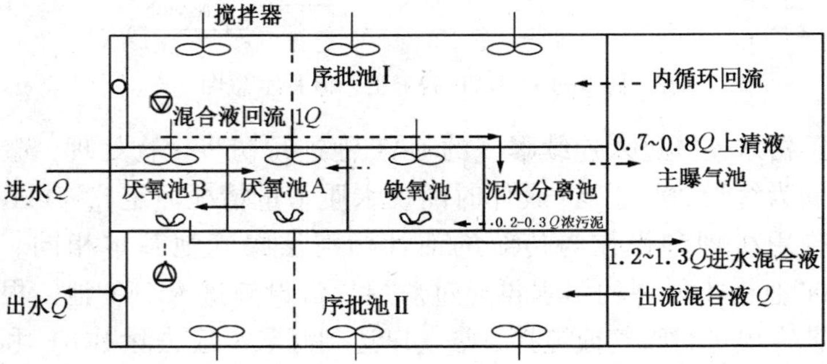

图 3-17　MSBR 流程示意图

污水进入厌氧池，回流污泥中的聚磷菌在此进行充分放磷，然后混合液进入缺氧池进行反硝化，反硝化后的污水进入好氧池，有机物被好氧降解，活性污泥充分吸磷后再进入起沉淀作用的 SBR 池，澄清后污水排放。此时另一边的 SBR 在 1.5 倍的回流量下进行反硝化、硝化或静置预沉淀。回流污泥首先进入浓缩池进行浓缩，上清液直接进入好氧池，而浓缩污泥进入缺氧池，这样一方面可以进行反硝化，另一方面可以先消耗掉回流浓缩污泥中的溶解氧和硝酸盐，为随后进行的缺氧放磷提供更为有利的条件。在好氧池和缺氧池之间有 1.5 倍的回流量，以便进行充分的反硝化。

按照 SBR 池内搅拌、曝气、预沉的时间不同，可以将 MSBR的一个运转周期分为 6 个时段，即三个时段组成半个周期，在一个周期的前后两半个周期内，除了两个 SBR 池的运转方式互相转变外，其余单元的运转方式保持固定不变。MSBR 的半个运转周期持续 120min，相应搅拌、曝气和预沉的时间分别为 40min、50min 和 30min。原污水连续进入厌氧单元后，依次流经缺氧单元和好氧曝气池，在第一个半周期内从 SBR_2 单元排水，同时 SBR_1 单元进行搅拌、曝气、预沉三个过程；在第二个半周期内从 SBR_1 单元排水，同时 SBR_2 单元进行搅拌、曝气、预沉三个过程。

MSBR 系统的回流由污泥回流和混合液回流两部分组成，而污泥回流又可分为浓缩污泥回流和上清液回流两部分。混合液回流较为简单，在各时段内均从好氧曝气池回流到缺氧池，再由缺氧池回流到曝气池。而污泥回流根据运行半周期的不同有所不同，在第一个半周期内从 SBR_1 回流污泥到浓缩池，在第二个半周期内从 SBR_2 回流污泥到浓缩池。

（十一）氧化沟

氧化沟又称氧化渠或循环曝气池，污水和活性污泥混合液在其中循环流动，因此实质上是传统活性污泥法一种改型，一般不需要设置初沉池，并且经常采用延时曝气，其基本形式平面示意见图 3-18。

与传统活性污泥法相比，氧化沟池体狭长(可达数十米，甚至上百米)，沟渠形状呈圆形或椭圆形，分单沟系统或多沟系统。泥龄可长达15~30d，是传统活性污泥法的3~6倍，污泥中可存活增殖世代时间较长的细菌(如硝化菌)，其中可能产生硝化反应和反硝化反应。进水负荷较低，只有0.05~0.15kgBOD_5/(kgMLSS·d)，又类似延时曝气法。运行方式有间歇式和连续式两种，间歇式具有SBR法的特点，而连续式要设二沉池和污泥回流系统。

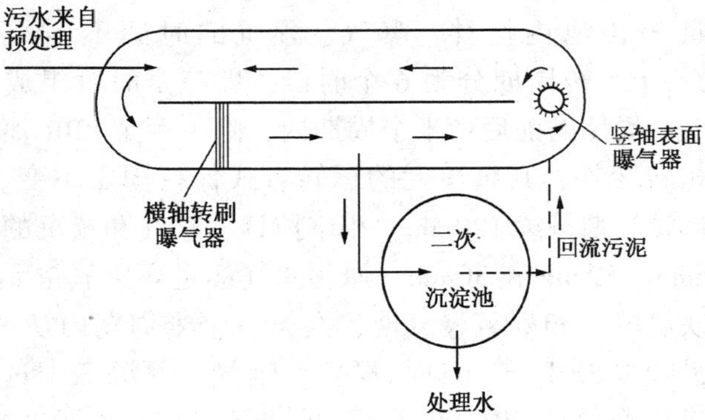

图3-18 氧化沟系统平面示意图

1. 氧化沟的结构

氧化沟一般呈环状沟渠形，其平面可为圆形或椭圆形或与长方形的组合状。其主要构成如下：

(1) 氧化沟沟体

氧化沟的渠宽、有效水深等与氧化沟分组形式和曝气设备性能有关。除了奥贝尔氧化沟外，其他氧化沟直线段的长度最小为12m或最少是水面处渠宽的2倍。当配备液下搅拌设备时，实际水深可以比单独使用曝气设备时加大。所有氧化沟的超高不应小于0.5m，当采用表面曝气机时，其设备平台宜高出水面1~2m，同时设置控制泡沫的喷嘴。

(2) 曝气装置

曝气装置是氧化沟中最主要的机械设备，对氧化沟处理效率、能耗及运行稳定性有关键性影响。除了供氧和促进有机物、微生物与氧接触的作用外，还有推动水流在沟内循环流动、保证沟中活性污泥呈悬浮状态的作用。常用的曝气设备有曝气转刷、曝气转盘、立式曝气、射流曝气、混合曝气等。

(3) 进出水装置

从平面上看，进水及回流污泥位置与曝气装置保持一定距离，促使形成缺氧区产生反硝化作用，并获得较好的沉降性能。出水位置应布置在进水区的另一侧，与进水点和回流污泥进口点保持足够的距离，以避免短流。当有两组以上氧化沟并联运行时，设进水配水井可以保证配水均匀；交替式氧化沟进水配水井内设有自动控制配水堰或配水闸，按设计好的程序变换氧化沟内的水流方向和流量。

氧化沟系统中的出水溢流堰具有排出处理后的污水和调节沟内水深的双重作用，因此溢流堰一般都是可升降的。通过调节出水溢流堰的高度，可以改变沟内水深，进而达到改变曝气器的浸没深度，使充氧量改变以适应不同的运行要求。为防止曝气器淹没过深，溢流堰的长度必须满足处理水量与回流量的最大值。

(4) 导流装置

为了保持氧化沟内具有污泥不沉积的流速，减少能量损失，必须有导流墙和导流板。一般为保持氧化沟内污泥呈悬浮状态而不致沉淀，沟内断面平均流速要在0.3m/s以上，沟低流速不低于0.1m/s。一般在氧化沟转折处设置导流墙，使水流平稳转弯并维持一定流速。另外，距转刷之后一定距离内，在水面以下要设置导流板，使水流在横断面内分布均匀，增加水下流速。通常在曝气转刷上、下游设置导流板，使表面较高流速转入池底，提高传氧速率。

2. 氧化沟的脱氮除磷作用

传统的氧化沟具有延时曝气活性污泥法的特点，一般可以使污泥中的氨氮达到95%~99%的硝化程度。通过调节曝气的强度和水流方式，可以使氧化沟内交替出现厌氧、缺氧和好氧状态或出现厌氧区、缺氧区和好氧区。在缺氧区，反硝化菌利用污水中的有机物为碳源，将硝酸盐氮还原成氮气，脱氮效果可达 80%。在厌氧区，污泥中的聚磷菌释放在好氧段吸收的磷，然后进入好氧区再次吸收污水中的磷，通过排放剩余污泥将污水中的磷除去。

除磷脱氮的氧化沟是将氧化沟运行方式和除磷脱氮工艺要求结合起来，使氧化沟在时间和空间上以 A/O 方式运行，用氧化沟来实现本应有多个反应器来承担的任务，使除磷脱氮工艺流程更加紧凑，氧化沟的功能更加强大。在氧化沟完成硝化和反硝化比较简单易行，即脱氮效果很好，但由于在氧化沟内很难出现绝对的厌氧状态，因此除磷效果不是十分显著。为了实现同时脱氮和除磷的目的，可以将厌氧池和氧化沟结合起来，形成类似于 A^2/O 的脱氮除磷工艺。这种典型工艺是卡鲁塞尔 A^2C 氧化沟和卡鲁塞尔五段 Bardenpho 式氧化沟，以上两种工艺的流程示意见图 3-19 和 3-20。

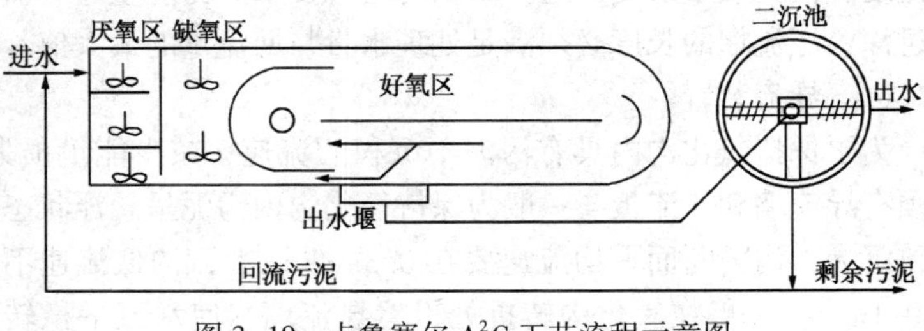

图 3-19 卡鲁塞尔 A^2C 工艺流程示意图

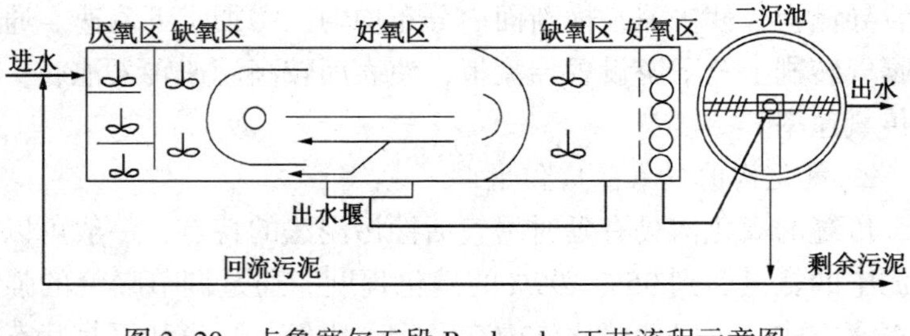

图 3-20 卡鲁塞尔五段 Bardenpho 工艺流程示意图

3. 氧化沟的工艺特点

氧化沟的水流混合特征基本上是完全混合式，同时又具有推流式的某些特征。其主要特点如下：

（1）进入氧化沟的水流按水量和沟的长度计，进水在沟中流动一周的时间为5～20min，而实际水力停留时间为10～24h，即相当于进水在整个停留时间内要在氧化沟内循环30～280次不等。因此，从整体来看，氧化沟是一个完全混合池，其中的污水水质几乎一样，原水一进入氧化沟，就会被几十甚至上百倍的循环流量所稀释。所以氧化沟能够承受水质和水量的冲击负荷，适用于处理高浓度的有机污水。

（2）氧化沟的曝气装置不是沿池长均匀布置，而是只安装在某几处，在曝气器下游附近，水流搅动剧烈，混合液溶解氧浓度较高；但随着与曝气器距离的增加，水流搅动变缓，溶解氧浓度下降，还可能出现缺氧区。氧化沟采用多点而非全池曝气的特点使氧化沟内混合液具有推流特性，溶解氧浓度沿池长方向呈浓度梯度，依次形成好氧、缺氧和厌氧环境，因此通过合理的设计与控制，氧化沟工艺可以取得较好的除磷脱氮效果。

（3）氧化沟工艺可以将曝气池和二沉池合建成一体，而且池深较浅，转刷曝气设施容易制作。因此流程简单，施工方便。

（4）对水温、水质和水量的变化适应能力较强，通常不设初沉池和二次沉淀池，经过长时间曝气的污泥可直接浓缩和脱水。

（5）由于氧化沟的水力停留时间和泥龄接近延时曝气法，比其他活性污泥法长，悬浮有机物和溶解性有机物可以同时得到较彻底的去除。因此处理出水水质较好，剩余污泥量少。主要用于处理浓度较低的城市污水或用于工业废水二级处理后的深度处理。

（6）氧化沟的主要缺点是占地面积大。

4. 氧化沟的技术特点

（1）构造形式的多样性

传统氧化沟的曝气池呈封闭的沟渠形式，沟渠的形状和构造演变成了许多新型的氧化沟技术。沟渠可以是圆形或椭圆形，可以是单沟或多沟。多沟系统可以是一组同心的相互连通的沟渠(如 Orbal 式氧化沟)，也可以是互相平行、尺寸相同的一组沟渠(如三沟式氧化沟)，有与二沉池合建的，也有与二沉池分建的；合建式氧化沟的又有体内式船形沉淀池和体外式侧沟沉淀池等。多种多样的构造型式，赋予了氧化沟灵活机动的运行方式，使其通过与其他处理单元组合，满足不同的出水水质要求。

(2) 曝气设备的多样性

从氧化沟技术发展的历史来看，氧化沟曝气设备的发展，在一定程度上反映了氧化沟工艺的发展，新的曝气设备的开发和应用，往往意味着一种新的氧化沟工艺的诞生。氧化沟常用的曝气设备有转刷、转盘及其他表面曝气机和射流曝气器等，氧化沟技术发展与高效曝气设备的发展是密不可分的，不同的曝气设备演变出不同的氧化沟型式，如采用转刷的 Pasveer 氧化沟、采用表曝机的卡鲁塞尔氧化沟和采用射流曝气的 JAC 氧化沟等。

(3) 曝气强度的可调节性

氧化沟的曝气强度可以调节，其一是通过出水溢流堰调节堰的高度改变沟渠内的水深，即改变曝气装置的淹没深度，改变氧量适应运行的需要。淹没深度的变化对于曝气设备的推动力也会产生影响，从而对水流速度产生调节作用。其二是通过调节曝气器的转速进行调节，从而调整曝气强度和推动力。与其他活性污泥法不同的是，氧化沟的曝气装置只设在沟渠的一处或几处，数目多少与氧化沟型式、原水水量水质等有关。

(4) 具有推流式活性污泥法的某些特征

每条氧化沟的流态具有推流性质，进水经过曝气后到流至出水堰的过程中可以形成沉降性能良好的生物絮凝体，这样不仅可以提高二沉池的泥水分离效果，还可以发挥较好的除磷作用。同时通过对系统的合理控制，可以使氧化沟交替出现缺氧和好氧状态，进而实现反硝化脱氮的目的。

（5）使预处理、二沉池和污泥处理工艺简化

氧化沟的水力停留时间和泥龄都比一般生物处理法要长，污水中悬浮状有机物可以和溶解状有机物同时得到较彻底的氧化，所以可以不设初沉池。由于氧化沟工艺的负荷较低，排出的剩余污泥量较少且性质稳定，因此不需要进行厌氧消化，只需要浓缩脱水。交替式氧化沟和一体式氧化沟可以不再单独设置二沉池，从而使处理流程更加简化。

5. 常用氧化沟的类型

（1）卡鲁塞尔氧化沟

卡鲁塞尔（Carrousel）氧化沟是应用立式低速表面曝气器供氧并推动水流前进的氧化沟型式，弥补了转刷式曝气氧化沟的技术弱点，渠道深度更大、效率更高，标准的卡鲁塞尔氧化沟构造见图3-21。

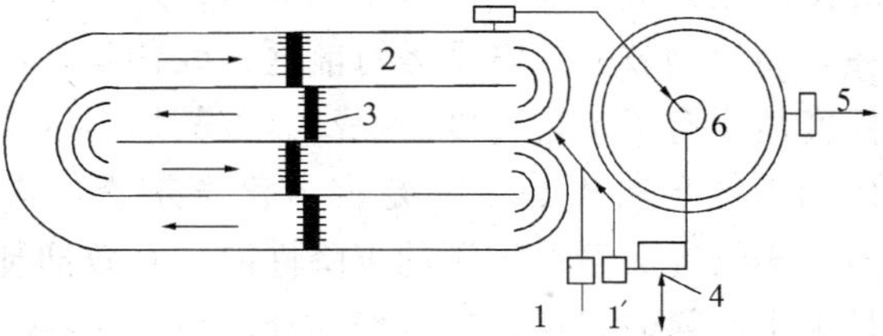

图3-21 标准卡鲁塞尔氧化沟示意图

1—污水泵站；1′—回流污泥泵站；2—氧化沟；3—转刷曝气器；
4—剩余污泥排放；5—处理水排放；6—二次沉淀池

卡鲁塞尔氧化沟是一个多沟串联系统，进水与活性污泥混合后沿箭头方向在沟内不停地循环流动。表曝机与分隔墙的布局使混合液被表曝机从上游推流到下游，并在沟内维持足够的流动速度。在正常的设计流速下，沟内混合液的流量是进水量的50~100倍，混合液平均每5~20min完成一次循环，具体的循环时间与氧化沟的长度、宽度、深度和进水水量等有关。这种流态可以防止短流，同时通过完全混合作用产生很强的耐冲击负荷能力。

卡鲁塞尔氧化沟在每组沟渠安装一个立式低速表面曝气

机，安装位置在沟渠的一端，因此形成了靠近曝气机下游的富氧区和曝气机上游的及外环的缺氧区。这不仅有利于生物凝聚，使活性污泥易于沉淀，而且可以起到脱氮和除磷的效果。BOD_5 的去除率可以达到 95%～99%，脱氮效率约为 90%，除磷效率约为 50%，如果投加铁盐，除磷效率可达 95%。因此卡鲁塞尔氧化沟工艺特点可总结为四点：①立式表面曝气机单机功率大(最大可达 150kW)并可以及时调整，节能效果显著；②立式表面曝气机的混合搅拌功能强大，有利于来水与活性污泥的混合，提高了氧化沟的耐冲击负荷的能力；③立式表面曝气机的溶氧效果好，平均传氧效率可达 2.1kgO_2/(kW·h)以上；④卡鲁塞尔氧化沟沟深可达 5m 以上，使氧化沟占地面积减少，降低基建投资。

为满足日益严格的水质排放标准的要求，卡鲁塞尔氧化沟在标准池型的基础上，又开发了一些新的池型，这些新型的卡鲁塞尔氧化沟在提高处理效率、降低运行能耗、改善活性污泥性能等方面都和标准池型有了一定程度的提高，尤其加强了生物脱氮除磷功能。比如卡鲁塞尔 A^2C 工艺是在卡鲁塞尔氧化沟的上游加设了厌氧池，不仅提高活性污泥的沉降性能、有效抑制活性污泥膨胀，而且为生物除磷提供了先期彻底释放磷的场所、即为在好氧段的吸收磷创造了条件，通过及时排放剩余污泥可以使出水的总磷含量降到 2mg/L 以下。

(2) 奥贝尔氧化沟

奥贝尔(Orbal)氧化沟是一种多级氧化沟，沟中安装有曝气转盘，来实现充氧和混合，水深为 2～3.6m，沟底流速为 0.3～0.9m/s。奥贝尔氧化沟的构造形式为独特的同心圆型的多沟槽系统(见图 3-22)，进水先引入最外侧的沟中，并在其中不断循环的同时进入下一个沟，相当于一系列完全混合反应器串联在一起，最后从中心的沟中排出。圆形或椭圆形的平面结构，比其他渠道较长的氧化沟型式更能利用水流惯性，可节省能量，多渠串联的型式又可减少水流短路现象。每一圆形沟渠都表现出各自的特性，比如对氧的吸收率进水沟最高、出水沟最低，这样的结构使奥贝尔氧化沟具有推流式活性污泥法的特征。

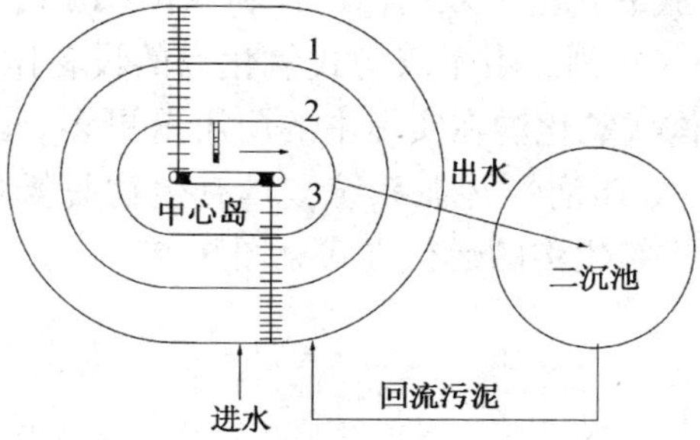

图 3-22　奥贝尔氧化沟示意图

1，2，3—同心圆形沟槽

常见的奥贝尔氧化沟为三沟型，由内至外的三沟容积分别为总容积的 60%~70%、20%~30%和 10%。尽管奥贝尔氧化沟进水很快在单个沟渠内通过扩散分布均匀，但也只是在其沟内实现完全混合，与第二沟内、第三沟内的水质、溶解氧、作用等性能具有明显的差异。进入第一沟的污水，经过转盘曝气器搅拌充氧后，混合液的溶解氧仍然接近于零。这是由于混合液对溶解氧的吸收利用速率高于供氧速率，而在奥贝尔氧化沟最后一沟中的溶解氧由于吸收率低而呈现较高的浓度。为节约能量，一般当第一沟的溶解氧浓度上升到超过 0.5mg/L 时，应当稍微降低整个系统的充氧量；而当第三沟的溶解氧浓度低于 1.5mg/L 时，应当稍微提高整个系统的充氧量。曝气转盘的浸没深度通常在 30~50cm 之间变化，而这个变化可以通过调整淹没式孔口或可调出水堰的淹没深度来实现。

奥贝尔氧化沟在时间和空间上的分阶段性，对于达到高效的硝化和反硝化十分有利。第一沟内的低溶解氧，因为存在容易利用的碳源，自然会出现反硝化作用，即硝酸盐被转化为氮气，同时微生物释放磷。而在其他沟特别是最后一沟内由于溶解氧较高，有机物可以被氧化得很彻底，氨氮也可以达到完全硝化，同时微生物吸收污水中的磷。

（3）交替式氧化沟

常见交替式氧化沟有双沟（D）式和三沟（T）式两种，使用的曝气设施为曝气转刷。由于双沟式氧化沟的设备闲置率较高（超过50%），三沟式氧化沟在实际中的应用量更多。三沟式氧化沟实际上是一个A/O活性污泥系统，具有生物脱氮功能，传统去除BOD_5三沟式氧化沟的运行方式见图3-23。

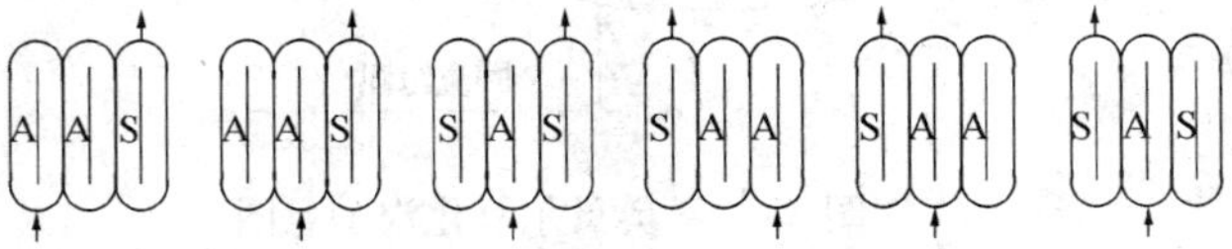

阶段	A	B	C	D	E	F
时间/h	2.5	0.5	1.0	2.5	0.5	1.0

图3-23　三沟式氧化沟运行示意图

A—曝气；S—沉淀

三沟式氧化沟由三个相同的氧化沟组建在一起作为一个单元运行，三个氧化沟的邻沟之间相互双双连通，两侧氧化沟可起到曝气和沉淀的双重作用。每个沟都配有可供进水和环流混合的转刷，自控装置自动控制进水的分配和出水调节堰。三沟式氧化沟具有传统去除BOD_5和生物脱氮的两种运行方式，传统去除BOD_5时曝气转刷只有曝气和停止两种状态，而在生物脱氮时，曝气转刷低速运转只起到搅拌保持沟内污泥呈悬浮状态的作用，通过改变转刷的转速实现好氧和缺氧的转变一般都是自动控制。表3-4列出了三沟式氧化沟脱氮时的运行方式。

阶段A：污水进入第Ⅰ沟，转刷以低速运转仅使沟内污泥在悬浮状态下环流，所供氧量则不足以使沟内有机物氧化。此时，活性污泥中的微生物强制利用上一阶段产生的硝态氮作为氧源，有机物被氧化，硝态氮被还原成氮气溢出；同时，自动调节出水堰上升，污水与活性污泥一起进入第Ⅱ沟。第Ⅱ沟内的转刷高速运转，混合液在沟内保持恒定环流，转刷所供氧量足以氧化有机物并使氨氮转化为硝态氮，处理后的混合液进入第Ⅲ沟。第Ⅲ沟转刷处于闲置状态，此时只作为沉淀池实现泥水分离，处理后的污水通过已降低的出水堰从第Ⅲ沟排出。

表 3-4　三沟式氧化沟生物脱氮运行方式

运行阶段	A			B			C			D			E			F		
各沟状态	Ⅰ沟	Ⅱ沟	Ⅲ沟	Ⅰ沟	Ⅱ沟	Ⅲ沟	Ⅰ沟	Ⅱ沟	Ⅲ沟	Ⅰ沟	Ⅱ沟	Ⅲ沟	Ⅰ沟	Ⅱ沟	Ⅲ沟	Ⅰ沟	Ⅱ沟	Ⅲ沟
	反硝化	硝化	沉淀	硝化	硝化	沉淀	沉淀	硝化	沉淀	沉淀	硝化	反硝化	沉淀	硝化	硝化	沉淀	硝化	沉淀
延续时间/h	2.5			0.5			1.0			2.5			0.5			1.0		

阶段 B：污水入流从第Ⅰ沟转向第Ⅱ沟，第Ⅰ沟和第Ⅱ沟内的转刷均高速旋转。第Ⅰ沟从缺氧状态逐渐变为好氧状态。在第Ⅱ沟内处理后的混合液进入第Ⅲ沟，第Ⅲ沟仍作为沉淀池实现泥水分离，处理后的污水从第Ⅲ沟排出。

阶段 C：进水仍进入第Ⅱ沟，第Ⅰ沟转刷停止运行，由运转转变为静止沉淀状态，开始泥水分离，到本阶段结束，分离过程也同时完成。处理后的污水仍然从第Ⅲ沟排出。

阶段 D：进水从第Ⅱ沟转向第Ⅲ沟，第Ⅰ沟出水堰降低，第Ⅲ沟出水堰升高，出水从第Ⅰ沟引出。同时，第Ⅲ沟内转刷开始低速运转，混合液从第Ⅲ沟流向第Ⅱ沟；在第Ⅱ沟曝气后进入第Ⅰ沟，第Ⅰ沟成为沉淀池。阶段 D 和阶段 A 的工作状态类似，所不同的是第Ⅰ沟和第Ⅲ沟的作用正好相反，反硝化发生在第Ⅲ沟，出水从第Ⅰ沟排出。

阶段 E：进水从第Ⅲ沟转向第Ⅱ沟，第Ⅲ沟内的转刷开始高速运转；第Ⅰ沟仍作为沉淀池，处理后的污水通过第Ⅰ沟出水堰排出。

阶段 F：进水仍进入第Ⅱ沟，第Ⅲ沟转刷停止运行，由运转转变为静止沉淀状态，开始泥水分离，到本阶段结束，分离过程也同时完成。处理后的污水仍然从第Ⅰ沟排出。阶段 E 和阶段 B 的工作状态类似，所不同的是第Ⅱ沟和第Ⅲ沟的作用正好相反。

(4) 一体式氧化沟

一体式氧化沟又称合建式氧化沟，是指集曝气、沉淀、泥水分离和污泥回流等功能为一体、不需建造单独二沉池的氧化沟。最早的间歇运行氧化沟也是一体式氧化沟，但现在的一体式氧化沟指的是设有专门的固液分离装置和措施的氧化沟。一体式氧化沟常用的固液分离装置型式有内置式和外置式两种。

内置式固液分离装置设置在氧化沟的横断面上，利用了竖流沉淀和斜板沉淀的工作原理。氧化沟的混合液从其底部流过时，混合液向上流过分离器，固相污泥的上升速度小于上清液的上升速度，因而实现固液分离。固液分离器内相对静止的水流和氧化沟内流动水流间产生的压力差所形成的抽吸作用，使沉淀下来的污泥自动回流到反应器中并和其他混合液再混合在一起，因此这种分离装置受沟内水流条件的影响较大。常用的内置式固液分离装置型式有船型(见图 3-24)和 BMTS 型等。

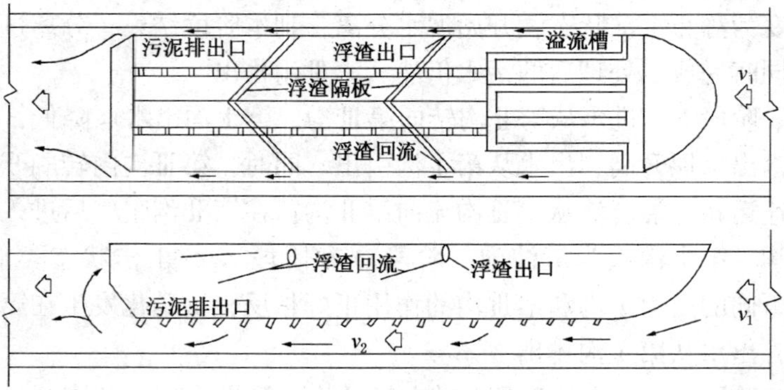

图 3-24　船型一体式氧化沟示意图

注：槽内流速 v_1 为船式沉淀池底部流速 v_2 的 60%

船型沉淀槽设在氧化沟的一侧，所占氧化沟的容积比为 8%~11%，但其宽度小于氧化沟的宽度，就像在氧化沟内放置的一条船，船型氧化沟也因此得名。混合液在其底部及两侧流过，在沉淀槽下游一端设有进水口，部分混合液由此进入沉淀槽，即沉淀槽内的混合液流动方向与氧化沟内的混合液流动方向相反。污泥在沉淀槽内下沉并由底部的污泥斗收集回流到氧化沟，澄清出水则由沉淀槽上游的溢流堰收集排出。船型固液分离装置底部采用一系列均匀排列的倒 V 形板，使混合液能够均匀进入而沉淀污泥能迅速回流，同时底部开孔很多使其中的水流上升速度很慢，对污泥缓冲层和污泥回流的影响很小。分离器内流态处于层流状态有利于大颗粒絮体的形成，这些大颗粒絮体在船型分离器的上部形成悬浮污泥层，将不断上涌的混合液中的污泥颗粒吸附和截留，从而提高出水水质。污泥层中过多的污泥絮体在重力作用和底部水流的抽吸作用下，又可以不断回流到氧化沟的水流中。

外置式固液分离装置对氧化沟断面和沟内混合液的正常流动几乎不产生影响，水力条件较好。比较典型的外置式固液分离装置是侧渠型固液分离装置(见图 3-25)。

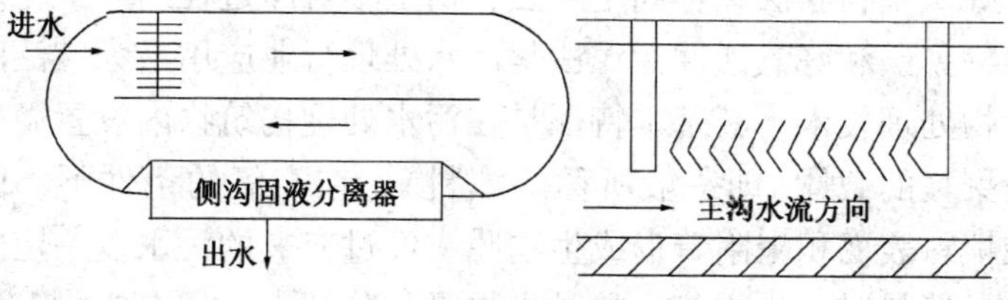

图 3-25 侧渠型一体化氧化沟示意图

侧渠型固液分离装置设置在氧化沟一侧的中间位置并贯穿整个池深，循环混合液在分离器部位流过时，部分混合液会进入沉淀区底部，再向上通过倾斜挡板，上清液用淹没式穿孔管排出，沉淀污泥则沿挡板下滑，由混合液携带流走。这种分离器占据氧化沟的断面少，对氧化沟内混合液流动的影响小，固液分离装置自身的水力分离条件也较好，分离效果优于内置式固液分离装置。

外置式固液分离装置利用了平流沉淀的原理，其特殊的构造使得混合液在分离器内的上升流速逐渐减小，保持较平稳的层流状态，促使污泥互相发生絮凝并在重力作用下与水分离，絮凝的污泥形成了一道悬浮污泥层，可以将新进入分离器混合液中的污泥颗粒截留下来，实现泥水分离。这一过程和悬浮澄清池相似，但外置式固液分离装置内的污泥层不是长时间固定停留在分离器中，而是在重力作用下不断循环流动回流到氧化沟混合液中，即这种悬浮污泥层是不断自动更新的。新的混合液中的污泥不断加入污泥层，而同时又有部分污泥在不断回流到混合液中，污泥在分离器中的停留时间较短。由于具有这种独特的分离机理，外置式固液分离装置的沉淀分离效率优于普通型式的二沉池。

第三节 生物膜法

一、生物膜法的基本机理

好氧生物膜法又称固定膜法，是土壤自净过程的人工化。好氧生物膜法和好氧活性污泥法是污水处理行业应用最为广泛的两种生物处理技术。其基本特征是在污水处理构筑物内设置微生物生长聚集的载体(即一般所称的填料)，在充氧的条件下，微生物在填料表面积聚附着形成生物膜。经过充氧的污水以一定的流速流过填料时，生物膜中的微生物吸收分解水中的有机物，使污水得到净化，同时微生物也得到增殖，生物膜随之增厚。当生物膜增长到一定厚度，向生物膜内部扩散的氧受到限制，其表面仍是好氧状态，而内层则会呈缺氧甚至厌氧状态，并最终导致生物膜的脱落。随后，填料表面还会继续生长新的生物膜，周而复始，使污水得到净化。

生物膜法主要用于处理溶解性和胶体状有机物含量较大的工业废水，而且多在中小型处理规模污水处理厂应用，处理前最好进行沉淀处理。作为预处理设施时，一般进水浓度较高，进水有机负荷较大，生物膜较厚，靠近填料的生物膜内部处于缺氧甚至厌氧状态，每块生物膜都相当于一个小的 A/O 工艺单元，出水水质不会太好，但可以提高出水的生化性，同样有利于改善二级处理的出水水质。作为二级最终处理设施时，要求进水负荷不宜太高，生物膜不宜太厚，并要供氧充足，才能保证尽量少产生内层厌氧而获得理想的净化效果。表 3-5 列出了常用的几种生物膜法的主要运行参数，并与普通活性污泥法的运行参数进行了比较。

表 3-5　生物膜法与普通活性污泥法主要运行参数比较

处理工艺	生物量/(g/L)	剩余污泥产量/[kg 干泥·(kgBOD_5去除量)$^{-1}$]	容积负荷/(kgBOD_5·m^{-3}·d^{-1})	水力停留时间/h	BOD_5去除率/%
塔式生物滤池	0.7~7.0	0.05~0.1	1.0~3.0	—	60~85
生物转盘法	10~20	0.3~0.5	1.5~2.5	1.0~2.0	85~90
生物接触氧化法	10~20	0.25~0.3	1.5~3.0	1.5~3.0	80~90
普通活性污泥法	1.5~3.0	0.4~0.6	0.4~0.9	4~12	85~95

1. 生物膜法特点

（1）微生物主要固着于填料的表面，微生物量比活性污泥法要高得多，因此对污水水质水量的变化引起的冲击负荷适应能力较强。即使短时间中断进水或工艺遭到破坏，反应器的性能也不会受到致命的影响，恢复起来较快，因此适用于处理高浓度难降解的工业废水。另外，生物膜反应器还可以处理 BOD_5 低于 50~60mg/L 的进水，使出水 BOD_5 降低到 5~10mg/L，这是活性污泥法无法做到的。

（2）单位容积反应器内的微生物量可以高达活性污泥法的 5~20 倍，因此处理能力大，一般也不用再建造污泥回流系统；生物膜含水率比活性污泥低，不会出现活性污泥法经常发生的污泥膨胀现象，能保证出水悬浮物含量较低，因此运转管理也比较方便。

（3）生物膜中存在较高级营养水平的原生动物和后生动物，

食物链较长，特别是生物膜较厚时，底部厌氧菌能降解好氧过程中合成的污泥，因而剩余污泥产量低，一般比活性污泥处理系统少1/4左右，可减少污泥处理与处置的费用。

（4）由于微生物固着于填料的表面，生物固体停留时间SRT与水力停留时间HRT无关，因此为增殖速度较慢的微生物提供了生长繁殖的可能性。因此，生物膜法中的生物相更为丰富，且沿水流方向膜中微生物种群分布具有一定规律性。生物膜反应器适合世代时间长的硝化细菌生长，而且其中固着生长的微生物使硝化菌和反硝化菌各有其适合生长的环境。因而，在一般的生物膜反应器内部，也会同时存在硝化和反硝化过程。如果将已经实现硝化的污水回流到低速转动的生物转盘和鼓风量较小的生物滤池等缺氧生物膜反应器内，可以取得更好的脱氮效果，而且不需要污泥回流。

（5）生物滤池、转盘等生物膜法采用自然通风供氧，装置不会出现泡沫，管理简单，运行费用较低，操作稳定性较好。但受气候条件影响较大，容易滋生蚊蝇和产生臭气，周围卫生状况不好。

（6）和活性污泥法相比，除了镜检法以外，对生物膜中微生物的数量、活性等指标其他检测方式较少，而活性污泥法可以通过测定污泥沉降比、SVI、污泥浓度等多种方法对微生物的活性进行监测。因此，生物膜出现问题以后，不容易被发现，即调整运行的灵活性较差。

（7）和普通活性污泥法相比，处理效率即COD_{Cr}（BOD_5）去除率较低。有资料表明，50%的活性污泥法处理厂BOD_5的去除率高于91%，50%的生物膜法处理厂的BOD_5去除率为83%左右，相对应的出水BOD_5分别为14mg/L和28mg/L。

2. 生物膜中微生物特点

生物膜法处理系统的生物相特征与活性污泥工艺有所不同，主要表现在微生物种类和分布方面。表3-6列出了生物膜和活性污泥中出现的微生物在类型、种属和数量上的比较。

表 3-6 生物膜和活性污泥中微生物对比

微生物种类	活性污泥法	生物膜法
细　菌	++++	++++
真　菌	++	+++
藻　类	-	++
鞭毛虫	++	+++
肉足虫	++	+++
纤毛虫缘毛虫	++++	++++
纤毛虫吸管虫	+	+
其他纤毛虫	++	+++
轮　虫	+	+++
线　虫	+	++
寡毛类	-	++
其他后生动物	-	+
昆虫类	-	++

一般来说，由于水质呈逐级变化的趋势和微生物生长环境条件的改善，生物膜系统存在的微生物种类和数量均比活性污泥工艺多，食物链长且较为复杂，尤其是丝状菌、原生动物和后生动物种类增加较多，而且还有一定比例的厌氧菌和兼性菌。在日光照射到的部位能够出现藻类，还能够出现滤池蝇这样的昆虫类生物。在分布方面的特点是沿生物膜厚度(由表及里)或进水流向(与进水接触时间不同)，微生物的种类和数量呈现出较大差异。在多级处理的第一级或下向流填料层的上部，生物膜往往以菌胶团细菌为主，膜厚度亦较大(2～3mm)；随着级数的增加或下向流填料层的下部，由于其接触到的水质已经经过部分处理，生物膜中会逐渐出现较多的丝状菌、原生动物和后生动物；微生物的种类不断增多，但生物膜的厚度却在不断减薄(1～2mm)。生物膜的表层的微生物都是好氧性的，而随着厚度的加大，微生物逐渐变成兼性乃至厌氧性。

生物膜固着在滤料或填料上，生物固体停留时间 SRT(泥龄)较长，因此能够生长世代时间长、增殖速度很小的微生物，如硝化菌等。在生物膜上还可能出现大量丝状菌，但不会出现污泥膨胀。和活性污泥法相比，生物膜上的生物中动物性营养者比例较大，微型动物的存活率也较高，能够栖息高营养水平生物，在捕食性纤毛虫、轮虫类、线虫类之上还栖息着寡毛类和昆虫。因此，生物膜上的食物链要比活性污泥中的食物链长，这也是生物膜法产生的污泥量少于活性污泥法的原因。

污水水质的不同，每一级或每层填料上的特征微生物也会不同，即水质的变化会引起生物膜中微生物种类和数量的变化。在进水浓度增高时，可以观察到原有层次的特征性微生物下移的现象，即原先在前级或上层填料上的微生物可在后级或下层填料上出现。因此，通过生物相观察发现这样类似的变化来推断污水浓度或污泥负荷的变化。

二、生物膜的培养和驯化

使具有代谢活性的微生物污泥在生物处理系统中的填料上固着生长的过程称为挂膜，挂膜也就是生物膜处理系统膜状污泥的培养和驯化过程。因此，生物膜法刚开始投运的挂膜阶段，一方面是使微生物生长繁殖直至填料表面布满生物膜、其中微生物的数量能满足污水处理的要求；另一方面还要使微生物逐渐适应所处理污水的水质，即对微生物进行驯化。

挂膜过程使用的方法一般有直接挂膜法和间接挂膜法两种。在各种形式的生物膜处理设施中，生物接触氧化池和塔式生物滤池由于具有曝气系统，而且填料量和填料空隙均较大，可以使用直接挂膜法，而普通生物滤池和生物转盘等设施需要使用间接挂膜法。挂膜过程中回流沉淀池出水和池底沉泥，可促进挂膜的早日完成。

直接挂膜法是在合适的水温、溶解氧等环境条件及合适的 pH 值、BOD_5、C/N 等水质条件下，让处理系统连续进水正常运行。对于生活污水、城市污水或混有较大比例生活污水的工业废水可以采用直接挂膜法，一般经过 7~10d 就可以完成挂膜过程。

对于不易生物降解的工业废水，尤其是使用普通生物滤池和生物转盘等设施处理时，为了保证挂膜的顺利进行，可以通过预先培养和驯化相应的活性污泥，然后再投加到生物膜处理系统中进行挂膜，也就是分步挂膜。通常的做法是先将生活污水或其与工业废水的混合污水培养出活性污泥，然后将该污泥或其他类似污水处理厂的污泥与工业废水一起放入一个循环池内，再用泵投入生物膜法处理设施中，出水和沉淀污泥均回流到循环池。循环运行形成生物膜后，通水运行，并加入要处理工业废水。可先投配20%的工业废水，经分析进出水的水质，生物膜具有一定处理效果后，再逐步加大工业废水的比例，直到全部都是工业废水为止。也可以用掺有少量(20%)工业废水的生活污水直接培养生物膜，挂膜成功后再逐步加大工业废水的比例，直到全部都是工业废水为止。

和活性污泥法一样，在培养和驯化生物膜阶段，一定要尽可能创造微生物生长繁殖所需最优越的条件，尤其是氮磷等营养元素的数量必须充足(可按进水 COD_{Cr} ：N：P = 100：5：1 估算)。同时采用小负荷进水的方式，减少对生物膜的冲刷作用，增加填料或滤料的挂膜速度。

在生物膜培养挂膜期间，由于刚刚长成的生物膜适应能力较差，往往会出现膜状污泥大量脱落的现象，这可以说是正常的，尤其是采用工业废水进行驯化时，脱膜现象会更严重。要注意控制生物膜的厚度，保持在 2mm 左右，不使厌氧层过分增长，通过调整水力负荷(改变回流水量)等形式使生物膜的脱落均衡进行。同时随时进行镜检，观察生物膜生物相的变化情况，注意特征微生物的种类和数量变化情况。

三、生物膜法的主要形式

(一) 生物滤池

生物滤池中，污水通过布水器均匀地分布在滤池表面，滤池中装满了填料，污水沿着填料的空隙从上向下流动到池底。污水通过滤池时，填料截留了污水中的悬浮物，同时把污水中的胶体和溶解性物质吸附在自己的表面，其中的有机物使微生物很快繁殖起来，这些微生物又进一步吸附了污水中呈悬浮、胶体或溶解态的物质，逐渐形成了生物膜。

常见的生物滤池有普通生物滤池、高负荷生物滤池和塔式生物滤池等三种，表 3-7 列出了这三种生物滤池的基本参数。普通生物滤池因负荷较低又称为低负荷生物滤池，其出水水质较好，可用于处理生活污水和城市污水。高负荷生物滤池比普通生物滤池去除率略低，但有机负荷与水力负荷都提高了很多。塔式生物滤池其实是高负荷生物滤池的一种形式，可被应用于处理浓度较高的有机工业废水。

表 3-7　普通生物滤池、高负荷生物滤池和塔式生物滤池的比较

<table>
<tr><th>项　目</th><th>普通生物滤池</th><th colspan="2">高负荷生物滤池</th><th>塔式生物滤池</th></tr>
<tr><td>表面负荷/($m^3 \cdot m^{-2} \cdot d^{-1}$)</td><td>0.9~3.7</td><td colspan="2">9~36(包括回流)</td><td>16~97
(不包括回流)</td></tr>
<tr><td>BOD_5 负荷/($kg \cdot m^{-3} \cdot d^{-1}$)</td><td>0.11~0.37</td><td colspan="2">0.37~1.84</td><td>1.0~3.0</td></tr>
<tr><td>深度/m</td><td>1.8~3.0</td><td colspan="2">0.9~2.4</td><td>8~25</td></tr>
<tr><td>回流比</td><td>无</td><td colspan="3">1~4</td></tr>
<tr><td>滤料</td><td>碎石、焦炭、矿渣</td><td>块状填料</td><td>塑料填料</td><td>波纹或蜂窝塑料填料</td></tr>
<tr><td>比表面积/($m^2 \cdot m^{-3}$)</td><td>65~100</td><td>43~65</td><td>98~201</td><td>82~220</td></tr>
<tr><td>空隙率/%</td><td>45~60</td><td>45~60</td><td>90~99</td><td>93~98</td></tr>
<tr><td>动力消耗/($W \cdot m^{-3}$)</td><td>无</td><td colspan="3">2~10</td></tr>
<tr><td>蝇</td><td>多</td><td colspan="2">很少,幼虫被冲走</td><td>很少</td></tr>
<tr><td>生物膜脱落情况</td><td>间歇</td><td colspan="2">连续</td><td>连续</td></tr>
<tr><td>运行要求</td><td>简单</td><td colspan="2">需要一些技术</td><td>较复杂</td></tr>
<tr><td>投配时间的间歇</td><td>不超过 5min,一般间歇投配,也可连续投配</td><td colspan="2">不超过 15s,必须连续投配</td><td>必须连续投配</td></tr>
</table>

续表

项　目	普通生物滤池	高负荷生物滤池	塔式生物滤池
二次污泥	黑色、高度氧化的轻质细颗粒	棕色、未充分氧化的易腐化细颗粒	片状大颗粒
处理出水	高度硝化，进行到硝酸盐阶段 $BOD_5 \leqslant 20mg/L$	未充分硝化，一般只到亚硝酸盐阶段 $BOD_5 \geqslant 30mg/L$	有限度的硝化 $BOD_5 \geqslant 30mg/L$
BOD_5 去除率	85~95	75~85	65~85

1. 生物滤池的负荷

生物滤池的负荷分为有机负荷与水力负荷两种。

水力负荷指在保证处理水达到要求质量的前提下，单位体积滤料或单位面积滤池每天可以处理的污水水量，前者又称水力容积负荷，单位是 $m^3/(m^3 \cdot d)$，后者又称水力表面负荷，单位是 $m^3/(m^2 \cdot d)$ 或 m/d，因此水力表面负荷又称为滤率。如果使用回流系统，计算水力负荷时应包括回流水量。

生物滤池的有机负荷指进入单位体积滤料的有机物的量或单位体积滤料每天可以去除的有机物的量，也称为有机容积负荷，其单位是 $kgBOD_5/(m^3 \cdot d)$。后者实际是生物滤池的氧化能力，而前者则必须注明去除率才能真正反映生物滤池的效率。生物滤池的有机负荷从本质上反应了生物滤池的处理能力。

普通生物滤池处理生活污水或以生活污水为主的城市污水时，水力负荷值一般为 1~3 $m^3/(m^2 \cdot d)$，BOD_5 容积负荷一般为 0.15~0.30$kgBOD_5/(m^3 \cdot d)$。

2. 生物滤池的特点

生物滤池的最大优点是构造简单、操作容易，而且能经受有毒污水或有机负荷的冲击。这是因为污水在生物滤池内的停留时间较短，即使表面的微生物可能被杀死而被脱落去除，又可以露出一层未被伤害的生物体。如果有毒污水或有机负荷的冲击持续时间较长，或有毒物质被吸附在生物膜上，生物滤池的处理效果将会受到严重影响。

因为微生物附着生长在滤料固定的表面上，无法随着环境的变化而改变反应器内的生物量，因此也就没有有效的方法控制出水的水质。因此，如果进水的浓度或流量增加，即进水的有机负荷或水力负荷增加，出水水质也将随之恶化；进水温度下降或环境温度下降，基质的去除速率也将下降。

3. 生物滤池回流的作用

生物滤池除了在挂膜过程中可能会需要污泥回流外，一般不需要将二沉池污泥回流，而经常需要将处理后的出水回流，其作用主要有以下几点：

① 当原水缺少营养元素或含有有毒物质时，回流可以补充营养物质，同时稀释和降低进水有毒有害物质或有机物的浓度，从而减轻高浓度污水对生物膜上微生物的毒害作用。

② 回流水中夹带的微生物可增加生物滤池内有益微生物的数量，起到接种和补充微生物的作用，减轻高浓度进水的冲击性影响。

③ 提高生物膜处理设施的水力负荷，加大对填料的冲刷力度，促进生物膜的脱落，减少生物膜厚度的积累。

④ 可以使进水的溶解氧含量提高，保持进水的新鲜程度而降低污水和生物膜的气味，防止滤池蝇的出现。

⑤不论原水的流量如何波动，都可保证生物滤池进水的连续和稳定，从而使其工作稳定。

4. 生物滤池产生臭味的原因和对策

生物滤池产生臭味的原因是进水浓度高，导致局部(尤其是进口)生物膜生长过厚而发生了厌氧代谢。解决的方法有以下几种：

① 加大处理出水的回流量，提高生物滤池进水的水力负荷，促进生物膜的脱落，并排出处理系统，减少生物膜厚度的积累。

② 加大通风量，保证通风口畅通无阻和风机运转正常，提高充氧量，降低产生厌氧的可能性。

③ 向进水中短时间内投加液氯等杀生剂，促进生物膜的

脱落。

④ 充分发挥调节池或均质池的作用，保持进水性质的稳定，避免高浓度污水的冲击。

⑤ 避免脱落的生物膜或悬浮污泥在池底积累过多而形成厌氧泥层，厌氧有机污泥会腐败发臭，解决的办法是提高预处理和一级处理的沉淀效果减少进入生物滤池的杂质数量，并及时将生物滤池池底积泥排出。

5. 塔式生物滤池

塔式生物滤池塔高一般 8~25m，直径为 0.5~3.5m，滤塔直径与高度之比为 1∶6~1∶8，内装质轻、比表面积大和孔隙率高的人工合成填料。污水自上而下滴流，空气自下而上流动，使得污水、空气和附着于填料上的生物膜三相充分接触，加快了传质速度和生物膜的更新速度，从而提高了单位体积填料所承担的有机负荷。塔式生物滤池的基本构造见图 3-26。

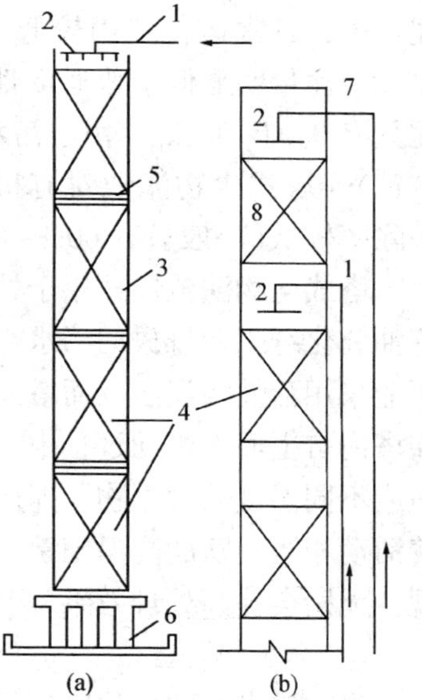

图 3-26 塔式生物滤池构造示意图

(a)塔式生物滤池；

(b)二段塔滤的吸收段示意

1—进水管；2—布水器；3—塔身；4—滤料；5—填料支承；6—塔身底座；7—吸收段进水管；8—吸收段填料

为使填料荷重分层负担，避免塔壁和塔底支承受压过重，一般将塔体分段设置格栅承托，塔顶高出上层填料表面 0.5m 左右。塔身开有检修门和观察窗，用以观察运转时微生物在填料上的生长情况及采样或更换填料。塔式生物滤池底部设有集水池收集处理后的污水，并由管道连续排入沉淀池或气浮池进行泥水分离。由于塔体较高，延长了污水与填料的接触时间，再加上填料上微生物存在着分层的特点，所以塔式生物滤池能够承受较大的有机物或有毒物质形成的冲击负荷。与高负荷生物滤池相比，在相同的去除率下，水力负荷可提高7~8倍，有机负荷可提高2倍左右。

塔式生物滤池常用于有机污水的预处理，以保证二级生物处理装置有稳定的处理效果，也可用做二级生物处理设施。塔式生物滤池尤其适用于处理含有较高浓度有毒有机污染物的石油化工、化纤等工业废水，如含酚含氰污水、丙烯腈污水等，如果用活性污泥法处理这些污水，不可避免地会出现污泥膨胀现象。

塔式生物滤池的优点是水力负荷较大，占地面积小，剩余污泥量少，日常运行费用较低；而且因为通风良好、氧气供应充足，产泥量明显低于普通活性污泥法，一般每去除1kg BOD_5 产泥只有0.03~0.1kg。由于污水在塔内停留时间很短(一般只有几分钟)，塔式生物滤池对有机物的处理往往不是很完全，BOD_5 去除率较低(一般只有60%~85%)。

塔式生物滤池还适用于处理温度较高的工业废水，比如有的炼油和化纤工业排放的污水在夏季温度可高达40~50℃，根本不可能采用活性污泥法。而塔式生物滤池的结构类似冷却塔，污水在塔内自上而下流动过程中，温度会逐渐降低，不同高度生长着适应不同温度的微生物，即使在接触高温的顶部填料上，也生存着活动相当活跃的高温细菌。多种细菌在同一生物处理装置内出现，无疑会提高处理效果。

(二) 生物转盘法

生物转盘法的生物膜生长在转盘的盘面上，转盘部分暴露在空气中、部分浸没在水中，转盘缓慢转动，使污水、空气分别与生物膜相接触，从而将污水中的有机物氧化分解掉，实现污水的净化。生物转盘法适用于处理城市污水和各种工业废水，而且生物膜培养驯化比较容易，通常在7~10d内完成。生物转盘系统的组成有一轴一段、一轴多段和多轴多段等形式，一轴多段和多轴多段具有推流效果，不仅适用于去除 BOD_5，而且适用于硝化脱氮等深度处理，具体运转段数要根据原水水质和处理水水质的要求而定。图 3-27 显示了多级生物转盘的基本构造。

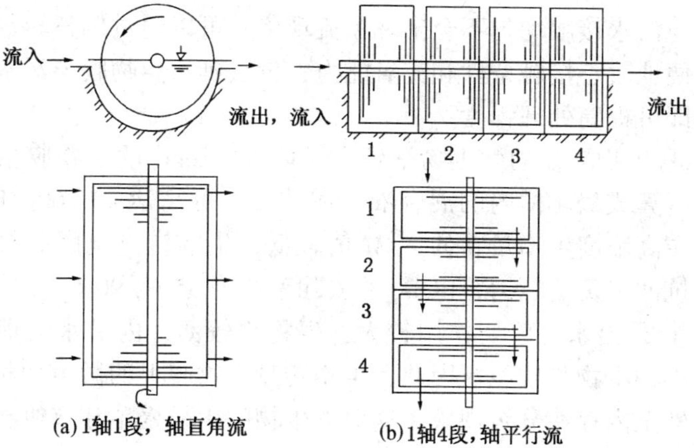

图 3-27　多级生物转盘构造示意图

生物转盘的基本构造是在转盘中心轴上安装一排等间距的质量轻、强度高、厚度薄、防腐蚀的圆形盘片，约 40% 的盘面浸入反应槽中，中心轴在水面以上，驱动装置以 0.8～3r/min 左右的低速转动。盘片面上生长着一层厚约 1～4mm 的生物膜，盘片与污水和空气交替接触。圆盘每转动一圈，即进行一次吸附有机物-吸氧-氧化分解的过程，如此反复循环，使污水中的有机物不断分解氧化，污水得到净化。在运行过程中，生物膜将逐渐变厚，圆盘在水中不停地转动产生的剪切力会使过厚的生物膜不断脱落，进而使盘片上的生物膜厚度基本稳定。

1. 生物转盘的特点

① 与传统活性污泥法相比，生物转盘的主要优点是设备构造简单、节能、净化率高、产泥量少、维护管理简单和不产生噪声、周围卫生环境好等，还可以与曝气池、沉淀池合建，提高处理出水水质。而且不需要曝气和污泥回流装置，动力消耗较低，去除每 kgBOD_5 的电耗一般为 0.024～0.7kW・h，约为

活性污泥法的1/2～1/3；同时不会产生污泥膨胀问题，便于维护和管理。

② 与生物滤池相比，生物转盘的主要优点是不会堵塞，生物膜与污水接触均匀不会出现短流现象，可以通过调整转盘转速很方便地改善接触条件和充氧能力，设法延长生物膜与污水接触时间即可提高处理程度。

③ 生物转盘的微生物量较大，以5mg/cm^{2}的生物膜量来考虑，折算成氧化槽内的混合液污泥浓度，可高达40～60g/L。由于存在高浓度生物量，使F/M值较低，生物转盘也因此具有较强的抗冲击负荷能力，BOD_5的去除率约为85%～90%。

④ 外沿水力剪切作用较大，生物膜较薄，内沿水力剪切作用较小，生物膜较厚。因此，生物转盘生物膜上的微生物相沿半径从外至内存在分级现象，这对微生物的生长繁殖和有机物的降解非常有利。

⑤ 生物转盘对BOD_5高达10g/L以上的高浓度有机污水和低于10mg/L的超低浓度污水都具有良好的处理效果。

⑥ 污泥产量少，去除每kgBOD_5产生污泥约0.25～0.5kg，而且脱落的生物膜具有较高的密度，沉速可以高达4.6～7.6m/h，很容易在二沉池沉淀下来。

⑦ 生物转盘转动所产生的传氧速率有限，单纯依靠转盘转动来迅速提供反应器内的需氧量变化很困难，即很难通过调整其性能来适应进水特性和出水水质标准的变化。

⑧ 生物转盘的盘材较贵，使投资较大。同时受气候因素影响较大，在北方天气寒冷地区，生物转盘一般要设在室内或加盖、并采取一定的保温措施，增加了基建投资。对于含有挥发性有毒物质的工业废水，由于转盘的充氧过程中会促使有毒气体的挥发，因此不适用于生物转盘法处理。

2. 常用生物转盘反应槽的技术要求

反应槽的容积，决定着反应时间，而反应槽容积与转盘全部面积之比值G与BOD_5的去除率有关。根据城市污水的处理经验，以 $G=4.9$ 为界限，低于此值去除率会明显降低，而高于此值去除率也不会大幅度提高。

也就是说，在同一单位容积内只靠增加转盘盘片面积，是不可能明显提高去除率的。处理含有难以生物降解有机物的工业废水时，应采用较高的时间，G 值一般采用 5~9 的高值。

3. 生物转盘的运行和管理

① 当转盘因停电、检修或其他原因需停止运行一天以上时，为防止因转盘上半部和下半部的生物膜干湿程度不同而破坏转盘的重量平衡时，要把反应槽中的污水全部放空。

② 通过日常监测，要严格控制污水的 pH 值、温度、营养成分等指标，尽量不要发生剧烈变化。

③ 生物膜厚度增长较快、过于肥厚，盘面上出现白色半透明胶体，此时反应槽附近会因生物膜内的厌氧反应而产生臭气。产生上述现象的主要原因是进水负荷过高，通过减少进水流量，降低有机负荷或加强调节池预曝气，提高污水中溶解氧含量等方法来解决。

④ 生物膜厚度变得很薄，生物镜检时发现贫毛类原生动物异常增多，甚至反应槽内出现大量红色块状漂浮物。产生上述现象的主要原因是进水负荷过低，通过增大进水流量、提高有机负荷或减少生物转盘的运转段数等方法来解决。

⑤ 定期检查转盘及其机械传动装置的运转是否正常，有无异常声音或异常温度变化，要定期为轴承、减速机、电动机等加油保养。尤其是要定期观察检测转盘的动平衡和静平衡，检查转盘的转动是否轻松自如。

（三）接触氧化法

生物接触氧化法又称淹没式生物滤池，在反应器内设置填料，污水经过充氧(或在氧化池底部鼓风曝气)后与填料相接触，在填料表面生物膜和填料空隙间的活性污泥双重作用下，使污水得到净化。接触氧化池内装有填料，大部分微生物以生物膜的形式固着生长于填料表面，少部分则以活性污泥的形式悬浮生长于水中。因此，生物接触氧化法兼有活性污泥法与生物滤池特性，是一种以生物膜法作用为主、兼有活性污泥法作用的生物处理工艺。生物接触氧化法的基本流程见图 3-28。

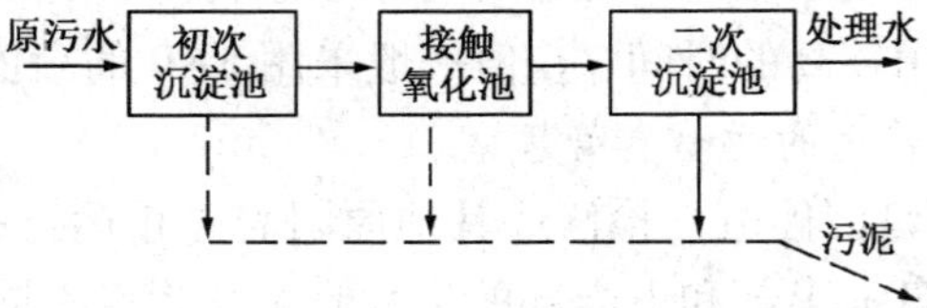

图 3-28　生物接触氧化法流程示意图

生物接触氧化法一般要在生物接触氧化池前设置初沉池，以去除污水中的悬浮物，减轻生物接触氧化池的负荷，生物接触氧化后则需要设置二沉池，以去除生物接触氧化出水中携带的生物膜，保证系统出水水质达标。处理低浓度的城市污水时，接触停留时间一般为 0.8~1.2h；处理 COD_{Cr} 为 500mg/L 左右的工业废水时，接触停留时间一般为 3~4h；处理 COD_{Cr} 为 1000mg/L 以上的高浓度工业废水时，接触停留时间一般为 10~41h。

生物接触氧化法一般用于处理溶解性 BOD_5 值较高的有机污水。

1. 接触氧化法的特点

① 生物量大、容积负荷高：接触氧化池内单位容积生物固体含量高于活性污泥法曝气池及生物滤池，一般在 10~20g/L 之间，因此，具有较高的容积负荷和对冲击负荷较强的适应能力。接触氧化池的容积负荷一般为 3~6kgBOD_5/(m^3·d)，比活性污泥法高 5 倍左右。

② 无污泥膨胀问题：由于相当一部分微生物固着生长在填料上，生物膜的生长和脱落可以自动保持平衡，因此生物接触氧化法无需设污泥回流系统，也不会出现污泥膨胀现象，运行管理方便。

③ 剩余污泥少：因为接触氧化池内单位容积生物固体含量

可以维持较高值，即使容积负荷加大，接触氧化池内生物量的变化也不会太大，因此剩余污泥量较少。

④ 生物活性高：接触氧化池的填料下鼓风曝气，不仅供氧充分，而且对生物膜起到搅动作用，加速了生物膜的更新，使生物膜的活性提高。曝气产生的紊流可以使附着在填料上的生物膜连续、均匀地与污水接触，增强了传质效果，提高了生物代谢速度。

⑤ 动力消耗低：接触氧化池内的填料可以起到切割气泡增加紊动的作用，增大了氧的传递系数，提高了处理效率，同时不需要污泥回流，因此使电耗较低。在同样去除效果的情况下，可以比活性污泥法节省动力30%左右。

2. 常见接触氧化池的几种形式

根据曝气装置与填料的相对位置，接触氧化池可分为两大类。

一种是将曝气装置与填料分别设在不同的隔间内，形成曝气区与接触氧化区两部分，污水预先经过曝气充氧后，再进入填料层与生物膜相接触。这种池型的优点是填料层内水流平稳，有利于生物膜的生长，缺点是冲刷力较小，不利于生物膜的脱落更新，采用蜂窝填料时，容易造成填料孔堵塞。一般适用于 BOD_5 值较低的有机污水的处理或用于污水的深度处理。曝气装置多采用表面机械曝气或鼓风曝气系统，曝气区设在接触氧化池的中心或一侧。

另一种是将曝气装置直接设在填料层的下面，曝气与接触氧化在同一个池内进行。和前一种池型相比，这种构造可提高池体的利用率，而且上升气流增加了填料层的水流紊动性，促使生物膜更新加快，有利于提高生物膜的活性；缺点是曝气装置设在填料层的下面，检修不便。常用生物接触氧化池的形式是后一种，一般适用于处理 BOD_5 值较高的有机污水。曝气装置多采用鼓风曝气系统。

图 3-29 是常见接触氧化池的几种形式。

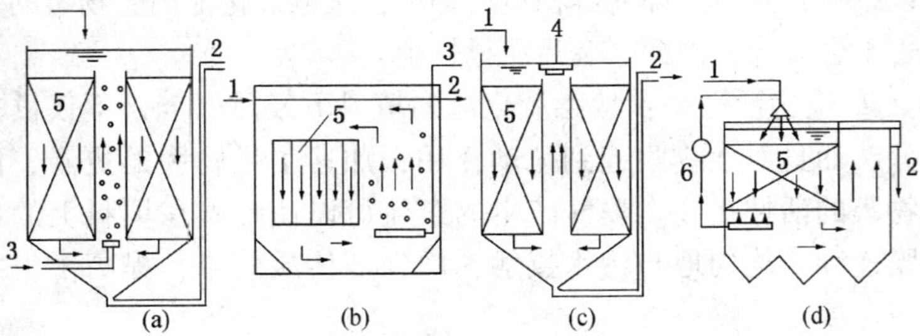

图 3-29　常见接触氧化池形式示意图

1—进水管；2—出水管；3—进气管；4—叶轮；5—填料；6—泵

3. 接触氧化池的填料

生物接触氧化池内的填料是微生物的载体，其特性对池内生物固体含量、氧的利用率、水流条件和污水与生物膜的接触情况等起着重要的作用，是影响生物接触氧化法处理效果的关键因素。

（1）接触氧化法选用填料的技术要求

① 比表面积大，空隙率大，而且截留悬浮杂质的能力强，对生物膜的附着作用较好；

② 水流阻力小，流态好，有利于生物膜的生长和脱落更新；

③ 强度大、化学和生物稳定性较好，经久耐用，不会因溶出有害物质而引起二次污染；

④ 与水的密度基本相同，容易固定安装在接触氧化池内（悬浮填料能在曝气条件下在接触氧化池内自由活动）；

⑤ 形状规则、尺寸均一，使填料层各个部分的水流流态相同，避免短流现象，而且运输安装和拆卸维修都很方便。

（2）常用接触氧化池填料的种类

接触氧化法所用填料按材质分有弹性填料、软性填料、半软性填料三种，按安装形式分有固定式和悬浮自由式两种。常用玻璃钢弹性蜂窝填料和软性纤维填料的规格分别见表 3-8、表3-9。

表 3-8　常用蜂窝型玻璃钢填料规格

孔径/mm	堆积容重/($kg \cdot m^{-3}$)	壁厚/mm	比表面积/($m^2 \cdot m^{-3}$)	孔隙率/%	块体规格/mm
19	40~42	0.2	208	98.4	700×500×5~2000
25	31~33	0.2	158	98.7	800×800×230
32	24~26	0.2	139	98.9	1000×500×5~900
36	23~25	0.2	110	99.1	800×500×200

表 3-9　常用软性纤维填料规格

项　目	规　格　尺　寸					
纤维束长度/mm	80	100	120	140	160	180
纤维束间距/mm	30	40	50	60	70	80
安装间距/mm	60	80	100	120	140	160
纤维束量/(束 · m^{-3})	9259	3906	2000	1157	729	488
单位密度/($kg \cdot m^{-3}$)	14~16	8.5~10	6~7	3.5~4	3~3.5	2.5~3
成膜后密度/($kg \cdot m^{-3}$)	266	137	78	58	45	32
孔隙率/%	>99	>99	>99	>99	>99	>99
理论比表面积/($m^2 \cdot m^{-3}$)	11188	6954	4273	2884	2770	1564

① 弹性填料：弹性填料通常由硬聚氯乙烯塑料或玻璃钢制成波状薄片，在现场再粘合而成蜂窝状，塔式生物滤池大多也采用这种填料。蜂窝状弹性填料由薄片做成，空隙率较大，如直径为20mm、管壁厚为0.122mm的填料，空隙率高达98.3%。而且质地较轻，纵向强度大，在使用时堆积高度可达4~5m。蜂窝管壁面光滑无死角，老化的生物膜易于脱落。蜂窝状弹性填料的孔径需要根据污水水质、有机负荷、充氧条件等因素进行选择确定，为防止填料堵塞，一般不用蜂窝状弹性填料处理高浓度有机污水，而且一般不采用扩散、射流或表面曝气方式充氧。

② 软性填料：软性填料通常由尼龙、维纶、腈纶等化学纤维编结成束并用中心绳相连而成，因此又称纤维填料。软性填料比表面积大，不会堵塞，质量轻，运输方便，可用于处理高浓度污水。其缺点是填料的纤维容易与生物膜粘结在一起而产生结球

现象，使比表面积减少，影响处理效果。为防止生物膜生长后纤维结成球状，减小填料的比表面积，又有以硬性塑料为支架，其上缚以软性纤维的，成为组合软性填料。新型组合软性填料的纤维束绑扎在圆盘状支架上，支架外形为多孔薄片状圆盘，再用中心绳将带有纤维的圆盘串起来。这种软性填料不会出现结球现象，同时能起到良好的布水、布气作用，接触传质条件较好，氧的利用率较高。

③ 半软性填料：半软性填料是针对软性填料的缺点而改进开发的填料形式，一般由改性聚乙烯塑料制成薄片状，其外形与组合填料相似，不过将捆绑在其上的纤维束换成了与中心圆盘相连的塑料丝。这种填料既有一定刚性，又有一定柔性，无论在水流还是在气流作用下，都能基本保持原有形状。半软性填料具有较强的重新布水和布气作用，耐腐蚀，不易堵塞，使用寿命较长，对有机物的去除效率较高。

④ 悬浮填料：弹性填料、软性填料和半软性填料都是采用框架支撑的方式安装在接触氧化池内，位置是相对固定的，安装麻烦且造价较高。现在，悬浮自由式填料的应用正在逐步推广。悬浮自由式填料有球状、盘状等多种样式，基本材质未变，关键是经过选择配料，将填料的密度核定在一定范围内(略高于要处理污水的密度)。使用时只要将填料按一定体积比(一般填料的堆积体积占池体容积的20%~50%)投入接触氧化池，根据实际磨损情况及时补充即可，省却了固定式填料安装和更换的诸多麻烦。悬浮自由式填料的缺点是对曝气装置要求较高，最好是采用不停水即可更换的曝气管道系统。

4. 运行和管理应该注意的问题

(1) 接触氧化法填料完全淹没在水中，因此启动时生物膜的培养方式和活性污泥法基本相同，可间歇培养也可直接培养，对于工业废水，在利用生活污水培养成生物膜后，还要进行驯化。

(2) 当处理工业废水时，如果污水缺乏足够的氮、磷等营养成分，要及时分析化验进出水的氮、磷等营养成分含量，根据具体情况间断或连续向水中投加适量的营养盐。

（3）定时进行生物膜的镜检，观察接触氧化池内、尤其是生物膜中特征微生物的种类和数量，一旦发现异常要及时调整运行参数。

（4）尽量减少进水中的悬浮杂物，以防其中尺寸较大的杂物堵塞填料的过水通道。避免进水负荷长期超过设计值造成生物膜异常生长，进而堵塞填料的过水通道。一旦发生堵塞现象，可采取提高曝气强度，以增强接触氧化池内水流紊动性的方法，或采用出水回流，以提高接触氧化池内水流速度的方法，加强对生物膜的冲刷作用，恢复填料的原有效果。

第四节　厌氧生物处理

厌氧生物处理是在厌氧条件下，由多种微生物共同作用，利用厌氧微生物将污水或污泥中的有机物分解并生成甲烷和二氧化碳等最终产物的过程。在不充氧的条件下，厌氧细菌和兼性(好氧兼厌氧)细菌降解有机污染物，又称厌氧消化或发酵，分解的产物主要是沼气和少量污泥，适用于处理高浓度有机污水和好氧生物处理后的污泥。

一、厌氧生物处理的特点

1. 优点

（1）典型厌氧处理工艺的污泥负荷(F/M)为0.5~1.0kg BOD_5/(kgMLVSS · d)，是好氧工艺污泥负荷0.1~0.5kg BOD_5/(kgMLVSS · d)的两倍多。在厌氧处理系统中，由于没有氧的转移过程，MLVSS可以达到好氧工艺的5~10倍之多。厌氧生物处理有机容积负荷为5~10kg BOD_5/(m^3 · d)，而好氧生物处理有机容积负荷只有0.5~1.0kg BOD_5/(m^3 · d)，两者相差可达10倍之多。

（2）与好氧生物处理相比，厌氧生物处理的有机负荷是好氧工艺的5~10倍，而合成的生物量仅为好氧工艺的5%~20%，即剩余污泥产量要少得多。好氧生物处理系统每处理1kg COD_{Cr}产生的污泥量为250~600g，而厌氧生物处理系统每处理1kg COD_{Cr}产生的污泥量只有20~180g。且浓缩性和脱水性较好，同时厌氧处理过程可以杀死污水和污泥中的一部分寄生虫卵，即剩余污泥的卫生学指标和化学指标都比好氧法稳定，因而厌氧污泥的处理和处置简单，可以减少污泥处置和处理的费用。

（3）厌氧微生物对营养物质的需要量较少，仅为好氧工艺的5%~20%，因而处理氮磷缺乏的工业废水时所需投加的营养盐量就很少。而且厌氧微生物的活性比好氧微生物要好维持得多，可以保持数月甚至数年无严重衰退，在停运一段时间后能迅速启动，因此厌氧反应器可以间歇运行，适于处理季节性排放的污水。

（4）好氧微生物处理每去除1kg COD_{Cr}因为曝气要耗电0.5~1kW·h，而厌氧生物处理就没有曝气带来的能耗，且处理含有表面活性剂的污水时不会产生泡沫等问题，不仅如此，每去除1kg COD_{Cr}的同时，产生折合能量超过12000kJ的甲烷气。

（5）好氧处理的曝气过程可以将污水中的挥发性有机物吹脱出来而产生大气污染，厌氧处理不存在这一问题，同时可以降解好氧工艺无法降解的物质，减少氯化烃类等有毒高分子有机物的毒性。

（6）厌氧处理的反应是由多种不同性质、不同功能的微生物协同发挥作用的连续微生物过程，远比好氧生物处理中的微生物过程复杂。因此厌氧生物处理可以对好氧微生物处理法不能降解的一些大分子有机物进行全部或部分的降解。

2. 缺点

厌氧微生物对温度、pH等环境因素的变化更为敏感，运行管理好厌氧生物处理系统的难度较大。厌氧生物处理存在的缺点如下：

（1）厌氧微生物增殖缓慢，为增加反应器内生物量所需的时间较长，因而厌氧反应器启动时间和水力停留时间都比好氧法长；

（2）一般情况下出水水质不能直接达到符合排放标准的要求，需要进一步处理，因此在厌氧反应器后需要串联配置好氧处理过程；

（3）待处理污水浓度低或碳氮比较低时会形成碱度不足，需要补充和投加碱源；

（4）污水浓度低产生的甲烷的热量不足以将水温加热到厌氧生物处理的最佳温度时，需要用外热源加热；

（5）厌氧处理过程中产生的以甲烷气体为主的沼气是一种易燃易爆气体，厌氧反应器内必须按防爆设计；

（6）氯化脂肪族化合物等有毒物质对甲烷菌的毒性比好氧异养菌大，对于有毒污水性质了解不足或操作不当可能导致反应器运行条件的恶化；

（7）对温度要求严格，污水温度低时对处理效果的影响很大，管理操作比较复杂；

（8）污水含有 SO_4^{2-} 时会产生硫化氢和难闻的气味，而且部分 H_2S 转移到沼气中会引起管道及发电机和锅炉的腐蚀，同时硫酸盐和亚硫酸盐还原消耗了有机物，从而减少了有机物降解所应该产生的甲烷量；

（9）无硝化作用，如果要维持较高的生物活性，要求 NH_4^+ 浓度在 40～70mg/L。

3. 厌氧生物处理与好氧生物处理在运行控制上的区别

好氧生物处理由于去除率高，一般都作为最终处理，因此运行管理以保障出水达标为目的。运行管理中关键是确保充足的供氧和污泥性能良好，并通过加强水质调节和对高浓度污水进行稀释保证好氧处理系统进水水质水量的稳定。好氧生物处理对溶解氧的要求较高，但对温度、pH 值的适应范围较宽。好氧生物处理一般污泥产量较大，为防止污泥老化，需要及时排除剩余污泥。

厌氧生物处理适合处理高浓度污水，对高浓度污水几乎不需要稀释，由于出水 BOD_5 值偏高(虽然去除率有时很高)，因此，厌氧生物处理一般作为预处理，运行控制以稳定运行和对有机污染物、氮和磷的有效去除为目的。厌氧生物处理对温度、pH 值、无氧环境要求较高，是运行控制的关键，出水回流有益于保持出水 pH 值和足够的碱度。产气量和出水 pH 值变化是厌氧生物处理最关键的控制因素。另外，厌氧生物处理产泥量较低，对营养物的需求比好氧法低，对冲击负荷适应能力较强。

二、厌氧生物处理的影响因素

1. 温度

厌氧过程比好氧过程对温度变化，尤其是对低温更加敏感，是因为将乙酸转化为甲烷的甲烷菌比产乙酸菌对温度更加敏感。低温时挥发酸浓度增加，就是因为产酸菌的代谢速率受温度的影响比甲烷菌受到的影响小。低温时 VFA 浓度的迅速增加可能会使 VFA 在系统中累积，最终超过系统的缓冲能力，导致 pH 值的急剧下降，从而严重影响厌氧工艺的正常运行和最大处理能力的发挥。

厌氧消化过程存在两个不同的最佳温度范围，一个是 55℃左右，一个是 35℃左右。通常所称高温厌氧消化和低温厌氧消化即对应这两个最佳温度范围。温度的急剧变化和上下波动不利于厌氧处理的正常进行，当短时间内温度升降超过 5℃，沼气产量会明显下降，甚至停止产气。因此厌氧生物处理系统在运行中的温度变化幅度一般不要超过 2~3 ℃。但与其他影响因素不同的是，温度的短时性突然变化或波动一般不会使厌氧处理系统遭受根本性的破坏，温度一经恢复到原来的水平，处理效果和产气量就能随之恢复，不过温度波动持续的时间较长时，恢复所需时间也较长。

高温消化的反应速率约为中温消化的 1.5~1.9 倍，产气率也高，但沼气中甲烷所占的比例却比中温消化低。当处理含有病原菌和寄生虫卵的污水或污泥时，采用高温消化可以取得较理想的卫生效果。理论上讲，如果厌氧处理产生的甲烷全部燃烧，而且假定向污水中的传热效率是100%，那么每1000mg COD_{Cr}/L所转化的甲烷可使污水温度升高3.3℃，即厌氧处理高浓度有机污水时所产生的甲烷燃烧后可以将污水加热到高于其原来的温度。照此计算，如果待处理的工业废水温度超过40℃、COD_{Cr}值超过5000mg/L，就可以考虑采用高温厌氧生物处理法。如果原污水本身温度较低，COD_{Cr}值也不高，采用高温厌氧生物处理法必须补充很多外加能量时，从经济上是不划算的。尤其是处理污水的量较大时，更要考虑加热污水是否经济。

采用高温厌氧生物处理法时，必须考虑处理出水的去向问题。采用高温厌氧生物处理时的出水水质很难达标排放(即使达标，如此高的水温直接排入水体也是不合法的)，通常作为二级生物处理的预处理，即需要进入曝气池等好氧生物处理构筑物。如果经过高温厌氧处理的水量在好氧处理系统进水中的比例过大，有可能导致好氧处理系统水温过高，而温度一旦超过40℃，对好氧处理系统的影响将是致命的，这时候必须增加对高温厌氧处理出水的降温措施，增加污水处理的能耗。因此，在决定是否采用高温厌氧生物处理法时，必须综合考虑整个污水处理系统的经济性。

2. 水力停留时间

水力停留时间对于厌氧工艺的影响主要是通过上升流速来表现出来的。一方面，较高的水流速度可以提高污水系统内进水区的扰动性，从而增加生物污泥与进水有机物之间的接触，提高有机物的去除率。另一方面，水力负荷过大导致水力停留时间过短，可能造成反应器内的生物体流失。为了维持系统中能拥有足够多的污泥，上升流速又不能超过一定限值。

要同时保证厌氧生物处理的水力停留时间HRT和固体停留时间SRT。HRT与待处理的污水中的有机污染物性质有关，简单的低分子有机物要求的HRT较短，复杂的大分子有机物要求的HRT较长。试图在HRT较短的情况下，利用悬浮生长工艺如

UASB 处理低浓度污水往往行不通。要想经济地利用厌氧技术处理低浓度污水，必须提高 SRT 与 HRT 的比值，即设法增加反应器内的生物量。因此在利用厌氧法处理低浓度污水时，水力停留时间是比有机负荷更为重要的工艺控制条件。

3. 有机负荷

由于厌氧生物处理几乎对污水中的所有有机物都有分解作用，因此讨论厌氧生物处理时，一般都以 COD_{Cr} 值来分析，而不像好氧生物处理那样必须以 BOD_5 为依据。厌氧处理的有机负荷通常以容积负荷和一定的 COD_{Cr} 去除率来表示，厌氧生物处理系统的容积负荷是好氧系统的 10 倍以上，可以高达 5 ~ 10kg $COD_{Cr}/(m^3 \cdot d)$。厌氧处理的程度与有机负荷有关，一般是有机负荷越高，处理程度越低。但随着厌氧反应器内污泥浓度的增加，有可能在保持较低污泥负荷的条件下得到较高的容积负荷。有机负荷对厌氧生物处理的影响主要体现在以下几个方面：

(1) 厌氧生物反应器的有机负荷直接影响处理效率和产气量。在一定范围内，随着有机负荷的提高，产气量增加，但有机负荷的提高必然导致停留时间的缩短，即进水有机物分解率将下降，从而又会使单位质量进水有机物的产气量减少。

(2) 厌氧处理系统的正常运转取决于产酸和产甲烷速率的相对平衡，有机负荷过高，则产酸率有可能大于产甲烷的用酸率，从而造成挥发酸 VFA 的积累使 pH 值迅速下降，阻碍产甲烷阶段的正常进行。严重时导致产甲烷作用的停顿，整个系统陷于瘫痪状态，调整恢复起来非常困难。

(3) 如果有机负荷的提高是由进水量增加而产生的，过高的水力负荷还有可能使厌氧处理系统的污泥的流失率大于其增长率，进而影响系统的处理效率。

(4) 如果进水有机负荷过低，虽然产气率和有机物的去除率可以提高，但设备的利用率低，投资和运行费用升高。

4. 营养物质

厌氧微生物的生长繁殖需要摄取一定比例的 C、N、P 及其他微量元素，但由于厌氧微生物对碳素养分的利用率比好氧微生物低，一般认为，厌氧法中碳氮磷的比值控制在 COD_{Cr} ：N：P＝（200~300）：5：1 即可。硫化氢也是甲烷菌的必须营养物质，甲烷菌对硫化氢的最佳需要量为 11.5mg/L。同时还要根据具体情况，补充某些必需的特殊营养元素，比如铁、镍、锌、钴、钼等以提高某些系统酶的活性。

在厌氧处理时提供氮源，除了满足合成菌体所需之外，还有利于提高反应器的缓冲能力。如果氮源不足，即碳氮比太高，不仅导致厌氧菌增殖缓慢，而且使消化液的缓冲能力降低，引起 pH 值下降。相反，如果氮源过剩，碳氮比太低、氮不能被充分利用，将导致系统中氨的积累，引起 pH 值上升；如果 pH 值上升到 8 以上，就会抑制产甲烷菌的生长繁殖，使消化效率降低。

5. 氧化还原电位

无氧环境是严格厌氧的产甲烷菌生长繁殖的最基本条件之一。产甲烷菌不像好氧菌那样具有过氧化氢酶，因而对氧和氧化剂非常敏感。水中的含氧浓度可以用氧化还原电位来间接表示。

在厌氧消化过程中，非产甲烷阶段可以在兼氧条件下进行，氧化还原电位为+100mV~-100mV，而在产甲烷阶段的氧化还原电位临界值为-200mV，中温消化或常温消化的氧化还原电位必须控制在-300mV~-350mV，高温消化的氧化还原电位必须控制在-560mV~-600mV。

混合液中的氧含量是影响厌氧反应器中氧化还原电位的重要因素，但不是唯一因素，挥发性有机酸浓度的高低、pH 值的升降及铵离子浓度的增减等因素都会引起混合液氧化还原电位的变化。如 pH 值低，相应的氧化还原电位就高，pH 高，相应的氧化还原电位就低。

6. pH 值

(1) 厌氧反应器对 pH 值的要求

厌氧微生物对其活动范围内的 pH 值有一定要求，产酸菌对 pH 值的适应范围较广，一般在 4.5~8.0 之间都能维持较高的活性。而甲烷菌对 pH 值较为敏感，适应范围较窄，在 6.6~7.4 之间较为适宜，最佳 pH 值为 7.0~7.2。因此，在厌氧处理过程中，尤其是产酸和产甲烷在一个构筑物内进行时，通常要保持反应器内的 pH 值在 6.5~7.2 之间，最好保持在 6.8~7.2 的范围内。

进水 pH 值条件失常首先表现在使产甲烷作用受到抑制，即使在产酸过程中形成的有机酸不能被正常代谢降解，从而使整个消化过程各个阶段的协调平衡丧失。如果 pH 值持续下降到 5 以下不仅对产甲烷菌形成毒害，对产酸菌的活动也产生抑制，进而可以使整个厌氧消化过程停滞。这样一来，即使将 pH 值调整恢复到 7 左右，厌氧处理系统的处理能力也很难在短时间内恢复。但如果因为进水水质变化或加碱量过大等原因，pH 值在短时间内升高超过 8，一般只要恢复中性，产甲烷菌就能很快恢复活性，整个厌氧处理系统也能恢复正常。所以厌氧处理装置适宜在中性或弱碱性的条件下运行。

厌氧处理要求的最佳 pH 值指的是反应器内混合液的 pH 值，而不是进水的 pH 值，因为生物化学过程和稀释作用可以迅速改变进水的 pH 值。反应器出水的 pH 值一般等于或接近反应器内部的 pH 值。含有大量溶解性碳水化合物的污水进入厌氧反应器后，会因产生乙酸而引起 pH 值的迅速降低，而经过酸化的污水进入反应器后，pH 值将会上升。含有大量蛋白质或氨基酸的污水，由于氨的形成，pH 值可能会略有上升。因此，对不同特性的污水，可控制不同的进水 pH 值，可能低于或高于反应器所要求的 pH 值。

在厌氧处理过程中，pH 值的升降除了受进水 pH 值的影响外，还取决于有机物代谢过程中某些产物的增减。比如厌氧处理中间产物有机酸的增加会使 pH 值下降，而含氮有机物的分解产物氨含量的增加会使 pH 值升高。因此，厌氧反应器内的 pH 值除了与进水 pH 值有关外，还受到其中挥发酸浓度、碱度、CO_2

浓度、氨氮含量等因素的影响。

由于反应器内存在碱度，pH 值往往难以判断厌氧中间产物的积累程度，一旦系统中碱度的缓冲能力不能抵挡挥发酸的积累而引起 pH 值下降时，再采取补救措施往往是已错过了时机，这也是厌氧处理系统运行中，除了测定 pH 值外，还要检测挥发酸 VFA 浓度和碱度的原因所在。为防止反应器内局部酸的大量积累，除了进行必要的混合搅拌外，还需要投加碳酸氢钠和石灰等碱剂或提高回流比来保证反应器内的碱度适中。

（2）VFA 和 ALK

VFA 表示的是厌氧处理系统内的挥发性有机酸的含量，厌氧生物处理系统实现对污水中或污泥中有机物的有效处理，最终是通过产甲烷过程来实现的，而产甲烷菌所能利用的有机物就是挥发性有机酸 VFA。VFA 过低会使甲烷能利用的物料减少，厌氧反应器对有机物的分解程度较低；而 VFA 过高超过甲烷菌所能利用的数量，又会造成 VFA 的过度积累，进而使反应器内的 pH 下降，影响甲烷菌正常功能的发挥。同时甲烷菌因各种原因受到损害后，也会降低对 VFA 的利用率，反过来造成 VFA 的积累，形成恶性循环。

ALK 则表示的是厌氧处理系统内的碱度。VFA/ALK 反映了厌氧处理系统内中间代谢产物的积累程度，正常运行的厌氧处理装置的 VFA/ALK 一般在 0.3 以下，如果 VFA/ALK 突然升高，往往表明中间代谢产物不能被产甲烷菌及时分解利用，即系统已出现异常，需要加入碱源进行控制。

7. 有毒物质

厌氧系统中的各个环节出现的各种有毒物质会对处理过程产生不同程度的影响，这些物质包括有毒有机物、重金属和一些无机离子等，它们有的是进水中所含有的成分，有的是厌氧菌的代谢产物。厌氧处理系统能够承受有毒物质的最高容许浓度与厌氧处理工艺方法、厌氧污泥驯化程度、污水特性、操作控制条件等多种因素有关。

(1) 对有机物来说，带有醛基、双键、氯取代基及苯环等结构，往往对厌氧微生物有抑制作用。比如五氯苯酚和纤维素类衍生物，能抑制产乙酸和产甲烷细菌的活动。但经过培养和驯化，厌氧微生物对有毒有机物可以有较强的适应能力，甚至可以将其作为自身活动的营养物质加以消化和利用。

(2) 系统中的微量金属元素是厌氧处理的基本条件之一，同时过量的重金属又是反应器失效的最普遍和最主要的因素。重金属通过与微生物酶中的巯基、氨基、羧基等相结合使酶失活，或者通过金属氢氧化物的凝聚作用使酶沉淀。

(3) 氨是厌氧处理过程的营养剂和缓冲剂，但浓度过高时也会对厌氧微生物产生抑制作用。氨氮对厌氧处理系统的影响通过使铵离子浓度升高和 pH 值上升两个方面而产生的，主要影响产甲烷阶段，一般氨氮产生的抑制作用可逆。氨氮浓度在 1500～3000mg/L 时，pH 值大于 7 时能产生抑制作用，而浓度超过 3000mg/L 时，则不论 pH 值高低如何，氨氮都会对厌氧微生物具有毒性。

(4) 硫化物是厌氧微生物的必须营养元素之一，但过量的硫化物会对厌氧处理过程产生强烈的抑制作用。反应器内过高的可溶性硫化物会对细菌的细胞功能产生直接抑制作用，使甲烷菌的种群和数量减少。反应器内的硫酸盐等含硫化合物在还原为硫化物时，会与产甲烷菌争夺从有机物脱下来的氢，影响甲烷菌的正常代谢活动。

三、厌氧生物处理反应器的启动

1. 启动时的注意事项

(1) 厌氧生物处理反应器在投入运行之前，必须进行充水试验和气密性试验。充水试验要求无漏水现象，气密性试验要求池内加压到 350mm 水柱，稳定 15min 后压力降小于 10mm 水柱；而且在进行厌氧污泥的培养和驯化之前，最好使用氮气吹扫。

(2) 厌氧活性污泥最好从处理同类污水的正在运行的厌氧

处理构筑物中取得，也可取自江河湖泊沼泽底部、市政下水道及污水集积处等处于厌氧环境下的淤泥，甚至还可以使用好氧活性污泥法的剩余污泥进行转性培养，但这样做需要的时间要更长一些。

（3）厌氧生物处理反应器因为微生物增殖缓慢，一般需要的启动时间较长，如果能接种大量的厌氧污泥，可以缩短启动时间。一般接种污泥的数量要达到反应器容积的10%～90%，具体值根据接种污泥的来源情况而定。接种量越大，启动时间越短，如果接种污泥中含有大量的甲烷菌，效果会更好。

（4）采用中温消化或高温消化时，加热升温的速度越慢越好，一定不能超过1℃/h。同时对含碳水化合物较多、缺乏碱性缓冲物质的污水时，需要补充投加一部分碱源，并严格控制反应器内的pH值在6.8～7.8之间。

（5）启动时的初始有机负荷与厌氧处理方法、待处理污水性质、温度等工艺条件及接种污泥的性质等有关，一般从较低的负荷开始，再逐步增加负荷完成启动过程。例如UASB启动时，初始有机负荷一般为0.1～0.2kg COD_{Cr}/(kgMLSS·d)，当COD_{Cr}去除率达到80%或出水中挥发性有机酸VFA的浓度低于1000mg/L后，再按原有负荷50%的递增幅度增加负荷。如果出水中VFA浓度较高，则不宜提高负荷，甚至要酌情降低负荷。

（6）厌氧反应器的出水以一定的回流比返回反应器，可以回收部分流失的污泥及出水中的缓冲性物质、平衡反应器中水的pH值。一般附着型的反应装置因填料具有一定的拦截作用，可以不用回流出水；而悬浮生长型反应装置启动时因污泥易于流失，可适当出水回流。

（7）对于悬浮型厌氧反应装置，可以投加粉末无烟煤、微小砂砾、粉末活性炭或絮凝剂，促进污泥的颗粒化。

（8）启动初期水力负荷过高可能造成污泥的大量流失，水力负荷过低又不利于厌氧污泥的筛选。一般在启动初期选用较低的水力负荷，经过数周后再缓慢平稳地递增。

2. 厌氧污泥培养成熟后的特征

培养结束后，成熟的污泥呈深灰到黑色，有焦油气味但无硫化氢臭味，pH 值在 7.0~7.5 之间，污泥容易脱水和干化。对进水的处理效果高，产气量大，沼气中甲烷成分高。培养成熟的厌氧消化污泥的基本指标和参数见表 3-10。

表 3-10　成熟厌氧消化污泥的基本参数

项　　目	允许范围	最佳范围
pH 值	6.4~7.8	6.5~7.5
氧化还原电位 ORP/mV	-490~-550	-520~-530
挥发性有机酸 VFA(以乙酸计)/(mg/L)	50~2500	50~500
碱度 ALK(以 $CaCO_3$ 计)/(mg/L)	1000~5000	1500~3000
VFA/ALK	0.1~0.5	0.1~0.3
沼气中 CH_4 体积含量/%	>55	>60
沼气中 CO_2 体积含量/%	<40	<35

四、厌氧生物处理的运行管理

1. 厌氧生物处理设施运行管理应该注意的问题

(1) 当被处理污水浓度较高(COD_{Cr} 值大于 5000mg/L)时，可以采取出水回流的运行方式，回流比根据具体情况确定，一般在 50%~200%之间。有效的回流，不仅可以降低进水浓度，还可以增大进水量，保证处理设施内的水流分布均匀，避免出现短流现象。回流还可以防止进水浓度和厌氧反应器内 pH 值的剧烈波动，使厌氧反应平稳进行，也就是说可以减少厌氧反应对碱度的需求量，降低运行费用。厌氧反应是产能过程，出水温度高于进水，因此冬季气温低时，回流还有利于保证反应器内的温度恒定，尽可能使厌氧微生物在其最适宜温度下活动。

(2) 一般的工业废水温度难以达到 35℃，需要加热(尤其在冬季)。因此，为节约加温所需能量，一方面要注意保温(包括采取加大回流量等措施)，尽可能防止反应器热量散失，另一方面要充分发挥反应器内污泥浓度较大的特点，尽可能提高反应器内污泥浓度，减弱温度对厌氧反应的影响。

(3) 沼气要及时有效地排出。厌氧消化过程必定伴随着沼气的产生，沼气对污泥可以起到搅拌和作用，促进污水与污泥的混合接触，这是其有利的一面。同时，沼气的存在也会起到类似浮选的作用，沼气向上溢出时将部分污泥带到液面，导致浮渣的产生和出水中悬浮物含量增加及水质变差。因此，要设置气体挡板和集气罩，将沼气从厌氧消化装置内引出，在出水堰附近留有足够的沉淀区，以保证出水水质。

(4) 污泥负荷要适当。为保持厌氧消化过程三个阶段的平衡，使挥发性脂肪酸等中间产物的生成与消耗平衡，防止酸积累导致 pH 值下降，进水有机负荷不宜过高，一般不要超过 0.5kg COD_{Cr}/(kgMLSS · d)。可以通过提高反应器内污泥浓度，在保持相对较低的污泥负荷条件下，获得较高的容积负荷。一般来说，厌氧消化装置的容积负荷都在 5kg $COD_{Cr}/(m^3 \cdot d)$ 以上，甚至高达 50kg $COD_{Cr}/(m^3 \cdot d)$，这比好氧处理装置要高得多。

(5) 要充分创造厌氧环境。无氧是厌氧微生物正常活动的前提，甲烷菌则必须在绝对的厌氧环境下才能高效率发挥作用。在污水提升进入厌氧消化装置、出水回流等环节都要尽可能避免与空气的接触，尽可能减少与空气接触的机会。如水流过程中尽量不要出现跌水、搅动等现象，调节池、回流池等要加盖封闭，污水提升不要使用气提泵。厌氧反应构筑物最好经过气密试验，确保严密无渗漏。

2. 厌氧生物反应器处理污水时的常规检测项目

厌氧生物反应器处理污水时的常规检测项目见表 3-11。

通过以上分析数据还要计算有机物分解率、分解单位重量有机物的产气量和有机物投配容积负荷等。同时要记录每个工作周期的操作顺序及每一操作的历时等设施的运行状态参数。

表 3-11　厌氧生物反应器常规检测项目

项　目	单　位	取样位置或分析种类	监测频次
水量、泥量	m^3/h	进水、出水、排泥、回流水、回流污泥管路上	利用在线流量计随时检测记录
气量	m^3/h	沼气排出管道上	利用在线流量计随时检测记录
COD_{Cr}	mg/L	进水、出水	每天一次
pH 值		进水、出水、回流水	利用在线 pH 计随时检测记录
VFA	mg/L	进水、出水、回流水	每天一次
碱度	mg/L	进水、出水、回流水	每天一次
SS	mg/L	出水	每天一次
NH_3-N	mg/L	进水、出水、回流水	每天一次
TKN	mg/L	进水、出水、回流水	每天一次
TP	mg/L	出水	每天一次
MLSS	mg/L	进水、出水、排泥、回流污泥	每天一次
MLVSS	mg/L	进水、出水、排泥、回流污泥	每天一次
大肠菌群	个/mL	排泥	每周一次
蛔虫卵		排泥	每周一次
沼气成分分析		测定沼气中 CH_4、CO_2、H_2S 三种气体含量	每天一次
温度	℃	进水、出水、回流水、反应器内	利用在线温度计随时检测记录
压力	Pa	进水、反应器内	利用在线压力表随时检测记录

3. 厌氧生物反应器的控制指标

（1）氧化还原电位：利用测定氧化还原电位的方法判定厌氧反应器内的多个氧化还原组分系统是否平衡状态，虽然这种方法可靠性较差，但由于氧化还原电位测定简单，和其他监测指标结合起来应用，有一定的指导意义。

（2）丙酸盐和乙酸盐浓度比：如果厌氧反应器有机负荷超过

正常范围，在其他运行参数发生变化之前，丙酸盐和乙酸盐浓度之比会立即升高。因此可以将丙酸盐和乙酸盐浓度之比作为厌氧反应器超负荷引起运行异常的灵敏而可靠的警示指标。

（3）挥发性酸 VFA：挥发性酸的异常升高是厌氧反应器中产甲烷菌代谢受到抑制的最有效指标。

（4）苯乙酸：苯乙酸是降解芳香组氨基酸和木质素等大分子有机物产生的中间产物，当处理含有这类污染物的污水时，厌氧处理出水中苯乙酸含量是比挥发性酸更为敏感的反映厌氧反应器运行状态的指标。

（5）甲硫醇：甲硫醇气味独特，即使含量很低，人们也能凭嗅觉感觉出来。甲硫醇含量突然增加(气味突然出现或加大)往往表明进水中氯代烃类有毒物质含量突然增加。

（6）一氧化碳 CO：CO 的产生与甲烷的产生密切相关，CO 难溶于水，可以实现在线监测。气相中 CO 的含量和液相中乙酸盐的浓度有良好的相关性，CO 的含量变化与重金属和由有机毒性所引起的抑制作用也有关系。

4. 厌氧生物反应器维持高效率的基本条件

（1）适宜的 pH 值：为使厌氧顺利进行，反应器中的 pH 值必须在 6.5~8.2 之间。

（2）充足的常规营养：反应器内氮的浓度必须在 40~70mg/L 范围内才能满足需要，而磷和硫化物维持较低的浓度即可满足需要。甲烷菌对硫化物和磷有专性需要，必须在反应器内保证其含量，有时需要向进水中投加磷肥和硫酸盐。

（3）必要的微量专性营养元素：对甲烷菌有激活作用的专性营养元素有铁、钴、镍、锌、锰、钼、铜甚至硒、硼等很多种，缺少其中一种就可能严重影响整个生物处理过程。

（4）合适的温度：厌氧反应一般在 30~37℃ 的中温条件下运行。

（5）对毒性适应能力：必须完成厌氧微生物对有毒物质适应性的驯化。

（6）充足的代谢时间：要同时保证厌氧生物处理的水力停留时间 HRT 和固体停留时间 SRT。

（7）适量的碳源：来自进水中的有机物要满足异养型甲烷菌用于生物合成所需要的碳源，同时反应器内的溶解性 CO_2 要满足自养型甲烷菌所需要的碳源。

（8）污染物向微生物的传质良好：厌氧生物反应器内的颗粒污泥在流化状态下传质能力较好，但生物量过多积累或使用厌氧生物膜法时生物膜过厚都可能产生传质问题，要定期排出剩余生物污泥或提高回流比减少部分传质阻力。

五、厌氧生物反应器的种类

污水处理系统使用的厌氧反应器主要有升流式厌氧污泥反应器、厌氧生物滤池、厌氧复合床反应器等三种。

（一）升流式厌氧污泥反应器 UASB

1. 结构

升流式厌氧污泥反应器 UASB 的基本特征是在反应器的上部设置气、固、液三相分离器，下部为污泥悬浮层区和污泥床区。污水从底部流入，向上升流至顶部流出，混合液在沉淀区进行固、液分离，污泥可自行回流到污泥床区，使污泥床区保持很高的污泥浓度。从构造和功能上划分，UASB 反应器主要由进水配水系统、反应区（污泥床区和污泥悬浮层区）、沉淀区、三相分离器、集气排气系统、排泥系统及出水系统和浮渣清除系统组成（见图 3-30）。

反应区中污泥床高度约为反应区总高度的 1/3，但其污泥量约占全部污泥量的 2/3 以上。污泥床的污泥量大，有机物浓度高，因此，80%的有机物去除率是在污泥床内实现的。虽然污泥悬浮层去除的有机物量不大，但其高度对产气量、混合程度和系统稳定性至关重要。

UASB 池型有圆形、方形、矩形等多种形式，小型装置常为圆柱形，底部呈锥形或圆弧形，大型装置为便于设置三相分离器，则一般为矩形，总高度一般为3～8m，其中污泥床1～2m，污泥悬浮层2～4m。当污水流量较小而有机物浓度较高时，需要的沉淀区面积小，沉淀区的面积及池形可与反应区相同。当污水流量大而有机物浓度较低时，需要的沉淀区面积大，为使反应区的过流面积不至于过大，可加大沉淀区面积，即使UASB反应器上部直径大于下部直径。

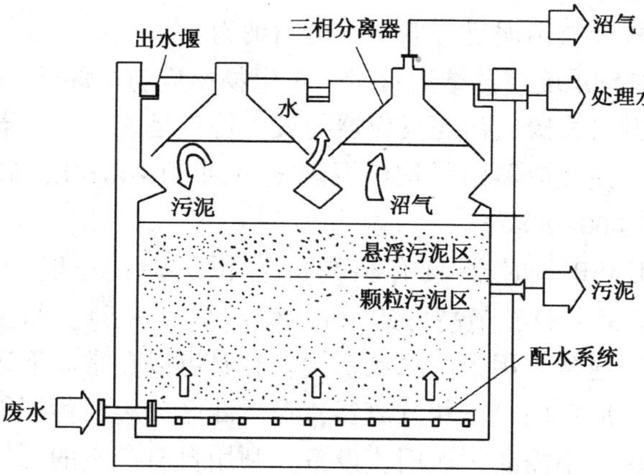

图3-30　UASB反应器构造示意图

2. 基本原理

UASB反应器内没有载体，是一种悬浮生长型的厌氧消化方法。在反应器底部污泥浓度较高的污泥层被称为污泥床，而在污泥床上部污泥浓度稍低的污泥层被称为污泥悬浮层，污泥床和污泥悬浮层统称为反应区。

在厌氧状态下，微生物分解有机物产生的沼气在上升过程中产生强烈的搅动，有利于颗粒污泥的形成和维持。污水均匀地进入反应器的底部，污水向上通过包含颗粒污泥或絮状污泥的污泥床，在与污泥颗粒的接触过程中发生厌氧反应，经过反应的混合液上升流动进入气、固、液三相分离器。沼气泡和附着沼气泡的污泥颗粒向反应器顶部上升，上升到气体反射板的底面，沼气泡与污泥絮体脱离。沼气泡则被收集到反应器顶部的集气室，脱气后的污泥颗粒沉降到污泥床，继续参与进水有机物的分解反应。在一定的水力负荷下，绝大部分污泥颗粒能保留在反应区内，使反应区具有足够的污泥量。

UASB 反应器不仅适于处理高、中浓度的有机污水，也适用于处理城市污水一类的低浓度有机污水。

3. 特点

升流式厌氧污泥反应器特点可归纳为：

（1）UASB 反应器结构紧凑，集生物反应与沉淀于一体。

（2）升流式厌氧污泥反应器的最大特点是能在反应器内形成颗粒污泥，使反应器内平均污泥浓度达到 30~40g/L，底部污泥浓度可高达 60~80g/L。

（3）UASB 反应器具有很高的容积负荷，一般为 10~20 $kgCOD_{Cr}/(m^3 \cdot d)$，最高可达 30$kgCOD_{Cr}/(m^3 \cdot d)$。而且水力停留时间短，通常采用中温厌氧消化，有时可以在常温下运行。

（4）反应器内设三相分离器，在沉淀区分离的污泥能自动回流到反应区，不需要污泥回流设备。利用自身产生的沼气和进水水流来实现搅拌混合，也不需要混合搅拌设备。因此，简化了工艺环节和减少了系统工艺设备，维护运行较简单。

（5）UASB 反应器内没有载体，是一种悬浮生长型的厌氧消化方法，不仅节省投资，而且避免了堵塞问题。

（6）UASB 反应器的缺点是要求进水中的悬浮物比普通消化池低得多，特别是难生物降解的有机固体含量不宜过高，以免对污泥颗粒化不利或减少反应区的有效容积，影响处理效果和处理能力；而且启动时间较长，对水质水量和负荷的变化也比较敏感。

4. 颗粒污泥

颗粒污泥的形成实际上是微生物固定化的一种形式，其外观为具有相对规则的球形或椭圆形黑色（或灰色）颗粒。颗粒污泥的粒径一般为 0.1~3mm，个别大的有 5mm，密度为 1.04~1.08

g/cm^3，比水略重，具有良好的沉降性能和降解水中有机物的产甲烷活性。

在光学显微镜下观察，颗粒污泥呈多孔结构，表面有一层透明胶状物，其上附着甲烷菌。颗粒污泥靠近外表面部分的细胞密度最大，内部结构松散、细胞密度较小，粒径较大的颗粒污泥往往有一个空腔，这是由于颗粒污泥内部营养不足使细胞自溶而引起的。大而空的颗粒污泥容易破碎，其破碎的碎片成为新生颗粒污泥的内核，一些大的颗粒污泥还会因内部产生的气体不易释放出去而容易上浮。

（1）使 UASB 反应器内出现颗粒污泥的方法

① 直接接种法：从正在运行的其他 UASB 反应器中取出一定量的颗粒污泥直接投入新的 UASB 反应器后，由少到多逐步加大被处理的污水水量，直到设计水量。用这种方法反应器投产所需时间最快，但一般只在启动小型 UASB 反应器时采用这种方法。

② 间接接种法：将取自正在运行的厌氧处理装置的厌氧活性污泥，如城市污水处理厂的消化污泥，投入 UASB 反应器后，创造厌氧微生物最佳的生长条件，用人工配制的、含有适当营养成分的营养水进行培养，形成颗粒污泥后，再由少到多逐步加大被处理的污水水量，直到设计水量。

③ 直接培养法：将取自正在运行的厌氧处理装置的厌氧活性污泥，如城市污水处理厂的消化污泥，投入 UASB 反应器后，用被处理污水直接培养，形成颗粒污泥后，再逐步加大被处理的污水水量，直到设计水量。这种方法反应器投产所需时间较多，可长达 3~4 个月，大型 UASB 反应器常采用这种方法。

（2）直接培养法培养颗粒污泥的注意事项

直接培养法培养颗粒污泥时通常使用非颗粒性的污泥，虽然厌氧处理工艺的大多数菌种要求严格的厌氧条件，但在培养启动时不必追求严格的厌氧。因此直接培养时既可以使用非颗粒性的纯厌氧污泥，也可以使用经过陈化的好氧剩余污泥，如果有搅拌设施，还可以投入未经消化的脱水污泥。即使引入的污泥中含有一定量的溶解氧，只要不再补充氧，反应器内的溶解氧也会很快被接种泥中的兼性菌消耗掉而最终形成严格的厌氧条件。其他注意事项如下：

① 最好一次投加足够量的接种厌氧污泥，一般接种厌氧污泥投加量为40~60kg/m^3。同时进水中要补充足够的营养盐，必要时还要添加硫、钙、钴、钼、镍等微量元素。

② 为使颗粒污泥尽快形成，开始进水时COD_{Cr}浓度不宜过高，一般要低于5000 mg/L，可采取加大回流比的方法，使进水负荷按污泥负荷计应低于0.1~0.2kg COD_{Cr}/(kgMLSS·d)。同时要将反应器内温度严格控制在35~40℃或50~55℃之间，必要时将进水可用蒸汽加热；pH值应保持在7~7.2之间，进水碱度一般不低于750mg/L。

③ 出现小颗粒污泥后，为使小颗粒污泥发展为大颗粒污泥，要适当提高反应器表面水力负荷，将絮状污泥和分散的细小颗粒污泥从反应器中“洗出”。但是一定要使“洗出”缓慢进行、逐步提高水力负荷，过度的“洗出”会使反应器内污泥量急剧减少而使颗粒污泥培养失败。有关试验表明，当表面水力负荷在0.25 m^3/(m^2·h)以上时，会使污泥产生水力分级现象。

④ 在培养初期，出水中会夹带着一些污泥絮片，反应器内污泥浓度有所降低，在颗粒污泥尚未形成之前，即使反应器具有一定去除率，但由于污泥流失量大于生物增长量，反应器内污泥浓度还会继续下降。颗粒污泥形成后，随着容积负荷的不断加大，增殖的生物量才会大于污泥流失量，反应器内污泥浓度开始增加。因此，培养初期污泥流失造成污泥浓度下降是正常现象，因培养时间较长，要有耐心，注意观察和分析有关化验数据。

⑤ 培养不能长期在低负荷下运行，当出水水质较好、COD_{Cr}去除率较高后，应当逐渐提高负荷，但不能突然提高负荷，以防止造成冲击，对污泥颗粒化不利。当颗粒污泥出现后，应当在适

宜的负荷下稳定运行一段时间，以便培养出沉降性能良好的和产甲烷细菌活性很高的颗粒污泥。一般情况下，高温 55℃运行约 100d、中温 35℃运行约 160d，颗粒污泥污泥才能培养完成，低温 20℃需要运行 200d 以上才有可能培养完成。

⑥ 培养过程中应控制消化池内 VFA 的浓度在 1000mg/L 以下，如果污水中原有的和在厌氧发酵过程中产生的各种挥发性有机酸浓度较高时，不能再提高进水的有机负荷。

5. 三相分离器

UASB 反应器的最重要设备是气、固、液三相分离器，安装在反应器的上部，将反应器分为下部的反应区和上部的沉淀区。

三相分离器的第一个重要作用是尽可能有效地分离污泥床中产生的沼气。集气室下面反射板的作用就是防止沼气进入沉淀区和减少反应区产气量较大时所造成的液体紊动，反应器内由污泥、污水和沼气组成的混合液进入三相分离器后，沼气气泡碰到分离器下部的反射板时，折向气室而被有效地分离排出。

三相分离器的第二个重要作用是取得较好的污泥沉淀效果，保证反应区内污泥拥有较高的浓度和良好的性能。经过脱气的污泥和水经孔道进入三相分离器的沉淀区，在重力作用下泥水分离，上清液从沉淀区上部排出，留在沉淀区下部的污泥沿着斜壁返回到反应区内。

设置三相分离器是上流式厌氧污泥床 UASB 的重要结构特征，它对 UASB 的正常运行和获得良好的出水水质具有十分重要的作用。一般来说，三相分离器应满足以下要求：

（1）沉淀区斜壁与水平的倾斜角度约 50°（45°~60°），使沉淀在斜板上的污泥不聚集停留，能尽快滑回反应区内，这个角度也决定了三相分离器的高度，这个高度一般为 0.5~1.0m。

（2）混合液在进入沉淀区的孔道或缝隙内的流速不能大于 2m/h，混合液在沉淀区的表面水力负荷要在 0.7$m^3/(m^2 \cdot h)$以下，沉淀区的总水深应≥1.5m，并保证水流在沉淀区的停留时间为1.5~2.0h。

(3) 尽可能使沼气泡不进入沉淀区影响沉淀效果，反射板与缝隙之间的遮挡应该在100~200mm，集气室缝隙部分的面积占反应器总面积的15%~20%。

(4) 三相分离器内的气、液界面面积必须合适，适当的沼气释放速率大约为1~3m^3/(m^2·h)。释放速率过低过高会形成浮渣，释放速率过高又会导致形成泡沫，而泡沫和浮渣都可能导致堵塞沼气排放管。

(5) 为尽可能减少和防止气室产生和积聚大量的泡沫和浮渣，防止浮渣堵塞沼气的出气管，必须保证气室具有一定的高度，排气管直径充足，使气室排气畅通无阻。反应器的高度为5~7m时，集气室的高度应该为1.5~2m。

(6) 沉淀区体积是反应器体积的15%~20%，即三相分离器的高度为UASB反应器总高度的15%~20%。

(7) 当处理污水有严重的泡沫问题时，在集气室的上部还要设置消泡喷嘴。

6. UASB的布水器

UASB反应器的进水布水器兼有配水和水力搅拌的作用，对于颗粒污泥的形成和处理效果的影响很大，其具体形式多是专利产品。总体要求和原则是：①进水装置分配到各点的流量相同，使反应器内单位面积的进水量相同，防止发生短路现象；②能很容易方便地观察和发现进水管的堵塞情况，而且管道堵塞后清除过程也很容易；③在满足配水要求的同时，还要满足污泥床水力搅拌的需要，保证进水有机物与污泥迅速混合，防止局部产生酸化现象。

为确保进水等量地分布在池底，取得均匀布水的要求，每个进水管与一个进水点相连是最理想的状态，这样可以保证每根配水管流量相等，而且可以很容易用肉眼观察堵塞情况。但这种方式一般只用在小规模的厌氧处理处理装置上，在较大规模的厌氧处理处理装置上常用的是分支式配水方式和一管多孔配水方式

(见图 3-31)。

分支式配水方式的配水支管对称布置，各支管的出水口向下并处于所服务面积的中心，管口对准池底所设的反射锥体，使射流向四周散开、均布于池第，其特点是采用较长的配水支管增加沿程阻力来达到布水均匀的目的。一管多孔配水方式是在配水横管上开孔的方式布水，多个进水口由一个进水管负担，其特点是使出水孔损失大于穿孔管的沿程阻力来达到布水均匀的目的。

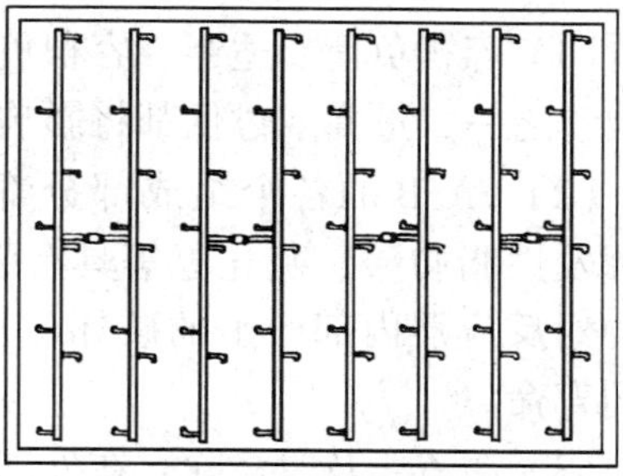

(a) 一管多孔配水方式

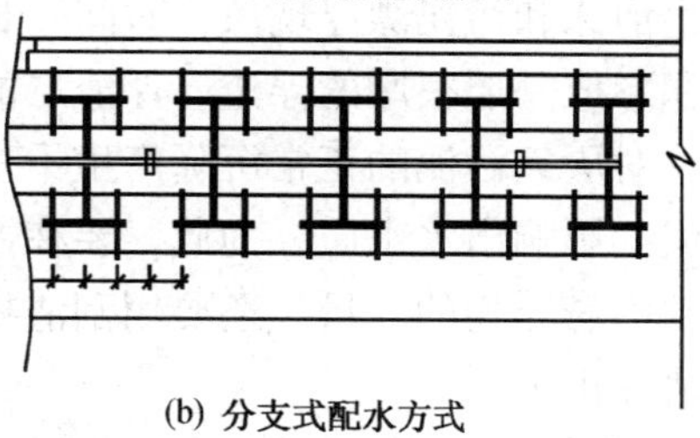

(b) 分支式配水方式

图 3-31 常用配水方式示意图

7. 容积负荷的影响

容积负荷对升流式厌氧污泥反应器的影响主要有：

(1) UASB 反应器所能承受的容积负荷与反应器内厌氧反应温度、污水的水质水量有关，尤其是与污水中有机污染物成分及含量浓度有关。

(2) UASB 反应器所能承受的容积负荷与反应器内能否形成颗粒污泥也有很大关系。形成颗粒污泥后，如果温度及其他相关条件合适，UASB 反应器所能承受的容积负荷值有时可以高达每天 $30kg\ COD_{Cr}/m^3$ 左右。但如果不能形成厌氧颗粒污泥，而主要为絮状污泥，那么 UASB 反应器的容积负荷一般不要超过每天 $5kg\ COD_{Cr}/m^3$；如果容积负荷过高，厌氧絮状污泥就会大量流失，导致 UASB 反应器失效。

(3) 对某种具体工业废水，要通过试验确定 UASB 反应器所能承受的容积负荷，也可以参考选用同类污水采用同类 UASB 反应器的实际运行参数。

8. 运行管理注意事项

(1) 容积负荷要适当：容积负荷适中是 UASB 正常运行的关键因素之一，过高或过低都将影响其处理效果。

(2) UASB 的各个组成部分都要采取有效的防腐措施以防止挥发性脂肪酸、硫化氢等具有强烈腐蚀作用的厌氧反应中间产物对反应器内部产生的破坏作用，从而延长 UASB 反应器的使用寿命。

(3) 浮渣要及时清除：在处理一些高浓度有机污水时，容易产生泡沫和污泥漂浮现象，时间一长，会在 UASB 反应器内液面聚积形成一层很厚的浮渣。浮渣层的存在，会阻碍沼气的顺利释放，对厌氧污泥的正常沉降产生干扰，因而使出水夹带大量悬浮污泥、影响出水水质。为此，要在出水堰前设置浮渣挡板，减少出水中悬浮物的含量，还要用刮渣机或人工定期将浮渣从反应器中清除出来。

(4) 及时排出剩余污泥：厌氧污泥增殖虽然很慢，但随着 UASB 反应器运行时间的延长，还是要逐渐积累增多，如果不及时排出，泥龄过长，会导致厌氧污泥活性下降，出水中悬浮物的含量也会增高。小型 UASB 反应器(截面小于 $10m^2$)，可使用一个排泥管定期排泥即可。如果 UASB 反应器尺寸较大，要注意排泥均匀，必须进行多点均匀排泥，以防厌氧污泥床区的污泥分布不均。否则，排泥时排泥口附近的污泥浓度有可能过低，污泥床区局部处理效果下降，进而影响整个出水水质。为防堵塞，排泥管管径要不小于 200mm。为运行操作方便，也可将排泥口设在三相分离器下 0.5m 以下污泥悬浮层区的某个位置。

(5) 进水配水必须均匀。

(6) 污水在 UASB 反应器中的上升流速要控制在 1~2m/h，过高会使出水中悬浮物的含量增高；过低则起不到水力搅拌的作用，不能使污泥区污泥呈悬浮状态，此时污泥会沉积在反应器底部，达不到使进水与污泥充分接触混合的目的。

（二）厌氧生物滤池

厌氧生物滤池是装有填料的厌氧生物反应器，简写为AF。其基本特征就是在反应器内装填了为微生物提供附着生长的表面和悬浮生长的空间的载体。和好氧淹没式生物滤池(好氧接触氧化法)相似，在厌氧生物滤池填料的表面有以生物膜形态生长的微生物群体，构成了厌氧生物滤池厌氧微生物的主要部分，而被截留在填料之间的空隙中、悬浮生长的厌氧活性污泥中的微生物群体，是厌氧生物滤池厌氧微生物的次要部分。污水流过填料层时，其中有机物被厌氧微生物截留、吸附及代谢分解，最后达到稳定化，同时产生沼气、形成新的生物膜。为了分离处理水中携带的脱落的生物膜，通常需要在滤池后设置沉淀池。

厌氧生物滤池的填料上生物膜厚度约1~3mm，加上悬浮生长的微生物，池内生物固体量可达到20~30g/L。再加上生物膜停留时间长(平均可达100d左右)，因而可承受较高的容积负荷，COD_{Cr}容积负荷一般为2~16kg $COD_{Cr}/(m^3 \cdot d)$，而且抗冲击负荷能力较强。厌氧微生物以固着生长的生物膜为主，不易流失，因此除了正常的进出水或适当回流部分出水外，不需要污泥回流和使用搅拌设备。和UASB法相比，厌氧生物滤池另一个优点是系统启动或停运后的再启动时比较容易，所需时间较短。

按其中水流方向，厌氧生物滤池可分为升流式厌氧生物滤池和降流式厌氧生物滤池两大类。如图3-32所示。

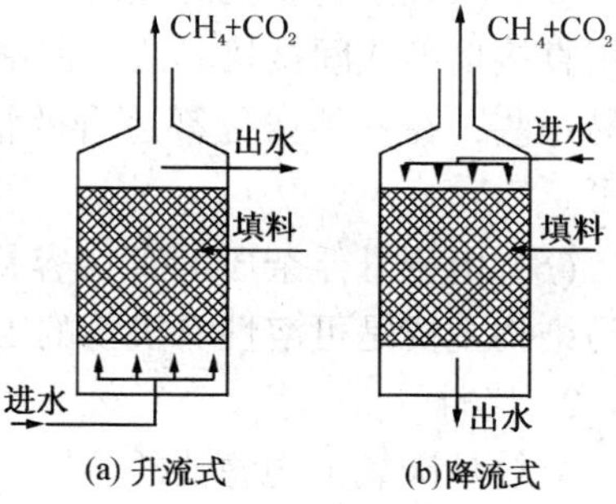

图3-32　厌氧生物滤池示意图

厌氧生物滤池内生物固体浓度随填料高度的不同，存在很大的差别。升流式厌氧生物滤池底部的生物固体浓度有时是其顶部生物固体浓度的几十倍，因此底部容易出现部分填料间水流通道堵塞、水流短路现象。而降流式厌氧生物滤池向下的水流有利于避免填料层的堵塞，其中生物固体浓度的分布比较均匀。

经验表明，在相同的水质条件和水力停留时间下，升流式厌氧生物滤池的 COD_{Cr} 去除率要比降流式厌氧生物滤池高，因此实际运用中的厌氧生物滤池多采用升流式厌氧生物滤池。

1. 特点

（1）厌氧生物滤池内的污泥主要由固定生长的生物膜形态的微生物群体组成，不需要污泥回流，使运行管理相对简便，停止运行后再启动也比较容易。

（2）和普通厌氧消化池和厌氧接触法相比，AF 厌氧生物滤池的容积负荷可以高达 16kg $COD_{Cr}/(m^3 \cdot d)$，使反应器的容积大大减小，而且具有较高的 COD_{Cr} 去除率。在处理水量和负荷有较大变化的情况下，其运行可以保持较大的稳定性。

（3）在进水处（比如 AF 厌氧生物滤池的底部），厌氧微生物能得到最充足的营养，因而污泥浓度也最高，有的可达 60g/L，污泥浓度随着高度的增加而迅速减少。因此 AF 的去除率主要在底部进行，大部分的 COD_{Cr} 是在 0.3m 以内去除的，底部 1m 以上 COD_{Cr} 的去除率几乎不再增加。

（4）厌氧污泥在 AF 内的分布规律使得反应器对有毒物质的适应能力更强，在 AF 内易于培养出适应有毒物质的厌氧污泥。

（5）厌氧生物滤池的挂膜启动方法与 UASB 法基本相同，可采用直接培养或间接培养法。但由于有填料作为载体，显得较为容易一些，在各种条件都适合的情况下，一般只需要 1~2 个月即可。

（6）由于悬浮杂质的存在容易出现堵塞问题，AF 适用于处理污染物主要是可溶性有机物的工业废水。

2. 填料

填料是厌氧生物滤池的主体，其作用是提供微生物附着生长的表面和悬浮生长的空间。对填料的基本要求和好氧生物滤池或好氧接触氧化池基本相同，即比表面积较大且表面粗糙、形状和孔隙度合适、机械强度高和生物惰性好、质量较轻使厌氧生物滤池的结构荷载小等。

常用的填料按形状分有块状、管状、纤维状等三大类。绝大部分采用有固定支架的安装形式，填料在水中位置固定；也有采用无固定支架、填料在水中自由悬浮的形式，填料在水中位置不固定。如前所述，厌氧生物滤池的高度超过 1m 以上，COD_{Cr}的去除率几乎不再增加。因此，过多增加填料高度往往只不过是增大了反应器的体积，在污水流量和浓度固定的条件下，反应器容积的增加并不能明显提高 COD_{Cr}的去除率。但填料高度低于 2m 时，污泥就有被冲出反应器的可能，进而导致出水悬浮物的增多使出水水质下降。

使用块状实心填料的厌氧生物滤池固体浓度低，使其有机负荷受到限制，一般仅为 3~6kg $COD_{Cr}/(m^3 \cdot d)$，而且此类厌氧生物滤池在运行中局部滤层极易被堵塞，随之会发生短流现象，进而使处理效果受到不利影响，因此块状填料层的高度一般不超过 1.2m。使用蜂窝或波纹板填料的厌氧生物滤池容积负荷可达 5~15kg $COD_{Cr}/(m^3 \cdot d)$，而且重量轻、性质稳定，运行中不易发生堵塞现象，因此蜂窝或波纹板填料层的高度一般为 1~6m。

使用纤维填料的厌氧生物滤池一般不宜堵塞，填料本身价格也较低，目前在国内应用较多。纤维填料的形式有软性尼龙、半软性聚乙烯或聚丙烯填料、弹性聚苯乙烯填料及它们的组合填料等。纤维填料的主要特性是比表面积和孔隙率都较大，当污水流过时，细而长的纤维随水而动，使其上的生物膜与污水接触情况良好，进而提高水中有机质的传质效率。水流的剪切作用还能使填料上生物膜增长的不致过厚，可以保持生物膜较高的活性和良好的传质条件。使用纤维填料的缺点是容易产生生物膜结团现象，结团会使与水接触的生物膜有效面积减小，传质条件变差。

3. *启动*

厌氧生物滤池启动时要控制和注意的运行参数有：污水的主要成分、营养和缓冲能力、接种污泥的数量和质量、回流比、初始水力停留时间等。

选择合适的接种物，对于反应器的快速启动和减少生物膜培养时间非常重要。一般应针对污水的种类选择不同的接种物。如果可能，反应器可以使用混合接种物，以获得活性较好的微生物种群。一般接种的数量应在设计运行量的10%以上，如果接种物不含有毒抑制物质，可大量接种(30%~50%)以利于启动。启动时间需要两个月以上。

在启动期间，生物絮体浓度应保持在20g/L以上，以保证微生物的附着生长和防止接种物流失。接种物可采用城市污水处理厂的消化污泥，污泥在投加前与一定量的待处理污水混合，加入反应器中停留3~5d后，再开始连续进水。接种后，要首先使系统进行内部循环几小时甚至几天，再进入待处理污水。启动初期，容积负荷应低于1.0kg $COD_{Cr}/(m^3 \cdot d)$，按有机负荷计应低于0.1kg $COD_{Cr}/(kgMLVSS \cdot d)$。

厌氧生物滤池启动完成的标志是通过增殖和驯化，使生物膜为主的生物量达到预定的污泥浓度和活性，实现反应器在设计负荷下的正常运行。对于高浓度与有毒污水，在启动初期必须进行适当的稀释，并在启动过程中使稀释倍数逐渐减少。即负荷应当逐渐增加，一般当污水中可生物降解的COD_{Cr}去除率达到约80%时，再适当提高负荷，如此重复进行，直到反应器的设计能力。

启动期间还要保证营养物质和微量元素，特别是对微量矿物元素和C、N、P等不平衡的工业废水，所以开始投加一些多余的N、P等营养，促进甲烷菌的迅速生长。

4. 运行管理注意事项

(1) 厌氧生物滤池的主要缺点是有被堵塞的可能(尤其是AF厌氧生物滤池的底部)，必须根据污水水质特点选择使用合适的填料、配水方式和运行方式。当进水悬浮物含量较大时，应使用粒径较大或孔隙度大的填料。

(2) 当被处理污水悬浮物浓度较大(一般指1000mg/L以上)

时，就应当对污水进行沉淀、过滤、或浮选等适当的预处理，以降低进水的悬浮物含量，防止填料层堵塞。一般AF的进水悬浮物不超过200mg/L，但如果悬浮物可以生物降解而且均匀分散在污水中，则悬浮物对AF几乎不产生不利影响。

（3）在一定的容积负荷下，进水浓度大时，上升流速就较小，较低的上流速度不利于物质的扩散，更易堵塞。因此，当被处理污水浓度较高（COD_{Cr}值大于5000mg/L）时，可以采取出水回流的运行方式改善池内水力条件。

（4）同UASB法一样，厌氧生物滤池也要有有效的布水和沼气收集排放系统。布水要均匀防止水流短路，也要考虑布水孔口的大小和出口流速以防孔口被堵塞。

（5）为保证严格的厌氧环境，厌氧生物滤池多采用封闭式，并且要使污水水位高于填料层，即总是使填料层处于淹没状态。

（三）厌氧复合床反应器

厌氧复合床反应器实际是将厌氧生物滤池AF与升流式厌氧污泥反应器UASB组合在一起，因此又称为UBF反应器，其流程示意见图3-33。

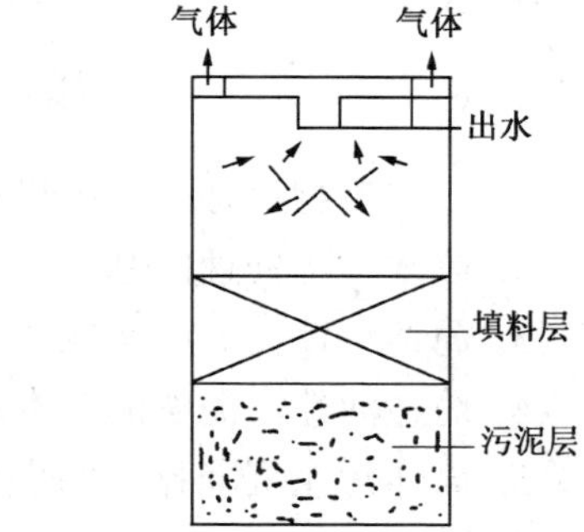

图3-33 厌氧复合床反应器示意图

厌氧复合床反应器下部为污泥悬浮层，而上部则装有填料。可以看作是将升流式厌氧生物滤池的填料层厚度适当减小，在池底布水系统与填料层之间留出一定的空间，以便悬浮状态的颗粒污泥能在其中生长积累，因此又构成一个UASB处理工艺。当污水依此通过悬浮污泥层及填料层，有机物将与污泥层颗粒污泥及填料生物膜上的微生物接触并被分解掉。

与厌氧生物滤池相比，减少了填料层的高度，也就减少了滤池被堵塞的可能性；与 UASB 法相比，可不设三相分离器，使反应器构造与管理简单化。填料层既是厌氧微生物的载体，又可截留水流中的悬浮厌氧活性污泥碎片，从而能使厌氧反应器保持较高的微生物量，并使出水水质得到保证。厌氧复合床反应器中填料层高度一般为反应区总高度的 2/3，而污泥层的高度为反应区总高度的 1/3。

厌氧复合床反应器综合了厌氧生物滤池与升流式厌氧污泥反应器的优点，克服了它们的缺点，不但增加了生物量，而且提高了反应区的容积利用率，反应器的总高度可大于 10m，从而减少了占地面积，处理能力也有较大提高。

因此，新建厌氧处理装置最好选用这种复合型式，实际应用中可以结合具体情况，将原厌氧生物滤池与升流式厌氧污泥反应器进行适当改造，即便不能提高处理效率，也可以起到便于操作管理的作用。比如在升流式厌氧污泥反应器的上部加设填料，可以不设三相分离器，使反应器构造简单化；将厌氧生物滤池下部的填料去掉一些，可以减少滤池被堵塞的可能性。

思 考 题

1. 二级生物处理的主要机理是什么？
2. 废水生物处理的基本方法和主要参数有哪些？
3. 简述活性污泥的构成。
4. 简述活性污泥法的基本流程及其正常运行的基本条件。
5. 简述污泥沉降比、污泥浓度和污泥指数在活性污泥法运行中的重要意义。
6. 良好的活性污泥应具有哪些性能？
7. 为什么活性污泥法的处理效率一般高于生物膜法？
8. 活性污泥中微型动物的种类及其作用有哪些？
9. 活性污泥做镜检时生物相与运行之间的关系是什么？
10. 活性污泥的培养驯化应遵循什么原则？
11. 活性污泥法的运行控制方法有哪几种？在实际生产中如

何选择控制方法？

12. 污泥膨胀的原因和控制措施有哪些？

13. 有时二沉池出水透明度突然升高，处理效果特别好时，往往很快即出现污泥上翻现象，试分析原因。

14. 纯氧曝气活性污泥法的特点是什么？运行管理中应注意什么？

15. A/O 法和 A^2/O 法其脱氮除磷功能是如何实现的？

16. SBR 法的特点及其基本功能有哪些？

17. 生物接触氧化法的特点及其适用条件是什么？

18. 比较厌氧法和好氧法处理的优缺点和适用范围是什么？

19. 厌氧生物处理设施的运行管理应注意哪些事项？

第四章 污泥处理

第一节 污泥的一般特性

在城市污水和工业废水处理过程中产生的沉淀物质，包括污水中所含固体物质、悬浮物质、胶体物质以及从水中分离出来的沉渣，统称为污泥。正是这些污泥的不断产生，才促使污染物与污水分离，完成污水的净化。但污泥本身必须及时有效地处理和处置，确保做到“四化”——“减量化”、“稳定化”、“无害化”、“资源化”，才能保证污水处理厂的正常运行和处理效果。污水处理过程中污泥的处理工艺包括污泥的浓缩、消化、脱水、干化及焚烧等一次处理和填埋、土地利用等最终处理。

一、污泥种类

1. 初沉污泥

初沉污泥是指污水一级处理系统中初沉池沉淀下来并排除的污泥。初沉污泥正常情况下多为棕褐色略带灰色，当发生腐败时，则为灰色或黑色。一般情况下，初沉污泥有难闻的臭味，且随着工业废水比例的增大，臭味会有所降低但工业废水带来的气味会增加。一般初沉污泥的 pH 值在 5.5～7.5 之间，含固量在 2%～4%之间，有机分在 55%～70%之间。

2. 腐殖污泥

腐殖污泥是指生物滤池、生物转盘等生物膜法后的二沉池沉淀下来的污泥。

3. 活性污泥

活性污泥是指污水采用传统活性污泥法处理后在二沉池沉淀下来的污泥，其中扣除回流至曝气池部分后的剩余部分称为剩余活性污泥。一般活性污泥含固量在 0.5%~0.8%之间，有机分在 70%~85%之间，pH 值在 6.5~7.5 之间。

4. 化学污泥

化学污泥是指化学法一级处理产生的污泥和污水深度处理采用混凝沉淀工艺时产生的污泥，其性质取决于采用的混凝剂种类。当采用铁盐混凝剂时，可能略显暗红色。化学污泥气味较小，且极易浓缩或脱水。由于其中有机分含量不高，所以一般不需要消化处理。

二、污泥的性能指标

1. 含水量与含水率

污泥中的水可分为间隙水、毛细结合水、表面黏附水和内部水等四类。间隙水是指被大小污泥颗粒包围的水分，约占污泥中水分的 70%，它不与污泥直接结合，因而容易与污泥分离，此类水分通过重力浓缩即可显著减少。毛细结合水是指水在固体颗粒接触面上由毛细压力结合，或充满于固体颗粒本身裂隙中的水分，约占污泥中水分的 20%；此类水的去除需要施以与毛细水表面张力相反方向的作用力，如离心机的离心力等。表面黏附水是指黏附在污泥小颗粒表面的水分，此类水分比毛细结合水更难分离，需采用电解质作为混凝剂进行分离。内部水是指微生物细胞内部的水分，去除内部水必须破坏细胞结构，所以使用机械方法难以奏效，可以采用加热或冷冻等措施将其转化为外部水后处理，也可以通过好氧氧化、厌氧消化等微生物分解手段予以去除。

污泥中所含水分的多少称为含水量，通常用含水率表示，即污泥中所含水分的质量与污泥总质量之比的百分数。污水处理过程中产生的污泥含水率一般都很高，初沉池排出的污泥含水率在 96%~98%左右，化学沉淀污泥的含水率为 98%左右，二沉池排出的污泥含水率常大于 99%。污泥含水率高，体积庞大，难以直接处理和处置，一般都要进行浓缩、消化、脱水处理，脱水后的污泥含水率通常为 65%~80%，体积可大为减少。

当污泥的含水率相当大时(在65%以上)，相对密度接近于1。由于污泥浓缩过程中固体含量是不变的，因此可以用下式来表示不同含水率的污泥体积、质量、固体含量的关系：

$$V_1/V_2 = m_{s1}/m_{s2} = (100 - P_2)/(100 - P_1) = c_2/c_1$$

式中 V_1、m_{s1}、c_1——分别表示含水率为 P_1 时污泥的体积、质量及固体质量；

V_2、m_{s2}、c_2——分别表示含水率为 P_2 时污泥的体积、质量及固体质量。

通常含水率在85%以上时，污泥呈流态，含水率65%~85%时污泥呈塑态，低于60%时污泥则呈固态。污泥含水率从99.5%降到95%，体积缩减为原污泥的1/10。

2. 挥发性固体和灰分

挥发性固体表示污泥中所含有机杂质的数量，而灰分则表示污泥中所含无机杂质的数量。两者都可以反映污泥的稳定化程度，一般以污泥干重中所占百分比表示。

3. 可消化程度

污泥的可消化程度表示污泥中挥发性物质被消化分解的百分数。污泥中的挥发性固体中有一部分是能被微生物消化分解的，另一部分是不易或不能被分解的，如纤维素、脂肪类、乙烯类、橡胶制品等。

4. 肥分

污泥的肥分是指其中含有的植物营养素、有机物及腐殖质等，营养素主要指氮、磷、钾等植物营养成分。

5. 有毒物质

工业废水大多数都含有氰化物、汞、铅等有毒重金属或某些难以分解的有毒有机物，当污泥作为肥料使用时要注意其重金属含量应符合国家标准规定。

三、污泥的处理方法

典型的污泥处理工艺一般包括四个处理或处置阶段：污泥浓

缩、污泥消化、污泥脱水和污泥处置。污泥浓缩的主要目的是使污泥初步减容，通常采用的工艺有重力浓缩、离心浓缩和气浮浓缩等。污泥消化的主要目的是使污泥中的有机物分解，通常采用的工艺有厌氧消化和好氧消化两类。污泥脱水可以使污泥进一步减容，通常有自然干化和机械脱水两大类。污泥处置是采用某种途径将最终的污泥予以消纳，途径主要有堆肥后农林使用、卫生填埋和焚烧等。

第二节　污泥浓缩

污泥浓缩是污泥脱水的初步过程。污水处理过程中产生的污泥含水率都很高，尤其是二级生物处理过程中的剩余活性污泥，含水率一般为99.2%~99.8%，纯氧曝气法的剩余污泥含水率较低，也在98.5%以上，而且数量很大，对污泥的处理、利用及输送都造成了一定困难，因此必须对其进行浓缩。浓缩后的污泥近似糊状，含水率降为95%~97%，体积可以减少为原来的1/4，但仍可保持其流动性，可以用泵输送，可以大大降低运输费用和后续处理费用。

污泥浓缩常用的方法有重力浓缩法、气浮浓缩法和离心浓缩法三种。

一、重力浓缩

1. 重力浓缩池

重力浓缩本质上是一种沉淀工艺，属于压缩沉淀。在实际应用中，重力浓缩一般采用形同辐流式沉淀池的圆形浓缩池进行浓缩，可分为间歇式和连续式两种。前者主要用于小型污水处理厂或工厂企业的污水处理场，后者主要用于大、中型污水处理厂。连续式重力浓缩池可分为有刮泥机与污泥搅动装置浓缩池、无刮泥机斗式排泥浓缩池及带刮泥机的多层辐射式浓缩池 3 种。带刮泥机与污泥搅动装置的连续式重力浓缩池构造如图 4-1 所示。

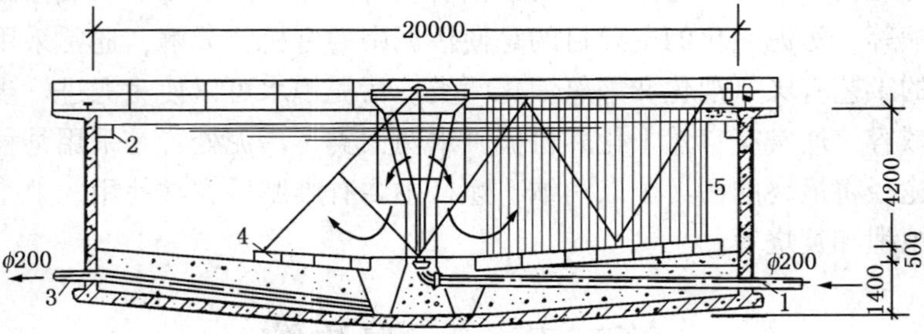

图 4-1　带刮泥机与污泥搅动装置的连续式重力式浓缩池

1—中心进泥管；2—上清液溢流堰；3—底流排除管；4—刮泥机；5—搅动栅

这类浓缩池一般是 5~20m 的圆形钢筋混凝土池子，池底坡度为 1/100~1/12，污泥在水下的自然坡度一般为 1/20。为避免污泥厌氧发酵，连续式重力浓缩池的水力停留时间一般不超过 24h，通常为 10~16h。用于二沉池剩余污泥浓缩的重力浓缩池的水力负荷一般为 0. 2~0. 4m^3/(m^2 · d)，浓缩初沉池污泥时水力负荷为 1. 2~1. 6m^3/(m^2 · d)。为提高浓缩效果，刮泥机上设有搅拌杆，连同刮泥机缓慢旋转，线速度一般为 2~20mm/s，这样可以缩短浓缩时间 4~5h。通常进泥可使用离心泵或潜污泵，而排泥使用活塞式隔膜泵或柱塞泵等容积泵。

2. 工艺控制

(1) 进泥量、进泥含固率及排泥量、排泥含固率控制

重力浓缩池应经常观察污泥浓缩池的进泥量、进泥含固率及排泥量、排泥含固率，以保证浓缩池按合适的固体负荷和排泥浓度运行。一般浓缩池的固体表面负荷即单位表面积在单位时间内所能浓缩的干固体量是一个固定值，在保证排泥浓度的情况下，进泥量与进泥浓度成反比。

进泥量太大时，浓缩池表面固体负荷太大，超过了浓缩池的浓缩能力，将导致出水悬浮物增多，污泥流失。进泥量太小时，污泥在池内停留时间太长，导致污泥厌氧上浮。此时应调整进泥

量或浓缩池投运数目，缩短停留时间。

排泥量太大或一次性排泥太多时，排泥速率会超过浓缩速率，导致排泥中含有一些未完成浓缩的污泥即排泥含固率降低。排泥量太小或一次性排泥历时太短，会导致污泥因停留时间太长发生厌氧，最终导致污泥上浮和溢流上清液的SS升高。

（2）浓缩效果评价

在重力浓缩池的工艺控制过程中，还应对浓缩效果进行评价，随时予以调节。浓缩效果通常用浓缩比、固体回收率和分离率三个指标进行综合评价。浓缩比是指浓缩池排泥浓度与进泥浓度之比，固体回收率是指被浓缩到排泥中的固体占进泥总固体的百分比，分离率是指浓缩池上清液量占进泥量的百分比。一般来说，重力浓缩池浓缩初沉污泥时，浓缩比应大于2.0，固体回收率应大于90%；浓缩活性污泥与初沉污泥组成的混合污泥时，浓缩比应大于2.0，固体回收率应大于85%。如果某一指标低于以上数值，应分析原因，检查进泥量是否合适，控制的固体表面负荷是否合理，浓缩效果是否受到了温度等因素的影响。

3. 日常维护管理

（1）经常观察活性污泥沉降状况，若活性污泥发生污泥膨胀现象，应及时采取措施解决，否则污泥进入浓缩池，继续处于膨胀状态，将无法进行浓缩。可采取的措施包括向污泥中投入Cl_2等灭菌剂，控制丝状菌的活动，保证浓缩效果。

（2）注意观察初沉污泥与活性污泥的混合状况，应使两种污泥混合均匀，否则进入浓缩池会由于密度流扰动污泥层，降低浓缩效果。

（3）注意观察浮渣挡板和浮渣刮板的状况，确保浮渣顺利刮至浮渣槽内，避免浮渣长期不排除而随水流失，且应及时清除浮渣槽内的浮渣。

（4）浓缩池是恶臭很严重的处理单元，应对池壁、浮渣槽、出水堰等部位定期清刷，尽量使恶臭降低。

（5）必要时在浓缩池入流污泥中加入部分二沉池出水，可以防止污泥厌氧上浮，改善浓缩效果，同时还可以适当降低浓缩池周围的恶臭程度。

(6) 定期(一般半年一次)将浓缩池排空检查，清理池底的积砂和沉泥，并对浓缩机的水下部件的防腐情况进行检查和处理。

(7) 浓缩池较长时间没有排泥时，如果想开启污泥浓缩机，必须先将池子排空并清理沉泥，否则有可能因阻力太大而损坏浓缩机。在北方地区的寒冷冬季，间歇进泥的浓缩池表面出现结冰现象后，如果想要开启污泥浓缩机，必须先破冰。

(8) 定期检查上清液溢流堰板的平整度，如果不平整或局部被泥块堵塞必须及时调整或清理，否则会使浓缩池内流态不均匀，产生短路现象，降低浓缩效果。还应观察入流挡板或导流筒是否有变形或脱落情况，如有应及时予以修复。

4. 异常现象的原因及解决对策

(1) 污泥上浮，液面有小气泡逸出，且浮渣量增多

① 进泥量太少，造成污泥在池内停留时间过长，导致污泥大块上浮，浓缩池液面上有小气泡逸出，此时可投加氧化剂来控制，同时减少投运池数以增加每池进泥量，缩短污泥停留时间。

② 集泥不及时，污泥不能及时集中到浓缩池的集泥斗，对策是适当提高浓缩机转速。

③ 排泥不及时或排泥量太小或排泥历时太短，对策是加强运行调度，及时排泥，增大排泥量或延长排泥时间。

④ 由于初沉池排泥不及时，污泥在初沉池已经厌氧腐败，控制对策除了在浓缩池投加 Cl_2、H_2O_2 等杀菌剂抑制丝状菌外，还要加强初沉池的运行管理，改善排放污泥的性能。

(2) 浓缩效果差

① 进泥量太大，固体通量超过浓缩池的浓缩能力，对策是减少进泥量。

② 排泥太快，排泥速率超过浓缩速率，导致排泥中含有一些未完成浓缩的污泥，对策是减少排泥量、降低排泥速率。

③ 入流污泥在浓缩池内发生短流，使污泥在浓缩池内的停

留时间缩短。溢流堰板不平整、进泥口深度不合适、入流挡板或导流筒脱落、进泥温度或浓度发生变化、进泥量突然增加等均可导致污泥短流，应综合分析原因，根据不同情况予以及时解决。

5. 分析测量与记录

每班应分析和记录的项目有进泥含水率、排泥含水率、上清液的 SS；每天应分析和记录的项目有进泥量、排泥量、进泥温度、池内温度及 COD_{Cr}、TP 等；应定期计算的项目有污泥浓缩池的表面固体负荷和水力停留时间、浓缩比、固体回收率和分离率等运转参数，并和设计值进行对比。

二、气浮浓缩工艺

1. 工艺原理及过程

活性污泥的相对密度约为 1.0~1.005 之间，活性污泥絮体本身的相对密度约为 1.0~1.01，泥龄越长，其相对密度越接近 1.0，因而活性污泥一般不易实现重力浓缩。针对活性污泥絮体不易沉淀的特点，可顺其自然，利用气浮法向污泥中强制溶入气体，气体中大量的微小气泡附着在污泥絮体的周围，相对密度小于 1.0，从而使之与清液分离上浮实现污泥浓缩。

常用的气浮浓缩工艺为加压溶气气浮系统，其流程如图 4-2

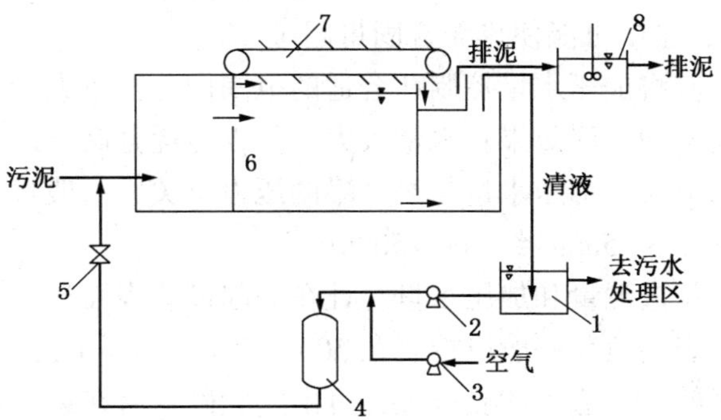

图 4-2 气浮浓缩流程图

1—清液池；2—加压泵；3—空压机；4—溶气罐；5—减压阀；6—气浮池；7—刮泥机；8—脱气池

所示。

常用链条式刮泥机将升至液面的浓缩污泥刮至积泥槽，然后进入脱气池搅拌脱气。脱气的目的是将污泥中的溶气全部释放出来，否则会干扰后续的厌氧消化或脱水。

气浮池有矩形和圆形两种，泥量较小时常采用矩形池，泥量较大时常采用圆形辐流式气浮浓缩池。对于含固量在0.5%左右的活性污泥，经气浮浓缩后含固量可超过4%。由于气浮池中的污泥含有溶解氧，因而恶臭现象比重力浓缩轻得多。另外，好氧消化后的污泥重力浓缩性很差，也可用气浮浓缩进行泥水分离，对于氧化沟或消化等大泥龄工艺所产生的剩余活性污泥，气浮浓缩的优势将更加突出。

2. 工艺控制

（1）严格控制进泥量。进泥量过大，超过气浮浓缩系统的浓缩能力，则排泥浓度将降低；反之，如进泥量过小，则造成浓缩能力的浪费。

（2）严格控制进气量。一般来说，溶入的气量越大，排泥浓度也越高，但能耗也相应增高。进气量直接影响气浮浓缩的气固比，而气固比与要求的排泥浓度有关系，气固比越大排泥浓度越高。对于活性污泥，气固比一般在0.01~0.04之间。气固比值与污泥的性质关系很大，当活性污泥的SVI>350时，即使气固比>0.06，也不可能使排泥含固量超过2%。

（3）应将加压水量控制在合适的范围内。水量太少，溶入气体少，起不到气浮效果；水量太大，不仅能耗升高，还可能影响细气泡的形成。加压水量与溶气罐的压力有关，一般将溶气罐的压力控制在3~5atm（约300~500kPa）。

（4）将进泥量和加压水量合计在一起核算表面负荷。对于活性污泥，表面负荷一般应控制在50~120$m^3/(m^2 \cdot d)$，具体值与活性污泥的SVI值等性质有关，可由实验确定后在运行实践中摸索到适合本厂污泥的负荷值。如果表面负荷太高，会使上清液的固体浓度明显升高。

(5) 将进泥量和加压水量合计在一起核算水力停留时间。对于活性污泥，要得到较好的气浮浓缩效果，一般应控制污泥在气浮池内的停留时间≥20min。

(6) 注意气浮浓缩池的刮泥控制。刮泥周期过短，不能形成一定厚度的稳定污泥层，排泥含水率过高；刮泥周期过长，污泥层过厚，分离液含固量过高。刮泥周期由上浮污泥层厚度确定，一般污泥层厚度达到200~400mm之间时，即开始刮泥。刮泥机的刮泥速度控制在0.5mm/min以内，刮泥板插入深度控制在泥层厚度的60%~70%为宜。气浮原理与固相表面性质有关，入流污泥中部分亲水性无机成分将留在池底。如初沉污泥、不设初沉池的延时曝气生化处理污泥等，池底沉积污泥可达到30%~35%之多。因此，池底也应设置刮泥机或排泥管。

3. 异常现象的原因及解决对策

(1) 气浮污泥含固量太低

① 刮泥周期太短，刮泥太勤，不能形成良好的污泥层。对策是降低刮泥频率，延长刮泥周期。

② 溶气量不足。溶气不足，导致气固比降低，因此气浮污泥的浓度也降低，应增大空压机的供气量。

③ 入流污泥超负荷。入流污泥量太大或浓度太高，超过了气浮浓缩能力，应降低进泥量。

④ 入流污泥SVI值太高。SVI值为100左右时，气浮效果最好，这一点与重力浓缩是一致的。当SVI值大于200时，浓缩效果将降低，此时应采取的措施之一是向入流污泥中投入适量混凝剂，暂时保证浓缩效果；措施之二是从污水处理系统中寻找SVI值升高的原因，针对原因，予以排除。

(2) 气浮分离清液含固量异常升高(超过500mg/L)

① 超负荷。入流污泥量太多或含固量太高，超过了系统的浓缩能力，解决的措施是适当降低入流污泥量。

② 刮泥周期太长。如果长时间不刮泥，使气浮污泥层过厚，也将影响浓缩效果，导致分离液SS过高，解决的措施是立即刮泥。

③ 溶气量不足。溶气量不足的原因是气固比太低，解决的措施是增大溶入的气量。

④ 池底积泥，腐败酸化。池底的排泥常常得不到重视。池底积泥时间太长，会影响浓缩效果，直接导致分离液 SS 升高，解决的措施是加强池底积泥的排除。

4. 分析测量与记录

每班对气浮池进泥和排泥的含水率或含固率、分离清液的 SS、环境温度和污泥温度、溶入每池的空气流量、加压水量、进泥量和排泥量做分析和记录；每天对分离清液的 BOD_5 做分析，并定期计算气浮浓缩池的固体表面负荷、表面负荷、气固比、水力停留时间等技术参数，并与设计值或正常值进行比较。

三、离心浓缩工艺

离心浓缩工艺是利用离心力使污泥得到浓缩，主要用于浓缩剩余活性污泥等难脱水污泥或场地狭小的场合。由于离心力是重力的 500~3000 倍，因而在很大的重力浓缩池内要经十几小时才能达到的浓缩效果，在很小的离心机内就可以完成，且只需几分钟。活性污泥的含固量在 0.5%左右时，经离心浓缩，可增至 6%。对于富磷污泥，用离心浓缩可避免磷的二次释放，提高污水处理系统总的除磷率。

衡量离心浓缩效果的主要指标是出泥含固率和固体回收率，固体回收率是浓缩后污泥中的固体总量与入流污泥中的固体总量之比，因此固体回收率越高，分离液中的 SS 浓度越低，即泥水分离效果和浓缩效果越好。在浓缩剩余活性污泥时，为取得较高的出泥含固率(>4%)和固体回收率(>90%)，一般需要投加聚合硫酸铁 PFS 或聚丙烯酰胺 PAM 等助凝剂。

第三节　污泥消化

污泥消化是利用微生物的代谢作用，使污泥中的有机物质稳定化。当污泥中的挥发性固体 VSS 含量降到 40%以下时，即可认为已达到稳定化。污泥消化稳定可以采用好氧处理工艺，也可以采用厌氧处理工艺。

一、好氧消化

污泥的好氧消化是在不投加有机物的条件下，对污泥进行长时间的曝气，使污泥中的微生物处于内源呼吸阶段，在进行自身氧化消耗过程中不断减少。好氧消化可以使污泥中的可生物降解部分(约占污泥总量的 80%)被氧化去除，消化程度高、剩余污泥量少，处理后的污泥容易脱水。好氧消化比厌氧消化所需时间要少得多，当消化污泥为剩余活性污泥时，好氧消化水力停留时间一般为 10~15d，当消化污泥为剩余活性污泥和初沉污泥的混合物时，好氧消化水力停留时间一般为 15~25d，主要用于污泥产量较小的场合。好氧消化污泥负荷一般为 0.04~0.05 kg BOD_5/(kgMLSS·d)，BOD_5 的去除率约 50%。

1. 工艺原理及过程

好氧消化类似于活性污泥法，当污泥中的有机物耗尽时，微生物开始消耗其本身的原生质，以获得细胞反应所需的能量，细胞组织被好氧氧化为二氧化碳、水和氨氮，氨氮随着消化作用的进行而逐步被氧化为硝酸盐。

好氧消化上清液的 BOD_5、SS、COD_{Cr} 和氨氮等浓度较低，消化污泥量少、无臭味、容易脱水。好氧消化池构造简单、容易管理，没有甲烷爆炸的危险。好氧消化不能回收利用沼气能源，运行费用高、能耗大，而且不采取加热措施，所以污泥有机物分解程度随温度波动大。

2. 工艺控制

(1) 好氧消化系统中碱度不足以对混合液起到缓冲作用时，pH 值将下降，影响消化效果，因此，应确保好氧消化池内 pH 值维持在 7 左右，如 pH 值太低，可投加碱源补充碱度。

(2) 好氧消化池内的溶解氧含量不能低于 2mg/L，而且污泥必须保持悬浮状态，因此必须提供足够的搅拌强度，为便于搅拌，污泥的含水率应在95%左右。

(3) 好氧消化为放热反应，池内温度稍高于入池污泥温度，普通好氧消化一般为20～25℃。当温度低于20℃时，水力停留时间将大为延长，pH值也随之下降，因此，运行时应密切监测好氧消化池池内温度。

二、厌氧消化

污泥的厌氧消化是利用兼性菌和厌氧菌进行水解、酸化、产甲烷等厌氧生化反应，将污泥中的大部分固体有机物水解、液化后并最终分解掉的一种污泥处理工艺。首先，有机物被厌氧消化分解，可使污泥稳定化，使之不易腐败。其次，通过厌氧消化，大部分病原菌或蛔虫卵被杀死或作为有机物被分解，使污泥无害化。第三，随着污泥被稳定化，不仅是一种减量过程，而且将产生大量高热值的沼气，作为能源利用，使污泥资源化。另外，污泥经消化以后，其中的部分有机氮转化成了氨氮，提高了污泥的肥效。一般污水处理场生污泥约含65%的有机物和35%的无机物，通过厌氧消化处理后，污泥中的有机物约有1/2～1/3被分解，消化污泥的体积减少60%～70%。

大型污水处理厂的污泥厌氧消化一般采用中温消化（30～37℃）。

1. 工艺原理及过程

有机物质厌氧消化产生沼气，是一个由多种细菌参与的多阶段生化反应过程，每一种反应阶段都以某类细菌为主，其产物供下一阶段的细菌利用，反应过程主要分为以下三个阶段：

(1) 水解阶段

污泥中的有机物成分很复杂，主要包括碳水化合物（主要是淀粉和纤维素）、类脂化合物（主要为脂肪）和蛋白质。以上物质在污泥液中基本上都以固态或胶态存在，细菌无法将其直接吸收至体内。但一些兼性细菌可以向体外分泌胞外酶，将以上大分子的固态和胶态物质水解成细菌可吸收的溶解性物质，产物如下：

$$纤维素或淀粉 \xrightarrow{水解} 葡萄糖$$

$$脂肪 \xrightarrow{水解} 甘油+脂肪酸$$

$$蛋白质 \xrightarrow{水解} 氨基酸+脂肪酸$$

（2）产酸阶段

进行水解的兼性菌完成水解以后，可将水解产物吸入细胞内，继续进行分解代谢，代谢产物主要为挥发性脂肪酸、挥发醇及一些醛酮物质。消化液中的挥发性脂肪酸则主要为乙酸、丙酸和丁酸，其中又以乙酸为主，占总量的65%～75%。挥发醇主要为甲醇和乙醇。能够进行水解和酸性消化的细菌统称为产酸菌，一般都为兼性菌。

（3）产甲烷阶段

在该阶段，起主要作用的为产甲烷细菌。但由于该类细菌繁殖速度慢，代谢活力不强，只能利用挥发性脂肪酸这样一些易降解物质进行代谢，产生甲烷。而挥发性脂肪酸正是产酸阶段的主要产物，因此，产酸阶段是产甲烷阶段的前提。大部分甲烷细菌将产酸阶段产生的乙酸吸入胞内进行代谢，产生甲烷，也有少量甲烷细菌能将 H_2 和 CO_2 直接还原为 CH_4。甲烷细菌为专性厌氧菌，氧的存在能使之中毒，失去活性。

2. 厌氧消化系统

（1）消化池

最常见的是圆柱形固定盖式消化池，由集气罩、池盖、池体与下锥体四部分组成，见图4-3。

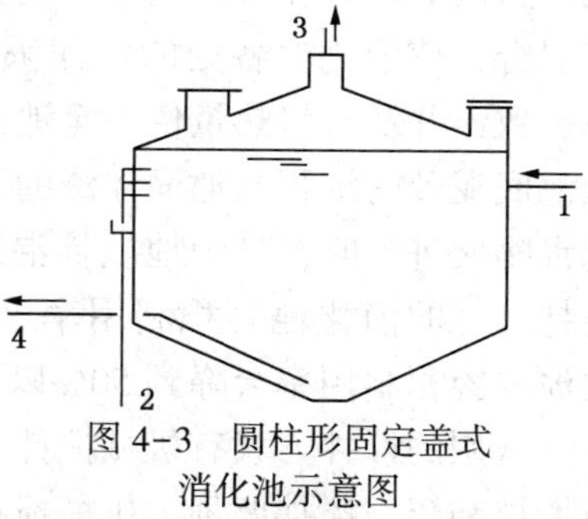

图4-3　圆柱形固定盖式消化池示意图

1—进泥管；2—消化液排放管；3—消化气管；4—消化污泥管

（2）进、排泥系统

消化池的进泥与排泥形式有多种，包括上部进泥下部直排、上部进泥下部溢流排泥、下部进泥上部溢流排泥等形式，分别如图 4-4 所示。

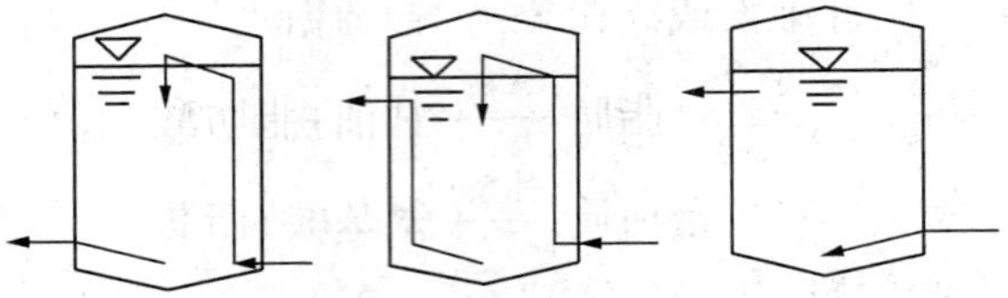

图 4-4　消化池进、排泥示意图

有的消化池同时设有三种进排泥方式，可任意选择，并安装了溢流排泥器。在运行管理上，当采用下部直接排泥时，需要严格控制进排泥平衡，稍有差别，时间长了即引起工作液位的变化。如果排泥量大于进泥量，工作液位将下降，池内气相有产生真空的危险；如果排泥量小于进泥量，工作液位将上升，导致气相容积缩小或污泥从溢流管流走。当采用上部溢流排泥时，会降低消化效果。因为经充分消化的污泥，其颗粒密度增大，当停止搅拌会沉至下部，而未经充分消化的污泥会浮至上部被溢流排走。上部进泥下部溢流排泥能克服以上两种排泥方式的不足，既不需控制排泥，也不会将未经消化的污泥排走。

（3）搅拌系统

消化池内需保持良好的混合搅拌，没有搅拌的厌氧消化池，池内料液必然存在分层现象。搅拌能使污泥颗粒与厌氧微生物均匀混合，使消化池各处的污泥浓度、pH、微生物种群等保持均匀一致，并及时将热量传递至池内各部位，使加热均匀且大大降低池底泥砂的沉积与池面浮渣的形成。在出现有机物冲击负荷或有毒物质进入时，均匀地搅拌混合可使其冲击或毒性降至最低。搅拌良好的消化池容积利用率可达到 70%，而搅拌不合理的消化池的容积利用率会降到 50%以下。

常用的搅拌方式有机械搅拌、水力循环搅拌、水泵循环消化液搅拌和沼气搅拌四种。机械搅拌是在消化池内装设搅拌桨或搅拌涡轮，通过池外电机驱动而转动从而对消化混合液进行搅拌，如图 4-5 所示。机械搅拌搅拌强度一般为 10~20W/m^3 池容，所需能耗约为 0.0065kW/m^3。每个搅拌器的最佳搅拌半径为 3~6m，如果消化池直径较大，可以设置多个搅拌器，呈等边三角形等均匀方式布置，适用于大型消化池。机械搅拌的优点是对消化污泥的泥水分离影响较小，缺点是传动部分容易磨损，通过消化池顶的轴承密封的气密性问题不好解决。密封可以采用在搅拌轴上焊接水封罩、消化池顶盖上设水封槽的方式，水封罩在水封槽内转动可起到密封作用，水封槽内的水深可以根据消化池内气相压力而定。

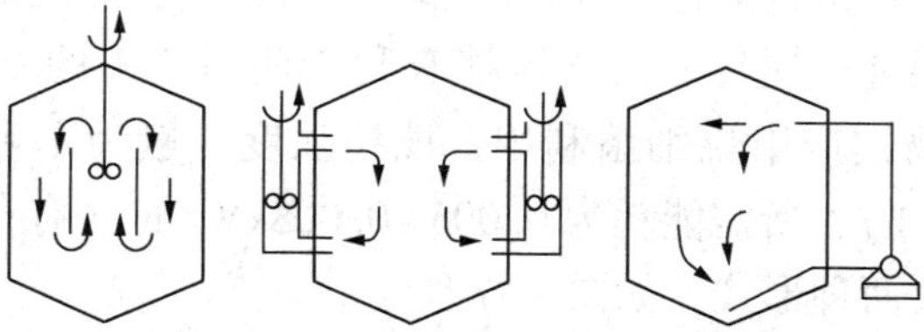

图 4-5　机械搅拌示意图

水力循环搅拌是在消化池内设导流筒，在筒内安装螺旋推进器，使污泥在池内实现循环，如图 4-6 所示。

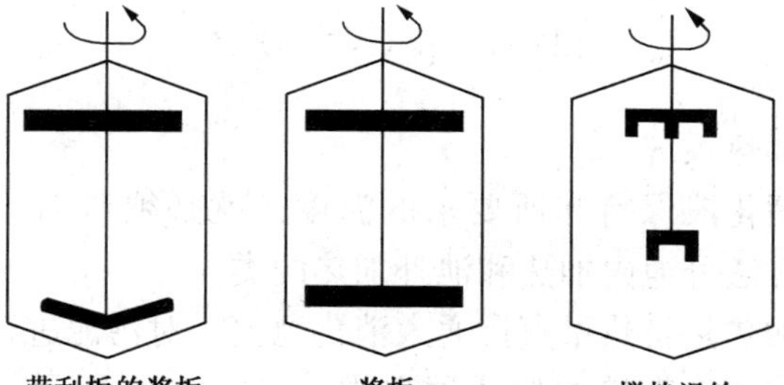

图 4-6　水力循环搅拌示意图

水泵循环消化液搅拌（见图 4-6）通常是在池内设射流器，由池外水泵压送的循环消化液经射流器喷射，从喉管真空处吸进一部分池中的消化液或熟污泥，污泥和消化液一起进入消化池的中部形成较强烈的搅拌，所需能耗约为 0.005kW/m^3，用污泥泵抽取消化污泥进行搅拌可以结合污泥的加热一起进行。水泵循环搅拌设备简单，维修方便，为了使混合液混合完全，需要的循环量较大，1m^3 有效池容积搅拌所需能耗一般为 0.005kW。采用水泵循环消化液搅拌时，由于经过水泵叶轮的剧烈搅动和水射器喷嘴的高速射流，会将污泥打得粉碎，对消化污泥的泥水分离非常不利，有时会引起上清液 SS 过大。因此，这种搅拌方式比较适用于小型消化池。

沼气搅拌是将消化池气相的部分沼气抽出，经压缩后再通回池内对污泥进行搅拌。沼气搅拌有利于使沼气中的 CO_2 作为产甲烷的底物被产甲烷细菌利用，搅拌强度一般为 1~2m^3 沼气/(m^2 池面·h)，所需能耗为 0.005~0.008kW/m^3，有自由释放和限制性释放两种形式，如图 4-7 所示。

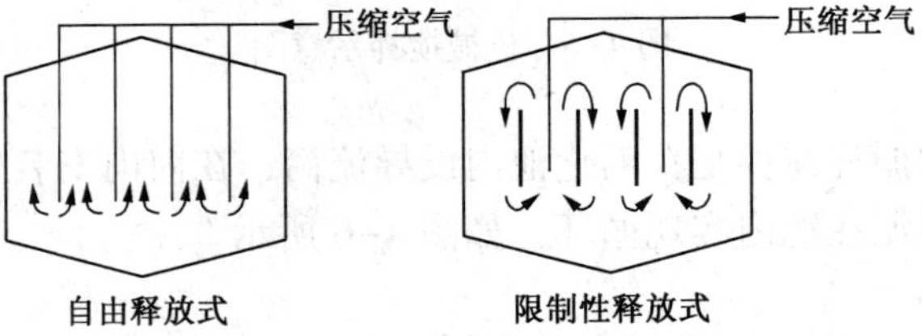

图 4-7　沼气搅拌示意图

（4）加热系统

要使消化液保持在所要求的温度，就必须对消化池进行加热。加热方法分池内加热和池外加热两类。

池内加热是将热量直接通入消化池内，对污泥进行加热，有热水循环和蒸气直接加热两种方式，如图 4-8 所示。前一种方法的缺点是热效率较低，循环热水管外层易结泥壳，使热传递效率进一步降低；后一种方法热效率较高，但过高的温度会杀死喷口处的厌氧微生物，且能使污泥的含水率升高，增大污泥量。两种方法一般均需保持良好的混合搅拌。

池外加热是指将污泥在池外进行加热，有生污泥预热和循环加热两种方法，如图 4-9 所示。前者是将生污泥在预热池内首先加热到所要求的温度，再进入消化池；后者是将池内污泥抽出，加热至要求的温度后再打回池内。

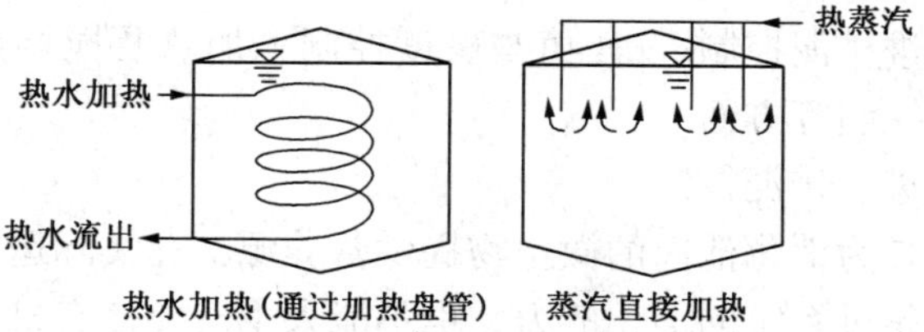

图 4-8　消化液池内加热示意图

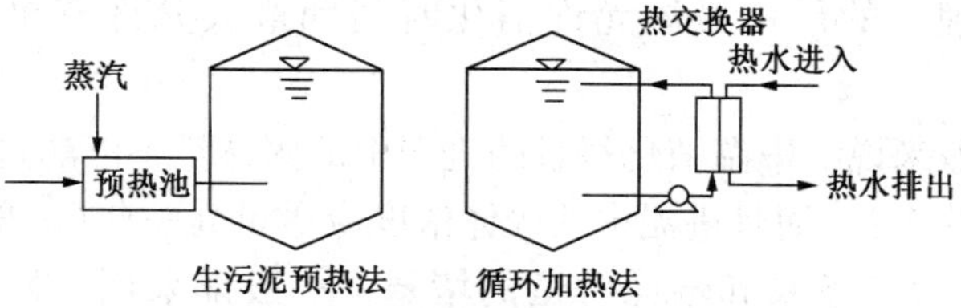

图 4-9　消化液池外加热示意图

（5）集气系统

集气系统包括气柜和管路。气柜常采用低压浮盖式湿式气柜，如图 4-10 所示，其储气容量一般为消化系统 6~10h 的产气量。沼气管路系统应设置压力控制及安全、取样、测湿、测压、除湿、脱硫、水封阻火、逸气报警等装置。

3. 工艺控制

厌氧消化效果具体体现在较高的有机物分解率、较高的沼气产量、沼气中较高的甲烷含量和较高的病原菌及蛔虫卵杀灭率等四个方面。

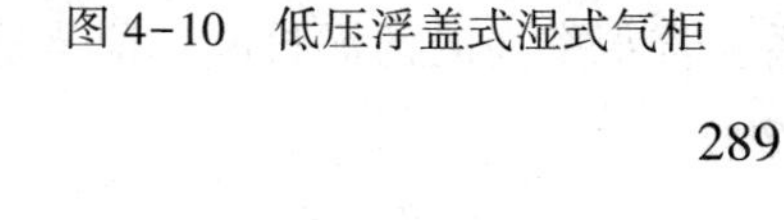

图 4-10　低压浮盖式湿式气柜

对于中温厌氧消化，有机物分解率应控制在35%以上；当消化时间为20～30d时，分解每公斤有机物的沼气产量应大于0.75m^3，沼气中甲烷含量应在55%以上；对大肠菌群可获得99%以上的杀灭效果，使卫生指标大大提高。

为达到以上消化效果，应对消化系统进行严格的工艺控制，其中包括进排泥控制、pH值与碱度控制、加热及搅拌系统的控制、毒物控制等方面。

(1) 进、排泥控制

进泥是为消化池内的微生物提供营养源，在实际运行中，进泥量不能超过系统的消化能力，也不能太少。要使有机物分解率大于35%、产气量大于0.75m^3/kg，系统的最短允许消化时间一般应大于20d，最大允许有机负荷应小于3.0kg/(m^3·d)，每个污水处理厂的最佳最短允许消化时间和最大允许有机负荷存在差别。

一般来说，中温消化每日的进泥中的固体量不能超过池内固体总量的5%，而且进泥中的固体浓度应尽量高一些(一般为4%左右)。为避免泵和输泥管道的堵塞，一般都采用间歇进泥方式，即大流量、短时间内进泥。为使消化池进泥均匀，每日的进泥次数尽可能多，而且每次的进泥量要尽可能相同。

由于计算消化池进泥的固体量比较繁琐，实际操作上可以用进泥的体积来对进泥量进行控制。投配率是消化池每天投加新鲜污泥体积占消化池有效容积的百分率，投配率与污泥龄互为倒数。在不计排出消化液的情况下，消化池的固体停留时间与水力停留时间相同，也就是污泥的消化时间。例如污泥投配率为5%时，生污泥在消化池中的停留时间即泥龄为20d，污泥体积投配率为0.05m^3/(m^3·d)。投配率高，消化速度慢，可能造成消化池内脂肪酸的积累，使pH值下降，污泥消化不完全，产气量下降，污泥削减量减少。为保证消化池内微生物的数量与污泥有机物的比率即污泥负荷稳定，污泥的投配率与污泥的含水率也有关系，含水率高的污泥投配率应当适当减小，含水率低时污泥的投配率可以适当加大。

排泥和上清液的排放直接关系到消化池运行效果的好与坏，排泥量和上清液排放量的比值以维持消化池内污泥浓度稳定和产气量最大为原则，并根据经验确定。排泥和排放上清液一般都间歇进行，每天数次。而且最好是先排上清液、再排泥，以保证排泥浓度不小于30g/L，否则消化很难进行。

（2）消化液pH值控制

在正常运行时，产酸菌和甲烷菌会自动保持平衡，并将消化液的pH值自动维持在6.5～7.5的近中性范围内。此时，碱度（以$CaCO_3$计）一般在1000～5000mg/L之间，典型值在2500～3500 mg/L之间。正常运行时，挥发性脂肪酸VFA浓度随碱度而变化，一般在50～500mg/L范围内。当碱度超过4000mg/L时，VFA超过1200mg/L也能正常运行。正常运行时，消化液的氧化还原电位ORP一般在-490～-550mV之间。

但消化过程中经常出现产酸阶段和产甲烷阶段失去平衡、pH值降至6.5以下的情况，其原因主要有以下几个方面：

① 温度波动太大。甲烷菌对温度波动极其敏感，温度波动较大时，可降低甲烷菌的活性，使其分解挥发性脂肪酸的速率下降。而产酸菌受温度影响较小，此时产酸菌仍会源源不断地将有机物分解成挥发性脂肪酸。这样，在消化液内便会造成挥发性脂肪酸积累，积累的挥发性脂肪酸会与消化液中的碱度发生反应，将碱度逐渐消耗掉。当碱度完全被消耗光以后，挥发性脂肪酸发生电离，产生大量H^+离子，使消化液的pH值逐渐下降。当VFA积累至2000mg/l以上时，pH可降至4.43，此后一般不再下降。而此时甲烷细菌早已完全失去了活性，不再产生甲烷，消化系统被完全破坏。

② 投入的有机物超负荷。进泥量突然增多或进泥中含固量升高时，可导致有机物超负荷。由于消化液中有机物增多，产酸菌的活性将增大，会产生出较多的挥发性脂肪酸VFA。而甲烷菌增殖速度很慢，不能立即将增多的VFA分解掉，因此会造成

VFA 积累，使 pH 值降至 6.5 以下。

③ 水力超负荷。水力超负荷是指投泥的体积量突然增多，使消化时间缩短。由于甲烷菌世代期长，消化时间缩短会因排放量大而使池内甲烷菌的总数量减少。这样必然也会造成 VFA 积累，使 pH 值降至 6.5 以下。

④ 甲烷菌中毒。进泥中含有有毒物质时，会使甲烷菌中毒而受到抑制或完全失去活性。此时往往产酸菌并没中毒，仍在产生 VFA，因此必然导致 VFA 积累，使 pH 降至 6.5 以下。

对于以上情况，应及时采取控制措施，否则将使消化系统彻底破坏、不得不重新培养消化污泥，而消化污泥培养期一般要 2~3个月。可采取的控制措施包括两个方面，一方面可立即外加碱源，增加消化液中的碱度，将积累的 VFA 中和掉；另一方面应寻找 pH 下降的原因并针对原因采取相应的控制措施，待恢复正常运行以后，再停止加碱。在实际运行中，要及早采取措施，因为当发现 pH 值低于 6.5 时，消化系统已经处于严重的酸化状态，甲烷菌已经受到抑制，产气量已经大大降低。VFA 升高，总碱度 ALK 降低，VFA/ALK 大于 3.0 并继续升高，沼气中甲烷产量突然变化等任一现象出现均预示着 pH 将降低，其中甲烷产量突然降低说明进泥中存在有毒物质；甲烷产量逐渐下降说明水力超负荷；如果甲烷产量先上升后逐渐下降，说明进泥有机物超负荷。

(3) 控制消化液 pH 值的程序

① 密切观察 VFA、ALK、VFA/ALK、CH_4 含量等指标的变化，如发现异常，则应开始 pH 控制。

② 判断是否需加碱。当消化系统运行正常时，消化液中挥发性脂肪酸盐碱度 ALK_A 与碳酸氢盐碱度 ALK_B 之比一般在 0.1~0.3 范围内；如果其值大于 0.3，则说明系统应外加碱源。

③ 根据具体情况加碱。常用的碱剂有石灰、$NaHCO_3$、无水氨、NH_4OH、NH_4HCO_3，有时也投加 NaOH 或 Na_2CO_3 等。还可向消化池加入大量消化种污泥，将积累的 VFA 分解掉，从而使

pH 回升。

④ 寻找出现异常的原因，并针对原因采取相应的排除措施。

⑤ 采取措施后，各项指标会逐渐恢复正常。待完全恢复后，方可停止加碱。

（4）毒物控制

工业废水成分较多的污水处理厂，其污泥消化系统有时会出现中毒问题。由于多数污水处理厂不经常分析污泥中的有毒物质浓度，中毒问题常常不被察觉。当出现重金属类型的中毒问题时，根本的解决方法是控制上游有毒物质的排放，加强污染源管理，也可采取临时投加 Na_2S，利用 S^{2-} 能与重金属离子反应形成不溶性的沉淀物的特性将毒性去除。

（5）加热系统的控制

甲烷菌对温度的波动非常敏感，一般应将消化液的温度波动控制在±1.0℃范围之内，如果条件许可，最好控制在±0.5℃范围之内。要使消化液温度严格保持稳定，就应严格控制加热量。

（6）搅拌系统的控制

搅拌可以连续进行，也可以间歇操作，多数污水厂采用间歇搅拌方式。一般每隔 2~4h 搅拌 1 次，搅拌时间不应超过 1h。通常在进泥和蒸汽加热时同时进行搅拌，而在排放消化液时应停止搅拌，使上清液经静止沉淀分离后排出。采用底部排泥方式时排泥过程中可停止搅拌，而在采用上部排泥方式时在排泥过程中必须同时进行搅拌。

（7）操作顺序与操作周期控制

污泥厌氧消化池的正常运行过程中除了收集沼气外，由进泥、排泥、排上清液、加热和搅拌五个主要操作环节组成。

进泥、排泥、排上清液、加热和搅拌这五个操作不可能同时进行，但操作顺序的不同会对消化效果有很大的影响。如何确保最佳运行效果，确定合理的操作顺序，需要借鉴实践经验。一般采用溢流排泥、内蒸汽加热的单级污泥消化池，其合理的操作顺序为进泥、排泥、排上清液、加热、搅拌。而采用非溢流排泥、池外热交换器加热时，合理的操作顺序是排上清液、排泥、进泥、加热、搅拌。另外，五个操作环节的循环周期越短，越接近连续运行，消化效果越好。采用人工操作时，操作周期一般为8h，能够实现完全自动控制操作时，操作周期可以采用2~4h。

4. 系统启动

污泥厌氧消化系统的启动，就是完成厌氧消化污泥即厌氧活性污泥或甲烷菌的培养过程。厌氧消化污泥的培养方法有两种：

（1）逐步培养法：即向厌氧消化池内逐步投入生污泥，使生污泥自行逐渐转化为厌氧消化污泥的方法。此法使活性污泥经历一个由好氧到厌氧的转变过程，加上厌氧微生物的生长速率比好氧微生物要低很多，因此逐步培养过程耗时很长，一般需要6个月到10个月左右才能完成。

（2）接种培养法：即向污泥厌氧消化池内投入总容积10%~30%的厌氧接种污泥的方法。接种污泥一般取自正在运行的城市污水处理厂的污泥厌氧消化池，当液态消化污泥运输不便时，可使用经过机械脱水的干污泥。在缺乏厌氧消化污泥的地方，可以从坑塘中取腐化的有机底泥，或以人粪、猪粪、牛粪、酒糟或初沉池污泥来作为菌种。将污泥先用水溶化，再用2×2mm的滤网过滤除去大块杂质，再进行静置沉淀去掉部分上清液后，将固体浓度为3%~5%的污泥作为接种污泥投入消化池。在厌氧消化启动过程中，需要注意以下事项：

① 污泥厌氧消化池处理的对象是活性污泥，一般不存在毒性问题。但为了加快培养启动过程，除了投入接种污泥外，还应做好加热保温工作。

② 充分搅拌消化池内的接种污泥加热至规定温度后，再逐渐投加浓缩污泥，同时继续做好加热和搅拌工作，使消化池内的温度始终处于最佳状态。

③ 采用接种培养法时，初期生污泥的投加量与接种消化污泥的数量和培养时间有关，早期可按设计进泥量的30%~50%投加，一般培养到60d后，再逐渐增加投泥量。

④ 经常测定产气量和池内消化液 VFA 的浓度及 pH 值，如果由监测结果发现消化进行得很不正常，应立即减少进泥量，或再投加其他类型的消化污泥作为接种污泥重新培养。

⑤ 为防止发生爆炸事故，接种前应使用氮气将消化池和输气管路系统中的空气置换出来，产生沼气后，再逐渐把氮气置换出去。

⑥ 污泥厌氧消化池处理的对象是活性污泥，其中的碳、氮、磷等营养物质一般是均衡的，能够适应厌氧微生物生长繁殖的需要。因此，在消化污泥的培养过程中，不必像处理高浓度工业废水那样需要加入营养物质。

5. 日常维护管理

（1）经常通过进泥、排泥和热交换器管道上设置的活动清洗口，利用高压水冲洗管道，以防止泥垢的增厚。当结垢严重时，应当停止运行，用酸清洗除垢。

（2）定期检查并维护搅拌系统：沼气搅拌立管经常有被污泥及其他污物堵塞的现象，可以将其余立管关闭，使用大气量冲洗被堵塞的立管。机械搅拌桨被长条状杂物缠绕后，可使机械搅拌器反转甩掉缠绕杂物。另外，必须定期检查轴穿过顶板处的气密性。

（3）定期检查并维护加热系统：蒸汽加热立管也经常有被污泥及其他污物堵塞的现象，可以将其余立管关闭，使用大汽量吹开堵塞物。当采用池外热交换器加热、泥水热交换器发生堵塞时，换热器前后的压力表显示的压差会升高很多，此时可用高压水冲洗或拆开清洗。

（4）污泥厌氧消化系统的许多管道和阀门为间歇运行，因而冬季必须注意防冻，在北方寒冷地区必须定期检查消化池和加热管道的保温效果，如果保温不佳，应更换保温材料或保温方法。

（5）消化池应定期进行清砂和清渣：池底积砂过多不仅会造成排泥困难，而且会缩小有效池容，影响消化效果；池内液面积渣过多会阻碍沼气由液相向气室的转移。如果运行时间不长，污泥消化池就积累很多泥砂或浮渣，则应当检查沉砂池和格栅的除污效果，加强对预处理设施的管理。一般来说，污泥厌氧消化池运行 5 年后应清砂一次。

（6）污泥消化池运行一段时间后，应停止运行并放空对消化池进行检查和维修：对池体结构进行检查，如果有裂缝必须进行专门的修补；检查池内所有金属管道、部件及池壁防腐层的腐蚀程度，并对金属管道、部件进行重新防腐处理，对池壁进行防渗、防腐处理；维修后重新投运前，必须进行满水试验和水密性试验。此项工作可以和清砂结合在一起进行。

（7）沼气中的甲烷为易燃易爆气体，因此，在厌氧消化系统运行中，尤应注意防爆问题。首先所有电气设备均应采用防爆型；其次，严禁人为明火，例如吸烟、带钉鞋与混凝土地面的摩擦、铁器工具相互撞击、电气焊均可产生明火，导致爆炸危险。另外，沼气中含有的 H_2S 能导致中毒，且沼气含量大的空间含氧少，容易导致窒息。因此，应安装并定期校验值班室或操作巡检位置设置的甲烷浓度检测和报警装置及氧亏报警装置，保证仪表的完好和准确性。

6. 异常现象的原因和解决的对策

（1）污泥厌氧消化池内 VFA/ALK 值升高

① 进泥量过大，污泥在消化池中的水力停留时间较少，使消化时间变短，消化液中的甲烷菌和碱度造成过度冲刷，进而导致 VFA/ALK 值升高。对策是首先将投泥量降到正常值，并减少排泥量，如果条件许可，还可将消化池部分污泥回流到一级消化池。

② 进泥的含固率或有机物含量升高，导致消化池有机物投配超负荷，大量的有机物进入消化液，使消化液中的 VFA 含量升高，而 ALK 浓度却不变，因此导致 VFA/ALK 值升高。此时应减少投泥量或适当补充一部分二沉池出水，稀释进泥中的有机物负荷，或加强上游管理以降低进泥中的有机物含量。

③ 进泥中有毒物质含量增多，使甲烷菌的活性降低，VFA

的分解速率下降，使 VFA 出现积累，导致 VFA/ALK 值升高。此时应分析明确有毒物质的种类，如果是重金属类中毒，可加入 Na_2S 降低有毒物浓度；如果是硫化物中毒，可以加入铁盐降低 S^{2-} 浓度。解决有毒物质影响消化效果的根本措施是加强上游排污单位的预处理效果，降低污水处理厂进水中有毒物质的含量，以避免有毒物质在污泥中的积累。

④ 消化池内温度波动太大，使甲烷菌活性降低，VFA 的分解速率下降，使 VFA 出现积累，导致 VFA/ALK 值升高。如果温度波动是因为进泥量突变所致，则应当增加进泥次数，减少每次进泥量，使进泥均匀。如果是因为加热量控制不当，则应加强供热系统的控制和调节。

⑤ 搅拌系统出现故障使搅拌效果不佳，导致消化池内局部过热或局部温度偏低、或者有机物负荷不均匀，均会导致局部甲烷菌活性降低，导致 VFA 来不及分解而积累，使 VFA/ALK 值升高。此时应立即消除搅拌系统故障，提高全池的搅拌均匀性。

在进行分析并采取以上措施后，如果 VFA/ALK 值仍上升并超过 0.5，说明工艺调整措施不力，应立即投加少量碱源，保证消化液的 pH 值和碱度正常，并进一步寻找原因和采取控制措施，使消化液的 pH 值和 VFA/ALK 值尽快恢复正常。

在投加少量碱源的情况下，如果 VFA/ALK 值继续升高超过 0.8，pH 值持续下降到 6.4 以下，沼气中甲烷的含量往往低于 42%，难以燃烧，此时必须大量投加碱源，抵消已经积累的 VFA，控制 pH 值的下降并使之回升。如果 pH 值继续降到 5 以下，甲烷菌就有可能失去活性，需要放空消化池重新培养消化污泥。

(2) 污泥厌氧消化池产气量下降

以城市污水处理厂污泥中温厌氧消化为例，生污泥含水率为 96%左右、投配率为 6%～8%时，每 m^3 生污泥的产气量为 10～12m^3。如果采用高温消化，同样的条件下，每 m^3 生污泥的产气量可达到 22～23m^3，投配率为 13%～15%时每 m^3 生污泥的产气量为13~15m^3。产气量下降的原因和解决的对策如下：

① 有机物投配负荷太低：在其他条件正常时，沼气产量与投入的有机物成正比，投入的有机物越多，沼气产量越多。反之，投入的有机物越少，则沼气产量越少。出现产气量下降的原因，往往是由于浓缩池运行不佳，浓缩效果较差，大量有机固体随浓缩池上清液流失，导致进入消化池的污泥浓度降低，即相同体积进泥的情况下有机物数量减少。此时可通过加强对污泥浓缩工艺的控制，保证达到合格的浓缩效果。

② 甲烷菌活性降低：由于某种原因导致甲烷菌活性降低，分解 VFA 速率降低，因而沼气产量也随之降低。水力负荷过大、有机物投配负荷过大、温度波动过大、搅拌效果不均匀、进水存在毒物等因素均可使甲烷菌活性降低，要分析具体原因，采取相应的对策。

③ 排泥量过大：使消化池内厌氧微生物的数量减少，破坏了微生物量与营养量的平衡，使产气量随之降低，对策自然是减少排泥量。

④ 消化池有效容积的减少：由于池内液面浮渣的积累和池底泥沙的堆积使消化池有效容积减小，整体消化效果下降、产气量也随之降低。此时应排空消化池进行清理，同时检查浮渣消除设施的运行情况和预处理设施沉砂池的除砂效率，对存在的故障及时消除。

⑤ 沼气泄漏：消化池和输气系统的管道或设施出现漏气现象使计量到的产气量比实际产气量小，此时应立即查找漏点并予以修补，以防止出现沼气爆炸等更大的事故。

⑥ 消化池内温度下降：进泥量过大或加热设施出现故障使消化池内温度下降，产气量也随之降低。此时对策是把消化池内的污泥加热到规定的温度，同时减少进泥量和排泥量。

(3) 上清液含固量升高

消化池排放的上清液含固量升高，会使出水水质下降，回流到污水处理系统增加污水处理的负荷，同时还会使排放的消化污泥浓度降低，其原因和控制对策可以归纳如下：

① 上清液排放量过大导致其含固量升高。如果每次排放上清液时量太多，排放的上清液中会带有许多污泥，因而含固量升高，因此必须将上清液排放量控制在每次相应进泥量的 1/4 以下。

② 排放上清液时速度过快，导致排放管道内流速太大，将消化池内大量的固体污泥颗粒一起携带排走，因而含固量升高，所以每次排放上清液时要缓慢进行，且排放量不宜过大。

③ 上清液排放口与进泥口距离太紧，进入的污泥发生短路，污泥未经充分消化即被直接排出，因而含固量升高。对于这种情况必须进行改造，使上清液排放口远离进泥口。

④ 进泥量过大或进泥中固体负荷过大，使得消化不完全，有机物的分解率即消化率降低，使得上清液中含固量升高，此时的对策是减少进泥量。

⑤ 排泥量太少使消化池内消化污泥积聚太多、搅拌过度、浮渣混入等原因也都可以导致上清液含固量升高，可通过加大排泥量、减小搅拌力度、排上清液时暂停消除浮渣等措施予以解决。

(4) 消化液的温度下降

① 用于加热的蒸汽或热水供应不足或热交换器出现故障，解决的办法是加大蒸汽或热水的供应量或修理热交换器。

② 投泥的频率较低，一次投泥量过大，导致加热系统的负荷不够，即加热量不足导致温度降低，此时应缩短投配周期，减少每次的投泥量。

③ 混合搅拌不均匀会导致消化池内局部过热，局部由于热量不足而温度降低，此时应加强搅拌混合作用，提高混合效果。

(5) 气相压力增大

污泥厌氧消化池气相压力增大过多，会使沼气自压力安全阀逸入大气，不仅损失沼气量，而且可能因沼气的易燃易爆带来危险。其原因和控制对策可以归纳如下：

① 产气量大于用气量，而剩余的沼气又没有畅通的去向时，会导致消化池气相压力的增大。此时应加强运行调度，增大用气量或提高沼气贮存柜容气量。

② 由于水封罐液位太高或不及时排放冷凝水等原因导致沼气管道阻力增大，结果使消化池压力增大。此时首先要分析沼气管道阻力增大的原因，并及时予以排除。

③ 进泥量大于排泥量而溢流管又排放不畅时或进泥时速度过快，都会导致消化池液位升高，结果使消化池压力增大。此时要加强进泥和排泥的控制和管理，设法保证消化池工作液位的稳定。

(6) 气相出现负压

污泥厌氧消化池气相出现负压，会使空气自真空安全阀进入消化池，破坏消化池内的厌氧状态。其原因和控制对策可以归纳如下：

① 排泥量大于进泥量或排泥时速度过快，会使消化池液位降低，产生真空。此时要加强进泥和排泥的控制和管理，使进泥量和排泥量严格相同，设法保证消化池工作液位的稳定。

② 投加氨水、熟石灰、氢氧化钠等药剂补充碱度调整 pH 值时，如果投加过量也会因消耗混合液中的 CO_2 使气相中的 CO_2 大量向混合液转移，从而导致消化池气相出现负压，因此必须严格控制碱源的投加量。

③ 用于沼气搅拌的压缩机的出气管道出现泄漏时，因排气量大于产气量会导致消化池气相出现负压，及时修复泄漏点即可解决。

④ 用风机或压缩机将沼气抽送到较远的使用点时，如果抽气量大于产气量，也可导致消化池气相出现负压，此时应加强抽气量与产气量的平衡调度。

⑤ 消化池内产甲烷菌的活性下降等原因导致产气量突然减少，而排气等设施未能及时反应也会导致消化池气相出现负压，此时要完善产气与抽气或用气之间的自控管理，实现自动运行。

7. 分析测量与记录

污泥厌氧系统每班应定时监测和记录的项目有：①进泥量、排泥量、上清液排放量、热水或蒸汽用量；②进泥、排泥、消化液和上清液的 VFA 和 ALK 值；③进泥、消化液和上清液的 pH 值；④消化液温度，而且要多点检测观察各点之间的温差大小；⑤沼气产量。以上项目中除了 VFA 和 ALK 外，其余项目都可以用在线仪表随时监测并在控制室集中显示。

污泥厌氧消化系统应每日检测的项目有：①进泥、排泥、消化液和上清液的总悬浮固体 SS、有机分、氨氮和总氮；②进泥、排泥和消化液的灼烧减重和灰分，即测定污泥中有机物的含量的变化；③上清液中的 BOD_5、COD_{Cr} 和 TP；④沼气中 CH_4、CO_2、H_2S 等组分的含量。

污泥厌氧消化系统应每周检测的项目有：进泥和排泥中的大肠菌群、蛔虫卵数量。

通过以上监测数据，应定时计算的指标有：VFA/ALK 值、消化时间(或水力停留时间)、水力负荷和有机物投配负荷、单位体积污泥或投入污泥中单位重量有机物的产气率、有机物分解率(消化率，即投入污泥中的有机成分进行气化和无机化的比例)。

第四节 污泥脱水

污泥经浓缩消化以后，其含水率仍在 94%以上，体积很大，应进一步处理。污泥脱水工艺就是用于经浓缩后的污泥进一步脱水，以减小体积，便于运输和后续处理。污泥脱水去除的主要是污泥中的吸附水和毛细水，一般可使污泥含水率从 96%左右降低至 60%~85%，污泥体积减少至原来的 1/5 至 1/10，大大降低了后续污泥处置的难度。

一、污泥调理

除了少量尺寸较大的悬浮杂质外，污水处理厂产生的污泥中固体物质主要是胶质微粒，其与水的亲合力很强，若不作适当的预处理，脱水将非常困难。在污泥脱水前进行预处理，使污泥微粒改变物化性质，破坏污泥的胶体结构，减少其与水的亲合力，从而改善其脱水性能，这个过程称为污泥的调理或调质。

污泥调理的方法有很多种，如加药、淘洗、加热、冷冻等。其中加药调理法经济实用、简单方便，应用最为广泛。加药调理法是通过向污泥中投加化学药剂以改变污泥的性质，在污泥胶质微粒表面起化学反应，中和污泥胶质微粒的电荷，促使污泥微粒凝聚成大的颗粒絮体，同时使水从污泥颗粒中分离出来，因此提高污泥的脱水性能。

加药调理除了考虑污泥性质和调理剂种类以外，污泥的温度、pH 值、调理剂浓度和各种调理剂的投加顺序都会影响调理效果。除了投加污泥调理剂外，有时需要投加助凝剂以调节污泥的 pH 值、改变污泥的颗粒结构、破坏胶体的稳定性、增强絮体强度或为污泥提供凝聚的骨架，常用的助凝剂有硅藻土、珠光体、石灰、粉煤灰、贝壳粉等。

二、污泥脱水工艺

为便于污泥的运送、堆积、利用或作进一步的处理，将污泥浓缩后，利用物理方法进一步降低污泥含水率的方法称为污泥脱水。有时为了减少处理环节，也可以对污水处理产生的剩余污泥直接进行脱水处理。

污泥脱水的方法有自然蒸发法和机械脱水法两种，习惯上将机械脱水法称为污泥脱水，而将自然干化法称为污泥干化。自然干化可分为晒砂场和干化场两种，晒砂场用于沉砂池沉渣的脱水，干化场用于初沉池污泥、活性污泥、腐殖污泥、化学污泥及混合污泥的脱水。污泥干化能耗较低，适用于干燥少雨地区。机械脱水法占地面积较小，不受气候条件影响，脱水效果稳定。机械脱水使用专门的机械对活性污泥进行脱水处理，可实现工业化生产性运行，但动力消耗较大，管理维护比较复杂。

表 4-1 列出了常用脱除污泥中水分的方法及其效果。

表 4-1　常用脱除污泥中水分的方法及其效果

脱水方法		脱水装置	脱水污泥含水率	脱出污泥中水的类型	脱水污泥状态
自然干化法		干化场、晒砂场	70%~80%	间隙水、毛细结合水和部分表面黏附水	泥饼状
机械脱水	真空过滤法	真空转筒、真空转盘等	60%~80%		泥饼状
	间歇压滤法	板框压滤机	45%~80%		泥饼状
	连续压滤法	带式压滤机、螺旋压滤机	78%~86%		泥饼状
	离心法	离心分离机、离心沉降机	80%~85%		泥饼状
热干化法		气流干燥器、旋转干燥器、转鼓干燥器	10%~40%	间隙水、毛细结合水、表面黏附水和内部水	粉状、粒状
焚烧法		立式多段炉、回转焚烧炉、流化床焚烧炉	0~10%	间隙水、毛细结合水、表面黏附水和内部水	灰　状

1. 污泥干化场脱水

干化场是一种古老而简单的污泥脱水方法，其运行效果与污泥的性质和当地气候条件有关。根据滤水层结构的不同，干化场可分为自然滤水层干化场和人工滤水层干化场两种。前者适用于自然土质渗透性能好、地下水位低的地区，但由于渗透下去的污泥水可能会污染地下水及给渗入土层带来不可逆转的污染，因此一般不推荐使用这种方式。后者的底板是人工不透水层，上铺滤水层，渗下去的污泥水由埋设在人工不透水层上的排水管截留，送到污水处理场重新处理。图 4-11 是常见人工滤水层干化场示意图。

干化场主要依靠渗透、蒸发两种方法脱除水分，渗透脱水一般在污泥排入干化场的最初 2~3d 内完成，此时含水率可下降到 85%左右，接着以蒸发为主继续干化，根据污泥的性质和气候条件的不同，1 周到几周后含水率可降到 70%左右。

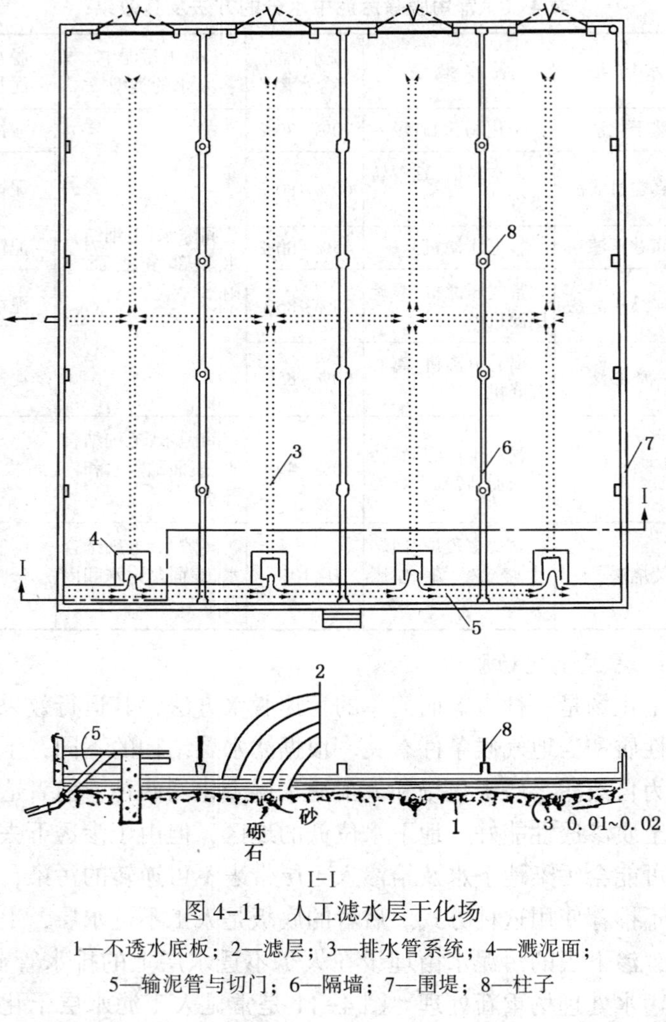

图 4-11 人工滤水层干化场

1—不透水底板；2—滤层；3—排水管系统；4—溅泥面；5—输泥管与切门；6—隔墙；7—围堤；8—柱子

干化场适用于处理含无机颗粒多的污泥，含油脂多的污泥不宜使用干化场处理。干化场具有结构简单、管理方便、基建费用低、一般不需要化学调理等优点，但占地面积大，能占到污水处理场面积的 1/4，另外，敞开式的干化场卫生条件较差，受气候条件影响较大，夏季多雨季节和冬季冰冻季节的脱水效果较差。

2. 污泥机械脱水

污泥机械脱水是以多孔性物质为过滤介质，过滤介质两侧的压力差作为推动力，强制污泥中的水分通过过滤介质以滤液的形式排出，固体颗粒被截留在过滤介质上成为脱水后的滤饼(有时称泥饼)，从而实现污泥脱水的目的。常用机械污泥脱水的方法有以下三种：

(1) 真空过滤脱水

真空过滤依靠减压与大气压产生压力差作为过滤的动力，其优点是操作平稳，处理量大，整个过程可实现自动化，适用于各种污泥的脱水；缺点是脱水前必须进行预处理，附属设备多，工序复杂，运行费用也较高。真空过滤器分为转筒式、转盘式和水平式，转盘式真空过滤器形式变化较少，而转筒式和水平式根据滤饼剥离排料方式和过滤室构造的不同，又有多种形式。图4-12为转筒真空过滤器的工作原理示意图。

转筒每旋转一周，依次经过滤饼形成区、吸干区、反吹区和休止区四个功能区，休止区主要起正压与负压转换时的缓冲作用。真空过滤机的功率消耗约 $1000W/m^2$，处理污泥的单耗约 $5\sim8W/m^3$污泥。

除了真空过滤主机以外，还需要配备调理剂投加系统、真空系统和空气压缩系统，有时还需要在污泥槽内设置搅拌设施。如果将转筒与污泥槽的间隙改为 40~50mm，可以取消搅拌设施。真空过滤机的脱水能力与污泥性质和污泥浓度有关，进泥浓度为3%~8%时，处理生活污水污泥的脱水能力为 10~30kg 干固体/$(m^2\cdot h)$。转筒真空过滤机对消化污泥脱水时，泥饼的含水率约60%~80%；对单纯的活性污泥脱水时，真空过滤机的产率较低；如果与初沉池污泥或浮渣混合脱水，可提高过滤产率。转筒真空过滤脱水机的影响因素有：

① 污泥性质：污泥种类和调理情况对过滤性能影响很大，原污泥的浓度越大，过滤产率越高。但污泥含固量最好不超过

8%~10%，否则污泥的流动性较差，输送困难。另外，污泥在真空过滤前的预处理及存放时间应该尽量短，贮存时间越长，脱水性能越差。

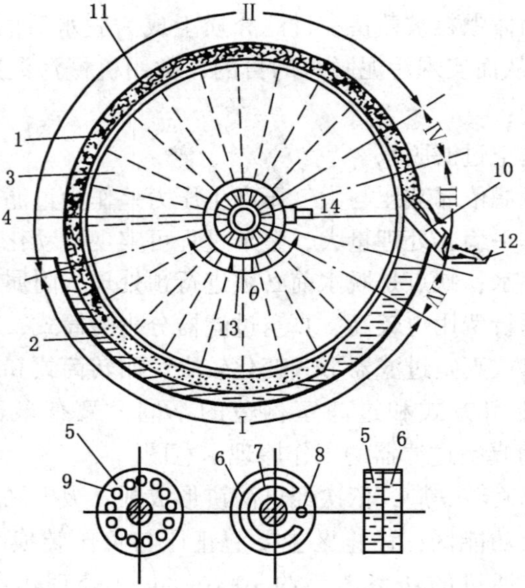

图 4-12　转筒真空过滤器工作原理示意图

Ⅰ—滤饼形成区；Ⅱ—吸干区；Ⅲ—反吹区；Ⅳ—休止区；
1—空心转筒；2—污泥槽；3—扇形格；4—分配头；5—转动部件；
6—固定部件；7—与真空泵通的缝；8—与空压机通的孔；
9—与各扇形格相通的孔；10—刮刀；11—泥饼；12—皮带输送器；
13—真空管路；14—压缩空气管路

② 真空度：真空度是真空过滤机的动力，真空度越高，泥饼的厚度越大、含水率越低。但滤饼厚度的增大又使过滤阻力增大，不利于脱水。一般来说，真空度增加到一定程度后，过滤速度的提高就会变得不明显，处理经过浓缩的污泥时更是如此。而且真空度的增加不仅加大动力消耗和运行费用，还容易使滤布堵塞和损坏。通常滤饼形成区的真空度约为 400~600mm 汞柱，吸

干区的真空度约为500~600mm汞柱。

③ 转筒浸没深度：浸没深度大，滤饼形成区与吸干区的范围广，过滤产率高，但泥饼含水率也高。浸没深度浅，转筒与污泥的接触时间短，滤饼较薄、含水率也较低。

④ 转筒转速：转速高，过滤产率高，泥饼含水率也高，同时滤布的磨损也会加剧。转速低，滤饼含水率低，产率也低。因此，转筒的转速过高或过低都会影响脱水效果，一般转速范围为0.7~1.5r/min，转筒线速度一般<0.3m/min，具体转速值需要根据污泥性质、脱水目标和真空过滤机转筒直径等因素综合考虑。

⑤ 滤布性能：滤布孔目大小决定于污泥颗粒的大小和性质。网眼太小，污泥固体回收率高、产率低，滤布容易堵塞，过滤阻力也大。网眼过大，过滤阻力小，但污泥固体回收率低，滤液浑浊。

(2) 压滤脱水

利用空压机、液压泵或其他机械形成大于大气压的压差进行过滤的方式称为加压过滤，压滤的压差为0.3~0.5MPa，一般适用于对高浓度污泥的脱水处理，其基本原理与真空过滤类似，两者区别在于压滤使用正压，真空过滤使用负压。在污泥脱水中应用较多的污泥压滤机有板框压滤机和带式压滤机两种，其中板框压滤机一般是间歇运行，而带式压滤机为连续运行方式。

板框压滤机比真空过滤机过滤能力强，可降低调理剂的消耗量和使用较便宜的、效率较差的药剂，甚至可以不经过预先调理而直接进行过滤脱水。板框压滤机是最早应用于污泥脱水的机械，虽然间歇操作、过滤脱水能力也较低，但具有泥饼含固率高、固体回收率高、调理剂耗量少的优点。除了板框压滤机主机外，还需要配备进泥系统、投药系统和压缩空气系统。

带式污泥脱水机又称带式压榨脱水机或带式压滤机，是一种连续运转的固液分离设备，污泥经过加脱水剂絮凝后进入压滤机的滤布上，依次进入重力脱水、低压脱水和高压脱水三个阶段，最后形成泥饼，泥饼随滤布运行到卸料辊时落下。用于城市污水处理厂消化污泥的脱水时，泥饼的含水率可小于 80%，而用于小规模的工业废水处理场未经浓缩的新鲜剩余污泥脱水时，泥饼的含水率也可降到 90%以下。

带式压滤脱水的工作原理是利用上下两条张紧的滤带夹带着污泥层，从一系列按规律排列的辊压筒中呈 S 形弯曲经过，依靠滤带本身的张力形成对污泥层的压榨力和剪切力，把污泥中的毛细水挤压出来，从而获得较高含固量的泥饼，实现污泥脱水。压滤机的工作原理如图 4-13 所示。

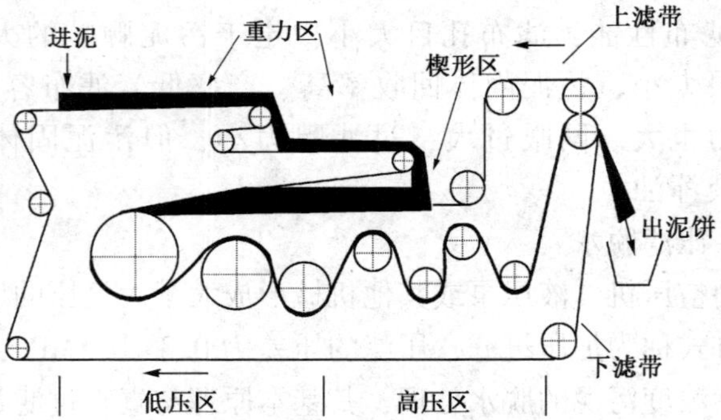

图 4-13　带式压滤工作原理示意图

带式压滤机有很多形式，但一般都分为以下四个工作区：

重力脱水区：在该区内，滤带水平行走。污泥经调理后部分毛细水转化成了游离水，这部分水分在该区内借自身重力穿过滤带，从污泥中分离出来。一般来说，重力脱水区可脱去污泥中 50%~70%的水分，使含固量增加 7%~10%。

楔形脱水区：楔形区是一个三角形的空间，滤带在该区内逐渐靠拢，污泥在两条滤带之间逐步受到挤压。在该段内，污泥的含固量进一步提高，并由半固态向固态转变，为进入压力脱水区作准备。

低压脱水区：污泥经楔形区后，被夹在两条滤带之间绕滚压筒作 S 形上下移动。施加到泥层上的压榨力取决于滤带张力和滚压筒直径。在张力一定时，滚压筒直径越大，压榨力越小。污泥经低压区之后，含固量会进一步提高，但低压区的作用主要是使污泥成饼，强度增大，为接受高压作准备。

高压脱水区：经低压区后的污泥，进入高压区之后，受到的压榨力逐渐增大，其原因是辊压筒的直径越来越小。至高压区的最后一个辊压筒，直径往往降至 25cm 以下，压榨力增至最大。污泥经高压区之后，含固量进一步提高，一般大于 20%，正常情况下在 25%左右。

(3) 离心脱水法

污泥的离心脱水技术是利用快速旋转所产生的离心力使污泥中的固体颗粒和水分离，分离性能常用分离因数作为比较系数。分离因数是液体中颗粒在离心场(旋转容器中的液体)的分离速度同其在重力场(静止容器中的液体)的分离速度之比值，即离心机产生的离心加速度与重力加速度之比，可用下式表示：$\alpha = r \times n^2/900$，式中 r、n 分别表示旋转半径(m)和转速(r/min)。即随着转速增加，α 值提高更快。离心机械产生的离心力场很容易达到用于沉淀的重力场的 1000 倍以上，远远超过了重力沉淀池中的沉淀速度，因而可以在很短的时间内使污泥中很细小的颗粒与水分离。

离心脱水机主要由转鼓和带空心转轴的螺旋输送器组成，如图 4-14 所示。

污泥由空心转轴送入转筒后，在高速旋转产生的离心力作用下，立即被甩入转鼓腔内。污泥颗粒由于比重较大，离心力

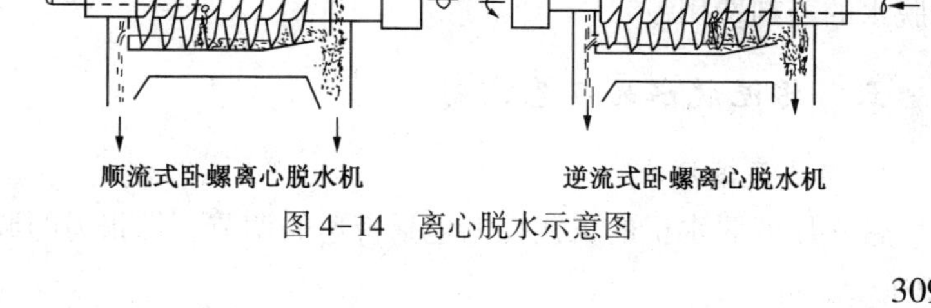

图 4-14　离心脱水示意图

也大，因此被甩帖在转鼓内壁上，形成固体层，称为固环层；水分由于密度较小，离心力较小，只能在固环层内侧形成液体层，称为液环层。固环层的污泥在螺旋输送器的缓慢推动下，被输送到转鼓的锥端，经转鼓周围的出口连续排出；液环层的液体则由堰口连续“溢流”排至转鼓外，形成分离液，然后汇集起来，靠重力排出脱水机外。

污泥脱水所用的卧式离心脱水机一般为转筒离心机，按进泥方向和出泥方向是否相同又分为顺流式和逆流式两种。高速离心机通常采用逆流中心进泥方式；而低速离心机则采用顺流始端进泥方式，这也是污泥脱水使用较多的型式。

顺流离心机进泥和脱水污泥的流出方向是一致的，这样可以消除逆流离心脱水机不可避免的涡流现象。始端进泥方式还可以使离心脱水机全长都起到净化作用，与逆流离心机相比，延长了沉淀距离和时间，使微细的颗粒也能沉淀下来，因而可以得到含水率更低的脱水污泥和更清澈的分离液，并能有效地减少脱水药剂的投加量，有时甚至可以不用再投加药剂。由于顺流离心机内污泥流态得到了很大改善，而且可以加大转筒直径来提高离心力，因此这种脱水机的转速可以降低到500~1000r/min，不仅节约了电能，而且降低了机器的噪音，延长了使用寿命。

转筒式离心机特别适用于含油污泥和难以脱水污泥的处理，不适用于处理固液密度差较小的污泥，一般也不用于无机成分较多的污泥的脱水处理。在投加有机高分子污泥调理剂聚丙烯酰胺的情况下，经过转筒式离心机脱水处理后的泥饼含固率一般为20%~25%。与其他机械脱水方式相比，转筒式离心机可以在少投加或不投加调理剂的条件下对污泥进行脱水，从而可以降低污泥脱水的药剂费用。

三、污泥脱水的工艺控制

1. 带式压滤脱水

带式压滤脱水机的工艺控制包括带速的调节、带张力的调节以及调理效果的控制三个方面。实际运行中，应根据进泥泥质的变化，对以上三个方面随时调整。

(1) 带速

滤带的行走速度控制着污泥在每一工作区的脱水时间，对出泥泥饼的含固量、泥饼厚度及泥饼剥离的难易程度都有影响。带速越低，泥饼含固量越高，泥饼越厚，越易从滤带上剥离；反之，带速越高，泥饼含固量越低，泥饼越薄，越不易剥离。因此，从泥饼质量看，带速越低越好，但带速的高低直接影响到脱水机的处理能力，带速越低，其处理能力越小。对于某一种特定的污泥来说，存在最佳带速控制范围。在该范围内，脱水机既能保证一定的处理能力，又能得到高质量的泥饼，固体回收率也较高。对于初沉污泥和活性污泥组成的混合污泥来说，带速一般应控制在 2~5m/min。进泥量较高时，取高带速，反之取低带速。活性污泥一般不宜单独进行带式压滤脱水，否则带速必须控制在 1.0 m/min 以下，处理能力很低，极不经济。

不管进泥量多少，带速一般不要超过 5m/min。带速太高时，重力脱水时间会大大缩短，使在楔形区的污泥不能满足挤压要求，进入低压区或高压区后，污泥将被挤压溢出滤带，造成跑料。

(2) 滤带张力

由于施加到污泥层上的压力和剪切力直接决定于滤带的张力，因此，滤带张力会影响泥饼的含固量。滤带张力越大，泥饼含固量越高。对于城市污水混合污泥来说，一般将张力控制在 0.3~0.7MPa，常在 0.5MPa。当张力太大时，会将污泥在低压区或高压区挤压出滤带，造成跑料或压进滤带造成堵塞。

大部分情况下，上下滤带的张力相等。适当调整上下滤带的张力，使下滤带的张力略低于上滤带，有时会明显提高污泥的成饼率。

(3) 污泥调理

带式压滤机对调理的依赖性很强。用药量不足导致调理效果不佳时，污泥中的毛细水不能转化成游离水在重力区被脱去，因而由楔形区进入低压区的污泥仍呈流动性，无法挤压。反之，如果加药量太大，不仅增大处理成本，更重要的是由于污泥黏性增大，极易造成滤带被堵塞。对于城市污水混合污泥，采用阳离子PAM时，折合干污泥投药量一般为1~10kg/t，具体投量可由试验确定或在运行中反复调整确定。

由于带式压滤机无法进行完全封闭，常产生恶臭。在污泥调理加药时，加入适量的高锰酸钾或三氯化铁，可大大降低恶臭程度。另外，适当加入一些阴离子或非离子PAM，可明显使泥饼从滤带上易于剥离。

(4) 进泥量与进泥固体负荷

带式压滤脱水机的处理能力有两个代表指标：一个是进泥量，另一个是进泥固体负荷。进泥量是指每米带宽在单位时间内所能处理的湿污泥量，常用 q 表示，单位为 $m^3/(m \cdot h)$；进泥固体负荷是指每米带宽在单位时间内所能处理的总干污泥量，常用 q_s 表示，单位为 $kg/(m \cdot h)$。很明显，q 和 q_s 取决于脱水机的带速和滤带张力以及污泥的调理效果，而带速、张力和调理又取决于所要求的脱水效果，即泥饼含固量和固体回收率。因此，在污泥性质和脱水效果一定时，q 和 q_s 也是一定的，如果进泥量太大或固体负荷太高，将降低脱水效果。一般来说，q 可达到4~$7m^3/(m \cdot h)$，q_s 可达到150~$250kg/(m \cdot h)$。不同规格的脱水机，带宽也不同，但一般不超过3m，否则，污泥不容易摊布均匀。q 和 q_s 分别与脱水机带宽的乘积，即为该脱水机的实际允许进泥量和进泥固体负荷。运行中，运行人员应根据本厂泥质和脱水效果的要求，通过反复调整带速、张力和加药量等参数，得到本厂的 q 和 q_s，以便运行管理。表4-2为各种污泥进行带式压滤脱水的性能数据，供运行调试参考。

2. 离心脱水

离心脱水机的工艺控制，主要包括分离因数的控制、转速差的控制、液环层厚度的控制、调理效果的控制和进泥量的控制。

表 4-2　各种污泥进行带式压滤脱水的性能数据

污泥种类		进泥含固量/%	进泥固体负荷/[kg/(m·h)]	PAM 加药量/(kg/t)	泥饼含固量/%
生污泥	初沉污泥	3~10	360~680	1~5	28~44
	活性污泥	0.5~4	45~230	1~10	20~35
	混合污泥	3~6	180~590	1~10	20~35
厌氧消化污泥	初沉污泥	3~10	360~590	1~5	25~36
	活性污泥	3~4	40~135	2~10	12~22
	混合污泥	3~9	180~680	2~8	18~44
好氧污泥	混合污泥	1~3	90~230	2~8	12~20

(1) 分离因数

离心机转鼓的转速一般能在较大范围内无级调节。通过调节转速，可以控制离心机分离因数，使之适应不同泥质的要求。一般来说，污泥颗粒越大，密度越大，越需要较低的分离因数，反之则需要较高的分离因数。初沉污泥一般只需较小的 α 值，即能获得较好的脱水效果。消化污泥颗粒虽然变小，但由于其密度增大，所需要的 α 值与初沉污泥的基本相当。活性污泥的密度小，污泥颗粒的尺寸也小，要获得较高的脱水效果，则需要较大的 α 值。活性污泥的 SVI 值越高，所需的 α 值也越大。泥龄越长的污泥，所需要的 α 值越大。处于膨胀状态的活性污泥，一般需要高速离心机才能进行脱水。混合污泥要求的 α 值取决于活性污泥所占的比例，活性污泥比例越高，所需 α 值越大。当进泥泥质不变时，增大 α 值，可提高污泥脱水的固体回收率，提高分离液的清澈度。增大 α 值，能耗也随之上升，因而除非需要高固体回收率，否则不需太高的 α 值。一般 α 值在 800 ~1200 之间，具体可通过离心模拟实验或直接对离心机进行调试得出。

(2) 液环层厚度

当进泥量一定时，液环层越厚，污泥在液环层内进行分离的时间越长，会有更多的污泥被分离出来；另一方面，液环层变厚，会降低某些小颗粒受扰动而随分离液流失的可能性。综合以上两方面的作用，液环层增厚一般会提高脱水的固体回收率。但液环层增厚，相应会使岸区缩短，使脱离液环层的污泥没有充足的时间被甩干，因此，泥饼含固量将下降。在控制液环层厚度时应在高固体回收率与泥饼含固率之间找到合适的平衡。除污泥脱水后进行焚烧处置外，一般情况下无需追求过高的泥饼含固量，而固体回收率则越高越好，因此液环层厚度应尽可能调大一些。离心机液环层厚度一般在5~15cm之间，具体取决于离心机的规格以及进泥泥质。初沉污泥可相对薄一些，以便保证高固体回收率的前提下，尽量提高泥饼的含固量。活性污泥脱水时，液环层应相对厚一些，否则很难保证一定的固体回收率。原因是活性污泥颗粒小，需要较长的泥水离心分离时间，且污泥颗粒受扰动，极易泛起，随分离液流失。混合污泥脱水时的液环层厚度介于二者之间，具体取决于其中活性污泥所占的比例。

（3）转速差

转速差是指转鼓与螺旋的转速之差，即两者之间的相对转速。如果转速差为 Δn，则螺旋相对于转鼓来说，等于以 Δn 的速度在旋转，液环层中被分离出的污泥就是利用这个速度被输送出脱水机的。当进泥量一定时，转速差越大，污泥在脱水机中停留的时间越短，固环层就越薄；另一方面，转速差越大，由于转鼓与螺旋之间的相对运动增大，必然使对液环层的扰动程度增大，固环层内部被分离出来的污泥会被重新泛至液环层，并有可能随分离液流失。因此，转速差增大时，脱水的固体回收率和泥饼的含固量都将降低，但增大转速差可提高离心机的处理能力。反之，减小转速差时，污泥在转鼓内接受离心分离的时间将延长，同时，由于转鼓和螺旋之间的相对运动减小，对液环层的扰动也减轻，因此固体回收率和泥饼含固量均将提高，但减小转速差，往往使处理能力降低。转速差太小，将由于污泥在机内积累，使固环层厚度大于液环层，导致污泥随分离液大量流失，固体回收率下降，严重时还会由于阻力过大，扭矩超负荷损坏离心机。一般离心机都允许在较大范围内调节转速差，城市污水污泥一般在 2~35r/min 的范围内，具体取决于进泥泥量和泥质。在进泥量一定时对初沉污泥进行脱水，转速差可高一些，对活性污泥进行脱水时应低一些，混合污泥介于二者之间。

(4) 污泥调理效果

由于离心机为封闭式强制脱水，对进泥量有比较严格的要求，如果采用无机盐类调理剂将由于污泥量的增加，使离心机的脱水能力大大降低。因此，离心脱水一般宜用高效的阳离子 PAM，不能采用无机盐类调理剂。

(5) 进泥量及综合调控

每一台离心脱水机都有一个最大进泥量，实际进泥量超过该值时，离心机将失去平衡，并受到损坏。因此，运行中应严格控制离心机的进泥量。在允许的范围内，当泥质及调理效果一定时，进泥量越大，固体回收率和泥饼含固量越低；反之，进泥量降低，则固体回收率和泥饼含固量将提高。另外，每台离心机都有一个极限最大入流固体量，如果由于进泥含固量升高等原因导致入流固体量超过极限值，将由于扭矩过大，使离心机超载而停车。

(6) 工艺参数调整程序

工艺参数调整程序见图 4-15，其中 R 为固体回收率，C_u 为泥饼含固量，Q_0 为进泥流量，Q_{max} 为最大允许进泥量，M_{max} 为最大允许入流固体量，单位为 kg/h。

离心脱水的工艺参数调整是一项复杂的操作，需进行大量的反复调试。但只要参数控制合理，一般都能得到满意的脱水效果。表 4-3 为各种污泥理想的离心脱水效果。

表 4-3 离心机对各种污泥的脱水效果

污泥种类		泥饼含固量/%	固体回收率/%	干污泥加药量/(kg/t)
生污泥	初沉污泥	28~34	90~95	2~3
	活性污泥	14~18	90~95	6~10
	混合污泥	18~25	90~95	3~7

续表

污泥种类		泥饼含固量/%	固体回收率/%	干污泥加药量/(kg/t)
厌氧消化污泥	初沉污泥	26~34	90~95	2~3
	活性污泥	14~18	90~95	6~10
	混合污泥	17~24	90~95	3~8

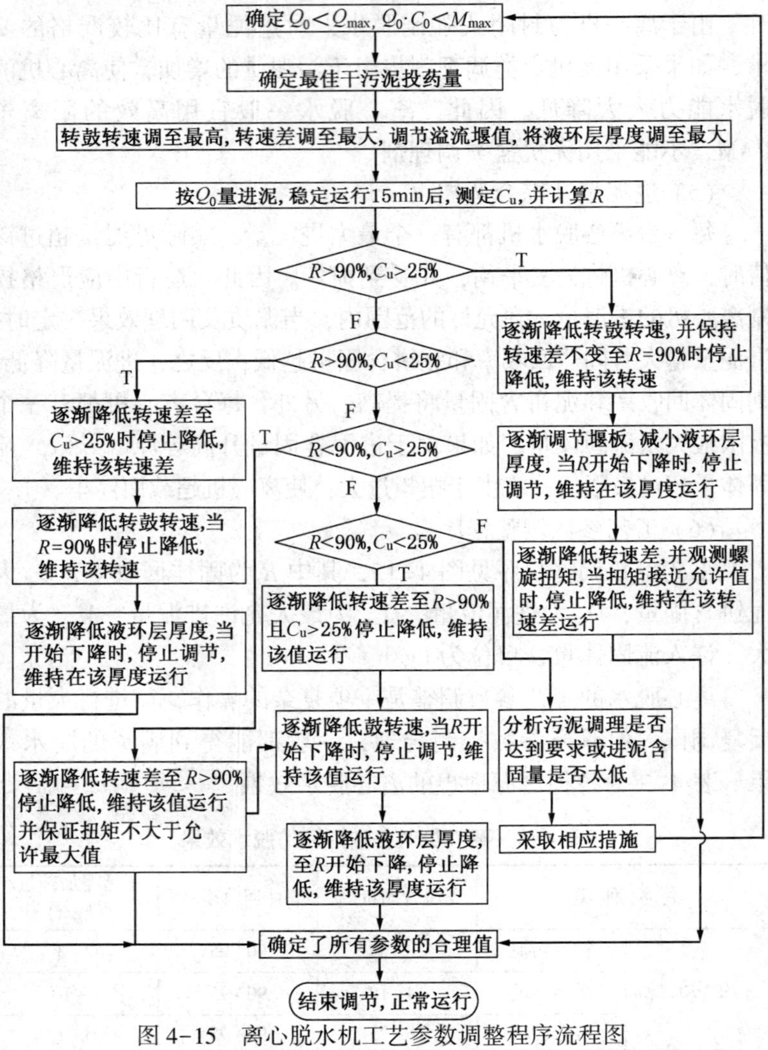

图 4-15　离心脱水机工艺参数调整程序流程图

四、异常现象的原因及解决措施

1. 带式压滤脱水

(1) 泥饼含固量下降

① 加药量不足或配药浓度不合适、加药点位置不合理等原因导致调理效果不好。解决的措施是进行加药实验，确定合理参数并进行调整。

② 带速太大导致泥饼变薄、含固量下降。解决的措施是及时降低带速，保证泥饼厚度在5~10cm。

③ 滤带张力太小，不能保证足够的压榨力和剪切力，使含固量降低。解决的措施是适当增大张力。

④ 滤带堵塞，不能将水分滤出，使含固量降低。解决的措施是停止运行，冲洗滤带。

(2) 固体回收率降低

① 带速太大，导致挤压区跑料。解决的措施是适当降低带速。

② 张力太大，导致挤压区跑料，并使部分污泥压过滤带，随滤液流失。解决的措施是减小张力。

(3) 滤带打滑

① 进泥超负荷，解决的措施是降低进泥量。

② 滤带张力太小，解决的措施是增加张力。

③ 辊压筒损坏，解决的措施是及时修复或更换。

(4) 滤带跑偏

① 进泥不均匀导致滤带上摊布不均，解决的措施是调整进泥口或更换平泥装置。

② 滚压筒局部损坏或过度磨损，解决的措施是予以检查更换。

③ 滚压筒之间相对位置不平衡，解决的措施是予以检查调整。

④ 纠偏装置不灵敏，解决的措施是检查修复。

(5) 滤带堵塞严重

① 每次冲洗不彻底，解决的措施是增加冲洗时间或冲洗水压力。

② 滤带张力太大，解决的措施是适当减小张力。

③ PAM 投加过量，解决的措施是适当减小投药量。

④ 进泥中含砂量太大，解决的措施是加强污水预处理系统的运行控制。

2. 离心脱水机

(1) 分离液浑浊，固体回收率降低

① 液环层厚度太薄，应增大厚度。

② 进泥量太大，应降低进泥量。

③ 转速差太大，应降低转速差。

④ 入流固体超负荷，应降低进泥量。

⑤ 螺旋输送器磨损严重，应更换。

⑥ 转鼓转速太低，应增大转速。

(2) 泥饼含固量降低

① 转速差太大，应减小转速差。

② 液环层厚度太大，应降低其厚度。

③ 转鼓转速太低，应增大转速。

④ 进泥量太大，应减小进泥量。

⑤ 调理加药过量，应降低干污泥投药量。

(3) 离心机过度震动的原因及措施：

① 润滑系统出故障，应检修。

② 有浮渣进入机内，缠绕在螺旋上，造成转动失衡，应停车清理。

③ 机座松动，应及时修复。

(4) 转轴扭矩过大的原因及措施：

① 进泥量太大，应降低进泥量。

② 入流固体量太大，应降低进泥量。

③ 转速差太小，应增大转速差。

④ 浮渣或砂进入离心机，造成缠绕或堵塞，应停车予以清除。

⑤ 齿轮箱出故障，应及时加油保养。

(5) 能耗增加、电流增大的原因及措施：

① 如果能耗突然增加，一般表明离心机出泥口已被堵塞。原因主要是转速差太小，固体在机内大量积累，可增加转速差，如能耗继续增加，则应停车检修。

② 如果能耗逐渐增加，说明螺旋输送器被严重磨损，应及时更换。

五、分析测量与记录

污泥脱水岗位每班应检测和记录的项目有：进泥的流量及含固率或含水率、脱水剂的投加量、泥饼的产量及含固率或含水率、冲洗水的用量、冲洗次数和历时。

每天应检测和记录的项目有：电耗、滤液的产量及滤液的水质指标 SS、TN、TP、BOD_5 或 COD_{Cr}。

应当定期测试或计算的项目有：转速或转速差、滤带张力、固体回收率、干污泥的回收率、折合干污泥的脱水剂投加量、进泥固体负荷或最大入流固体流量。

第五节　污泥的综合利用与最终处置

生物污泥主要是由微生物细胞组成的，生物体的细胞壁结构非常复杂，很难进一步生物转化。复杂的细胞壁具有很强的保护作用以防止被其他细胞所吞噬，而恰恰是难以生物降解的细胞壁保护了细胞壁内细胞体的正常功能，进而确保了生物处理过程能够顺利实现。在湿润的条件下，生物污泥在数年之后可以保持性质不变，既不会自行降解，颜色、外形也不会有太大的变化。这样的好氧生物污泥往往可以在曝气数小时后基本恢复原有的各种性能，厌氧生物污泥可以在厌氧条件下保存数年而性能没有大的变化。

不论好氧生物污泥还是厌氧生物污泥，也不论在好氧条件下进行消化处理还是在厌氧条件下进行消化处理，通常只用25%～40%的生物量可以得到进一步生物降解，其余的60%～75%的生物量是无法生物降解的，即只有采用焚烧或化学水解等方法才能真正处理，其余天然的方法是不能破坏这部分生物量的。

污泥最终处置方式有填埋、造肥等，部分工业废水处理厂采用焚烧方式处置污泥。

一、污泥填埋

填埋是一种最古老的传统污泥处置方式，也是污泥处置的最终手段。在将来的发展中填埋仍然是垃圾和污泥处置中不可避免的方法。对于不能资源化而须从使用循环中排出的废物，填埋是目前唯一的最终处置途径。污泥焚烧后的灰烬和难以焚烧的残渣都要以填埋方式进行最终处置。

建设污泥卫生填埋场的地址须选择在底基渗透系数低且地下水位不高的区域，填坑铺设防渗性能好的材料，同时要配设渗滤液收集装置及净化设施。目前修建的污泥填埋场多采用高密度聚乙烯为防渗层，防止对地下水及土壤的二次污染。为防止蚊蝇滋生和臭味外逸，堆层必须用塑料薄膜等不透气材料封盖。同时要设置竖向排气导管，收集与排除污泥可能由于厌氧消化而产生的沼气，避免发生爆炸的危险。

污泥填埋需要占用大量的土地和花费大量的运输费用和管理费用，如果管理不当，污泥中含有的N、P和重金属等各种有毒有害物质经雨水的浸蚀和渗漏会污染地下水环境，容易造成二次污染。其实污泥填埋并不能最终消灭了环境污染，而只是延缓了污染产生的时间。在我国耕地越来越少的情况下，显然不符合可持续发展的要求。

污泥可单独填埋或与其他废弃固体物（如城市垃圾）一起填埋，填埋场地应符合以下要求：

① 填埋场地的渗沥水属高浓度有机污水，污染非常强，必

须加以收集进行处理，以防止对地下水和地表水的污染。

② 应注意填埋场地的卫生，防止鼠类和蚊蝇等的滋生，并防止臭味向外扩散。

③ 除焚烧灰的挥发分在15%以下时，可进行不分层填埋，其他情况均需进行分层填埋。生污泥进行填埋时，污泥层的厚度应≤0.5m，其上面铺砂土层厚0.5m，交替进行填埋，并设置通气装置；消化污泥进行填埋时，污泥层厚度应≤3m，其上面铺砂土层厚0.5m，交替进行填埋。

④ 如在海边进行填埋时，需严格遵守有关法规的要求。

二、污泥堆肥用于园林绿化

目前我国城市园林绿化蓬勃发展，城郊花卉苗圃日益增多。污泥有机肥用于花卉苗圃，一可以改良土壤，增加土壤有机质和养分，二可以促进花卉生长，三可以避免污泥中的重金属和有害物质进入生物链，而且树木花卉对重金属和有害物质也有一定的净化作用。有关试验证明，在酸性和微酸性土壤中，如果将污泥中某主要重金属元素作为限制因子，并根据其在土壤中的环境容量、背景值、在污泥中的含量等计算得出其最大使用量，则在其最大使用量限度内，无论一次投加还是多次投加，土壤或作物籽实中的各种重金属元素含量都低于环境允许标准，地下水中氮、磷浓度也都符合国家地下水级标准。

污泥的土地利用将是污泥资源化的主要发展趋势，通过对污泥进行无害化、稳定化处理后用做土壤改良剂或肥料，更适用于林地的土壤修复和生态工程建设。污泥土地利用较常见的处理方法是污泥堆肥。

污泥堆肥处理是指在人为控制条件下，利用微生物的生物化学作用，将脱水污泥中的有机物分解、腐熟并转变成稳定腐殖土的微生物过程。堆肥处理强调人为控制，不同于有机物的自然腐烂或腐败。“堆肥”有时也指污泥经过堆肥处理后得到的产品，是污泥经生物降解和转化的产物，是腐殖质含量很高的疏松物质。利用这一工艺可制取稳定性较高的有机肥料，同时使脱水污泥体积减少 1/2 以上。通常是在污泥中加入一定比例的膨松剂和调理剂(如秸秆、稻草、木屑或生活垃圾等)，利用微生物群落在潮湿环境下对多种有机物进行分解并转化为类腐殖质。研究表明，经过堆肥的污泥质地疏松，容重减小，可被植物利用的营养成分增加，病原菌和寄生虫卵几乎全被杀灭。

1. 污泥堆肥的基本形式

(1) 厌氧堆肥

厌氧堆肥是在缺氧的条件下，厌氧微生物代谢有机物的过程，其主要经历产酸和产气阶段。反应初期，厌氧微生物将有机物分解为有机酸、醇等中间产物及 CO_2、NH_3、H_2S、H_2O 等，有机酸的积累使 pH 值下降。这一阶段是酸性发酵过程，微生物主要是产酸菌。反应后期由于氨的增加，使 pH 值上升，中间产物逐渐分解为甲烷和 CO_2、H_2O。这一阶段是产气过程，其主要微生物是甲烷菌。

厌氧堆肥虽然具有运转费用低的优点，但由于它分解有机物缓慢、堆肥周期长、占地面积大，而且在堆肥过程中会产生恶臭，因此此法不适于在厂区内处理大量脱水污泥。

(2) 好氧堆肥

好氧堆肥是利用好氧微生物在通气条件下，代谢污泥中可降解有机物得到腐殖质的过程。其特点是堆体中总维持足够的氧浓度，好氧微生物代谢有机物的同时产生的热量使堆体温度升高、杀死污泥中大量存在的病原微生物，并且使水分蒸发、污泥含水率下降、体积缩小，达到了污泥减容化、稳定化、无害化的目的。最后得到含有大量腐殖质能改善土壤结构的堆肥产品。

好氧堆肥降解有机物速度快、堆肥周期短、不产生恶臭，是一种经济有效的污泥处理方法。一般所说的堆肥都是指高温好氧堆肥。

2. 高温好氧污泥堆肥

好氧堆肥过程完成速度快，堆体温度高，一般为 50～60℃，极端温度可超过 80℃，故又称高温堆肥。高温堆肥过程可分为三个阶段：

① 发热升温阶段(一次发酵的前期，1～3d)：堆肥初期，好氧的中温细菌和真菌利用污泥中最容易分解的可溶解性物质(如淀粉等糖类)迅速增殖，释放出热量，使堆体温度不断提高。

② 高温消毒阶段(一次发酵的主要阶段，3～8d)：随着堆体热量的积累，温度逐渐上升到 50℃以上，即进入了高温阶段。这时候，好热性的微生物如纤维素分解氧化菌逐渐代替了中温微生物的活动，堆体中残留的有机物继续被分解氧化，一些复杂的有机物如纤维素等也开始得到分解，病原菌、寄生虫卵与病毒被杀灭。

③ 降温和腐熟保肥阶段(一次发酵的后期和二次发酵过程，20～30d)：经过高温阶段，污泥中大部分易于生物降解的有机物得到分解，剩下的是木质素等较难分解的有机物和新形成的腐殖质。此时微生物活动量减弱，产热量也随之减少，温度逐渐下降，中温微生物又逐渐成为优势菌种，残余物质进一步分解，腐殖质继续不断地积累，堆肥进入腐熟阶段。

3. 高温好氧堆肥的工艺控制

高温好氧堆肥的工艺控制主要有以下几个方面：

① 有机物含量：堆体堆料组成成分中有机物的含量应≥20%。

② 含水率：堆体堆料的含水率应维持在 40%～60%之间。含水率过高，会产生厌氧而延长有机物分解的时间，含水率过低，有机物又不容易分解，含水率低于 15%时，微生物的活动将几乎停止。

③ 温度：堆体最高温度要维持在 50～65℃之间，其中保持 55 ℃以上的时间要超过 3d，这样才能杀灭污泥中的病原菌、寄生虫卵等。

④ 碳氮比(C/N)：20∶1～30∶1。C/N 越大，堆肥所需时间越长。

⑤ pH 值：pH 值控制在 7～8.5 之间。

⑥ 通风量：3.0～3.6m³/(m³ 堆料·h)。

根据经验和实际情况，以上某些指标要结合污泥的具体性质而定，甚至有可能有较大偏差。

4. 污泥堆肥的运行维护

为了使污泥堆肥过程满足上述工艺条件，必须要对进堆肥仓的污泥进行适当调整，使堆料能进行堆肥化处理。尤其是含水率、pH 值、粒度等三项指标，经过调理、浓缩及脱水处理后，污泥的这三个指标与堆肥的要求值差别极大。

① 含水率：污泥脱水后的泥饼含水率一般高达 65%～85%，有时接近 90%，因此通气性很差，在堆肥处理前必须调整其含水率。调整的方法有干燥、掺加辅料、成品回流等。掺加辅料法可以将含水率降到 60%以下，通常使用的辅料有木屑刨花、糠壳、稻草和其他庄稼秸秆等。成品回流法适用于处理含水率在 65%左右的压滤泥饼，不适用于高含水率(超过 80%)的泥饼。对含水 60%～65%的压滤泥饼，加入差不多同等体积的成品，可将含水率降到 50%左右，同时也能调整 pH 值。

② pH 值：污泥在稳定处理或脱水处理时，有时添加了石灰助剂，其脱水泥饼的 pH 值很高，有时可达 11～13，根本不适于堆肥时微生物的生长活动。对这样的污泥进行堆肥处理时，除了可用成品回流法调整 pH 值外，还可以向堆肥仓里吹入 CO_2 废气的方法将堆料的 pH 值降下来。

③ 粒度：脱水泥饼一般呈板状、片状或团块状，片状泥饼含水率高，贮存时由于压密也会形成团块状。为了改善板状或团块状泥饼的发酵性能，必要时可进行粉碎以调整其粒度。在实际生产中，掺加辅料或与成品回流混合的过程中，可以将团块状泥饼松散开来，从而达到调整粒度的目的。

④ 接种：污水处理场产生的污泥中含有大量的微生物，因此在满足堆肥基本条件的情况下，脱水污泥堆肥根本用不着接种。但在使用特殊机械装置进行快速发酵时，为了加快反应，必

须接种，保证堆料中微生物的含量足够。接种有时使用特殊的菌种或专门的活性微生物。

5. 污泥动态堆肥

污泥高温好氧堆肥的方式有静态堆肥和动态堆肥两种，静态堆肥采用传统的条形静态通风垛，动态堆肥则采用现代工业化的发酵仓工艺，并拥有一系列配套设备。动态堆肥装置工艺流程如图 4-16 所示。

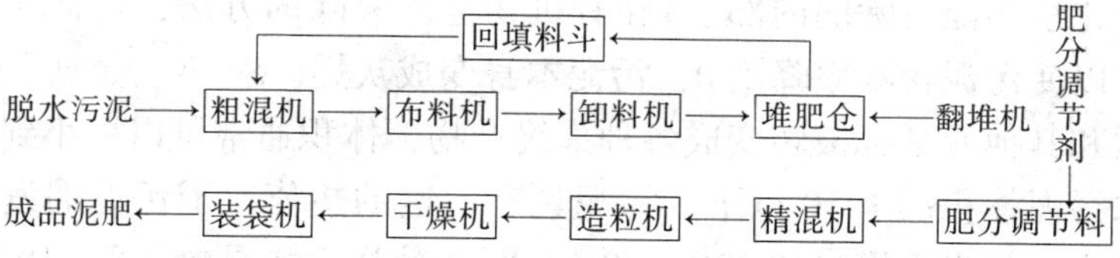

图 4-16 污泥堆肥工艺流程图

污泥动态堆肥装置分堆肥和制肥两个环节，使用的设备除了上面流程图中提到的机械外，还有穿叉于各个环节之间的螺旋输送机和皮带输送机等各种配套设备。根据堆肥过程的进行，需要的设备有螺旋输送器、带式输送机、粗混机、带式输送布料机、气动侧犁式卸料器、翻堆机、装载机、精混机、造粒机、气流干燥机、装袋机等，另外还需要在各个机械设备之间设置各种转接料斗。其中翻堆机是污泥堆肥发酵仓中的核心设备，其他设备的作用是向堆肥仓进料或将堆肥仓出料进行加工。

螺旋输送器或带式输送机的使用场合有六个：①将脱水污泥输送到粗混机，②将用于造粒的堆肥仓出料从料斗输送到精混机，③将向用于造粒的堆肥仓出料中添加的氮、磷等增效成分从料斗输送到精混机，④将经过精混的物料从料斗输送到造粒机，⑤将经过造粒的物料输送到气流干燥机，⑥将向堆肥发酵仓回流的堆肥仓出料从料斗输送到粗混机。

粗混机将脱水污泥和回流堆肥仓出料混合后，经过带式输送布料机和气动侧犁式卸料器进入堆肥仓。在发酵过程中，翻堆机定时对堆料进行翻动，使堆料上下混合均匀，同时将堆料向堆肥仓出口推移。装载机将堆肥仓出料送到回流料斗和造粒料斗，进入回流料斗的物料经输送机进入粗混机，进入造粒料斗的物料则依次经过精混机、造粒机、气流干燥机、装袋机等设备处理，最终制成成品复合肥料。

三、污泥焚烧

污泥焚烧是使污泥在高温下燃烧、将污泥中所有水分(包括干化法不能去除的内部水)和有机物全部去除的方法，污泥焚烧可以使污泥含水率降到0，污泥本身变成灰烬，S、N、金属、卤素和其他元素都被转变成各种最终产物，体积通常可以缩小到脱水污泥体积的1/10以下。污泥具有一定的热值，干污泥的发热量大约相当于煤炭的30%~50%，污泥焚烧主要是燃烧污泥中的可挥发性部分，即污泥中的有机成分。当污泥不符合卫生要求、有毒物质含量高、用地紧张时、填埋等处置受到限制时，才采用焚烧处理，可与煤炭或城市垃圾混合焚烧并利用产生的热量发电。对于少量有害的工业污泥或有机物浓度极高的工业废水，可用燃油或燃气焚烧炉进行焚烧处理。

污泥焚烧的优点是：可以实现最大限度减量化，病原体均被杀灭，有毒污染物被氧化，难以被好氧或厌氧微生物在短时间内降解的有机物质如吡啶、纤维、橡胶、氯代烃类等可以被迅速氧化，且在阴雨连绵等恶劣天气条件下不需存储设备。污泥灰烬中重金属活性比污泥要低得多，利用适当的空气净化设备可使排放气体达标，焚烧污泥产生的热能可以实现综合利用如发电等。污泥焚烧可以使剩余污泥的体积减少到最小，是一种相对安全的污泥处置方式，焚烧后剩下的焚烧灰可以用做建筑材料、使重金属被固定在混凝土中而避免其重新进入环境。

污泥焚烧的缺点是需要消耗大量的能源，运行管理复杂，需要专业人员管理，其中流化床焚烧炉需要使用不锈钢制造，造价昂贵。因经济能力所限，我国目前还难以采用这一方式处置城市污泥。而多是将污泥与垃圾混合焚烧，可以降低一部分投资和运行成本。但污泥焚烧如果没有空气净化设备，燃烧过程中产生的有毒有害气体会造成空气污染，如目前已成为环境热点的二沍英污染问题，污泥和垃圾焚烧已被确认为是产生二沍英的主要原因之一。

思　考　题

1. 典型的污泥处理工艺一般包括哪几个处理或处置阶段？其各自的作用和工艺怎样？

2. 重力浓缩池的维护管理有哪些注意事项？

3. 当发现重力浓缩池浓缩效果较差时应如何应对？

4. 造成气浮分离清液含固量异常升高的原因有哪些？如何解决？

5. 衡量离心浓缩效果的主要指标有哪两个？如何去控制？

6. 污泥厌氧消化的反应过程分为哪几个阶段？请简述各个阶段的反应过程。

7. 为什么厌氧消化过程中经常会出现产酸阶段和产甲烷阶段失去平衡，pH 值降至 6.5 以下的情况？出现这种情况应采取哪些控制措施？

8. 污泥厌氧消化池的正常运行过程中除了收集沼气外，由哪几个主要操作环节组成？正确的操作顺序是怎样的？

9. 请叙述厌氧消化污泥的接种培养法的培养过程和注意事项。

10. 带式压滤脱水机滤带打滑、跑偏及堵塞的原因有哪些？

11. 对进入堆肥仓的污泥的含水率应控制在多少？如何控制？

第五章 深度处理

污水的深度处理是进一步去除常规二级处理所不能完全去除的污水中所含有的悬浮物(SS)、有机物、氮和磷等营养盐以及可溶的无机盐等杂质的净化过程。目前常用的深度处理技术有生物除磷脱氮、混凝、沉淀(澄清、气浮)、过滤、消毒等，为提高回用水水质，膜技术正得到广泛应用。

第一节 混 凝

混凝就是向水中加入絮凝剂，使水中胶体粒子以及微小悬浮物聚集成大的絮体，从而被迅速分离沉降的过程。混凝技术在给水处理和早期的污水深度处理中是必不可少的工艺环节，一般包括混合、凝聚、絮凝三个工艺过程。

混合是指絮凝剂向水中迅速扩散、并与全部水混合均匀的过程。絮凝剂的混合过程需要通过混合池或混合器等方式实现。凝聚是指水中悬浮颗粒与絮凝剂作用，通过压缩双电层和电中和等机理，失去稳定性而相互结合生成微小絮粒的过程。絮凝是指凝聚生成的微小絮粒在水流的搅动和絮凝剂的架桥作用下，通过吸附架桥和沉淀网捕等机理，逐渐成长为大的絮体的过程。混合、凝聚、絮凝三个过程统称为混凝，而絮凝剂与水混合后生成微小絮体、微小絮体再长大为大絮体的凝聚、絮凝过程又合称为反应，反应一般在反应池中进行。絮凝剂与水混合后生成的絮体被称为矾花。

混凝处理通常置于固液分离设施前，与分离设施组合起来、有效地去除原水中的粒度为 1nm～100μm 的悬浮物和胶体物质，降低出水浊度和 COD_{Cr}，除可用于污水深度处理外，也可用于污水处理流程的预处理和剩余污泥处理。混凝处理的基本流程如下：

絮凝剂 → 配制 → 定量投加 ↓

原水 → 混合 → 反应 → 固液分离

一、工艺原理及过程

1. 水中胶体的稳定与凝聚

水中胶体颗粒细小、表面水化和带电使其具有稳定性。带电胶体与其周围的离子组成双电层结构的胶团。所有带电胶体都带负电，在静电斥力作用下，相互排斥且本身又极为细小，只能在水中作不规则的高速运动而不能依靠重力下沉，因此极为稳定。向水中投加絮凝剂后，产生大量的三价正离子和不溶于水的带正电荷的氢氧化物胶体，前者可以压缩胶体双电层，后者可以与水中杂质发生吸附架桥、网捕等，从而使水中胶体脱稳，并逐渐形成较大的颗粒即矾花，最终在重力作用下从水中分离出来，使污水得到进一步的澄清。

2. 絮凝剂的配制和投加

通常将固体絮凝剂溶解后配成一定浓度的溶液投入水中，溶解池一般配以机械搅拌装置，即以电动机驱动桨板或涡轮搅动溶液加速药剂溶解。絮凝剂投加设备包括计量设备、药液提升设备、投药箱、必要的水封箱以及注入设备等。中小规模的混凝处理系统的絮凝剂投加一般使用计量泵投加方式，人工调整和自动调整都能很容易地实现。计量泵本身带有调节器并刻有显示流量的标度，利用调节器调节柱塞行程就可以调节药液投量，泵直接自溶液池内抽取药液送至投药点，插入原水管内的加药管切口与逆水流方向成 60°。

实际生产中自动投药系统很多，其中比较准确的是根据加药混合后形成的矾花特性和沉淀或澄清后出水浊度等情况来调整絮凝剂的投加量。其原理是利用以脉动值换算理论为基础的絮凝粒子检测技术，使用光学原理测定絮凝粒子的粒径、密度等特性，同时利用电极测定能反映水中胶体颗粒脱稳程度的电流信号，综合利用以上两种控制信号调整絮凝剂的投加量。为了更准确地反映实际运行情况，有时还要结合沉淀或澄清后出水浊度的高低来对絮凝剂的投加量进行调整和控制。

3. 常用的混合方式

混合方式有机械搅拌混合、分流隔板混合、水泵混合和管道混合等。

（1）机械搅拌混合：机械混合需要配置专门的混合池，在混合池内用电动机驱动搅拌器对加过药剂的原水进行搅拌，以达到药剂与原水均匀的目的。这种混合方式可根据进水流量和浊度的变化而改变搅拌器的转动速度，以达到所需要的 G 值。常用的机械搅拌方式有螺旋桨式、涡轮式、平直叶桨式、直叶桨框式和水下推进式，桨式搅拌器的线速度为 1.5~3m/s，水下推进式搅拌器的线速度为 5~15m/s。有效池深为 2~5m，混合搅拌时间一般为 10~30s。

（2）分流隔板混合：分流隔板混合池利用水流的曲折行进所产生的湍流进行混合，一般是设有三块隔板的窄长形水池，两道隔板间的距离为池宽的 2 倍，通常隔板间距为 0.6~1m，两端隔板的中间下部开有缝隙，中间隔板的下部两侧开有缝隙，水池中的水流速度大于 0.6m/s，缝隙处流速为 1m/s 左右，转弯处的过水断面积为平流部分过水断面积的 1.2~1.5 倍。为避免进入空气，缝隙必须具有 100~150mm 的淹没水深。

（3）管道混合：最简单的管道混合即将药剂直接投入水泵压水管中以借助管中流速进行混合。管中流速不宜小于 1m/s，投药点后的管内水头损失不小于 0.3~0.4m。投药点至末端出口距离以不小于 50 倍管径为宜。为提高混合效果，可在管道内增设孔板或文丘利管。另外一种管道混合是在进入絮凝池的管道上安装一套静态混合器（见图 5-1），管道静态混合器中有若干固定混合单元，每一混合单元由若干固定叶片按一定角度交叉组成，使水流呈交叉及旋涡反向旋转，以达到混合效果。当加过药剂的原水经过混合器时，能被这些混合单元分割、改向并形成旋涡，以达到使药剂均匀分散于原水中的目的。管道静态混合器混合要求进出水的水头损失为5m以上，否则混合效果较差。当进水量降低后，管道中流速降低、流过管道静态混合器的水头损失变小，混合效果会变差。

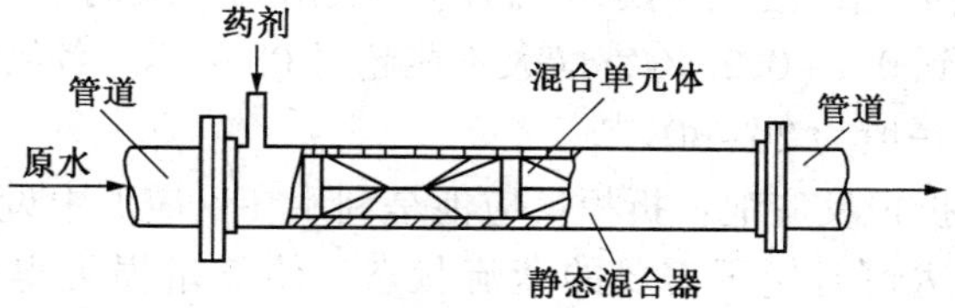

图5-1　管式静态混合器

4. 常用反应池的类型

絮凝设施的基本要求是，原水与药剂经混合后，通过絮凝设施应形成肉眼可见的大的密实絮凝体。反应池类型有水力搅拌式和机械搅拌式两大类，常用的有隔板反应池、机械搅拌反应池和折板反应池三种，也有将不同形式反应池串联在一起成为组合式反应池的。

(1) 隔板反应池：隔板反应池又有平流式隔板、竖流式隔板和回转式隔板三种形式，其原理是在水流通道内设置隔板，使水流在其中上下或迂回流动，而且流速逐渐减小，有利于水中颗粒形成粗大的絮体。隔板反应池的反应时间为20~30min，进口流速为0.5~0.6m/s，出口流速为0.2~0.3m/s。平流式隔板转弯处的过水断面积为平直段的1.2~1.5倍，池底向排泥口的坡度为2%~3%。隔板絮凝池的优点是构造简单，管理方便，通常用于大、中型处理厂。当水量过小时，隔板间距过狭不便施工和维修。缺点是流量变化大时絮凝效果不稳定，絮凝时间较长，池子容积较大。

(2) 机械搅拌反应池：机械搅拌反应池是将多个单独的机械反应池串联起来，每个池内都设有搅拌机，搅拌强度从头至尾依次降低，按照搅拌机的安装方式可分为立式和卧式两种。传动装置多采用多级或无级调速，以便根据水量、水温、药剂等变化情况随时调节搅拌的强度。搅拌桨叶宽为100~300mm，桨叶总面积为反应池截面积的10%~20%。一般桨叶上端在水面以下0.3m，下端距池底0.5m。对应3~6级的搅拌强度，搅拌桨叶中心处线速度(相当于池内水平流速)一般由第一级的0.5~0.6m/s逐渐减小到0.1~0.2m/s，最大不能超过0.3m/s。各级搅拌速度梯度值G一般为$20 \sim 30s^{-1}$。

(3) 折板反应池：折板反应池是利用在反应池中设置一些扰流单元来达到絮凝所需要的紊流状态，使能量损失得到充分利用，能耗与药耗有所降低，停留时间缩短。折板反应池的常用形式有多通道和单通道的平折板式、波纹板式、栅条式、网格式等，多布置成竖流式。折板反应池在池底要必须设置排泥设施。穿孔旋流反应池是由若干个方格组成，各格之间的隔墙上沿池壁开孔，水流沿池壁切线方向进入后形成旋流。第一格孔口尺寸最小，流速最大，水流在池内旋转速度也最大；而后孔口尺寸逐渐增大，流速逐格减小。栅条反应池则相当于在穿孔旋流反应池的每个竖井安装若干层栅条，每个竖井栅条数自进水端至出水端逐渐减少，前段为密栅，中段为疏栅，末段不安装栅。

(4) 组合式：不同形式的反应池串联使用，可以取长补短、充分发挥每一种反应池的优点。比如往复式隔板反应池与回转式隔板反应池的组合运用，可以避免往复式隔板反应池在絮凝反应后期容易将已结大、容易破碎的絮体打碎的问题。水量较小时，穿孔旋流反应池(折板反应池的一种型式)与回转式隔板反应池组合运用，前段可以避免使用隔板反应池时隔板间距离过小或水深过浅的矛盾，后段可以避免使用穿孔旋流反应池时水流上下左右频繁转弯对后期絮凝产生的不良作用。

二、工艺控制

影响混凝效果的因素很多，以水力条件、pH值、碱度、水温和絮凝剂投加量为主。

1. 水力条件

（1）充分的絮凝时间和必要的速度梯度。非常靠近的两层水流之间的流速差叫速度梯度，用 G 表示。G 值越大，颗粒相互碰撞的几率就越大，混凝效果可以好些。但 G 值过大也不好，因为两层水流间的流速相差过大，势必产生较大的剪力，已经絮凝的大矾花由于剪力而破碎且难以再重新组合。同时，絮凝时间对混凝效果也有很大影响，絮凝时间长则颗粒的碰撞机会就多。所以包含流速和时间两个因素的 GT 值能比较全面反应絮凝效果。

（2）混合要快速、充分。混合是使絮凝剂与原水充分混合均匀的过程，是絮凝和固液分离的前提，通常要求在加药后的极短时间内完成，混合搅拌时间一般为 10~30s，最长为 120s，适宜的速度梯度 G 为 500~1000s^{-1}。混合后，进入反应室(池)前不宜形成大颗粒矾花，否则矾花进入反应室(池)时容易被打碎而难以再絮凝，影响沉淀效果与增加絮凝剂的耗用量。

因为絮凝剂水解作用的时间极为短促，絮凝剂加入水中后是否能以最快的速度同整个原水充分混合，直接关系到混凝效果的好坏。缓慢、不恰当的混合将导致投药量增加、反应效果不好。在污水深度处理中，一般要求混合时间为 10~60s。

（3）絮凝池的流速应严格控制，一般要求由大变小。在较大的流速下，使水中的胶体颗粒发生较充分的碰撞吸附；在较小的流速下，使胶体颗粒能结成较大的絮粒。反应是使水中杂质颗粒结成大尺寸矾花的过程，要求水流平稳，延续时间也较长。反应池的平均速度梯度 G 一般为 10~60s^{-1}，水流速度为 15~30mm/s，反应时间为 15~30min，并控制 GT 值在 10^4~10^5 范围内。通常反应池与固液分离设施合建或相距很近。

2. pH 值

水的 pH 值对混凝效果的影响程度，视絮凝剂品种而异。对硫酸铝而言，用以去除浊度时，最佳 pH 值在 6. 5~7. 5 之间；用以去除色度时，最佳 pH 值在 4. 5~5. 5 之间。采用聚合氯化铝时，其对水的 pH 变化适应性较强。采用三价铁盐絮凝剂去除水中的浊度时，pH 值要求在 6.0~8.4 之间；用以去除水中的色度时，pH 值要求在 3.5~5.0 之间。

3. 碱度

絮凝剂投入水中后由于水解作用，氢离子的数量会增加。如果这时水中有一定的碱度去中和，pH 值就不会降低。所以在水中缺碱度时必须投加石灰等碱性物质以提高水中 pH 值，确保混凝效果。

4. 水温

水温低，化学反应速度慢，影响絮凝剂的水解，水中杂质和氢氧化物胶体之间彼此碰撞机会也减小；水温低，水的黏度也大，颗粒下降阻力增加，矾花不易下沉。提高低温水混凝效果的常用方法是适当增加絮凝剂的投加量或投加助凝剂以改善颗粒的碰撞条件，提高矾花的重量和强度。

5. 其他

絮凝剂的品种、投药量、配制浓度、投药方式、原水中有无大量的有机物和溶解盐类都会对混凝效果产生影响。当原水胶体浓度、碱度和水温较低使混凝效果受到影响时，应当延长混合和絮凝反应的时间或投加助凝剂。

混合设备与后续处理设施如反应池、澄清池之间尽可能相邻而建，中间连接管道长度不宜超过 120m，在管道内的停留时间<2min，管道内流速为 0.8~1.0m/s。反应池与沉淀、气浮等固液分离设施之间必须相邻而建，不能用管道连接。

三、日常维护管理

1. 加药系统

（1）按规定的浓度和时间配制絮凝剂与助凝剂溶液。

（2）根据原水水质变化、进水量大小和沉淀(气浮)池的出水水质的要求，正确调整和控制好投加量。

（3）根据药剂的使用计划，对库存絮凝剂妥善保管。

（4）配制絮凝剂及投药时严格执行安全规定，防止伤害。

2. 絮凝池

（1）加强进水水质的分析化验，定期进行烧杯搅拌试验，在模仿现有混合反应过程的搅拌强度下，通过改变絮凝剂或助凝剂的种类及投加量，来确定最佳的混凝条件，并随水质的变化及时调整，以达到最佳的混凝效果。比如进水的SS浓度发生变化时，应适当调整絮凝剂的投加量；当进水水温或pH值发生改变时，可改变絮凝剂或助凝剂的种类。

（2）巡检时观察并记录反应池矾花的大小等特征，并与以往的记录资料相对比，如果出现异常变化应及时分析原因和采取相应的对策。

（3）定期清除反应池内的积泥，避免因反应池有效容积减少使池内流速增大和反应时间缩短而导致的混凝处理效果下降。

（4）定期分析核算混合池、反应池的水力停留时间、水流速度梯度、搅拌强度等参数。

（5）反应池出水端与沉淀或气浮等后续处理构筑物之间的配水渠最容易积存污泥，如果因此堵塞部分配水口，会使进入后续处理系统的孔口流速加大，导致矾花被打碎，必须及时清理。

四、异常现象原因与对策

1. 反应池末端絮体正常、沉淀池出水携带絮体

沉淀池超负荷或水流短路是造成此现象的两个原因，前者解决的措施是增加运行池（格）数，降低表面水力负荷；后者解决的措施是查明短路原因（死角、密度流），采取整流措施。

2. 反应池末端絮体细小、沉淀池出水浑浊

（1）进水碱度偏低，应补充碱度。

（2）絮凝剂投量不足，应增加投加量。

（3）水温过低，应改用无机高分子絮凝剂等受水温影响较小的絮凝剂。

（4）混凝条件改变。当采用水力混合时，流量减小，絮凝剂

混合强度减小，应提高混合强度；反应池内大量积泥时，絮凝时间缩短，应排除积泥。

3. 反应池末端絮体松散、沉淀池出水清澈但携带絮体

原因为絮凝剂投加过量，应降低絮凝剂投加量。

五、分析测量与记录

絮凝池应每班记录进出水流量、进出水 pH 值、温度、絮凝剂用量、运行时间及排泥时间、矾花生成情况等，每班分析进出水 COD_{Cr}、SS 等指标，定期测定进出口流速、停留时间、速度梯度等并记录测定时的气温、水温和水的 pH 值等。

第二节 沉 淀

水中悬浮颗粒依靠重力作用，从水中分离出来的过程称为沉淀。二沉池出水经过投药、混合、反应后，水中微小的悬浮杂质颗粒絮凝成矾花，再进入沉淀池从水中沉淀下来。深度处理中常用的沉淀池有平流式沉淀池、斜管(板)沉淀池等。沉淀池在整个常规深度处理流程中可以去除 80%~90%的悬浮固体，且水耗和电耗较低。

一、工艺控制参数

(1) 沉淀时间

沉淀时间是指原水在沉淀池中实际停留时间(单位是 h)，过短的停留时间难以保证出水水质。

(2) 表面负荷率和上升流速

表面负荷率是指沉淀池单位平面面积上的出水流量(单位是 $m^3/m^2 \cdot d$)，上升流速是指沉淀池的水流上升速度(单位是 m/h)。两者都表示沉淀池的处理负荷大小。

(3) 水平流速

水平流速是指水流在池内流动的速度(单位是 mm/s)，水平

流速的提高有利于沉淀池体积的利用效率。

二、常用工艺及控制

深度处理中常用的沉淀池有平流式沉淀池、斜管(板)沉淀池等。

1. 平流式沉淀池

平流沉淀池如图 5-2 所示，上部为沉淀区，下部为污泥区，池前部为进水区，池后部为出水区。经混凝的原水流入沉淀池后，沿进水区整个截面均匀分配进入沉淀区，然后缓慢地流向出水区。水中的颗粒沉于池底，沉淀的污泥连续或定期排出池外。

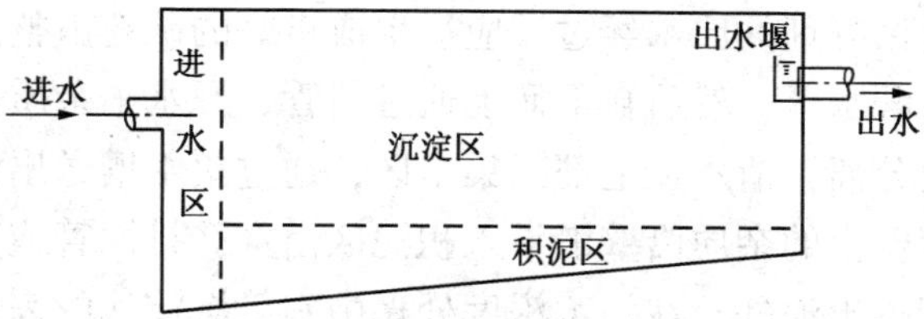

图 5-2　平流式沉淀池示意图

在污水深度处理中，平流沉淀池沉淀时间一般为 1~2h，表面负荷为 $1\sim2m^3/(m^2\cdot h)$，正常水平流速为 10~25mm/s。平流式沉淀池的管理与维护要着重做好以下几点：

① 掌握原水水质的变化：一般要求 2~4h 测量一次原水浊度、pH 值、水温、碱度，在水质波动时 1~2h 就要进行一次测量。

② 及时调整加药量：水量和水质变化时，要特别注意调整加药量，尤其要防止断药事故，同时有对应水质变化的防范措施。

③ 及时排泥：因为排泥不及时、池内积泥厚度升高，会缩小沉淀池过水断面、相应缩短沉淀时间，降低沉淀效果，最终导致出水水质变坏。排泥过于频繁又会增加自耗水量。每 1~2 年彻底清理一次沉淀池积泥。

2. 斜管(斜板)沉淀池

污水深度处理中应用较多的是上向流即逆向流斜管沉淀池，通常布置见图 5-3 所示。

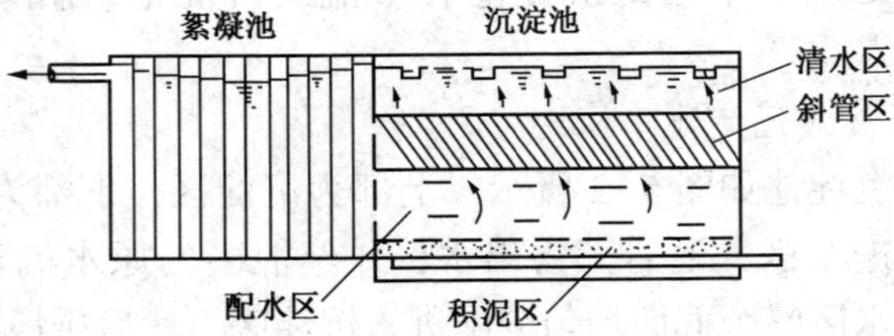

图 5-3　斜管沉淀池示意图

加过絮凝剂的原水经过反应后生成良好的矾花由整流配水板均匀流入配水区，然后自下而上通过斜管，原水中杂质与水在斜管内迅速分离，清水从上部经集水区，通过集水槽送出池外，沉淀在斜管壁上的杂质沿壁滑下入积泥区由穿孔排泥管或其他排泥设施定期排出池外。在污水深度处理中斜管沉淀池的表面负荷为 $2.5m^3/(m^2 \cdot h)$ 左右较为合适。运行中如果斜管顶部出现泥毯则应降低水位、露出管孔，并用压力水进行冲洗。

三、异常现象原因与对策

1. 去除率降低

(1) 工艺控制不合理。主要是表面负荷太大或者水力停留时间太短，解决的措施是减小入流水量。

(2) 水流短路，减小了沉淀池的有效容积。通常是因为出水堰板溢流负荷太大，堰板不平整，池设计不合理，有死区，入流温度或 SS 变化太大，形成密度异重流，进水整流板设置不合理或损坏，风力引起出水不均匀等，解决的措施是根据以上分析原因采取相应的解决办法。

(3) 排泥不及时。原因是刮泥机、排泥泵出现故障，排泥管堵塞等，解决的措施是加强排泥管理。

（4）清渣不及时。原因是浮渣刮板与浮渣槽不密合、浮渣挡板淹没深度不够等，解决的措施是重新修整浮渣挡板或及时清渣，加强排泥管理。

2. 排泥效果下降

（1）各池排泥不均匀，措施是加强排泥管理，确保排泥同步。

（2）泥斗严重积砂，有效容积减小，措施是彻底清理泥斗。

（3）刮泥与排泥步调不一致，措施是重新校合排泥间隔。

（4）SS 去除太低。措施是逐一分析各种原因，根据具体情况采取相应的解决办法。

四、分析测量与记录

每班测量并记录原水及出水浊度、pH 值、水温、碱度、水量、排泥情况等，并定期核算停留时间、表面负荷率、水平流速、浊度去除率等技术指标。

第三节 澄　　清

澄清池是一种将混合、反应过程与絮体沉淀分离三个过程综合于一体的水处理构筑物，具有处理效果好、生产效率高、药剂用量节约和占地面积小等优点，而且已经有标准设计图和定型设备，其不足是设备结构比较复杂，对管理要求较高。

一、工艺原理

在澄清池中，污泥被提升起来并使之处于均匀分布的悬浮状态，在池中形成高浓度的稳定活性污泥层。原水在澄清池中由下向上流动，污泥层由于重力作用在上升水流中处于动态平衡状态。当已经投加絮凝剂的原水通过污泥层时，利用接触絮凝原理，原水中的悬浮物被污泥层截留下来，使水获得澄清。澄清池效率的高低取决于泥渣悬浮层的活性与稳定，因此保持泥渣层处于悬浮、浓度均匀、活性稳定的工作状态是澄清池的最基本要求；必须使污泥层始终处于新陈代谢的状态，即在形成新的污泥的同时，排除老化了的污泥。

在污水深度处理工艺中使用最多的是机械搅拌澄清池（见图5-4）。

污水从进水管进入环形配水三角槽，絮凝剂通过投药管加到配水三角槽中，再一起流入混合区，进行水、药剂和回流污泥的混合。由于涡轮的提升作用，混合后的泥水被提升到反应区，继续进行混凝反应，并溢流到导流区。导流区的导流板消除反应区过来的环形流动，使污水平稳地沿伞形罩进入分离区。分离区的排气管将污水中带入的空气排出，减少对泥水分离的干扰。分离区面积较大，由于过水面积的突然增大，流速下降，泥渣靠重力自然下沉，上清液由集水槽和出水管流出池外。一少部分泥渣进入浓缩区，定期由排泥管排出，大部分泥渣则在涡轮的提升作用下通过回流缝回流到混合区。

根据进水水质和水量的不同，机械搅拌澄清池可以设一个或几个泥渣浓缩区。同时为改善分离区的分离效果，还可以在分离区增设斜板和斜管。污泥回流量是进水量的3~5倍。

二、运行控制

1. 投药适当

投药适当就是絮凝剂的投加量应根据进水量和水质的变化随时调整，不得疏忽，以确保出水合乎要求。

2. 排泥及时

排泥及时就是在生产实践基础上掌握好排泥周期和排泥时间，既防止泥渣浊度过高、又要避免出现活性泥渣大量被排出池外，降低出水水质。控制泥渣浓度有两个方法：

① 控制泥渣面的高度。一般要求分离室内泥渣面在第二絮凝室外筒底口水平面稍下，当泥渣面上升到预定位置时开始排泥。泥渣面位置可以在分离室泥渣面附近设置活动取样管或在池壁设观察窗来检查。

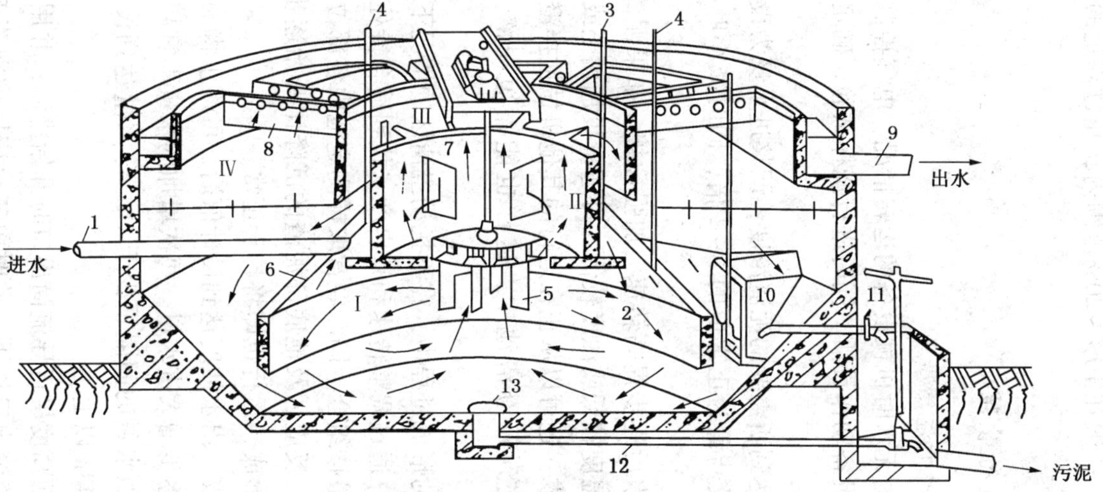

图 5-4　机械搅拌澄清池示意图

Ⅰ—混合反应区；Ⅱ—二反应区；Ⅲ—导流区；Ⅳ—分离区

1—进水管；2—三角配水槽；3—排气管；4—投药管；5—搅拌桨；6—伞形罩；7—导流板；8—集水槽；9—出水管；10—泥渣浓缩室；11—排泥管；12—排空管；13—排空阀

② 控制第二絮凝室 5min 泥渣沉降比。最佳沉降比要根据实际运行经验确定，一般在 10%~20%范围内，超过规定的沉降比即应立即排泥。

三、操作运行管理

1. 初次运行时的注意事项

(1) 检查池内无水时机械设备的运转情况，电气控制系统应操作安全，机械设备动作灵活。同时进行烧杯试验，确定最佳絮凝剂和其投加量。

(2) 为尽快达到所需要的泥渣浓度，调整进水量为设计值的 1/2~2/3，并使投药量为正常值的 1~2 倍，同时减小叶轮的提升量。

(3) 开始进水后逐步提高转速，加强搅拌。如果泥渣松散、絮粒较小、进水温度较低或浊度较低，可适量投加黏土或石灰以促进泥渣层的形成，还可以从正在运行的其他机械搅拌澄清池中取一些泥渣投放到新澄清池中，这样也能缩短泥渣层形成的时间。

(4) 在泥渣的形成过程中，在不扰动澄清区的情况下尽量加大转速和开启度，通过调整转速和开启度，找到适合待处理水质的转速和开启度最佳组合。同时经常取样测定池内各部位的泥渣沉降比，如果第一反应区及池底部泥渣的沉降比开始逐步提高，则表明泥渣正在形成，运行也即将趋于正常。

(5) 泥渣形成、出水浊度达到设计值后，可逐步将加药量减少到正常值，并逐步增大进水量。每次增加的水量不宜超过设计水量的 20%，增加水量的间隔不少于 1h，等水量达到设计负荷后，应稳定运行 48h 以上。

(6) 当泥渣面高度接近导流筒出口时开始排泥，并用排泥来控制泥渣面在导流筒出口以下。此时第二反应区内泥渣 5min 沉降比约为 10%~20%。然后按不同进水浊度确定排泥周期和历时，并以保持泥渣面的高度稳定为原则。

2. 运行管理的注意事项

(1) 如果发现分离区清水层中出现细小絮粒上升使出水水质变浑，同时反应区泥渣浓度越来越低，而第一反应区取样观察其中絮粒也很细小的现象，一般说明需要增加絮凝剂的投加量或提高加碱量。

(2) 当池面出现大的絮粒大量上浮，但颗粒间水色仍很透亮的现象时，往往说明投药量过大，可适当降低药剂的投加量，并根据出水效果随时调整。

(3) 当发现污泥浓缩斗内排出的污泥含水量较低、污泥沉降比已超过80%时或者发现反应区污泥浓度迅速升高、污泥沉降比已超过20%时，分离区的污泥层也逐渐升高，出水水质开始变差，通常说明排泥量不够，必须缩短排泥周期或延长排泥时间。

(4) 在正常温度下清水区中出现大量气泡的原因，一是投加的碱量过多，二是池内污泥回流不畅导致污泥沉积池底、日久腐化发酵，形成大块松散腐殖物，并加带腐败气体漂上水面。

(5) 清水区中絮粒大量上升，甚至引起翻池，必须分析发生这种现象的原因并有针对性地解决。①进水水温高于池内水温1℃以上，降低了混凝效果，同时导致局部上升流速远大于设计上升流速；②强烈日光曝晒，造成池水的异重流动；③进水量超过设计量，或配水三角堰局部堵塞导致配水不均出现短流现象；④投药中断、排泥不正常及其他原因。

(6) 澄清池停运8~24h后，泥渣会被压实，重新运转时应先开启底部放空阀门排出少量泥渣，并控制较大的进水量和适当加大投药量使底部泥渣层松动，然后调整到正常水量的2/3左右运转，等出水水质稳定后再逐渐降低加药量、增大水量到正常值。

(7) 当池子短期停水时，搅拌机不可停顿，否则泥渣将沉积，压实并使泥渣活性消失。

(8) 电机与齿轮箱应按规定的时间进行保养和维修，齿轮油每星期检查一次，不足时应及时添加。要经常检查搅拌设备的运转情况，注意声音是否正常、电机是否发热并做好设备的擦拭清洁工作。

四、分析测量与记录

每班应测量并记录进水流量、进水浊度、pH 值、水温、加药量、第二絮凝室沉降比、排泥状况、清水区出口浊度、搅拌机开启度及转速、出水浊度，并定期测定泥渣沉降比、上升流速、回流比。

第四节 过 滤

过滤是使污水通过颗粒滤料或其他多孔介质(如纤维束等)，利用机械筛滤作用、沉淀作用和接触絮凝作用截留水中的悬浮杂质，从而改善水质的方法。过滤除了对悬浮物有去除作用外，对浊度、COD_{Cr}、BOD_5、磷、重金属、细菌、病毒和其他物质也都有一定的去除作用。

一、工艺原理及过程

1. 过滤机理

过滤过程是一个包含多种作用的复杂过程，它包括输送和附着两个阶段，只有将水中的悬浮颗粒输送到滤料表面，并使之与滤料表面接触才能产生附着作用，附着以后不再移动才能算是真正被滤料截留。悬浮颗粒是在惯性、沉淀、扩散、直接截留等项作用下被输送到滤料表面的。一般来说，悬浮颗粒粒径越大，直接截留作用越明显；粒径大于 10μm 的颗粒主要靠沉淀和惯性作用被滤料截留，对密度比水大的颗粒更是如此；而粒径更小的颗粒的截留是通过扩散作用来实现的。

在一个过滤周期内，按整个滤层计，单位体积滤料中所截留的杂质量称为“滤层含污能力”。

2. 过滤形式

在原水中不投加絮凝剂就进行过滤的方式称为直接过滤。在生物处理系统运转良好、二沉池出水水质也较好的情况下，可以对二沉池出水进行直接过滤后实现污水的回收和再利用。

原水经过混凝后立即进入滤池的过滤方式称为微絮凝过滤。采用微絮凝过滤通常使用高分子絮凝剂或高分子助凝剂。

所谓反粒度过滤就是过滤时，沿着过滤水流的方向，颗粒滤料的粒径由粗到细、滤料颗粒之间的孔隙由大到小。反粒度过滤效果较好、运行周期长，而且可以使用待过滤水作为滤料层的反冲洗水，提高过滤工艺的产水率。

3. 滤池类别

污水深度处理中使用的滤池形式主要有单层均质滤料和纤维束滤池、活性炭滤池等纳污能力较大的滤池。

(1) 单层均质滤料滤池

污水深度处理中通常采用深床过滤，滤料粒径为 1~3mm，滤层厚度为1~5m，滤速为3.7~37m/h，不均匀系数 K_{80}(筛分滤料时通过滤料重量 80%和 10%的筛孔直径之比)为 2~2.2 最佳。滤料的材质为无烟煤、石英砂、陶粒、果壳、活性炭、纤维球、树脂球等。

(2) 高效纤维过滤

高效纤维过滤技术使用纤维束软填料作为过滤元，滤料丝经过加弹和弯曲处理，单丝直径在几微米到几十微米之间，因而具有巨大的比表面积，每立方米滤料的表面积可达 80000m^2，打破了粒状滤料滤池的过滤精度由于滤料粒径不能进一步缩小的限制，而且过滤阻力很小。微小的滤料直径，极大地增大了滤料的比表面积和表面自由能，增加了水中杂质颗粒与滤料的接触机会，从而提高了过滤效率和截污容量，而且通过控制技巧可以实现理想的深层过滤(反粒度过滤)。反洗时纤维束可以完全放松清洗，性能恢复较好，纤维束由高强度的丙纶纤维长丝制成，不会出现掉毛现象，使用寿命可长达 10 年以上。

高效纤维束过滤设备可以分压力式纤维束过滤器和重力式纤维束过滤器两大类，按滤层密度调节方式可分为加压室式和无加压室式两大类，无加压室式包括机械挤压和水力自助调节两种，其中应用较多的是水力自助式。

加压室式纤维束过滤器通过设在滤层内的加压室对纤维束滤料的挤压，使滤层沿水流方向的截面积逐渐缩小，而密度逐渐加大，相应滤层孔隙直径逐渐减小，实现了理想的深层过滤(反粒度过滤)。当滤层需要清洗时，将加压室内的水排出，使纤维束处于放松状态，通过采用气-水混合擦洗，有效地恢复滤层的过滤性能。

水力自助式纤维束过滤设备内部设置自助式密度调节装置，该装置不需要额外动力和附加操作，在正常过滤操作和反洗操作过程中通过水力即可实现对纤维束滤层的压紧和放松。在过滤操作时，能在1min内将滤层压紧至所需状态，而且有避免靠近活动支撑装置的纤维密度大于滤层主体密度的措施。在反洗操作时，无论滤层积泥量有多大、滤层被压得多密实，均能在1min内将滤层彻底放松，而且能避免靠近纤维束向活动支撑装置上的堆积而有利于泥渣的完全排出。水力自助式纤维束过滤器内部结构及管路如图5-5所示。

长纤维束与出水孔板固定，另一端设置于有一定开孔率的压力板上，运行初期，水从上至下通过滤层，活动压力板向下运动，纤维被加压后，密度逐渐加大，滤层沿水流动方向的截面逐渐缩小，相应滤层孔隙直径和孔隙逐渐减小，实现了深层过滤。压力板下降至适当位置时，限位装置使之停止下移；当滤层被污染需清洗再生时，清洗水从下至上通过滤层，这时，活动压力板提升，使纤维拉开并处于放松状态，即可实现清洗。

(3) 活性炭过滤

活性炭是一种用木材、果壳、煤、石油等含碳物质在高温缺氧条件下活化而成的非极性吸附剂，具有巨大的比表面积和发达的微孔结构，活性炭的比表面积可达500~1700m^2/g，微孔容积率约 0. 15~0. 9mL/g，表面积占总面积的 95%以上。

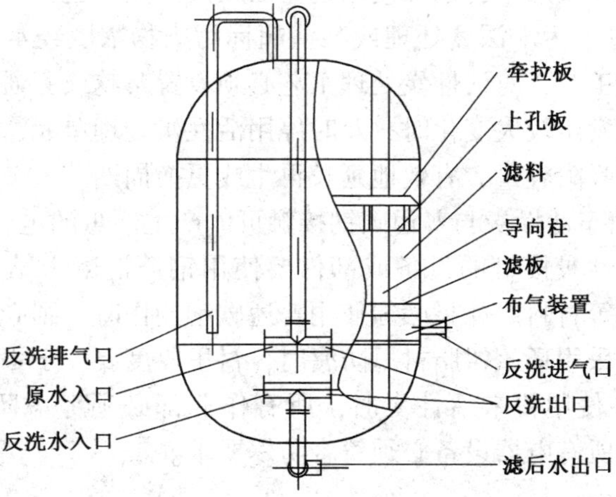

图 5-5　水力自助式纤维束过滤器
结构及管路示意图

活性炭过滤法主要应用在污水处理系统和污水深度处理系统的最后一个环节，能有效地去除色度、臭味及二级出水中大多数有机污染物和某些无机物，包括某些有毒的重金属。基于活性炭本身的特性，运行时的注意事项如下：

① 在选用活性炭时，必须综合考虑吸附性能、机械强度、价格和再生性能等多种指标，一般不能只偏向于其中一项性能。污水性质不同，使用的活性炭种类往往也不同。

② 活性炭表面多呈碱性，水中重金属离子有可能在其表面形成氢氧化物沉淀析出，进而使活性炭的吸附性能下降。因此使用活性炭吸附法处理污水时，水中无机盐含量、尤其是重金属离子含量越低越好。

③ 为充分发挥活性炭的作用，避免活性炭的过快饱和以减少操作和降低运行费用，必须保证活性炭吸附法进水的水质不能超过设计值。一般进水 COD_{Cr}浓度不超过 50~80mg/L。当进水有机物浓度较高时，要加强物理法、化学法及生物法等预处理措施

的管理，设法改善其处理效果。当污水中含有较多的悬浮物或胶体时，必须投加絮凝剂并使用过滤法或气浮法等进行预处理。

④ 对于污水深度处理或某些超标污染物浓度经常大幅度变化的处理工艺，对活性炭处理工艺必须设置跨越或旁通管路。当进水水质发生较大变化时，及时停用活性炭处理单元，以节省活性炭床的吸附容量，有效地延长再生或更换周期。

⑤ 由于活性炭与普通碳钢接触可以产生严重的电化学腐蚀，因此与活性炭接触的设备或部件要使用钢筋混凝土结构或不锈钢、塑料等材料。如果必须使用普通碳钢制作时，则必须进行防腐处理，采用环氧树脂衬里防腐时，衬里厚度要大于 1.5mm。

⑥ 在使用粉末活性炭时，所有作业都必须考虑防火防爆，所配用的所有电器设备必须符合防爆要求。

二、工艺控制

1. 沉淀池出水浊度

沉淀池出水浊度直接影响滤池的过滤质量和运转周期。经过良好絮凝、沉淀后浊度较小，即便以较高的滤速运行，也可获得满意的过滤效果。相反，如果沉淀出水浊度高，滤池内水头损失便很快增长，工作周期显著缩短，出水水质无法保证。为确保滤池出水浊度在 3NTU 以下、工作周期在 24h 左右，则沉淀出水口浊度一般应控制在 10NTU 以下为好。

2. 滤速

滤速大、产水量高、滤池负荷增加，容易影响出水水质，缩短工作周期。滤速低、出水浊度低，工作周期长。要在兼顾水质、产量和运行要求的条件下，合理确定滤速，一般单层滤料滤池滤速应控制在 8 ~ 10m/h，而纤维束过滤器滤速可以达到25m/h。

3. 冲洗条件

经过一个周期，滤层内特别是上部截留了大量泥渣和其他杂质，把这些杂质冲洗干净，恢复到过滤前的状态，这是过滤能够持续进行的重要条件。合理的冲洗条件包括要有足够的冲洗强度、滤层膨胀率和冲洗时间，例如单独用水冲洗砂滤料的冲洗强度为 12～15L/(s·m²)、膨胀率为 45%、冲洗时间 5～7min，冲洗后的排水浊度<20NTU。

4. 水温

水温低、水的黏度就大，水中杂质不易分离，因此在滤层中的穿透深度就大。冬季水温低，如要维持同样的出水水质，滤速就应该小一些。

5. 滤前加氯

在二级生化出水较差时，应在滤前加氯(最好在混凝沉淀前)，这样可以有效抑制微生物滋生，防止滤层堵塞、改善过滤性能，提高出水水质。

三、日常维护管理

1. 滤池的反冲洗

何时对滤池进行清洗，可根据原水的水质特点和出水水质要求，采用限定水头损失、出水水质或过滤时间等标准来决定。清洗滤池主要是依靠和过滤水流方向相反的高速水流来实现的，也就是所谓的反冲洗。

(1) 滤池反冲洗的方法

① 用水进行反冲洗，把滤料颗粒冲成悬浮状态后，由滤料间高速水流所产生的剪切力把悬浮物冲下来，并用反冲洗水带走。

② 用水反冲洗辅助以表面冲洗。表面冲洗水由安装在滤料层上面的喷嘴喷出，将滤料层表面予以充分的搅动，促使吸附的悬浮物从滤料颗粒上脱落下来，同时可以节省冲洗水量。表面冲洗周期可以在用水反冲洗周期前 1min 或 2min 开始，两个周期持续约 2min。

③ 用水反冲洗辅助以空气擦洗。在水的反冲洗周期开始之前，先通入压缩空气约 3min 或 4min，把滤料搅动起来，接着用

反冲洗水把擦洗下来的悬浮物冲走，同样节省冲洗水量。

④ 用气-水联合反冲洗。这种冲洗方式多用在单层滤料滤池，尤其是适用于单层均质滤料。在气-水联合冲洗结束时，用能使滤床呈流化状态的反冲洗水的流速冲洗约 2~3min，即可去除遗留在滤床中的气泡。

(2) 滤池辅助反冲洗的方式

① 表面辅助冲洗。表面辅助冲洗适用于表面污染严重的普通滤料滤池，为使深层滤料也能得到有效清洗，有的冲洗器设在滤料层表面以下。表面冲洗有固定喷嘴表面冲洗器和悬臂式旋转冲洗器两种，表面冲洗器一般置于滤料层之上，利用压力使 0.25~0.4MPa 的水流从喷嘴喷出，滤料颗粒受到喷射水流的剧烈搅动，促使滤料表面附着的悬浮物脱落。固定冲洗器的结构简单，但清洗效果不好。旋转冲洗器距滤层表面约 0.5m，转速为 5r/min，冲洗强度为 0.5~0.8L/(s·m^2)，喷嘴处水流速度可达 30m/s，能射入滤料层 100mm。一般喷嘴的水平倾角为 24°~25°，孔嘴间距 200mm。

② 空气辅助清洗。污水深度处理系统中使用的滤池滤料的粒度往往比普通滤池粗大一些，所以需要的反冲洗强度一般也比较大。为了既保证清洗效果，又能降低反冲洗强度，节约反冲洗用水量，空气辅助清洗是一种很有效的方法。空气辅助清洗的具体方法有三种：a. 先用空气冲洗再用水反冲洗。先将滤池水位降到滤层表面以上 100mm 处，通入压缩空气数分钟，然后用水反冲洗。此法适用于表面污染重而内层污染轻的滤池。b. 空气和水同时反冲洗。从滤层下部同时送入空气和反冲洗水，空气在滤料层内合并成大气泡的过程中，扰动清洗滤料颗粒。此法适用于单层均质滤料的清洗。c. 脉动冲洗。脉动冲洗其实是气-水联合反冲洗的改进，即在低流量水反冲洗的同时，间歇地送入空气，反复数次后再进行正常反冲洗。此法适用于负荷较大，滤料表面和内层均污染较重的滤池。

③ 机械翻动辅助清洗。在深度处理过程中使用的滤池，由

于水中杂质为活性污泥碎片，当使用上述两种辅助反冲洗方式效果不好时，可用折叶浆式搅拌器在用水冲洗的同时进行剧烈的搅拌和混合，加大滤料颗粒之间的接触机会和摩擦力，促使截留的杂质与滤料颗粒的有效分离。使用折叶浆式搅拌器的滤池一般是小型的压力滤池，适用于中小规模的深度处理系统。其缺点是增加了机械设备，而且折叶浆式搅拌器的轴穿过压力滤池的外壁时密封困难，处理不好会漏水。搅拌器的作用是在工作状态下使滤料与水均匀混合，因此除了本身强度足够外，配套电机的功率与所用滤料的堆积密度、转速、滤池直径、桨叶宽度和直径、滤池内水深等因素有关，通常带折叶浆式搅拌器的滤池使用的滤料多为活性炭、果壳、纤维球等堆积密度小于1.3的轻质滤料。

(3) 最佳反冲洗强度和历时的确定步骤

① 在过滤运行周期结束后，根据设计值或参考类似滤料滤池的经验值选定一个反冲洗强度进行反洗，同时连续测定冲洗排水的浊度等指标。

② 在反冲洗开始后的2min以内，如果反洗水的浊度无明显升高，则说明反冲洗强度不够。应加大冲洗强度，直至2min以内反冲洗排水的浊度没有明显升高，且反洗排水中没有“跑料”现象，此时的反洗强度为最佳反冲洗强度。

③ 按以上实际测定的最佳反洗强度进行冲洗，自冲洗开始至冲洗排水的浊度不再降低经历的时间，就是反冲洗历时。

④ 采用气-水联合反冲洗时，确定反冲洗强度和历时的方法与此类似，但更要注意不能出现“跑料”现象，同时在反洗结束前必须有2min左右的单独水冲洗过程，以保证被气洗打乱的滤料级配重新处于合理状态，这段水反洗时间也要计算在反洗历时内。

2. 过滤运行管理的注意事项

(1) 通常滤池存在最佳滤速，滤速过大会使出水质量下降、杂质过早穿透滤层，进而缩短过滤周期、增加反冲洗用水量；而滤速过小会使产水量下降，同时使截污作用主要发生在滤料表层、深层滤料不能发挥作用。一般在滤料粒径和级配一定的条件下，最佳滤速与待处理水的水质有关。在实际运行时，可以先以低速过滤，此时出水水质好，然后逐步提高滤速，出水水质降低到接近或达到要求的水质时，对应的滤速即为最佳滤速。

(2) 在滤速一定的条件下，过滤周期的长短受水温的影响较大。冬季水温低，水中杂质容易穿透滤层，周期就较短；反之，夏季水温高时周期就长。冬季周期过短时，反冲洗频繁，应降低滤速适当延长过滤周期。夏季应适当提高滤速，缩短周期，以防止滤料孔隙间截留的有机物缺氧分解。

(3) 过滤运行周期的确定一般有三种方法：①过滤水头损失达到或超过既定值；②出水水质恶化不能满足既定要求；③参照原水的水温、水质等条件，根据运行经验而定。

(4) 根据滤池的出水浊度及水头损失等指标及时对滤池进行冲洗，并掌握合理的冲洗强度和正确的冲洗方法。在滤料层一定的条件下，反冲洗强度和历时受原水水质和水温的影响较大。原水污染物浓度大或者水温高时，滤层截污量大，如果反洗水的温度也较高，所需要的反冲洗强度就较大、反冲洗时间也较长。

(5) 根据进水量和沉淀出水浊度适当控制滤速，并根据滤池的出水浊度及水头损失等指标及时对滤池进行冲洗，掌握合理的冲洗强度和正确的冲洗方法。

(6) 每 1~2h 观察一次进出水浊度、pH 值等各项技术指标，正确填写运行报表。

四、异常现象分析与对策

1. 滤料层产生泥球

滤池运行一段时间后，滤料层内经常会出现大小不一的泥球，大型滤池中的泥球直径可达 1m。泥球由截留的污染物和滤料颗粒粘结而成，通常首先在滤料层的表面出现，开始只有几 mm 大。这些小泥球由于密度较小，反冲洗结束后仍出现在滤料层的表面。如果不及时将这些小泥球打碎破坏掉，在滤池的运行过程中，泥球会逐渐挤出其中的水分而使密度加大，在反洗时从滤料层表面沉入滤料层内部，并会相互粘结长大。大泥球下沉到滤池的承托层上，最后把这些部位粘住，形成局部不透水区。泥球的存在会阻塞水流的正常通过，使布水不均匀，并形成恶性循环。大泥球出现的部位往往是冲洗水上升流速低的滤池四角和周边。泥球形成的原因和对策可归纳如下：

① 原水中污染物浓度过高，解决的方法是加强预处理，设法降低原水中这些物质的含量。

② 反冲洗效果不好或反洗水不能排净，对策是提高反洗强度和延长反洗历时。

③ 反冲洗配水不均匀，造成部分滤料层长期得不到真正清洗，其表现是反洗后滤料层表面不平或有裂缝，对策是对配水系统进行检修。

④ 滤速太低、过滤周期太长，使滤料层内菌藻滋生繁殖后将滤料颗粒粘附在一起结成泥球，对策是提高滤速和加强预氯化等杀菌藻措施。

⑤ 泥球生成速度与滤料粒径的 3 次方成反比，即细滤料多的滤料层表面容易结成泥球。对策是增加或加强表面辅助反冲洗效果，当结泥球严重时应更换滤料。

2. 过滤出水水质下降

① 滤料级配不合理或滤料层厚度不够，应当更换滤料的类型或增加滤料层的厚度。

② 进水污染物浓度太高，过滤负荷过大，杂质很快穿透滤料层。对策是加强前级预处理，降低进水中有机物的含量。

③ 污水的可滤性差，滤池进水中的杂质颗粒不能被滤料层有效截留，需要加强进水的混凝处理效果，筛选使用更有效的絮凝剂。

④ 因为反洗配水不均匀，导致反冲洗后滤料层出现裂缝，使污水在过滤过程中出现短路现象，原水中的杂质颗粒直接参与穿过滤料层，对策是停池检修反洗配水系统。

⑤ 滤速过大，使原水中的杂质颗粒穿透深度过深直到逐渐穿透整个滤料层，对策是降低滤速。

⑥ 滤料层出现气阻现象加大了过滤时的阻力，使水流在滤料层内流速过快，对策是找到气阻的原因并予以消除。

⑦ 滤料层内产生泥球，对水流的正常通过产生阻塞作用，并使滤料层的截污能力下降，出水水质下降，对策是找到泥球产生的原因并予以消除。

3. 滤池反洗时有大量气泡冒出

滤池反冲洗时有气泡从滤料层中冒出来的现象又称为滤料层气阻，滤料层气阻可导致水的短流，严重影响出水水质。滤料层气阻的原因和对策可归纳如下：

① 滤池运行周期过长，水温较高，滤料层内发生厌氧分解产生出气体。对策是对滤池进行充分反冲洗后，缩短过滤运行周期。

② 滤料层上部水深不够，在过滤过程中会出现局部滤料层滤出水不能被及时补充的现象，从而使滤料层内产生负压并导致进水中的溶解性气体析出。对策是及时提高滤料层上部水的深度，避免水中溶解性气体析出的现象。

③ 滤料层因为各种原因处于无水或干燥状态，空气进入了滤层。对策是先用清水倒滤排出滤料层内的空气后，再进水过滤，反冲洗后进水过滤前使滤池始终处于淹没状态。

4. 滤速逐渐降低、周期逐渐下降

① 冲洗不良、滤层积泥或长满青苔。对策是改善冲洗条件并用预加氯杀藻。

② 滤料强度差、颗粒破碎。对策是刮除表层滤砂，换上符合要求的滤砂。

5. 冲洗后短期内水质不好

① 冲洗强度不够，冲洗历时太短，没有冲洗干净。对策是改善冲洗条件。

② 冲洗水本身质量不好。对策是保证冲洗水质量。

五、分析测量与记录

每班应每两小时记录一次进水流量、滤前滤后浊度、运行时间、水头损失(或过滤水头)、滤后水 pH 值、水温、余氯、清水池水位，每天应记录滤池冲洗周期、冲洗时间、冲洗历时等，定期测定滤速、冲洗强度、膨胀率、冲洗后含泥量等技术指标并加以分析。

第五节　消　　毒

消毒的目的主要是利用物理方法或化学方法杀灭水中的细菌、病毒和病虫卵等致病微生物，以防止其对人类及畜禽的健康产生危害和对环境造成污染。在对工业废水和城市污水二级处理后排放前或深度处理后回用时，消毒处理是必需的环节之一。污水处理系统的消毒方式为氯、二氧化氯、臭氧和紫外线消毒。

一、常用消毒方法

1. 氯消毒

氯气溶解在水中后，水解为 HCl 和次氯酸 HOCl，次氯酸再离解为 H^+和 OCl^-，HOCl 比 OCl^-的氧化能力要强得多。另外，由于 HOCl 是中性分子，容易接近细菌而予以氧化，而 OCl^-带负电荷，难以靠近同样带负电的细菌，虽然有一定氧化作用，但在浓度较低时很难起到消毒作用。pH 值小于 7 和温度较低时，HOCl 含量高，消毒效果较好。pH 值小于 6 时，水中的氯几乎 100%地以 HOCl 的形式存在，pH 值为 7.5 时，HOCl 和 OCl^-的含量大致相等，因此氯的杀菌作用在酸性水中比在碱性水中更有效。如果污水中含有氨氮，加氯时会生成一氯氨 NH_2Cl 和二氯氨 $NHCl_2$，此时消毒作用比较缓慢，效果较差，且需要较长的接触时间。

(1) 防止氯中毒的措施

虽然空气中最高允许浓度为 $1mL/m^3$，但长期在低于此值的环境中工作，也会导致慢性中毒，表现为患慢性支气管炎、慢性胃肠炎、牙龈炎、口腔炎、皮肤瘙痒症等疾病。短时间暴露在高氯环境中，会导致急性中毒。轻度急性中毒表现为喉干胸闷、脉搏加快等症状，重度急性中毒表现为支气管痉挛和水肿，甚至出现昏迷或休克。防止出现氯中毒的措施可总结如下：

① 经常接触氯气的工作人员对氯味的敏感程度会有所降低，常常会在闻不到氯味的时候，人就已经受到氯的伤害。因此操作人员的值班室要和加氯间分开设置，并在加氯间安装监测及警报装置，随时对其中的氯浓度进行检测。

② 加氯间要靠近加氯点，两者间距不超过 30m。加氯间建筑要坚固防火、耐冻保温、通风良好、大门外开，并与其他工作间严格分开、没有任何直接连通。由于氯比空气重，因此当氯气在室内泄漏后，会将空气排挤出去，在封闭的室内下部积聚并逐渐向上扩散。所以加氯间的底部必须安装强制排风设施，进气孔要设在高处。

③ 加氯间门外要备用检修工具、防毒面具和抢救器具等，照明和通风设备的开关也要设在室外，在进入加氯间之前，先进行通风。通向加氯间的压力水管必须保证不间断供水，并保持水压稳定，同时还要有应对突然停水的措施。加氯间内要设置碱液池，并定时检验，保证碱液随时有效。当发现氯瓶有严重泄漏时，戴好防毒面具，然后将氯瓶迅速移入碱液池中。

④ 当发现现场有人急性氯中毒后，要设法迅速将中毒者转移到具有新鲜空气的地方，对呼吸困难者，应当让其吸氧，严禁进行人工呼吸，可以用 2% 的碳酸氢钠溶液为其洗眼、鼻、口等部位，还可以让其吸入雾化的 5% 碳酸氢钠溶液。

(2) 使用液氯瓶时的注意事项

液氯通常在钢瓶中贮存和运输，使用时将液氯转变成氯气加入水中。

① 氯瓶内压力一般为 0.6～0.8MPa，所以不能在太阳下曝

晒或靠近炉火及其他高温热源，以免气化时压力过高发生爆炸。液氯和干燥的氯气对铜、铁和钢等金属没有腐蚀性，但遇水或受潮时，化学活性增强，能腐蚀大多数金属。因此贮氯钢瓶必须保持0.05~0.1MPa的余压，不能全部用空，以免进水。

② 液氯变成氯气要吸收热量，在气温较低、液氯自然气化的数量受限时，常需要对氯瓶进行加热。但切不可用明火、蒸汽直接加热氯瓶，也不宜使氯瓶温度升高太多或太快，一般可使用15~25℃的温水连续淋洒氯瓶的方法对氯瓶加温。

③ 要经常用10%氨水检查加氯机与氯瓶的连接处是否泄漏，如果发现加氯机的氯气管出现堵塞现象，切不可用水冲洗，可以用钢丝疏通，再用打气筒或压缩空气将杂物吹掉。

④ 开启前要检查氯瓶的放置位置是否正确，一定要保证出口朝上，即放出来的是氯气而不是液氯。开氯瓶总阀时，要先缓慢开半圈，随即用10%氨水检查是否漏气，一切正常后再逐渐打开。如果阀门难以开启，不能用榔头敲击，也不能用长扳手硬扳，以防将阀杆拧断。

(3) 使用氯消毒时投加量的确定

液氯的投加是通过加氯机来实现的，常用的加氯机是ZJ型转子加氯机。来自氯瓶的氯气首先进入旋风分离器，再通过弹簧膜阀和控制阀进入转子流量计和中转玻璃罩，最后经水射器与压力水混合并溶解于其中后输送到加氯点。为避免氯泄漏带来的危险，加氯机实行负压加氯，即使用水射器抽吸所需的氯。

加氯量包括需氯量和余氯量两部分，需氯量是指用于杀死细菌和氧化水中还原性物质(H_2S、SO_3^{2-}、Fe^{2+}、NH_4^+和胺等)及有机物所需要的氯量，余氯量是指为维持水中的消毒效果即不出现细菌的再繁殖所多加的氯量。当水中余氯为游离性余氯时，消毒过程迅速，并能同时除臭和脱色，但水中带氯味。当水中余氯为化合性余氯时，消毒作用缓慢但持久，水的氯味也较轻。

加氯量应经过试验确定，若无实测资料，可参考使用下列数据：①一级处理后的污水20~30mg/L；②不完全人工二级处理污水 10~15mg/L；③完全人工二级处理后的污水 5~10mg/L。

为使消毒剂充分发挥效用，应有适当的混合方式和一定的接触时间。生物滤池后的二次沉淀池，当污水不回流时，可作为加氯消毒的接触池；曝气池后的二沉池不能兼做接触池，而应在二沉池后另外设置单独的接触池。包括接触池后污水在管渠中的全部时间在内，氯与污水的接触时间一般为 30min 左右，并保证余氯不少于 0.05mg/L。

2. 二氧化氯消毒

二氧化氯一般使用氯与盐酸或稀硫酸与亚氯酸钠或氯酸钠反应的办法产生，类似的装置很多，其主要过程是使用两个计量泵分别向压力反应室内送入一定浓度和一定比例的酸液和碱液，然后将生成的二氧化氯定量投加到消毒池，并根据出水中的余氯量对投加量进行调整。ClO_2 对细菌的细胞壁有较强的吸附和穿透能力，从而有效的破坏细菌内含巯基的酶，即 ClO_2 可快速控制微生物蛋白质的合成，对细菌、病毒等有很强的灭活能力。

(1) 二氧化氯消毒的特点

① 二氧化氯不与含氮有机物等某些耗氯物质发生取代反应，消毒时可不致产生氯酚臭味和三卤甲烷等氯代烃类物质，因此尤其适合于含酚或有机物较多的污水。

② ClO_2 在水中是纯粹的溶解状态，不与水发生化学反应，故它的消毒作用受水的 pH 值影响小，这是与氯消毒的区别之一。在较高的 pH 值下，ClO_2 消毒能力比氯强。比如 pH 值为 8.5 时，要造成 99%以上的埃希氏大肠菌的杀灭率，二氧化氯只需要 0.25mg/L 的有效氯投加量和 15s 的接触时间，而氯的投加至少需要 0.75mg/L。

③ 二氧化氯在较广泛的 pH 范围内具有很强氧化能力，氧化能力为自由氯的 2 倍。能比氯更快地氧化锰、铁等还原态物质，同时能去除水中的氯酚和藻类等引起的臭味，二氧化氯还具有强烈的漂白作用，可去除污水的色度。

④ 二氧化氯不与水中的氨氮等化合物作用而被消耗，因此

在相同的有效氯投加量下，可以保持较高的余氯浓度，取得较好的消毒杀菌效果。

（2）使用二氧化氯的注意事项

① 在水处理中，二氧化氯的投加量一般为 0.1～1.5mg/L，具体投加量随原水性质和投加用途而定。当仅作为消毒剂时，投加范围是 0.1～1.3mg/L；当兼用作除臭剂时，投加范围是 0.6～1.3mg/L；当兼用作氧化剂去除铁、锰和有机物时，投加范围是 1～1.5mg/L。

② 二氧化氯是一种强氧化剂，其输送和存储都要使用防腐蚀、抗氧化的惰性材料，要避免与还原剂接触，以免引起爆炸。

③ 采用现场制备二氧化氯的方法时，要防止二氧化氯在空气中的积聚浓度过高而引起爆炸，一般要配备收集和中和二氧化氯制取过程中析出或泄漏气体的措施。

④ 在工作区和成品储藏室内，要有通风装置和监测及报警装置，门外配备防护用品。

⑤ 稳定二氧化氯溶液本身没有毒性，活化后才能释放出二氧化氯，因此活化时要控制好反应强度，以免产生的二氧化氯在空气中的积聚浓度过高而引起爆炸。

⑥ 二氧化氯溶液要采用深色塑料桶密闭包装，储存于阴凉通风处，避免阳光直射和与空气接触，运输时要注意避开高温和强光环境，并尽量平稳。

3. 紫外消毒

紫外消毒技术是利用特殊设计制造的高强度、高效率和长寿命的 C 波段 254 nm 紫外光发生装置产生的强紫外光照射水流，使水中的各种病原体细胞组织中的 DNA 结构受到破坏而失去活性，从而达到消毒杀菌的目的。污水处理中使用较多的紫外发生器是紫外汞灯，紫外灯的结构与日光灯相似，灯管由石英玻璃制成，其内表面涂有无磷涂层，灯管内装有固体汞源或汞蒸气和氩。按灯管内汞蒸气压力的大小，紫外灯可分为低压汞灯（汞蒸气压力为 1.33～133Pa）、中压汞灯（汞蒸气压力为 0.1～1MPa）、高压汞灯(汞蒸气压力高达20MPa)。中高压紫外灯的温度可以高达500℃以上，通常需要使用石英玻璃或聚四氟乙烯等材料制成的管子将灯管和水流分开。

(1) 紫外消毒的技术关键

① 紫外线的最有效范围是UV-C，波长为200~280nm的紫外线正好与微生物失活的频谱曲线相重合，尤其是波长为254nm的紫外线，是微生物失活的频谱曲线的峰值。

② 能够设计制造一套能耗低、效率高、运行管理简单的发生波长为254nm紫外光的紫外灯装置。因此紫外灯与其镇流器(功率因数大于0.98)，再加上监测控制(校验调整UV强度)系统是UV消毒的核心。紫外灯的结构与日光灯相似，灯管内装有固体汞源，国外有的公司能生产符合上述要求的低压高强紫外灯，在满负荷时使用寿命可以达到12000h以上，而且可以通过监测控制系统将灯光强度在50%~100%之间无级调整，根据水量的变化随时调整灯光强度，以便达到既节约能耗又保证消毒效果的目的。

③ 紫外线剂量大小是决定微生物失活的关键。紫外线剂量不够可能只是对致病微生物的DNA造成伤害，而不是致命的破坏，这些受伤的致病微生物在见到可见光后会逐渐自愈复活。在接触池形状和尺寸已定即曝光时间已定的情况下，进入水中的紫外线剂量与紫外灯的功率、紫外灯石英套管的洁净程度和污水的透光率等三个因素有关。为使污水得到充分的消毒，必须综合考虑这三个因素，使紫外线剂量适中。

④ 由于紫外灯直接与水接触，当水的硬度较大时，随着时间的延长，灯管表面必然会结垢，影响紫外光进入水中的强度，导致效率降低和能耗增加。化学清洗除了要消耗药剂外，还要将消毒装置停运，因此实现自动清洗防止灯管表面结垢是UV消毒技术运行中的最实际问题。

⑤ 接触水槽的水流状态必须处于紊流状态，一般要求水流速度不小于0.2m/s。如果水流处于层流状态，因为紫外灯在水

中的分布不可能绝对均匀，所以水流平稳地流过紫外灯区，部分微生物就有可能在紫外线强度较弱的部位穿过，而紊流状态可以使水流充分接近紫外灯，达到较好的消毒效果。

（2）紫外消毒的优点

① 在消毒过程中，不需添加任何化学物质，不会在水体中产生或残留任何有毒物质，因此不产生二次污染。

② 细菌病毒等病原微生物暴露在 C 波段紫外光 UV-C 下，仅 6s 内产生的物理化学反应就能使其 DNA 受到致命破坏，达到消毒杀菌的目的。因此需要的接触时间较短，整个消毒设施占地面积很小。

③ 次氯酸类消毒剂和二氧化氯类消毒剂的消毒机理是破坏病原体的细胞结构，因此即使加大投加量，对某些细胞结构不完善的病毒杀灭能力也较差，而 UV-C 消毒的原理是破坏病原体的 DNA，因此对病毒的杀灭能力极强，即总的消毒效果显著。

④ 设备安装维修简单，运行安全可靠，除了定期或根据需要更换紫外灯管外，几乎没有什么操作，可以实现自动控制，管理简单。

⑤ 紫外线对无机物几乎没有什么破坏作用，因此接触槽使用普通混凝土结构即可，不像氯类杀菌剂对接触池的要求那么高。

4. 臭氧消毒

水处理中应用的臭氧发生器多是无声放电法，其生产臭氧的原理是在两平行高压电极之间通入高压交流电后，氧分子受高能电子激发获得能量，并相互发生碰撞聚合形成臭氧分子。常用的臭氧发生器为管式发生器，其外形像列管式换热器，内有几十甚至上百根相同的放电管，管外通冷却水。每根放电管均有两根同心圆管组成，外管为金属管(不锈钢管或铝管)，内管为玻璃管作介电体。内管一端封闭，管内壁镀有铝膜或银膜作为电极。内、外管之间留有 1~2mm 的环形放电间隙。压缩空气或氧气经过冷却及吸附除去杂质后进入臭氧发生器，加上 15~20kV 的高压，即可制得臭氧。

在污水处理领域，利用臭氧及臭氧分解产生氧化能力更强的OH自由基，不仅可以对水中微生物起到杀灭作用，而且可以对一些难以生物降解的有机污水进行彻底的矿化处理，作为二级生物处理的预处理如采用这样的系统对含二甲苯污水进行处理时，可以将二甲苯彻底氧化成无毒的水及二氧化碳。

使用臭氧时要注意以下事项：

(1) 臭氧是一种有毒气体，对人眼和呼吸器官有强烈的刺激作用，正常大气中的臭氧的体积比浓度是$(1\sim4)\times10^{-8}m^3/m^3$，当空气中臭氧体积比浓度达到$(1\sim10)\times10^{-6}m^3/m^3$时，就会使人出现头痛、恶心等症状。《工业企业设计卫生标准》规定车间空气中O_3的最高允许浓度为0.3mg/m^3。

(2) 臭氧极不稳定，在常温常压下容易自行分解成为氧气并放出热量。在空气中，臭氧的分解速度与温度和其浓度有关，温度越高，分解越快，浓度越高，分解越快。臭氧在水中的分解速度比在空气中的分解速度要快得多，水中的羟离子对其分解有强烈的催化作用，所以pH值越高，臭氧分解越快。因此不能贮存和运输，必须在使用现场制备。

(3) 臭氧具有强烈的腐蚀性，因此凡与其接触的容器、管道、扩散器均要采用不锈钢、陶瓷、聚氯乙烯塑料等耐腐蚀材料或作防腐处理。

(4) 臭氧在水中的溶解度只有10mg/L，因此通入污水中的臭氧往往不能被全部利用。为了提高臭氧的利用率，接触反应池最好建成水深5~6m的深水池，或建成封闭的多格串联式接触池，并设置管式或板式微孔扩散器散布臭氧。接触时间通常只要数分钟，投加量一般为1~5mg/L之间。

二、工艺控制

1. 投加量

消毒效果与消毒剂的投加浓度和接触时间成正比，因此控制和影响消毒效果的最主要因素是消毒剂的投加量和接触时间。消毒剂的投加量与接触时间的乘积可以反映消毒剂的效果，一般这个乘积值越小，说明该消毒剂的效率越高。比如臭氧达到某种消毒效果要求投加量与接触时间的乘积是 5 的话，要达到同样效果，二氧化氯和氯的投加量与接触时间的乘积分别是 120 和 1440。对于某种污水进行消毒处理时，加入较大剂量的消毒剂无疑会得到更好的消毒效果，但同时必然造成运行费用的增加。因此需要确定一个适宜的投药量，既能满足消毒杀菌的指标要求，又能使运行费用较低。在有条件的情况下，可以通过试验的方法来确定消毒剂的投加量。但在大多数情况下，可以根据经验数据来确定消毒剂的投加量和反应接触时间，并根据实际情况进行适当调整。

2. 水质

一般说来，温度越高，同样消毒剂投加量情况下消毒效果会更好些。污水水质越复杂对消毒效果影响越大。特别是当水中含有较高浓度的有机污染物时，由于有机物不仅能消耗消毒剂，而且还能在菌体细胞外壁形成保护膜或隐蔽细菌，阻止其与消毒剂接触，因而造成消毒效果大大下降。

3. pH 值

污水 pH 值的变化对采用加氯消毒的效果影响很大，一般要求 pH 值在 6.5~7.5 之间，pH 值升高会使消毒效果下降，使用中应予以适当的考虑。

4. 混合形式与接触方法

混合形式与接触方法控制主要对以传质控制的消毒过程有较大的影响，消毒剂投加点水流必须是高度紊流，能快速完成消毒剂与水的混合过程，尤其是采用臭氧消毒时，必须考虑选择有效合理的接触反应设备和装置。

三、运行管理与维护

1. 掌握好原水水质的变化

原水水质变化对加氯量影响很大，氯在水中为杀灭细菌所消耗的数量很小，而存在于水中的各种有机无机物质都消耗大量氯，因此，加氯量不足就不能有效地杀菌，也不能保证出厂余氯。因此，应掌握好影响加氯的各种因素，及时正确地调整加氯量。

2. 加强前后工序的联系

加氯量与出水量、水的澄清、过滤处理效果有密切的关系。加氯运行人员应加强前后工序的联系，了解进出水量的变化和水的净化效果。一般在开泵前，应检查好加氯设备，做好加氯前的各项准备，以确保接到开泵信号后能及时加氯；停泵前应提前2～3min关闭出氯总阀，停止加氯；当澄清过滤后水的浊度、pH值发生变化时要及时调整加氯量。

3. 控制好余氯量

控制好余氯量是保证水质的关键，控制余氯的常用方法是定时、定点检测余氯，目前也有多种仪器仪表可以自动监测余氯，应根据余氯量及时调整加氯量。

从概念上看，余氯是针对氯气及氯系列消毒剂而言的，当使用二氧化氯等其他非氯类消毒剂时，就应该将余氯理解为接触一定时间后留在水中的剩余消毒剂。

余氯的测定可以使用碘量滴定法、邻联甲苯胺目视比色法、*N*，*N*-二乙基对苯二胺(DPD)亚铁滴定法、*N*，*N*-二乙基对苯二胺分光光度法等。碘量滴定法只能测定水样中的总余氯；邻联甲苯胺目视比色法通过改变操作程序，能分别测定总余氯和游离性余氯；*N*，*N*-二乙基对苯二胺滴定法或分光光度法可测定浓度范围为0.03～5mg/L的游离氯或总氯，通过改变操作程序，还可以分别测定一氯胺、二氯胺和一些化合氯成分。

由于氯在水溶液中非常不稳定，特别是在浓度较低时或受到阳光等强光的照射及受到搅动时，氯含量会迅速减少。余氯水样不能贮存，必须立即测定，同时避免光线照射和搅动水样。在测定过程的所有操作都要避免阳光直接照射，最好在尽可能低的温度下和柔和的光线下进行，而且所有的比色法都需要用颜色和浊度空白来补偿原水的颜色和色度，尤其是浊度和色度较高时必须测定空白值。

使用邻联甲苯胺目视比色法测定余氯时，如果水样与标准邻联甲苯胺溶液混合均匀后立即比色，所测结果是游离性余氯，如果在暗处放置10min使产生最高色度后再进行比色，所得结果是总余氯。总余氯减去游离性余氯即是化合性余氯。使用邻联甲苯胺目视比色法测定时，如果余氯量大，会产生橘黄色；如果水样碱度过高而余氯量小时，会产生淡绿色或淡蓝色。此时可多加1mL邻联甲苯胺标准溶液，即可产生正常的淡黄色。

四、分析测量与记录

加氯间应每班记录加氯量、水量、余氯量等数值。

第六节　特殊水质要求的深度处理技术

特殊水质要求，包括去除氮、磷和进一步去除水中悬浮物(SS)、有机物、可溶的无机盐等。目前常用的处理技术有除磷脱氮技术、膜分离技术等。

一、污水脱氮除磷

目前，污染造成的水体富营养化日趋严重，而经过二级处理排入水体中的氮和磷一般仍是超标的。近年来城市二级污水处理厂生物除磷脱氮技术取得了显著成果，但出水仍不能满足工业和城市的回用要求，新的除磷脱氮技术正被不断研究开发，因此无论是新建污水厂还是已有污水厂都面临着污水脱磷除氮的要求。

(一) 脱氮

污水中的氮主要以氨氮和有机氮的形式存在，通常没有或只有少量亚硝酸盐和硝酸盐形式的氮。只有不到20%~40%的氮在传统的二级处理中被去除。污水生物处理脱氮主要是靠一些专性细菌实现氮形式的转化，经过氨化、硝化、反硝化过程，含氮有机化合物最终转化为无害的氮气，从污水中去除，其过程如图 5-6 所示。

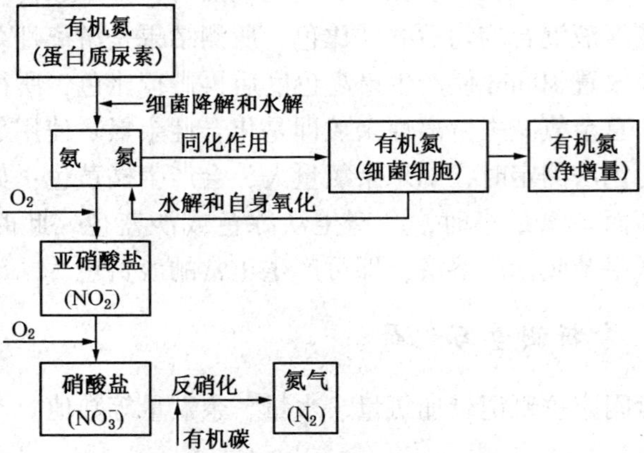

图 5-6　生物处理过程中氮的转化示意图

1. 工艺原理及过程

硝化菌把氨氮转化为硝酸盐的过程称为硝化过程，硝化是一个两步过程，分别利用了两类微生物-亚硝酸盐菌和硝酸盐菌。这两类细菌统称为硝化菌，这些细菌所利用的碳源是 CO_3^{2-}、HCO_3^- 和 CO_2 等无机碳。第一步由亚硝酸盐菌把氨氮转化为亚硝酸盐，第二步由硝酸盐菌把亚硝酸盐转化为硝酸盐，这两个反应过程都释放能量，硝化菌就是利用这些能量合成新细胞体和维持正常的生命活动，氨氮转化为硝态氮并不是去除氮而是减少了它的需氧量。

反硝化过程是反硝化菌异化硝酸盐的过程，即由硝化菌产生的硝酸盐和亚硝酸盐在反硝化菌的作用下，被还原为氮气后从水中溢出的过程。反硝化过程也分为两步进行，第一步由硝酸盐转化为亚硝酸盐，第二步由亚硝酸盐转化为一氧化氮、氧化二氮和氮气。同时反硝化菌利用含碳有机物和部分硝酸盐转化为氨氮用于细胞合成，该碳源既可以是污水中的有机碳或细胞体内源碳，也可以外部投加。

2. 生物脱氮的工艺控制

（1）硝化过程的影响因素即对硝化菌有影响的因素

① 温度：硝化反应的最适宜温度范围是30～35℃，温度不但影响硝化菌的比增长速率，而且影响硝化菌的活性。温度低于5℃，硝化细菌的生命活动几乎完全停止。在5～35℃的范围内，硝化反应速率随温度的升高而加快；但达到30℃后，蛋白质的变性会降低硝化菌的活性，硝化反应增加的幅度变小。对于同时去除有机物和进行硝化反应的系统，温度低于15℃时硝化速率会迅速降低。低温对硝酸菌的抑制作用更为强烈，因此在12～14℃的系统中会出现亚硝酸盐的积累。

② 溶解氧：溶解氧浓度为0.5～0.7mg/L是硝化菌可以忍受的极限，溶解氧低于2mg/L条件下，氮有可能被完全硝化，但需要较长的污泥停留时间，因此一般应维持混合液的溶解氧浓度在2mg/L以上。对于同时去除有机物和进行硝化的工艺，硝化菌约占活性污泥的5%左右，且大部分处于生物絮体的内部。在这种情况下，溶解氧浓度的增加将会提高溶解氧对生物絮体的穿透力，从而提高硝化反应速率。因此，在低泥龄条件下，由于含碳有机物氧化速率的增加使耗氧速率增加，减少了溶解氧对生物絮体的穿透力，进而降低了硝化反应速率。相反，在长泥龄条件下，耗氧速率较低，即使溶解氧浓度不高，也可保证溶解氧对生物絮体的穿透作用，从而维持较高的硝化反应速率。因此当泥龄降低时，为维持较高的硝化速率，应该相应提高溶解氧浓度。

③ pH值和碱度：硝化菌对pH值十分敏感，硝化反应的最佳pH值范围是7.2～8.0，pH值超出这个范围时，硝化反应速率会明显降低，低于6或高于9.6时，硝化反应将停止进行。另外，每硝化1g氨氮大约要消耗7.14g$CaCO_3$碱度，因此，如果污水没有足够的碱度进行缓冲，硝化反应将导致pH值下降、反应速率减缓。因此，保证硝化反应的正常进行，往往需要投加必要的碱量以维持适宜的pH值。硝化菌经过一段时间的驯化后，硝

化反应可以在较低的 pH 值条件下进行，但 pH 值突然降低也会引起硝化反应速度的骤降。有研究表明，要使硝化反应的 pH 值由 7.0 降低到 6.0，大约需要驯化 10d。

④ 有毒物质：过高的氨氮、重金属、有毒物质及某些有机物对硝化反应都有抑制作用。一般情况下，重金属和有毒物质主要抑制亚硝酸菌的生长，个别物质抑制硝酸菌的生长。有机物浓度高时，异养菌的数量会大大超过硝化菌，从而阻碍氨向硝化菌的转移，硝化菌能利用的溶解氧也因异养菌的利用而减少，硝化反应能顺利进行所要求的 BOD_5 值一般应低于 20mg/L。因此，在培养和驯化硝化菌时，一定要注意氨氮、重金属、有毒物质及有机物的浓度，不使其产生抑制作用。

⑤ 泥龄：为保证反应器中的存活并维持一定数量和性能的硝化菌，活性污泥在其中的停留时间 SRT 即泥龄必须大于硝化菌的最小世代周期，否则硝化菌的流失率大于其繁殖率，最终使其从系统中数量越来越少。一般来说，系统的泥龄应为硝化菌世代周期的两倍以上，一般不得小于 3~5d，冬季水温低时要求泥龄更长，为保证一年四季都有充分的硝化反应，通常泥龄都大于 10d。较长的泥龄可增强硝化反应的能力，并可减轻有毒物质刺激的抑制作用。

⑥ 碳氮比 C/N：在活性污泥系统中，硝化菌一般只占微生物总量的 5%左右，这是因为与异养菌相比，硝化菌的产率低。硝化菌是一类自养菌，有机物浓度不是其生长的限制因素，如果有机物浓度过高，会使生长速率较快的异氧菌迅速繁殖，争夺混合液中的溶解氧，从而使生长缓慢且好氧的硝化菌得不到优势，降低硝化速率。因此 BOD_5 与 TKN 的比值即碳氮比 C/N，是反映活性污泥系统中异养菌与硝化菌竞争底物和溶解氧能力的指标，C/N 不同直接影响脱氮效果。一般认为，处理系统的 BOD_5 负荷低于 0.15BOD_5/(MLVSS · d)时，硝化反应才能正常进行。

(2) 反硝化过程的影响因素即对反硝化菌有影响的因素

① 温度：反硝化反应的最适宜温度范围是 35~45℃。温度

对反硝化反应的影响与反硝化设备的类型(微生物悬浮生长型与附着生长型)及硝酸盐负荷有关。当温度从20℃下降到达15℃时，为达到相同的反硝化效果，生物转盘和活性污泥法的水力停留时间则分别要提高到原来的4.6倍和2.3倍。

② 溶解氧：反硝化菌是兼性菌，既能进行有氧呼吸，也能进行无氧呼吸。当水中同时存在分子态氧和硝酸盐时，优先进行有氧呼吸，这样，反硝化菌会优先降解含碳有机物，从而抑制硝酸盐的还原。所以为了保证反硝化反应的顺利进行，必须保持严格的缺氧状态，保持氧化还原电位为-50~-110mV。另外，反硝化菌从有氧呼吸转为无氧呼吸的关键是合成无氧呼吸的酶，而分子态氧的存在会抑制这类酶的合成及其活性。因此，为使反硝化反应正常进行，悬浮型活性污泥系统中的溶解氧应保持在0.2mg/L以下，由于生物膜对氧传递的阻力较大，即使混合液中有一定量的DO，生物膜内层仍呈缺氧状态而继续进行反硝化，所以附着型生物处理系统可以容许较高的溶解氧浓度(一般低于1mg/L)。

③ pH值：硝化反应的最佳pH值范围是6.5~7.5，不适宜的pH值会影响反硝化菌的生长速率和反硝化酶的活性。当pH值低于6.0或高于8.5时，反硝化反应将受到强烈抑制。反硝化反应会产生部分碱度，这有助于将pH值保持在所需要的范围内，并补充硝化过程中所消耗的一部分碱度。此外，pH值还影响反硝化的最终产物，pH值>7.3时最终产物是氮气，pH值<7.3时最终产物是N_2O。

④ 碳源有机物质：反硝化反应需要提供足够的碳源，碳源物质不同，反硝化速率也将有区别。挥发性有机酸、甲醇、乙醇等是理想的反硝化反应碳源物质，因此，啤酒污水等含挥发性有机物质的污水可作为反硝化反应脱氮的碳源，而以城市污水或内源代谢物质作为反硝化反应碳源时的反硝化速率就要低得多。

⑤ 碳氮比C/N：理论上将1g硝酸盐氮转化为N_2需要碳源

物质 BOD_5 2.86g。因此，一般认为，当污水的 BOD_5/TKN 值大于4~6时，可认为碳源充足，不需要另外投加碳源，否则，应当投加甲醇或其他易降解有机物作为碳源。

⑥ 有毒物质：镍浓度大于 0.5mg/l、亚硝酸盐氮含量超过 30mg/l 或盐度高于 0.63%时都会抑制反硝化作用。硫酸盐含量过高会导致反硫化的进行，进而影响反硝化的正常进行，钙和氨的浓度过高也会抑制反硝化作用。

3. 活性污泥法脱氮

活性污泥法脱氮的原理是通过创造好氧和缺氧条件，经过硝化和反硝化两个步骤、利用硝化菌和反硝化菌等一些专性菌实现氮形式的转化。基本方法有具有多级污泥回流系统的传统生物脱氮方法和只有一个污泥回流系统单级生物脱氮方法。单级生物脱氮法可认为是对传统生物脱氮法的改进，有 A/O 法、Bardenpho 工艺等多种形式，氧化沟、SBR 法等具有脱氮功能的工艺也属于单级生物脱氮系统。

(1) 传统生物脱氮工艺

传统的生物脱氮流程是三级活性污泥系统(见图 5-7)，在此流程中，含碳有机物的氧化和含氮有机物的氨化、氨氮的硝化及硝酸盐的反硝化分别在三个构筑物内进行，并维持各自独立的污泥回流系统。曝气池和硝化池均要进行曝气维持好氧状态，反硝化池则要维持缺氧状态，不进行曝气，只采用缓速搅拌使污泥

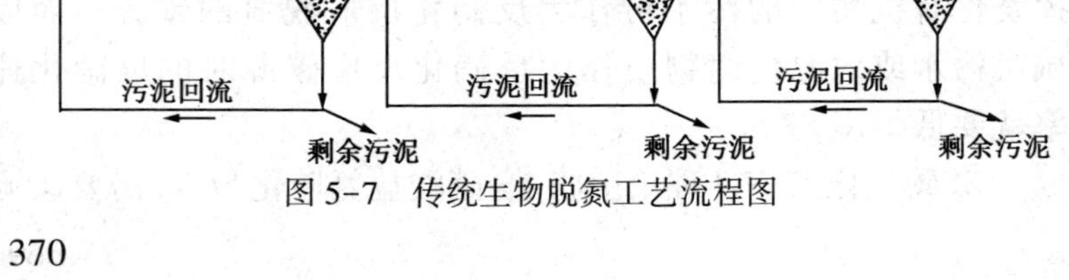

图 5-7 传统生物脱氮工艺流程图

处于悬浮状态并与污水保持良好的混合，反硝化所需碳源采用外加甲醇的方法。

这种流程的优点是好氧菌、硝化菌和反硝化菌分别生长在不同的构筑物内，并可维持各自最适宜的生长环境，所以反应速度快，可以得到相当好的 BOD_5 去除效果和脱氮效果。另外，不同性质的污泥分别在不同的沉淀池中得到沉淀分离，而且拥有各自独立的污泥回流系统，所以运行的灵活性和适应性较好。其缺点是流程长、构筑物多，外加甲醇为碳源使运行费用较高，出水中往往会残留一定量的甲醇。

(2) Bardenpho 工艺

Bardenpho 工艺由两个缺氧/好氧(A/O)工艺串联而成，共有四个反应池，因此有时也称为四段 Bardenpho 工艺，其工艺流程见图 5-8。

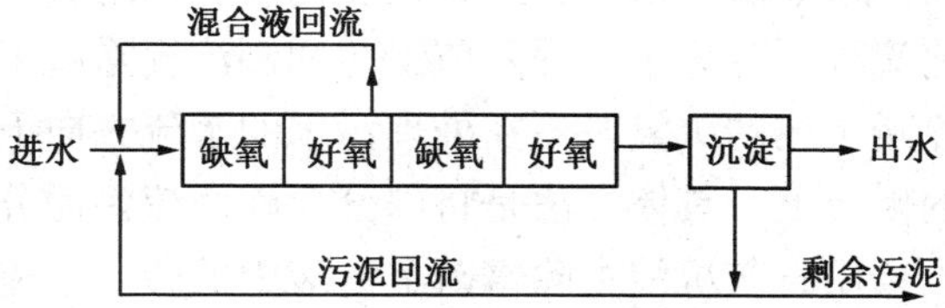

图 5-8　Bardenpho 工艺流程图

在第一级 A/O 工艺中，回流混合液中的硝酸盐氮在反硝化菌的作用下利用原污水中的含碳有机物作为碳源在第一缺氧池中进行反硝化反应，反硝化后的出水进入第一好氧池后，含碳有机物被氧化，含氮有机物实现氨化和氨氮的硝化作用，同时在第一缺氧池反硝化产生的 N_2 在第一好氧池经曝气吹脱释放出去。

在第二级 A/O 工艺中，由第一好氧池而来的混合液进入第二缺氧池后，反硝化菌利用混合液中的内源代谢物质进一步进行反硝化，反硝化产生的 N_2 在第二好氧池经曝气吹脱释放出去，改善污泥的沉淀性能，同时内源代谢产生的氨氮也可以在第二好氧池得到硝化。

Bardenpho 具有两次反硝化过程，脱氮效率可以高达 90%～95%。

(二) 除磷

1. 工艺原理及过程

污水经过生物法处理后，大部分的有机磷酸盐和聚磷酸盐被转化为溶解性的正磷酸盐，少量不溶性的磷是存在于生物细胞的原生质中。常规的生物处理法通过剩余污泥排放和处理可以从污水中去除部分磷(10%～30%)，一些特殊工艺或经过调整运行方式具有除磷功能的普通工艺可以取得较好的除磷效果。但生物处理法的除磷效果是有限的，当磷的排放标准要求很高时，往往需要使用化学除磷或将生物法与化学除磷结合起来使用。

化学法除磷是向水中投加石灰、铝盐和铁盐等化学药剂，生成不溶性的磷酸盐，然后再利用沉淀、气浮或过滤等方法将磷从污水中除去。按照磷的最终去除方式和构筑物的组成，活性污泥法除磷工艺流程可分为主流程除磷工艺和侧流程除磷工艺两类。

侧流除磷工艺的厌氧段不在处理污水的水流方向上，而是在回流污泥的侧流上，具体方法是将部分含磷回流污泥分流到厌氧段释放磷，再用石灰沉淀去除富磷上清液中的磷。主流除磷工艺的厌氧段在处理污水的水流方向上，磷的最终去除通过剩余污泥排放，其代表方法是厌氧/好氧(A/O)工艺，其他方法也都是经过厌氧/好氧过程和排出剩余污泥来实现除磷。

侧流除磷工艺又称 Phostrip 工艺，其工艺流程见图 5-9。

污水经过曝气池处理去除 BOD_5 和 COD_{Cr}，同时活性污泥过量摄取磷后，混合液再进入二沉池，实现含磷污泥与水的分离。含磷污泥部分回流到曝气池，另一部分分流至厌氧除磷池。在厌氧除磷池中，污泥在好氧条件时过量摄取的磷得到充分释放，然后污泥回流到曝气池中。由除磷池流出的富磷上清液进入化学沉淀池，投加石灰形成 $Ca_3(PO_4)_2$ 不溶物沉淀，在通过排放含磷污泥去除磷。

Phostrip 工艺将生物除磷法与化学除磷法结合在一起，除磷效果较好且稳定，出水总磷浓度可以小于1mg/L，而且操作灵活，受外界条件影响小。现有常规活性污泥法很容易改造成Phostrip工艺，只需在污泥回流管线上增加小规模的处理单元即可，而且在改造过程中不用中断污水处理系统的正常运转。污泥在释磷池内的停留时间一般为2h，从污泥回流系统分流的污泥量一般为污水处理厂进水量的20%~30%，而经过浓缩释磷后再回流到曝气池内的泥量为污水处理厂进水量的10%~20%。

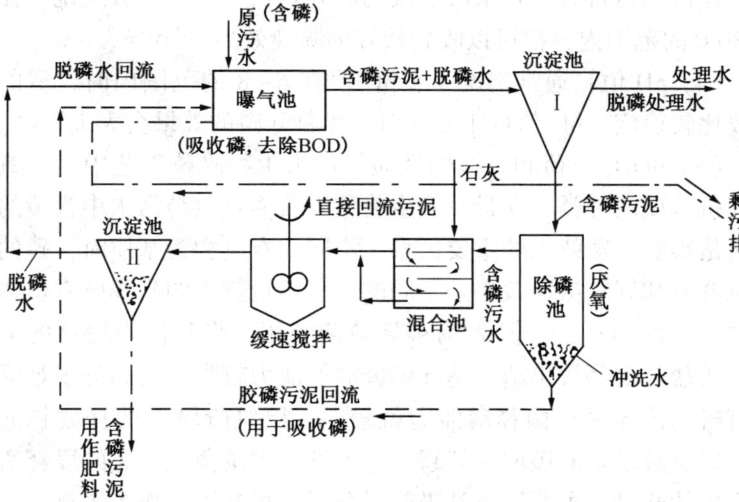

图5-9　Phostrip除磷工艺流程图

2. 影响因素

(1) 溶解氧：首先必须在厌氧区控制严格的厌氧环境，这直接关系到聚磷菌的生长状况、释磷能力及利用有机基质的能力。厌氧区DO的存在，一方面会因DO将作为最终电子受体而抑制厌氧菌的发酵产酸作用，妨碍磷的释放；另一方面会快速耗尽有机基质，从而减少聚磷菌所需的VFA量，造成生物除磷效果降低。其次是必须在好氧区供给足够的溶解氧，以便聚磷菌有效地吸收污水中的磷。一般厌氧段的DO要严格控制在0.2mg/L以下，而好氧段的DO要控制在2mg/L以上。

(2) 厌氧区硝态氮：硝态氮包括硝酸盐和亚硝酸盐，硝态氮的存在会消耗有机基质而抑制聚磷菌对磷的释放，进而影响好氧条件下聚磷菌对磷的吸收。另外，硝态氮的存在会被部分聚磷菌利用而进行反硝化，从而影响聚磷菌的释磷和摄磷能力。

(3) 温度：温度对除磷的影响不如对生物脱氮过程的影响那么明显，因为在高温、中温和低温条件下，都有不同的具有生物除磷能力的聚磷菌在活动。但为保证发酵作用的完成和基质的吸收，在低温运行时，要求厌氧段的时间更长一些。一般来说，在5~30℃的范围内，都可以收到较好的除磷效果。

(4) pH 值：通常情况下，pH 值在 6~8 的范围内时，磷的释放比较稳定。pH 值低于 6.5 时，生物除磷的效果会大大下降。

(5) BOD_5 负荷和有机物性质：污水生物除磷工艺中，厌氧段有机基质的种类、含量及微生物所需营养物质与污水中含磷的比值是影响除磷效果的重要因素。不同的有机物为基质时，磷的厌氧释放和好氧摄取效果是不同的。分子量较小的易降解有机物(如挥发性脂肪酸类等)容易被聚磷菌利用，将其体内储存的多聚磷酸盐分解释放出磷，诱导磷释放的能力较强，而高分子难降解有机物诱导聚磷菌释磷能力就较差。厌氧阶段磷的释放越充分，好氧阶段磷的摄取量就越大。另外，聚磷菌在厌氧阶段释磷所产生的能量，主要用于其吸收低分子有机基质以作为厌氧条件下生存的基础。因此，进水中是否含有足够的有机质，是关系到聚磷菌能否在厌氧条件下顺利生存的重要因素。一般认为，进水中 BOD_5/TP 要大于 15，才能保证聚磷菌有足够的基质，从而获得理想的除磷效果。为此，可以采用部分进水和跨越初沉池的方法，获得除磷所需要的 BOD_5 量。

(6) 泥龄：由于生物除磷系统主要通过排出剩余污泥实现除磷，因此剩余污泥量的多少决定系统的除磷效果，而泥龄长短对剩余污泥的排放量和污泥对磷的摄取作用有直接的影响。一般来说，泥龄越短，污泥含磷量越高，排放的剩余污泥量越大，除磷效果越好。短的泥龄还有利于好氧段控制硝化作用的产生，从而有利于厌氧段磷的释放。所以仅以除磷为目的的污水处理系统，一般都采用较短的泥龄。但过短的泥龄会影响 BOD_5 和 COD_{Cr} 的去除效果，可能导致出水的 BOD_5 和 COD_{Cr} 值达不到排放要求。一般以除磷为目的的生物处理系统的泥龄控制在 3.5~7d。

（7）其他：一般来说，厌氧段的水力停留时间越长，除磷效果越好。但过长的停留时间，又不会意味着有更大的除磷效果，反而会有利于丝状菌的生长，使污泥的沉淀性能恶化。剩余污泥的处理方法也会对除磷效果产生影响，在污泥的处理过程中，如果出现厌氧状态，剩余污泥中的磷就会重新释放出来，使浓缩池上清液和污泥脱水液中含有高浓度的磷，而这些高浓度的含磷污水又会回到进水中。

3. 运行管理

（1）厌氧段是生物除磷最关键的环节，其容积一般按 0.5~2h 的水力停留时间确定，如果进水中容易生物降解的有机物含量较高，应当设法减少水力停留时间，以保证好氧段进水的 BOD_5 含量。

（2）如果磷的排放标准很高，而所选除磷工艺不能满足出水要求，可以增加化学除磷或过滤处理去除水中残留的低含量磷。

（3）重力浓缩容易产生厌氧状态，有除磷要求的剩余污泥处理不能采用这种方法，而应当使用气浮浓缩、机械浓缩、带式重力浓缩等不产生厌氧状态的浓缩方法。如果受条件限制只能选用重力浓缩时，必须在工艺流程中增设化学沉淀设施去除浓缩上清液中所含的磷。

（4）泥龄越长，对除磷越不利，尤其是在进水 BOD_5/TP 小于 20 时，泥龄控制得越短越好。但如果进水 BOD_5 偏低，活性污泥增长缓慢，就不可能将泥龄控制得太短，此时必须使用化学法除磷。

（三）兼有脱氮和除磷作用的污水生物处理法

A^2/O 工艺、四段 Bardenpho 工艺（A/O/A/O）、Phoredox 工艺（五段 Bardenpho 工艺、$A^2/O/A/O$）、UCT 工艺、VIP 工艺等

同时具有除磷和脱氮的功能，氧化沟和 SBR 法通过改变运行方式或曝气方式也可以模仿上述工艺过程，从而达到同时除磷和脱氮的目的。

1. Phoredox 工艺

Phoredox 工艺又称五段 Bardenpho 工艺，由厌氧-缺氧-好氧-缺氧-好氧五个阶段构成，相当于 A^2/O 工艺和 A/O 工艺串联而成，其工艺流程见图 5-10。

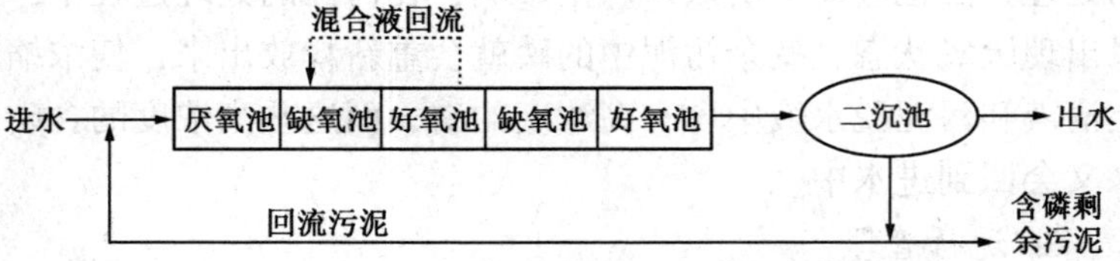

图 5-10 Phoredox 工艺流程图

从二沉池回流来的污泥在厌氧段与进水相混，第一个好氧段中的污泥混合液回流仅进入缺氧区，只要后面 4 段硝化、反硝化控制得当，氮去除率高，同时控制二沉池污泥至厌氧区的回流污泥比，那么从二沉池来的回流污泥携带到厌氧区的硝酸盐数量很少，从而保证除磷效果。

混合液从第一个好氧区回流到缺氧区，这种工艺流程的泥龄（10~40d）一般要比 A^2/O 工艺长，增加了碳氧化的能力。

2. UCT 工艺

UCT 工艺是类似于 A^2/O 工艺的一种除磷脱氮方法，即厌氧/缺氧/缺氧/好氧工艺，其流程如图 5-11 所示。

UCT 工艺与 A^2/O 工艺的不同之处一是沉淀池污泥回流到缺

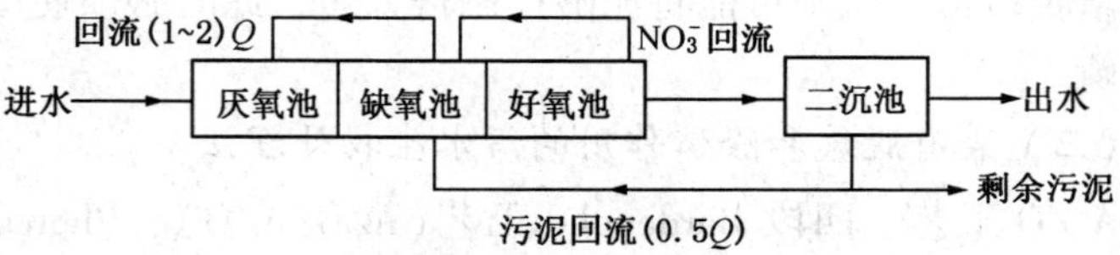

图 5-11 UCT 工艺流程图

氧池而不是回流到厌氧池，这样可以防止由于硝酸盐氮进入厌氧池后，破坏厌氧池的厌氧状态而影响系统的除磷效率。二是增加了从缺氧池到厌氧池的缺氧池混合液回流，由缺氧池向厌氧池回流的混合液中含有较多的溶解性 BOD_5，而硝酸盐很少，这就为厌氧池内进行的发酵提供了最优的条件。在实际运行中，当进水中总氮 TKN 与 COD_{Cr} 的比值较高时，需要降低混合液的回流比以防止硝酸盐氮进入厌氧池。但如果回流比太小，会使水流在缺氧池的实际停留时间延长，而当缺氧池的实际停留时间超过 1h，又会引起污泥在二沉池中的沉降性能恶化。

3. 改良型 UCT 工艺

为了保证污泥具有良好的沉降性能和进入厌氧池的硝酸盐氮尽可能少，现在已开发出了改良型的 UCT 工艺(见图 5-12)。

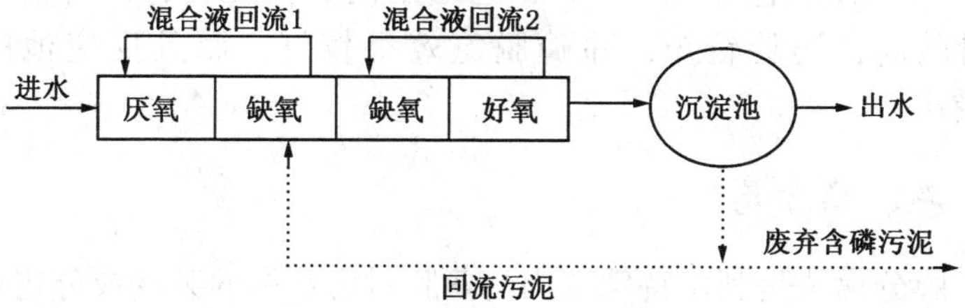

图 5-12　改良型的 UCT 工艺流程图

在改良后的 UCT 工艺中，缺氧池被分为两个部分，第一缺氧池接纳回流污泥，然后由该反应池将污泥回流到厌氧池。硝化混合液回流到第二缺氧池，大部分反硝化在第二缺氧池进行。改良后的 UCT 工艺基本克服了 UCT 工艺存在的缺点和问题，最大限度地消除了向厌氧池回流液中的硝酸盐氮对释磷产生的不利影响。其不足是由于增加了缺氧池向厌氧池的回流，使运行费用增加。

4. VIP 工艺

VIP 工艺如图 5-13 所示。

VIP 工艺反应池采用方格形式，第一系列体积较小的完全混合式反应格串联在一起，这种形式形成了有机物的梯度分布，提高了厌氧池磷的释放和好氧池磷的吸收速率，因而比单个大体积的完全混合式反应池具有更高的除磷效果。缺氧池的分格使反硝化反应都发生在前几格，有助于缺氧池的完全反硝化，这样在缺氧池的最后一格硝酸盐的含量极低，基本不会出现硝酸盐通过缺氧池回流液进入厌氧池的问题，保证了厌氧池严格的厌氧条件。

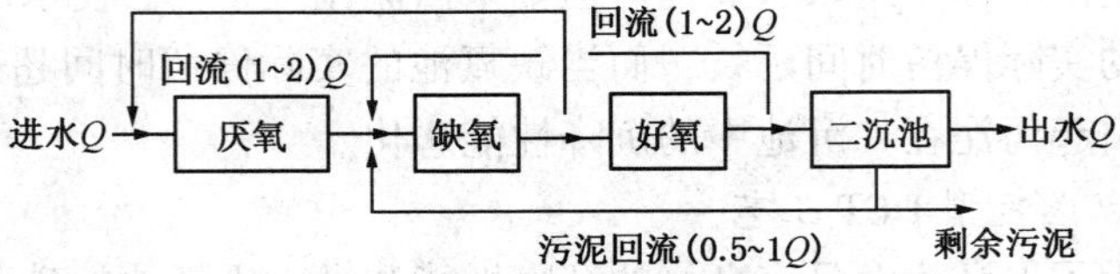

图 5-13　VIP 工艺流程图

与 UCT 工艺相比，VIP 工艺采用高负荷运行，混合液污泥活性较高，泥龄较短，除磷脱氮效果较好，而且反应池的容积较小。

二、膜分离

膜分离法是利用特殊结构的薄膜对污水中的某些成分进行选择性透过的一类方法的总称。水透过膜的过程称为渗透，水中溶质透过膜的过程称为渗析。常用于污水深度处理的膜分离方法有电渗析(ED)、反渗透(RO)、微滤(MF)、超滤(UF)、纳滤(NF)等，这些分离方法的基本特性对比见表 5-1。

膜分离过程具有无相变，能耗低，工艺简单，不污染环境，易于实现自动化等优点，可以在常温下进行。在污水处理领域，常被用做污水回用前的一种水质深度处理工艺，其中电渗析和反渗透有时也被用做高含盐废水或含金属离子废水进入生物法处理系统前的预处理。

膜分离法的关键是分离膜的性能能够适应水质、水量及其他操作环境的要求，反映膜的性能的主要指标是膜的允许使用最高温度和压力、适用的 pH 范围及膜的耐氯、耐氧化和耐有机溶剂性等。制造膜的材料主要有有机聚合物、陶瓷及其他材料，诸如醋酸纤维素、聚砜、聚丙烯腈、聚酰胺等有机聚合物都是制作膜的材料。膜组件的型式有中空纤维型、管型、平板型和卷型，分别又称为中空纤维膜、管式膜、平板膜和卷式膜。

表 5-1　常见膜分离法的对比

项　目	电渗析(ED)	微滤(MF)	超滤(UF)	纳滤(NF)	反渗透(RO)
孔径/μm		0.02~1.0	0.005~0.02	0.002~0.005	<0.002
膜类型	离子交换膜	均质	非对称	非对称或复合	非对称或复合
膜件型式	平板型	中空纤维型、管型、平板型和卷型			
分离目的	水脱盐、离子浓缩	去除 SS、高分子物质	脱除大分子	脱除部分离子	水脱盐、溶质浓缩
截留组分	水和非电解质分子	SS	大分子溶质	钙、镁等	除水、CO_2 以外的所有成分
透过组分	小离子	溶液	小分子溶液	水、CO_2、Cl^-等	水、CO_2 等
分离机理	反离子经离子交换膜定向迁移	机械筛分	筛分和表面作用	筛分和表面作用	筛分和表面作用
推动力	电场力	0.1MPa	0.1~1MPa	1~3MPa	1~10MPa

（一）微滤和超滤

微滤是利用孔径为 0.1~1.5μm 的滤膜对水进行过滤的一种精密过滤技术。微滤进水压力一般小于 0.2MPa，过滤精度介于常规过滤和超滤之间，可分离水中直径为 0.03~15μm 的组分，能去除水中的颗粒物、浊度、细菌、病毒、藻类等。超滤是利用截留孔径为 0.002~0.1μm 的滤膜对水进行过滤的一种精密过滤技术。超滤膜允许小分子物质和溶解性固体(无机盐)等通过，但有效阻挡胶体、蛋白质、微生物和大分子有机物。

1. 工艺原理及过程

微滤和超滤的基本原理属于筛网状过滤，在静压差作用下，小于膜孔的粒子通过滤膜，大于膜孔的粒子则被截留到膜面上，使大小不同的组分得以分离，操作压力为 0.1~0.7MPa。除此以外，还有膜表面层的吸附截留和架桥截留，以及膜内部的网络中截留，如图 5-14 所示。

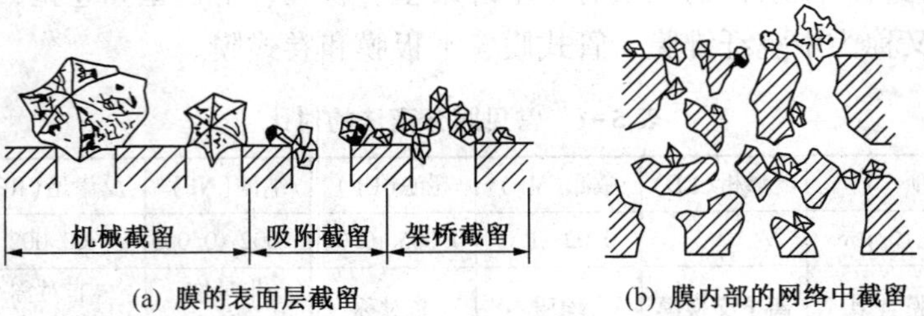

图 5-14　微滤膜和超滤膜截留作用示意图

2. 操作工艺

微滤和超滤装置工作过程分过滤（产水）、反洗和化学清洗三个方面。

（1）过滤过程

微滤和超滤的过滤过程有两种操作工艺：死端过滤及错流过滤，如图 5-15 所示。

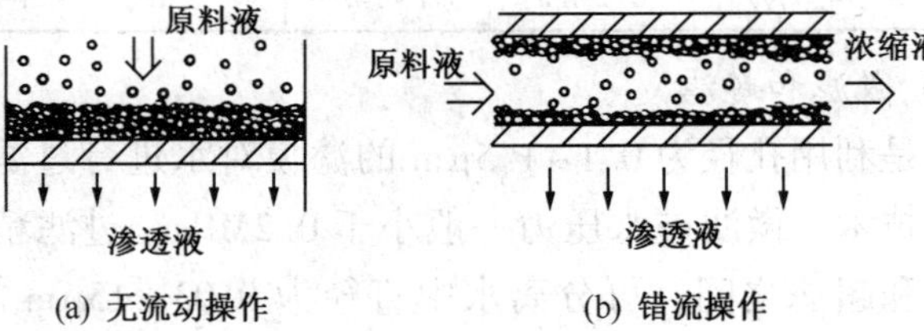

图 5-15　死端过滤和错流过滤示意图

死端过滤是将原水置于膜的上游，在压力差的推动下，水和小于膜孔的颗粒透过膜，大于膜孔的颗粒则被膜截留。形成压差的方式可以是在水侧加压，也可以是在滤出液侧抽真空。死端过滤随着过滤时间的延长，被截留颗粒将在膜表面形成污染层，使过滤阻力增加，在操作压力不变的情况下，膜的过滤透过率将下降。因此，死端过滤只能间歇进行，且必须周期性地清除膜表面的污染物层或更换膜。

错流过滤运行时，水流在膜表面产生两个分力，一个是垂直于膜面的法向力，使水分子透过膜面，另一种是平行于膜面的切向力，把膜面的截留物冲刷掉。过滤透过率下降时，只要设法降低膜面的法向力、提高膜面的切向力，就可以对膜进行有效清洗，使膜恢复原有性能。因此，错流过滤的滤膜表面不易产生结垢问题，过滤透过率衰减较慢。错流过滤的运行方式比较灵活，既可以间歇运行，又可以实现连续运行。

（2）反洗

微滤和超滤系统运行一段时间后，大量的截留物存留在膜面上，如不及时清洗，过滤效果将无法保障。目前微滤和超滤系统的自动化程度很高，多数装置的反洗过程采用系统自动控制。其一般的反洗过程如下：当某个模块符合反洗启动程序的条件时(出水水量或过滤持续时间)，开始在线反洗程序。首先关闭进水阀终止该模块的进水，然后依次开启每个微滤单元的反洗进水阀和反洗放水阀，使每个微滤或超滤单元都得到反洗。当最后一个微滤或超滤单元反洗完成后，各个阀门复位，下一个过滤过程开始。

微滤或超滤装置反洗时的技术参数和程序可依据进水压力和原水浊度手动设置和调整。

（3）化学清洗

微滤和超滤系统运行中会有许多生物絮体黏附在膜表面上，仅依靠水力反洗无法将其彻底去除，必须间隔一定时间(一般为3~6个月)进行一次化学清洗。化学清洗是向微滤或超滤系统中加入适当杀菌剂(控制生物污染)、酸液(控制无机垢污染)、碱液(控制油类污染)等化学溶液进行较长时间的浸泡和冲刷，使附着在膜上的污染物被彻底洗掉。针对污染的性质和膜材质的不同，可能采用不同种类的化学药剂轮流清洗。经过化学清洗以后，微滤或超滤膜的透水性一般可以恢复到化学清洗前的99%以上。

3. 运行管理与维护

（1）微滤和超滤膜在一般情况下不会由于受到压力或者流量

的变化而损坏。但是，严重的水锤或剧烈的压力变化有可能对装置造成机械损伤，因此应当有效防止水锤的发生，在微滤或超滤系统每次化学清洗之后再次投入到过滤运行状态时应当缓缓开启进水阀门，使得流量和压力平稳上升，缓慢到达正常水平，此过程最好达到5min以上。

（2）长期停止运行前，必须对所有要停止的微滤或超滤装置进行在线反洗和化学清洗，并让膜元件保持浸水状态。

4. 工艺控制

（1）运行周期和膜的反洗技术参数

随着过滤的不断进行，膜的通量逐步下降，当通量达到某一最低数值时，必须进行清洗以恢复通量，这段时间称为一个运行周期。适当缩短运行周期，可以增加总的产水量，但会缩短膜的使用寿命，而且运行周期的长短与清洗的效果有关。反洗时间间隔，反冲洗历时应依据进水压力和原水浊度及时设置和调整。一般反洗时间间隔为20~30min，反洗历时30~60s。

（2）絮凝剂、消毒剂投加剂量

絮凝剂和消毒剂的投加剂量应根据原水水质的不同，通过实验和生产经验进行调整。一般情况下，消毒剂的投加量应能保证微滤出水余氯在0.2mg/L以上。

（3）过滤温度

高温可以降低水的黏度，提高传质效率，增加水的透过通量，因此，可以在膜材料允许的情况下，尽可能提高过滤水温度。

（4）过滤压力

过滤压力除了克服通过膜的阻力外，还要克服水流的沿程和局部水头损失。在达到临界压力之前，膜的通量与过滤压力成正比，为了实现最大的总产水量，应控制过滤压力接近临界压力。

（5）流速

加快平行于膜面的水流速度，可以提高膜通量，但会增加能耗，一般将平行流速控制在1~3m/s。

（6）进水浓度和预处理

微滤或超滤膜的过滤精度在 0.1～1.5μm 或 0.002～0.1μm，也就是说直径大于 0.1μm 或 0.002μm 的污染物在理论上都可以通过微滤或超滤去除。但进水浊度不应该过高，否则大量的污染物堆积在膜面上，使反洗周期缩短，反洗历时延长，最终导致产水量严重降低。因此，为了保证膜过滤的正常进行，必须限制进水浓度，一般微滤和超滤的进水浊度应控制在 100NTU 以下，如进水浓度过高，则需对进水进行充分的预处理，有时在进膜过滤装置之前还要根据不同的膜设置 5～200μm 不等的保安筛网。

（7）浓差极化

在膜法过滤工艺中，由于大分子的低扩散性和水分子的高渗透性，水中的溶质会在膜表面积聚并形成从膜面到主体溶液之间的浓度梯度，这种现象被称为膜的浓差极化。水中溶质在膜表面的积聚最终将导致形成凝胶极化层，通常把与此相对应的压力称为临界压力。在达到临界压力后，膜的水通量将不再随过滤压力的增加而增长。

防止浓差极化的方法除了选择合适的膜材料外，还可以通过控制运行条件。具体措施有：①加快平行于膜面的水流速度，即提高错流过滤的错流速度。②提高操作温度，高温下运行有利于降低黏度，提高凝胶物质的再扩散速度，还能提高积聚物的临界凝胶浓度；工作温度自 15℃提高到 25℃，水通量几乎增大 1 倍；操作温度视材质而定，纤维素质膜的最高温度范围为 50℃～60℃，非纤维素质膜的最高工作温度范围可达 50℃以上。③选择适当的 pH 值，比如对蛋白质溶液的分离，pH 值在等电点以上时，用带负电的聚砜膜吸附量就少，而 pH 值在等电点以下时，膜的吸附量就会较多。

5. 分析测量与记录

每班应记录微滤总进水量、进水浊度、温度，每个微滤机组的出水浊度、产水量、产水 pH，絮凝剂及消毒剂投加量及运行压力等，每天应分析进出水 COD、SS 等。

(二) 反渗透和纳滤

反渗透是最精密的膜法液体分离技术，它能阻挡所有溶解性盐及分子量大于100的有机物，但允许水分子透过。醋酸纤维素反渗透膜脱盐率一般可大于95%，反渗透复合膜脱盐率一般大于98%。

纳滤因能截留物质的大小约为1nm而得名，纳滤介于超滤和反渗透之间，它截留有机物的分子量大约为200~400左右，截留溶解性盐的能力为20%~95%之间。

1. 工艺过程

(1) 反渗透原理

在进水(浓溶液)侧施加操作压力以克服自然渗透压，当高于自然渗透压的操作压力施加于浓溶液侧时，水分子自然渗透的流动方向就会逆转，进水(浓溶液)中的水分子部分通过膜成为稀溶液侧的净化产水(见图5-16)。

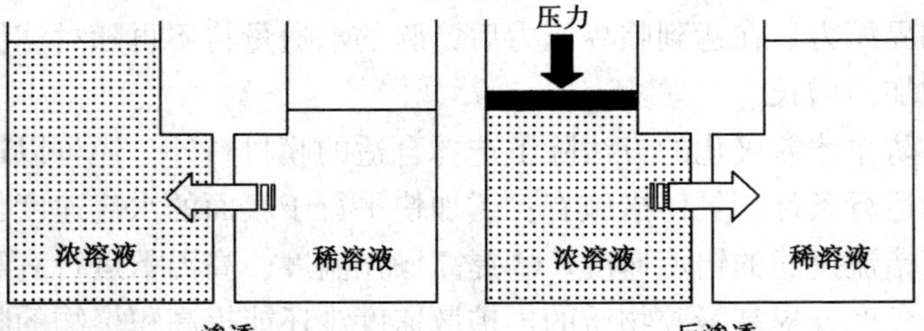

图5-16 反渗透原理图

(2) 纳滤工作原理

纳滤与反渗透没有明显的界限。纳滤膜对溶解性盐或溶质不能完全去除，这些溶质对纳滤膜的透过率取决于盐分或溶质及纳滤膜的种类，透过率越低，纳滤膜两侧的渗透压就越高，也就越接近反渗透过程，相反，如果透过率越高，纳滤膜两侧的渗透压就越低，渗透压对纳滤过程的影响就越小。

(3) 反渗透和纳滤过程

一般反渗透流程见图5-17。

① 系统构成：能实现进水与产水分开的反渗透或纳滤过程的最小单元称为膜元件，膜元件安装在受压的压力容器外壳内构成膜组件。由膜组件、仪表、管道、阀门、高压泵、保安过滤器、就地控制盘柜和机架组成的可独立运行的成套单元膜设备称为膜装置；由预处理、加药装置、增压泵、水箱、膜装置和电气仪表连锁控制的完整膜法水处理工艺过程称为膜系统。

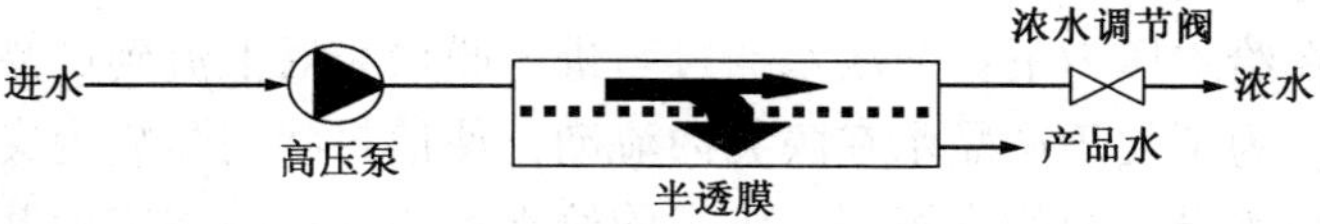

图 5-17　反渗透流程示意图

② 产品水和浓水：待处理的进水经过高压泵被连续升压送入膜装置内，在膜元件内进水被分离成浓度极高和极低的两股水，分别称为浓水和产品水。

③ 回收率：产品水量和进水量的比例称为装置回收率。

④ 脱盐率：指通过反渗透膜从系统进水中除去的总溶解性固体的百分率，或通过纳滤膜去除特定组分如二价离子或有机物的百分数。

⑤ 通量：单位膜面积所透过液体的流量，通常用每小时每平方米升数($L/m^2 \cdot h$)或每天每平方英尺加仑数表示（gfd）。

（4）膜种类及膜元件构成

纳滤与反渗透膜按结构形态分为均质膜、复合膜两类。均质膜是指膜表皮层和多孔支持层由同一种材质制成，其表皮层厚度为 0.1~0.2μm，对盐分起分离作用。复合膜为不同材质制成的几层膜的复合体。表层为致密屏障表皮(起阻止并分离盐分的作用)，厚约 0.2μm，因表皮层过薄，故敷在强度较高的多孔层上，多孔层厚约 40μm，最底层为无纺织物支撑层，厚约 120μm，起支撑整个膜的作用。

管状膜元件是将管状膜衬在耐压微孔管上，并把许多单管以串联或并联的方式连接装配成管束，有内压式和外压式两种。平板式膜元件是由一定数量的承压板两侧覆盖微孔支撑板，其表面再敷以平面膜成为最基本的反渗透单元。中空纤维膜元件是将中空纤维膜丝成束地以U形弯的形式把中空纤维开口端铸于管板上，在给水压力作用下，淡水透过纤维管进入管内，由开口端汇集流出压力容器成为产品水。卷式膜元件类似一个长信封状的膜口袋，开口的一边粘接在含有开孔的产品水中心管上。将多个膜口袋卷绕到同一个产品水中心管上，使给水水流从膜的外侧流过，在给水压力下，使淡水通过膜进入膜口袋后汇流到产品水中心管。为了便于产品水在膜袋内流动，使信封状的膜袋内夹有一层产品水导流织物支撑层；为了使给水均匀流过膜袋表面并给水流以扰动，在膜袋与膜袋之间的给水通道上夹有隔网层。

(5) 进水污染指数SDI

SDI是确定反渗透系统进水水质的综合指标，其测定方法是用有效直径42.7mm、平均孔径0.45μm的微孔滤膜，在0.2MPa的压力下，测定最初500mL的进料液的滤过时间 t_1，在加压15min后，再次测定500mL的进料液的滤过时间 t_2，则 $SDI=(1-t_1/t_2)\times100/15$。

不同的膜组件要求进水的SDI值不同，中空纤维膜组件一般要求SDI值小于3，卷式膜组件一般要求SDI值小于5。

2. 工艺控制

(1) 压力

增加进水压力可以增加脱盐率，但是两者间的变化并不是线性关系，达到一定程度后脱盐率将不再增加，如压力过高，某些盐分还会与水分子耦合一同透过膜。因此，反渗透进水压力应控制在合适的范围。

(2) 温度

膜系统的通量对进水温度的变化非常敏感，随着水温的增加，水通量几乎线性地增大，这主要是因为水温增加使透过膜的水分子黏度下降、扩散能力增加。同时，水温升高会导致脱盐率降低，这主要是因为盐分透过膜的扩散速率会因温度的提高而加快。因此，应根据所采用的膜材质的不同将温度控制在30～50℃。

（3）进水含盐量

进水含盐量增加，渗透压也会增加，因此需要的反渗透压力越大。如果进水压力保持恒定，含盐量越高，通量就越低。

（4）回收率

进水压力恒定时，反渗透过程回收率增加，残留在原水中的含盐量会更高，自然渗透压将不断增加直至与施加的压力相同，这将抵消进水压力的推动作用，减慢或停止反渗透过程，使渗透通量降低甚至停止。另外，RO系统最大回收率并不一定取决于渗透压的限制，往往取决于原水中的含盐量和它们在膜面上要发生沉淀的倾向，最常见的微溶盐类是碳酸钙、硫酸钙和硅，当原水含有这些物质时，应该向原水投加阻垢剂以阻止因盐类浓缩而引发的结垢现象。

3. 运行管理与维护

（1）在第一次投运反渗透及纳滤系统之前，必须认真做好预处理检查、膜元件安装、仪表的校正和系统的其他检查工作。

（2）膜系统每一次的启动和停止，都牵涉到系统压力与流量的突变，对膜元件产生机械应力。因此，应尽量减少系统设备的启动和停止次数，且正常的启动和停止应确保进水流量和压力的上升为缓慢上升。

（3）日常启动常常由自控系统来实现自动控制，因此应定期校正仪表、检查报警器和安全保护装置的灵敏性，经常进行防腐和防漏维护。

（4）定时分析进水水质和透过水的水质，尤其是要严格控制进水水质，确保进水的预处理措施运行可靠，以保证进水的SDI在3以下。当透过水水量降低过多或水质不合格时，要立即对膜进行清洗再生，如果再生后仍不见好转，就应当及时更换膜组件。

(5) 当原水中所含的难溶解性盐类含量较高时，要有防止在反渗透膜浓水侧出现水垢的措施。具体方法有：①加酸(一般用盐酸)将进水 pH 值调整到 5.5，②进水中加石灰软化或投加阻垢剂，③对进水采用阳离子树脂或纳滤进行预处理使进水软化或脱盐。

(6) 生物污染往往是 RO 膜使用中最突出的问题，可以引起过水通量的下降，甚至污染透过水水质，由于生物污染很难去除，因此生物污染的预防必须以预处理为主要手段。虽然污水深度处理中使用的 RO 膜大多是进口的抗污染膜，但由于进水中的微生物含量丰富，即使经过微滤、超滤等预处理，进水中不可避免地存在微生物。通常可以采用使进水中保证 0.5～1mg/L 余氯的方法(在进入 RO 膜之前再用还原剂还原)，并定期使用其他非氧化型消毒剂对膜进行清洗。

(7) 为了防止反渗透压力波动，要有稳压措施，高压泵应设置旁路调节阀门以调节供水量。为了防止高压泵启动时膜组件受到高压给水的突然袭击，在高压水泵出口阀门上安装控制阀门开启速度的装置，使阀门慢慢打开(一般控制在 2～3min)。

(8) RO 膜对 CO_2 等小分子没有去除能力，因此反渗透出水 pH 偏酸性，根据用途需要对其进行脱除或加碱调整 pH 值。由于水中没有余氯，如果出水需要长距离输送使用，必须投加消毒剂，并维持一定的余氯量。

4. 反渗透和纳滤常见故障分析与解决

反渗透和纳滤常见的故障及解决措施见表 5-2。

5. 分析测量与记录

每班至少一次记录操作时间及系统运转时数，每个膜组件前后压降，每段进水、产水及浓水压力、流量、电导、pH 值，进水 SDI 和浊度、水温，每周对进水、产水、浓水及水源原水做水质全分析，并记录所有维修保养和故障情况。

(三) 电渗析

电渗析是为提高渗析作用的推动力，在半渗透膜的两侧通入直流电压，促使污水中的阴阳离子分别趋向于直流电的正极和负极，使水中离子有选择地透过半渗透膜的过程。电渗析过程在常温常压下进行，与反渗透相比，电渗析的工作压力只有0.2MPa，因而不需使用高压泵和压力容器。

表5-2 反渗透和纳滤的常见故障及解决措施

故障症状			直接原因	间接原因	解决方法
产水流量	盐透过率	压差			
↑	⇑	→	氧化破坏	余氯、臭氧、$KMnO_4$ 等	更换膜元件
↑	⇑	→	膜片渗漏	产水背压 膜片磨损	更换膜元件 改进保安滤器过滤效果
↑	⇑	→	"O"形圈泄漏	安装不正确	更换"O"形圈
↑	⇑	→	产水管泄漏	装元件时损坏	更换膜元件
⇓	↑	↑	结垢	结垢控制不当	清洗；控制结垢
⇓	↑	↑	胶体污染	预处理不当	清洗；改进预处理
↓	→	⇑	生物污染	原水含有微生物 预处理不当	清洗、消毒 改进预处理
⇓	→	→	有机物污染	油、阳离子聚电解质	清洗；改进预处理
⇓	↓	→	压密化	水锤作用	更换膜元件或增加膜元件

注：↑增加；↓降低；→不变；⇑⇓主要症状。

1. 工艺过程

电渗析使用的半渗透膜可分为阳膜和阴膜两种。在电解质水溶液中，阳膜允许阳离子透过而排斥阻挡阴离子，阴膜允许阴离子透过而排斥阻挡阳离子。在电渗析装置中，阳膜和阴膜交替配置形成多个隔室，在两端设阴阳两电极。通电后，阳离子和阴离子分别向阴极和阳极方向移动，阳膜和阴膜分别只允许阳离子和阴离子通过，而分别把阴离子和阳离子截留下来。于是这些隔室的一部分形成离子含量很低的淡水室，而与淡水室相邻的隔室则成为富集大量离子的浓水室，因此实现高含盐水的淡化。其工艺原理如图 5-18 所示。

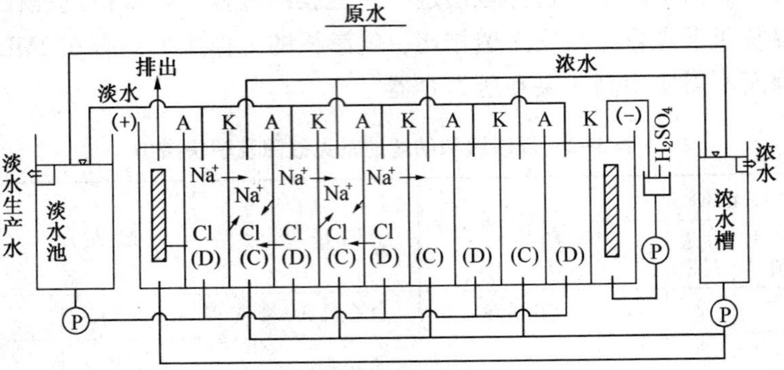

图 5-18　电渗析工艺示意图

电渗析工艺的电极和膜组成的隔室称为极室，其中发生的电化学反应与普通的电极反应相同。阳极室内发生氧化反应，阳极水呈酸性，阳极本身容易被腐蚀。阴极室内发生还原反应，阴极水呈碱性，阴极上容易结垢。因此要求电极不仅导电性能好，而且要耐腐蚀，化学稳定性和电化学稳定性均较好。常用的电极材料有钛涂钌、石墨和不锈钢三种，既可用作阳极，又可用作阴极。

2. 运行管理

结垢是影响电渗析正常工作与稳定运转的最主要因素，电渗析使用不当，就可能产生大量的结垢，甚至损坏离子交换膜以至于不能正常运转。因此，防止与消除结垢是电渗析运转管理中最重要的内容，具体做法有以下几点：

① 控制工作电流不超过极限电流，一般使工作电流在极限电流的 70%~90%。原水硬度高时，工作电流要取低值。

② 要控制电渗析在额定流量范围内工作，如果水流速过低，进水中的悬浮物会在隔板间沉积，造成阻力损失增大，局部产生死角使配水不均匀，因而容易发生局部极化；水流速度过大会缩短水力停留时间，并导致出水水质下降。一般冲模式有回路隔板

流速为15～20cm/s，冲模式无回路隔板流速为10～15cm/s。

③ 定期用酸洗掉结在阴膜上的水垢，具体做法是在电渗析器不解体的情况下，使用1%～2%的稀盐酸进行酸洗。酸洗周期要根据结垢情况而定，一般为1～4周。

④ 还可以将待处理的污水进电渗析器之前预先进行软化处理，去除水中的钙、镁离子，消除结垢的内因。

⑤ 在浓水中投加盐酸或硫酸，将pH值调整到4～6，使碳酸盐硬度转变为非碳酸盐硬度，防止碳酸盐硬度水垢的产生和$Mg(OH)_2$的析出。同时可以实现浓水的循环，减少污水的排放量，提高产水率。

⑥ 根据具体情况，每半年或一年将电渗析器完全解体，将离子交换膜和隔板分别进行机械清刷和化学酸洗，全面清洗一次。

⑦ 使用能够定时倒换电极的电渗析设备，使电极的极性能够根据需要和可能随时改变，阴膜上的结垢处于时而析出、时而溶解，时而在阴膜的这一面、时而在阴膜的那一面的不稳定状态，减少水垢及水中胶体和微生物等黏性物质在膜面上的附着和积累。

3. 故障分析与解决措施

（1）有压力但不出水：可能是级、段间的换向隔板或多孔板装错或进出水孔堵塞，措施是拆机重装。

（2）流量不稳，电流波动：可能的原因是水泵或泵前管路漏水或电渗析器内有气泡未排出，措施是检修水泵或本体排气。

（3）漏水，甚至局部喷水：①膜堆隔板框和膜间有异物，措施是清除异物；②隔板、夹紧板、导水板有厚薄不均或变形，措施是更换掉不合格或变形部件；③未夹紧或夹紧力不均匀，措施是重新均匀夹紧。

（4）隔板边框内凹或外凸引起漏水或电流效率下降：可能的原因是运行时开启进水阀或水泵太快造成的冲击或停机时关闭阀门太快引起虹吸使设备内部产生真空。解决的措施是注意开启、关闭缓慢进行，严重时拆开重新安装并更换变形的隔板，重装时将膜堆推整齐再锁紧。

(5) 电流偏高，除盐率偏低：可能的原因是浓淡水隔板装错或膜破裂及进水、循环水混淆或进错，采取的措施是检查各阀门或拆框检查、重新组装。

(6) 压力升高、流量降低、除盐率降低：可能的原因是隔板进出水孔、配集水槽或流水道中有杂质或污垢堵塞，采取的措施是检查预处理是否符合进水要求和定期酸洗，如果无效则需拆机检查。

(7) 除盐率降低、压力未升高：可能的原因是膜老化破裂造成浓淡水互漏或浓淡水换向阀门互漏，可采取的措施包括检查换向阀门、拆框检修、更换破裂或污染严重而发脆的膜等。

(8) 膜发生涨缩，尺寸不稳定：可能的原因是膜和隔板上配集水孔对不齐或膜在开孔前浸泡时间不足或浸泡膜液和运行时进水液浓度变化大。可采取的措施是膜短者在稀盐酸或纯水中浸泡，伸长的可在较浓盐水中浸泡。

(9) 膜面有沉淀物或黏状物等，阴膜呈棕褐色，阳膜呈棕黄色：可能的原因是极化沉淀或高价铁、锰、胶体、有机大分子污染膜使膜中毒。解决的措施是将流水道的变色膜和隔板框压到处的膜平行进行膜性能分析，从而决定是否换膜；同时增加预处理措施和加强洗涤处理。

思 考 题

1. 絮凝反应池末端絮体细小、沉淀池出水浑浊的原因是什么？如何解决？

2. 请简述斜管沉淀池的结构分区及沉淀过程。

3. 澄清池应如何控制泥渣浓度？

4. 水力自助式纤维束过滤器的过滤及冲洗过程是怎样的？

5. 如何确定滤池的最佳反冲洗强度和历时？

6. 使用二氧化氯应注意哪些事项？

7. 什么是硝化和反硝化？

8. 要实现污水生物脱氮必须具备哪些基本条件？

9. 反渗透的原理是什么？

10. 如何测定反渗透膜的进水污染指数 SDI？

11. 反渗透及纳滤系统运行管理与维护应注意哪些方面？

第六章　机械设备

随着污水处理技术的发展，污水处理机械化程度也不断提高，使用的机械设备越来越多，越来越复杂，必须重视对这些机械设备维护和保养。

要重视设备出现的小毛病：有些小毛病或许当时并不影响运行，但不及时处理，则可能引发大的故障造成停机或整个污水处理系统停运，甚至会酿成人身伤亡事故。例如螺栓松动脱落是设备震动较大部位最为常见的现象，巡检时应当注意，随时发现随时紧固。联轴器、法兰、电机基座、各式行走轮支架等重要的连接部位的螺栓，更要引起注意，要定期检查紧固，否则，一旦脱落，谁都可以想象会出什么问题。

对于长时间停运的设备(如备用设备等)，要定时或定期盘车或者短时间运转一下。经常检查润滑油脂的数量或油位是否正常，因为停用的设备更容易生锈。

污水处理厂的专用设备大多是转动设备，因此要时刻保持各运转部位良好的润滑状态。必须正确添加规定使用的润滑油或润滑脂，严防错用。污水处理厂新购置的专用设备一般都有“磨合期”，在此期间会有较多的金属碎屑从齿轮、轴承等转动部位被磨下而进入润滑油中，因此“磨合期”过后的第一次换油要彻底，将脏油排净后要再用柴油清洗才能加入干净的润滑油。

对于在水面上运行的专用设备，在维护和保养设备时，一定要避免将设备零件或维护工具掉入水中。因为污水处理厂的水面水深一般都在 3m 以上，一旦落入水中，很难再打捞上来。

由于污水处理厂的特殊工作环境，和污水、污泥接触的设备金属部件和钢丝绳、链条等比较被容易腐蚀。钢丝绳和链条等一旦发生外部或内部腐蚀，在承重弯曲时更易发生疲劳断裂；因此一方面要加强日常的防腐保养(如定期涂油等)外，还要定期检查，腐蚀严重的及时更换。污水中的有害成分、溶解氧及潮湿的环境都是钢铁腐蚀的原因，目前大多污水处理专用设备还都是钢件，只用个别的采用不锈钢等耐腐蚀材料制造，因此这些设备在投用前都要涂刷防腐涂料。经过一段时间的使用，这些涂料会逐渐磨损、老化、脱落，污水浸入，加速腐蚀。因此，应当经常检查这些涂层的情况，并随时修补，每次设备大修时应将失效的涂层及生锈的钢铁表面清理干净，重新涂刷防腐涂料。

第一节　管道和阀门

一、管道

1. 基本概念

管道是由管道组成件和管道支承件组成的管路系统。管道组成件是用于连接或装配管道的元件，包括管子、管件、法兰、垫片、紧固件、阀门及膨胀接头、挠性接头、耐压软管、疏水器、过滤器和分离器等等；管道支承件是管道安装件和附着件的总称，其中安装件是将负荷从管子或管道附着件上传递到支承结构或设备上的原件，如吊杆、弹簧支吊架、斜拉杆、支承杆、鞍座和垫板等；附着件是用焊接、螺栓连接或夹紧等方法附装在管子上的零件，如管吊、支吊、吊夹和紧固夹板等。

为了使材质、规格、等级各异管道组成件能够合理地组合在一起，管道元件的公称通径和公称压力相符是两个最基本的条件。所谓公称通径 PN(又叫公称直径)，是各种管子与管路附件的通用口径，对大多数制品而言，公称通径既不等于实际内径，也不等于实际外径，而是一种称呼直径，所以公称直径又叫名义直径。无论制品的内径、外径是多大管子都能与公称通径相同的管路附件相连接。公称压力 PN 是指与管道元件的机械强度有关的设计给定压力。

污水处理系统使用的管道一般都属于低压管道，所用材质通常为碳钢，当输送具有腐蚀性的工业废水、酸、碱、氯等时，还要使用PVC、PE、玻璃钢等耐腐蚀材质。

2. 管道的保温

为了减少管道的热损失或冷损失，防止管道外表面结露或管内流体冻结，以满足某些工艺的需要，管道及其附件应进行保温。污水处理厂埋地管道的埋深应在当地冰冻线以下，室外架空敷设的给排水管道和消毒剂、絮凝剂等工艺管道在冬季寒冷季节有可能结冻时应进行保温。

3. 保温结构

保温结构一般由保温层和保护层组成，当保温结构有可能受雨水浇淋或地下水浸蚀时，在保温层外应设防潮层。

① 保温层：保温层是保温结构的主体，管道工程中的保温材料有岩棉、珍珠岩、发泡聚酯等，可根据各自的具体性能确定保温层的厚度。

② 保护层：保护层的作用是为了使保温层不受损坏、不受潮，保持良好的效果。

③ 防潮层：防潮层的作用是为了防止水分侵入保温(冷)层，避免绝热效果和使用寿命的降低。防潮层设在保温(冷)层外面，使用的材料主要是沥青和聚乙烯塑料薄膜。防潮层与保护层有时很难分开，如油毡玻璃丝保护层，油毡、玻璃丝外涂刷的冷底子漆或沥青既是防潮层又是保护层。

二、阀门

在污水处理厂的设备管理中，必须重视阀门的管理与维护保养，以防因阀门的损坏而影响整个工艺的运行。阀门(尤其是经常操作的阀门)的泄漏也是不容忽视的问题，这种泄漏既可能造成阀门、管道、机械设备的腐蚀，又影响设备现场管理的整体水平。加强阀门的管理与维护保养，加强阀门的故障预知，加强阀门的备品备件工作，对保障安全生产，提高设备管理水平是非常重要的。

1. 阀门的主要性能参数

表示阀门的主要性能参数为公称压力、公称通径、工作压力和工作温度。

公称压力系指阀门在指定温度下允许的工作压力，通常用PN数值(公称压力值)表示，例如PN1.6(16)表示公称压力为1.6MPa，括号内的数值为常用单位的压力值，即16bar ≈ 16kgf/cm^2。

公称通径表示阀门口径的名义内径，以DN表示，单位为mm。

工作压力为阀门在适用介质温度下的压力，工作温度指阀门在适用介质下的温度。

2. 常用阀门型号的含义

污水处理厂的阀门安装在封闭的管道之间，用以控制介质的流量或者完全截断介质的流动。按介质的种类分，有污水阀门、污泥阀门、加药阀门、清水阀门、低压气体阀门、高压气体阀门、安全阀、油阀门等。这些阀门的作用有截止、止回、控制流量、安全保护等，结构有闸阀、蝶阀、球阀、角阀和锥形阀等多种，驱动方式有手动、电动、气动、液动等。表6-1和表6-2列出了常用阀门型号的含义。

例如：型号为“Z942W-1”的阀门指的是“电动机传动、法兰连接、明杆楔式双闸板、阀座密封面材料由阀体直接加工、公称压力PN0.1MPa、阀体材料为灰铸铁的闸阀”，而型号为Q21F-40P的阀门指的是“手动、外螺纹连接、浮动直接式、阀座密封材料为氟塑料、公称压力PN4MPa、阀体材料为1Cr18Ni9Ti的球阀”。

3. 闸阀

闸阀的启闭件是闸板，闸板的运动方向与流体方向相垂直，闸阀只能作全开或全关，不宜作调节和节流。闸板有两个密封面，最常用的楔式闸板阀的两个密封面形成楔形，楔形角随阀门参数而异，通常为5°(介质温度不高时为2°52′)。楔式闸阀可以

表 6-1　阀门型号的含义

1	2	3	4	5	6	7
汉语拼音字母表示阀门类型	一位数字表示驱动方式	一位数字表示连接方式	一位数字表示结构形式	汉语拼音字母表示密封面或衬里材料	数字表示公称压力	字母表示阀体材料
Z 闸阀	0 电磁动	1 内螺纹	见表 6-2	T 铜合金	MPa	Z 灰铸铁
J 截止阀	1 电磁-液动	2 外螺纹		X 橡胶		K 可锻铸铁
L 节流阀	2 电-液动	3 法兰（用于双弹簧安全阀）		N 尼龙塑料		Q 球墨铸铁
Q 球阀	3 涡轮	4 法兰		F 氟塑料		T 铜及铜合金
D 蝶阀	4 正齿轮	5 法兰（用于杠杆式安全阀、单弹簧安全阀）		B 锡基轴承合金（巴氏合金）		C 碳钢
H 止回阀	5 伞齿轮	6 焊接		H 合金钢		I Cr5Mo
A 安全阀	6 气动	7 对夹式		D 渗氮钢		P 1Cr18Ni9Ti
G 隔膜阀	7 液动	8 卡箍		Y 硬质合金		R Cr18NI12Mo2Ti
T 调节阀	8 气-液动	9 卡套		J 衬胶		V 12Cr1MoV
X 旋塞阀	9 电动			Q 衬铅		
Y 减压阀				C 搪瓷		
S 输水器				P 渗硼钢		
U 柱塞阀				W 由阀体直接加工的密封材料		

表 6–2　表示阀门结构形式的数字含义

代号 阀门类别	1	2	3	4	5	6	7	8	9	10
闸阀	明杆楔式单闸板	明杆楔式双闸板	明杆平行式单闸板	明杆平行式双闸板	暗杆楔式单闸板	暗杆楔式双闸板		明杆平行式双闸板		明杆楔式弹性闸板
截止阀或节流阀	直通式			角式	直流式	平衡直通式	平衡角式			
蝶阀	垂直板式		斜板式							杠杆式
球阀	浮动直通式			浮动L形三通式	浮动T形三通式		固定直通式			
旋塞阀			填料直通式	填料T形三通式	填料四通式		油封直通式	油封T形三通形		
隔膜阀	屋脊式		截止式				闸板式			
止回阀或底阀	升降直通式	升降立式		旋启单瓣式	旋启多瓣式	旋启双瓣式				
安全阀	弹簧封闭微启	弹簧封闭全启	弹簧不封闭带板手双弹簧微启式	弹簧封闭带板手全启式	弹簧不封闭带板手微启式	弹簧不封闭控制全启式	弹簧不封闭带板手微启式	弹簧不封闭带板手微启式	脉冲式	弹簧封闭带散热片全启式
减压阀	薄膜式	弹簧薄膜式	活塞式	波纹管式	杠杆式					
疏水阀				钟罩浮子式			脉冲式	热动力式		

做成一个整体，叫做刚性闸板，也可以做成能产生微量变形的闸板，以改善其工艺性，弥补密封面角度在加工过程中产生的偏差，这种闸板叫做弹性闸板。

闸阀关闭时，密封面可以只依靠介质的压力来密封，即依靠介质压力将闸板的密封面压向另一侧阀座来保证密封面的密封，这就是自密封。而大部分闸阀是采用强制密封的，即阀门关闭时，要依靠外力强行将闸板压向阀座，以保证密封面的密封。

闸阀的闸板随阀杆一起做直线运动的，叫升降杆闸阀（亦叫明杆闸阀），通常在升降杆上有梯形螺纹，通过阀门顶端的螺母以及阀体上的导槽，将旋转运动变成直线运动，也就是将操作转矩变为操作推力。

开启阀门时，当闸板提升高度等于阀门通径的1倍时，流体的通道完全畅通，但在运行时此位置是无法监视的。实际使用时是以阀杆的顶点作为标志，即开不动的位置，作为它的全开位置。为避免温度变化出现锁现象，通常在开到顶点位置上再倒回1/2~1圈，作为全开的位置。

有的阀门阀杆螺母设在闸板上，手轮转动带动阀杆转动，而使闸板提升，这种阀门叫做旋转杆闸阀，或叫做暗杆闸阀。

闸阀的优点：①流体阻力小，密封面受介质的冲刷和侵蚀小；②开闭较省力；③介质流向不受限制，不扰流、不降低压力；④形体简单，结构长度短，制造工艺性好，适用范围广。

闸阀缺点：①密封面之间易引起冲蚀和擦伤，维修困难；②外形尺寸大，开闭时间长；③结构较复杂。

闸阀的安装与维护应注意的事项：①手轮、手柄及传动机构均不能作起吊用，严禁碰撞；②双闸板闸阀应垂直安装，（即阀杆处于垂直位置，手轮在顶部）；③带有旁通的闸阀在开启前应先打开旁通阀（以平衡进出口压差及减小开启力）；④带传动机构的闸阀，按使用说明书规定安装；⑤如果阀门经常开关使用，至少每月润滑一次；⑥填料密封垢闸阀要及时更换填料，以避免泄漏；⑦填料压盖螺栓最好更换为不锈钢材质，以利于日常紧固。

4. 截止阀

截止阀的启闭件是塞形的阀瓣，密封面呈平面或锥面，阀瓣沿流体的中心线作直线运动。阀杆的运动形式，有升降杆式(阀杆升降，手轮不升降)，也有升降旋转杆式(手轮与阀杆一起旋转升降，螺母设在阀体上)。截止阀只适用于全开和全关，不允许作调节和节流。

截止阀属于强制密封式阀门，所以在阀门关闭时，必须向阀瓣施加压力，以强制密封面不泄漏。当介质由阀瓣下方进入阀门时，操作力所需克服的阻力，是阀杆和填料的摩擦力与由介质的压力所产生的推力，关阀门的力比开阀门的力大，所以阀杆的直径要大，否则会发生阀杆顶弯的故障。从自密封的阀门出现以后，截止阀的介质流向就改由阀瓣上方进入阀腔，这时在介质的压力的作用下，关阀门的力小，开阀门的力大，阀杆的直径可以相应地减小。同时在介质压力的作用下，这种形式的阀门密封也比较严密。所以现在大部分截止阀门都是采用自上而下的方式。

截止阀开启时，阀瓣的开启高度为公称直径的 25%～30% 时，流量已达到最大，表示阀门已达全开位置，所以截止阀的全开位置，应由阀瓣的行程来决定。

截止阀的优点：①结构简单，制造和维修方便；②工作行程小，启闭时间短；③密封性好，密封面间摩擦力小，寿命较长。

截止阀的缺点：①对流体阻力大，开启和关闭时所需力较大；②不适用于带颗粒、黏度较大、易结焦的介质；③调节性能较差。

截止阀在安装和使用注意事项：①手轮、手柄操作的截止阀可以安装在管道的任何位置；②手轮、手柄及传动机构，不允许作起吊用；③介质的流向应与阀体所示的箭头方向一致。

5. 蝶阀

蝶阀的启闭件是一个圆盘形的蝶板，在阀体内绕自身的轴线旋转，从而达到启闭或调节的作用。蝶阀从全开到全关通常是小于 90°，蝶阀和阀杆本身没有自锁能力，为了蝶板的定位，在阀杆上安装了蜗轮减速器。采用蜗轮减速器不仅使蝶板具有自锁能力，使蝶板停在任意位置上，还能改善阀门的操作性能。

蝶阀的优点：①启闭方便迅速、省力，流体阻力小，可以经常操作；②结构简单，体积小、重量轻；③低压下可以实现良好的密封；④调节性能好。

蝶阀的缺点：①使用压力和工作温度范围小；②高压下密封性能较差。

蝶阀的维护注意事项：①高压下，蝶阀不宜开过小角度；②开启位置应按蝶板的开启角度来确定；③带有旁通阀的蝶阀，在开启前应先打开旁通阀；④要保证蜗轮减速器的润滑；⑤室外的蝶阀要防止蜗轮减速器冬天结露冻结。

6. 止回阀

止回阀是靠介质流动的力量进行开启或关闭的，它的作用就是防止介质倒流。止回阀属于自动阀类，主要用于介质单向流动的管路上，只允许介质向一个方向流动，所以止回阀又叫单向阀。

7. 阀门的常见故障的原因和解决方法

（1）闸板等关闭件损坏：原因是材料选择不当或利用管道上的阀门经常当作调节阀用、高速流动的介质造成密封面的磨损。此时应查明损坏的原因，改用其他材料的关闭件；在输送高压水或水中杂质较多时，避免将闭路阀门当作调节阀门使用。

（2）填料室泄漏：其原因主要是填料的选型或装填方式不正确、阀杆存在质量问题等。首先应选用合适的填料，并使用正确的方法在填料室内填装填料。在输送介质温度超过100℃时，不能使用油浸填料，而应使用耐热的石墨填料，以避免油浸填料中的油在高温时炭化后刮伤阀杆。当因为阀杆有椭圆度或划痕等缺陷而引起泄漏时，应修整或更换阀杆，保证阀杆圆整且表面粗糙度较低。

（3）阀杆升降不灵活：阀杆螺纹表面光洁度不合要求或阀杆不直，需要重新打磨或调整。阀杆及其衬套采用同一种材料或采用的材料不当会使阀杆升降不灵活，阀杆使用碳钢或不锈钢材料时，应当采用青铜或含铬铸铁作为阀杆衬套材料。阀杆有轻微锈蚀使阀杆升降不灵活时，可用手锤沿阀杆衬轻轻敲击，将阀杆旋转出来后加上润滑油脂。如果发现阀杆螺纹有磨损现象，应更换新的阀杆衬套或新的阀杆。

（4）密封圈不严密：阀门安装前没有遵守安装规程，比如没有清理阀体内腔的污垢，表面留有焊渣、铁锈、泥砂或其他机械杂质，引起密封面上有划痕、凹痕等缺陷引起阀门故障。因此，必须严格遵守安装规程，确保安装质量。阀门本身因为加工精度不够会使密封件与关闭件(阀板与阀座)配合不严密，此时必须修理或更换。关闭阀门时用力过大，也会造成密封部件的损坏，操作时用力必须适当。

（5）安全阀或减压阀的弹簧损坏：造成弹簧损坏的原因往往是弹簧材料选择的不合适，或弹簧制造质量有问题，应当更换弹簧材料，或更换质量优良的弹簧。

第二节　泵及风机

一、泵的概述

1. 泵的定义和分类

泵是一种将能量传递给被抽送液体，使其能量增加，从而达到抽送液体的目的机器。由于应用场合、性能参数、输送介质和使用要求的不同，泵的各类及规格繁多，结构及形式多样。泵按工作原理来分主要可分为叶片式泵和容积式泵两大类，另外还有螺旋泵、喷射泵、射流泵、空气升液泵、电磁泵等其他类型泵。叶片式泵有离心泵、混流泵、排污泵、轴流泵、水环泵等型式，容积式泵有柱塞(活塞)泵、隔膜泵、螺杆泵等型式。

2. 泵的型号组成及含义

泵型号表明了泵的结构、类型、特点、大小和工作性能，表

6-3 列出了一些常用泵的型号组成及其意义。

表 6-3 常用泵的型号及其意义

泵 型	举 例	说 明
IS 型	IS80—65—100	IS—符合 ISO 标准的单级单吸悬臂式清水离心泵 80—泵吸入口直径(mm) 65—泵压出口直径(mm) 100—叶轮的名义直径(mm)
SH 型	10sh—25A	10—泵的吸入口直径(英寸) sh—单级双吸、泵壳水平中开卧式离心泵 25—泵比转数的 1/10，即该泵的比转数为 250 A—该泵的原型叶轮外径第一次切割标记(B、C 为第二次、第三次)
ZLB 型	28ZLB—70	28—泵的出口直径为 28 英寸(700mm) Z—轴流泵 L—立式结构 B—该泵为半调节式叶片 70—泵比转数的 1/10(泵的比转数为 700)
ZLB 型	700ZLB1. 3—7. 2	700—泵的出口直径为 700mm Z—轴流泵 L—立式结构 B—该泵为半调节式叶片 1. 3—流量为 1. 3m³/s(叶片安装角度为零度) 7. 2—扬程为 7. 2m(叶片安装角度为零度)
PW 型	6PWL	6—泵出口直径为 6 英寸(150mm) P—杂质泵 W—污水 L—立式
HB 型	12HBC—40	12—泵的吸入口直径为 12 英寸(300mm) H—混流泵 B—单级单吸悬臂式涡壳泵 C—改进标记(经过一次改进) 40—泵比转数的 1/10(泵的比转数为 400)

续表

泵　型	举　　例	说　　明
SZB 型	SZB—8	S—水环式 Z—真空泵 B—悬臂式 8—抽气量(L/s)
QW 型	350—QW1000—36—160	350—泵的排出口直径为 350mm QW—潜水排污泵 1000—泵的流量(m^3/h) 36—泵的扬程 160—配套电机功率
FB(M、E)型	FB(M、E)150—25	F—耐腐蚀泵(F 系列) B(M、E)—材料代号 150—泵吸入口直径(mm) 25—水泵扬程(m)

根据介质情况和安装条件，污水处理厂使用的泵有离心泵、排污泵、混流泵、轴流泵、真空泵、计量泵、螺杆泵、螺旋泵和潜污泵等多种形式。

二、污水处理厂的常用泵

(一) 离心泵

1. 离心泵的工作原理

图 6-1 为离心泵的示意图：泵轴上装叶轮，叶轮上安装有若干弯曲的叶片，泵轴由外界动力带动下，叶轮开始在泵壳内旋转。水由入口沿轴向垂直进入叶轮中央，在叶片之间通过进入泵壳内，最后从泵的出口沿切线方向排出。

在电动机的带动下，叶轮高速旋转产生的离心力将水从叶轮中心抛向叶轮外缘，水便以很高的速度流入泵壳，在泵壳内减速和进行能量转换，得到较高的压力，从排出口进入管道。当叶轮内的水被抛出后，叶轮中心形成真空，在大气压的作用下，水经吸入管道进入泵内填补已被排出的水的位置。只要叶轮的转动不停，离心泵便不断地吸入和排出水。由此可见，离心泵之所以能输送水，是因为叶轮高速旋转所产生的离心力，这也是离心泵名称的由来。

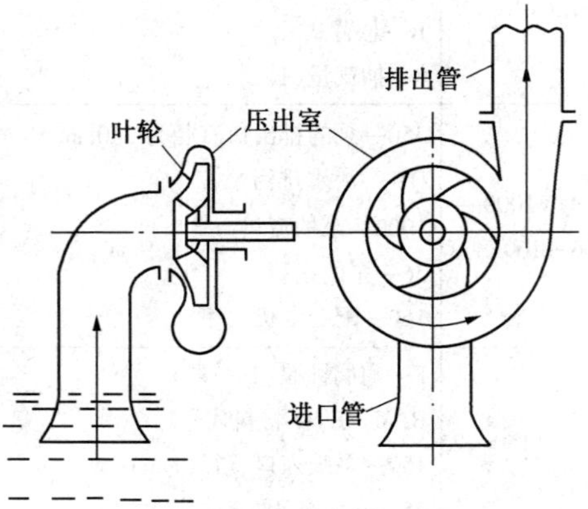

图 6-1　离心泵示意图

污水处理厂中常用的 PW 型排污泵属于单级单吸离心式污水泵，该种泵适用于 80℃以下，带纤维或其他悬浮物的污水，它原理、结构等可参照离心泵内容。轴流泵、混流泵等叶片泵的工作原理与离心泵相似，它们之间的差别在于液体在叶轮中出流时的方向不同。

2. 离心泵的结构和主要零部件

(1) 叶轮

叶轮是离心泵中主要的零件，也是决定泵性能好坏的主要零件，其形状和尺寸是通过水力计算来决定的。叶轮一般可分为单吸式和双吸式两种(如图 6-2 所示)，单吸式叶轮为单边吸水、叶轮的前后盖板呈不对称状，双吸式叶轮从双侧吸水、叶轮盖板呈对称状。这实际上也可理解为两个单吸式叶轮背靠背铸造在一起，一般大流量离心泵多数采用双吸式叶轮。

叶轮按其盖板情况可以分为封装式、敞开式和半开式(如图 6-3 所示)。凡具有两个盖板的叶轮称为封闭式叶轮，只有叶片，没有完整盖板的叶轮称为敞开式叶轮，只有后盖板、没有前盖板的叶轮称为半开式叶轮。一般抽送清水用闭式叶轮，抽送含杂质的液体用开式或半开式叶轮。

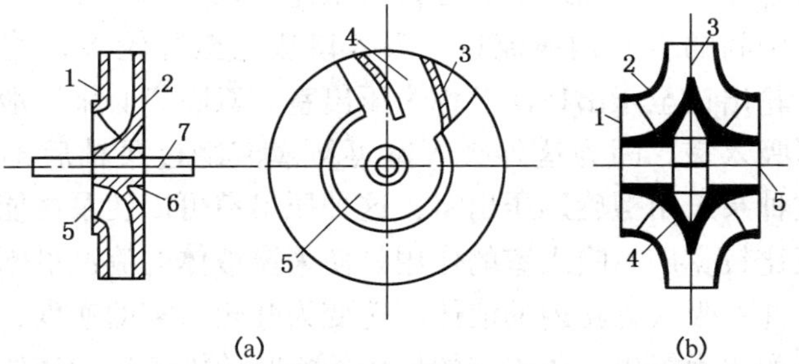

图 6-2　单吸式(a)和双吸式(b)叶轮示意图

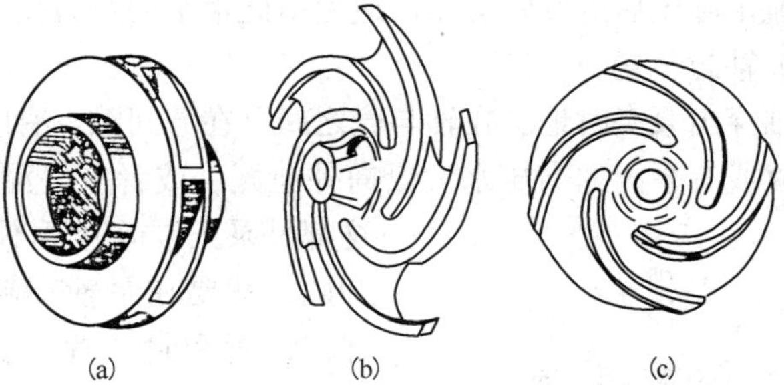

图 6-3　叶轮形式

叶轮的材料一般采用铸铁、铸钢、青铜玻璃钢等，选择叶轮材料时，主要考虑机械强度，耐腐蚀和耐磨性能。离心泵运行时如果发生汽蚀，那么叶轮是受汽蚀损坏最主要的零件，一般表现在叶轮的背面。双吸式叶轮从双面进水，轴向力相互抵消，故理论上双吸叶轮没有轴向力。

（2）泵轴

泵轴是用来传递原动机转矩的零件，在泵中靠它来旋转泵叶轮，泵轴的结构由泵的整体结构来确定。泵轴必须有足够的强度和刚度，保证挠度不超过允许值，工作转速远离临界转速。对于刚性轴而言，一般工作转速不超过第一临界转速80%。

（3）泵体和泵盖

对于水平中开式单级双吸离心泵而言，泵壳的中开面以上部分称为泵盖，中开面以下部分称为泵体，泵盖和泵体为铸件，合在一起中间的空腔构成流道。吸入口法兰至叶轮入口称为吸入室，叶轮出口至压出口法兰称为压出室。双吸离心泵一般采用半螺旋形吸入室，因为这种吸入室可使液流绕过泵轴后不产生旋涡。这种泵采用螺旋形压出室，这种压出室可以使泵性能曲线的高效区比较宽广。吸入室的作用是使来流液体的流速沿断面均匀分布，并将吸入管路内的液体流速变为叶轮所需的速度，还要保证最小的水力损失。压出室的作用是将叶轮中流出的液体收集起来送往管路系统，降低液体流速、实现动能到压能的转化，并消除液体流出叶轮后的旋转运动以避免由此带来的水力损失。

（4）轴封装置

泵轴穿出泵壳时地，在轴与壳之间存在着间隙，有间隙就会有泄漏，或者泵内的高压水大量向外泄漏，或者空气漏进泵内，这都是泵正常运行所不允许的，为此，就要在泵轴穿越泵壳的部位设置密封装置。密封装置的种类和形式是多样的，一般单级双吸离心泵都采用填料密封，如图6-4所示。

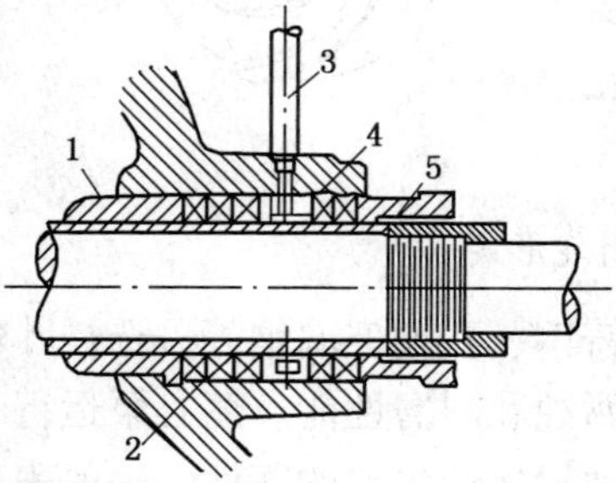

图6-4 填料密封的构成

1—轴套；2—填料；3—水封管；4—水封环；5—压盖

填料密封在泵中的作用就是防止漏水和漏气(与水封管一起)。填料又名盘根，最常用的填料是由石棉绳浸油或浸石墨后做成。近年来随着工业的发展，出现了各种耐高温耐磨损，耐腐蚀的填料。如用碳素纤维、不锈钢纤维及合成树脂编织成的填料等。为了提高密封性能，填料绳一般做成矩形断面。

填料压盖将填料压紧，水封管引来高压水，通过水封环使高压水扩散，从而达到封水封气的目的。填料的压紧程度必须合适，它是通过调节压盖上的螺栓来实现的。压盖压得太松达不到预期的密封效果，甚至使泵不能正常运行，压得太紧，泵轴与填料的机械磨损大，消耗功率也增大，甚至造成抱轴现象。一般情况下以水封管内的水能够通过填料缝隙呈滴状渗出为宜。泵壳内的高压水通过水封管经水封环的小孔，流入轴与填料的间隙面，起到冷却润滑与密封的作用。现在有很多的离心泵采用机械密封的轴封装置，尤其是对密封要求比较严格的场合。

（5）口环

口环又称减漏环、密封环，它的作用就是限制泵内的高压水向低压区泄漏和用来承磨。离心泵在运行时，叶轮工作室内的高压液体要通过叶轮进口外表面与泵壳间的间隙向叶轮进口前的低压区泄漏，为此应该在这个具有相对运动的部位进行密封，该动密封一般为间隙密封。为了便于间隙磨损后的修复，常在泵壳上和叶轮吸入口外缘装密封环进行密封，这种密封的效果与节流间隙的大小和形状有关。采用口环进行密封，是将口环作为承磨零件。因为在实际运行中，这个部位上摩擦是难免的，当间隙磨大后，只需更换口环而不致使叶轮和泵壳报废。从而延长泵壳和叶轮的使用寿命，为了增加阻力可将口环的间隙面做成多种形状，如图 6-5 为几种常用的节流间隙形状。

（6）联轴器

电动机的转矩要由联轴器传递给水泵。联轴器俗称“靠背轮”,有刚性和挠性两种。刚性联轴器实际上就是两个法兰的连接,它对于泵轴与电机轴的不同心度,在连接中无法调节,因此,要求安装精度高。常用于小型水泵机组和立式泵机组的连接。

图 6-6 为常用的圆盘形挠性联轴器，它实际上是钢柱销带有弹性橡胶圈的联轴器，有两个圆盘，用平键分别将泵轴和电机轴相连接。一般大中型卧式机组安装中，为了减少传动时，因机轴有少量偏心而引起的轴周期性的应力和振动常采用这种挠性联

轴器。在机组的运行过程中，应定期检查橡胶圈的完好情况，以避免发生由于弹性橡胶圈磨损后未能及时更换致使钢枢轴与圆盘孔直接摩擦从而影响设备的运行。

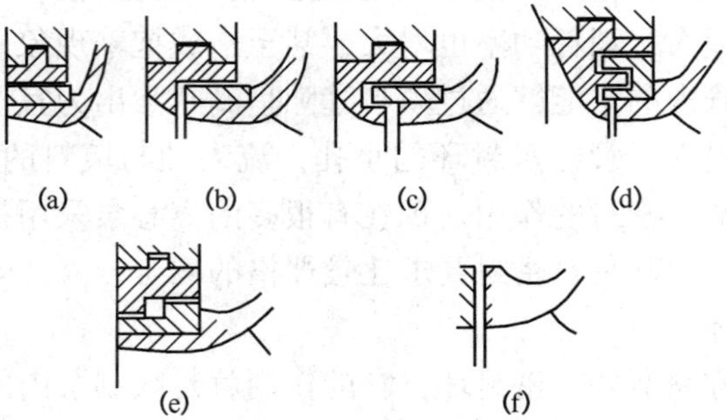

图 6-5　节流间隙形状

3. 离心泵的性能参数

（1）流量(Q)：指离心泵在单位时间内输送的水量，水流量有体积流量和质量流量之分，常用单位有 L/s，m^3/s，m^3/h，t/h。

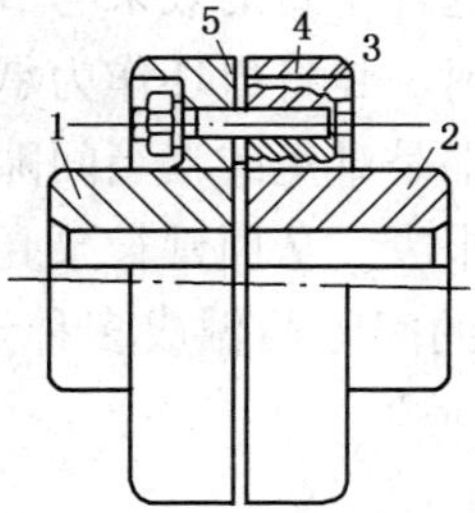

图 6-6　圆盘形挠性联轴器

1—泵侧联轴器；2—电机侧联轴器；3—柱销；4—弹性垫圈；5—挡圈

（2）扬程(H)：又称压头，是单位质量流体经过水泵后其能量的增加值。从离心泵的所表现出的效果来看，泵的扬程是其将水的位置抬升高度、将水的静压提高的高度以及在输送水的过程中克服的管路阻力这三项之和。表示符号是 H，常用单位有 mH_2O 柱、mm 汞柱等。有时将离心泵扬程表示为泵出口的压力值，常用单位是 kPa，MPa，也有用非国标单位 kg/cm^2 表示的。如果水的密度 $\rho=1kg/L$，则泵所具有的 $1mH_2O$ 柱的扬程相当于泵出口 9.8kPa 的压力。

（3）转速(n)：泵的转速是指单位时间内泵转子的回转数，泵的转速用 n 来表示，其单位为转每分(r/min)。

（4）功率：描述泵的功率有轴功率 N 和有效功率 N_e 两种形式。

轴功率：指泵的输入功率，即电动机输送给水泵的功率。用符号 N 表示，常用单位为 kW。

有效功率：指泵的输出功率，即单位时间内流过离心泵的水得到的能量，用符号 N_e 表示。泵在运行过程中，存在各种能量损失，因此轴功率不可能完全传给水，即 $N_e<N$。有效功率可根据泵的流量和扬程进行计算，计算公式为：

$$N_e=\rho \times Q \times H/102(\mathrm{kW}), \quad N_e=\eta \times N$$

式中：Q 为流量（L/s），H 为扬程（m），ρ 为水的密度（kg/L），η 为泵的效率。

（5）效率：指泵的有效功率与轴功率的比值，它反映了泵对外加能量的利用程度。小型水泵的效率一般为 50%～70%，大型水泵可达 90%。耐腐蚀泵的效率比水泵低，杂质泵的效率更低。若为一台旧泵更换或配置电动机，可按使用时的最大流量算出轴功率，取其 1.1～1.2 倍作为所配电动机的功率。

（6）容许吸入高度（H_s）：容许吸入高度就是安装水泵时为保证水泵运转时不发生汽蚀而规定的最大的吸入高度。它不同于泵的安装高度。容许几何吸入高度与容许吸入高度的关系为：容许几何吸入高度 $H_{sg}=H_s-$吸水管路水力损失 h_{sp}。最低水位加上容许几何吸入高度即可作为水泵的安装高度。

4. 离心泵的能量特性曲线

在离心泵的转速恒定不变的情况下，其扬程、效率、功率都与流量有一定的函数关系。将此三种函数关系绘成曲线即为泵的能量特性曲线。用户选用水泵时需要知道泵的特性曲线，水泵运行时也需要知道泵的能量特性曲线，以便知道水泵是否在高效区运转等等。离心泵的能量特性曲线不能用理论推导求得，都是用实验的方法得到的。

（1）扬程特性曲线（$H-Q$）

扬程特性曲线图 6-7 表示了水泵的扬程随流量的变化关系，

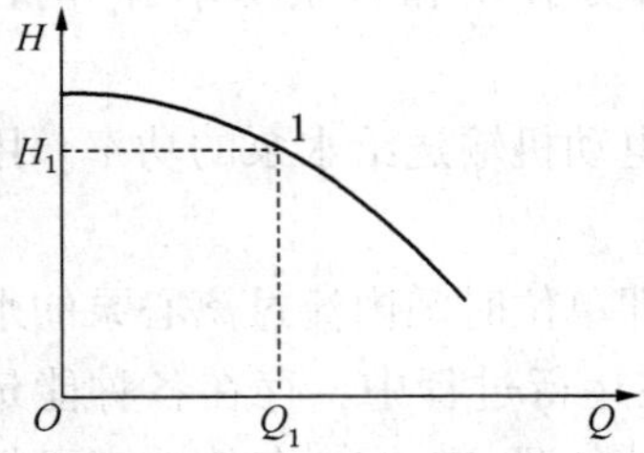

图 6-7　扬程特性曲线

可以看出 H 是随流量的增加而逐渐减小的，当 $Q=0$ 时，其 H 最大。当水泵运转时，其实际扬程的大小是由流量来决定的，例如流量为 Q_1，如图所示，可以看出相对应的扬程为 H_1，那么对应 (Q_1, H_1) 的点 1 即为离心泵的一个工况点。当水泵的流量改变时，工况点也相应改变，工况点总是在泵的扬程特性曲线上。

（2）功率特性曲线(N–Q)

该曲线反映出泵的输入功率与流量的关系，从图 6-8 中可以看出，在泵运转时，其输入功率随泵的流量增大而增大，当 $Q=0$ 时，N 为最小，这点也就说明了为什么离心泵要闭闸启动。闭闸就意味着 $Q=0$，这样可以最大限度地减少启动功率(启动电流)，从而更好地保护电气设备。

（3）效率特性曲线(η–Q)

该曲线表明了水泵效率随流量的变化关系，如图 6-9 所示，水泵的效率越高，运行成本就越低，一台水泵在运转时我们希望它在其高效区内运行，如图中所示，η_1 与 η_2 之间的区域为高效区，η_1、η_2 与 η_{max} 相差应不大于 5%，那么在泵运行时，我们就应使水泵的流量在 Q_1 和 Q_2 之间，在 Q_1 和 Q_2 之间运行是比较经济的。有了 N–Q 和 H–Q 可以通过 $\eta = Q \times \rho \times g \times H / N$ 计算出 η–Q

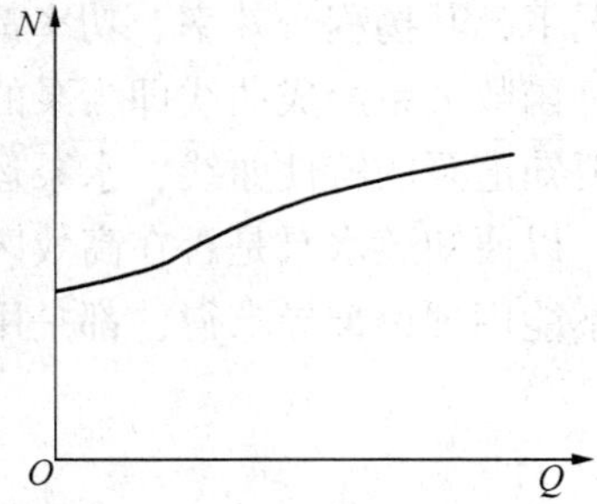

图 6-8　功率特性曲线

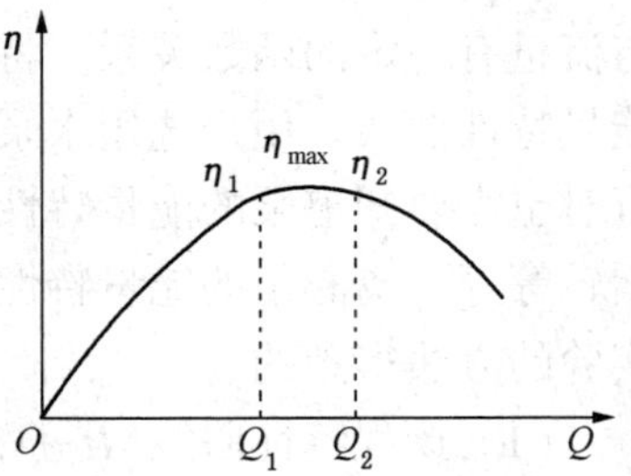

图 6-9　效率特性曲线

曲线。

在某一固定转速下的以上三条曲线可简化到同一坐标系内。

5. 离心泵的能量损失

离心泵的输入功率和输出功率是不相等的，其差值就是离心泵损失掉的功率，即所谓的离心泵的能量损失。

离心泵的能量损失包括机械损失，容积损失和水力损失。机械损失中包括填料箱和轴承中的摩擦损失，以及圆盘摩擦损失。

6. 离心泵的工作情况

(1) 水泵装置及其运转工况点

① 水泵装置及其特性曲线。所谓水泵装置包括水泵、管路及管路上的附件，整个水泵装置的扬程公式就是装置特性曲线公式。对于水泵装置来讲，装置特性曲线是一条抛物线(如图 6-10 所示)。

② 水泵运转的工况点。水泵运转的工况点是由水泵特性曲线(专指扬程流量特性曲线)和装置特性曲线两者决定的，把水泵装置特性曲线和水泵特性曲线画在同一个 Q-H 坐标平面内，如图 6-11 所示此两线相交于 M 点，则 M 点即是水泵运转时的工况点。

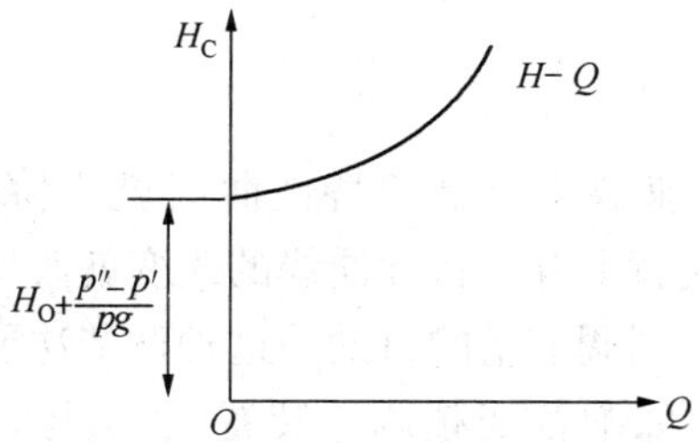

图 6-10 水泵装置特性曲线

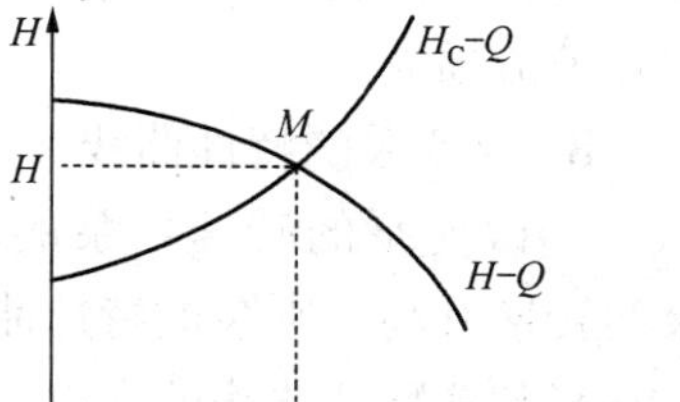

图 6-11 水泵运转工况点

一台水泵在运行过程中，如果外界条件不变，它就稳定在某一工况点运行，但是在日常生产中，我们往往要对泵装置进行调节，比如将出水阀关小，那么装置特性曲线就要改变，从而工况点也要随之改变。一台水泵有许许多多的工况点，泵具体在哪个工况点运行，由其对应的装置特性曲线和水泵特性曲线决定。

（2）水泵在管路系统中的运转

① 水泵的串联运行：当一台泵的扬程不够高时，可用两台泵串联运行。在理论上，两台同样的泵串联运转时，流量不变、扬程相加。但在实际运行当中，往往难以达到理想状态。水泵串联运行的基本要求是两台水泵的最佳工况流量应尽量相近，以便运转时两水泵均在高效区工作。

② 水泵的并联运行：当一个泵的流量不够大时，可以用两台泵并联运行。在理论上，两台同样的泵并联运行时，扬程不变、流量相加；但实际运行结果与理论值存在差别。两水泵并联运转的要求是两台水泵在最佳工况时的扬程应尽量相似，以保证两泵均在高效区工作。

③ 水泵工况的调节：水泵的运转工况点是水泵特性曲线与装置特性曲线的交点，因此，有两种方法可以改变工况点，一是改变装置特性曲线；另一种是改变水泵特性曲线。

A. 改变装置特性曲线。将压力管路上装的调节阀开大或关小达到调节流量的目的，是改变装置特性曲线最简单的方法，这种调节法称为节流调节法。节流调节法的优点是调节方便、简单，旋转阀门就可以改变流量，而其缺点是以降低效率为代价、存在节流损失。

B. 改变泵的特性曲线。

a. 改变泵的转速：泵的转速减小，泵的特性曲线就下降，泵的转速升高，则泵的特性曲线就上升，特性曲线的改变就改变了它与装置特性曲线的交点，达到调节量的目的。这种调节法要求泵的驱动设备能够改变转速（如配备变频调速装置），或原动机与水泵之间采用能改变转速的传动机械。变转速调节流量的优点是没有附加节流损失的，这对于节能很有意义，另外，这种调节方法流量可以往小调，也可以往大调，这种调节法经常用于高扬程、大流量的泵。

b. 轴流泵或混流泵转叶调节法：大型轴流泵和部分混流泵

的叶片一般都做成可以转动的，当叶片安装角改变后，泵的特性曲线也就随之改变，于是可以改变叶片安装角来调节流量。转叶式轴流泵和混流泵除调节流量没有节流损失外，它还可以大大加宽水泵的高效区。转动叶片不仅能调节流量，并且当要求流量基本不变时还可以用来调节扬程。

（二）轴流泵

轴流泵的比转数比较高，一般用在大流量、低扬程的场合。轴流泵的大小相差悬殊，小型轴流泵有的叶轮直径只有 150mm 左右，而大型轴流泵叶轮直径最大已经达到 4500mm。小型轴流泵的扬程只有 1～3m 左右，流量能小于 $1m^3/s$，大型轴流泵的扬程一般为 10～20m，流量可达 50～$100m^3/s$。

轴流泵的叶轮由几个叶片组成，如果用与轴流泵同心的圆柱面去剖切叶轮叶片，则得到翼型叶栅，叶栅中的一个翼型如图 6-12所示。

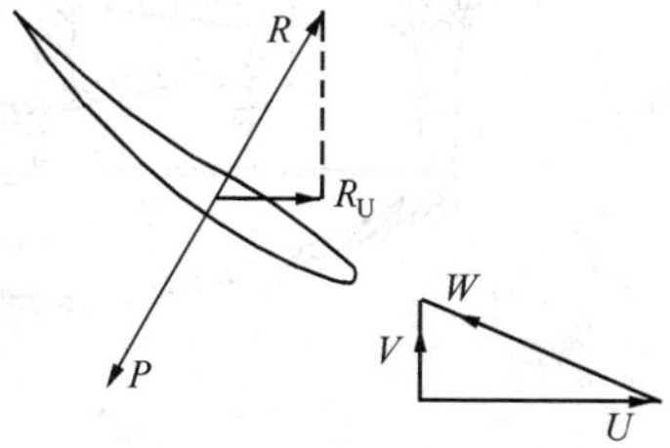

图 6-12　轴流泵翼型叶栅

1. 轴流泵的结构和主要零部件

轴流泵的叶轮出流方向为轴向，其单位流量的泵重和泵体积比其他叶片泵要小。轴流泵按泵轴的工作位置可以分为立轴、横轴和斜轴三种结构形式。由于立轴泵占地面积小，轴承磨损均匀，叶轮淹没在水中，启动无需灌水，还可以采用分座式支承方式并且能将电机安置在较高位置上，以防被水淹没，因此大多数轴流泵都采用立式结构。

按叶轮的结构形式轴流泵可以分为：旋桨式、半调节式和全调节式。其中旋桨式轴流泵，叶轮结构简单，其形状类似于轮船后面的螺旋桨。轴流泵的比转数越高，则泵的高效区狭窄，为了改善这种情况，大型轴流泵的叶片都做成可调式的，即叶轮轮毂内装有转动叶片的调节机构，以适应不同的工况（如图 6-13 所示）。

图上有一形如活塞的筒，用油压控制，筒中的活塞向上或向下移动，就带动叶片转动，改变叶片的安放角，使它更适合新工

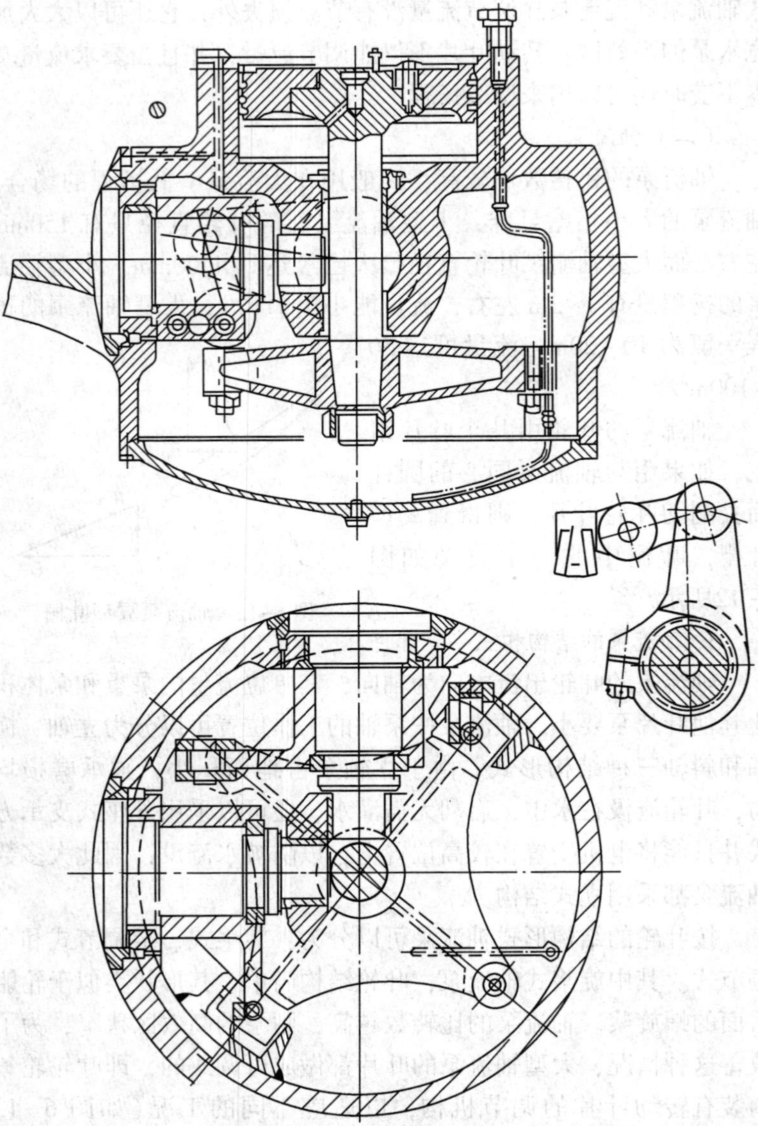

图 6-13　轴流泵的叶片转动机构

况下的工作条件，使其高效区变宽，运行时可以节约大量的能量。这种轴流泵被称为转叶式或全调节式轴流泵。在不可调式和全调节式轴流泵之间，还有停机调节式即半调节式轴流泵，这种泵没有液压装置，泵轴中空心部分安装一拉杆，拉杆下接叶片的调节机构。还有一种最简单也是最麻烦的调节机构，就是将叶片与轮毂体用螺钉紧固成一体，要改变叶片安放角时，把叶片卸下按需要的安放角重新安装。这种轴流泵很多，应用很普遍，但由于调节麻烦，同时还有螺钉、叶片与轮毂体锈住的问题，所以叶片的调节大多流于形式，一般都不进行调节。

最常见的 ZLB 型立式半调节式轴流泵如图 6-14 所示。

(1) 叶轮：叶轮材料一般采用铸铁，有特殊需要时也可以采用铜和不锈钢，在污水处理中玻璃钢应用的也比较普遍。叶轮由叶片、叶轮毂、动叶头等零件组成。叶轮毂用来安装叶片，并用键与泵轴进行连接，叶轮的作用就是把泵轴的功率传递给水，其传递能量的方式与离心泵不同，叶轮是轴流泵最主要的部件，它的质量的好坏最直接地影响轴流泵的性能。

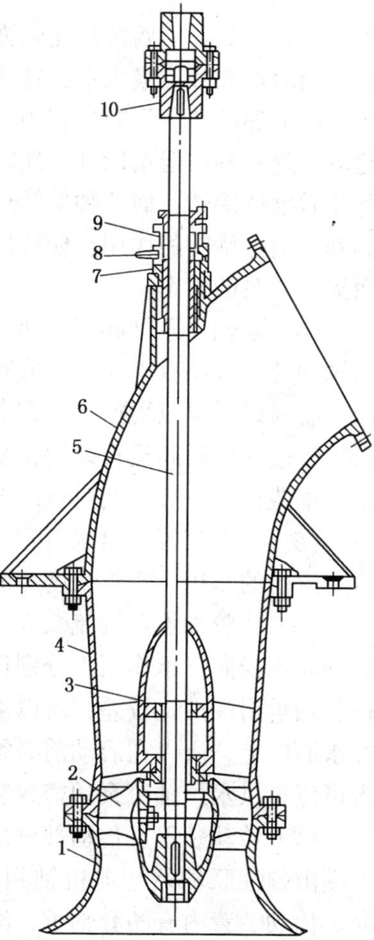

图 6-14　分座式立轴半调节轴流泵本体结构

1—吸入喇叭管；2—叶轮；3—下导轴承；4—导叶；5—泵轴；6—出水弯管；7—上导轴承；8—引水管；9—填料密封；10—联轴器

（2）进水喇叭：进水喇叭顾名思义为喇叭形状，为轴流泵简单的吸入室，它使来流稳定、均匀地流至叶轮进口，为叶轮创造一个比较理想的流动条件。进水喇叭一般为铸铁制成，有特殊要求的场合，如介质腐蚀性比较强，可采用不锈钢材质。有的轴流泵采用肘形和钟形吸入室，这是根据具体情况确定的。

（3）导叶体：导叶体相当于离心泵中的压出室。液体流经叶轮时，除有轴向运动以外，还随叶轮有一个旋转运动，液体流出叶轮后继续旋转，而这种旋转运动是我们不需要的，而导叶体就起到了消除旋转的作用，使液体的这部分动能转化为压力能，从而提高了泵的效率。

（4）泵轴：泵轴起到传递扭矩的作用，用键与叶轮连接，泵轴轴颈处一般镶有不锈钢套或有镀层，起到抗腐蚀和抗磨损的作用。磨损以后可以更换不锈钢套或重新电镀。用在污水中的轴流泵，经过一段时间运行以后，泵轴都会受到不同程度的腐蚀，由于泵轴造价比较高，此时可以考虑对泵轴进行修复。

（5）出水弯管：出水弯管作为轴流泵的一个过流部件起到了改变流向的作用，弯管角度一般为60°或75°。

（6）橡胶轴承：轴流泵在弯管上和导叶体内装有橡胶轴承，对轴起到径向支承作用，分别称为上导轴承和下导轴承，一般的橡胶轴承耐油性比较差，所以都用水进行润滑。上导轴承一般都在水面以上，所以在启动前必须用清水进行润滑，在启动出水后方可停止供水。轴流泵的密封装置一般都采用填料密封形式。

（7）传动装置：传动部分采用立式电机直接传动，传动轴的上端由弹性联轴器与电机轴相联，下端用刚性联轴器与泵轴相联。传动装置内有两套轴承，滚动轴承起到径向支承作用，下面的推力轴承则承担全部的轴向力。轴承一般采用稀油润滑，在日常的运行当中必须保证传动装置的良好润滑。立式轴流泵的传动装置如图 6-15 所示。

2. 轴流泵的特性曲线

转叶式轴流泵叶轮的叶片是可以转动的，当叶片转动改变了

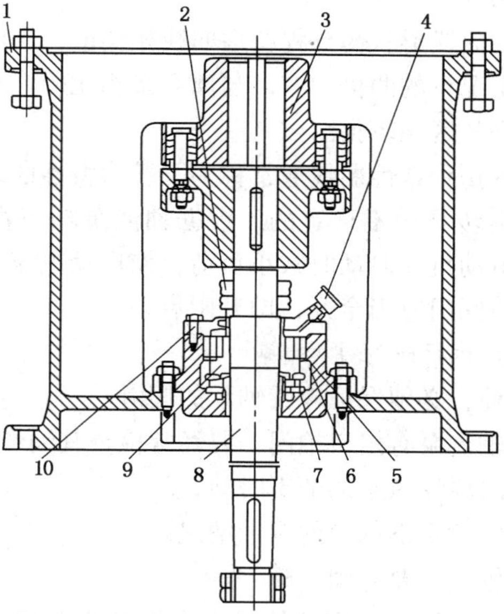

图 6-15　分座式立轴轴流泵传动装置

1—机座；2—螺母；3—联轴器；4—注油杯；5—轴承体；6—滚动轴承；7—止推滚动轴承；8—传动轴；9—推力头；10—压盖

安放角，泵的特性曲线也就随之改变。当转叶式轴流泵叶片固定在某一角度时，在转速 n 为常数的情况下，其特性曲线如图6-16所示。

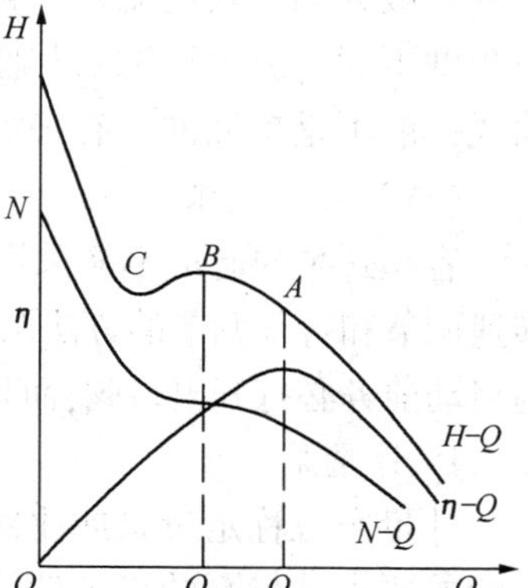

图 6-16　旋桨式轴流泵特性曲线

特性曲线上 A 点为效率最高点，即最佳工况点，当流量减小时则扬程增高，流量从 Q_2 减小到 Q_1，此时扬程达到一个极大值，即图上的 B 点。流量继续减小则扬程又下降，下降到极小值 C 点，以后再继续减小流量时，扬程又迅速升高，流量为 0 时，扬程达到很大的数值，可以达到最佳工况点扬程的 1.5~2 倍。

功率特性曲线形状与扬程特性曲线相类似，当流量为 0 时功率可达最佳工况点的两倍左右。与离心泵相比轴流泵的特性曲线比较尖，即高效区比较狭窄。

轴流泵的扬程特性曲线通常称为马鞍形特性曲线，在马鞍形部分轴流泵运转是很不稳定的。根据轴流泵功率特性曲线的形状，为了使电动机在启动时减小负荷，使启动电流不致过大，启动时出水管路阀门应当全开，即开闸启动。

3. 轴流泵运行时的注意事项

① 开泵前，必须保证橡胶轴承的润滑。

② 如果轴流泵有出口拍门，要经常检查其动作的灵活性。

③ 停泵时要注意泵的随走时间。

④ 密切注意水下部分的腐蚀情况。

⑤ 确保轴流泵要开闸启动。

⑥ 若介质为污水，则叶轮经常会被杂物缠绕，造成运行电流升高。

(三) 混流泵

混流泵是介于离心泵与轴流泵之间的一种泵型，应用比较广泛的一般为蜗壳式混流泵，它结构上与离心泵相似，只是叶片出口角度不同，流道较宽，其性能上比较接近于轴流泵，比如功率曲线一般不是单调的。有关混流泵的内容参照离心泵和轴流泵。

(四) 容积式泵

容积式泵的流量不能采用出口调节阀来调节，常用旁路调节、转速调节和行程调节的方法调节流量。容积式泵启动前不用灌泵，但启动前务必打开出口阀，而且容积式泵出口必须装设安全阀。

1. 计量泵

计量泵也称定量泵或比例泵，属于往复式容积泵，要求精确计量的要求计量泵的稳定性精度不超过正负 1%。

① 柱塞式计量泵：柱塞式计量泵与普通往复泵的结构一样，其液力端由液缸、柱塞、吸入和排出阀、密封填料等组成。

② 液压隔膜式计量泵：液压隔膜式计量泵通常称隔膜计量泵，是计量泵中应用最广泛的品种，分为单隔膜和双隔膜两种。单隔膜计量泵在柱塞前端装有一层隔膜(柱塞与隔膜不接触)，将液力端分成输液腔和液压腔，输液腔连接泵的吸入、排出阀，液压腔内充满液压油(轻质油)，并与泵体上端的油箱相通，当柱塞前后移动时，通过液压油将压力传递给隔膜并使之前后挠曲变形引起容积的变化，起到输送液体的作用及满足精确计量的要求。

③ 机械隔膜式计量泵：机械隔膜式计量泵的隔膜与柱塞机构连接，无液压油系统，柱塞的前后移动直接带动隔膜前后挠曲变形。

2. 螺杆泵

螺杆泵可分为单螺杆泵、双螺杆泵和三螺杆泵，属于容积式转子泵。螺杆泵依靠螺杆相互啮合空间的容积变化来输送液体，运转时螺杆一边旋转一边啮合，液体如螺母一样不能随着螺杆旋转，而只能沿着螺杆轴向移动，液体便被一个或几个螺杆上的螺旋槽带动，从而将液体自进口排向出口。螺杆泵的流量是一个定值，属于定排量泵。

螺杆泵的主要优点是结构紧凑、流量及压力基本无脉动、运行平稳、工作无噪音、寿命长、适用的液体种类和黏度范围广，缺点是制造加工要求高、工作特性对黏度变化比较敏感。

(五) 液环泵

液环泵可用于抽送气体，使被抽系统中形成真空，在污水处理厂主要用于离心式水泵配套的真空泵。工作介质一般为常温清水，故又称之为水环泵，其结构如图 6-17 所示。

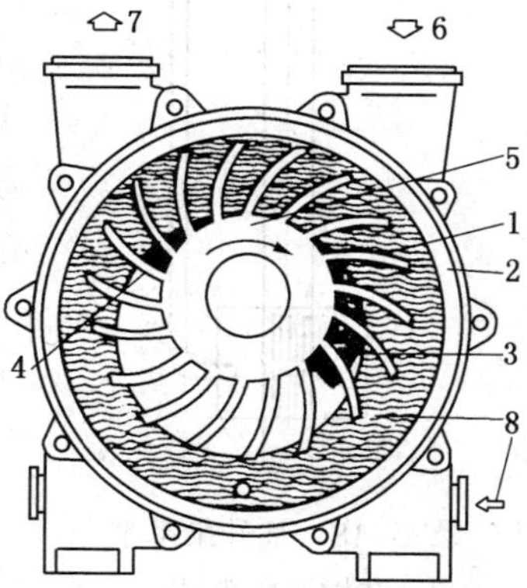

图 6-17　水环泵结构

1—叶轮；2—泵缸；3—吸气空腔；4—排气空腔；5—轮毂；6—泵吸气口；7—泵排气口；8—工作液体

叶轮在圆筒形的泵缸内以偏心位置安装，启动前向泵缸内充以适量的工作液体(介质)。通常用水作工作液体(介质)。当叶轮旋转时，工作液体受到离心力的作用被甩到四周，在泵缸内壁与叶轮之间形成一个旋转的液环，在叶轮轮毂与液环之间形成一个弯月形工作腔室(图 6-17 中黑色和白色区域)，叶轮叶片又将空腔隔成若干个互不连通、容积不等的封闭小室，当叶轮旋转时，右边吸气口的空腔 3 的容积将沿旋转方向逐渐增大，产生真空，被抽送气体便由吸入管吸入到空腔中。同时，左边排出口的充满气体的空腔 4 的容积将沿旋转方向逐渐变小，气体被压缩后，从排出管排出。随之排出的还有一部分工作液体(介质)，为了保持恒定的水环在运行过程中，必须连续向泵内供工作液体。

(六) 气升泵

气升泵又名气提泵、空气扬水机，是以压缩空气为动力、利用升液管内外液体的密度差使液体得到提升的方法。压缩空气经布气器与污水或污泥混合后，形成的混合液密度比原液密度要低，密度差形成升液管内外液体的液面高度变化，密度小的混合液升高随升液管排出。为减少混合液在气提泵后渠道内的流动阻力，在升液管的最高处设置气液分离箱，将混合液中的空气释放出来。

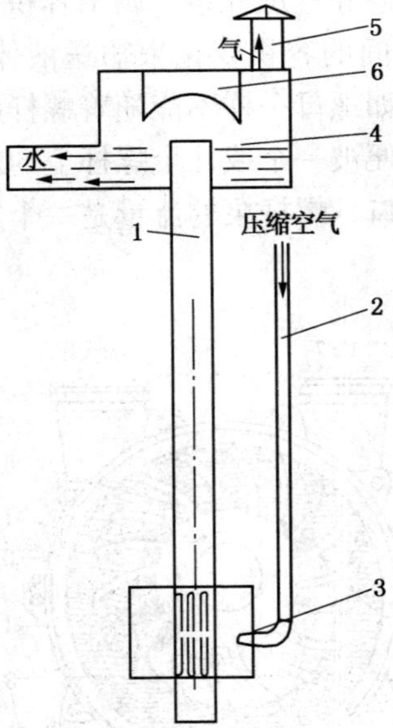

图 6-18　气升泵基本结构及原理图

1—扬水管；2—输气管；3—喷嘴；4—气水分离箱；5—排气孔；6—伞形罩

1. 气升泵的结构

气升泵的基本结构及工作原理如图 6-18 所示。

来自空气压缩机的压缩空气由输气管经喷嘴输入扬水管，于是在扬水管底(中)部形成了空气和水的水气乳状液，沿扬水管而上涌，流入气水分离箱。在气水分离箱中，水气乳状液以一定的速度撞在伞形钟罩上，由于冲击而达到水气分离的效果。分离出来的空气经气水分离箱顶部的排气孔逸出，落下的水则借重力流出。扬水管中的水之所以能被抽升可以按连通管原理来解释，因为水气乳状液的比重小于水的比重，而连通管中比重小的液体的液面就高。但由于气体与液体在管内的混合运动情况比较复杂，在许多情况下需要借助试验数据来确定气提泵的结构和解决出现的问题。

2. 气升泵的特点

这种泵结构简单，工作可靠，无运动部件，在现场可以利用管材就地装配，被广泛应用。气提泵的缺点是需要有压缩空气为动力源，而且效率较低，一般只有30%左右。

（七）潜污泵

潜污泵是离心泵的一种型式，基本原理、性能参数等和离心泵相同。可提升污水或污泥，大中型潜污泵常用于进水的提升和回流污泥或剩余污泥的排放，小型潜污泵可随时移动作业，用于维修时排除各种水处理构筑物、管道、渠道和各种检查井、阀门井、计量表井中的积水。潜污泵常见内部结构如图6-19所示。

1. 潜污泵的特点

与普通离心泵相比，潜污泵全部水下作业，结构简单、体积小。安装要求简单，一般安装在集水池内即可，不需要建设泵房及配备真空泵、吸水管和吸水阀门等诸多辅助设施。维护或检修时可以将泵体整体从水中提出，而不需要将吸水井中的积水排空。另外潜污泵不存在最大允许吸上真空高度问题，不会发生气蚀现象。

潜污泵配备的叶轮是为了能抽取混有大量杂质的污水或污泥而专门设计的，过流特性较好，避免了堵塞和缠绕，宽大的蜗室可以使污水中的杂物自由通过。小型潜污泵电机使用其四周的水流将电机产生的热量连续扩散出去，大中型潜污泵则使用强制冷却。即在定子室外包围的一圈冷却水套与叶轮蜗室相连，叶轮旋

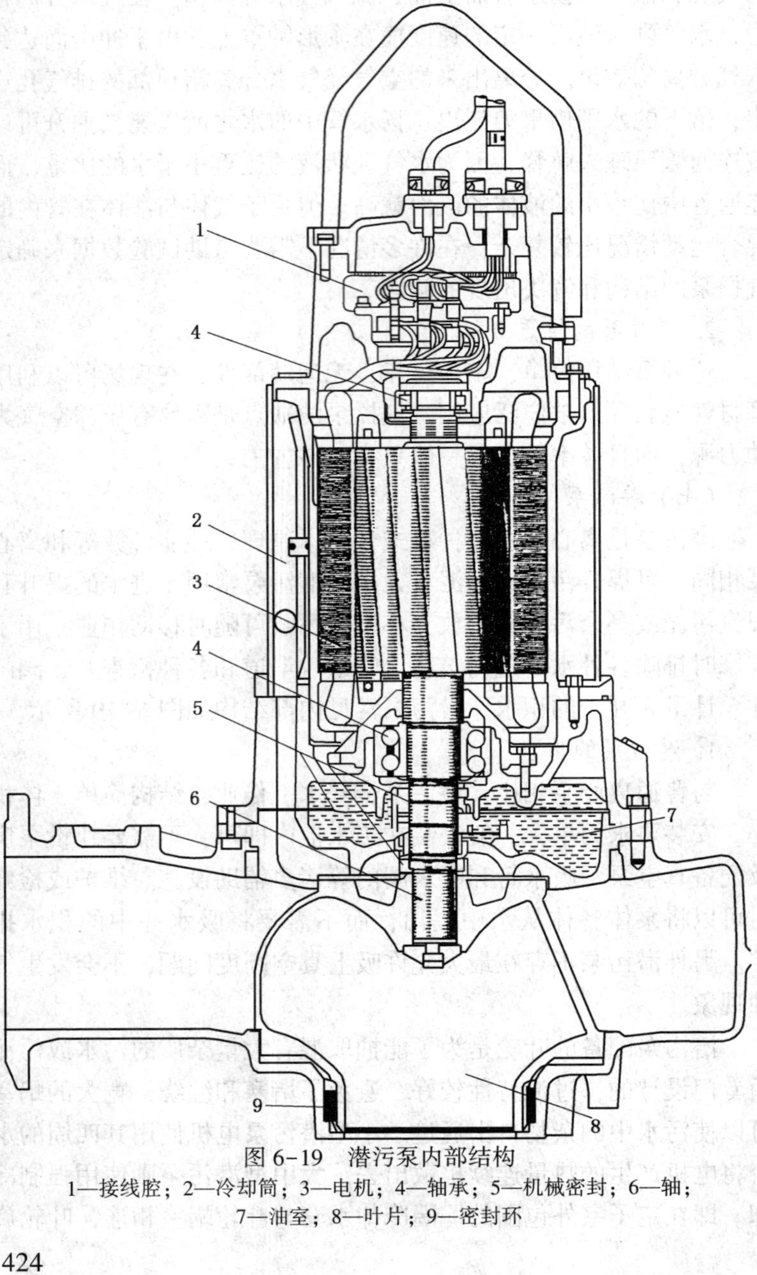

图 6-19　潜污泵内部结构

1—接线腔；2—冷却筒；3—电机；4—轴承；5—机械密封；6—轴；
7—油室；8—叶片；9—密封环

转时，高压污水少量进入冷却水套并由上部排出，在冷却水套内形成循环，不断带走热量。

潜污泵的电缆与接线盒之间、上下壳体之间及电机壳体与泵体之间的密封都是静止密封，其中电缆与接线盒之间的密封使得使用专用密封，其余两处使用橡胶 O 形圈加不干性密封胶。电机输出轴与泵体之间是动密封，设置湿度传感器的潜污泵动密封在油室的上下有两处密封，上面的密封将油与定子隔离，下面的密封将污水与油隔离，这两处密封均采用机械密封。

潜污泵的缺点是对电机的密封要求非常严格，如果密封不好或使用管理不当，会因漏水而烧坏电机。为检测潜污泵的运转情况，大中型潜污泵的油室、电机的定子及接线盒内都安装了温度和湿度传感器，当出现漏水、超温等问题时提前报警以保护电机。

2. *潜污泵的安装方式*

潜污泵不需建筑物来放置电机和支撑，可根据标准的预制混凝土井圈建成，因此潜污泵泵站比传统泵站小得多结构也简单得多，可节约相当可观的建筑费。与传统的长轴泵站相比，建造一个潜污泵的泵站的建筑费用能减少 40%~60%或更多。潜污泵可采用湿式安装(泵潜入液体中)、干式安装(泵与输送介质相分离)或移动式安装，这三种安装方式如图 6-20 所示。

(1) 固定湿式安装：水泵在集水坑中沿导杆下滑到底座出水口位置，通过泵的自重自动耦合密封，维修时直接吊出，维修人员勿需进入污水池；机泵潜入水中工作，吸水状况为正吸水，吸水状况达到最佳，水力部件不易发生汽蚀现象；机组全部置于水下，冷却状况好，在液下运行的潜污泵几乎是很安静的。不足之处是：机泵的动力电缆，控制缆常年在污水中浸泡，影响其寿命，电缆进泵体的入口也易发生泄漏，造成机组故障，同时采用此种安装方式当故障发生在水下管路时运行人员也不易及时发现。

(2) 固定干式安装：泵装于集水池之外侧，与进水管一起固

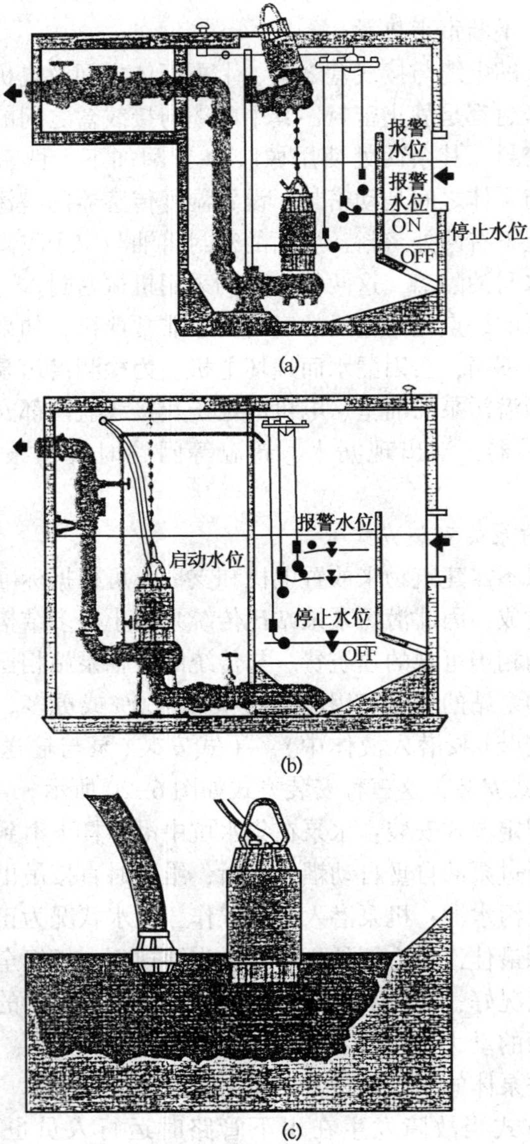

图 6-20　潜污泵的安装形式

定在底座上，由于采用隔套式冷却系统，可确保水泵在满载条件下运行，设备全部在可触的地方，易于监视设备的运行状况及对设备的检修。此种安装方式较多地应用于对过去半地下式泵站的改造，可充分利用老泵站的原有设施，同时此种安装方式还可避免水流对集水坑的连续冲击时对水泵的影响，也可防止意外的泛溢。此种方法的不足之处是：干式安装会抬高泵的吸水高度使泵机组常常处于负吸水工作状况，机组的性能受泵本身汽蚀余量的影响程度加大，机组汽蚀的发生率增加；泵体吸水管路的阻尼增大，引起泵的吸水性能减弱，同时改造后出水管路会增加弯头数量，增大了出水的阻力；若机组输送的污水杂物较多，机组为保证正常散热往往需另增加冷却循环系统以解决机组在干式安装状况下运行时的散热问题；由于泵中心的抬高，在水位低时往往需要对干式安装的潜污泵进行提真空操作，从而增加了对设备的投入；总体比较干式安装的泵效率远低于湿式安装。

（3）移动式安装：通常适用于小型潜污泵的运行。

3. 潜污泵的使用和维护注意事项

潜污泵在无水的情况下试运转时，运转时间严禁超过额定时间。吸水池的容积能保证潜污泵开启时和运行中水位较高，以确保电机的冷却效果和避免因水位波动太大造成的频繁启动和停机，大中型潜污泵的频繁启动对泵的性能影响很大。停机后，在电机完全停止运转前，不能重新启动。

新泵使用前或长期放置的备用泵启动之前，应用兆欧表测量定子对外壳的绝缘不低于 2MΩ，否则应对电机饶组进行烘干处理提高绝缘等级。当湿度传感器或温度传感器发出报警时，或泵体运转时振动、噪音出现异常时，或输出水量水压下降、电能消耗显著上升时，应当立即对潜污泵停机进行检修。

有些密封不好的潜污泵长期浸泡在水中时，即使不使用，绝缘值也会逐渐下降，最终无法投用，甚至在比连续运转的潜污泵在水中的工作时间还短的时间内发生绝缘消失现象。因此潜污泵在吸水池内备用有时起不到备用的作用，如果条件许可，可以在池外干式备用，等运行中的某台潜污泵出现故障时，立即停机提升上来后，将备用泵在放下去。

（八）螺旋泵

螺旋泵提水的原理不同于叶片泵也不同于容积泵，是一种特殊形式的提升设备，其工作原理如图 6-21 所示。螺旋倾斜放置在泵槽中，螺旋的下部浸入水下，由于螺旋轴对水面的倾角小于螺旋叶片的倾角，当螺旋泵低速旋转时，水就从叶片的 P 点进入，然后在重力的作用下，随着叶片下降到 Q 点，由于转动产生的惯性力将 Q 点的水又提升到 R 点，而后在重力的作用下，水又下降到高一级叶片的底部。如此不断循环，水延螺旋轴一级一级地往上提升，最后升高到螺旋泵槽的最高点而出流。

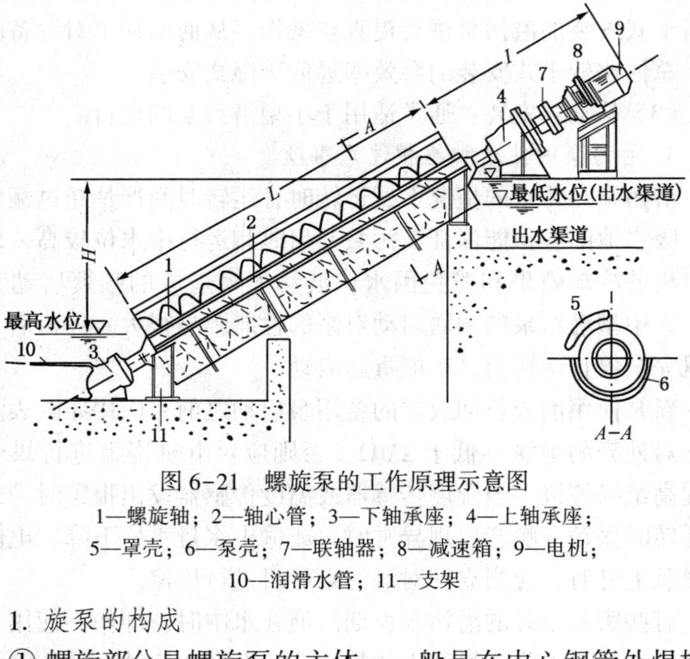

图 6-21　螺旋泵的工作原理示意图

1—螺旋轴；2—轴心管；3—下轴承座；4—上轴承座；
5—罩壳；6—泵壳；7—联轴器；8—减速箱；9—电机；
10—润滑水管；11—支架

1. 旋泵的构成

① 螺旋部分是螺旋泵的主体，一般是在中心钢管外焊接钢叶片组成，通常钢管的直径是螺旋外径的 1/2 左右，叶片的厚度为 5~10mm，为了防腐，叶片可使用不锈钢材质，叶片采用三头

螺旋或双头螺旋，一般以 30~120r/min 的速度旋转，与泵槽形成一个不断上升的封水区达到使污泥或污水提升的目的。

② 下部轴承浸没于污水中，因此也称为水中轴承，承担着1/2 径向荷载。轴承座是一个密封的壳体，内装一个径向滚珠轴承。壳体内充满润滑脂，上部有密封垫和填料函以防止污水及泥砂的渗入，也有使用机械密封保护轴承的。为防止因螺旋长度方向热胀冷缩所造成的影响，轴承支架是浮动式的。

③ 上部轴承完全工作在水面之上，由壳体、径向滚珠轴承和止推轴承组成。同水下轴承一样，径向轴承也承担着1/2 的径向荷载，而止推轴承则要承担全部的轴向荷载。上部轴承不与污水或污泥接触，工作条件稍好一些，可以直接通过油杯向壳体内加注油脂。

④ 驱动装置由电动机、减速机组成，电动机可以高、低两种速度运转，为了防止雨雪的影响，驱动部分一般安装在机房内，也可以使用防护等级较高的电动机室外安装。驱动装置与螺旋的连接方式，小型泵使用皮带连接，大中型泵使用弹性联轴器。皮带连接可以在出现卡死现象时通过皮带打滑保护设备，更换皮带可以改变其转速，缺点是能传递的功率有限。

⑤ 大型螺旋泵的泵槽多用混凝土制造，内衬玻璃钢防腐层以防水泥崩落造成卡死甚至损坏螺旋的情况，小型螺旋泵的泵槽多用钢板或不锈钢板卷焊而成。螺旋泵叶片与泵槽之间的间隙应在 5~8mm，间歇过大则漏水增多、影响螺旋泵的效率，间歇过小则有可能因中心轴挠曲或偏移而发生叶片与泵槽的摩擦。

⑥ 为防止粗大悬浮物颗粒对螺旋泵的运转带来障碍。除了在泵井进水口前设置控制进水的闸门外，还要在闸门后设置一道粗格栅。

2. 螺旋泵的特点

① 螺旋泵的标准安装倾角为 30°，倾角小时，同样的扬程下泵轴会变长，增加制造难度和占地面积；而倾角太大时，螺旋叶片每一个节距的封水区会减小，同样的扬程下流量会下降。

② 螺旋泵的流量 Q 与螺旋叶片的外径 D、螺距 S、泵轴直径 d、转速 n 和叶片的扬水断面率 α 有关，计算公式为：$Q=\pi/4\times(D^2-d^2)\times\alpha\times S\times n$（$m^3/min$）。计算实际扬水量还应减去泄漏量和飞溅量，但在螺旋泵正常运转时，这两个因素对理论扬水量的影响在 0.5%以下。

③ 螺旋泵的扬水效率高于一般的离心泵和容积泵，最高可达 75%，一般也在 70%左右。扬水量有变化时不降低效率，因此可减少开、停的次数，运转方便，即使空转也不会烧坏电机。

④ 螺旋泵构造简单，不需要真空泵、润滑冷却水泵等辅助机械，螺旋叶片敞开安装，维修保养都很方便。小于螺距的杂质都可以通过，不会被污泥堵塞。螺旋泵转速低，不会出现高速泵的气蚀现象，而且磨损小，即使有磨损，修复时也很容易，因此使用寿命长、可靠性大。提升输送污泥时不会破坏活性污泥絮体的完整性，有利于回流污泥进入曝气池后活性的发挥。

⑤ 螺旋泵的缺点是体积较大、扬程低，不适用于高扬程泵站和水位变化较大的场合，出水侧不能配压力管道，只能是明渠或重力流管道。必须倾斜安装，泵体体积也，因而占地面积大，而且槽体敞开、容易挥发臭气。

3. 螺旋泵使用和维护的注意事项

① 应尽量使螺旋泵的吸水位在设计规定的标准点或标准点以上工作，此时螺旋泵的扬水量为设计流量，如果低于标准点，哪怕只低几厘米，螺旋泵的扬水量也会下降很多。

② 当螺旋泵长期停用时，如果长期不动，很长的螺旋泵螺旋部分向下的挠曲会永久化，因而影响到螺旋与泵槽之间的间隙及螺旋部分的动平衡，所以，每隔一段时间就应将螺旋转动一定角度以抵消向一个方向挠曲所造成的不良影响。

③ 螺旋泵的螺旋部分大都在室外工作，在北方冬季启动螺旋泵之前必须检查吸水池内是否结冰、螺旋部分是否与泵槽冻结在一起，启动前要清除积冰，以免损坏驱动装置或螺旋泵叶片。

④ 确保螺旋泵叶片与泵槽的间隙准确均匀是保证螺旋泵高

效运行的关键，应经常测量运行中的螺旋泵与泵槽的间隙是否在5～8mm之间，并调整到均匀准确的程度。巡检时注意螺旋泵声音的异常变化，例如螺旋叶片与泵槽相摩擦时会发出钢板在地面刮行的声响，此时应立即停泵检查故障，调整间隙。上部轴承发生故障时也会发出异常的声响且轴承外壳体发热，巡检时也要注意。

⑤ 由于螺旋泵一般都是30°倾斜安装，驱动电动机及减速机也必须倾斜安装，这样一来会影响减速机的润滑效果。因此，为减速机加油时应使油位比正常油位高一些，排油时如果最低位没有放油口，应设法将残油抽出。

⑥ 要定期为上、下轴承加注润滑油，为下部轴承加油时要观察是否漏油，如果发现有泄漏，要放空吸水池紧固盘根或更换失效的密封垫。在未发现问题的情况下，也要定期排空吸水池空车运转，以检查水下轴承是否正常。

三、泵内的气蚀

1. 气蚀概述

气蚀现象又称为空蚀现象或空泡现象，它是水力机械或某些与液体有关的机器中特有的现象。因为气蚀的结果是对水力机械流道金属表面的破坏，而这种破坏与液体汽化成气泡、气泡再凝结成液体的过程相连在一起的，因此称为气蚀或气蚀现象。

在叶片泵中气蚀最先发生的地方是叶轮中靠近外盖板处的叶片背面离进口边大约等于叶片全长的5%～10%处。在水泵叶轮的金属表面有很多微小的裂纹，或先前由于气蚀而留下的小坑，凡有这类不平的地方更易诱发气蚀的发生。气蚀现象会对水泵的过流部件产生破坏作用、引起噪声和振动、特性曲线的改变，泵的扬程、功率、效率、流量也会迅速下降。

2. 气蚀现象的避免

尽量降低泵的安装高度和尽可能减小进水管的水力损失可提高水泵的抗气蚀性能，在使用时节制泵的过大流量、绝对避免在泵进口侧用闸阀节流提高水泵的抗气蚀性能。如果泵已经发生气蚀，关小出口阀或降低泵转速可以避免水泵的进一步气蚀。

四、泵的运行管理及故障处理

1. 离心泵的运行

在水泵的大量故障及事故中，运行的管理不善所导致各种故障及事故占90%以上，所以必须加强水泵的运行管理及维护。

(1) 水泵启动前的准备工作

① 清除转动部分周围的杂物。水泵转动部分主要指外裸露部分，如大型电机的侧向及电机与水泵的连接部位，联轴器处等，开泵前必须把周围环境清除干净，以免开泵时带人杂物造成设备故障，另外联轴器处还应有固定式防护罩。

② 观察电压表指示是否正常。电压波动过大时，应先采取措施后才能启动水泵。

③ 检查加入到轴承或轴承箱中的润滑油或润滑脂是否适量，油质是否合格，对强制润滑的泵还要确认润滑的压力是否保持着规定压力。水泵对润滑油的使用要求很高，所加润滑油必须符合“三级过滤”要求，加润滑油前应检查一下油的生产日期、牌号、生产厂家及合格证，如果储藏时间过长必须具有相应的化验报告，加油还应考虑温度的变化适时调整油品牌号，代用油要符合以优代劣的原则且经过有关部门批准。

④ 盘泵：盘泵一般分为手动或工具及电动的方法。较小的泵用人力转动泵的靠背轮(联轴器)转速一般在100~200r/min，感觉是否灵活，无杂声磨卡。较大的泵人力不能驱动时，可用电动盘泵，电动盘车应注意电流情况及停泵的随走时间，而且最好是点动。

⑤ 将各冷却水管、轴承的润滑水管等水管道上的阀全开并观察必要的冷却水，是否流动着或保持着必要的压力。

⑥ 位于吸水侧(进水)管路的阀门处于全开，位于排水(出口)侧的阀门全闭，并检查轴封渗水情况及进出水阀的漏水情况

和管线上的压力表是否完好。

⑦ 对于入口为负压的离心泵,要向泵壳和吸水管内充满水(灌泵或抽真空引水),其目的是将泵壳内和吸水管中的空气排除。这是因为在有空气存在的情况下,泵吸入口真空无法形成和保持。

⑧ 对于特殊要求的泵如高温用泵(或低温用泵)还要预热(预冷)等。

(2) 启动时的注意事项

① 离心泵在进口阀门全开，出口阀门全闭状态下启动。这是因为闭闸启动时，所需功率最小、启动电流也最小，对泵及电气设备有保护作用。待达到额定转速，确认压力已经上升之后，再把出口阀慢慢地打开。

② 启动时空转(不带载荷闭闸)时间不能过长，一般为2~3min。因为当流量等于零时，相应的轴功率并不等于零，而此时功率主要消耗在水泵的机械损失上，长时间闭闸空转会使泵壳内的液体气化，水温度上升，泵壳、轴承发热严重时可导致泵壳的热力变形。

③ 启动时如发现有电机的“嗡嗡”声而未转动有可能是缺相运行，此时，应迅速切断电源，待检查原因处理后再重新启动。对于较大的电机带动的泵每两次启动间隔要5min以上，且连续启动次数最好不超过两次，以保护电气设备。

④ 对于降压启动的水泵，切换时间不宜过短或过长，最好在4~10s之间，以达到保护电气设备目的。另外启动时操作人员不能马上离开现场，必须确认泵已经切换(甩掉频敏)正常运行后才能离开现场。

⑤ 在降压启动时，要特别注意电流表的动作、开关柜内的声响及指示灯的转换(看颜色)，特别是在有其他泵运行的情况下，由于周围噪声很大，这一点很重要，主要是防止烧坏频敏及电气设备。

(3) 离心泵运行中检查内容

① 离心泵启动后，首先要检查电流情况，进出口压力及流

量是否在规定范围内。通常情况下，排出口压力变化剧烈或下降时，往往是因为吸入侧有固体杂物堵塞或者是吸入了空气，当系统需求过大时压力也会降低。另外，异物流过泵内部时，往往电流数值急剧跳动。当电流表读数过大时，可能是系统供水量大或泵内发生了摩擦或摩卡等，当出水单向阀脱落或没打开时电流读数会很小。

② 检查轴承工作是否正常。离心泵安全运行时，滚动轴承温度不得比室温温度高35℃。最高不得高于70℃，滑动轴承(轴瓦)最高不得超过65℃，最好设法使轴承保持在通常室温40℃以下进行监测。用油润滑时油位要求：无油环的滚动轴承，油面应不低于最下部滚珠中心，对于用甩油环式油润滑，油面应能埋浸油环直径的1/6~1/4。要定时检查监视油面计或油标透视窗，另外还要经常查明甩油环是否正常地动作，轴承冷却系统是否畅通，对凡是油质不合格、变质、进水及有杂质的油，坚决不能使用。坚持润滑油使用中的“五定”“三过滤”原则。使用润滑脂润滑的轴承，加油脂量应加到轴承箱空腔的1/3~1/2处。

③ 检查轴封处的温度和渗漏。机械密封一般渗漏较小或不漏，用填料装置密封，从填料压盖部位的渗漏，正常应控制液体处于分滴，不连续成线即可。渗漏过多时，应均匀地，逐步地拧紧填料压盖。在温度过高的情况下(填料压盖部位液体温度超过30℃)可把填料压盖放松，短暂地多渗漏一些，待填料与轴驯熟后，再重新拧紧。注意不能单边拧压盖螺栓，以防磨损轴(轴套)和压盖。轴封处的轴或轴套如果存在缺陷，填料会很快失效(即吃盘根)，此时应停车进行检修。另外，要选择规格性能合适的填料(盘根)，并注意适时添加和更换。

④ 检查水泵的振动及音响情况。若水泵从吸入管吸进空气或固体杂物时，往往会发出异常的音响，并随之产生振动，而因气蚀、压力脉动等也会产生振动。当水泵零部件出现故障，如地脚螺栓松动、转子不平衡、水泵与电机轴不同心、不对中等时，也会导致发出异常声响及水泵振动。水泵异音的判断大都靠经

验，而振动既可凭经验判定，也可参照有关标准(比如旋转机械振动诊断国际标准 ISO 2372)。在使用有关标准判断时，应该做到定点(部位)、定时(周期)、定人、定使用仪器，并持之以恒。

⑤ 当生产工艺需要增加或减少水量时，必须注意不能用进水侧阀门调节，而只能用出口侧的阀门进行调节。

(4) 停泵时的注意事项

① 对于使用冷却水的泵，要先停泵再关闭冷却水阀，对于强制润滑的泵要先停泵再关闭润滑油压力阀。

② 离心泵通常在出口阀全闭后再停车，此时如果把进口阀先关闭的话，容易引起气蚀。如果不关闭出口阀就停泵的话，有可能在水泵及管路中因水流速度发生逆变而引起压力递变，即造成停泵水锤。停泵水锤危害很大，轻则造成水泵管线跑水、叶轮松动，严重时可能造成泵房被淹、设备损坏，甚至造成人员伤亡。近年来广泛使用的微阻缓闭止回阀有效地缓解了这一问题。

③ 运行中如果遇到突然断电而停车的时候，首先要拉掉电源开关，同时手动关闭出口阀。

④ 停车后，应该注意水泵的随走时间，即水泵停车后的惯性运转时间。时间过短，就要检查泵内是否有磨卡现象。另外停车后还要注意水泵是否有倒转现象，倒转可能是出口处阀门不严或没关到底。倒转对对水泵有危害，特别是轴流泵，有时可能造成叶轮脱落。

(5) 停泵后的维护保养

不论几小时至几天暂时停泵，还是由于工艺调整，季节运行，备台充足等形成的长期停泵，停泵后的维护保养都是必不可少的重要工作。

① 作为备用泵或暂时停用泵，要事先做好准备，使之根据实际的需要随时都能启动和投入生产。这类情况泵的润滑油或润滑水、轴承冷却系统、密封部位的密封水等，要做到能够随时供给。

② 对于长时间不作运行的泵，应把泵内的液体放掉。在冬

季，如果泵壳内、密封箱内以及轴承内等处水冻结，可能会因体积膨胀而出现龟裂或产生破坏，因此要特别注意防冻。另外，为了使轴承、轴、填料压盖、联轴器等的加工面不生锈，要预先用油或脂，或防锈剂涂抹。

③ 为了防止长期停用的泵内部生锈而不能运行，同时防止卧式泵泵轴长期停在一种状态下而可能产生弯曲，要定期盘泵，一般每周一次。较小的泵用人力，较大的泵用电动。电动盘泵一般要运行几分钟，听声音、观察电流以确认是泵否有问题。卧式泵盘泵一般应转几圈半。

④ 当作泵房内卫生时应当特别注意，不要用水管直接冲涮泵，这样会使轴承的润滑油进水，给以后的运行带来隐患。

⑤ 对于并联运行的污水泵，泵出水管为立式(竖向)出水时，如果介质中含有固体颗粒物且间断运行时，应当定期轮流开泵十几分钟，以免出水闸被脏物堵塞。

2. 泵的常见故障

泵运行中的故障分为腐蚀和磨损、机械故障、性能故障及轴封故障四类，这四类故障往往相互影响，难以分开。如叶轮的腐蚀和磨损会引起性能故障和机械故障，轴封的损坏也会引起性能故障和机械故障。

(1) 腐蚀和磨损：腐蚀的主要原因是选材不当，发生腐蚀故障时，应从介质和材料两方面人手解决。磨损常发生在输送浆液时，主要原因是介质中含有固体颗粒。对输送浆液的泵，除泵过流部件应采用耐磨材料外，对于易磨损的部件应定时予以更换。

(2) 机械故障：振动和噪声是主要的机械故障。振动的主要原因是轴承损坏、转子不平衡或出现气蚀和装配不良，比如泵与原动机不同轴、基础刚度不够或基础下沉配管蹩劲等。

(3) 性能故障：性能故障主要指流量、扬程不足。泵气蚀和驱动机超载等是其主要原因，当泵运行参数偏离额定值幅度较大时也会产生性能故障。

(4) 轴封故障：轴封故障主要指密封处出现泄漏或温度过

高。填料密封泄漏的主要原因是填料选用不当、轴(或轴套)磨损，机械密封泄漏的主要原因是端面损坏或辅助密封圈被划伤或折皱，温度过高主要是填料压得过紧所致。

3. 泵故障的处理

离心泵、排污泵、轴流泵、混流泵、QW 型潜污泵、螺杆泵、计量泵等常见故障现象和处理方法分别见表 6-4 至表6-10。

表 6-4　离心泵的常见故障及处理方法

序号	故障现象	原　因	处理方法
1	轴承发热	(1) 润滑不良、加油量过多或不足、油质不好 (2) 泵轴与电机轴不同心 (3) 转子不平衡 (4) 机组振动超标 (5) 轴承损坏	(1) 检查油质和油量，适当增加或减少油量或更换新的合格润滑油 (2) 校正两轴的同心度使之符合要求(标准) (3) 检查转子的不平衡度或在较小流量处运行，高速时做动平衡 (4) 检查机组地脚螺栓及各部件是否松动 (5) 检测轴承是否良好，检查并清洗轴承体
2	泵输不出液体	(1) 吸入管路或泵内留有空气 (2) 进口或出口侧管道阀门关闭 (3) 使用扬程高于泵的最大扬程 (4) 吸入管漏气 (5) 错误的叶轮旋转方向 (6) 吸上高度太高 (7) 吸水管路过小或杂物堵塞 (8) 转速不符 (9) 叶轮被杂物堵塞	(1) 注满液体，排除空气 (2) 检查并开启阀门 (3) 更换高扬程的泵 (4) 杜绝进口侧的泄漏 (5) 纠正电机旋转方向 (6) 降低泵安装高度提高进水池水位 (7) 加大吸水管径，清除堵塞物 (8) 调整或更换电机使之转速符合要求 (9) 清除叶轮杂物

续表

序号	故障现象	原 因	处理方法
3	流量扬程不足	(1) 叶轮损坏 (2) 密封环磨损过多 (3) 转数不足 (4) 进口或出口阀未充分打开 (5) 在吸入管路中漏入空气 (6) 管道或叶轮有杂物堵塞 (7) 介质密度与泵要求不符 (8) 装置扬程与泵扬程不符	(1) 修补或更换叶轮 (2) 更换密封环 (3) 按要求增加转数 (4) 充分开启进出口阀 (5) 把泄漏处封死堵好 (6) 清除堵塞杂物 (7) 重新核算或更换合适功率的电机 (8) 设法降低泵的安装高度或提高泵进口液体液位或更换泵
4	泵发生振动及杂音	(1) 泵轴和电机轴不同心 (2) 泵轴弯曲 (3) 轴承磨损严重或损坏 (4) 转动部分失去平衡 (5) 泵产生气蚀 (6) 管路或泵内有杂物堵塞 (7) 基础螺栓松动 (8) 进口阀开度过小 (9) 转动部分与固定部分有磨卡 (10) 基础刚度不够	(1) 校正对中 (2) 更换新轴 (3) 更换轴承 (4) 进行静或动平衡测试 (5) 向厂方咨询 (6) 检查并清除堵塞杂物或在进水口加格栅 (7) 检查并紧固地脚螺栓 (8) 打开进口阀、调节出口阀 (9) 检修泵或调整 (10) 增加基础刚度或重新安装泵座
5	电机过载	(1) 泵轴弯曲 (2) 轴承磨损或损坏 (3) 填料压得过紧 (4) 转动部分与固定部分有磨卡 (5) 介质相对密度变大 (6) 流量过大	(1) 更换新轴 (2) 更换新轴承 (3) 放松压盖螺栓或将填料取出一些 (4) 调整或检修 (5) 改变操作工艺 (6) 检查吸入和排出管路压力的变化情况，用出口阀调节

续表

序号	故障现象	原因	处理方法
6	密封泄漏严重或发热	(1) 密封元件材料选用不当 (2) 摩擦副严重磨损 (3) 动静环吻合不匀 (4) 摩擦副过大静环破裂 (5) O 型圈损坏 (6) 填料压得过松或过紧 (7) 水封环安装位置不对 (8) 填料磨损过多或轴套磨损 (9) 填料质量太差	(1) 向供泵单位说明介质情况，配以适当的密封件 (2) 更换密封部件，并调整弹簧压力 (3) 重新调整密封组合件 (4) 整泵拆卸换静环使之与轴垂直度误差符合要求，并按要求装密封组合件 (5) 更换 O 型圈 (6) 适当压紧填料使之渗水如汗 (7) 使水封环的位置正好对准水封管口 (8) 更换填料或更换轴套 (9) 选用高质量填料

表 6-5　排污泵(PW)常见故障及处理方法

序号	故障现象	原　　因	处理方法
1	泵不出水、压力表及空真表的指针剧烈跳动	(1) 泵体和吸水管路内没有灌水或没有灌满 (2) 泵的进水管路或仪表接头处漏气 (3) 填料函严重漏气	(1) 检查底阀是否漏水并重新向泵内灌水 (2) 检查漏气部位设法堵塞之 (3) 压紧或换新填料
2	泵不出水、真空表显示高度真空	(1) 底阀没有打开或已淤塞 (2) 吸水管路的阻力太大 (3) 吸水高度太高	(1) 校正、清理或更换底阀 (2) 清洗或改造吸水管路 (3) 降低吸水高度
3	泵不出水，压力表显示有压力	(1) 出水管路阻力太大 (2) 叶轮堵塞 (3) 转速不够 (4) 泵的旋转方向不对	(1) 检查或调整出口管路 (2) 清洗叶轮 (3) 检查电路的电压和周波 (4) 纠正电动机的旋转方向

续表

序号	故障现象	原因	处理方法
4	流量不足或扬程太低	(1) 叶轮或进出水管路阻塞 (2) 密封环或叶轮磨损严重 (3) 转数低于规定值 (4) 进水管淹没深度不够 (5) 进水管路接头处漏气、漏水 (6) 输送高度过高、管内阻力过大 (7) 闸阀开得太小或逆止阀有障碍物堵塞 (8) 填料漏气 (9) 吸水高度太高	(1) 清洗叶轮或管路 (2) 更换损坏的零件 (3) 调整至额定转速 (4) 增加进水管的淹没深度 (5) 重新安装、堵塞漏气漏水处 (6) 降低输送高度 (7) 适当开大闸阀或清除障碍物 (8) 旋紧填料压盖或更换填料 (9) 调整吸水高度
5	水泵耗用功率过多	(1) 填料压得太紧 (2) 叶轮与密封环摩擦 (3) 流量过大 (4) 水泵与电机不同心 (5) 转速太高 (6) 泵轴弯曲，轴承磨损或损坏过大	(1) 适当松开填料压盖 (2) 检查原因、排除摩擦 (3) 关小出水闸阀 (4) 调整水泵与电机的同心度 (5) 检查电路的电压与周波 (6) 校正调直，更换轴承
6	泵内部声音反常、泵吸不上水	(1) 吸水管阻力过大 (2) 吸水高度过高 (3) 吸水处有空气吸入 (4) 流量过大而发生气蚀现象 (5) 所吸送的液体温度过高	(1) 清理吸水管路及底阀 (2) 降低吸水高度 (3) 检查底阀，降低吸水高度，堵塞漏气处 (4) 调节出水闸阀，使之在规定的性能范围内运转 (5) 降低液体温度
7	泵的不正常振动	(1) 泵发生汽蚀 (2) 叶轮不平衡 (3) 泵轴与电机轴不同心 (4) 螺钉松动	(1) 调节出水闸阀，使之在规定性能范围内运转 (2) 叶轮校正静平衡 (3) 校正泵轴与电机轴的同心度 (4) 旋紧螺钉

表 6-6　轴流泵常见故障及处理方法

序号	故障现象	原　　因	处 理 方 法
1	泵超载或不正常振动	(1) 安装不符合要求 (2) 运行情况超过允许性能范围 (3) 叶片导叶或拦污栅上绕有杂物 (4) 叶轮与叶轮外壳发生摩擦 (5) 进水水位过低 (6) 进水池不符合要求 (7) 喇叭口或导叶室脱落 (8) 橡胶轴承损坏 (9) 叶轮被异物打坏	(1) 重新安装 (2) 调整使其在允许性能范围内工作 (3) 清除杂物 (4) 调整叶片与叶轮外壳的间隙或更换橡胶轴承 (5) 停止运行 (6) 改善进口流态 (7) 拧紧连接螺栓，定期检查或更换 (8) 改善来水水质不能有油及油剂，或更新轴承 (9) 更换叶轮
2	流量不足	(1) 叶片安装角太小 (2) 转速未达到额定值 (3) 叶片损坏或叶轮 (4) 杂物堵塞叶轮	(1) 调整叶片安装角 (2) 调整电机转速，使转速达到额定值 (3) 更换叶片或叶轮 (4) 清除叶轮上杂物
3	泵不出水	(1) 泵旋转方向不对 (2) 叶片固定失灵 (3) 叶轮脱落或叶片被异物损坏	(1) 调整电机旋转方向 (2) 检修叶片固定机构，调整叶片安装角 (3) 重新安装叶轮或更换新叶轮

表 6-7　混流泵常见故障及处理方法

序号	故障现象	原　　因	处 理 方 法
1	泵不出水	(1) 引水不够或真空泵未将泵内空气抽尽 (2) 进水管路漏气 (3) 吸程太高 (4) 水泵转向不对 (5) 输水总高度超过规定	(1) 继续加灌或抽气，检查真空管是否漏气 (2) 检查并堵塞漏气处 (3) 降低水泵安装位置 (4) 改变泵旋转方向 (5) 降低输水高度

续表

序号	故障现象	原因	处理方法
2	泵刚出水就中断	(1) 水中有过多气泡 (2) 进水管中窝储空气 (3) 进水管路漏气 (4) 进水管路或叶轮被杂物堵塞 (5) 止回阀失灵	(1) 进水管末端应在水面下1m左右 (2) 排除空气 (3) 拧紧螺栓、调整垫料、堵塞缝隙 (4) 清除杂物 (5) 检修止回阀
3	出水量不足	(1) 进水管路或叶轮有杂物 (2) 转速不够或功率不够 (3) 输水高度过高 (4) 泵盖及叶轮磨损，密封间隙过大 (5) 闸阀开得太小或逆止阀有障碍物阻塞 (6) 进水管口埋入水中深度不够	(1) 清除杂物 (2) 调整或更换电动机 (3) 降低输水高度 (4) 修复或调整纸垫 (5) 适当开大闸阀，清除障碍物 (6) 增加埋入深度至 1m 左右或提高进水池水位
4	耗用功率太大	(1) 转速太高 (2) 传动轴弯曲 (3) 填料压得太紧 (4) 轴承磨损或损坏	(1) 降低泵转速或更换电机 (2) 校直或更新 (3) 旋松压盖螺母或将填料取出打扁一些 (4) 更换轴承
5	杂声和振动	(1) 轴中心没有对正 (2) 轴弯曲，轴承磨损过大 (3) 底脚螺栓松动 (4) 叶轮局部阻塞 (5) 吸程太高，发生气蚀 (6) 泵吸入杂物	(1) 找正同心度 (2) 校直或更换 (3) 旋紧地脚螺栓 (4) 清除堵塞杂物 (5) 降低水泵安装位置或提高进水池水位 (6) 清除杂物
6	轴承发热	(1) 润滑油量不足 (2) 润滑油质量不好或不清洁 (3) 轴中心没有对正 (4) 轴承磨损 (5) 润滑油量过多	(1) 适当增加油量 (2) 清洗轴承更换合适的润滑油，加油应符合“三级过滤”要求 (3) 重心找正同心度 (4) 更换轴承 (5) 适当减少油量

续表

序号	故障现象	原　　因	处 理 方 法
7	填料发热	（1）填料压得太紧及四周紧度不均 （2）填料压得偏斜，使轴套摩擦不均	（1）旋松压盖螺母，调整填料紧度 （2）松开压盖，重新均匀地上紧好
8	填料处漏太多	（1）填料未压紧 （2）填料装置不当 （3）填料规格不符或磨损 （4）轴套磨损	（1）上紧压盖至适当程度 （2）调整填料搭口，使之错开一定角度 （3）更换合格的填料 （4）更换轴套

表 6-8　QW 型潜污泵常见故障及处理方法

序号	故障现象	原　　因	处 理 方 法
1	电机不转	（1）电压过低 （2）缺相运行 （3）叶轮堵塞 （4）定子绕组烧坏	（1）调整电压至额定电压 （2）查清线路进行修复 （3）清除脏物 （4）进行修理，更换烧组
2	流量不足或不出水	（1）叶轮的旋向错误 （2）阀门是否打开和完好 （3）管道叶轮被堵 （4）转速太低 （5）密封环磨损 （6）抽送液体的密度较大或黏度较高	（1）调整叶轮旋转方向 （2）检查阀门 （3）清理管道和叶轮堵塞 （4）检查电源，电压、频率及电器设备 （5）更换 （6）改变抽送液体的密度和粘度
3	泵运行不稳定	（1）叶轮不平衡 （2）轴承损坏	（1）送制造厂调换 （2）更换合格轴承
4	绝缘电阻低	（1）电缆线电源接地端渗漏 （2）电缆线破损 （3）机械密封磨损 （4）各 O 型密封圈失效	（1）拧紧、压紧螺母 （2）更换电缆线 （3）修复或更换 （4）更换

续表

序号	故障现象	原因	处理方法
5	运行电流过大	（1）工作电压低 （2）管道叶轮被堵 （3）抽送液体的密度较大或黏度较高 （4）阀门开度较大	（1）调整工作电压 （2）清理管道叶轮堵塞物 （3）改变抽送液体的密度和黏度 （4）减小阀门开启度
6	电机定子绕阻烧坏	（1）被抽送介质的密度较大或黏度较高 （2）叶轮卡死或松动 （3）机械密封损坏电机进水 （4）电机二相运行 （5）紧固件松动造成电机进水	（1）改变抽送液体密度和黏度 （2）清除杂物，拧紧螺钉 （3）更换机械密封 （4）检查线路 （5）拧紧各部螺钉螺母

表 6–9　螺杆泵的常见故障及处理方法

序号	故障现象	原因	处理方法
1	泵不吸液	（1）吸入管路堵塞或漏气 （2）吸入高度超过允许吸入真空高度 （3）电动机反转 （4）介质黏度过大	（1）检修吸入管路 （2）降低吸入高度 （3）改变电机转向 （4）将介质加温
2	压力表指针波动大	（1）吸入管路漏气 （2）安全阀没有调好或工作压力过大，使安全阀时开时闭	（1）检修吸入管路 （2）调整安全阀或降低工作压力
3	流量下降	（1）吸入管路堵塞或漏气 （2）螺杆与泵套磨损 （3）安全阀弹簧太松或阀瓣与阀座接触不严 （4）电动机转速不够	（1）检修吸入管路 （2）磨损严重时应更换零件 （3）调整弹簧，研磨阀瓣与阀座 （4）修理或更换电动机
4	轴功率急剧增大	（1）排出管路堵塞 （2）螺杆与泵套严重摩擦 （3）介质黏度太大	（1）停泵清洗管路 （2）检修或更换有关零件 （3）将介质升温

续表

序号	故障现象	原　　因	处 理 方 法
5	泵振动大	（1）泵与电动机不同心 （2）螺杆与泵套不同心或间隙大 （3）泵内有气 （4）安装高度过大泵内产生气蚀	（1）调整同心度 （2）检修调整 （3）检修吸入管路，排除漏气部位 （4）降低安装高度或降低转速
6	泵发热	（1）泵内严重摩擦 （2）机械密封回油孔堵塞 （3）液温过高	（1）检查调整螺杆和泵套 （2）疏通回油孔 （3）适当降低液温
7	机械密封大量漏油	（1）装配位置不对 （2）密封压盖未压平 （3）动环或静环密封面碰伤 （4）动环或静环密封圈损坏	（1）重新按要求安装 （2）调整密封压盖 （3）研磨密封面或更换新件 （4）更换密封圈

表 6-10　计量泵的常见故障及处理方法

序号	故障现象	原　　因	处 理 方 法
1	电动机不能启动	（1）电源无电 （2）电源一相或二相断电	（1）检查电源供电情况 （2）检查保险丝及接触器接点是否良好
2	不排液或排液不足	（1）吸入管堵塞或吸入管路阀门未打开 （2）吸入管路漏气 （3）吸入管太长，急转弯多 （4）吸入阀或排出阀阀面损坏或落入外来杂物，使阀面密封不严 （5）隔膜腔内残存空气 （6）补油阀组或隔膜腔等处漏气、漏油 （7）安全阀、补偿阀动作不正常 （8）补油系统的油有杂质，阀被垫上，密封不严 （9）柱塞填料处泄漏严重 （10）电机转数不足或不稳定 （11）吸入液面太低	（1）检查吸入管，过滤器，打开阀门 （2）将漏气部位封严 （3）加粗吸入管，减少急转弯 （4）检查阀的密封性，必时更换阀、阀座 （5）重新灌油，排出气体 （6）找出泄漏部位并封严 （7）重新调节 （8）换干净的油 （9）调节填料压盖或更换新填料 （10）稳定电机转速 （11）调整吸入液面高度

续表

序号	故障现象	原　因	处理方法
3	泵的性能参数压力达不到	（1）吸入、排出阀损坏 （2）柱塞填料处漏损严重 （3）隔膜处或排出管接头密封不严	（1）更换新阀 （2）调节填料压盖或更换新填料 （3）找出漏气部位并封严
4	计量精度降低	（1）与序号2中(4)~(11)条相同 （2）柱塞零点偏移	（1）与序号2中(4)~(11)条相同 （2）重新调整柱塞零点
5	零件过热	（1）传动机构油箱的油量过多或不足，油有杂质 （2）各运动件润滑情况不好 （3）填料压得过紧	（1）更换新油，使油量适宜 （2）检查清洗各油孔 （3）调整填料压盖
6	泵内有冲击响声	（1）各运动副磨损严重 （2）阀升程太高	（1）调节或更换零件 （2）调节升程高度，避免阀的滞后

五、风机基本知识

污水处理中常用风机主要包括鼓风机、通风机等。鼓风机一般用于曝气、吹扫、搅拌等，较常用的为离心式鼓风机和罗茨式鼓风机两种。通风机通常用于地下泵房、加药间、仓库等处的空气置换，一般都比较小且结构简单。

（一）离心式鼓风机

1. 离心式鼓风机的工作原理

离心鼓风机的原理是将利用高速旋转的叶轮产生的离心力将气体加速，然后减速、改变流向，使动能转化为势能（压力），然后随着流体的增压，使静压能又转化为速度能，从而把输送的气体送入管道或容器内。

单级离心鼓风机的压力增高主要发生在叶轮中，其次发生在扩压过程。多级离心鼓风机的利用回流器使气体进入下一个叶轮，产生更高的压力。离心鼓风机实际上是一种变流量恒压装置，当鼓风机以恒速运行时，在鼓风量固定的情况下，所需功率随进气温度的降低而升高。离心鼓风机特点是空气量容易控制，通过调节出气管上的阀门即可改变压缩空气量。如果把电机上的安培表改为流量刻度表，即把电流表上的电流刻度标上对应的风量值，可以更直观地予以调节。

离心鼓风机噪音较小，效率较高，适用于大、中型污水处理厂。如果所配电机为变速电机，离心鼓风机就变为变速鼓风机，根据混合液溶解氧浓度，可以自动调整鼓风机开启台数和转数，以最大限度节约能耗。

2. 离心式鼓风机的结构

（1）机壳。离心式鼓风机的机壳由铸铁制作，或用钢板焊接而成。机壳根据叶轮形式可做成水平剖分或蜗壳状。对于低压离心鼓风机，机壳大都做成水平剖分式。对于单级鼓风机大都做成蜗壳式。蜗壳的作用主要是将叶轮增压的气体收集起来，然后流入流道。离心式多级鼓风机机壳内有回流室、隔板扩压器等零件气体由扩压器进入回流室，然后引入下一级叶轮，连续地把气体送入流道。

（2）转子组件。离心式鼓风机主要部件是转子，它是由叶轮、主轴、轴套、排气室、平衡盘、密封、联轴器等部件组成。叶轮由轮盘、轮毂和叶片铆接、焊接或整体铸造而成，其主要作用是使气体通过叶轮后提高压力和气流速度。主轴上装有风机的转动部件，一般离心式鼓风机的轴伸出机壳外面，其作用是传递转矩使叶轮旋转。联轴器连接驱动机轴和风机轴，传递驱动机的转矩，同时也直到安全连接作用。

（3）密封。离心式鼓风机的级间密封多是迷宫式密封，应用最多的迷宫式密封结构有拉别令密封和梳齿密封。拉别令密封和梳齿密封的镶片一般是薄片金属，例如合金铝和不锈钢薄片。轴端密封多是O型圈和涨圈式密封。

（4）进口叶片调节控制装置。进口叶片调节控制装置用来调节来自风叶的空气流。进口叶片调节控制装置用钢板焊接制成，所有的叶片都制作成在叶片主轴周围旋转90°，以便调整来自风扇的空气流动率。叶片的方向可闭合可敞开，以适应风扇的旋转方向，以便给予以风机叶轮的入口部件有效的预旋流。

（5）轴承。轴承是支承转子、保证转子能平稳旋转的部件，同时还可调节旋转转子产生的径向力和轴向力。对于低压低转速的风机，大多选用滑动轴承；对于中压以上高转速风机，大多选用滚动轴承。

（6）润滑系统。离心式鼓风机的润滑系统一般采用恒油位自流式润滑，其形式很多。但对于大型高速风机，则单独有油泵、油箱、过滤器、冷却器等润滑系统。

3. 离心式鼓风机的常见故障

离心式鼓风机的常见故障及其故障处理方法见表6-11。

表6-11　离心式鼓风机故障处理方法

故障现象	故障原因	消除方法
轴承温度高	（1）油脂过多 （2）轴承烧痕 （3）对中不好 （4）机组振动	（1）更换油脂 （2）更换轴承 （3）重新找正 （4）测振分析
机组振动	（1）转子不平衡 （2）转子结垢 （3）主轴弯曲 （4）密封间隙过小、磨损 （5）找正不好 （6）轴承箱间隙大 （7）转子与壳体磨卡 （8）基础下沉、变形 （9）联轴器磨损、倾斜 （10）管道系统或外部原因 （11）地脚螺栓松动	（1）作动、静平衡 （2）清洗 （3）校正主轴 （4）更换修理 （5）重新对中找正 （6）调整 （7）解体调整 （8）加固 （9）更换修理 （10）检查支座和气体流动情况或调整风量 （11）紧固
	（1）定子与转子磨擦 （2）杂质吸入 （3）齿轮联轴器齿圈坏 （4）进口叶片拉杆坏 （5）喘振 （6）轴承损坏	（1）解体检查 （2）清理 （3）更换 （4）重新固定 （5）调节风量 （6）更换轴承

续表

故障现象	故障原因	消除方法
性能降低	(1) 叶轮粘有杂质 (2) 进口叶片控制失灵 (3) 进口消音器过滤堵 (4) 壳体内积灰尘多 (5) 轴封漏 (6) 进出口法兰密封不好	(1) 清洗 (2) 检查修理 (3) 解体清理 (4) 清理 (5) 更换修理 (6) 更换垫片

(二) 罗茨式鼓风机

1. 罗茨鼓风机的工作原理

罗茨鼓风机是利用装在两根平行轴上的两片 8 字形转子相互啮合，以相反方向旋转，随着转子的旋转交替形成气穴，吸入一定容积的气体，气体在气缸内推移、压缩和升压后，从排气口排出，其工作原理见图 6-22。

理论上，罗茨鼓风机的压力-流量特性曲线是一条垂直线，

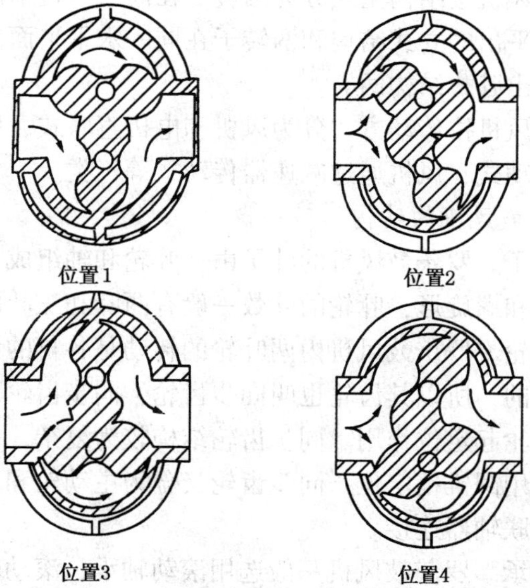

图 6-22 罗茨鼓风机工作原理图

但由于转子与转子、转子与气缸之间都有一定间隙，会不可避免地产生气体“回流”（或内部泄露），实际上的压力-流量特性曲线是倾斜的。与离心式鼓风机相比，进气温度的变化对罗茨鼓风机性能的影响可以忽略不计。当相对压力不大于48kPa时，罗茨鼓风机的效率高于相同规格的离心鼓风机。当风量小于$14m^3/min$时，罗茨鼓风机所需功率是相同规格离心鼓风机的一半。

罗茨鼓风机在制造时要求两转子和壳体的装配间隙很小，故气体在压缩过程中回流很少，此种鼓风机的压力比其他型式的鼓风机要高，根据操作要求，压力在一定范围内可调，但体积流量不变。罗茨鼓风机是低压容积式鼓风机，产生的压缩空气量是固定的，而排气压力由系统阻力决定，即根据需要确定，因此适用于鼓风压力经常变化的场合。罗茨鼓风机噪音较大，必须在进风和送风的管道上安装消声器，鼓风机房采取隔音措施，一般适用于中、小型污水处理站、场。

2. 罗茨鼓风机的分类

罗茨鼓风机按结构型式分为两转子在同一竖直平面内而气流水平进、水平出的立式结构和两转子在同一水平平面内而气流垂直进、垂直出卧式结构两类。

罗茨鼓风机按传动方式分为风机和电机直联式、风机和电机通过带轮传动式、风机通过减速器传动式等三类。

3. 罗茨鼓风机的结构

（1）转子。罗茨鼓风机的叶子由一叶轮和轴组成，叶轮又可分为直线形和螺旋形，叶轮的叶数一般有两叶和三叶两种。

（2）齿轮。罗茨鼓风机内两叶轮的转动是各自的齿轮啮合同步传递扭矩的，所以其齿轮也叫同步齿轮，同步齿轮既作传动之用，又对叶轮起定位作用。同步齿轮结构较为复杂，由齿圈和齿轮毂组成，用圆锥销定位。同步齿轮又分为主动轮和从动轮。主动轮一端与联轴器连接。

（3）轴承。罗茨鼓风机一般选用滚动轴承，滚动轴承具有检修方便、缩小风机的轴向尺寸等优点，而且润滑方便。

（4）密封。罗茨鼓风机的密封部位主要为传动轴与机壳的间隙密封，结构比较简单，一般采用迷宫式密封或胀圈式密封。轴承的油封采用一般的骨架橡胶油封。

（5）机壳。罗茨鼓风机的机壳有整体式和水平中开式结构简单。检修、安装比较方便的水平中开式应用较多。

4. 罗茨鼓风机的常见故障

罗茨鼓风机的常见故障及其处理方法见表6-12。

表6-12　罗茨鼓风机常见故障及处理方法

故障现象	故障原因	处理方法
风量波动或不足	（1）叶轮与机壳磨损导致间隙过大 （2）转子啮合不好 （3）系统可能有泄漏	（1）更换、修理受损零件 （2）按要求进行调整 （3）检查修复
轴承发热	（1）润滑油不清洁 （2）强制润滑系统不工作 （3）主从动轴不同心 （4）轴承失效 （5）轴瓦与止推垫圈间隙过小 （6）轴承压盖太紧，轴承内间隙过小	（1）更换润滑油 （2）检修润滑系统 （3）重新找正 （4）更换轴承 （5）调整间隙 （6）调整压盖压力
密封环损坏	（1）密封环与轴套不同心 （2）轴弯曲 （3）密封环内进入硬颗粒 （4）转子振动过大	（1）调整或更换 （2）对轴进行校正 （3）进行清洗 （4）消除异常振动
振动噪音过大	（1）转子不平衡 （2）轴承失效 （3）齿轮损坏 （4）紧固件松动 （5）有磨卡现象 （6）工况点不合适	（1）进行调整 （2）更换轴承 （3）修理或更换 （4）检查紧固 （5）解体修理 （6）调整工况点

第三节 污水处理厂专用设备

一、格栅除渣机

1. 格栅除渣机类型

如前所述，格栅实质是由一组平行的金属栅条制成的可以拦截水中杂物的框架，根据水质特点即可选择格栅的形式。机械格栅即是指在格栅上配备了清除栅渣的机械，机械格栅的不同关键在于除渣机的区别。常用的几种除渣机的适用范围及优缺点见表6-13。

表 6-13 常用除渣机的适用范围及优缺点

除渣机类型	适用范围	优点	缺点
链条式	主要用于安装深度不大的中小型粗、中格栅	(1) 构造简单，制造方便 (2) 占地面积小	(1) 杂物进入链条与链轮时容易卡住 (2) 套筒滚子链造价高，易腐蚀
圆周回转式	主要用于中、细格栅耙钩式用于较深中小格栅背耙式用于较深格栅	(1) 用不锈钢或塑料制成耐腐蚀 (2) 封闭式传动链，不易被杂物卡住	(1) 耙钩易磨损，造价高 (2) 塑料件易破损
移动伸缩臂式	主要用于深度中等的宽大型粗、中格栅耙斗式适于较深格栅	(1) 设备全部在水面以上,可不停水检修 (2) 钢丝绳在水面上运行，寿命长	(1) 移动部件构造复杂 (2) 移动时耙齿与栅条不好对位
钢丝绳牵引式	主要用于中、细格栅固定式适用于中小格栅移动式适用于宽大格栅	(1) 无水下固定部件者，维修方便 (2) 适用范围广	(1) 钢丝绳易腐蚀磨损 (2)水下有固定部件者，维修检查时需停水
自清式	主要用于深度较浅的中小型格栅或二道格栅	(1) 安装方便占地少 (2) 动作可靠，容易检修	不能承受重大污物的冲击

2. 格栅除渣机的运行控制方式

一般来说，格栅除渣机没有必要昼夜不停地运转，格栅除渣机的开停应当根据栅渣的数量来定，在栅渣较少时没有必要开机。因此除渣机最好间歇运行，否则只会加速设备的磨损和浪费电能。控制格栅除渣机间歇运行的方式有以下几种：

① 人工控制：人工控制有定时控制和根据栅渣数量控制两种形式。前者是制定一个开机时间表，操作人员按规定的时间开机和停机，后者是每天由操作人员巡检时观察拦截的栅渣数量和堆积情况，根据需要开机和停机。

② 自动定时控制：自动定时控制按预先定好的时间自动开机和停机，一般使用这种控制方式的除渣机也可以随时实现人工控制。自动定时控制也离不开操作人员的管理，当发现有大量垃圾涌入时，要及时手动开机或缩短设定开机的间隔时间。

③ 水位差控制：污水流过格栅时都会有一定的水头损失，当拦截的栅渣数量增多时，水头损失就会增大，表现为栅前和栅后的水位差变大。当水位差达到一定的数值时，就说明积累的栅渣数量已较多，在用传感器测量到水位差的变化后，使除渣机自动开启。这是一种最为先进和合理的控制方式。

二、除砂机

1. 旋流沉砂池除砂机的结构

旋流沉砂池除砂机的由搅拌器、提砂器和砂水分离器三个部分组成，这三个部分均固定在圆形沉砂池上，相互位置固定不变，通过管道将三个部分连成一个整体，各自发挥功能，共同完成除砂工作，任一部分出现故障或功能不完善都将影响除砂效果。

搅拌器的功能是增加进入沉砂池中污水的回转速度，从而加大污水中砂粒的离心力，将砂子快速甩到池壁上，通过砂粒的自重延池壁和锥形池底汇集到集砂井中。提砂器的功能是利用一定压力的清水(自来水)将安装在集砂井底部的提砂头四周的砂粒进行清洗，并在提砂头内部形成砂水旋转层，迫使进入提砂头的低压空气沿提砂头中心的砂水管向上运动，从而将旋转层的砂水不断带出集砂井，并通过管道进入砂水分离器。砂水分离器的功能是将砂水进行沉淀，污水从上部出口流走，砂粒由螺旋带输送到运输小车内。

2. 旋流沉砂池除砂机的使用注意事项

① 提砂器的自来水压力不能低于0.2MPa，水压过低会造成砂粒层的板结和成块，从而堵塞气管，引起提砂不畅或不能提砂。

② 定期检查输送砂水管道的堵塞或积砂情况，如果淤积严重，必须及时清理，否则甚至可能堵死管道，可采用敲击管道听声音的方法检查，敲击有泥砂淤积的管道发出的声音比敲击通畅的管道发出的声音要沉闷得多。

③ 经常检查搅拌器回转支承和内啮合齿轮的润滑情况，及时加注润滑脂，否则可能造成搅拌器的严重损坏。

④ 巡检时要注意搅拌器和砂水分离器的驱动装置和转动部分是否有异常的声音或振动，并检查紧固螺栓是否有松动现象。

⑤ 每半年在砂水分离器螺旋带转轴的填料函上加注一次油脂，同时检查螺旋带和螺旋带下耐磨橡胶垫的磨损情况，如果磨损严重也要进行更换。

⑥ 每年检查一次搅拌器和砂水分离器上的减速箱的润滑油情况，根据油质情况确定是否换油，并对电机轴承进行润滑。

三、沉淀池排泥设备

污水处理系统的沉淀池分初沉池和二沉池两种，所用的池型有平流式、辐流式、斜管式等，各种型式的沉淀池配备的排泥设备也有不同。

(一) 链条刮板式刮泥机

链条刮板式刮泥机是一种带刮板的双链输送机，一般安装在中小型污水处理厂的平流式初沉池。

1. 结构

① 驱动装置：刮泥板的移动速度一般是不变的，因此其驱动为一台三相异步电动机和一部减速比较大的摆线或行星针轮减速机，另有一套传递动力的驱动链轮。

② 主动轴和主动链轮：主动轴的作用是将驱动链轮传来的动力传到主动链轮，其通常是一根横贯全池水面以上的长轴，两端的轴承座固定在池壁上。

③ 链条及其拉紧装置：驱动链轮和主动链轮之间通常设一条连接链条传递动力，而刮板分别固定在两根主链条上，随主链条一起运动，实现刮泥和刮渣的功能，拉紧装置则起到调整链条松紧程度的作用。

④ 导向链轮：导向链轮固定在沉淀池的池壁上，其作用是控制主链条的运动轨迹，使主链条平行运动，避免因刮板的重力及两根主链条阻力不均而引起的扭曲现象。

⑤ 刮泥板及导轨：刮泥板的作用是将污泥刮到集泥斗，多用塑料、玻璃钢或不锈钢制成。刮板导轨用于保持刮板链条的正确刮泥、刮渣位置，池底导轨多用 PVC 板固定于池底，上部导轨用 PVC 板固定于钢制支架上。

⑥ 浮渣撇除装置：安装在出水堰前面，阻止浮渣随水流进入出水渠中。多采用可调节转向的管式撇渣器，构造和操作与隔油池管式撇渣器相同。

⑦ 机械安全装置：大多采用剪切销保证整个设备的安全，当主链条运动出现异常阻力时，设置在驱动链轮上的剪切销会被切断，使驱动装置和主动轴脱开。

⑧ 电控装置：包括过载保护、漏电保护和可调节的定时开关系统。可根据实际需要控制每天的间歇运行时间，间歇运行可有利于污泥的沉淀效果和延长刮泥机的使用寿命。

2. 使用和维护注意事项

① 由于导向轮在较深的水下运转，经常加油很不现实，因此一般都采用水润滑的滑动轴承。

② 经常检查链条的松紧程度，通过观察链条与水面的平行情况，及时地利用拉紧装置适当调整链条松紧程度。

③ 链条经常与水接触，因此常用制造材料有锻铸铁、不锈钢和高强度塑料等，具有良好耐腐蚀性和自润滑性且自重较小的高强度塑料链条，正在得到越来越广泛的应用。

④ 巡检时根据池面浮渣的聚集情况，及时将浮渣通过管式撇渣器去除。

(二) 回转式刮泥机

圆形辐流式初次沉淀池使用回转式刮泥机，其结构简单，管理环节少，故障率低，有的二沉池也有应用。在辐流式浓缩池上运行的回转式浓缩机与回转式刮泥机结构类似，除了具有刮泥及防止污泥板结的作用之外，还利用很多纵向的栅条对池中的污泥进行搅拌，用以进行泥水分离。

1. 种类

(1) 全跨式与半跨式

有些回转式刮泥机桥架的一端与中心立柱上的旋转支座相接，另一端安装驱动装置和滚轮，桥架做回转运动，在占沉淀池半径的桥架下布置刮泥板，每转一圈刮一次泥。这种形式称为半跨式或单边式，适用于直径30m以下的中小型沉淀池。

一些回转式刮泥机具有横跨沉淀池直径的工作桥，旋转桁架为对称的双臂式，刮泥板也对称布置，这种形式称为全跨式或双边式。对于直径30m以上的沉淀池，刮泥机运转一周需30~100min，采用全跨式可每转一周刮两次泥，从而减少污泥在池底的停留时间。有些刮泥机在沉淀池中心附近与主刮泥板90°方向上再增加几个副刮泥板，即在污泥聚集较厚的部位每回转一周刮四次泥。

(2) 中心驱动式与周边驱动式

中心驱动式回转刮泥机的桥架是固定的，桥架所起的作用是固定中心架位置与安装操作维修时的走道。驱动装置安装在中心，电机通过减速机使悬架转动。悬架的转动速度非常慢，减速比大，主轴的转矩也非常大。为了防止因刮板阻力太大引起超扭矩造成破坏，联轴器上都安装剪断销。刮泥板安装在悬架的下部，为了保证刮泥板与池底的距离并增加悬架的支承力，可以采用在刮泥板下安装尼龙支承轮的措施，双边式刮泥机还可以采取在中心立柱与两侧悬架臂之间对称安装拉杆(可调节)的措施。为了不使主轴转矩过大，单边式中心驱动回转刮泥机的最大回转直径一般不超过30m，双边式中心驱动回转刮泥机的最大回转直径可以超过40m。

周边驱动式回转刮泥机的桥架围绕中心轴转动，驱动装置安装在桥架的两端这种刮泥机的刮板与桥架通过支架固定在一起，随桥架绕中心转动，完成刮泥任务，由于周边传动使刮泥机受力状况改善，其最大回转直径可达60m。周边驱动式回转刮泥机需要在池边的环形轨道上行驶，如果行走轮是钢轮，则需要设置环形钢轨；如果行走轮是胶轮，则需要一圈水平严整的环形池边。周边驱动式回转刮泥机的控制柜和驱动电机都安装在转动的桥架之上，与外界动力电缆与信号电缆的连接要靠集电环；集电环装在桥架的中心，动力电缆通过沉淀池下的预埋管从中心支座通向集电环箱，再由集电环箱引向控制柜。

2. 结构

① 桥架或桁架：是刮泥机的主体，其他部件都安装其上。一般采用碳钢管焊接而成，在沉淀池现场组装，进水前进行加强防腐。

② 刮泥板：作用是将污泥刮到中心集泥斗，常见的形式有斜板式和曲线式两种。

斜板式由多个倾斜安装的刮泥板组成，当斜板绕中心转动时，使污泥随刮板的转动向中心流动。当污泥脱离一个刮板后，靠近中心的另一个刮板接着刮，污泥逐级流动，最终进入中心泥斗。大型沉淀池刮泥机一般都采用斜板式刮泥板。

曲线式刮泥板只有一片，常用的有对数螺旋形和外摆线形。污泥在刮板转动的同时，延刮板连续向中心流动，最后进入中心泥斗。使用曲线式刮泥板的刮泥机一般在 30m 以下。

③ 浮渣排除装置：由随刮泥机运转的浮渣刮板、固定在出水堰旁边的浮渣斗和池外的浮渣井等组成。当浮渣随浮渣刮板转动时，浮渣刮板向浮渣施加一个向池边运动的分力，加上转动产生的离心力，使浮渣集中于沉淀池外圈的出水堰附近，经过浮渣斗时被浮渣刮板刮入斗内。浮渣斗装有和沉淀池水面相通的水管，水管上安装阀门，定时或连续放水冲洗，将斗内浮渣冲到浮渣井。

④ 稳流筒：辐流式沉淀池采用中心进水方式，进水首先进入中心布水箱，再通过均匀分布在布水箱周边的布水口向周边流动。稳流筒是设置在刮泥机中心布水箱外面的一个圆筒状布水器，其作用就是对从布水口流出的污水再进行整流，避免沉淀池内水流受进水的扰动而影响沉淀效果，因此圆筒状布水器简称为“稳流筒”或“整流筒”。

⑤ 搅拌器：位于漏斗形沉淀池底中心的集泥斗通过污泥管与污泥泵相连，为了排泥顺畅，必须要保持污泥具有良好的流动性。因此，通过设置在泥斗内的小刮泥板(即搅拌器)随刮泥机转动，搅动泥斗内的集泥，避免污泥板结。

⑥ 出水堰清洗刷：三角形出水堰的堰口，常会被浮渣等杂物堵塞，长时间运行后，还会生长一些藻类构成的生物膜，影响出水的均匀性，因此刮泥机需要在堰板内外均安装随桁架转动的清洗刷，连续清洗出水堰。

⑦ 控制系统：包括驱动电机的开关和保护系统等，还通过集电环和电缆与总控制室相连，实现远距离监控。有的控制系统中还安装了时间继电器，可以自动控制刮泥机的间歇运行。

⑧ 与沉淀池回转式刮泥机相比，圆形浓缩池使用的回转式刮泥机在斜板式刮泥板的上方增加了一部分纵向的栅条，栅条的间距从 100~300mm 不等。栅条通过随刮泥机的缓慢转动产生搅拌作用，促进污泥与水的分离，加快污泥的沉降浓缩过程。

3. 使用和维护注意事项

回转式刮泥机的运行管理简单，只要定时开机、关机并按规定加润滑油脂即可。

① 驱动减速机要加润滑油，行走轮轴承、中心轴承和中心大齿圈需要定期加润滑脂。一定要重视对中心轴承的加油和保护，因为一旦这个大轴承因缺油而产生损坏，其修理或更换都十分困难。

② 如果行走轮为胶轮，加油时一定要避免将油洒落在胶轮上，因为油脂对胶轮的腐蚀作用非常大。

③ 如果行走轮为钢轮，要密切注意钢轨的变形情况。由于环形钢轨的稳定性要比直轨差，有可能因热胀冷缩、震动等原因而脱离固有位置，由此引起钢轨与钢轮发生咬合不好，发生“啃轨”现象。

④ 要保证集电环箱内保持干燥，实现电刷的良好接触，如果电刷磨损，或者弹簧失灵要及时更换，避免因电刷接触不良造成电源缺相或监控信号不通等现象的发生。尤其要注意的是避免发生监控电路与动力电源电路之间发生短路的现象，因为短路有可能将 380V 电压引入监控计算机，造成较大损失或安全事故。

⑤ 对于中心驱动的刮泥机，剪断销的润滑脂必须及时补充，以保证其过载保护功能正常。因为驱动装置的扭矩非常大，刮泥阻力一旦超过允许值，而此时剪断销锈死，有可能使主轴变形。

⑥ 一年将沉淀池放空一次，对刮泥机水下部分进行检查，对金属构件的腐蚀部分及时维修保养，对稳流筒出水口聚积的杂物进行清理。

⑦ 刮泥板与桁架刚性连接时，如果池底出现板结或较大异物，会造成刮泥机阻力急剧增加而引起刮泥机的破坏，因此长时间停机后再开机时，要特别当心，必要时，可用高压水或压缩空气进行松动后再开机。

⑧ 浓缩池的进泥往往是间断的，而浓缩池刮泥机却应持续不断地运转以保持污泥的流动性，有时由于种种原因浓缩池长时

间不进泥，但池中只要有泥，浓缩刮泥机也不能停下来。如果因为维修、停电等原因造成较长时间的停机而池中有泥时，重新启动应特别注意板结在池底的污泥可能造成的巨大阻力。

(三) 桁车式刮吸泥机

1. 结构和特点

桁车式刮、吸泥机适用于平流式沉淀池和斜管沉淀池，由桥架和使桥架往复行走的驱动系统及固定于桥架上的吸泥管组成。在沉淀池的一侧或两侧装有导泥槽，用以将吸出的活性污泥引到配泥井或回流污泥泵房及剩余污泥泵房。桁车式吸泥机往复行走，其来回两个行程均为工作行程，不存在桁车式刮泥机那样空车返回的现象，两个行程的速度相同。桁车式吸泥机的吸泥方式有虹吸式和泵吸式两种。吸泥机上安装可升降的浮渣刮板，升降方式有液压式、电磁式及钢丝绳牵引式三种。浮渣槽安装在进水端，吸泥机从进水端向出水端运行时，刮板脱离水面，在回程时刮板入水。

每台吸泥机都有多根吸泥管，但吸泥管不可能将池底完全覆盖，相邻吸泥管之间必然会有一定空间和距离。为了使空间中的污泥向吸泥管口处集中，可以采取三种措施：①吸泥管口做成鸭嘴式扁形口，扩大吸泥宽度，沉淀池底水平形式；②沉淀池底作出一些纵向的 V 型槽，池底污泥在重力的作用下向 V 型槽底部集中，再将吸泥管的管口深入 V 型槽底部，并沿槽的方向行走；③在固定的吸泥管口安装分布成 X 状的四个小刮板，在吸泥机运行的两个方向都可以利用刮泥板将污泥拢到吸泥管口。

2. 使用和维护注意事项

① 桁车式刮吸泥机的运行速度要综合考虑入流污水量、产泥量和沉淀池的深度等诸多因素，一般为 0.3~1.5m/min，速度过快会扰动池内流态，影响污泥的沉降效果。在实际生产中要根据实际情况适当调整运行速度，保证刮泥或吸泥的效果。

② 要注意检查浮渣的排除效果。浮渣一般只往一个方向刮除，刮板的升降必须有效，以免影响刮渣效果。

③ 一年将沉淀池放空一次，对刮泥机水下部分进行检查，对金属构件的腐蚀部分及时维修保养，对吸泥管口或刮泥板等处聚积的杂物进行清理。

④ 要定期检验虹吸式吸泥管的气密性，必要时予以更换。

（四）回转式刮、吸泥机

按驱动方式划分，回转式刮、吸泥机分为中心驱动式和周边驱动式两种。

1. 结构和特点

① 桥架：分旋转桥架与固定式桥架两种，支承固定吸泥管、控制柜和安装泥槽、水泵或真空泵等操作维修时的走道。

② 端梁：又称鞍梁，用于周边驱动式吸泥机上支承桥架、安装驱动装置及主动和从动行走轮。

③ 中心部分：包括中心集泥斗、稳流筒、中心轴承和集电环箱等。

④ 工作部分：由固定于桥架或旋转支架上的若干根吸泥管，刮泥板及控制每根吸泥管出泥量大的锥阀等组成。

⑤ 驱动、浮渣排除及电气控制装置：这些装置与回转式刮泥机的构成和作用基本相同。

⑥ 出水堰清洗刷：因为终沉池出水中溶解氧含量较高，在出水堰上更容易滋生一些苔藓及藻类，形成的生物膜影响出水的均匀性，也有碍观瞻。除了在吸泥机桥架上安装清洗刷外，也有在二沉池内安装小气提泵、利用池内上清液清洗出水堰的形式。

2. 环形轨道的使用和维护注意事项

沉淀池上的回转式刮、吸泥设备和回转式污泥浓缩机的运转经常利用钢轮在钢制环形轨道上行走。钢轮和环形钢轨具有承载力大、导向性能好、运行稳定、使用寿命长等优点。但要注意以下事项：

① 热胀冷缩的影响：北方地区冬夏的温差可达 60℃ 以上，南方地区也有近 40℃ 左右的温差，在调整钢轨时必须考虑桥架和钢轨热胀冷缩时产生的影响。在北方地区冬季调整轨道时，相

邻两根钢轨之间要保留 4~5mm 的间隙，在南方地区冬季调整轨道时，相邻两根钢轨之间要保留 3~4mm 的间隙，而在夏季调整轨道时，相邻两根钢轨之间保留 1mm 的间隙即可。

② 轨道变形后的调整：环行轨道的生产方法多是采用轻型钢轨在压力机上成形。经过一段时间的使用后，由于振动、雨淋日晒及气温变化等原因，由于残存内应力的作用，轨道的弯曲度变小，原来的圆形轨道变成了多角形，由此产生钢轮凸缘与钢轨侧面的“啃轨”现象。轨道调整时要调整完一根钢轨并固定好后，再去松动另一根钢轨上的压板螺栓，切不可将整个环行轨道全部松开，否则桥架将无法在钢轨上运行，即无法用钢轮检验钢轨的位置是否正确。调整方法是先将压板螺栓及鱼尾板螺栓拧松，然后用弯轨器仔细地调整，并随时用样板检查。初步调整后先上紧两端的鱼尾板螺栓，再使桥架运转，仔细观察钢轨与钢轮的相对位置，如果有偏差须继续调整，直到完全恢复原有状态，再将其余螺栓全部上紧。

③ 日常检查和维护：对正在使用的环形轨道，应当至少每月进行一次检查。要仔细观察钢轮与钢轨的相对位置，如果有偏移或啃轨，可用油漆做好记号，以备调整钢轨时重点调整。当钢轮在钢轨上滚动时，观察压板螺栓是否松动，钢轨或压板的垫铁是否牢固。螺栓松动的立即上紧，垫铁松动的垫实后再上紧螺栓。

四、滗水器

滗水器是一种收水装置，是一种能够在排水时随着水位升降而升降的浮动排水工具。滗水器的排水特点是随水位的变化而升降及时将上清液排出，同时不对池中其他水层产生扰动。为了防止浮渣随水一起排出，滗水器的收水口一般都淹没在水面下一定深度，而不像可调出水堰那样水流从堰顶溢流出去。

滗水器一般由收水装置、连接装置和传动装置组成。收水装置包括挡板、进水口、浮子等，其主要作用是将处理好的上清液收集到滗水器中，再通过导管排放。滗水器在排水时需要不断转动，因此要求连接装置既能自由运转，又能密封良好。滗水器的传动装置是保证滗水器正常动作的关键，不论采用液压式传动还是机械传动，都需要与自控系统和污水处理系统进行有机的结合，通过可编程控制完成滗水动作。

1. 型式

SBR 系统滗水器从运行方式上可分为虹吸式、浮筒式、套筒式、旋转式等，从堰口形式上可分为直堰式和弧堰式等。除虹吸式滗水器只有自动式一种传动方式外，其余三种运行方式的滗水器都有机械、自动或机械自动组合的传动方式。常用滗水器的工作原理和特点见表 6-14。

表 6-14　常用滗水器的工作原理和特点

	浮筒式	旋转式	套筒式	虹吸式	直堰式	弧堰式
工作原理	通过浮筒上的出水口将水引出池外	经过一个旋转臂上的出水堰将水引出池外	由类似可伸缩天线的可升降堰槽引出管将水引出池外	利用电磁阀排出 U 形管与虹吸口之间的空气，通过 U 形管将水引出池外	通过堰板向下开启将水溢流至池外	通过堰门旋转降低将水引出池外
基本结构	浮筒、出水堰口、柔性接头、弹簧塑胶软管及气动控制拍门组成	回转接头、支架堰门、丝杆、方向导杆及减速机组成	启闭机、丝杆、出水堰槽及伸缩导管组成	管道、阀门组成		
控制形式	可编程气动控制	PLC 控制电动螺杆	钢丝绳卷扬或丝杆升降	可编程电磁阀控制	电动头螺杆	电动头螺杆
主要优点	动作可靠、滗水深度大、自动化程度高	运行可靠、负荷大、滗水深度较大	滗水负荷量大、深度适中	无运转部件、动作可靠、成本较低	滗水负荷较大	密封效果好，与其他装置结合可完成较深范围的滗水

续表

	浮筒式	旋转式	套筒式	虹吸式	直堰式	弧堰式
负荷/($L\cdot m^{-1}\cdot s^{-1}$)		20~30	10~12	1.5~2.0		
滗水范围/m	1.2~2.5	1.0~2.3	0.6~1.0	0.4~0.6	0.4~0.9	0.3~0.5
滗水保护高度/m		0.3~1.0	0.8~1.1	0.3		

从应用效果看，单纯的机械式调节堰滗水器，由于动力消耗大，机械部分多，寿命较短，因此使用受到一定的限制。自动式滗水器由于堰的浮力很难在流量、水位不断变化的出水水流中达到动态平衡，而且反应灵敏度较低，不易控制，所以自动式滗水器只适用于一些小规模的 SBR 污水处理厂。组合式滗水器集中了机械式滗水器准确、容易控制的优点和自动式滗水器节能的优点，因此大多数大型污水处理厂多采用组合式滗水器。

2. 使用和维护注意事项

① 经常检查滗水器收水装置的充气和放气管路以及充放气电磁阀是否完好，发现有管路开裂、堵塞或电磁阀损坏等问题，应及时予以清理或更换。

② 定期检查旋转接头、伸缩套筒和变形波纹管的密封情况和运行状况，发现有断裂、不正常变形后不能恢复的问题时应及时更换，并根据产品的使用要求，在这些部件达到使用寿命时集中予以更新。

③ 巡检时注意观察浮动收水装置的导杆、牵引丝杠或钢丝绳的形态和运动情况，发现有变形、卡阻等现象时，及时予以维修或更换。对长期不用的滗水器导杆，要加润滑脂保护或设法定期使其活动，防止因锈蚀而卡死。

④ 滗水器堰口以下都要求有一段能变形的特殊管道，浮筒式采用胶管、波纹管等实现变形，套筒式靠粗细两段管道之间的伸缩滑动来适应堰口的升降，而旋转式则是靠回转密封接头来联

结两段管道以保证堰口的运动。使用滗水器时必须通过控制出水口的移动速度等方法，设法使组合式滗水器在各个运动位置时的重力与水的浮力相平衡，这样既利用水的浮力，又能实现滗水器的随机控制。

五、曝气设备

为了实现曝气的作用和达到应有的目的，所有的曝气设备必需产生和维持有效的水气接触，使水能够循环流动和实现水中的活性污泥始终处于悬浮状态。并且在生物氧化作用不断消耗氧气的情况下，保持水中一定的溶解氧浓度。

1. 曝气设备的主要技术性能指标

曝气设备的主要技术性能指标有动力效率、氧的利用率、氧的转移效率等三个：

① 动力效率 E_p：即每消耗 1kW · h 电能转移到混合液中的氧量，单位是 kg O_2/(kW · h)。

② 氧的利用率 E_A：通过鼓风曝气转移到混合液中的氧量，占总供氧量的百分比(%)。

③ 氧的转移效率 E_L：也称充氧能力，通过机械曝气装置，在单位时间内转移到混合液中的氧量，单位是 kg/h。

通常用动力效率和氧的利用率两项指标评判鼓风曝气设备的性能，而用动力效率和氧的转移效率两项指标评判机械曝气设备的性能。

2. 微孔曝气

微孔曝气器也称多孔性空气扩散装置，采用多孔性材料如陶粒、粗瓷等掺以适量的酚醛树脂一类的粘合剂，在高温下烧结成为扩散板、扩散管及扩散罩等形式。为克服上述刚性微孔曝气器容易堵塞的缺点，现在已广泛应用膜片式微孔曝气器。

微孔曝气是利用空气扩散装置在曝气池内产生微小气泡后，微小气泡与水的接触面积大，所产生的气泡的直径在 2mm 以下，氧利用率较高，一般可达 10%以上，动力效率大于 2kg O_2/(kW · h)。其缺点是气压损失较大、容易堵塞,进入的压缩空气必须预先经过过滤处理。

微孔曝气器可用于活性污泥负荷率小于 0.4kg BOD_5/(kgMLSS · d)的系统，在要求空气扰动较小的接触氧化等处理工艺中也多使用微孔曝气器(可防止生物膜被大气泡洗脱)。

(1) 常用微孔曝气器的种类

根据扩散孔尺寸能否改变分为固定孔径微孔曝气器和可变孔径微孔曝气器两大类。

常用固定孔径微孔曝气器有平板式(见图 6-23)、钟罩式(见图 6-24)和管式等三种,由陶瓷、刚玉等刚性材料制造而成。其平均孔径为 100~200μm,氧利用率为 20%~25%,充氧动力效率为 4~6kg/(kW · h),通气阻力为 150~400mm 水柱(1.47~3.92kPa),曝气量为 0.8~3m^3/(h · 个),服务面积为 0.3~0.75m^2/个。

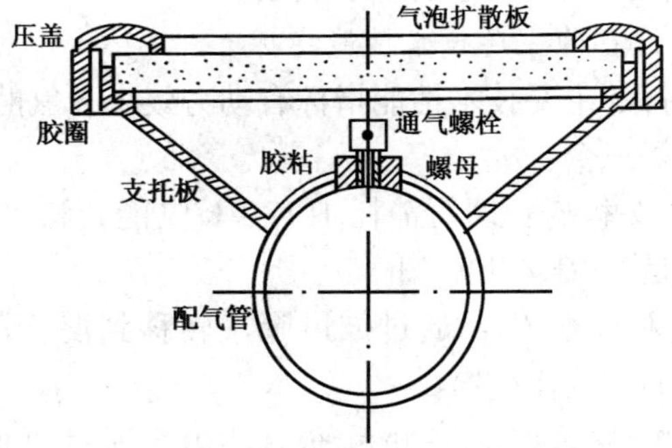

图 6-23　平板式微孔曝气器

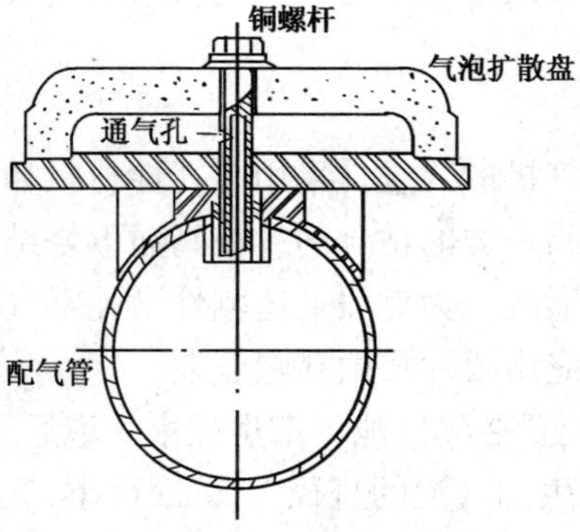

图 6-24　钟罩式微孔曝气器

常用可变孔径微孔曝气器多采用膜片式(见图 6-25)，膜片材质为合成橡胶。

其孔径为 100~200μm，氧利用率为 27%~38%，充氧动力效率为 3~4kg/(kW·h)，通气阻力为 150~600mm 水柱(1.42~5.85kPa)，曝气量为 3.4~34m^3/(h·个)，服务面积为 1~3m^2/个。

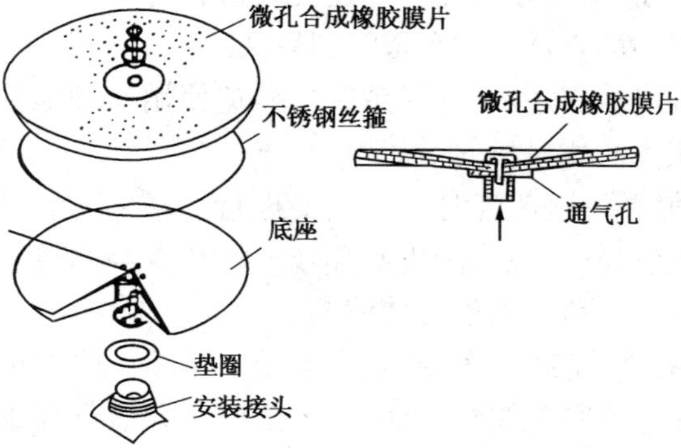

图 6-25　膜片式微孔曝气器

可变孔径微孔曝气器膜片被固定在一般由 ABS 材料制成的底座上，膜片上有用激光打出同心圆布置的圆形孔眼。曝气时空气通过底座上的通气孔进入膜片与底座之间，在压缩空气的作用下，膜片微微鼓起，孔眼张开，达到布气扩散的目的。停止供气后压力消失，膜片本身的弹性作用使孔眼自动闭合，由于水压的作用，膜片又会压实于底座之上。这样一来，曝气池中的混合液不可能倒流，也就不会堵塞膜片的孔眼。同时，当孔眼受压开启时，压缩空气中即使含有少量尘埃，也可以通过孔眼而不会造成堵塞，因此可以不用设置除尘设备。

微孔曝气器可分为固定式安装及可提升式安装两种形式。微孔曝气器容易堵塞，固定式安装的缺点是清理维修时需要放空曝气池，难以操作。可提升式安装可在正常运转过程中，随时或定期将微孔曝气器从混合液中提出来进行清理或更换，从而能长期保持较高的充氧效率。

(2) 微孔曝气器的注意事项

微孔曝气器的种类很多，各有各自的参数，服务面积、充氧能力、动力效率、曝气量、阻力(水头损失)、氧利用率都有一定区别，使用过程中必须按照产品的使用说明提出的要求进行控制。另外还要注意以下事项：

① 风机进风口必须有空气过滤装置，最好使用静电除尘等方式将空气中的悬浮颗粒含量降到最低。

② 要防止油雾进入供气系统，避免使用有油雾的气源，风机最好使用离心式风机。

③ 输气管采用钢管时，内壁要进行严格的防腐处理，曝气池内的配气管及管件应采用ABS或UPVC等高强度塑料管，钢管与塑料管的连接处要设置伸缩节。

④ 微孔曝气器一般在池底均布，与池壁的距离要大于200mm，配气管间距300~750mm，使用微孔曝气器的曝气池长宽比为(8~16)：1。

⑤ 全池微孔曝气器表面高差不超过±5mm，安装完毕后灌入清水进行校验。运行中停气时间不宜超过4h，否则应放空池内污水，充入1m深的清水或二沉池出水，并以小风量持续曝气。

3. 可变孔曝气软管

可变孔曝气软管表面都开有能曝气的气孔，气孔呈狭长的细缝型，气缝的宽度在0~200μm之间变化，是一种微孔曝气器。可变孔曝气软管的气泡上升速度慢，布气均匀，氧的利用率高，一般可达到20%~25%，而价格比其他微孔曝气器低。所需供的压缩空气不需要过滤过程，使用过程中可以随时停止曝气，不会堵塞。软管在曝气时膨胀开，而在停止曝气时会被水压扁。可变孔曝气软管可以卷曲包装，运输方便，安装时池底不需附加其他复杂设备，而只需要固定件卡住即可。

4. 穿孔曝气管

穿孔曝气管是一种应用较为广泛的中气泡曝空气扩散装置，由管径介于25~50mm之间的钢管或塑料管制成，在管壁两侧向下相隔45°角，留有两排直径3~5mm的孔眼或缝隙，间距50~

100mm，压缩空气由孔眼溢出，孔口速度为5~10m/s。

这种扩散装置的优点是构造简单，不易堵塞，运行阻力小；缺点是氧的利用率较低，只有4%~6%左右，动力效率也低，只有1kg/(kW·h)左右。在活性污泥曝气系统中采用较少，而在接触氧化工艺中应用较多。

穿孔管制成管栅，安装在800~900mm处可用于浅层曝气，此时动力效率可以达到2kg O_2/(kW·h)以上，但氧利用率较低，只有2.5%左右。

5. 水力剪切型曝气器

利用装置本身的构造产生水力剪切作用，将大气泡切割成小气泡，增加气液接触面积，达到提高充氧效率的目的。常用水力剪切型曝气器有固定螺旋空气曝气器、倒伞型曝气器、射流式曝气器、散流曝气器、“金山”型曝气器等。

① 固定螺旋空气曝气器由圆柱形外壳和固定在壳体内部的螺旋叶片组成，每个螺旋叶片的旋转角为180°，两个相邻叶片的旋转方向相反。空气由布气管从底部的进入后向上流动，由于壳体内外混合液的密度差产生提升作用，使混合液在壳体内外不断循环流动，同时空气泡在上升过程中被螺旋叶片反复切割形成小气泡。固定螺旋空气曝气器又有固定单螺旋、固定双螺旋、固定三螺旋等三种类型，表6-15列出了各自的规格和性能。

表6-15 固定螺旋空气曝气器的规格和性能

名　　称	固定单螺旋	固定双螺旋	固定三螺旋
规　格	DN200×H1500	DN200×H1500	DN185×H1740
材　质	硬聚氯乙烯	硬聚氯乙烯、玻璃钢	玻璃钢
服务面积/m^2	3~9	4~8	3~8
氧利用率/%	7.4~11.1	9.5~11.0	8.7
动力效率/kgO_2·$(kW·h)^{-1}$	2.24~2.48	1.5~2.5	2.2~2.6

② 倒伞型曝气器由伞形塑料壳体、橡胶板、塑料螺杆及压盖等组成。空气通过布气管从上部进入后，由伞形壳体和橡胶板

间的缝隙向周边喷出，在水力剪切的作用下，压缩空气被切割成小气泡。停止鼓风后，借助橡胶板的回弹力，缝隙自行封闭，防止混合液倒灌。倒伞型曝气器的技术参数如下：供气量为114~281m^3/h，服务面积12m^2，动力效率1.78~2.88kg $O_2/(kW\cdot h)$，氧的利用率6.5~8.5%，氧的转移系数为4.7~15.7。

③ 射流式曝气器是利用水泵将泥水混合液加压后，通过水射器吸入大量空气，泥水和空气在水射器喉管处因流速高而剧烈混合，吸入的气泡粉碎成雾状，继而在水射器扩散管内由于动能转化为势能而有利于空气中的氧向混合液的转移速度和转移量，因此强化了氧的转移过程，使氧的转移率高达20%以上(纯氧曝气系统有时利用射流式曝气器就是其高转移率)。射流式曝气器的缺点是动力效率不高。

④ 散流曝气器用塑料或玻璃钢压制成型，具有良好的耐腐蚀性，适用于工业废水的处理。由锯齿形曝气头和带有锯齿的散流罩、导流隔板、进气管等四部分组成，整个曝气器呈倒伞形。散流曝气器通过水流的混掺作用、气泡的切割作用和散流罩的扩散作用共同完成充氧过程。这种曝气器布气范围大，池内布气均匀，耐腐蚀、不堵塞、安装方便，而且动力效率和氧的利用率也较高。一般每个散流曝气器的供气量为25~35m^3/h，安装间距为1~1.6m，服务面积为1~3m^2，氧的利用率为8.5%左右。

⑤“金山”型曝气器由高压聚乙烯注塑成型，外形呈倒莲花状。压缩空气由上部进入，由于被内壁肋剪切，形成小气泡。供气压力一般为0.05MPa，氧的利用率为8%左右，每个“金山”型曝气器服务面积为1m^2，充氧能力为0.4kg $O_2/(kW\cdot h)$。

6. 表面曝气机

表面曝气机向混合液中供氧的途径有三个：①通过叶轮的搅拌、提升或推流作用，使曝气池内混合液不断循环流动，与气相的接触面不断更新吸入气相中的氧；②通过叶轮旋转在叶轮中心及背水侧形成负压，不断将气相中的氧吸入混合液中；③叶轮旋转使叶轮外缘形成水跃，大量水滴甩向气相吸氧后再回到混合液中。

在叶轮的速度和浸没深度适当时，叶轮的充氧能力可以最大。叶轮速度过大，污泥会被打碎，影响处理效果；速度过小，影响充氧效果。浸没深度适当，可保证池内液体上下翻动，气水充分接触混合，池内上下溶解氧一致。当浸没太浅时，水的提升量减少，池底溶解氧不足，充氧能力下降。当浸没过深时，叶轮单纯搅拌，没有水跃，空气吸入量少，得不到有效充氧。

（1）立式表面曝气机

立式表面曝气机又称竖轴式叶轮曝气机，表面曝气机主要是指立式机械曝气器。表面曝气机转速较低，一般为 20～100 r/min，最大线速度为 4.5～6.0m/s，动力效率为 1.5～3kg O_2/(kW·h)。为节约电能，所配电机为双速或三速电机，双速电机的低速一般为高速的 50%。表面曝气机叶轮浸没深度一般为 10～100mm，浸没深度大时提升水量大，但能耗也会增加，可用叶轮或出水堰板升降机构调节浸没深度。当曝气池深度超过 4.5m 时，可设提升筒增加提升量，在叶轮下安装轴流式辅助叶轮也可加大提升量。

表曝机的叶轮性能与曝气池的池型结构有着密切关系，在圆形池充氧和轴功率的池型系数为 1 的情况下，正方形曝气池的充氧和轴功率池型系数分别为 0.64 和 0.81，长方形曝气池的充氧和轴功率池型系数分别只有 0.9 和 1.34，而合建式圆形曝气池的充氧和轴功率池形系数为 0.85～0.98 和 0.85～0.87。

当表曝机的线速度为 4～5m/s 之间时，曝气池直径与叶轮直径之比宜为 4.5～7.5，而曝气池水深与叶轮直径之比宜为 2.5～4.5。但采用倒伞型叶轮和平板型叶轮时，曝气池直径与叶轮直径之比可为 3～5。

在圆形曝气池中使用立式表面曝气机时，应在水面处设置挡流板。挡流板一般为 4 块，宽度为曝气池直径的 1/15～1/20，高度为池内水深度的 1/4～1/5。而在正方形和长方形曝气池中可以不设挡板。

① 立式表面机械曝气机的类型：根据曝气机叶轮的构造和型式的不同，常用表面曝气机的类型可分为泵型、K 型、倒伞型、平板型等四种。

a. 泵型叶轮型：泵型叶轮的外形与离心泵的叶轮相似。其外缘最佳线速度应在 4.5~5.0m/s 之间，如果线速度小于 4m/s，可能导致曝气池内污泥沉积，线速度过高会降低动力效率。叶轮的浸没深度应在 40mm 左右，过深会降低充氧能力，过浅会使运行不稳定。

b. K 型：K 型叶轮由后轮盘、叶片、盖板及法兰组成，后轮盘呈呈双曲线形型。与若干双曲线型叶片相交成水流孔道，孔道从始端到末端旋转 90°，后轮盘端部边缘与盖板相接，盖板大于后轮盘和叶片，其外伸部分和各叶片上部形成压水罩。K 型叶轮直径与曝气池直径或边长之比大致为 1∶(6~10)，其最佳线速度应在 3.5~5.0m/s 之间，叶轮的浸没深度为 0~10mm。

c. 平板型：平板型叶轮的构造简单，制造方便，不易堵塞，其叶片与平板的角度一般在 0°~25°之间，最佳角度为 12°。线速度一般为 4.05~4.85m/s，直径在 1000mm 以下的平板叶轮，浸没深度在 10~100mm 之间，直径在 1000mm 以上的平板叶轮，浸没深度常用 80mm，而且大多设有浸没深度调节装置。

d. 倒伞型：倒伞型叶轮结构的复杂程度介于泵型和平板型之间，与平板型相比其动力效率较高，一般都在 2kg O_2/(kW·h)以上，最高可达 2.5kg O_2/(kW·h)，但充氧能力则较低。倒伞型叶轮直径一般比泵型叶轮大，因而转速较低，通常为 30~60 r/min。

② 立式表面曝气机的操作管理注意事项。

立式表面曝气机的安装方式多为固定式，也有使用浮筒式安装的。固定安装的立式表面曝气机的驱动部分一般都安装在一个面积很大的平台上，而平台设置在曝气池或氧化沟的中心位置，叶轮在平台下面的水中运转，平台可以起到防止水沫飞溅、保护驱动装置安全的作用。

由于风的作用，表面曝气机叶轮搅起的水沫仍有可能落到平台和电机、减速机上，平时要注意及时对这些污垢进行擦拭和清理，以保证驱动装置的正常运转。北方冬季在平台上还会因为飞沫而结冰，因此巡检时必须十分当心，防止滑倒摔伤人。

为使表面曝气机总能在较高的充氧动力效率下工作，应当根据进水量的变化及时通过调节升降机构及出水堰门的高低位置来调节叶轮的淹没深度，并通过观察电机的电流变化和水跃的大小形状来积累调节经验。

减速机的润滑油必须及时补充，并根据季节的变化及时更换，避免驱动装置出现故障。同时要根据电机电流变化等征兆能发现叶轮是否堵塞或缠绕，否则要定期检查叶轮(尤其是泵型叶轮)，观察是否有杂物堵塞或缠绕，如果有就要及时清理以提高充氧的动力效率。

(2) 卧式机械曝气机

卧式机械曝气机由水平转轴和固定在轴上的叶片及其驱动装置组成，转轴带动叶片转动，搅动水面溅起水花，空气中的氧通过气液接触界面转移到水中。为充分发挥卧式机械曝气机的充氧能力和最大限度地节约电耗，许多卧式机械曝气机的驱动装置都配备双速电机，可以根据具体情况实现高、低速运转。具有负荷调节方便、维护管理容易、动力效率高等优点。

卧式机械曝气机又称卧轴式或水平轴式表面曝气机，主要有转刷曝气机和转盘式曝气机两种形式，是氧化沟专门使用的曝气充氧设备。转盘式曝气机主要用于奥贝尔氧化沟，而转刷曝气机主要用于传统浅型氧化沟中。

① 转盘曝气机。

转盘式曝气机简称曝气转盘或曝气碟，其盘片一般由抗腐蚀的玻璃钢或高强度的工程塑料制成，盘片面上有大量规则排列的三角形突出物和不穿透小孔(曝气孔)，用以增加和提高推进混合的效果和充氧效率。因此，尽管盘片很薄，但混合和充氧能力很好。具体构造见图 6-26。

曝气转盘中心轴一般为碳钢实心轴体，为了使盘片便于从轴上卸下或重新组装，盘片由两个半圆端面组成，以把法兰和轴连接。曝气转盘的优点是可以借助于增加或减少配置在各曝气槽中的曝气盘片的数目，改变输入每个槽的供氧量。曝气转盘的转速一般为 43 ~ 55r/min，浸没深度为 0. 23 ~ 0. 53m。例如直径为 1. 38m、厚度为 12. 5mm、曝气气孔直径为 12. 5mm 的曝气转盘，在转速为 46r/min 时，充氧动力效率可达 2. 6kg O_2/(kW · h)。

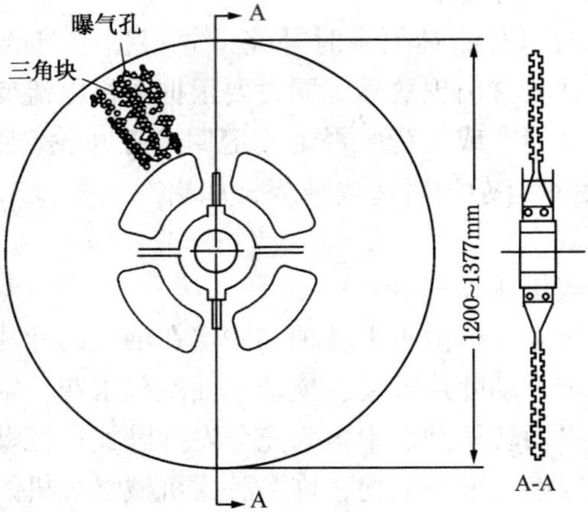

图 6-26　曝气转盘盘片示意图

② 转刷曝气机。

转刷曝气机一般简称曝气转刷，主要有可森尔转刷(Kessner brush)、笼式转刷和 Manmmoth 转刷三种，其他产品都是这三种的派生型式。其结构示意图见图 6-27。

可森尔转刷的水平轴上装有许多呈放射状的长条叶片，转刷直径一般为 400~800mm，浸没深度一般小于 0. 1m，转速为 50~70r/min，动力效率为 2kg O_2/(kW · h)，一般适用于水深在 1. 5m 以下的氧化沟。笼式转刷的中心轴周围装有径向分布的 T 型钢或角钢，直径一般小于 1. 0m，浸没深度约为 0. 15m，转速为 50~70r/min，动力效率可达 2. 5kg O_2/(kW · h)，一般适用于水深在 1.5m 以下的氧化沟。Manmmoth 转刷的叶片通过圆箍固定在水平轴上，并沿圆箍均布成一组，每组叶片之间有间隔，使叶片沿轴呈螺旋状分布，增加了转刷单位长度的推动力和充氧能力。直径主要有 0.7m 和 1.0m 两种，浸没深度约为 0.3m，转速为 70~80r/min，动力效率可达 2.5kg O_2/(kW·h)。目前最大有效长度和充氧能力分别可达 9m 和 8.0kg O_2/(m·h)，可适用于水深在3.0~3.5m的氧化沟。

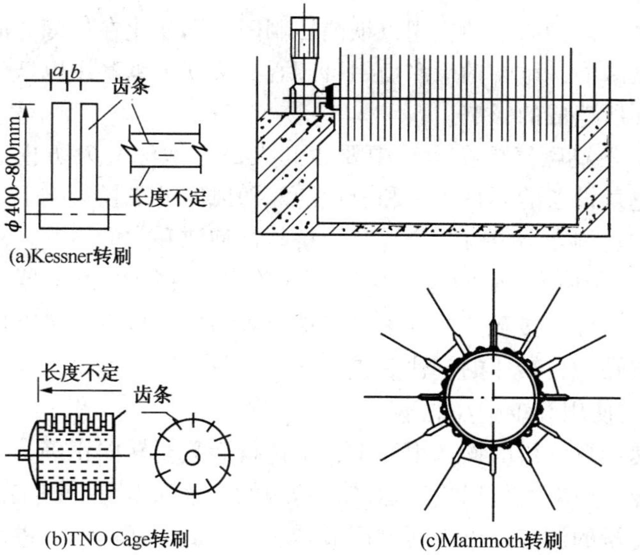

图 6-27　几种转刷曝气机构造示意图

A. 结构

转刷曝气机由转刷、驱动装置、混凝土桥和控制装置四部分组成。

a. 转刷由一根直径约 300~400mm 的空心轴和安装在轴上的许多刷片构成。转刷的长度由氧化沟的宽度决定，但为避免长度过大及在转动中水的反作用力而产生严重的挠曲，一般长度为 3~8m，如果氧化沟宽度超过 8m，可以在氧化沟中心设支墩，将驱动装置安装在支墩上，即将一个转刷平均分成了左右两段。为防止生锈，空心轴表面一般都涂以环氧沥青等防腐涂料或包裹一层氯丁橡胶，刷片使用不锈钢或塑料制成。为了使转刷更有效地发挥作用，通常在其水面以下设置导流板，使水流尽可能向下。

b. 驱动电机的功率由转刷的大小决定，一般直径 1m 的转刷每米长度需要功率 5kW 左右。电机多采用立式安装，以利于防雨和防止转刷激起的水沫的影响。转刷曝气机两端的轴承座都安装了螺旋调节装置，使转刷的高低可以自由调节。转刷曝气机尾端基座可以轴向浮动，用以抵消转刷因气温变化在长度方向引起的热胀冷缩，尾端轴承多使用可调心的滚动轴承，用以抵消空心轴挠曲所造成的影响。

c. 转刷曝气机在运转中要激起大量的泡沫，为防止这些泡沫对电气设备的不良影响和避免泡沫随风四处飞扬影响卫生，一般都在转刷之上设置一个混凝土桥阻挡泡沫和水的飞溅。

d. 转刷曝气机的电气控制比较简单，主要由继电器、时间继电器、交流接触器及开关等保护装置组成，也有的带有用以改变转刷曝气机转速的调速装置。

B. 使用和维护注意事项

转刷曝气机的操作很简单，试运行后只要转向正确、各部位没有异常声响就可以连续运转。转刷的浸水深度可根据工艺要求进行适量的调节，可以通过调节转刷的高低或通过调节进水阀门开度和出水可调堰的方法改变氧化沟内的水深来实现。但调节的范围一定要按照产品说明进行，如果调整后的浸水深度过大，可能会使驱动装置超负荷，使电机发热、保护系统动作，导致转刷曝气机停运并报警。一般直径为 1m 的转刷浸水深度最大不能超过 300mm。

由于转刷曝气机一般连续运转，必须保持其变速箱及轴承的良好润滑。转刷曝气机两端的轴承每 2~4 周加注一次润滑脂，变速箱每半年打开检查一次，重点检查齿轮的表面有无点蚀的痕迹和咬合现象，并将旧的润滑油放出、对齿轮清洗后再加入适应季节的新润滑油。转刷曝气机的刷片在工作一段时间后可能出现松动、位移和缺损，应当及时紧固和更换。

长期停用的转刷曝气机，特别是使用尼龙、塑料及玻璃纤维增强塑料等材料刷片的转刷曝气机，要用篷布遮盖起来，以免阳光照射使刷片老化。同时为避免长期闲置的转刷因自重而引起的挠曲固定化，至少每月将转刷转动一个角度放置。

7. 水下叶轮曝气器

水下叶轮曝气器曝气时不会出现溅水问题，尤其适用于北方寒冷地区，避免了因溅水而引起的结冰现象；而且对水流的扰动较轻，减轻了鼓风曝气常出现的泡沫影响。常用的水下叶轮曝气器有两种型式。

一种是压缩空气由水下通过环形穿孔管或喷嘴送入叶轮内，水下叶轮由电机驱动将气泡打碎。这种叶轮的转速一般为37~100r/min，叶片为一层或多层，辐流式或轴流式均可，轴流式可以提水，也可以压水，包括风机在内的动力效率为1.1~2.0kg O_2/(kW·h)。此法的优点是可以根据具体情况调节供风量，缺点是既需要鼓风设备，又需要搅拌设备，投资和运行能耗均较高，动力效率低。

另一种是水下泵叶轮曝气机，其应用轴流泵技术，采用独特的复叶轮结构，充氧效率可达1.6~2.64kg O_2/(kW·h)。采用上进水下排水的大循环方案，能适用于3~6m的水深，通过配备不同的电机和叶轮，单机服务面积最大可达500m^2。运行时，随主轴旋转的复叶轮在叶轮前后形成一个负压区，从而将空气吸入淹没在水下的紊流室内，吸入的空气被高速旋转的水流剪切、粉碎、乳化后，促使氧分子迅速、充分地从气相转移到液相中，实现气水的混合和溶解。水下泵叶轮曝气机采用浮筒式安装，即将电机和曝气叶轮等整机装在浮筒上，可以像船一样在水面上固定，在曝气池尺寸较大的情况下使用在池底抛锚固定，一般情况下通过池壁上的缆绳或悬臂固定。不需要建造厂房和固定安装平台，减少了投资，安装维修方便，而且不受池型大小限制，可根据需氧量的多少实行一池一机或一池多机。如果配套电机选用潜水电机，就变成了潜水型的水下泵叶轮曝气(搅拌)机，这种潜水机型没有噪声，同时电机与曝气机同轴，减少了不必要的机械损耗，提高了机组效率。通常配套电机选用双速电机，在高转速下进行曝气充氧，而在低速时只进行环流搅拌。此法的优点是设备少，操作管理简单，能耗较低，缺点是进气量难以准确调整。

在硝化和脱硝过程中，水下叶轮曝气器既可用作曝气器，也可用作搅拌器。当需要在脱硝区创造缺氧条件时，停止进风或使电机低速运行，即可只实现搅拌作用，进行生物脱硝。

8. 水下推进器

水下推进器主要用在厌氧池中，对池内半液态的污泥进行搅拌混合，保持污泥不沉淀，也可用在氧化沟等形式的曝气池中，解决普通曝气器充氧与推流作用的矛盾，还可用在均质池中，促进出水水质的均匀和防止有机杂质在均质中的沉淀。

(1) 结构特点

水下推进器由电机、减速箱、轮毂、叶片组成，叶轮直径为1100~2500mm，转速为38~47r/min。水下推进器利用一根不锈钢方管作为导向杆，导向杆对水下推进器进行定位和提供支撑，一般通过安装在操作平台上的手动绞盘提升到水面以上的检修平台进行检修。为了对水下推进器进行有效监控，一般在定子内安装温度传感器，温度大于125℃时电机可以自动断电停止运转；在减速箱前的油箱内配有湿度传感器，油室内水分达到10%时，可以发出警报并自动断电。

水下推进器电机的绝缘等级为F级，依靠四周的污水或污泥进行冷却，电缆与接线盒入口密封使用专用橡胶结构密封，其他密封处使用O形圈加不干性密封胶进行密封。减速箱与电机连在一起，采用两级齿轮减速机构，结构紧凑，第一级的小齿轮在电机输出轴上直接加工而成。减速箱前部设置密封油室，输出轴贯穿油室，为防止污水进入油室，输出轴出油室的部位使用机械密封。

水下推进器的轮毂直接套在减速箱的输出轴上，使用平键实现动力传递。为防止轮毂的轴向窜动，在输出轴顶端用螺栓压紧盖板阻止轮毂外窜，向内轴向窜动由输出轴上的轴肩来完成。水下推进器有两只向后弯的叶片，其骨架为钢质，外表覆盖既耐腐蚀、又具有很好强度和刚度的工程塑料，叶片后弯可以起到防缠绕和减小反作用力的双重作用。

(2) 使用和维护注意事项

① 水下推进器安装前，要检查接线是否正确，防止叶片反转，还要认真检查减速箱和油室内的油质和油位是否正确，同时要保证各紧固件正确紧固，尤其要注意电机接线盒上的入口处密封是否完好。无水试运转的时间不能超过 3min。

② 水下推进器的安装深度必须保证叶片的最高点到水面的距离大于 0.8m。

③ 及时清理干净积存在提升钢丝绳上的垃圾，每个月都要对吊环、吊环扣及钢丝绳上的磨损情况进行检查，并根据磨损程度随时更换。

④ 水下推进器初次运行或长时间停运后再次使用时，应先用手转动叶片，确认叶片能灵活运转后方可下水安装使用，否则应进行检修。

⑤ 如果电机的保护装置已经启动跳闸，应当立即检修，不能强制再启，以免烧坏电机。

⑥ 每年应对水下推进器进行一次检修，及时更换润滑油和不合格的零部件及易损件，检修内容包括密封及油的状况和质量，电气绝缘、磨损件、紧固件、电缆及其接线盒入口、提升机构等。

⑦ 每三年进行一次解体大修，除了一般的检修内容外，还包括更换轴承、轴承密封、O 形圈、电缆及其接线盒入口密封，必要时还要更换叶轮和提升机构等。

六、污泥提升和输送设备

1. 提升和输送回流污泥设备

在选择回流污泥泵时，首先考虑的因素是不破坏活性污泥的絮凝体，使污泥尽可能保持其固有的絮凝性，保证曝气池生物化学处理过程运行的稳定可靠。为保证污泥回流量可以随意调整，污泥回流泵必须具有调节流量功能，而且要有适当数量的备用泵。

污泥回流常用的提升设备有螺旋泵、气提泵、污泥泵和潜污泵等，PW 型、PWL 型离心污水泵也可用于回流污泥的提升和输送，其中污泥泵为混流泵或轴流泵，运行效率较高，可用于大规模污水处理厂。在需要将污泥进行远距离输送时，还可以使用隔膜泵、柱塞泵、螺杆泵等高扬程的容积泵。

当用气提泵提升回流污泥时，为避免相互干扰，一座污泥回流井应当只设一条升液管，而且只与一座二沉池相连，以免造成不同二沉池排泥量的相互干扰。污泥回流量可通过调节进气阀调整进气量来控制。理论上，压缩空气管的入水深度约等于污泥的提升高度，但考虑到摩擦损失，一般空气压力应大于浸没深度30cm 以上，空气管的最小管径为 25mm，升液管最小管径为75mm。当压缩空气压力为 0.02MPa(约 2m 水头)时，如果要求污泥的提升高度为 1.5m，压缩空气管入水深度应为 1.6~1.8m，所需空气量为 2.0~3.5m^3/m^3 污泥，升泥管直径等于压缩空气管直径的 3~4 倍时效果最好。

2. 螺旋输送机

螺旋输送机是一种不带挠性牵引机构的连续输送机械，主要由进料口、机壳、螺旋片、出料口和驱动装置组成，其构造示意图见图 6-28。泥饼进入固定的机壳内时，由于重力及对机壳的摩擦力作用而不随螺旋体一起转动，泥饼只在螺旋片的推动下向前移动，从而达到输送的目的。

螺旋输送机的优点是结构简单、操作维护方便，可以水平、倾斜甚至垂直输送物料，横断面尺寸小，密封性能好、不会造成二次污染，输送过程中可起到对物料混合搅拌和破碎的作用。螺旋输送机的缺点是功率消耗大，螺旋叶片和机壳的磨损大。

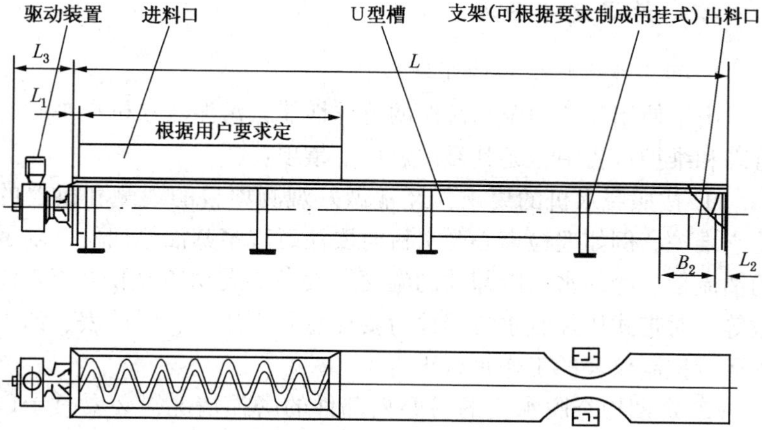

图 6-28　螺旋输送机构造示意图

污水处理厂一般使用螺旋输送机输送脱水污泥和栅渣。螺旋输送机的使用和维护注意事项如下：

螺旋输送机投运前，应首先确认电气设备完好，紧固件和运行部件正常，连接管线牢固可靠，转动部位进行必要的润滑等。

螺旋输送机必须空载启动，运转正常后再给料运行。运行过程中给料量要均匀适中，给料过多会导致超载外溢，过少则使效率降低。

经常检查机械的运转情况，主要包括电机是否超负荷、轴承温度和温升是否在正常范围内、紧固连接件是否松动等，尤其要注意螺旋叶片不能与机壳碰撞摩擦。如果发现异常振动或听到异常声响，应立即停机进行检查。同时要经常检查和清理机器外壳及其他部件积聚或缠绕之物。

螺旋输送机每月应检查的项目有轴状密封管连接和磨损是否正常、衬垫磨损是否正常、排水管线是否漏水、电动机齿轮油位是否正常等，每年应检查和保养的项目有检查更换电动机齿轮内机油和更换其他部位的润滑油脂。

七、污泥脱水设备

1. 污泥脱水机使用的注意事项

由于使用环境潮湿和污泥的特殊性能，污泥脱水机在平时的管理和维护过程中，尤其要注意以下事项：

① 按照脱水机的要求，经常做好观测项目的观测和机器的检查维护。例如巡检离心脱水机时要注意观察其油箱油位、轴承的油流量、冷却水及冷却油的温度、设备的震动情况和电流表读数等，对带式压榨脱水机巡检时要注意其水压表、泥压表、油表等运行控制仪表的工作是否正常。

② 定期检查脱水机的易磨损部件的磨损情况，必要时予以更换。带式压榨脱水机的易磨损部件有转辊、滤布等，离心脱水机的易磨损部件是螺旋输送器。

③ 发现进泥中的砂粒等硬颗粒对滤带、转筒或螺旋输送器造成伤害后，要立即进行修理，如果损坏严重，就必须予以更换。

④ 污泥脱水机的泥水分离效果受温度的影响较大，例如使用离心脱水机时冬季泥饼的含水率比夏季要高出 2~3 个百分点，因此在冬季应加强污泥输送和脱水机房的保温，或增加药剂投加量、甚至有时需要更换效果更好的脱水剂。

⑤ 当脱水机停机前，必须保证有足够的水冲洗时间，以确保机器内部及周身外围的彻底清洁干净，降低产生恶臭的可能性。否则，如果出现积泥干化在机器上，粘结牢度很大，以后再冲洗非常困难，将直接影响下次脱水机的正常运行和脱水效果。

⑥ 脱水时经常观察和检测脱水机的脱水效果，如果发现泥饼含固量下降或滤液混浊，应及时采取措施予以解决。同时观察脱水机设备本身的运转是否正常，对异常情况要及时采取措施解决，避免脱水机出现大的问题。

2. 离心脱水机

污泥脱水所用的顺流卧式转筒离心机按转筒的外形可以划分

为全圆筒型、全圆锥型和圆筒圆锥结合型三种类型。其中全圆筒型离心机的特点是分离液透明度好，全圆锥型的特点是脱水污泥的含固率高，而圆筒圆锥结合型则兼有前两者的优点，即分离液透明度好、脱水污泥的含固率也较高。因此，根据脱水污泥含固率、分离液透明度及固体回收率等不同要求，可以生产出配置不同圆筒和圆锥长度配比的离心机。圆筒长度较大而圆锥长度较小甚至没有圆锥的离心机可以用于污泥的浓缩工艺，相反，圆筒较短而圆锥较长的离心机则用于污泥脱水。

顺流式圆筒圆锥离心机的锥角大小对于污泥的脱水与固体回收率的影响很大。由于离心力的作用，在圆筒圆锥交界处以上的圆锥壁上已部分脱水的泥饼受到一个向下滑移力的作用，这个力随着离心机转筒圆锥角度的减小而变弱。为达到脱水效果，这个滑移力必须不能破坏已部分脱水污泥的内聚力，否则脱水泥饼的含水率就高，部分甚至会重新成为分离液中的悬浮物。脱水用离心机的锥角一般为 6°～8°，对难脱水的污泥，以降低到 4°为宜。

3. 带式压滤脱水机

各种形式的带式压滤机一般都由滤带、辊压筒、滤带张紧系统、滤带调偏系统、滤带驱动系统和滤带冲洗系统等组成。

① 滤带：滤带有时也称滤布，一般用单丝聚酯纤维材料纺织而成，这种材质具有抗拉力强度大、耐曲折、耐酸碱、耐温度变化等特点，应根据污泥的性质选择合适的滤带。一般来说，对新鲜活性污泥脱水时，应使用透气性能和拦截性能较好的滤带，而对消化污泥和除沉池污泥进行脱水时，可以对滤带的性能要求低一些。无接头的滤带使用寿命较长一些，因为有接头的滤带容易从接头处损坏，但无接头滤带安装不方便。

② 辊压筒：脱水机一般设有 5～8 个辊压筒，这些辊压筒的直径沿污泥走向由大而小，由 90cm 到 20cm 不等，第一个最大，最后一个最小。辊压筒均由钢材制成，外表进行防腐处理，两端固定在脱水机架上，位置固定不动。辊压筒都是空心而且筒壁上

钻有很多小孔，主要为了滤液尽快排出。

③ 滤带张紧系统：滤带张紧系统的作用是调整两条滤带的挤压力，是控制脱水污泥含水率的关键调整手段。其工作原理是在张紧辊的两端，安装同样规格的汽缸，汽缸活塞杆的顶端与张紧辊轴承座连接。带机工作时，由空气压缩机输送来的压缩空气，经压力调节器进入两个汽缸，通过调节压力调节器的压力使活塞杆伸出带动张紧辊向前运动，从而张紧滤布，以达到给泥层施加压榨力和剪切力的目的。

④ 滤带驱动系统：滤带驱动系统由电机、无级变速箱、齿轮减速箱、同步传动齿轮以及驱动辊组成。无级变速箱的作用是为了适应污泥量的变化而调高或调低带速。同步传动齿轮是一对规格大小相同的齿轮，安装在上下滤带驱动辊的同一端，并保持外啮合状态，这样电动机转动时，传送到任一驱动辊或任一同步齿轮上的力矩和转速，都能通过同步齿轮使两个驱动轴同步转动。两个驱动轴的直径相同，因此两条滤带的运动速度就能保持同步，避免出现因不同速而带来的打滑现象，同时两个驱动轴外表有 10mm 厚的防滑橡胶层。

⑤ 滤带调偏系统：滤带调偏系统的作用是调整滤带的行走方向，保证脱水机滤带的运转正常，其由调偏杆、气体换向阀、调偏气缸和调偏辊组成。滤带调偏系统的工作原理是滤带发生偏离时，紧贴在滤带边缘的调偏杆即向前或向后动作，调偏杆的另一端顶杆就顶着换向阀活塞杆移动，移动一定位移后，压缩空气就到达调偏气缸的前部或后部，促使调偏辊向前或向后移动，从而使偏移的滤带回到中心位置。

⑥ 滤带冲洗装置：在泥饼出口处，上下滤带带出泥饼后就进入冲洗装置。冲洗喷头喷出的高压水从滤带背面进行冲洗，将挤入滤带的污泥冲掉，以保证其恢复正常的过滤性能。冲洗装置结构简单，仅在带机内的高压水管上设置一定数量的喷头，为防止冲洗水的四处飞溅，通常在喷头上再安装防溅罩。

4. 污泥脱水日常维护管理

(1) 离心脱水机

离心脱水机的日常维护管理包括以下内容：

① 运行时经常检查和观测油箱的油位、轴承的油流量、冷却水及油的温度、设备的震动情况、电流读数等，如有异常，立即停车检查。

② 正常停车时，先停止进泥，然后注入热水或其他溶剂，继续运行10min后再停车，并在转轴停转后再停止热水的注入。离心机再次启动时，应确保机内冲刷干净彻底。

③ 离心机进泥中，一般不允许直径大于0.5cm的浮渣和直径在65目以上的沙粒进入，因此应加强前级预处理系统对渣砂的去除。

④ 定期检查离心机的磨损情况，及时更换易损件。

⑤ 离心脱水效果受温度的影响较大，北方地区冬季泥饼含固量一般可比夏季低2%~3%，因此应注意在冬季增加污泥投药量。

(2) 带式压滤脱水机

带式压滤脱水机的日常维护主要包括以下内容：

① 注意观测滤带的损坏情况，并及时更换新滤带。滤带的使用寿命一般在4~14个月之间，如滤带过早损坏，则应分析原因。滤带的损坏常表现为撕裂、腐蚀或老化，损坏的原因有滤带材质或尺寸不合格、滤带的接缝不合理、滚压筒不整齐致张力不均匀、纠偏系统不灵敏等。

② 保证足够的滤布冲洗时间。脱水机停止工作后，必须立即冲洗滤带。一般来说，处理1000kg的干污泥约需冲洗水15~20m^3，每米滤带的冲洗水量需10m^3/h左右，每天应保证6h以上的冲洗时间，冲洗水压力一般应不低于586kPa。

③ 定期对机械部分进行检修和维护，如按时加润滑油、及时更换易损件、定期对易腐蚀部分进行防腐处理等。

④ 定期分析滤液的水质，并通过滤液水质的变化来判断脱

水效果是否降低。正常情况下，滤液水 SS 值在 200～1000mg/L 之间，BOD_5 在 200～800mg/L 之间；冲洗水 SS 值在 1000～2000mg/L 之间，BOD_5 在 100～500mg/L 之间。如水质不在以上范围，则说明冲洗次数、冲洗水量、冲洗历时等工艺参数控制过大或过小。

八、污泥焚烧设备

1. 流化床焚烧炉

流化床焚烧炉炉型结构简单，主体设备类似圆柱形塔体，下部设有空气分配板，塔内装填一定形状和数量的耐热粒状载体（通常使用粗石英砂等），可燃气体从下部通入，并以一定的速度通过分配板孔，进入炉内使载体"沸腾"呈流化状态。污泥从塔的上部投入，在流化床层内进行干燥、粉碎、气化后迅速燃烧，流化床内的温度为 700～850℃。燃烧气从塔顶排出，尾气中夹带的载体颗粒和灰渣经过除尘器捕集后，载体颗粒可以再返回流化床内循环使用。

流化床内气、固相接触均匀，燃烧效率高，炉内床层温度均匀，容易操作控制。炉内热载体蓄热量大，当进泥量有波动时，仍可以保持稳定运行。流化床结构简单，机械传动部件少，维护检修工作量小。其缺点是进泥的颗粒粒度不能过大，否则需要进行粉碎处理；排出的粉尘量大，需要设置除尘设施。

2. 卧式回转焚烧炉

卧式回转焚烧炉为倾斜安装的旋转圆筒炉，特征是长度较长，直径与长度之比为 1∶（10～16），炉室的倾斜度为 1/100～3/100，转速为 0.5～3r/min，炉体内设有提升挡板，依靠挡板的作用，可将污泥在焚烧炉内破碎、搅拌，并在燃烧区的热气流的作用下进行干燥、着火、燃烧。按气流与污泥的行进方向的不同，回转式焚烧炉可分为并流式和逆流式两种，其中以逆流式最常见。焚烧时，将污泥从炉室前面的上方投入，在炉室的另一端烧火加热，使冷污泥与燃烧气逆流接触，利用燃烧气放出的湿热将污泥在炉室前部(约1/3长度)200~400℃的干燥区内干燥，然后进入燃烧区(后段约2/3长度)在700~900℃温度下进行燃烧，最后再进入1100~1300℃的高温熔融烧结区，实现完全燃烧。

卧式回转焚烧炉的优点是能适应污泥处理量、含水率及热值的变化，操作弹性较大，炉型结构简单、容易实现长周期连续运行。其缺点是热效率低(仅为40%左右)，排放尾气中带有恶臭，需要设置脱臭炉对尾气进行二次焚烧脱臭。

3. 多段立式焚烧炉

多段立式焚烧炉又称耙式炉，是一个钢制圆筒炉，炉膛内衬耐火材料，一般由5~12个水平燃烧室组成。炉体分为三个操作区，上部两层为干燥区，其中温度为310~540℃；中部为焚烧区，其中温度为760~980℃；下部几层为温度260~350℃的灰渣冷却区(同时起对空气预热的作用)。炉中心有一个顺时针旋转的空心中心轴，此轴带动各段中心轴上的搅拌杆(即耙背)用以搅拌分散在各段上的固体物质，使这些固体物在1、3、5等奇数段从外向里落入下一段，而在2、4、6等偶数段从里向外落入下一段。从而实现将污泥搅拌、破碎、干燥、燃烧的目的，同时常温空气连续不断地进入中心轴的空心内，起到对中心轴冷却的作用以保持中心轴温度较低而能连续运行。

多段立式焚烧炉结构紧凑，操作弹性大，适用于各种污泥的焚烧处理。多段炉的污泥自上而下进行干燥和焚烧，焚烧后的气体在炉内上升，在顶部与处于干燥阶段的含水率为65%~75%的泥饼逆向接触，对气体起到一定脱臭作用，因此排出的气体臭味较小，不必建造脱臭装置。其缺点是排出的气体中含有大量的飞灰，需要使用旋流分离器或文丘里水冲式洗涤器分离飞灰后再排放；而且机械设备较多，维护检修的工作量大，有时需要对产生的尾气进行二次燃烧处理。

九、污泥堆肥翻堆机

使用翻堆机后，堆肥过程实现了由静态过程向动态过程的转变，由此可以解决静态堆肥过程中不可避免地出现局部供氧不足甚至缺氧的缺陷，也可以降低堆肥过程产生臭气污染的程度。翻堆机还具有将堆肥仓内堆料顺序外移的功能，因而可以实现连续生产，提高了堆肥仓的容积利用率。国内正在应用的翻堆机的是链条式翻堆机，具有输送和翻动两个功能，主要由机架、行走部分、翻堆部分、耙子提起部分和电控部分等组成。减速机的动力通过链轮-链条传动结构驱动行走部分、翻堆部分、耙子提起部分分别实现行走、翻堆和提起耙子等功能。

① 机架：由钢板和槽钢等焊接而成，行走部分、翻堆部分、耙子提起部分安装在机架上面。

② 行走部分：驱动行走部分的减速机出轴通过链轮-链条带动行走主动轴的链轮使主动轴和两个行走轮旋转，从动轴及其行走轮也随着转动，这四个行走轮在轨道上带动整台翻堆机匀速行走。当减速机配套电磁调速电机在低速挡时，翻堆机处于工作行程，行走速度为0.45m/min；此时翻堆部分工作，而提起耙子部分不动作。当减速机配套电磁调速电机在高速挡且反向旋转时，翻堆机处于回程行程，行走速度为1.45m/min；此时翻堆部分和提起耙子部分均不动作。

③ 翻堆部分：驱动翻堆部分的减速机出轴通过链轮-链条传动使提升长轴旋转，并由两端的链轮-链条使框架上面的长轴旋转，再通过多组链轮-长链条-链轮结构使框架下面的长轴和安装在长链条上的齿耙一起旋转。翻动齿耙框架与水平呈45°布置，并分成上下两部分，上半部分固定、下半部分可活动。在齿耙从发酵仓的最底部(距池底约20mm)旋转到最上面的过程中，将堆料从下层带到上层并落下，同时堆料在水平方向向前搬动一定距离。比如堆层高度为1.4m时，搬动距离为2.9m。

④ 耙子提起部分：驱动耙子提起部分的减速机出轴通过链轮-链条传动使提升长轴的两个钢丝绳卷筒旋转，两条钢丝绳固定在翻动齿耙框架的下半部分的侧面，使可活动的下半部分框架转动到水平位置，即将齿耙提起、使齿耙离开堆层。需要放下下

半部分齿耙时，电机反向旋转，使下半部分齿耙框架旋转到45°位置并停止，此时和固定的上半部分齿耙框架方向一致。翻堆机在工作行程前需要放下可活动齿耙框架，而在回程行程前需要提起可活动齿耙框架。

思　考　题

1. 管道的公称通径是什么含义？
2. 阀门的公称通径和公称压力是什么含义？
3. 闸阀、截止阀、蝶阀各有什么特点？
4. 离心泵为什么要闭闸启动？
5. 轴流泵为什么要开闸启动？
6. 三级过滤是指哪三级？
7. 水泵的扬程的含义是什么？
8. 什么是水泵的运转工况点？水泵的效率最高点与水泵工况点是什么关系？
9. 为什么容积式泵出口必须设安全阀？
10. 离心泵产生振动的原因主要有哪些？
11. 潜污泵有哪些特点？
12. 潜污泵的维护和使用应注意哪些事项？
13. 离心泵轴承温度过高有哪些原因？
14. 离心泵在启动、运行、停泵后应注意哪些事项？
15. 离心式风机应如何调节风量？

第七章 电气与仪表

第一节 电的基本知识

一、直流电

1. 基本概念

(1) 电流，单位时间内通过导体横截面积的电量叫电流强度，简称为电流，用 I 表示，单位是安培，用符号 A 表示。

(2) 电压，用 U 表示，单位是伏特，用符号 V 表示。

(3) 电阻，用 R 表示，单位是欧姆，用符号 Ω 表示。电阻在一定温度下和导体的长度 L 成正比，和导体的横截面积 S 成反比，且和导体材料(电阻率 ρ)有关。即：$R=\rho\times L/S$

(4) 欧姆定律：在纯电阻电路中，电流的大小与电阻两端电压的高低成正比，与电阻的阻值大小成反比。即：$I=U/R$

2. 电路的联接

(1) 电阻的串联：两个以上的电阻依次首尾相联接，这种连接方式叫做电阻的串联。在串联电路中，通过各电阻的电流相等，其电路总电压等于各电阻压降之和，总电阻等于各电阻之和。

(2) 电阻的并联：两个以上的电阻，首尾分别连接在一起的接线方式，叫电阻的并联。在并联电路中，各支路电压相同，总电流等于各支路电流之和，总电阻的倒数等于各支路电阻倒数之和。

3. 电源的联接

(1) 电源串联：将一个直流电源的负极接到另一个电源的正极，这样顺次联接，整个电源组的电动势等于各电源电动势之和。

（2）电源并联：将几个电动势相等的直流电源各个正极和负极分别联在一起，总电动势仍等于单个电源电动势；通过外电路的电流，等于流过各电源的电流之和。

二、交流电

1. 单相交流电

大小和方向随时间做周期性变化的电量，称为交流电。日常用的交流电，其大小和方向随时间按正弦规律变化，称为正弦交流电。

（1）描述交流电大小的物理量

① 瞬时值：交流电在任一瞬时的数值，用英文的小写字母表示，如电流、电压、电动势分别用 i、u、e 表示。在波形图上任一点的纵坐标值，表示与横坐标 t 对应时刻的瞬时值。

② 最大值：交流电的最大瞬时值，又叫振幅，常用英文的大写字母加下角 m 表示，如交流电流最大值、交流电压最大值、交流电动势最大值分别用 I_m、U_m、E_m 表示。

③ 有效值：交流电的瞬时值、最大值，都是指交流电在某一瞬间的数值，它们并不能反映出交流电在电路中的真实效果（如发光、发热等），交流电的有效值，就是与它的热效应相等的直流值。交流电的有效值常用英文大写字母表示，如交流电流有效值、交流电压有效值、交流电动势有效值分别用 I、U、E 表示。

各种交流电气设备铭牌上的额定电压、额定电流及各种交流仪表所指示的数值，均指其有效值。

④ 平均值：交流电正半个周期内，其瞬时值的平均数称为交流电的平均值，常用英文字母加下角 p 表示。如 i_p、u_p、e_p 分别表示交流电流、电压、电动势的平均值。

（2）描述交流电变化快慢的物理量

① 周期：交流电变化一次所需要的时间称为交流电的周期，

单位是秒，常用符号 T 表示。显然周期值越小，交流电变化越快，周期值越大，交流电变化越慢。

② 频率：1s 时间内交流电重复变化的次数，用字母 f 表示，单位是赫兹 Hz。我国发电厂发出的交流电，频率为 50Hz，这一频率为我国的工业标准频率，简称工频。

③ 角频率：就是交流电每秒内变化的角度，用 ω 来表示，单位是弧度/秒。

反映交流电变化快慢的这几个物理量之间的关系如下：

$$T\times f=1 \qquad \omega=2\pi\times f$$

（3）正弦交流电的表示方法

通常用波形图、矢量图(又称向量图)、复数形式和解析式等四种形式表示一个正弦交流电。其中解析式表示法是用数学公式来表示的正弦交流电，例如正弦交流电流、电压可分别用数学公式表示为：

$$i=I_m\times\sin(\omega_t+\varphi) \qquad u=U_m\times\sin(\omega_t+\varphi)$$

式中　φ——初相角，即正弦交流电开始瞬间的相位角；

$(\omega_t+\varphi)$——正弦交流电的相位。

2. 单相交流电路

在交流电路中，电流和电压都随时间变化；而且除电阻元件起作用外，电感、电容也起作用。为了分析问题方便，首先分析纯电阻、纯电感、纯电容电路等单一参数电路的基本特点，然后在此基础上再分析三个参数同时作用的电路。

（1）纯电阻电路

① 在纯电阻电路中，当外加电压是一个正弦量时，其电流也是同频率的正弦量，而且电流和电压同相位。因此，电阻在交流电路中可以改变电流的大小，但不改变交流电流频率和相位。

② 纯电阻电路中的功率：在纯电阻电路中，电压的瞬时值与电流的瞬时值的乘积叫瞬时功率。由于瞬时功率随时间不断变化，且不易测量和计算，因此，没什么实际意义，通常是利用瞬时功率在一个周期内的平均值来衡量交流电功率的大小，这个平

均值叫做有功功率。纯电阻电路中有功功率 P 计算如下：

$$P=U\times I=I^2\times R=U^2/R$$

（2）纯电感电路

由电阻很小的电感线圈组成的交流电路，都可以近似地看成是纯电感电路。

① 在纯电感交流电路中，电流滞后于电压 90°相位，或者说电压超前电流 90°相位。电感 L 呈现出来的影响电流大小的物理量称为感抗，常用字母 X_L 表示。当 L 单位是亨(H)时，X_L 的单位为欧姆(Ω)。电感量 L 的单位除亨(H)以外、还有毫亨(mH)，且 1 毫亨 $=10^{-3}$ 亨($1\text{mH}=10^{-3}\text{H}$)。感抗 X_L 与电感量 L 之间有下列关系：

$$X_L=\omega\times L=2\pi\times f\times L$$

感抗 X_L 的大小除与线圈电感量 L 大小有关外，还与加在线圈两端的交流电压 U_L 的频率 f 有关，频率 f 愈高，线圈感抗 X_L 愈大，在相同电压作用下，线圈中的电流愈小。

② 纯电感电路中的功率 $P_L=u_L\times i_L=1/2\times U_{Lm}I_{Lm}\times\sin 2\omega_t$

从 P_L 的计算公式可知，纯电感线圈时而“吞进”功率、时而“吐出”功率，在一个周期内的平均功率为零。因而平均功率不能反映线圈能量交换的规模，常用瞬时功率来反映这种能量的规模，并把它叫做电路的无功功率 Q_L。“无功”的含义是“交换”的意思，而不是“消耗”或“无用”，是相对“有功”而言的。

$$Q_L=U_L\times I_C=I^2\times X_L=U_L^2/X_L$$

（3）纯电容电路

由介质损耗很小，绝缘电阻很大的电容器组成的交流电路，可近似看成纯电容电路。

① 在纯电容电路中，电流超前电压 90°相位，或者说电压滞后于电流 90°相位。电容 C 呈现出的影响电流大小的物理量称为容抗，常用字母 X_C 表示。电容 C 的单位是法拉 F，则容抗 X_C 对应的单位是欧姆(Ω)。电容的单位除法拉(F)外，还有微法(μF)和皮法(pF)。

$$X_C = 1/\omega \times C = 1/2\pi \times f \times C$$

从上式可以看出，容抗 X_C 除与电容量 C 的大小有关外，还与加到电容器两端的交流电压的频率成反比。电源频率愈高，容抗愈小，而感抗愈大。

在纯电容电路中，电流的有效值 I_C 等于它两端电压的有效值 U_c 除以它的容抗 X_C，即 $I_C = U_C/X_C$。当 U_C 的单位为 V(伏)、X_C 的单位是 Ω(欧姆)时，I_C 的单位为 A(安)。

② 纯电容电路的功率 $P_C = u_C \times i_C = 1/2 \times U_{CMm} I_{Cm} \times \sin 2\omega t$

从 P_C 的计算公式可知，纯电容电路时而“吞进”功率、时而“吐出”功率，在一个周期内的平均功率为零。和纯电感电路一样，也用瞬时功率来反映这种能量的规模，同样把它叫做电路的无功功率 Q_C。

$$Q_C = U_C \times I_C = I_C^2 \times X_C = U_C^2/X_C$$

(4) 电阻、电感、电容串联电路

在实际的交流电路中，电阻、电感、电容都同时存在，只不过在不同的电路中三个参数大小不同而已。电路中有联接导线和各个电器元件，它们都有电阻。发电机、电动机、变压器，甚至照明设备中镇流器等都有线圈，有线圈就有电感。另外导线与导线之间，导体与设备金属外壳之间都存在电容。所以实际交流电路中，电阻、电感、电容三个参数都将影响到电路中的电流大小和相位关系。

在电阻 R、电感 L、电容 C 串联的交流电路中，R、L、C 影响电路中电流大小的性能用物理量阻抗 Z 来表示，单位为欧姆(Ω)。

$$Z = \{R^2 + (X_L - X_C)^2\}^{1/2}$$

电阻、电感、电容串联电路中，总电流的有效值 I 等于总电压的有效值 U 除以电路中的阻抗 Z。即：

$$I = U/Z = U/\{R^2 + (X_L - X_C)^2\}^{1/2}$$

I 与 U 之间的相位差角称为功率因数角，用 φ 表示；而这个

角的余弦 $\cos\varphi$ 叫做交流电路的功率因数。适当提高功率因数 $\cos\varphi$，可降低线路电能损耗(降损)节约电能、提高线路末端电压及供电和用电的安全可靠性，所以供电部门要求用户要提高功率因数。但为防止电路发生谐振，产生过电压损坏电气设备，$\cos\varphi$ 不能提高到 1。

电阻、电感、电容串联交流电路中的功率有通常需要有功功率 P，无功功率 Q，视在功率 S 等三种形式来表示。

有功功率 P 是反映电阻 R 上消耗的功率，单位是瓦(W)或千瓦(kW)；无功功率 Q 是反映电感、电容上能量交换规模的功率，单位是乏(var)或千乏(kvar)；视在功率 S 是反映总的功率情况，常将它定为设备的额定容量标在铭牌上。例如，变压器的额定容量就是指视在功率 S，视在功率 S 的单位是伏安(V·A)或千伏安(kV·A)。

单相交流电路中的有功功率 P、无功功率 Q、视在功率 S 按下列公式计算：

$$P = U \times I \times \cos\varphi$$

$$Q = U \times I \times \sin\varphi$$

$$S = U \times I$$

$$\cos\varphi = P/S$$

有功功率 P，无功功率 Q、视在功率 S 之间存在下列关系：$S=\{P^2+Q^2\}^{1/2}$ 这三者关系可用直角功率三角形表示如下图 7-1 所示。

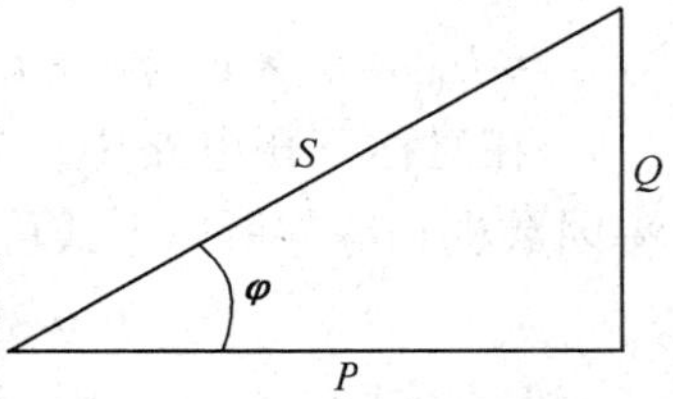

图 7-1 功率三角形

3. 三相交流电

三相交流电是由三相交流发电机产生的，发电机主要由定子和转子构成，在定子中嵌入三个空间相差 120°的绕组，每一个绕组为一相，合称三相绕组，三相绕组的始端分别用 U_1、V_1、W_1 表示，末端用 U_2、V_2、W_2 表示，转子是一对磁极，它以均匀的角速度 ω 旋转。则在三相绕组中分别感应出振幅相等、频率相同、相位互差

120°的三个正弦电动势，称为三相电动势。

（1）三相负载的联接

① 星形（Y）联接：把三相负载分别接在三相电源的一根相线和中性线（或零线）之间的接法称为三相负载星形（Y）联接。加在负载两端的电压称作负载的相电压，相线之间的电压称为线电压。且线电压等于$\sqrt{3}$相电压，即$U_{线}=\sqrt{3}U_{相}$。

星形负载接上电源后，就有电流产生。流过每相负载的电流叫做相电流。用I_U、I_V、I_W（或I_a、I_b、I_c）表示，统记为$I_{相}$。把流过相线的电流叫做线电流，用I_{U_V}、I_{V_W}、I_{W_U}（或I_A、I_B、I_c）表示。统记为$I_{线}$，且线电流等于相电流，即$I_{线}=I_{相}$。

② 三角形（Δ）联接：把三相负载分别接在三相电源每两根相线之间的接法称为三角形（Δ）联接。由于各相负载是接在两根相线之间，因此负载的相电压就是电源（电网）的线电压，即$U_{线}=U_{相}$。

负载的线电流是相电流的$\sqrt{3}$倍，即$I_{线}=\sqrt{3}I_{相}$。且在相位上相电流超前线电流30°。

（2）三相电路的功率

在三相交流电路中，三相负载消耗的总功率为各相负载消耗功率之和，即：

$$P = P_U + P_V + P_W$$
$$= U_U \times I_U \times \cos\varphi_U + U_V \times I_V \times \cos\varphi_V + U_W \times I_W \times \cos\varphi_U$$

在对称三相电路中，各相电压、相电流的有效值相等，功率因数也相等，所以上式可写成：

$$P = 3U_{相} \times I_{相} \times \cos\varphi$$

但在实际工作中，由于测量线电流比测量相电流要方便（指作Δ形联接的负载），所以三相总功率的计算常用线电流、线电压表示。

对称负载不管是联接成星形（Y）还是三角形（Δ），其三相总有功功率均为：

$$P = \sqrt{3} \times U_{线} \times I_{线} \times \cos\varphi$$

无功功率的计算公式为：$Q=\sqrt{3}\times U_{线}\times I_{线}\times sin\varphi$

对称三相负载的视在功率为：$S=\sqrt{3}\times U_{线}\times I_{线}$

4. 无功功率补偿

在电力系统中，除输送有功功率外，还要输送无功功率。无功功率的主要消耗者是感应电动机、变压器和电焊机等。它们都需要无功功率建立交变磁场。另外，如电抗器、各种感应仪表等也消耗一部分无功功率。无功功率除发电机是主要无功电源外，线路电容也产生一部分无功功率。但远远不能满足负荷和电网对无功功率的需要，需加装无功补偿设备，例如移相电容器等。

如果无功电源不足，将使系统电压降低，从而损坏用电设备，严重的会造成电压崩溃，使系统瓦解而造成大面积停电。无功功率不足还会造成用电设备得不到充分利用，电能损耗加剧，效率降低，限制线路的输电能力。因此用补偿的方法解决电网无功功率的不足是保护电力系统安全经济运行的重要措施。

5. 功率因数

交流电路中总电流 I 与总电压 U 之间的相位差角的余弦 $\cos\varphi$ 叫做交流电路的功率因数。

（1）提高功率因数（$\cos\varphi$）的意义：①功率因数提高后，可大幅度减少线路有功损耗。当功率因数从 0.65 提高到 0.85 时，线路损耗将下降一半多；②可以提高设备的利用率，提高电网的输送能力；③可使发电机按照额定容量输出，使其运行于经济状态；④可以改善电压质量。

（2）提高功率因数的方法

当采用降低各用电设备所需的无功功率，以改善其功率因数的方法，称为提高自然功率因数；当采用供应无功功率的设备，以补偿用电设备所需的无功功率，以提高其功率因数的方法称为提高功率因数的补偿法。

① 提高自然功率因数的方法：感应电动机在空载时，由于

转速接近同步转速，转差率为零，所以转子电流近似为零，定子从电网上吸收的电流基本上用于建立磁场，所以功率因数很低。随着负荷的增加，定子电流中的有功分量在增加，定子的功率因数亦增高，当为额定负载时，功率因数为最高。因此感应电机提高自然功率因数的方法是提高负荷系数。另外，应尽量缩短空载运行时间，或避免空载运行。变压器所需要的无功亦分为两部分。当变压器的平均负荷低于 30% 时，应考虑更换合适的变压器。

② 提高功率因数的补偿法：采用补偿方法提高功率因数，有两种方法：一是采用同期调相机；二是装设移相电容器。同期调相机就是空载运行的同步电机，输出感性的无功功率，企业较少应用。而普遍采用的补偿方法是装设移相电容器，并联或串联电容器均可提高 $\cos\varphi$。

第二节　三相异步电动机

三相异步电动机运行时，定子绕组接入三相交流电源，转子绕组短接，由于电磁感应关系使转子绕组中产生的电动势和电流，进而转子产生电磁转矩，实现电能与机械能之间的转换，因此异步电动机又称为感应电动机。

一、三相异步电动机的基本结构

三相异步电动机由静止的定子和旋转的转子两个主要部分，以及定子和转子之间的气隙组成。

1. 定子

定子由定子铁芯、定子绕组和机壳(包括机座、端盖)构成。机座只作为支撑电机各部分部件之用，并不是磁路的一部分。电机两端的端盖可以支承转子，保护线圈端部，电动机运行时产生的热量可以通过机座和端盖散发。定子铁芯用 0.5mm 厚的硅钢片冲压而成，再经叠装压制而成，冲片之间涂有绝缘漆，以减小铁心损耗，在铁心槽内嵌置定子绕组。

2. 转子

转子铁心也用0.5mm厚的硅钢片冲成转子冲片，迭压制成。转子除转子铁心及转子绕组外，还有轴、风扇等，转子由轴承支承在端盖或轴承座上。异步电动机按转子绕组形式不同，可分为绕线式和鼠笼式两种。经常使用的电机大部分都属于鼠笼式电机。

3. 气隙

异步电动机定、转子之间的气隙是很小的，气隙的大小对异步电动机的运行性能有很大影响。气隙大，则磁阻大，要产生同样大小的旋转磁场，需要较大的励磁电流，励磁电流是无功电流，会使电机的功率因数降低；气隙愈小，则定子和转子之间的相互感应作用就愈好，可以降低电机的空载电流，提高电机的功率因数，但是，气隙过小，将引起装配困难，并导致运行不可靠。

二、三相异步电动机的铭牌

1. 铭牌上的数据

异步电动机的额定值在机座铭牌上标出，其主要额定值数据有：

(1) 额定功率 P：电动机额定运行时轴上输出的机械功率，单位是kW。

(2) 额定电压 U：额定运行时加在定子绕组上的线电压，单位为V。

(3) 额定电流 I：对应额定电压，轴端输出额定功率时，电源供给异步电动机定子绕组的线电流，单位为A。

(4) 额定频率 f：我国工业用电频率(工频)为50Hz。

(5) 额定转速 n：电动机在额定电压和额定频率下，轴端有额定功率输出时转子的转速，单位为r/min。

(6) 额定功率因数 $\cos\varphi$：电动机在额定电压、额定功率下工作时，定子绕组每相中相电压与相电流的相位差(又称阻抗角)的余弦值。

对于三相异步电动机，其额定功率可用下式计算

$$P = \sqrt{3} \times U \times I \times \cos\varphi \times \eta$$

对于绕组式异步电动机,还要标明转子绕组的额定数据,包括：

(7) 转子绕组额定电压：定子绕组加额定电压、转子绕组开路时，集电环之间的线电压，单位为V。

(8) 转子绕组额定电流：转子绕组短路、额定运行状态下，集电环之间流过的线电流，单位为A。

此外，铭牌上还标明定子绕组的极数、接法、温升及绝缘等级等。

2. 主要系列

国产电机的型号一般由汉语拼音字母及阿拉伯数字组成，拼音字母表示电机的类型、结构特征和使用范围。例如Y系列三相异步电动机Y315M-6，其中：

Y—异步电动机；

315—机座中心高；

M—机座长度代号，有L(长)、M(中)、S(短)三种规格。

三、三相鼠笼式异步电动机

1. 基本工作原理

在三相鼠笼式异步电动机的定子槽中，嵌有空间互差120°的三相绕组，当三相绕组接上对称的三相交流电源时，在电动机内会产生一个旋转磁场，在这旋转磁场作用下，转子鼠笼导条内，就会产生感应电动势和感应电流(因为鼠笼条两端由短路环联接，形成了闭合回路)，这时鼠笼条磁场中会受到电磁力的作用，电动机转子在这个电磁力的作用下，便转动起来。

电动机内旋转磁场的同步转速为 n_1，转子转动速度为 n，这两个速度之差 $n_1 - n$ 称之为转差，转差与同步转速的比值称之为转差率，用 S 表示。即：

$$S = (n_1 - n)/n_1 \times 100\%$$

很显然，当转差率等于零即 $S=0$，电动机就转动不起来，

因为这时电动机转子鼠笼条不切割磁力线，就感应不出电动势和电流，鼠笼条在磁场中就受不到力，转子当然就不会转动；当转差率 $S=1$ 时，转于鼠笼条切割磁力线最大，因为这时转子处在静止状态，与旋转磁场转速之间的转差为最大，这时鼠笼条中的感应电动势最大，产生的感应电流最大，这是在启动的时刻，反映到定子绕组的电流最大。

一般三相交流电动机，启动电流为其额定工作电流的 4~7 倍。

2. 三相鼠笼式异步电动机的启动方法

(1) 直接启动法

直接启动是指启动时把电动机定子绕组直接接到三相电源上，加在电动机上的电压和正常工作电压相同，所以直接启动又叫全压启动。一般情况下，判断一台电动机能否直接启动可由如下经验公式来判定：

$$I_Q/I_N \leqslant 3/4 + S_N/4P_N$$

式中 I_Q——电动机的启动电流，A；

I_N——电动机的额定电流，A；

S_N——供电给电动机的变压器容量，kV·A；

P_N——电动机的额定功率，kW。

上式中 I_Q/I_N 是电动机启动电流倍数，如果计算结果不能满足上式时，应采用降压启动。

(2) 降压启动法

利用启动设备将电源电压适当降低后，加到电动机定子绕组上启动，以限制电动机的启动电流，待电动机转速升高到接近额定转速时，再使电动机定于绕组上的电压恢复到额定值，这种启动过程称为降压启动。降压启动既要保证有足够的启动转矩又要减小启动电流，还要避免启动时间过长，一般把启动电流限制在电动机额定电流的 2~2.5 倍范围内，启动时，降低了电压，转矩也大大降低了，因此降压启动往往是在电动机轻载状态下进行。常用的降压启动方法有四种：①定子绕组串接电阻(电抗)降压启动；②自耦变压器降压启动；③星形-三角形(Y-Δ)降压启动；④延边三角形降压启动。

(3) 调速控制

三相鼠笼式异步电动机调速性能较差,一般不能平滑调速,在需要平滑调速的场合,常采用绕线式异步电动机。绕线式异步电动机的优点是可以通过滑环将转子绕组引出,串接可调电阻,平滑调节电阻数值可平滑改变转子绕组感应电流,达到平滑调速目的。

三相鼠笼式异步电动机的转子绕组是鼠笼条，没有滑环引出，不可能在转子回路串接电阻和改变电阻，所以转子绕组(鼠笼条)内的电流无法改变，一般用改变磁极对数、改变电源频率来调速。

当然，也可通过改变外加电动机的电源电压 U 的方法对容量较小(10kW 以下)的鼠笼式异步电动机进行调速。而对于绕线式异步电动机常采用改变转子电路电阻的方法来改变电动机的转差率，从而达到调速之目的。

四、单相鼠笼式异步电动机

单相鼠笼式异步电动机由单相电源供电，容量一般较小，通常直接接在 AC 220V 单相交流电源上就能工作。日常生活中的一些家用电器，如空调器、电冰箱、洗衣机、电风扇等大多采用单相异步电动机。单相异步电动机根据其启动方法或运行方法的不同，可分为单相电容运行电动机、单相电容启动电动机等。

1. 单相电容运行异步电动机

单相电容运行异步电动机(图 7-2)的定子铁心上嵌放两套绕组：主绕组（又称工作绕组)和副绕组(又称启动绕组)，两套绕组在空间的位置上互差 90°电角度。在启动绕组中串入一个电容器 C 后再与工作绕组并联，然后接到单相电源上。只要改变工作绕组或启动绕组的首端、尾端与电源的接线，就可改变旋转磁场旋转方向，从而控制电动机的正反转。

2. 单相电容启动异步电动机

单相电容启动异步电动机(图 7-3)结构特点是，启动绕组

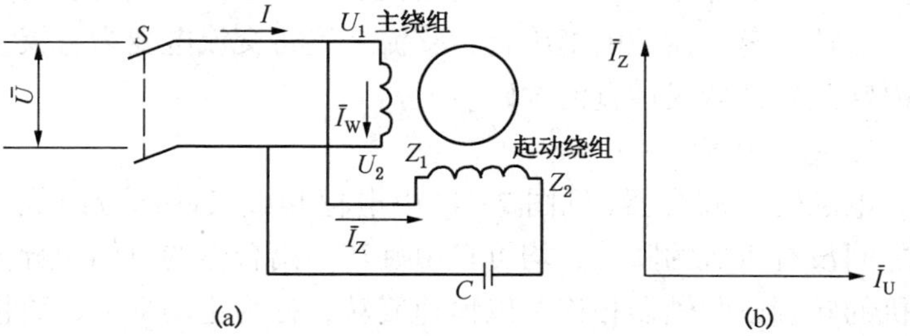

图 7-2　单相电容运行异步电动机原理图

(a) 接线图；(b) 电流相量图

中有两个电容 C_1、C_2。C_1 称启动电容，在其电路中串有开关 S；另一个电容 C_2 为工作电容。前者电容量较大，后者较小。启动时，两个电容器并联，总电容量为 C_1+C_2，电动机可产生较大的启动转矩，启动后，当电动机转速接近额定转速时，开关 S 断开，将电容 C_1 切除，只有工作电容 C_2 参加运行。开关 S 的开断时间和方法由人为控制。

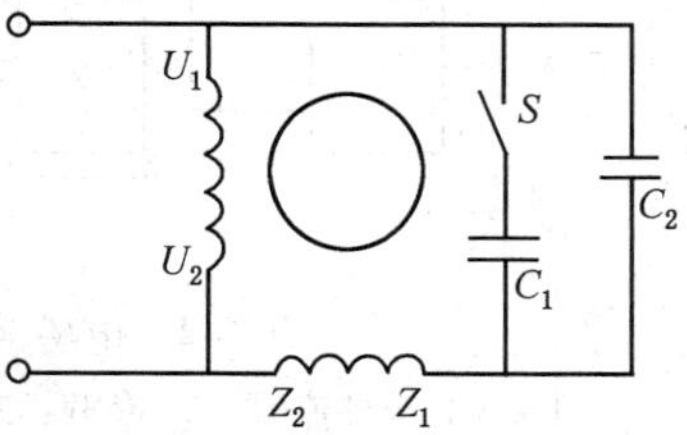

图 7-3　单相电容启动异步电动机原理图

第三节　调速电机的应用

电动机能将电能转化为机械能，去拖动各类生产机械运动，因此提高电动机的调速技术对于整个电力拖动系统的性能和污水处理厂的节约用电都有十分重要的意义。

一、电磁转差离合器调速

1. 基本工作原理

三相异步电动机电磁转差离合器调速系统，是以恒定转速运

转的三相异步电动机为原动机，通过改变电磁转差离合器的励磁电流进行速度调节。主要由异步电动机、电磁转差离合器和晶闸管整流电源三部分组成。异步电动机通常采用鼠笼式电动机，拖动电磁转差离合器的电枢旋转，整流装置将交流电变为直流，为电磁转差离合器提供直流励磁。

2. 基本结构

电磁转差离合器(见图 7-4)由电枢和磁极两部分组成，二者之间没有机械的联系，均可自由旋转。离合器的电枢与异步电动机的转轴以联轴器相连并以恒速旋转，称为主动部分；磁极与工作机械以联轴器相连称为从动部分。如果磁极内励磁电流为

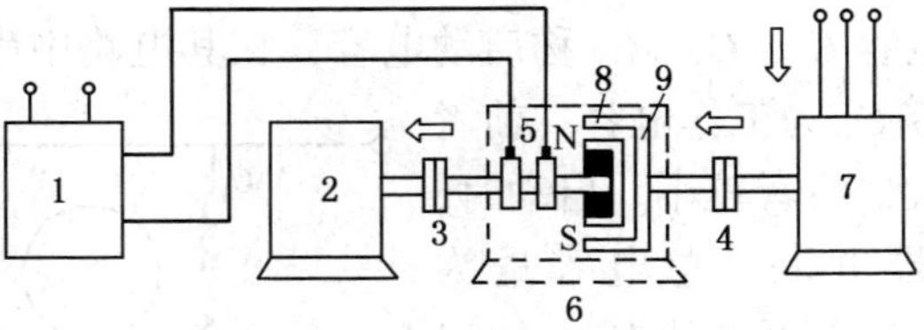

图 7-4 电磁转差离合器调速结构图

1—可控硅整流器；2—负载；3、4—联轴节；5—滑环；6—电磁转差离合器；7—异步电动机；8—磁极；9—电枢

零，电枢与磁极之间无任何电磁联系，磁极与工作机械静止不动，相当于负载被“脱离”；如果磁极内通入直流励磁电流，磁极即产生磁场，电枢由于被异步电动机拖动旋转，因而电枢与磁极间有相对运动而在电枢绕组中产生电流，并产生力矩。磁极将沿着电枢的运转方向而旋转，此时负载相当于被“合上”。这一力矩产生的原理与异步电动机相似，因此电枢与磁极之间也必定存在着转差，故称之为“转差”离合器。

3. 工作过程

电磁转差离合器调速系统由速度设定、信号调节、同步积分、比较转换、隔离放大，整流输出和速度反馈等环节构成。它的主要工作过程是：设定的速度指令与速度反馈信号叠加，其差

值经信号调节器动态调节，形成一移相直流信号；同时正弦同步信号经积分器产生与电源同步的锯齿波信号，这时移相直流信号与同步锯齿波信号经比较、放大，输出一系列相应可移动的矩形波，经脉冲变压器耦合为可控硅的触发脉冲，从而使主回路输出可调直流电压，控制调速电动机在调速范围内运行。

4. 主要特点

控制简单，运行可靠，投资小，能平滑调速，采用闭环控制后可以扩大调速范围，其缺点是低速时损耗大，效率低。

二、可控硅串级调速

串级调速实际上是在转子回路中引入了一个反电势，这个反电势就是交流电动机的反电势或逆变桥的逆变电压，改变这个反电势就可以调节电动机的转速，串级调速是将转子中的转差率 S 通过变换装置加以利用，以提高设备的效率。

串调系统的逆变器是一个有源逆变器，它是借助于逆变变压器提供交流电源而实现换向的。因此在投入串调运行前，必须先合上逆变电源，在停机时先断开电机电源，后断逆变电源，而启动方式是借助于频敏变阻器降压启动，所以启动时先合上频敏变阻器的接触器，后合上串调运行接触器，为了安全的启动-运行-停机，必须严格执行电气操作规程。

三、低压变频调速

在磁极对数 P 不变的情况下，n 近似正比例于电源频率 f_1，利用整流将工频为50Hz的交流电整流为直流，然后再经可控硅逆变器，将直流电逆变为不同频率的交流电，从而调节电机的转速。其适用于鼠笼式电动机，高精度、调速范围大的场合，节电约30%。低压变频器主要有以下两种：

1. 交-直-交型变频器

从其结构形式可知，它首先通过整流电路将电网的交流电变为直流电，再由逆变电路将直流电逆变为频率和幅值可调的交流电，供给交流电机。这类变频器根据直流部分电流、电压的不同形式，又可分为电压型和电流型两种。

2. 交–交变频器

交–交变频器,是把一种频率的交流电直接变换为另一种频率的交流电,中间不经过直流环节,又称为周波变换器。整个系统由两组整流器组成。一组为正组整流器,另一组为反组整流器,控制系统按照负载电流的极性,交替控制这两组反向并联的整流器,使之轮流处于整流和逆变状态,从而获得变频交流电压。

交–交变频器的输出电压，由整流器的控制角来决定、可以产生方波交流电压或正弦交流电压，交–交变频器由于控制方式决定了最高输比频率只能达到电源频率的 1/3 ~ 1/2，所以不能高速运行，这是它的主要缺点。

四、高压变频器

完美无谐波高压变频系统，与普通的高压变频系统相比，它从设计上解决了所有功率问题。普通高压变频系统构成为：高→低→变频器→高→电机，完美无谐波交频器系统构成为：高→变频器→高→电机。

1. 高压变频器结构图(图 7–5)

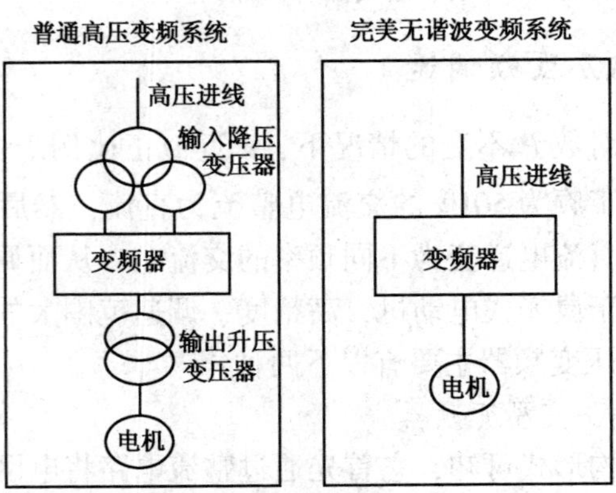

图 7–5　高压变频器对比结构图

2. 完美无谐波变频器拓扑图(图 7-6)

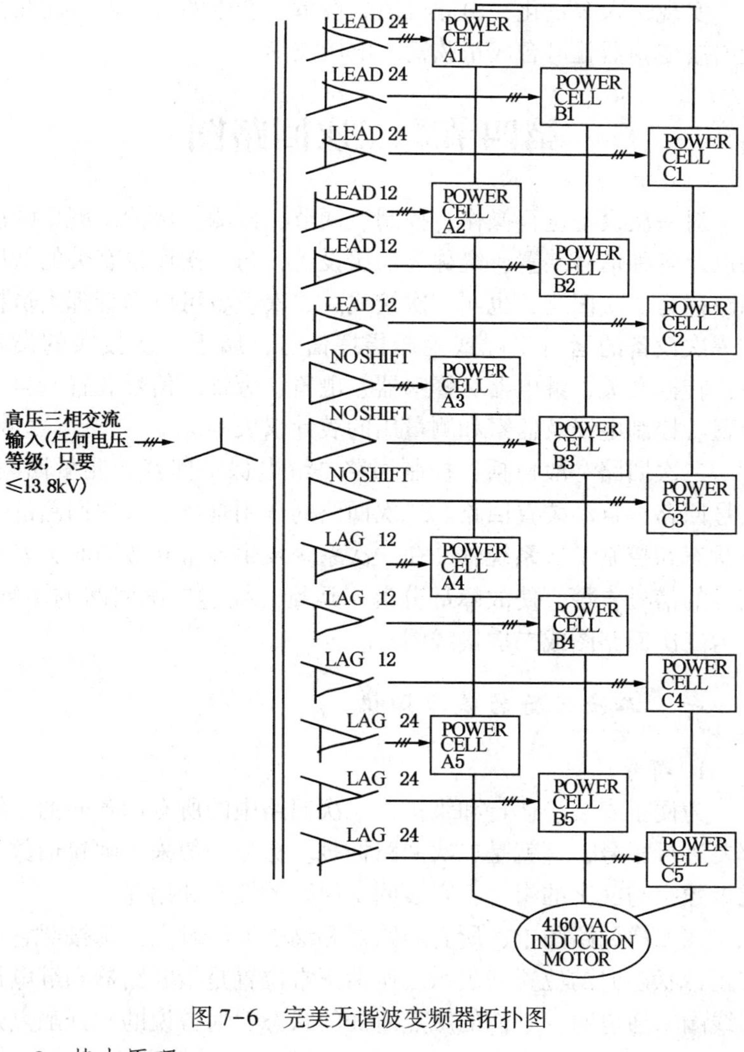

图 7-6 完美无谐波变频器拓扑图

3. 基本原理

完美无谐波变频器，是由多个低压功率单元串联叠加而成，各个功率单元由输入隔离移相变压器的二次隔离线圈分别供电，额定电压为 690V，每相 5 个，因此相电压为 3450V，所对应的线电压为6000V，给功率单元供电的二次线圈互相存在一个相位差，实现输入多重化，由此可消除各单元产生的谐波，由此完美无谐波变频器就可合成正弦输出电压波形。

第四节　二次回路图

对一次设备进行操作、控制、调节、监测、保护、测量的设备以及各种信号装置，统称为二次设备，与二次设备有关的低压回路称为二次回路，也叫二次接线。二次设备可以为管理人员提供一次设备的运行工况或生产指挥信号，属于二次接线的设备有：转换开关、继电器、蜂鸣器、电笛、警铃、信号装置、自动装置、控制电线及监察和测量用的表计仪表等。

二次回路一般包括：控制回路、继电保护回路、测量回路、信号回路、自动装置回路。二次回路的作用是反映一次回路的工作状态和控制一次系统，并在一次系统发生异常和故障时，发生相应的信号告警，使故障部分退出运行。描述二次回路的图纸，称为二次回路图或二次接线图。

一、二次回路的基本知识

1. 符号说明

为便于安装、运行和维护，二次回路中的所有设备间的连线都要进行标号，这就是二次回路标号。标号一般采用阿拉伯数字或者数字与文字的组合，它表明了回路的性质和用途。

在二次回路图中，所有断路器和继电器的触点，都按照它们在正常状态时的位置来表示。所谓正常位置是指断路器和继电器的线圈未通电时，它们的触点所处的状态。通常说的常开触点是线圈未通电时断开，而通电时闭合的触点。

(1) 图形符号

二次回路图中的图形符号应符合国家标准，也有些是习惯上沿用的老标准符号。

(2) 文字标号

二次回路图中的文字标号，一般采用汉语拼音字母来标注。在以汉语拼音字母选作基本符号时，先从名词中选出具有主要表征意义的一个或几个字，然后选用这些字的第一个拼音字母组成标号(见表7-1)。

表7-1　二次回路接线图中的常用文字标号

标　号	文字说明	标　号	文字说明
ZK	自动空气开关，QA	ZCH	自动重合闸装置
GK	隔离开关及其辅助触点，QS	GP	光字牌
LH	电流互感器，TA	DD	电笛
HC	合闸接触器，KM	HA	合闸按钮
TQ	跳闸线圈	FA	复位按钮
SJ	时间继电器，KT	YA	试验按钮
CJ	差动继电器，FD	RD	熔断器，FU
RJ	热继电器，FH	Rf	附加电阻
WSJ	瓦斯继电器，FG	XDC	蓄电池，GB
V	电压表，PV	L	电感
War	无功功率表	BG	晶体三极管
Warh	无功电度表	QP	切换片
cosφ	功率因数表，PC	CT	插头，XP
HK	转换开关，QC	DL	断路器及其辅助触点，QF
XK	信号转换开关	FK	负荷开关及其辅助触点，QL
XWK	限位开关，SL	YH	电压互感器，TV
BD	白色信号灯，WH	HQ	合闸线圈
LD	绿色信号灯，GN	LJ	电流继电器，KA
C	接触器，KM	YJ	电压继电器，KV
JJ	监察继电器	XJ	信号继电器，KS
HJ	合闸继电器	WJ	温度继电器，FT
HWJ	合闸位置继电器	A	电流表，PA
TBJ	跳跃闭锁继电器	W	有功功率表
KM	控制电源小母线	Wh	有功电度表
SYM	事故音响信号小母线	HZ	频率表，PH
(十)SM	闪光信号小母线	KK	控制开关，SA
PM	“掉牌末复归”光字牌小母线	CK	测量转换开关

续表

标　号	文字说明	标　号	文字说明
DK	刀开关，QK	BZT	备用电源自投装置
Xd	信号灯	FM	蜂鸣器
UD	黄色信号灯，YE	JL	警铃
HD	红色信号灯，RD	TA	跳闸按钮
BCJ	保护出口继电器	QA	启动按钮
ZJ	中间继电器，KA	SA	事故按钮
TJ	跳闸继电器	R	电阻
TWJ	跳闸位置继电器	Z	整流器
YJJ	电压监视中间继电器	C	电容器
XM	信号小母线	D	二极管
YBM	预告信号小母线	LP	连接片，XB
HM	合闸电源小母线	FJ	复归继电器
FM	辅助小母线	XMJ	信号脉冲继电器，KI

2. 原理图、展开图、安装接线图

二次回路图按其用途，通常分为原理图、展开图、安装接线图三种。

(1) 归总式原理接线图

二次回路的原理图是体现二次回路工作原理的图纸，并且是绘制展开图和安装图的基础。在原理接线图中，与二次回路有关的一次设备和一次回路，是同二次设备及二次回路画在一起的。所有的一次设备(例如变压器、断路器等)和二次设备(如继电器、仪表等)，都以整体的形式在图纸中表示出来，例如相互连接的电流回路、电压回路、直流回路等，都是综合在一起的。例如6~10kV线路的继电保护装置如图 7-7 所示。

由图 7-7 可知，整套保护装置包括时限速断保护及过电流保护，时限速断保护由电流继电器 1LJ 及 2LJ、时间继电器 1SJ、信号继电器 1XJ、连接片 1LP 所组成，过电流保护由电流继电器 3LJ 及 4LJ、时间继电器 2SJ、信号继电器 2XJ、连接片 2LP 所组成。

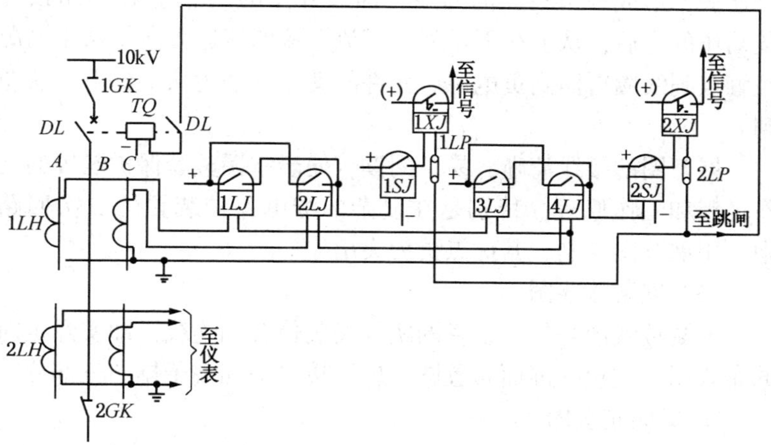

图 7-7　6~10kV 线路的继电保护装置

在图 7-7 中，一次设备(如 L、1GK 等)和二次设备(如 1LJ、1SJ、1XJ 等)都以完整的图形符号表示出来，对整套继电保护装置的工作原理有一个整体描述。但这种图只能表示出继电保护装置的主要元件，而对细节之处无法表示；没有反映出各元件内部的接线情况，如端子编号、回路编号等；标出的直流“正”、“负”极比较分散，不易看清。因此，在实际工作中应用较广的是展开图。

(2) 展开接线图

展开接线图和原理图是一种接线的两种形式。展开图是以二次回路的每一个独立电源来划分单元而进行编制的，一般展开图分交流回路和直流回路两部分。交流回路又分交流电流回路和交流电压回路，直流回路又分控制回路、继电保护回路和信号回路三部分。

属于同一设备(仪表、继电器)的线圈及触点分别画在所属的回路内；属于同一设备(仪表、继电器)的线圈及触点采用相同的文字符号。

同一回路的线圈与触点，按电流通过的顺序依次从左到右进行连接，形成各条独立的回路，即展开图的“行”。各回路按设备动作的先后，从上往下排列。直流电流的流通方向是从正电源经触点到线圈再回到负电源。元件的动作顺序为从上到下，从左到右。

展开图的接线清晰，易于阅读，便于掌握整套保护装置的动作过程和工作原理。特别是在复杂的继电保护装置的二次回路中，用展开图绘制，其优点更为突出。

(3) 安装接线图

安装接线图是二次设备的实际安装位置和连线，即实际走向的布置图。它包括屏面布置图、屏后接线图和端子排图三部分。

① 屏面布置图。

屏面布置图是加工制造屏、盘和安装屏、盘上设备的依据。上面每个元件的排列、布置，系根据运行、操作的合理性，并考虑维护运行和施工的方便而确定的，因此，是按一定比例绘制的。

② 屏背面接线图。

屏背面接线图是以屏面布置图为基础，并以展开图为依据，而绘制成的接线图。它标明了屏上各个设备的代表符号、顺序号，以及每个设备引出端子之间的连接情况和设备与端子排之间的连接情况，它是一种指导屏上配线工作的图纸。

为了配线方便，在这种接线图中，对各设备和端子排一般都增加了一种采用相对编号法进行的编号，用以说明这些设备相互连接的关系，即：甲接线柱上标了乙接线柱的号，乙接线柱上又标了甲接线柱的号，这表明甲、乙两接线柱之间应连接在一起。

③ 端子排图。

端子排图，是表示屏与屏之间电缆的连接和屏上设备连接情况的图纸，其中左边的编号，是指连接电缆的去向和电缆所连接设备接线柱的标号；端子排的中间编号，为端子排的顺序号；端子排的右侧标号，是到屏内各设备的编号。各种端子的作用如下：

试验端子：用来在不断开二次回路的情况下，对仪表、继电器进行试验。

一般端子：用来连接盘外引至盘上或由盘上引至盘外的导线。

连接端子：有横向连接片，可与邻近端子连接，用来连接有分支的电路。

终端端子：用来固定或分隔不同安装单位的端子排。

3. 看二次回路图的基本方法

阅图前应首先了解电气图的名称及标题栏中有关内容，弄通该张图纸所绘制的继电保护装置的动作原理及其功能和图纸上所标符号代表的设备名称。看图要领如下：

（1）“先交流，后直流”：是指先看二次接线图的交流回路，把交流回路看完弄懂后，根据交流回路的电气量以及在系统中发生故障时这些电气量的变化特点，向直流逻辑回路推断，再看直流回路。一般讲，交流回路比较简单，容易看懂。

（2）“交流看电源，直流找线圈”：是指交流回路要从电源入手。而交流回路由电流回路和电压回路两部分组成，先找出它们是由哪一些 LH 或 YH 来的？在两种互感器中转变的电流或电压起什么作用？与直流回路有什么关系？这些电气量是由哪些继电器反应来的，它们的符号是什么？然后再找与其相应的触点回路。这样就把每组 LH、YH 的二次回路中所接的每个继电器一个一个地分析完，看它们都用在什么回路？跟哪些回路有关？在头脑中有个轮廓，再往后就容易看了。

（3）“抓住触点不放松，一个一个全查清”：找到继电器的线圈后，再找出与之相应的触点。根据触点的闭合或开断引起回路变化的情况，再进一步分析，直至查清整个回路的动作过程。

（4）“先上后下，先左后右，屏外设备一个不漏”：是针对端子排图和屏后安装图而言。展开图上凡与屏外有联系的回路编号，均应在端子排上占据一个位置。看端子排图一定要配合展开图来看，展开图有如下规律：

①直流母线、交流电压母线用粗线条表示，以区别于其他回路的联络线。

②继电器和每一个小的逻辑回路的作用都在展开图的右侧加以说明(即角图章)。

③继电器和各种电气元件的文字符号与相应原理接线图中的文字符号一致。

④继电器的触点和电气元件之间的连接线段都有数字编号。

⑤继电器的文字符号与其本身触点的文字符号相同。

⑥各种小母线和辅助小母线都有标号。

⑦对于展开图中个别的继电器，或该继电器的触点在另一张图中表示，或在其他安装单位中有表示，都在图纸上说明去向，对任何引入的触点或回路也说明来处。

⑧直流正极按奇数顺序标号，负极回路则按偶数顺序编号。回路经过元件(如线圈、电阻、电容等)后，其标号也随之改变。

⑨常用的回路都给以固定的编号，如断路器的跳闸回路用33，133，233，333等，合闸回路用3，103等。

⑩交流回路之标号除用三位数外，前面加注文字符号。交流回路使用的数字范围是：电压回路为600~799；电流回路为400~599。它们的个位数字表示不同的回路；十位数字表示互感器的组数。回路使用的标号组，要与互感器文字符号前的“数字序号”相对应。如lLH的A相回路标号为A411~A419；2YH的A相回路标号应为A621~A629。

二、二次导线

1. 标号

在控制和信号回路中的一些辅助小母线和交流电压小母线，除文字符号外，还给予固定的数字标号。

2. 二次回路的电缆

(1) 交流、直流回路，不允许共用一条电缆。因为交、直流回路都是各自独立的系统。交流是接地系统，而直流是绝缘系统，二者之间容易造成短路。当交、直流回路合用一条电缆时，会互相干扰，降低直流回路的绝缘电阻。

（2）直流系统中，不允许控制回路与信号回路混用。因为直流控制回路是供给断路器分、合闸的二次操作电源及保护回路的动作电源，而直流信号回路是供给全部声、光信号的直流电源。如果两个回路混用，在直流系统发生接地故障时，不便于查找及断开故障电源。

（3）二次回路电缆：电流回路的铜芯缆不得小于2.5mm^2；电压回路的铜芯缆不得小于1.5mm^2；

（4）低压控制缆一般都是塑料电缆，而高压变电所低压控制缆应采用金属外皮电缆，并将金属外皮两端直接与接地网连接，起到屏蔽作用。

3. 二次回路的清扫

清扫时，值班人员或维修人员使用的清扫工具应干燥，金属部分应包好绝缘，将手表摘下（尤其是金属表带的手表），穿长袖工作服，戴线手套，小心谨慎，不应用力抽打，以免弄断线头或损坏元件设备。

第五节　继电保护

当电力系统发生故障或属于不正常运行状态时，利用一些电气自动装置将故障部分从系统中迅速切除，或在发生异常时及时发出信号；以达到缩小故障范围、减少故障损失、保证系统安全运行之目的。通常将执行上述任务的电气自动装置称作继电保护装置。

一、继电保护装置的基本要求

1. 选择性

当供电系统发生故障时，继保装置应只切除故障设备，保护装置这种挑选故障设备的能力称为选择性。即首先由离故障点最近的断路器断开，切除故障部分，从而使停电范围尽量缩小。相反，如果系统中发生故障时，距故障点近的保护拒动，而离故障点远的保护动作，即为越级动作，称失去选择性。

当高压断路器的继电保护装置拒绝动作时，应由离电源较近的上一级保护装置或由其他保护装置动作，这种性能称为备用性。

2. 速动性

短路电流延续的时间越长，电气设备的绝缘越易损坏，电压降低的时间越长，使运转中的电动机所受影响越大。因此要求继保装置动作迅速，快速切除故障。

一般情况下，选择性与速动性是矛盾的，二者要求常常相抵触。若不能同时满足两个要求时，按损失最小的原则，容许只满足其中一个要求。如有时为了达到选择性，使保护装置带有一定的时限。

故障切除时间等于继保装置动作时间和断路器动作时间之和。一般快速保护动作时间为 0.08～0.2s；DL 的动作时间为 0.1～0.15s。

3. 可靠性

继电保护装置必须动作可靠，在其保护范围内发生故障时，应准确地动作，不应该拒绝动作，而在不属于它动作的情况下不应该误动作。为了满足可靠性的要求，继保装置接线应尽可能简单，力求减少继电器接点，避免保护装置断线、短路、接地和错误的接线；所有辅助元件，如连接导线、端子排，以及安装施工都应十分可靠。

4. 灵敏性

灵敏性是指保护装置在其保护范围内，对可能发生的故障或不正常工作状态应具有足够的反应能力。在其保护范围内，不论短路点的位置和短路性质如何，保护装置都应正确反映。

二、常用继电器

继电器是继电保护的元件，其特征是当输入的物理量达到一定数值或当某一物理量刚输入时就能自动动作。继电器一般由感受元件、比较元件和执行元件三部分组成：感受元件的作用是将感受到的继电器所能反应的物理量的变化情况，综合后送至比较元件。比较元件作用是将感受元件送来的物理量与事先的整定值进行比较，并将比较的结果向执行元件发出命令。执行元件作用是根据来自比较元件的命令，自动完成继电器所担负的任务。例如使断路器跳闸或发出信号等。

1. 继电器的分类

按感受元件所反应的物理量不同，继电器可分为电量和非电量两种。属于非电量的有温度继电器、气体继电器等；反应电量的种类比较多，一般分以下三种：

（1）按动作原理分：电磁感、感应型、整流型、晶体管型。

（2）按反应电量的性质分：电流继电器、电压继电器等。

（3）按作用分：中间继电器、时间继电器、信号继电器等。

2. 继电器的接线方式

继电器一般有三相式完全星形接线、两相式不完全星形接线及两相电流差式接线三种。

（1）三相式完全Y形接线(三只LH，三只LJ)

三只LH的二次线圈接成Y形，用三只LJ分别接入。这种接线方式能保护任何形式的短路故障(包括相间短路和单相接地短路)，常用来保护中性点直接接地的系统，但不太经济。

（2）两相式不完全Y形接线(二只LH，二只LJ)

这种接线方式能保护各种相间短路和装有继电器相的接地短路；而当未装继电器相(B相)发生单相接地短路时，故障电流反映不到继电器线圈，保护不能动作。因此，在中性点直接接地的系统中，若没有附加的接地保护装置，通常不采用这种接线方式。而常用来保护中性点不接地系统的相间短路故障，也可作为相间短路保护应用在有单独接地保护的中性点接地系统中。

(3) 两相电流差式接线

这种减极性接线方式由 2 只 LH 和一只接在两相电流差上的继电器组成，其接线特点是 2 只 LH 的首尾相连，且均有一根导线与 LJ 之线圈相连。常用于 3～10kV 线路中作相间短路保护，不能用于 Y/Δ-ll 接线的电力变压器作相间短路保护，它和两相式接线一样，也不能保护所有单相接地短路和某些情况下的两相接地短路故障。

为了说明继电器与 LH 的二次电流之关系，可用接线系数 K_{Jx} 表示。

三、短路与接地

短路是指相与相之间的短接，或在中性点接地系统中一相或几相接地以及三相四线制系统中相线与中线短接。三相系统中短路的基本类型有：三相短路、两相短路；单相接地短路(单相短路)和两相接地短路。

一般情况下，6～35kV 三相三线制系统为中性点不接地系统，属于小电流接地系统；380/220V 三相四线制系统为中性点直接接地方式。

四、3～10kV 线路的继电保护

1. 过流保护

在电力系统中发生短路时，其特征之一是线路中的电流剧增，当电流超过事先按最大负荷电流而整定的数值时引启动作的保护装置，就是过电流保护。过电流保护分为定时限过流保护和反时限过流保护。

定时限过电流保护是指不管故障电流超过整定值多少，其动作时间总是一定的。各保护装置的动作时限大小是从用户到电源逐级增长的，越靠近电源，过电流保护装置的动作时限越长，好比一个阶梯，故称为阶梯形时限特性。由于各保护装置的动作时限都是分别固定的，与短路电流大小无关，所以这种电流保护装置称为定时限过流保护。每一线路的保护装置除保护本线路外，还应起相邻下一线路的后备保护作用。

反时限过流与保护是指动作时间与故障电流值成反比例变化，即故障电流超过整定值越多，动作时间越快。如果故障电流超过整定值一定倍数(约为6倍)以后、动作时间趋于恒定而不再成反比例关系者，则称为有限反时限过电流保护。反时限过流保护采用感应式GL系列的继电器，该种继电器本身具有测量启动机构，以及反时限机构(故障电流越大，圆盘的转速越快，动作时限越短)。而且它的接点容量也较大，无须再用时间和中间继电器。

2. 电流速断保护

定时限过流保护简单可靠，但它最大的缺点是动作不迅速，尤其靠近电源的线路动作时限往往很长，在很多情况下满足不了快速动作的要求。为了迅速切除故障，可以装设瞬时电流速断和带有不大时限的限时电流速断。

(1) 瞬时电流速断保护

与过流保护的区别在于瞬时电流速断保护的动作电流，不是按躲过最大负荷电流整定，而是根据被保护线路末端短路时，流过保护的最大短路电流不应使保护动作的原则整定的，即按躲过被保护线路末端最大短路电流整定。显然，在被保护线路末端短路时，瞬时电流速断保护不会动作。由于该保护的保护范围被限制在被保护线路内部，保证了选择性，因此可以瞬时跳闸。

(2) 带时限的电流速断保护

带时限的电流速断保护可用来作为被保护线路末端故障的主保护，以线路末端短路校验灵敏性。瞬时电流速断只能保护线路首端，线路其余部分故障它是无能为力的。因此，瞬时电流速断不能独立使用，常同带时限电流速断及过流保护配合使用。带时限电流速断要保护全线路，在线路末端短路时它应动作，那么在下一线路始端短路时，保护也能启动，即保护区将延伸至下一线路的一部分。为了满足选择性要求，需保证两点：其一，其动作时限应比下一线路瞬时速断大一个时限级差 Δt（取 0.5~0.75s），其二，其动作电流也要与下一线路瞬时速断的动作电流相配合（取下一级速断启动电流的 1.1~1.2 倍）。

五、3~10kV 高压电机的继电保护

1. 电动机的继电保护

电动机的继电保护，应能反应内部故障及不正常运行状态。电动机的内部常见故障有定子绕组的匝间短路、相间短路及单相接地等，电动机的常见的不正常运行状态有过负荷、电压短时消失或短路时电压降低等。因此，电动机的保护种类有可作用于信号、减负荷或跳闸的过负荷保护、电流速断保护、低电压保护、单相接地保护等四种。

2. 过负荷保护

由于过负荷所引起的过电流会使电动机绕组湿度升高、绝缘老化，严重时甚至会烧毁电动机。电动机的过负荷保护装置一般应采用有限反时限特性的过电流继电器。如 GL-14 系列，其中感应系列用作过负荷保护，电磁系列用于瞬时过流保护。

3. 电流速断保护

常利用电流速断保护作为电机定子绕组短路故障的主要保护，对于不容易过载的电动机，如水泵、风机、空压机等，常采用 DL-11 系列继电器组成无时限的速断保护。对于容易过载的电动机，常采用感应型继电器。

4. 低电压保护

（1）电动机低电压保护的设置原则

电动机的低电压保护是一种辅助保护，只有在下列情况才装设：①为了保证重要电动机，如给水泵、循环水泵、风机等一类负荷电动机的自启动，对不重要的电动机装设带 0.5s 时限的低电压保护，动动作于断路器跳闸；②在不准自启动的电动机上，以及由于生产工艺条件和技术安全要求，不允许长期失去电源后

再自启动的电动机上，应装设带10s时限的低电压保护。

对第一种情况所装设的低电压保护装置，为了加速和提高重要电动机自启动的效果，应采用最小的动作时限。但根据选择性的要求，其值应比上级变电所送出线短路保护(快速)大一个时限；如果上级变电所送出线装有电抗器，则应比本变电所其他送出线短路保护大一个时限阶段，以便当电网中某处发生短路故障时，虽然电网电压有可能降低，但低电压保护装置则不应动作，因为保护该处的快速保护装置能迅速切除该故障，因此其动作时限常整定为0.5~1.5s。只有电网电压消失或降低时间较长时，低压保护才去作用于断路器跳闸。

对于第二种情况，即按生产工艺过程和技术安全要求所装设的低电压保护装置，其时限应足够大，只有在电压长期消失或降低时，才断开高压断路器。因此，一般多取5~10s。

(2) 低电压保护装置接线时的基本要求

① 三相电压同时短路，下降到整定值时能可靠启动，并闭锁电压回路断线信号装置，不致误发信号；

② 当电压互感器二次熔断器一相、二相或三相同时熔断时，低电压保护也不应误动；为此，装设三相低电压启动元件，并在第三只继电器上增设分路熔断器；

③ 当母线电压降低到额定电压的60%~70%时，首先应以0.5~1.5s的时限，切除次要的电动机；当电压继续下降至50%~55%U_e时，低电压保护装置才以5~10s的时限，切除不允许长期失电后再启动的或有备用机组的重要电动机。

④ YH一次的GK断开时，低电压保护装置应予闭锁，利用GK的辅助接点，不致误动作。

六、低压保护电器

1. 熔断器

熔断器俗称保险，是串联在线路中，当线路电流超过熔丝额定熔断电流($I_{熔}$)时，熔丝因过热而熔断，起到保护线路和用电设备的作用。当短路电流很大时，熔丝急剧升温，立刻熔断，切除事故电流；当用电设备过载时，热量积累至一定程度，熔丝熔断，可做设备的过载保护。

对于异步电动机，$I_{熔} \geqslant (1.5 \sim 2.5) I_{H}$

2. 热继电器

热继电器俗称热元件，由热元件和辅助触点组成，主要是用来保护电动机和电气设备的过负荷。热元件采用复合加热方式的双金属片串联于主回路中，当电路过载时，双金属片因受热弯曲变形，推动导板，并通过补偿双金属片使动、静触点分开，使控制回路断电，电机过载保护动作。当其冷却后，双金属片恢复原位，控制接点复位(控制接点也可人工复位)。热继电器上有整定电流调节装置，利用改变热元件双金属片与动作定位螺钉间距大小的方法，以达到不同的动作电流整定值。

使用热元件的注意事项：①热元件额定电流一般选为负荷电流的1.15~1.25倍；②当热元件动作而停车时，不允许用手按住复位按钮而强行启动设备；③由于热元件动作较慢，不能用来做短路保护；④与热元件连接的导线，截面不能过小，以免导线发热传至热元件，导致误动作；⑤热继电器内部不允许任意拆动。

第六节　安全用电

一、触电与急救

人体触电一般有与带电体直接接触触电、跨步电压触电、接触电压触电等三种形式。电流对人体的伤害可分电击和电伤(包括电灼伤、电烙印和皮肤金属化)两大类，人身触电是经常发生的一种电气事故，电伤部位很难愈合。

人触电后，往往会出现神经麻痹、呼吸中断，心脏停止跳动等症状，呈昏迷不醒的状态，但实际上这通常是假死状态。触电死亡同时具有心跳和呼吸停止、瞳孔放大、血管硬化、出现尸斑、尸僵等五个特征，如果上述特征中有一个尚未出现，就应作为假死而迅速进行现场救护。只有救护方法得当，坚持不懈，多数触电者可以“起死回生”。因此，每个与电气设备有接触的工作人员必须熟练掌握触电急救的方法。

1. 脱离电源

触电急救，首先要使触电者脱离电源，电流通过人体的时间越长，对人的生命威胁就越大。以下是几种使触电者脱离电源的方法，可根据情况选采用。

(1) 脱离低压电源

如果触电者是触及低压带电设备，则救护人员应迅速切断电源，如拉开电源开关，拔掉电源插头等；或使用绝缘工具，如干燥的木棒、木板、绳索等不导电的东西解脱触电者；也可抓住触电者干燥而不贴身的衣服，将触电者脱开，此时切记要避免碰到金属物体和触电者裸露的身躯；也可戴绝缘手套或用干燥衣物包住解脱触电者；救助人员最好站在绝缘垫或干燥木板上，绝缘自己而且最好用一只手进行救护。

如果电流通过触电者入地，且触电者紧握导线，救助人员可设法用干木板塞到触电者身下，使其与大地绝缘，隔断电源，然后采取其他办法切断电源。如用干木把斧子或有绝缘柄的钳子将电线剪断，剪线时要分相剪断，并尽可能站在绝缘物体上。

(2) 脱离高压电源

如果触电者触及高压电源，因高压电源电压高，一般绝缘物不能保证救助人的安全，而且电源开关距离较远，不易切断电源，这时应采取下列措施：

① 立即通知有关部门停电；

② 戴上绝缘手套，穿上绝缘靴，拉开高压断路器或用相应等级的绝缘工具拉开跌落保险，切断电源，救助人员在抢救过程中应注意与带电体保持安全距离；

③ 抛掷裸金属导体，使线路短路，迫使保护装置动作，断

开电源。

2. 心肺复苏

触电伤员在呼吸和心跳均停止时，可以按心肺复苏支持生命的三项基本措施进行就地抢救。

(1) 通畅气道

触电伤员呼吸停止，抢救时重要的一个环节是始终保持气道通畅。

如发现伤员口内有异物，可将其身体和头部同时侧转，迅速用一个手指或用两指交叉从口角处插入，取出异物。另外采用仰头抬颌法，一只手放在伤者前额，另一只手的手指将其下颌骨向上抬起，两手协同将头部推向后仰，舌根随之抬起，气道即可通畅。严禁用枕头或其他物品垫在伤员头下。同时要解开触电者衣领，使触电者胸部可自由扩张。

(2) 口对口(鼻)人工呼吸

口对口(鼻)人工呼吸是较有效的方法，一方面它可以使胸部有呼吸动作，另一方面吹入的 CO_2 可刺激呼吸中枢，使伤者尽快恢复自主呼吸。它不需要任何设备条件，凡有呼吸停止或呼吸不规则的情况都可使用此法。

口对口人工呼吸的具体做法如下：救护人员用手指捏住伤员鼻翼，救护人员深呼吸后，与触电者口紧合，在不漏气的情况下，先连续大口吹气两次，每次 1~1.5s。如两次吹气后试测颈动脉仍无搏动，可判断其心跳已停止，要立即同时进行胸外挤压法。

除开始时大口吹气两次外，正常口对口呼吸的吹气量不需过大，以免引起胃膨胀。吹气和放松时要注意伤员胸部应有起伏的呼吸动作。吹气时如有较大阻力，可能是头部后仰不够，应及时纠正。每次吹气完毕，救护者的口应立即离开，并放松鼻孔，等伤者自身胸部回缩，达到呼气的目的。

触电者如牙关紧闭，可口对鼻人工呼吸。口对鼻人工呼吸时，要将触电者嘴唇紧闭，防止漏气。

(3) 胸外按压法

凡触电者心脏停止跳动或不规则颤动可立即用此法。

① 使触电者朝天仰卧，后背着地结实(硬地、木板之类)；

② 救护者位于触电者一侧或骑跨在触电者腰部，两手交叠。手掌根部放在正确的压点上，即心口窝稍高，两乳头间略低、胸骨下1/3处；

③ 救护人员两臂伸直，掌根略带冲击地用力垂直下压，压陷深度3~5cm；

④ 压到要求程度后，立即全部放松，但掌根不得离开胸壁。

⑤ 按压要以匀速进行，每分钟80次左右，每次按压和放松时间相等。

⑥ 胸外按压与口对口(鼻)人工呼吸同时进行，其节奏为每按压15次后吹气两次(15∶2)，反复进行，双人抢救时，每按压5次后由另一人吹气1次(5∶1)，反复进行。

3. 抢救过程中再判定

① 胸外按压和口对口人工呼吸1min后，应再用看、听、试方法在5~7s时间内完成对触电者呼吸及心跳是否恢复进行判定。

② 若判定颈动脉已有搏动但无呼吸，则暂停胸外按压，再进行2次口对口人工呼吸，接着每5s吹气一次。如果脉搏呼吸均未恢复，则继续坚持心肺复苏法抢救。

③ 在医务人员未接替抢救前，现场人员不得放弃抢救。

4. 抢救过程中触电人员的转院与移动

① 心肺复苏应在现场就地进行，不要为方便而随意移动伤员，如确需要移动时，抢救中断时间不应超过30s。

② 移动伤员或将伤员送医院时，应使伤员平躺在担架上，并在其背部垫平硬阔木板。

③ 应创造条件用塑料袋装入碎冰屑作成帽状包绕在伤员头部，露出眼睛，使脑部温度降低，争取心、肺、脑完全复苏。

二、电气安全措施

1. 防止人身触电的技术措施

(1) 保护接地

就是在 1kV 以下，变压器中性点不直接接地的电网内，电气设备正常情况下不带电的金属外壳以及与它相联接的金属部分和接地装置作可靠的联接，而且接地电阻≤4Ω。

保护接地的应用范围：①电机、变压器、照明灯具，携带式或移动式电动工具的金属外壳和底座；②电气设备的传动机构；③互感器的二次线圈；④配电屏、箱、柜、控制屏、箱、柜的金属框架；⑤室内外配电装置金属构架，如电缆桥架；⑥交、直流电缆接线盒的金属外壳和电缆金属外皮等。

(2) 保护接零

保护接零就是 1kV 以下，变压器中性点直接接地的电网中，一切电气设备正常情况下不带电的金属外壳以及和它相连的金属部分与零线作可靠的联接，而且接地电阻≤4Ω。

在变压器中性点直接接地的供电系统中，AC 380/220 三相四线制或三相五线制电网中，因绝缘破坏而可能呈现危险对地电压的电气设备金属外壳均应采取保护接零。同一供电系统的电气设备，不允许一部分采用保护接地，另一部分采用保护接零。

重复接地是指三相四线制的零线或三相五线制中的专用保护零线的一处或多处，经接地装置与大地再次连接。它是保护接零系统中不可缺少的安全技术措施，且不允许在起保护作用的零线上装设单极开关和熔断器。要求接地电阻≤10Ω。

(3) 安全电压

安全电压是指人体长时间接触而不致发生触电危险的电压，常用安全电压额定值分为五个等级：42、36、24、12、6V(工频的有效值)。

安全电压是低压，但低压不一定是安全电压。电气设备对地电压在 250V 以上者称为高压，对地电压在 250V 及以下者称为低压。人接触到250V工频电压时，足以会把人电死。所以低压不等于安全电压。

(4) 装设漏电保护器

漏电保护器又叫漏电开关，是防止发生人身触电的有效装置，在采用漏电保护器时，应同时考虑与其他防护措施的相互配合，以求对触电进行最有效的保护。从控制原理分，漏电保护器有电流、电压型，其中电流型保护性能最好、应用最为普遍。

2. 在电气设备上工作，保证安全工作的组织措施

(1) 工作票制度

工作票是准许在电气设备或线路上工作的书面命令，必须严格执行有关工作票的规定和要求。

(2) 工作许可制度

工作许可人在完成施工现场的安全措施后，还应负责审查工作票所列安全措施是否完善，工作现场是否符合要求。工作过程中，工作负责人和工作许可人任何一方不得擅自变更安全措施，值班人员不得变更有关检修设备的运行接线方式。工作中如有特殊情况需要变更时，应事先取得对方同意。

(3) 工作监护制度

完成工作许可手续后，工作负责人(监护人)应向工作班人员交待现场安全措施，带电部位和其他注意事项。工作负责人(监护人)必须始终盯在现场，对工作人员的安全认真监护，及时纠正违反安全的行为。工作人员必须服从工作负责人(监护人)的指挥。工作负责人(监护人)如发现工作人员有违反安全规程或进行不安全工作的，应该立即指正，必要时可暂停其工作。

(4) 工作间断、转移、终结制度

① 工作间断时，工作人员应从工作现场撤出，所有安全措施保持不动，工作票仍由工作负责人执存。每日收工，应清扫工作地点，开放已封闭的通路，并将工作票交回值班员。次日复工时，应征得值班员许可，取回工作票，工作负责人必须事前重新认真检查安全措施是否符合工作票的要求后，方可工作。

② 全部工作完毕后，工作班应清扫、整理现场。工作负责人与值班员共同检查设备状况，有无遗留物件，是否清洁等，然后在工作票上，填明工作终结时间，经双方签字后，工作票方告终结，并通知调度或工作票签发人。

③ 只有在同一停电系统的所有工作票结束，拆除所有接地线，临时遮栏和标示牌，恢复常设遮栏，并得到运行值班调度或运行值班负责人的许可命令后，才能合闸送电。

3. 在电气设备上工作，保证安全工作的技术措施

在电气设备上工作时，保证安全工作的技术措施包括停电、验电、悬挂接地线、悬挂警告标示牌和装设遮栏等，这些措施通常由值班人员执行。对于无值班人员的电气设备，由断开电源人执行，并应有监护人在场。

(1) 停电

将检修设备停电，必须把各方面的电源完全断开。禁止在只经断路器(高压开关)断开电源的设备上工作。必须拉开隔离开关(高压刀闸)，使各方面至少有一个明显的断开点。与停电设备有关的变压器和电压互感器，必须从高、低压两侧断开，以防止向停电检修设备反送电。

(2) 验电

验电时，必须用电压等级合适且合格的并且在试验有效期内的验电器，在检修设备进出线两侧各相分别验电。验电前，应先在有电设备上试验，验证验电器良好。

(3) 封挂接地线

装设接地线必须由两人进行，其中一人监护，一人操作。装设接地线必须先接接地端，后接导体端，且必须接触良好并使之三相短路。拆接地线的顺序与此相反。装、拆接地线，均应使用绝缘棒和戴绝缘手套。

(4) 悬挂警告标示牌和装设遮栏

在一经合闸即可送电到工作地点的断路器和隔离开关的操作把手上，均应悬挂“禁止合闸，有人工作”的标示牌。如果线路

上有人工作，应在线路断路器和隔离开关的操作把手上悬挂“禁止合闸，线路有人工作!”的标示牌。

4. 保证电气设备操作安全运行的措施

（1）交接班制度

交接班工作很重要，不少事故就是因为没有交接清楚而引起，所以交接班工作必须严肃认真，决不能马虎了事。

① 交接班时要做到“十交，五不接”。

A. 十交：a. 交任务；b. 交原料；c. 交操作和指标；d. 交质量；e. 交设备；f. 交问题和经验；g. 交安全和卫生；h. 交记录。

B. 五不接：a. 设备润滑不好不接；b. 工具不全不接；c. 操作情况交待不清不接；d. 记录不全不接；e. 卫生不好不接。

② 交接班记录的主要内容：a. 接班情况；b. 本班工作情况；c. 本班出勤情况及好人好事；d. 生产任务完成情况；e. 质量情况；f. 工序管理情况；g. 安全和消防情况；h. 工具、设备情况；i. 注意事项、遗留问题及处理意见；j. 领导指示；k. 交接、班班长签字。

（2）巡回检查制

巡回检查制是沿着预先拟订的路线，对所有电气设备按规定的巡检周期和运行规程进行巡视和检查。

（3）电气管理的“三三二五制”

电气管理的“三三二五制”即“三图”、“三票”、“三定”、“五规程”、“五记录”。

① 三图：系统模拟图、电缆走向图、二次接线图；

② 三票：工作票、操作票、临时用电票；

③ 三定：定期清扫、定期试验、定期检修；

④ 五规程：运行规程、试验规程、检修规程、安全技术规程、事故处理规程；

⑤ 五记录：运行记录、试验纪录、检修记录、事故记录、设备缺陷记录。

第七节　污水处理常用仪表

为了准确掌握污水处理厂各个处理环节的运行情况，必须对进入各构筑物的水量和压力、曝气池混合液的溶解氧和 pH 值、污泥浓度、二沉池的污泥界面、出水余氯等有关参数进行监控。这些参数的测量有的需要手工化验，有的可以利用仪表自动检测。

一、在线 COD_{Cr} 测定仪

1. 工作原理

国家规定在最终排放口必须安装在线 COD_{Cr} 测定仪，这种测定仪是将 COD_{Cr} 的化验室分析过程，通过仪器系统化、程序化地实现，常见的 COD_{Cr} 分析仪工作原理见图 7-8。

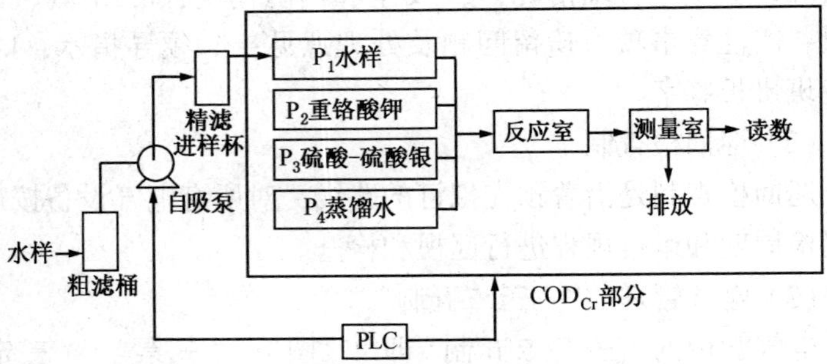

图 7-8　COD_{Cr} 测定仪工艺流程图

COD_{Cr} 测定仪先由自吸泵将水样从排放明渠内提升至进水精滤采样杯内，再由进水蠕动泵 P_1 将水样提加到反应室内。然后，依顺序再由蠕动泵 P_2、P_3、P_4 分别将重铬酸钾、硫酸-硫酸银和蒸馏水提加到反应室内。进样完毕开始微波加热 5 分钟（加热时间可自行设定和修改），待加热完毕注入蒸馏水稀释并冷却到室温，之后再由气压泵将混合液吹至测量室进行测量，并自动计

算和显示测量结果。最后，由气压泵将混合液排放掉并将管路吹扫干净，进入下一次测量循环过程。整个循环过程由 PLC 进行控制，自动进行。

2. 使用注意事项

（1）日常的检查：主要包括检查仪器工作是否正常，比如进出管路是否通畅，有无泄漏，并保持仪器的清洁，尤其是对转动部分和易损件要定期检查和更换，防止其损坏造成泄漏而腐蚀仪器。

（2）试剂的更换：重铬酸钾和硫酸-硫酸银属于强腐蚀性试剂，并且在工作现场容易挥发和吸潮，所以应定期更换。更换周期依据使用情况而定，一般至少 3 个月更换一次。

（3）防护性检修：由于蠕动泵管吸取强腐蚀性试剂，所以应 3 个月更换一次。测量室和反应室应每年至少彻底检查清洗检修一次。

（4）日常校准：除程序设定的自动零循环校准外，在第一次使用、更换试剂或防护性检修之后要进行零点和标准溶液的校正。采用实验室制备的蒸馏水作为零点校准液。校准过程与测量循环过程相同，校准后保留新零点的参数，并对工作曲线进行校准。

（5）仪器在出厂时虽然保存已经设定了原始的工作曲线，但因使用场所不同，原有工作曲线往往不能满足任何监测场合，所以应该对其工作曲线进行定期的校核。可由实验室配制 COD_{Cr} 标准溶液进行校核，校准过程与测量循环过程相同，校核后更改有关界面参数，对工作曲线进行校准。

（6）安装环境：要保证在线 COD_{Cr} 测定仪安装场所的温度、湿度恒定，必要时需要安装空调等加热、制冷和除湿设施。同时使用独立的稳压电源。

（7）仪器暂停使用时，要用蒸馏水彻底清洗后排空，再依此关闭进出口阀门和电源，重新启用时用新试剂进行彻底清洗，并对工作曲线进行校准。

3. 自动连续采样器的使用注意事项

在线 COD_{Cr}测定仪通常需要与自动连续采样器相匹配。自动连续采样器一般安装在污水处理场的进水口和排放口，可以较好地进行混合样的采集，而且大部分带有冷藏功能，可以在一定时间内保持采集水样的稳定性。其使用注意事项有：

① 后配的取样管一定要使用洁净无污染的管道，管道的材质不能和废水中的成分发生反应，如果没有特殊要求，一般使用 PVC 软管。

② 及时将自动连续采样器采集的水样取出分析化验，防止水样超过保存的稳定时间和取样瓶装满后溢出损坏采样器。

③ 定期清洗或更换取样管和取样瓶。

④ 定期对采样器的控制和机械部分进行维护和保养。

⑤ 北方地区污水处理场安装的自动连续采样器必须有防冻措施。

二、pH 计

pH 值的电位法测定原理是通过测定玻璃电极与已知电位的参比电极的电位差，从而得到指示电极的电位，即 pH 值。参比电极一般使用甘汞电极或 Ag-AgCl 电极，以甘汞电极应用最为普遍。pH 电位计的核心是一个直流放大器，使电极产生的电位在仪器上放大后以数字或指针的形式在表头上显示出来。电位计通常装有温度补偿装置，用以校正温度对电极的影响。

1. 玻璃电极的使用注意事项

（1）玻璃电极的零电位 pH 值必须在配套酸度计的定位调节器范围内，而且不得在非水溶液中使用。玻璃电极在初次使用或久置不用后重新使用时，玻璃球泡要在蒸馏水中浸泡 24h 以上，以使形成良好的水化层。使用前应仔细检查电极是否完好，玻璃球泡应无裂痕和斑点，内参比电极应浸泡在内充液中。

（2）如果内充溶液中有气泡，可轻轻甩动电极令气泡溢出，使内参比电极与溶液之间接触良好。为避免玻璃球泡破损，水冲洗后，可以用滤纸小心地吸去附着在电极上的水，不能用力擦拭。安装时，玻璃电极的玻璃球泡要比参比电极略高一些。

(3) 当测量含有油或乳化状物质的水样后，要及时用洗涤剂和水清洗电极。如果电极附着无机盐结垢，可将电极浸泡于(1+9)盐酸中，待结垢溶解后，用水充分淋洗，再置于蒸馏水中待用。若上述处理效果不理想，可用丙酮或乙醚(不能用无水乙醇)进行清洗后，再按上述方法处理，然后将电极在蒸馏水中浸泡过夜后使用。

(4) 如果仍无效，还可以用铬酸洗液浸泡数分钟。铬酸清除玻璃外表面所吸附物质效果显著，但存在具有脱水作用的弊端，用铬酸处理过的电极必须在水中浸泡过夜，方可用于测量。在万不得已的情况下，还可将电极在5%HF溶液浸泡20~30s或在氟氢化铵(NH_4HF_2)溶液中浸泡1min作适度的腐蚀处理，浸泡后立即用水充分淋洗，再浸入水中待用。经过这种剧烈的处理后，电极的寿命将受到影响，因此这两种清洁方法只能作为替代废弃的措施。

2. 甘汞电极的使用注意事项

(1) 甘汞电极由金属汞、氯化亚汞(甘汞)和氯化钾盐桥三部分组成。电极中的氯离子来源于氯化钾溶液，当氯化钾溶液浓度一定的情况下，则电极电位在一定温度下是常数，而与水的pH值无关。电极内部的氯化钾溶液通过盐桥(陶瓷砂芯)往外渗透，使原电池导通。

(2) 使用时，必须取下电极侧管口的橡皮塞和下端的橡皮帽，以使盐桥溶液借重力作用维持一定流速渗漏，保持与待测溶液的通路。电极不用时，应套好橡皮塞和橡皮帽，防止蒸发和渗出。长期不用的甘汞电极应充满氯化钾溶液，放置在电极盒内保存。

(3) 电极内氯化钾溶液不能有气泡，以防止短路；溶液内应保留少许氯化钾晶体，以保证氯化钾溶液的饱和。但氯化钾晶体不可过多，否则就有可能堵塞与被测溶液的通路，以至产生不规律的读数。同时还应注意排除甘汞电极表面或盐桥与水接触部位的气泡，否则也可能导致测量回路断路读不出数或读数不稳。

(4) 测量时，甘汞电极内的氯化钾溶液的液面必须高于被测溶液的液面，以防被测液向电极内扩散而影响甘汞电极的电位。水中含有的氯化物、硫化物、络合剂、银盐、过氯酸钾等成分向内扩散，都将会影响甘汞电极的电位。

(5) 温度波动较大时，甘汞电极的电位变化有滞后性，即温度变化快，电极电位的变化较慢，电极电位达到平衡所需的时间较长，因此测量时要尽量避免温度大幅度变化。

(6) 要注意防止甘汞电极陶瓷砂芯被堵塞，当测量浑浊溶液或胶体溶液后特别要注意及时清洗。若甘汞电极陶瓷砂芯表面有黏附物，可用金刚砂纸或在油石上加水轻轻磨去。

(7) 定期对甘汞电极的稳定性进行检查，可分别测定被检验的甘汞电极与另一只完好的内充液相同的甘汞电极在无水或同一水样中的电位，两个电极的电位差值应小于2mV，否则就需要更换新的甘汞电极。

3. pH 计使用的其他的注意事项

(1) 电位计应保持干燥、防尘，定期通电维护，保证电极的输入端引线连接部分保持清洁，防止水滴、灰尘、油污等进入。使用交流电源时要保证接地良好，使用干电池的便携式电位计应定期更换电池。同时要定期对电位计进行校验和调零等校正维护，且一经调试妥当，在测试过程中就不能随意旋动电位计的零点和校正、定位等调节器。

(2) 用于配制标准缓冲溶液和淋洗电极的水，不能含有 CO_2、pH 值在 6.7~7.3 之间、电导率要小于 2μS/cm。经阴阳离子交换树脂处理过的水，再经煮沸放冷后可以达到此要求。配制好的标准缓冲溶液应密闭保存在硬质玻璃瓶或聚乙烯瓶中，再存放在 4℃的冰箱中，可以延长使用期限，如果在空气敞开存放或在常温下保存，使用期限一般不能超过 1 个月，使用过的缓冲液不能再倒回储存瓶中重复使用。

(3) 在正式测量前，首先应检查仪器、电极、标准缓冲液是否正常。并定期对 pH 计进行校验，通常检验周期为一个季度或半年，校验使用两点校验法。即根据待测样品的 pH 值范围，选用两种与其接近的标准缓冲溶液，一般这两种缓冲溶液的 pH 值差至少要大于 2。用第一种溶液定位后，再对第二种溶液测试，电位计的显示结果与第二种标准缓冲溶液的标准 pH 值之差应不大于 0.1pH 单位。如果误差大于 0.1pH 单位，应用第三种标准缓冲溶液检验。如果此时误差小于 0.1pH 单位，则很可能是第二种缓冲溶液出了问题。如果误差仍大于 0.1pH 单位，则说明电极出了问题，需要对电极进行处理或更换新的电极。

(4) 更换标准缓冲液或样品时，要用蒸馏水对电极进行充分的淋洗，并用滤纸吸去附着在电极上的水，再用待测溶液淋洗以消除相互影响，这一点对使用弱性缓冲溶液时尤其重要。测量 pH 值时，应对水溶液进行适当搅拌，以使溶液均匀和达到电化学平衡，而在读数时则应停止搅动再静置片刻，以使读数稳定。

(5) 测定时，要先用水仔细冲洗两个电极，再水样冲洗，然后将电极浸入盛水样的小烧杯中，用手小心摇动烧杯使水样均匀，待读数稳定后记录 pH 值。

(6) 废水处理场使用的在线 pH 计的工作原理是电位法，使用注意事项和实验室的 pH 计基本相同。但由于其使用的电极长期连续浸泡在废水或曝气池等含有大量油污或微生物的地方，因此除了要求 pH 计设置对电极的自动清洗装置外，还需要根据水质情况和运行经验进行人工清洗。一般对用在进水或曝气池中的 pH 计每周进行一次人工清洗，而对用在出水中的 pH 计可每月进行一次人工清洗。对于能同时测定温度和 ORP 等项目的 pH 计，应当按照测定功能所需要的使用注意事项进行维护和保养。

三、温度计

1. 双金属温度计

双金属温度计中的感温元件是用两片线膨胀系数个同的金属

片叠焊在一起的。当金属片受热时，由于两种金属的膨胀长度不同而产生弯曲，温度越高产生的膨胀长度差越大，因而引起弯曲的角度就越大。同时金属片与调节螺钉相接触，使电路接通，信号灯发亮，温度的控制范围可通过改变调节螺钉与金属片间的距离来调整。

2. 热电阻

水处理工艺中，常选用装配式热电阻进行温度检测。热电阻主要由电阻丝、支架、引线和保护套管等部分组成，是利用金属导体的电阻值随温度变化而改变的特性来进行温度测量的，表7-2介绍了热电阻元件常见故障及其原因。

表7-2　热电阻常见的故障

故障现象	原因分析	修理方法
仪表指示比实际温度低或指示不稳	① 保护套管内有水 ② 接线盒上有金属屑或灰尘 ③ 热电阻丝间短路或接地	① 清理保护套内积水或接线盒上的灰尘并将潮湿部分加以干燥 ② 用万用表检查热电阻短路或接地的部位加以清除，如热电丝短路，则应行修复或更换
仪表指针打向标尺终端	热电阻断路	① 用万用表检查断路部位并加以清除 ② 如连接导线断开应予以修复或更换 ③ 如热电阻本身断路，应予以更换
仪表指针打向标尺终端	热电阻短路	① 用万用表检查短路部位，若是热电阻短路，则应修复或更换 ② 重新连接好导线

四、压力测量仪表

1. 压力表

常选用不锈钢耐震压力表，进行现场压力指示，分别安装在相应水泵的进、出水管上。为了防止仪表损坏，压力表所测压力的最大值一般不超过仪表测量上限的2/3。当被测压力波动较大时，应使压力变化范围处在标尺上限的1/3～1/2处，为保证测量的准确度，被测压力不得低于标尺上限的1/3。

（1）使用注意事项：①经常注意传压导管的严密性，及时消除渗漏现象；②在机组正常运行时，如果压力表无指示，则可能是传压导管堵塞，或是传压导管上的阀门没打开，或是压力表内的传动机构有缺陷，如杠杆连接松脱、齿轮脱离啮合等，应分别进行检查处理；③仪表投入使用前，应检查零位是否正确；④启动压力表时，要先开启一次阀门，当反压管内的被测介质的温度接近室温时，才可打开二次阀门；⑤开启仪表阀门时，应缓慢进行，满开后要倒回半圈，当被测介质使压力波动频繁时，要适当关小表下阀门；⑥拆下压力表进行校验时，表下接头要用棉纱或布条包扎好，表下阀门应在关死位置。

（2）压力测点的选择：①便于保护仪表和人身安全；②取压管不能突出管道内壁，避免在被测介质流动时动压对静压测量产生影响；③测点前后要有足够长的直管段；④测点要选在管路不易堵塞的地方；⑤在阀门附近取压时，若取压口选在阀门前，则与阀门的距离大于2*D*（*D*为管道直径）；取压口若在阀门后，则与阀门的距离应大于3*D*；⑥当测量含杂质较多的污水的压力时，取压口应选择在不易堵塞而且便于吹洗导管的部位，必要时要加装清洗器。

（3）弹性压力表在运行中的常见故障及处理方法见表7-3。

表7-3　弹性压力表常见故障

故障现象	可能原因	处理方法
1. 压力计无指示	① 导压管上的切断阀为打开 ② 导压管堵塞 ③ 弹簧管接头内污物淤积过多而堵塞 ④ 弹簧管裂开 ⑤ 中心齿轮与扇形齿轮齿磨损过多，以至不能啮合	① 打开切断阀 ② 拆下导压管，用钢丝疏通，用压缩空气或蒸汽吹洗干净 ③ 取下指针和刻度盘，拆下机芯，将弹簧管放到清洗盘清洗，并用钢丝疏通 ④ 更换新的弹簧管 ⑤ 更换两齿轮

续表

故障现象	可能原因	处理方法
2. 压力计指针有跳动或呆滞现象	① 指针与表面玻璃或刻度盘相碰撞摩檫 ② 中心齿轮弯曲 ③ 两齿轮啮合处有污物 ④ 连杆与扇形齿轮的活动螺丝不灵活	① 校正指针，加厚玻璃下面的垫圈，或将针孔加大些 ② 取下齿轮在铁墩上用木锤校正敲直 ③ 拆下两齿轮进行清洗 ④ 用刀锉薄连杆厚度
3. 指针抖动大	① 被测介质压力波动大 ② 压力计的安装位置震动大	① 关小阀门的开度 ② 固定压力计，在或许可能的情况下把压力计移动到震动较小的地方，也可安装减震器
4. 压力去掉后，指针不复“0”	① 指针打弯 ② 游丝力矩不足 ③ 指针松动 ④ 传动齿轮有摩檫	① 用镊子校直 ② 拖开中心齿轮与扇形齿轮的啮合，反时针旋转中心轴以增大游丝反力矩 ③ 校验后敲紧 ④ 调整传动齿轮啮合问题
5. 压力指示值误差不均匀	① 弹簧管变形失效 ② 弹簧管自由端与扇形齿轮连杆传动比调整不当	① 更换弹簧管 ② 重新校验调整
6. 指示偏高	传动比失调	重新调整
7. 指示偏低	① 传动比失调 ② 弹簧管有渗漏 ③ 指针或传动机构有摩擦 ④ 导压管线有泄露	① 重新调整 ② 补焊或更新弹簧管 ③ 找出摩檫部位并加以消除 ④ 逐段检查管线，找出泄露处排除
8. 指针不能指示到上限刻度	① 传动比小 ② 机芯固定在机座位置不当 ③ 弹簧管焊接位置不当	① 把活结螺丝向里移 ② 松开螺丝将机芯向反时针方向转一点 ③ 重焊接

2. 压力变送器

当被测点和仪表安装地点距离较远时，要采用变送器把压力信号转变为电流或电压信号再进行检测。常选用 2088 型压力变送器，用于压力检测远传，主要安装在进水总管阀门及管道混合器后总管及进、出水水管上。

压力变速器由压力传感器、信号转换电路、壳体及过程连接件组成。表 7-4 介绍了压力变送器的一些故障以及原因分析。

表 7-4 压力变速器常见故障

故障现象	可能原因
无输出电流	电源连线断；保险丝断；电源变压器初级绕组断；动圈断、指示表头坏、指示表与接线端子板接触不良、旁路电路击穿短路
变差大	机械部分紧固件松动，反馈动圈与导磁体有摩擦，动圈外接引线与可动部分有摩擦，导磁体内铁屑、污物多阻碍动圈运动，弹性元件弹性差
输入振荡	电容变质；放大器灵敏度太高；高量程时电阻低量程时动圈全部接入
现场指示表不准	现场指示表零点漂移、磁钢衰老、指针卡住

五、流量计

1. 流量的概念

(1) 瞬时流量：一般所讲的流量的大小是指单位时间内流过管道某一截面的流体数量的大小。

(2) 总量：在某一段时间内流过管道的流体流量的和，即瞬时流量在某一段时间内的累计值。

(3) 若流体流经管道截面各处的流速相等(以 V 表示)，则体积流量(Q)与流体流速关系为：$Q=VA$。其中 A 为管道内截面积，实际上 V 为平均值。

2. 电磁流量计

电磁流量计是基于电磁感应原理而工作的流量测量仪表。其基本原理为：在一般非导磁材料做成的管道外面，安装有一对磁极 N 和 S，用以产生磁场。当导电液体流过管道时，因流体切割磁力线而产生了磁感电动势，此感应电势由与磁极垂直方向的两个电极引出，当磁场的强度不变，管道直径一定时，这个感应电势的大小仅与流速有关，将此感应电势的大小传给显示仪表，就能读出流量。

电磁流量计由传感器和变送器组成，前者将管道中的流量转化为感应电势的变化；后者将微弱的感应电势放大并转换成统一的信号输出，以便进行远传指示、记录、积算或调节。传感器和变送器的组装方式有分离型和一体型两种。传感器典型结构示意如图 7-9。

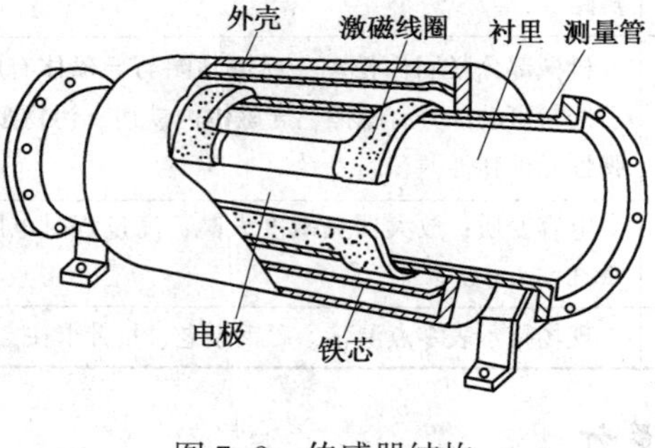

图 7-9　传感器结构

测量管上下装有激磁线圈，接通激磁电流后产生磁场穿过测量管，一对电极装在测量管水平两侧内壁与液体相接触并引出感应电势，而激磁电流则由变送器提供。

分离型是电磁流量计最普遍的形式，如图 7-10 所示。传感器接入管道，变送器装在仪表室或人们易于接近的传感器附近，相距数十到数百米。为防止外界噪声侵人，信号电缆通常采用双层屏蔽。测量电导率较低液体而相距超过 30m 时，为防止电缆分布电容造成信号衰减，内层屏蔽也有要求接上芯线同位低阻抗源的屏蔽驱动。分离型变送器可远离现场恶劣环境，电子部件检查、调整和设定就比较方便。

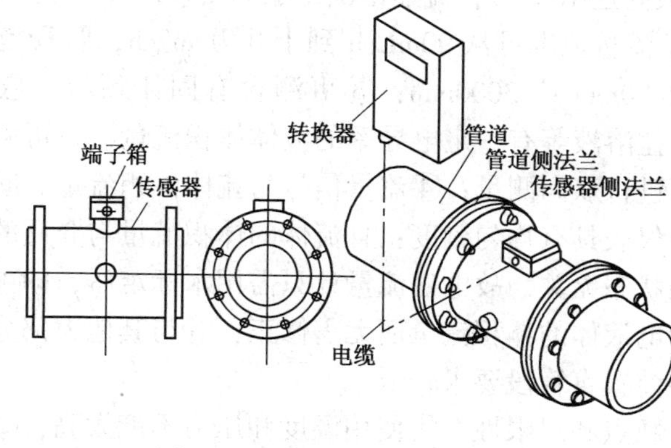

图 7-10　分离型法兰连接方式

一体型电磁流量计的传感器和变送器组装在一起直接输出直流电流(或频率)标准信号，缩短了二者之间信号线和激磁线的连接长度，并使之隐蔽在仪表内部，从而减少信号衰减和空间电磁波噪声侵入(见图 7-11)。与分离型相比，同样测量电路可测导电性较差的液体；电气连接简单，仪表价格和安装费用相比便宜，多用于小口径管道。但如果由于管道布置所限而安装在不易接近的场所，则不便于维护。此外，变送器电子部件安装于管道上，受流体温度和管部振动的较大限制。

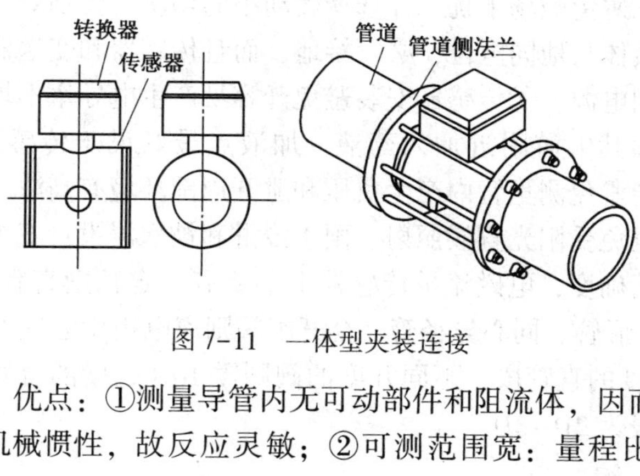

图 7-11　一体型夹装连接

(1) 优点：①测量导管内无可动部件和阻流体，因而压损很小，无机械惯性，故反应灵敏；②可测范围宽：量程比一般为

10∶1，最高达100∶1，流速范围一般为1~6m/s，可扩展到0.5~10m/s；流量范围可从90mL/h到十几万m^3/h；管径范围可从2mm到2400mm或3000mm；③可测含有固体颗粒、悬浮物或酸、碱、盐溶液等有一定电导率的液体体积流量，也可测脉动流量，并可进行双向测量；④流量信号与流体体积流量之间有线性关系，故仪表具有均匀刻度；且流体的体积流量与介质的物理性质、流动状态无关，故电磁流量计只需用水标定后，即可用来测量其他导电液体的体积流量而无需修正；⑤与其他大部分流量仪表相比，前置直管段要求较低。

(2) 缺点和局限性：①使用温度和压力不能太高；②应用范围有限，不能用来测量气体、蒸汽和石油制品等非导电流体及含有较多较大气泡的流体的流量；③流速和速度分布不符合设定条件时，将产生较大的测量误差；④当流速过低时，要把与干扰信号相向数量级的感应电势进行放大和测量是较困难的，且仪表也易产生零点漂移；⑤电磁流量计的信号比较弱，外界略有干扰就能影响测量的精度。

(3) 使用注意事项：①变送器应安装在任何时候测量导管内都能充满液体的地方，以防止由于测量导管内没有液体而指针不在零值所造成的错觉；②变送器的安装地点要远离大机组、大变电器等，避免磁场干扰，并选择震动小的场所，特别对一体型仪表；③液体与地同电位，必须接地，而且传感器和变送器必须使用同一相电源；④传感器安装避免开容易产生电导率不均匀的场所，例如其上游附近加入药液，加液点最好设于传感器下游；⑤尽可能避免测量管内产生负压和避开周围环境有高浓度腐蚀气体，并避免受阳光直接照射、雨水浸淋和被水浸没；⑥为获得正常测量精确度，电磁流量传感器上游要有一定长度直管段。90°弯头、T形管、同心异径管、全开闸阀则离电极中心线5倍直径(5D)长度的直管段，不同开度的阀则需10D长度的直管段，下游直管段为2D~3D。

3. 超声波流景计

超声波流量计是通过检测流体流动时对超声束(或超声脉冲)的作用，以测量体积流量的仪表。应用最广泛的是超声波流量计为传播时间法和多普勒(效应)法。

声波在流体中传播，顺流方向声波传播速度会增大，逆流方向则减小，同一传播距离就有不同的传播时间。传播时间法就是利用传播速度之差与被测液体流速之关系求取流速，并结合管径得出流量。多普勒(效应)法超声波流量计是利用在静止(固定)点检测从移动源发射声波所产生多普勒频移现象来测定流速，进而得出流量。

(1) 优点：①超声波流量计可作非接触测量，夹装式换能器超声波流量计可无需停流截管安装，只要在待测管道外部安装换能器即可，即可以在不能断流或不能打孔的已有管道上用超声波流量计测量流量；②超声波流量计为无流动阻挠测量，无额外压力损失；③流量计的仪表系数可以从实际测量管道及声道等几何尺寸计算求得，即可采用干法标定，除带测量管段式外一般不需作实流校验；④超声波流量计适用于大型圆形和矩形管道，且原理上不受管径限制，其造价基本上与管径无关；⑤多普勒超声波流量计可测量固相含量较多或含有气泡的液体。

(2) 缺点和局限性：①传播时间法超声波流量计只能用于清洁液体和气体，不能测量悬浮颗粒和气泡超过某一范围的液体；反之多普勒法 USF 只能用于测量含有一定异相的液体；②外夹装换能器的超声波流量计不能用于衬里或结垢很厚的管道，以及不能用于衬里(或锈层)与内管壁剥离(若夹层夹有气体会严重衰减超声信号)或锈蚀严重(改变超声路径)的管道；③多普勒法超声波流量计多数情况下测量数度不高；④不能用于管径小于 DN25mm 的管道。

(3) 使用注意事项：①上、下游分别应有 10D 和 5D 的直管段长度；②插入式流量传感器安装时连接管道内径必须与传感器内径相同，传感器要避免垂直安装、应尽可能在与水平成 45°的范围内；③为保证声波传播正常，外夹式换能器安装处的管道外壁必须打磨干净平整、避免凸凹不平，管道衬里和垢层与管壁之间不能有间隙(可用手锤敲击管道震掉锈层)，换能器与管壁之间要保持有足够的耦合剂、不能有空气和固体颗粒；④外夹式换能器一般应通过被测管道接地，同侧换能器信号缆应走同一根穿线管，信号缆走向不要与附近的电力线平行。

例如丹麦(DANFOSS)生产的超声波流量计进行水处理系统中的流量检测及远传，可分别安装在进水管计量井内、过滤出水总管和出水总管计量井内。由于是低电压多脉冲设计，当液体中含有气泡或有杂音出现时，并不影响声传播，但要求流量计前后分别应有 10D 和 5D 的直管段长度。传感器(探头) 穿通管壁直接接触管内水流，克服了传统的探头贴在管壁外侧，测量精度很高，在很大范围量程内误差低于 0.5%；超声波流量计均为由 AIS2316 不锈钢制的湿式变送器安装在水管网上，全部焊接式结构没有垫圈及因缝隙造成的腐蚀，水浸式露空探头正常工作，克服了传统上探头被水反复淹没和露空导致耦合剂冲掉的弊端；应用数字信号处理(DSP)，以获得快速响应，可靠的信号识别及高分辨率，也可获得长时间的稳定使用寿命；在工作中可更换传感器(探头)；信号变送器有自动诊断功能，若有错误会以两个闪烁的三角立即显示出来相应的错误代码，在显示菜单里显示出来，简化了仪表维修程序。这种丹麦超声波流量计的注意事项是：向信号转换器输入的初始四参数必须正确，也就是初始安装测量数据必须正确；四参数为声道与管道中心线之间的角度($\theta=60°$)、同一声道中两个换能器(探头)之间的距离(L，位移)、两个声道之间距离的二分之一(h，中心距)和管径。

4. 插入式涡轮流量计

插入式涡轮流量传感及变送器，和 XSF-40 型涡轮流量指示输出积算仪配套使用，显示体积流量，指示 0~10mA(DC)，流量信号输出和体积总量累积三个功能。

(1) 组成：仪表主要元件有胀圈、叶轮、后导向件、涡轮头外壳、限位片阀柄、变送器安装螺栓插入杆锁紧螺栓定位杆信号传输线。

（2）原理：在流体流动的管道内，安装一个可以自由转动的叶轮，当流体流过被测管道时，推动涡轮头中的叶轮旋转，在较宽的测量范围内，叶轮的旋转速度与被测管道中的流量正成比例，利用磁阻式检出器检出叶轮的转速和转速的电脉冲信号，经前置放大器放大后传至显示仪表，即可测得瞬时流量和总量。瞬时体积流量（单位 m^3/h）计算公式如下：

$$Q = 3600 \times f \times k$$

式中 f、k 分别表示流量信号频率（脉冲/s）和仪表系数（脉冲/m^3）。

（3）使用注意事项：安装位置要求在涡轮流量计上流部分的直管段长为 15D（涡轮流量计口径）以上，下流部分直管段长为 4D 以上。装配涡轮头时，两个导向件的装配位置不能互相对调叶轮，叶轮方向也不能装反。连续使用时，要将常用流量限制在仪表容量的 50%以下，这就需要将轴承的检查周期取为一年以上。每年应检查一次变送器内干燥剂变色，硅胶的吸水情况，若变色硅胶已由蓝色变为粉红色，立即进行烘干或更换。

（4）使用优点：涡轮头直接接触水测量比较准确，信号经前置放大板放大以后可以传到中心控制室；流量计体积小，可以测量大流量，而且在测量流量的同时还可以较精密地测量累积流量；费用低，一套涡轮头只要 400 元。

（5）缺点：因维修问题计数无法连续，输出信号 0~10mA，没有串行通讯接口。

思 考 题

1. 理解电阻率的含义。
2. 掌握欧姆定律及其计算过程中的注意事项。
3. 了解功率三角形的计算方法。
4. 熟练掌握单相交流电的表示方法。

5. 了解提高功率因数的意义及其方法。

6. 熟练掌握三相异步电动机额定功率的计算方法。

7. 熟悉三相异步电动机直接启动与降压启动的条件。

8. 了解单相鼠笼式异步电动机的工作原理。

9. 了解电气调速的各种方法。

10. 熟练掌握二次回路的基础知识。

11. 熟练掌握看二次回路图的基本方法。

12. 熟悉对继电保护装置的基本要求。

13. 了解 3~10kV 线路、电动机继电保护的种类与方法。

14. 熟练掌握安全用电问题。

15. 什么是电气管理的“三三二五制”?

16. 污水处理场常用的仪表有哪些，其注意事项是什么?

17. 试画出二相式定时限过电流保护的归总式原理图及展开图。

参 考 文 献

1 王量均,吴孟周等. 石油化工废水处理设计手册. 北京:中国石化出版社,1996
2 陈复. 水处理技术及药剂大全. 北京:中国石化出版社,2000
3 张自杰等. 环境工程手册——水污染防治卷. 北京:高等教育出版社,1996
4 唐受印,戴友芝等. 水处理工程师手册. 北京:化学工业出版社,2000
5 祁鲁梁等. 水处理药剂及材料实用手册. 北京:中国石化出版社,2000
6 三废处理工程技术手册——废水卷. 北京:化学工业出版社,2000
7 张自杰等. 排水工程(下册). 北京:中国建筑工业出版社,2000
8 祁鲁梁等. 水处理工艺与运行管理实用手册. 北京:中国石化出版社,2002
9 祁鲁梁,李永存. 工业用水与节水管理知识问答. 北京:中国石化出版社,2003
10 斯皮思 R E. 工业废水厌氧生物技术. 北京:中国建筑工业出版社,2001
11 郑元景等. 污水厌氧生物处理. 北京:中国建筑工业出版社,1988
12 赵卫国. 污水处理工程项目建设与新技术应用实务全书. 北京:光明日报出版社
13 汪大鍚. 工业废水中专项污染物处理手册. 北京:化学工业出版社,2000
14 水和废水标准检验法. 北京:中国建筑工业出版社,1985
15 水和废水监测分析方法. 北京:中国环境科学出版社,1989
16 汤鸿霄. 用水废水化学基础. 北京:中国建筑工业出版社,1979
17 徐亚同等. 污染控制微生物工程. 北京:化学工业出版社,2001
18 章振兇译. 水处理药剂手册. 北京:中国石化出版社,1991
19 夏青,张旭辉. 水质标准手册. 北京:中国环境科学出版社,1990
20 李军等.微生物与水处理工程.北京:化学工业出版社,2002
21 魏复盛.水和废水监测分析方法指南.北京:中国环境科学出版社,1990
22 环境水质监测质量保证手册.北京:化学工业出版社,1984
23 金儒霖,刘永龄.污泥处置.北京:中国建筑工业出版社,1982
24 龙腾锐译.高纯氧活性污泥法(上册).北京:中国建筑工业出版社,1983
25 李维材,张希衡译.高纯氧活性污泥法(下册).北京:中国建筑工业出版社,1983
26 许保玖,安鼎年.给水理论与设计.北京:中国建筑工业出版社,1992

27 李葆文.全面生产维护——从理念到实践.北京:冶金工业出版社,2000
28 肖锦.城市污水处理及回用技术.北京:化学工业出版社,2002
29 许振良.膜法水处理技术.北京:化学工业出版社,2002
30 周彤.污水回用决策与技术.北京:化学工业出版社,2002
31 纪轩.废水处理技术问答.北京:中国石化出版社,2003
32 水质监测分析方法标准务实手册.北京:中国环境科学出版社,2002
33 姜乃昌,陈锦章.水泵及泵站.北京:中国建筑工业出版社,1986
34 给水排水设计手册(第6册)——工业排水.北京:中国建筑工业出版社,2002
35 给水排水设计手册(第9册)——专用机械.北京:中国建筑工业出版社,2000
36 给水排水设计手册(第12册)——器材与装置.北京:中国建筑工业出版社,2002
37 卜秋平,陆少鸣,曾科.城市污水处理厂的建设与管理.北京:化学工业出版社
38 王洪臣.城市污水处理厂运行控制与维护管理.北京:科学出版社,1999
39 严煦世,范瑾初.给水工程,北京:中国建筑工业出版社,2002
40 洪觉民,王乃新,王静争.中小自来水厂管理维护手册.北京:中国建筑工业出版社,1990
41 机械工业部.阀门样本手册.北京:机械工业出版社,1983
42 崔继哲.化工机器与设备检修技术.北京:化学工业出版社,2000
43 化工部.工业泵选用手册.北京:化学工业出版社,1998
44 陈立周.电气测量.北京:机械工业出版社,1984
45 电工技术.重庆:电工技术杂志社,1994(4)
46 丁昱.工业企业供电.北京:冶金工业出版社,1982
47 商福恭.继电保护与二次回路.北京:中国电力出版社,1998
48 黄纯华,刘维仲.工厂供电.天津:天津大学出版社,1988
49 山西省电力工业局.变配电设备运行.北京:中国电力出版社,1999
50 苏玉林,刘志民,熊森.怎样看电气二次回路图.北京:中国电力出版社,1992
51 陶然,熊为群.继电保护自动装置及二次回路．北京:中国电力出版社,1982
52 天津市劳动局.电工安全技术.天津:天津科学技术出版社,1994